校企合作双元开发新形态“互联网+”创新型教材
职业本科教育装备制造类高素质人才培养信息化教材

工程制图与CAD

（含习题集）

主　　编　郑宗慧　梅秋平
副 主 编　胡钰雯　刘雨婷　柳光利
　　　　　雷方芳　高素华　贾　浩
主　　审　黎孝龙

西南交通大学出版社
·成　都·

图书在版编目（CIP）数据

工程制图与 CAD：含习题集. 1，工程制图与 CAD / 郑宗慧，梅秋平主编. -- 成都：西南交通大学出版社，2024. 10. --（校企合作双元开发新形态“互联网 +”创新型教材）（职业本科教育装备制造类高素质人才培养信息化教材）-- ISBN 978-7-5774-0048-8（2025.8 重印）

Ⅰ. TB237

中国国家版本馆 CIP 数据核字第 20246XN493 号

校企合作双元开发新形态“互联网 +”创新型教材
职业本科教育装备制造类高素质人才培养信息化教材

Gongcheng Zhitu yu CAD (Han Xitiji)
工程制图与 CAD（含习题集）

主　编 / 郑宗慧　梅秋平

策划编辑 / 罗在伟
责任编辑 / 罗在伟
封面设计 / GT 工作室

西南交通大学出版社出版发行
（四川省成都市金牛区二环路北一段 111 号西南交通大学创新大厦 21 楼　610031）
营销部电话：028-87600564　　028-87600533
网址：https://www.xnjdcbs.com
印刷：四川玖艺呈现印刷有限公司

成品尺寸　185 mm × 260 mm
总印张　30.25　　总字数　672 千
版次　2024 年 10 月第 1 版　　印次　2025 年 8 月第 2 次

书号　ISBN 978-7-5774-0048-8
套价（全 2 册）　78.00 元

前言

编写背景

党的二十大报告指出，坚持把发展经济的着力点放在实体经济上，推进新型工业化，加快建设制造强国、质量强国、航天强国、交通强国、网络强国、数字中国。实施产业基础再造工程和重大技术装备攻关工程，支持专精特新企业发展，推动制造业高端化、智能化、绿色化发展。

围绕职业教育培养技术实用型人才为目标，根据职业教育改革发展与实践，本书从职业教育的特点出发，充分融合“岗课赛证技”的课程开发思路，着重培养学生的绘图、读图、计算机绘图能力和空间想象力，提升学生整体工程素质和综合制图技能；加大课程思政案例分享，树立学生良好的世界观、人生观、价值观。在本书的案例选取和教学设计中，编者总结了多年的教学改革和研究经验，力求理论联系实际，突出重难点内容，教学层次分明，作图思路与步骤清晰，符合学习者的认知规律。

主要内容

本书根据当前多数职业院校专业培养趋势，内容上突出理论和实践相统一，强调实践性。因此对知识进行优化和整合，精选教学内容。本书内容共 7 个学习单元：制图的基本知识与技能、投影基础、机件的表达方法、标准件与常用件、零件图、装配图、AutoCAD 计算机绘图。每一单元通过学习任务进行重难点分析，再由知识链接进行理论学习，同时适宜地引入课程思政，将职业教育精神内化于心，通过任务实施与评价进行学习检验，将专业技能外化于行；每单元根据重难点进行内容优化，便于读者自学。

本书特点

（1）在内容方面，对知识进行优化和整合，精选教学内容。投影理论部分以“必需、够用”为基础，力求理论讲解少而精，简化点、线、面投影，强化简单形体的识读与想象，便于后续单元的学习；组合体部分和机件表达方案进行综合，将形体想象与视图表达进行综合训练，提升学生的识图能力。

（2）在教学设计中，通过任务引入、任务知识、任务实战与学习评价的方式突出单元重难点内容，便于引导学生自我学习与自我检验；为了夯实学生基础，本书配套了相应的习题集，习题集以夯实基础、突出重点、深化拓展的思路进行层层递进，有助于学生理解和实践。

（3）在典型例题选用中，融合 CAD 等级技能考核内容，将课程与技能等级证书要求挂钩，通过理论学习促进技能提升；例题选择突出重难点内容，以利于说明问题。所配插图力求图形清晰，形体结构复杂程度适中，便于学生理解。

（4）本书采用最新颁布的《技术制图》和《机械制图》等国家标准，力求内容新颖。

分工致谢

本书由重庆机电职业技术大学郑宗慧、梅秋平担任主编，胡钰雯、刘雨婷、柳光利、雷方芳、高素华、贾浩担任副主编，黎孝龙教授担任主审。本书编写分工如下：单元一、单元二、单元七由梅秋平、雷方芳编写，单元三由郑宗慧编写，单元四由高素华编写，单元五由刘雨婷编写，单元六由柳光利编写，任务实战由胡钰雯、雷方芳、贾浩编写。全书由郑宗慧统稿。在本书编写过程中，编者参考了国内出版的相关工程制图教材，获益良多，在此对相关作者表示诚挚的感谢。

由于编者水平有限，书中难免存在疏漏之处，恳请广大读者批评指正。

编　者

数字资源目录

序号	二维码名称	资源类型	页码
19	菱形法画圆的正等轴测图	视频	076
20	绘制三视图	视频	079
21	绘制截交线	视频	080
22	绘制相贯线	视频	080
23	基本视图投影方向	视频	095
24	基本视图投影规律	视频	096
25	剖视图的形成	视频	099
26	半剖视图	视频	101
27	相交剖切面	视频	106
28	组合体表达方案分析	视频	114
29	螺栓连接的画法	视频	126
30	螺柱连接的画法	视频	127
31	联轴器的连接画法	视频	142
32	零件图的识读与绘制	视频	186
33	挂轮架展开画法	视频	196
34	千斤顶装配图分析与绘制	视频	214
35	支架零件图绘制	视频	291

《工程制图与 CAD》课件

《工程制图与 CAD》教案

目录

绪 论

一、本课程的研究对象

在现代工业生产中，各种机器设备和设施都需要通过图样来表达设计意图，并根据图样来进行生产和技术交流。图样具有用语言文字无法替代表达的功能，图样是当今信息社会的重要载体，所以图样素有工程界“技术语言”的美称。不同行业的图样，所表达的对象类型不同，也有不同的相关规定，本书研究的主要是机械图样。机械制图课程是工程技术人员必修的一门技术基础课程，它为后续技术专业课学习打下坚实的基础。

本课程的主要内容包括：《机械制图》和《技术制图》有关国家标准；制图的基本知识与技能；机件的表达方法；标准件和常用件的特殊画法；投影原理与方法；机器零件和部件的视图表达；尺寸标注；各种技术要求的标注与识读；计算机绘图等。

二、本课程的任务

本课程的主要任务是培养学生基本的绘图和读图能力，空间想象和思维能力，图解空间几何问题的能力，计算机辅助绘图的能力。其主要任务如下：

（1）学习机械制图的基础知识，掌握绘图基本技能。

（2）掌握投影的基本理论及应用，具有图解空间几何问题的初步能力。

（3）学习国家标准《机械制图》和《技术制图》的相关规定。

（4）学习绘制和阅读零件图、简单装配图的基本方法和步骤。

（5）掌握用 AutoCAD 绘制二维图形的基本方法。

在教学过程中，还要有意识的培养学生分析问题和解决问题的能力，主人翁意识和认真负责的工作态度，以及团队合作精神和团队管理能力，从而提高学生的综合素质和创新能力。

三、本课程的学习方法

本课程是一门既有系统理论，又有较强实践性的技术基础课。因此，在学习中对投影理论的理解和看图绘图动手操作的训练要相结合，注重理论联系实际。

（1）重视投影理论，注意物体的视图要与空间形状相结合。

（2）练好基本功，由物到图，由图想物，反复训练，确保眼到、心到、手到。

（3）注意正确使用绘图仪器，熟练掌握计算机绘图方法，勤学苦练，不断提高绘图技能和绘图速度。

（4）严格遵守《机械制图》、《技术制图》和《机械工程 CAD 制图规则》等国家标准中的有关规定。

（5）认真独立完成作业和练习，做到图样正确、图线分明、字体工整、尺寸齐全、图面整洁。

（6）自觉养成自学能力、创新能力及分析问题和解决问题的能力。

单元一 制图的基本知识与技能

工程图样是现代化生产中的重要技术资料，是表达和交流设计思想的工具，被称作工程界的“语言”。《技术制图》国家标准是基础技术标准，在内容上具有统一性和通用性，它涵盖了汽车、机械、建筑、水利、电气等行业，在制图标准体系中处于最高层次；《机械制图》国家标准是机械专业制图标准。《技术制图》和《机械制图》国家标准是绘制机械图样的根本依据。因此，每一位工程技术人员都必须严格遵守《机械制图》国家标准中的相关规定，熟悉和掌握有关基本知识和技法，为后续学习和应用打下基础。

知识目标

（1）正确了解和掌握国家标准机械制图的有关规定，特别是尺寸注法；
（2）掌握几何作图方法；
（3）能够进行平面图形的分析和绘制。

能力目标

（1）能够熟练使用绘图工具；
（2）能够正确进行平面图形的绘制及尺寸标注。

素养目标

（1）培养学生认真负责的工作态度、严谨细致的工作作风；
（2）养成严格遵守《机械制图》国家标准相关规定的习惯。

任务引入

本次学习任务中，以图 1-1 所示的平面图为载体，将学习《机械制图》和《技术制图》国家标准对图纸幅面与格式、比例、字体、图线和尺寸标注的有关规定，以及常用绘图方法和几何作图方法的基本知识。

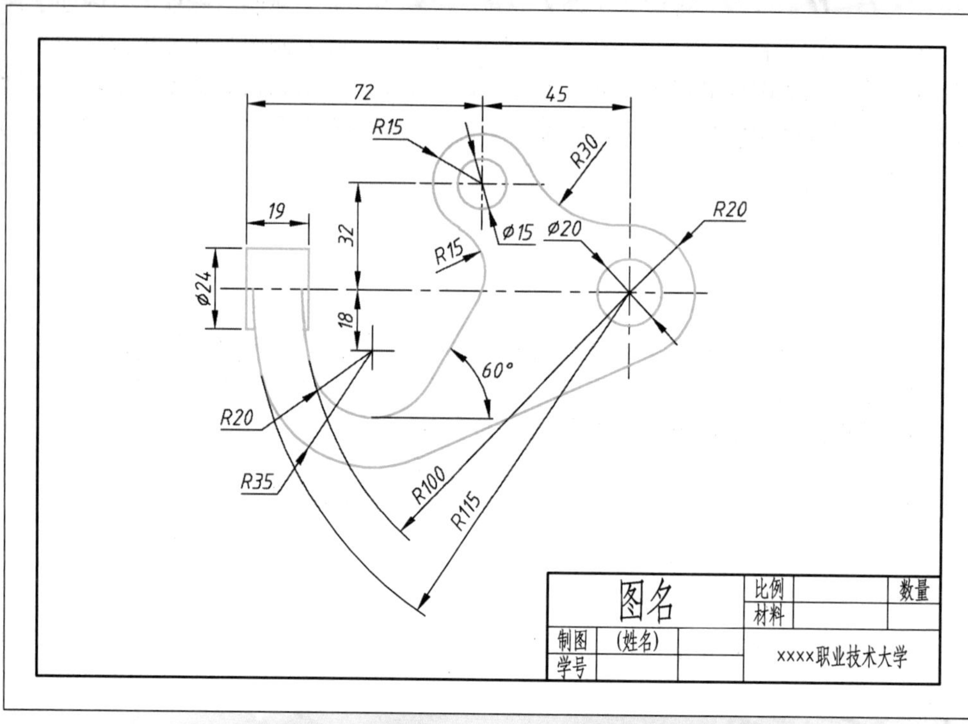

图 1-1　平面图形

任务一 机械制图的一般规定

国家标准（简称国标）有三种执行方式：代号 GB（国家强制性标准）、GB/T（推荐性国家标准）、GB/Z（指导性国家标准）。

知识点一、图纸幅面及图框格式（GB/T 14689—2008）

为了便于图样的绘制、使用和保管，图样均应画在规定幅面和格式的图纸上。

1. 图纸幅面

图纸幅面是图纸的大小规格，即矩形图纸的长度和宽度组成的图面，其尺寸用 $B\times L$ 表示（B 为图纸的宽度，L 为图纸的长度）。为了合理利用图纸和便于图样管理，国标中规定了 5 种基本幅面，其代号分别为 A0、A1、A2、A3、A4。绘图时应优先选用国标中规定的基本幅面尺寸（见表 1-1）。必要时，也允许以基本幅面的短边的整数倍加长幅面，以利于图纸的折叠和保管，如图 1-2 所示。

表 1-1 基本幅面 单位：mm

幅面代号		A0	A1	A2	A3	A4
幅面尺寸 $B\times L$		841×1 189	594×841	420×594	297×420	210×297
周边尺寸	a	25				
	c	10			5	
	e	20		10		

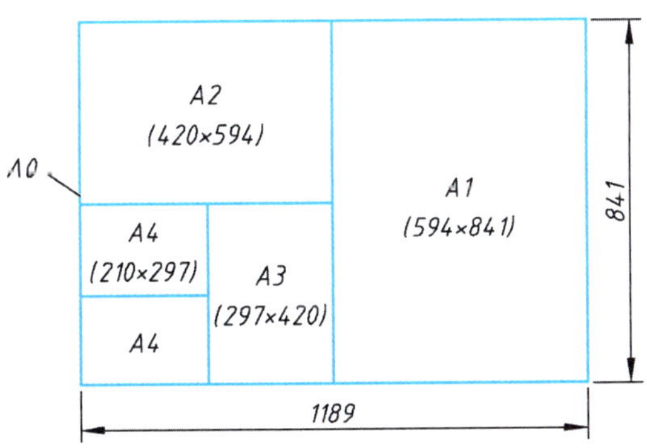

（a）基本幅面

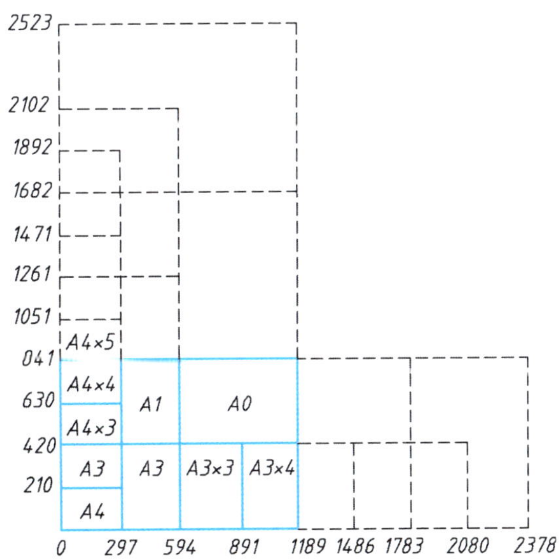

（b）加长幅面

图 1-2 图纸幅面

2. 图框格式

无论图纸是否装订，都必须用粗实线画出图框，其格式分为不留装订边和留装订边，如图 1-3 和图 1-4 所示，优先采用不留装订边格式，其尺寸均按表 1-1 中的规定。但应注意，同一产品的图样只能采用一种格式。

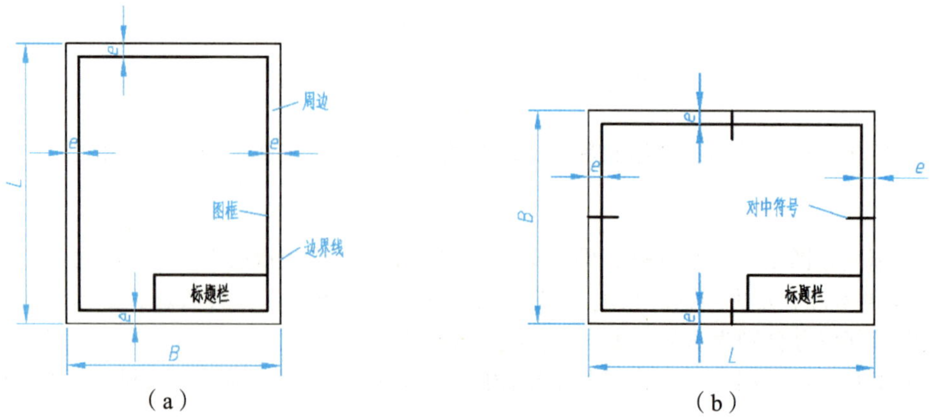

图 1-3 无装订边的图纸格式

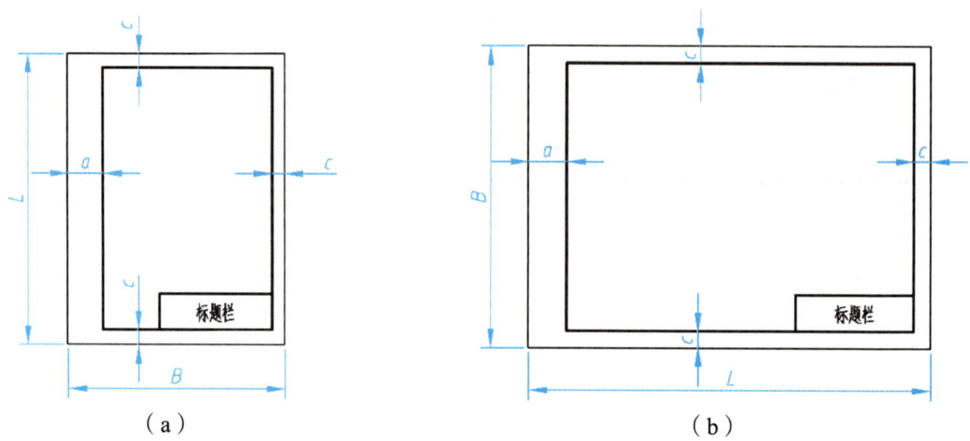

图 1-4 有装订边的图纸格式

有时为了复制或缩微摄影的方便，还采用对中符号。对中符号是从周边画入图框内约 5 mm 的一段粗实线，如图 1-3（b）所示。

3. 标题栏（GB/T 10609.1—2008）及明细表（GB/T 10609.2—1989）

每张图样上都应有标题栏，用来填写图样上的综合信息。标题栏配置在图纸的右下方，其格式如图 1-5 所示。装配图中除了需要标题栏，还应有对应的明细栏。国家标准 GB/T 10609.1—2008 所列举的标题栏格式和尺寸如图 1-5（a）所示，在学校的制图作业中标题栏也可采用如图 1-5（b）所示的简化形式。

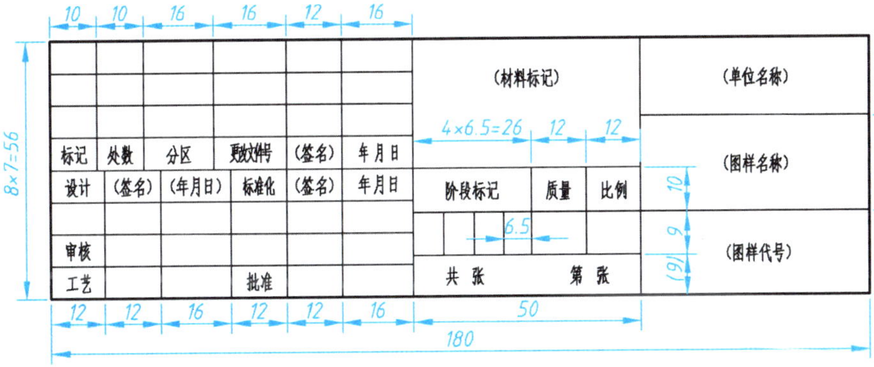

（a）国家标准标题栏

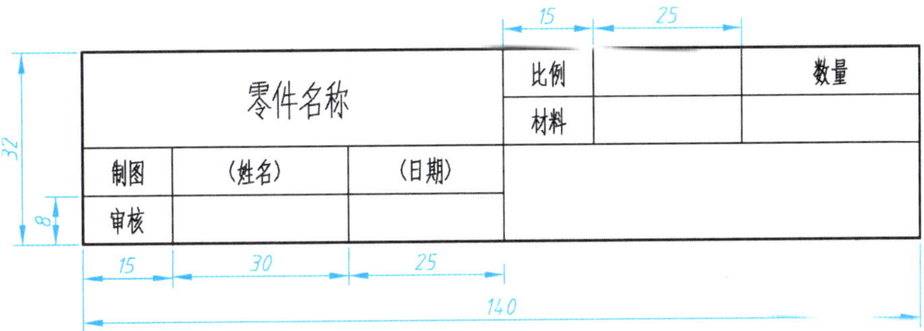

（b）简化标题栏

图 1-5 标题栏格式

注意：如果看图方向与标题栏方向不一致，则应在图纸下方的对中符号处画出看图的方向符号如图 1-6 所示。看图方向符号为细实线绘制的等边三角形。

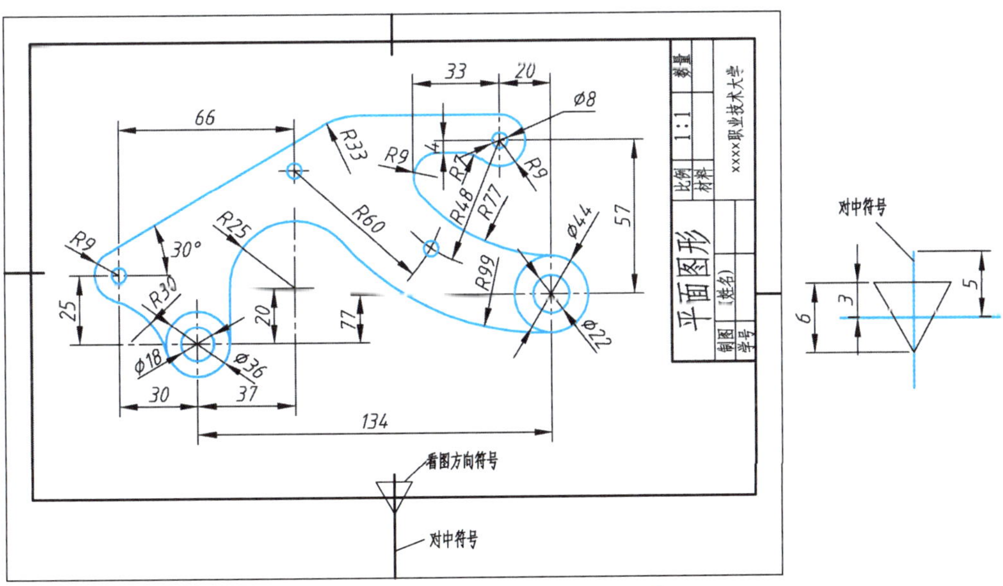

图 1-6 看图方向符号及其画法

知识点二、比例（GB/T 14690—1993）

图样中图形与其实物相应要素的线性尺寸之比，称作比例，即图：物。常用的比例见表 1-2。

表 1-2 比例系列

种类	定义	优先选择系列	允许选择系列
原值比例	比值为 1 的比例	1：1	
放大比例	比值大于 1 的比例	2：1、5：1、2×10^n：1、5×10^n：1、1×10^n：1	4：1、2.5：1、4×10^n：1、2.5×10^n：1
缩小比例	比值小于 1 的比例	1：2、1：5、1：2×10^n、1：5×10^n、1：1×10^n	1：1.5、1：2.5、1：3、1：4、1：6、1：1.5×10^n、1：2.5×10^n、1：3×10^n、1：4×10^n

比例一般分为原值比例、缩小比例及放大比例三种类型。绘制图样时，尽可能采用原值比例，以便从图中看出实物的大小。根据需要也可采用放大或缩小的比例，但不论采用何种比例，图中所注尺寸数字仍为机件的实际尺寸，且图样按比例放大或缩小，仅限于图样上各线性尺寸，与角度无关。绘制同一机件的各个视图应采用相同的比例，并在标题栏中统一填写，当某个视图采用了不同的比例时，必须在该图形的上方加以标注。

知识点三、字体（GB/T 14691—1993）

字体是指图中文字、字母、数字的书写形式。在图样上除了要用图形来表达零件的结构形状外，还必须用文字、字母及数字来说明零件的大小和技术要求等其他内容，它是图样的重要组成部分。

（1）图样中书写的字体必须做到：字体端正、笔画清楚、排列整齐、间隔均匀。

（2）字体的号数，即字体的高度（单位为毫米），分别为 20 mm、14 mm、10 mm、7 mm、5 mm、3.5 mm、2.5 mm、1.8 mm 八种，字体的高宽比列约为 $1/\sqrt{2}$。

（3）汉字：应写成长仿宋字体，高度不应小于 3.5 mm，并应采用国家正式公布的简化字。

汉字要求写得整齐匀称。书写长仿宋体的要领：横平竖直、注意起落、结构匀称、填满方格。图 1-7 为长仿宋体字示例。

（4）数字及字母：数字和字母分为 A 型和 B 型，A 型字体的笔画宽度 $d=h/14$，B 型字体的笔画宽度 $d=h/10$。数字和字母可写成直体和斜体，斜体字的字头向右倾斜，与水平线成 75° 角。拉丁字母以直线为主体，减少弧线，以便书写及计算机绘图。罗马数字上的横线不连起来。国家标准规定的数字和字母的书写形式如图 1-8 所示。

10号字

字体端正　笔画清楚

排列整齐　间隔均匀

7号字

结构匀称　填满方格　横平竖直　注意起落

5号字

国家标准机械制图技术要求公差配合表面粗糙度倒角其余

图 1-7　长仿宋字体示例

A 型斜体	*0 1 2 3 4 5 6 7 8 9*
B 型直体	0 1 2 3 4 5 6 7 8 9
A 型斜体	*Ⅰ Ⅱ Ⅲ Ⅳ Ⅴ Ⅵ Ⅶ Ⅷ Ⅸ Ⅹ*
B 型直体	Ⅰ Ⅱ Ⅲ Ⅳ Ⅴ Ⅵ Ⅶ Ⅷ Ⅸ Ⅹ
A 型小写斜体	*abcdefghijklmnopqrstuvwxyz*
B 型大写斜体	***ABCDEFGHIJKLMNOPQRSTUVWXYZ***

图 1-8　数字和字母示例

用作指数、分数、极限偏差、注脚等的字母及数字，一般采用小一号的字体，如图 1-9 所示。

10JS5(±0.03)　M24-6h　R8　10^3　S^{-1}　5%　D_1　T_d　380 kPa　m/kg

$\phi20^{+0.010}_{-0.023}$　$\phi25\frac{H6}{f5}$　$\frac{Ⅱ}{1:2}$　$\frac{3}{5}$　$\frac{A}{5:1}$　$\sqrt{Ra6.3}$　460 r/min　220 V　l/mm

图 1-9　字体组合应用示例

知识点四、图线（GB/T 4457.4—2002）

图样中采用的各种形式的线，称作图线。国家标准规定了 15 种基本线型，其中较为常用的有 9 种。

1. 基本线型

在机械制图中常用的线型有实线、虚线、点画线、双点画线、波浪线、双折线等，它们的使用在国标中都有严格的规定（见表 1-3），使用时应严格遵守。

表 1-3　基本线型及应用

图线名称	线　型	线宽	一般应用
粗实线	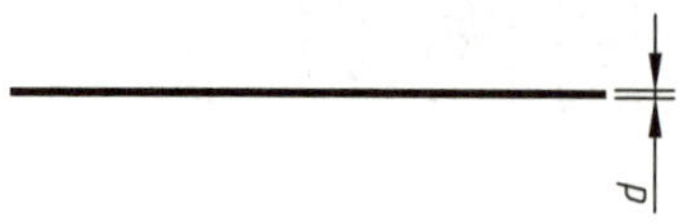	*d*	可见轮廓线、螺纹牙顶线、螺纹长度终止线、齿顶圆、剖切符号用线等
细实线		*d*/2	尺寸线、尺寸界线、剖面线、引出线、螺纹牙底线、重合断面轮廓线、可见过渡线、辅助线、不连续同一表面连线等
波浪线			断裂处边界线、视图与剖视分界线
双折线			断裂处边界线
细虚线	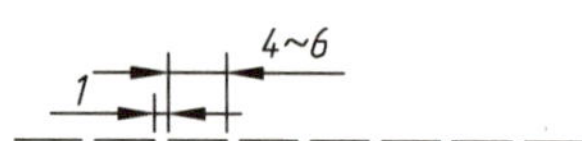		不可见轮廓线
细点画线	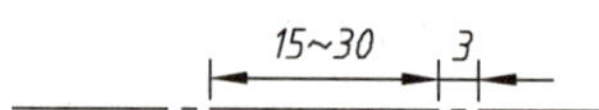		轴线、对称中心线、分度圆（线）
细双点画线	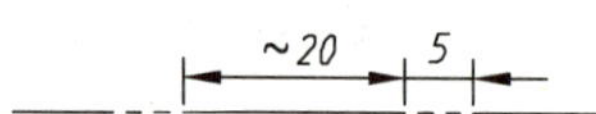		相邻辅助零件的轮廓线、可动零件的极限位置轮廓线、轨迹线、毛坯图中制成品的轮廓线
粗虚线	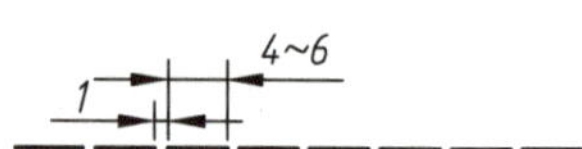	*d*	允许表面处理的表示线
粗点画线	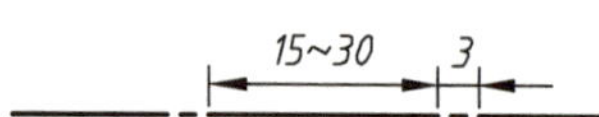		限定范围表示线（特殊要求）

2. 图线宽度

图线分为粗、细两种。粗线的宽度 *d* 应按图样的大小和复杂程度在 0.5 ~ 2 mm 选择，细线的宽度约为 *d*/2。图线宽度的推荐系列为 0.18 mm、0.25 mm、0.35 mm、0.5 mm、0.7 mm、1 mm、1.4 mm、2 mm。粗实线的宽度通常采用 0.7 mm 或 0.5 mm，与之对应的细线宽度为 0.35 mm 或 0.25 mm。图线在图样中的应用如图 1-10 所示。

在图示零件的视图上，粗实线表示该零件的可见轮廓线；虚线表示不可见轮廓线；细实线表示尺寸线、尺寸界线、指引线及剖面线；波浪线表示断裂处的边界线及视图和剖视的分界线；细点画线表示对称中心线及轴线；细双点画线表示相邻辅助零件的轮廓线及极限位置轮廓线。

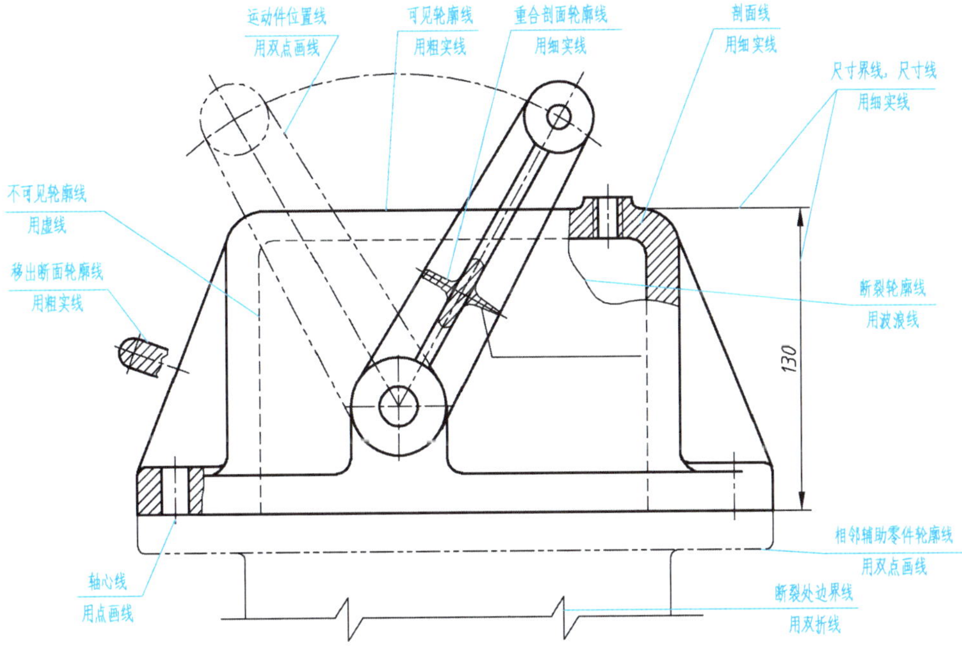

图 1-10　图线应用示例

3. 图线及交接处画法的注意事项

图线及交接处的画法如图 1-11 所示。

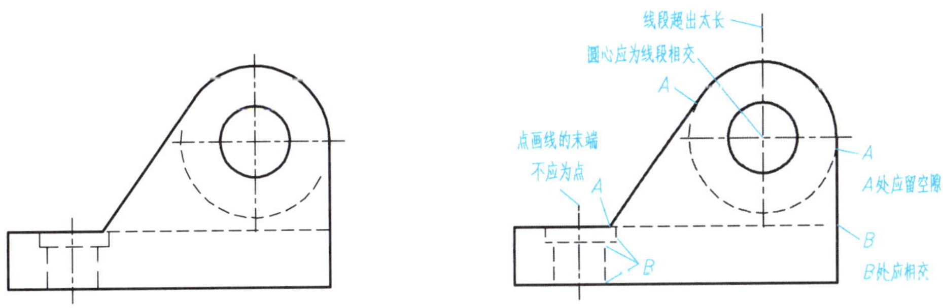

（a）正确　　（b）错误

图 1-11　图线及交接处的画法

图线及交接处画法的注意事项如下：

（1）同一图样中同类图线的宽度应基本一致。虚线、点画线及双点画线的线段长度和间隔各自应大致相等。

（2）绘制圆的对称中心线时，圆心应为线段的交点。点画线和双点画线的首末两端应是线段而不是点，且应超出图形轮廓 2 ~ 3 mm。

（3）在较小的图形上绘制点画线或双点画线有困难时，可用细实线代替。

（4）细虚线、点画线、双点画线相交时，应该是线段相交。当细虚线是粗实线的延长线时，在连接处应断开。

（5）当各种线型重合时，应按粗实线、虚线、点画线的优先顺序画出。

任务二 基本几何作图

机件的形状虽然多种多样，但都是由各种几何形体组合而成的，它们的图形也是由一些基本的几何图形组成的。因此，熟练掌握基本几何图形的画法，是绘制机械图样的基础。在制图过程中，常会遇到等分线段、等分圆周、作正多边形、画斜度和锥度、圆弧连接及绘制非圆曲线等几何作图问题。

知识点一、等分已知线段

已知线段 AB，现将其五等分，作图过程如图 1-12 所示。

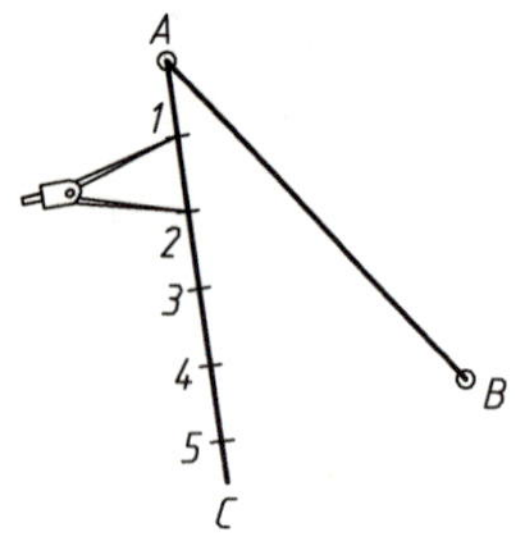

（a）过 AB 线段的一个端点 A 作一与其成一定角度的直线段 AC，然后在此线段上用分规截取 5 等分

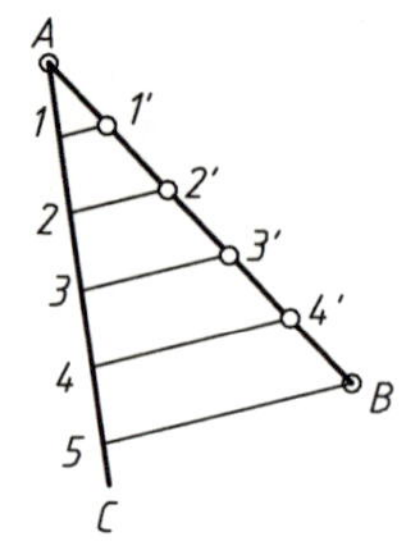

（b）将最后的等分点 5 与原线段的另一端点 B 连接，然后过各等分点作此线段 $5B$ 的平行线，与原线段的交点即为所需的等分点

图 1-12　等分线段

知识点二、等分圆周作正多边形

1. 已知一半径为 R 的圆，求作其内接正六边形

（1）用圆规作图。分别以圆的直径两端 A 和 D 为圆心，以 R 为半径画弧交圆周于 B、F、C、E，依次连接 A、B、C、D、E、F、A，即得所求正六边形（见图 1-13）。

（2）用三角板配合丁字尺作图。用 30°和 60°三角板与丁字尺配合，也可作圆内接正六边形或外切正六边形（见图 1-14）。

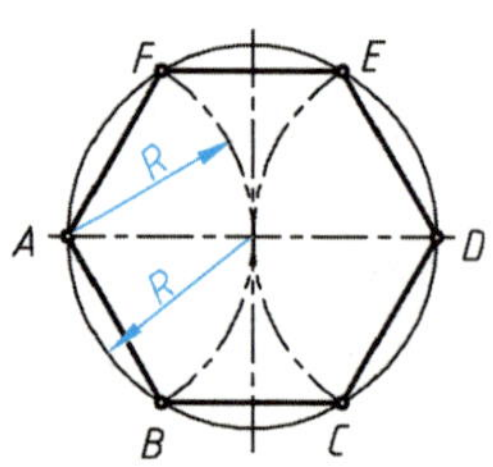

图 1-13　用圆规作圆内接正六边形

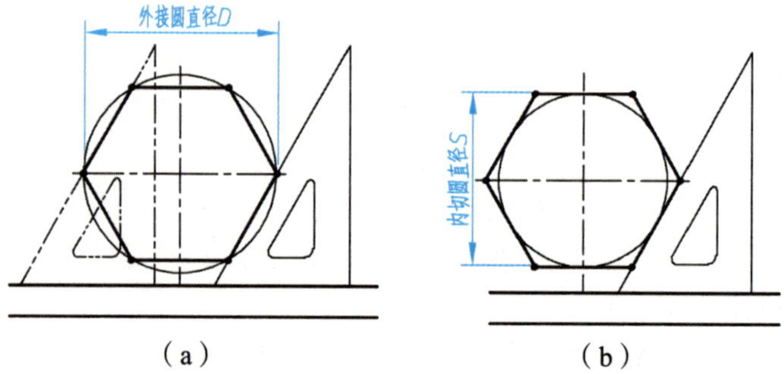

图 1-14　用丁字尺、三角板作圆内接或圆外切正六边形

2. 已知一半径为 R 的圆，求作圆内接正五边形

五等分圆周并作正五边形，可用分规试分，也可按下述方法作图（见图 1-15）。

（1）平分半径 OB 得点 O_1；

（2）在 AB 上取 $O_1K=O_1D$ 得点 K；

（3）以 DK 为边长等分圆周得 E、F、G、H，依次连线即得圆内接正五边形。

3. 正 n 边形的画法

若已知圆周半径为 R，求作圆内接正 n 边形，则作图步骤（以作正七边形为例）如下（见图 1-16）：

（1）将直径 AN 作 7 等分；

（2）以 N 为圆心，NA 为半径作圆弧交水平中心线的延长线于点 M；

（3）自 M 与 AN 上的奇数或偶数点（如 2、4、6 点）连接并延长与圆周相交得 B、C、D，再作它们的对称点，依顺序连接即得正七边形。

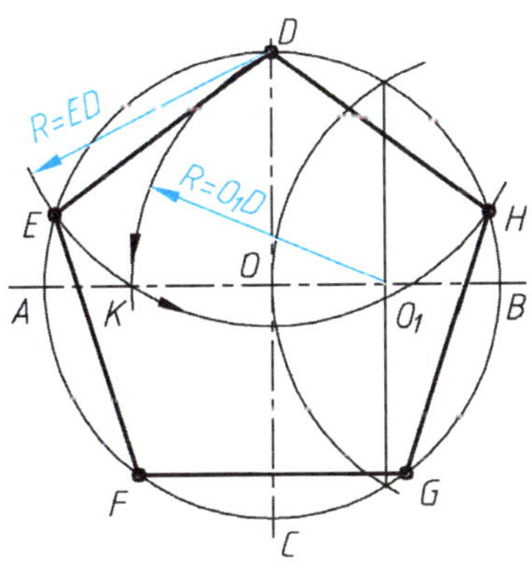

图 1-15　正五边形的画法

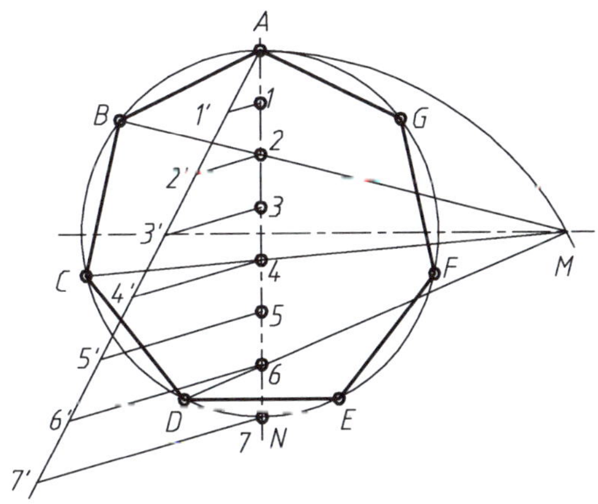

图 1-16　正七边形的画法

知识点三、斜度与锥度

1. 斜　度

斜度是指一直线（或平面）对另一直线（或平面）的倾斜程度，其大小用两直线（或平面）夹角的正切来表示，如图 1-17（a）所示通常以 $1:n$ 的形式标注。

$$\text{斜度}=\tan\alpha=\frac{H}{L}=\frac{1}{n}$$

标注斜度时，在数字前应加注斜度符号“∠”，符号“∠”的指向应与直线或平面倾斜的方向一致，如图 1-17（b）所示。

若要对直线 AB 作一条斜度为 1∶10 的倾斜线，则作图方法为：先过点 B 作 $CB\perp AB$，并使 $CB:AB=1:10$，连接 AC，即得所求斜线，如图 1-17（c）所示。

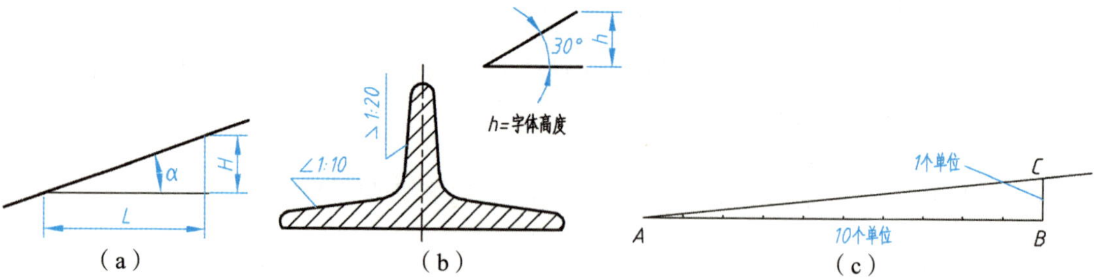

图 1-17　斜度、斜度符号和斜度的画法

斜度的应用：图 1-18 所示为一槽钢，在其右侧端面图形中即有 1∶10 的斜度线。

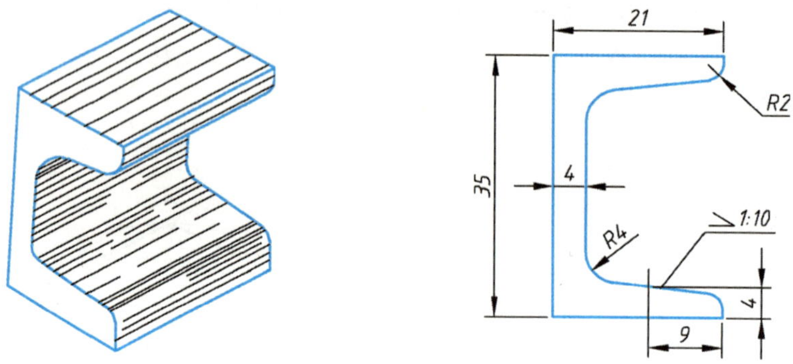

图 1-18　槽钢

2. 锥　度

锥度是指正圆锥的底圆直径 D 与该圆锥高度 L 之比；而对于圆台，则为两底圆直径之差（$D-d$）与圆台高度 l 之比，即

$$\text{正圆锥锥度}=\frac{D}{L}=2\tan\alpha$$

$$\text{圆台锥度}=\frac{D-d}{l}=2\tan\alpha$$

其中，α 为 1/2 锥顶角，如图 1-19（a）所示。

锥度在图样上的标注形式为 1∶n，且在此之前加注锥度符号，如图 1-19（b）。符号尖端方向应与锥顶方向一致。

若要求作一锥度为 1∶5 的圆台锥面，且已知底圆直径为ϕ，圆台高度为 L，则其作图方法如图 1-19（c）所示。

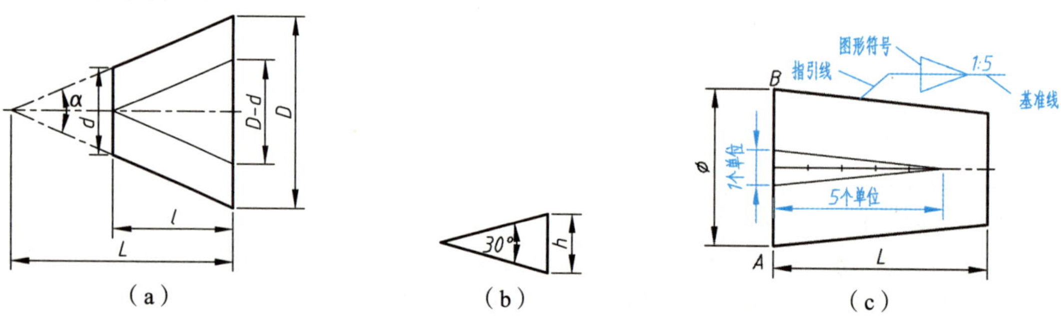

图 1-19　锥度、锥度符号和锥度的画法

锥度的应用：图 1-20 所示为用于检测加工零件的塞规，在其右侧的图形中即有 1∶3 的锥度线。

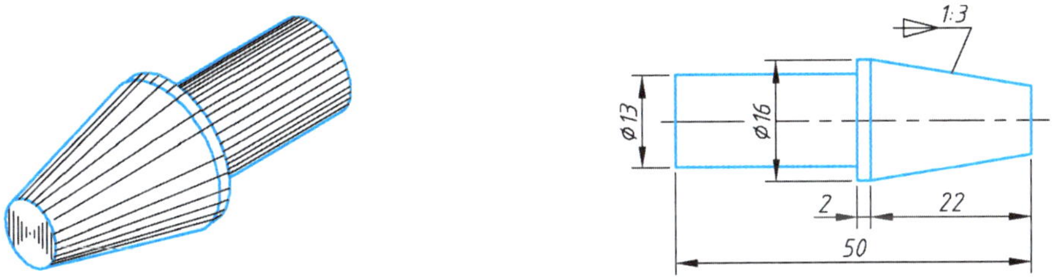

图 1-20　塞规

知识点四、圆弧连接

工程图样中的大多数图形是由直线与圆弧、圆弧与圆弧连接而成的。圆弧连接，实际上就是用已知半径的圆弧光滑地连接两已知线段（直线或圆弧）。其中，起连接作用的圆弧称作连接弧。这里讲的连接，指圆弧与直线或圆弧和圆弧的连接处是相切的。因此，在作图时，必须根据连接弧的几何性质，准确求出连接弧的圆心和切点的位置。

常见的圆弧连接的形式有：

1. 用圆弧连接两已知直线

如图 1-21 所示，设已知连接圆弧的半径为 R，则用该圆弧将直线 L_1 及 L_2 光滑连接的作图方法如下：

（1）作直线 Ⅰ 和 Ⅱ 分别与 L_1 和 L_2 平行，且距离为 R，直线 Ⅰ 和 Ⅱ 的交点 O 即为连接圆弧的圆心；

（2）过圆心 O 分别作 L_1 和 L_2 的垂线，其垂足 a 和 b 即为连接点（即切点）；

（3）以 O 为圆心，R 为半径画圆弧 ab。当两已知直线垂直时，其作图方法更为简便，如图 1-21（b）所示。

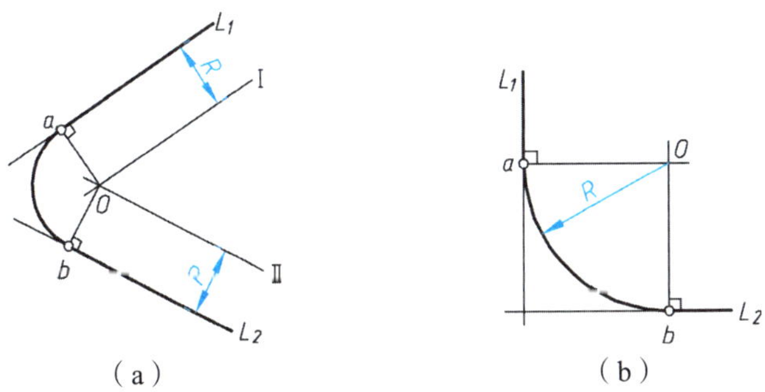

图 1-21　用圆弧连接两已知直线

2. 用圆弧连接两已知圆弧

它可分为外连接、内连接和内外连接三种情况。

（1）外连接：连接圆弧同时与两已知圆弧相外切，其相切圆弧的圆心距等于两个圆弧半径之和。由初等几何知，两圆弧外切时，其切点必位于两圆弧的连心线上，且落在两圆心之间。因此，用半

径为 R 的连接圆弧连接半径为 R_1 和 R_2 的两已知圆弧，其作图步骤如下[见图 1-22（a）]：

① 分别以 O_1 和 O_2 为圆心，$R+R_1$ 和 $R+R_2$ 为半径作弧相交于 O，交点 O 即为连接圆弧的圆心；

② 连接 O_1O 和 O_2O 分别与已知圆弧相交得连接点 a 和 b；

③ 以 O 为圆心，R 为半径作弧 ab 即为所求。

（2）内连接：连接圆弧同时与两已知圆弧相内切，其相切圆弧的圆心距等于两个圆弧半径之差，其作图原理与外连接相同。只是由于两圆弧内切时，其切点应落在两圆弧连心线的延长线上（即两圆弧的圆心位于切点的同侧），故在求连接圆弧的圆心时，所用的半径为连接弧与已知弧的半径差，即 $|R-R_1|$ 和 $|R-R_2|$，作图方法如图 1-22（b）所示。

（3）内外连接：当连接圆弧的一端与一已知弧外连接，另一端与另一已知弧内连接时，称作内外连接。其作图方法如图 1-22（c）所示。

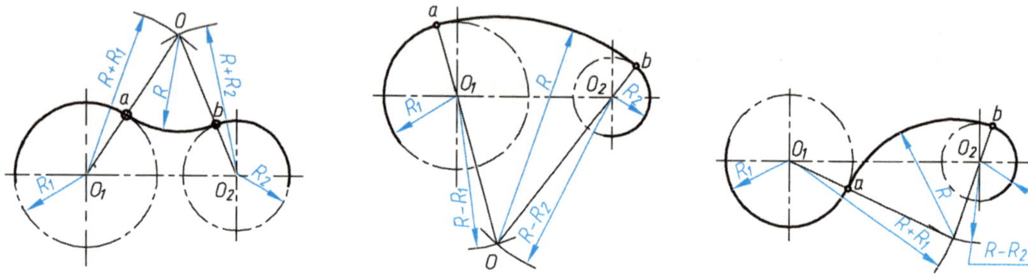

（a）外连接　（b）内连接　（c）内外连接

图 1-22　用圆弧连接两已知圆弧

3. 用圆弧连接已知直线和已知圆弧

连接圆弧的一端与已知直线相切而另一端与已知圆弧外连接（或内连接），可综合利用圆弧与直线相切以及圆弧与圆弧外连接（或内连接）的作图原理，其作图方法如图 1-23 所示。

视频：圆弧连接圆弧

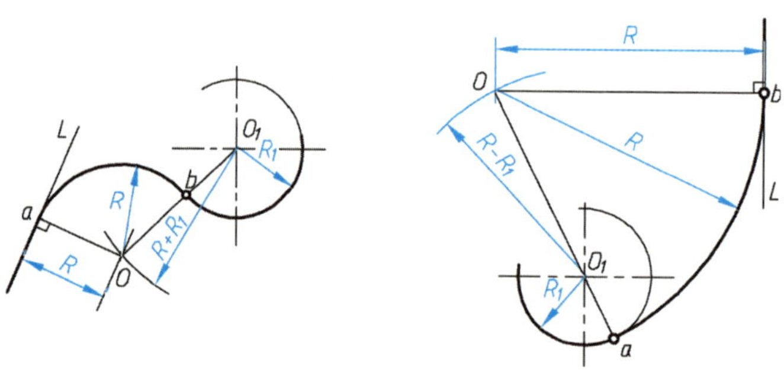

图 1-23　用圆弧连接一已知直线和一已知圆弧

视频：圆弧连接圆弧和直线

知识点五、工程上常见的平面曲线

工程上常见的平面曲线有椭圆、抛物线、双曲线、渐开线、阿基米德螺旋线等。表 1-4 中介绍了两种画椭圆的方法及渐开线的作图方法。

表 1-4　常见平面曲线的画法

	作图方法	曲　线
同心圆法画椭圆	（1）以 O 为圆心，长轴 AB 和短轴 CD 为直径作两个同心圆； （2）由 O 作若干放射线与两同心圆相交； （3）由各交点作长、短轴的平行线，即可分别交得椭圆上的各点； （4）用曲线板顺序连接各点即得椭圆	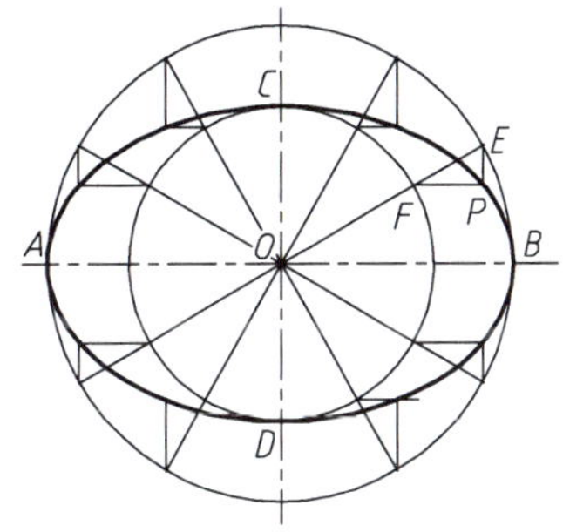
四心法近似画椭圆	（1）长轴 AB 与短轴 CD 互相垂直平分，连接 AC，取 $CM=OA-OC=CA_1$； （2）作 AM 的中垂线交两轴于 O_1 和 O_3，取其对称点 O_2 和 O_4； （3）分别以 O_1 和 O_2 为圆心，O_1C 为半径作弧交 O_1O_3、O_1O_4 的延长线于 E、F，交 O_2O_3、O_2O_4 的延长线于 G、H，以 O_3、O_4 为圆心，O_3A 为半径画弧 EG 和 FH 即得椭圆	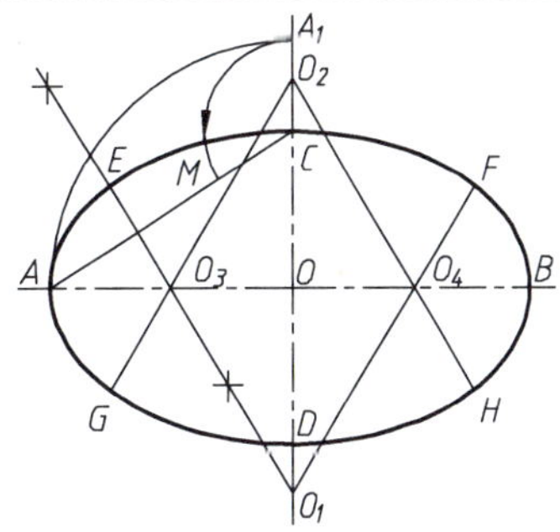
圆的渐开线	当一直线在一定圆（基础）上做无滑动滚动时，直线上一点的运动轨迹即为该圆的渐开线。其作图方法如下： （1）画出基圆，将基圆圆周分成若干等分，并将基圆圆周的展开长度（πD）也分成数目相同的等分（如 12 等分）； （2）在圆周上各等分点处，按同一方向作圆的切线；在第一条切线上取长度 $=\dfrac{1}{12}\pi D$，得点Ⅰ，在第二条切线上取长度 $=\dfrac{2}{12}\pi D$，得点Ⅱ……依此类推； （3）用曲线板依次连接所得各点即可	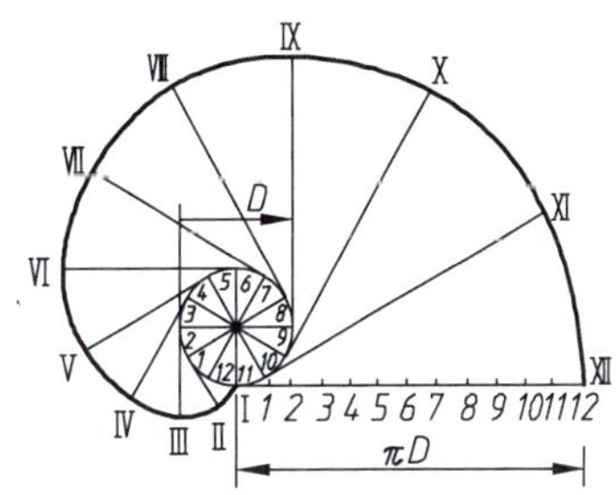

任务三　一般尺寸注法

尺寸标注是工程图样中非常重要的内容。图形只能表达机件的结构形状，而大小和相对位置必须通过标注尺寸来确定。尺寸标注一般应做到：正确、齐全、清晰和合理。标注尺寸应严格遵守国家标准所规定的规则和方法，绘图时必须严格遵守。

知识点一、尺寸标注的基本规则

（1）机件的真实大小应以图样上所注的尺寸数值为依据，与图形的大小及绘图的准确度无关。

（2）图样中（包括技术要求和其他说明）的尺寸，以毫米（mm）为单位时，不需标注计量单位符号或名称，如采用其他单位，则应注明相应的单位符号。

（3）图样中所标注的尺寸，为该图样所示机件的最后完工尺寸，否则应另加说明。

（4）机件的每一尺寸，一般只标注一次，并应标注在反映该结构最清晰的图形上。

知识点二、尺寸标注的组成

一个完整的尺寸，由尺寸数字（包括符号）、尺寸线和尺寸界线组成，如图 1-24 所示。此三项内容被称作尺寸三要素。

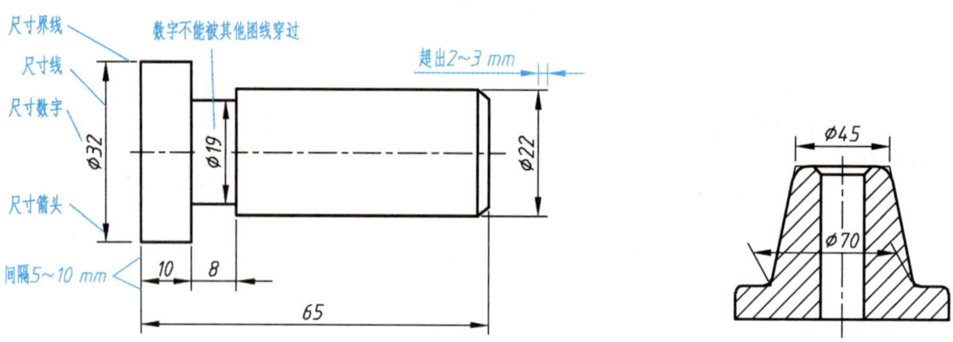

（a）　　（b）

图 1-24　尺寸的组成

1. 尺寸数字

尺寸数字表示尺寸度量的大小。线性尺寸的数字一般应注写在尺寸线的上方，或注写在尺寸线的中断处，尺寸数字不可被任何图线所穿过，如图 1-25 所示。

线性尺寸的数字方向，一般应按图 1-25 所示方向注写，即水平方向的尺寸数字字头朝上；垂直方向的尺寸数字字头朝左；倾斜方向尺寸数字字头有朝上的趋势，如图 1-25（a）所示。应避免在图示 30°范围内标注尺寸，当无法避免时，可按图 1-25（b）所示的形式标注。

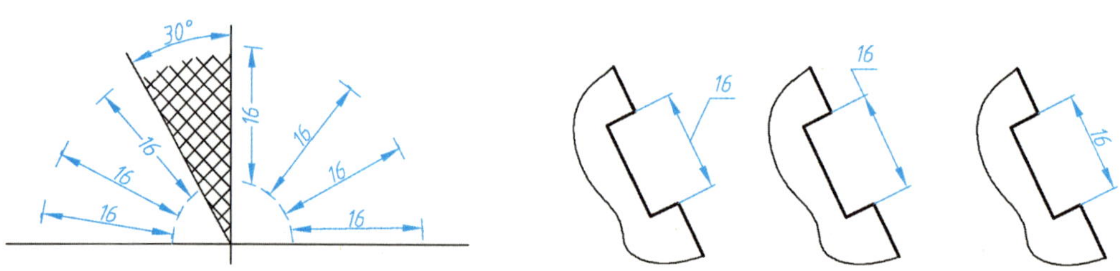

（a）　　（b）

图 1-25　线性尺寸数字的方向

2. 尺寸线

尺寸线用来表示所注尺寸度量的方向。用细实线绘制在两尺寸界线之间，不能用其他图线代替，也不得与其他图线重合或画在其延长线上。标注线性尺寸时，尺寸线必须与所标注的线段平行。在同一图样中，尺寸线与轮廓线以及尺寸线与尺寸线之间的距离应大致相当，一般以不小于 5 mm 为宜，如图 1-24（a）所示。

尺寸线终端可以用两种形式，如图 1-26 所示。机械图一般用箭头，其尖端应与尺寸界线接触，箭头长度约为粗实线宽度的 6 倍。土建图一般用 45°斜线，斜线的高度应与尺寸数字的高度相等。

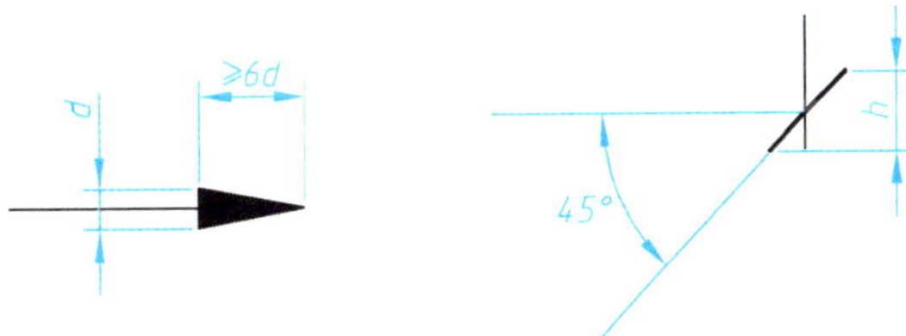

图 1-26　尺寸线终端的形式

3. 尺寸界线

尺寸界线用来表示所注尺寸的范围。尺寸界线用细实线绘制，并应由图形的轮廓线、轴线或对称中心线处引出。也可利用轮廓线、轴线或对称中心线作尺寸界线。尺寸界线一般应与尺寸线垂直。如果轮廓线角度不大，与尺寸界线分辨不清，可将尺寸界线倾斜绘制，绘制的尺寸界线仍然要求平行。如图 1-24（b）所示。

知识点三、常用尺寸注法

在实际绘图中，尺寸标注的形式很多，常用尺寸的标注方法如表 1-5 所示。

表 1-5　常用尺寸的注法

尺寸种类	图　　例	说　　明
圆和圆弧	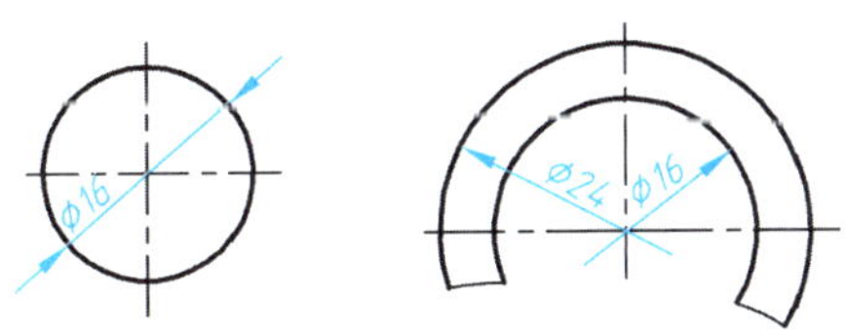	在直径、半径尺寸数字前，分别加注符号 ϕ、R； 尺寸线应通过圆心（对于直径）或从圆心画出（对于半径）
大圆弧	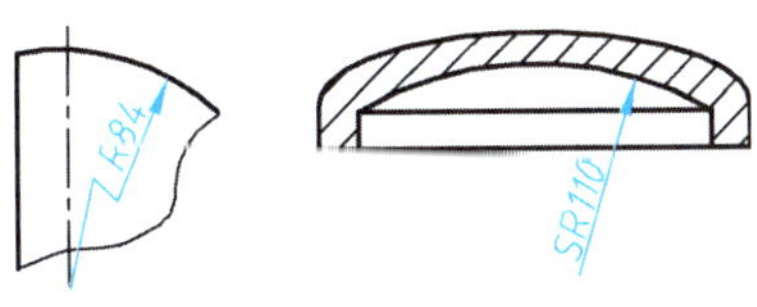	需要标明圆心位置，但圆弧半径过大，在图纸范围内又无法标出其圆心位置时，用左图； 不需标明圆心位置时，用右图
角度	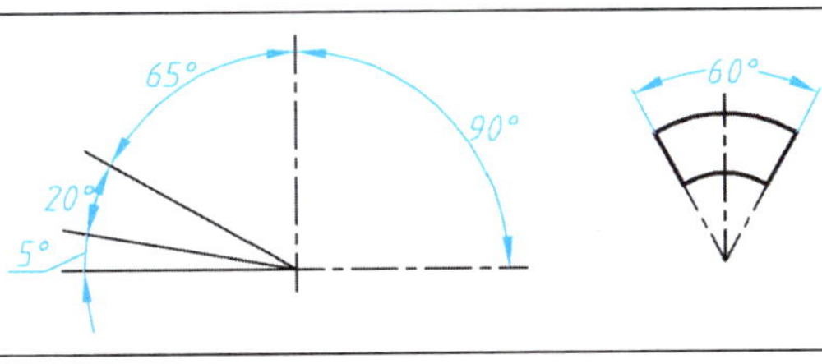	尺寸界线沿径向引出；尺寸线为以角度顶点为圆心的圆弧。尺寸数字一律水平书写，一般写在尺寸线的中断处，也可注在外边或引出标注

续表

尺寸种类	图例	说明
小尺寸和小圆弧	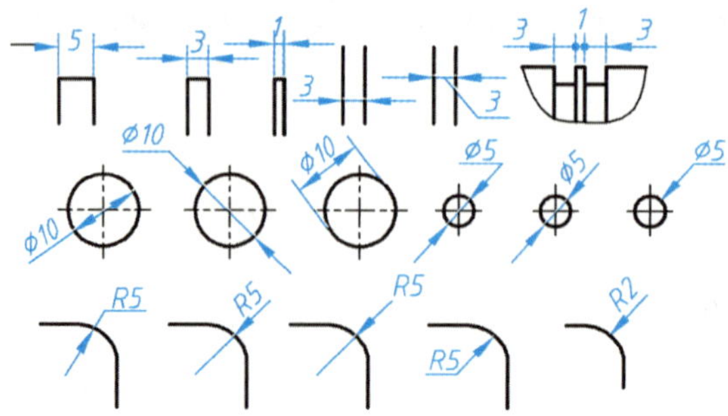	位置不够时，箭头可画在外边，允许用小圆点或斜线代替两个连续尺寸间的箭头。 在特殊情况下，标注小圆的直径允许只画一个箭头；有时为了避免产生误解，可将尺寸线断开
对称尺寸	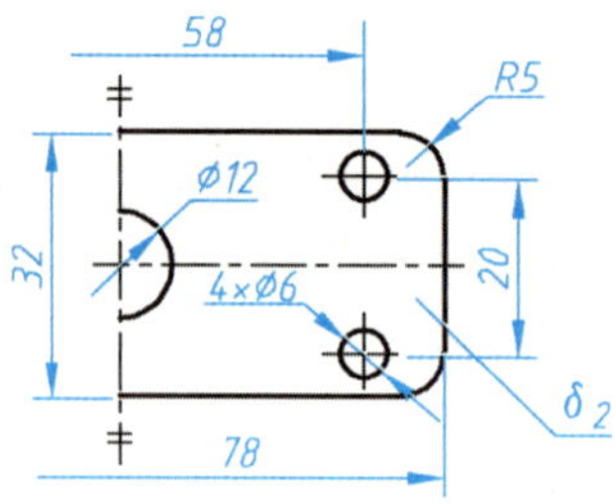	对称机件的图形如只画出一半或略大于一半时，尺寸线应略超过对称中心线或断裂线。此时只在靠尺寸界线的一端画出箭头
球面	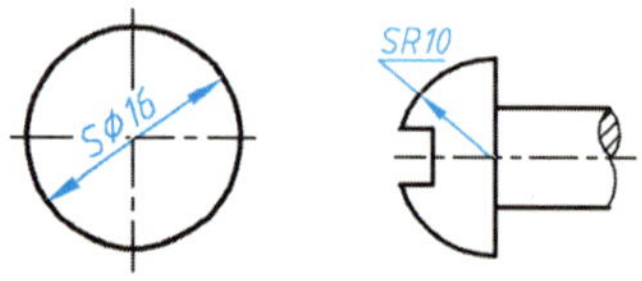	一般应在“ϕ”或“R”前面加注符号“S”。但在不致引起误解的情况下，也可不加注
弧长和弦长	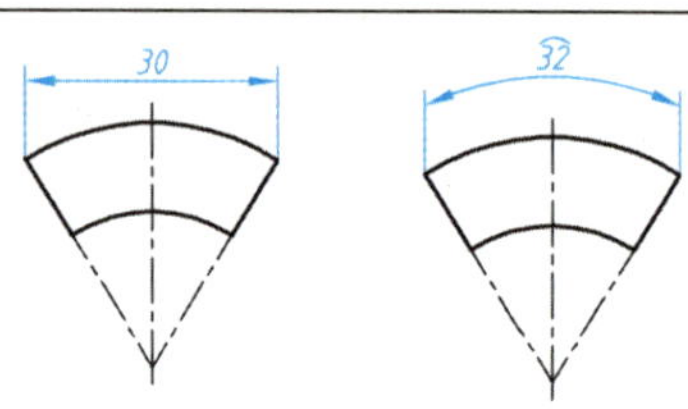	尺寸界线应平行于该弦的垂直平分线；表示弧长的尺寸线用圆弧，同时在尺寸数字上加注“⌒”

知识点四、标注尺寸的符号及缩写词

标注尺寸的符号及缩写词应符合表 1-6 的规定。

表 1-6　尺寸标注常用符号及缩写词

名称	符号或缩写词	名称	符号或缩写词	名称	符号或缩写词
直径	ϕ	正方形	□	均布	EQS
半径	R	45°倒角	C	厚度	t
球直径	$S\phi$	深度	↧	埋头孔	⌵
球半径	SR	沉孔或锪平	⌴		

任务四 平面图形的尺寸分析和线段分析

平面图形一般包含一个或多个封闭图形，而每个封闭图形又由若干线段（直线、圆弧或曲线）组成，故只有首先对平面图形的尺寸和线段进行分析，才能正确地绘制图形。

知识点一、平面图形的尺寸分析

尺寸按其在平面图形中所起的作用，可分为定形尺寸和定位尺寸两类。现以图 1-27 所示的复杂平面图形为例进行分析。

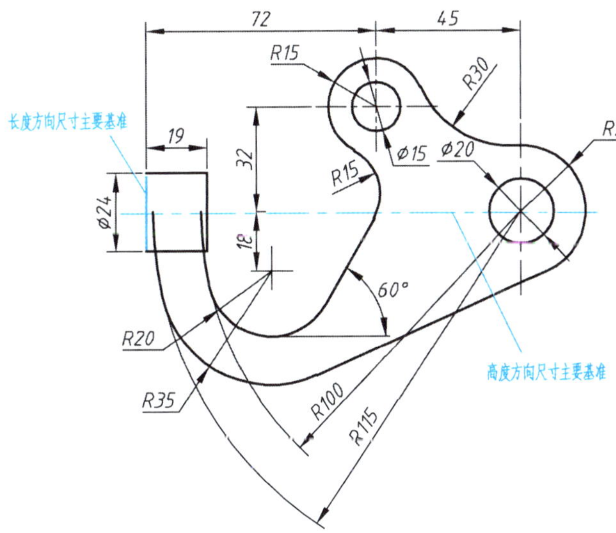

图 1-27 复杂平面图形

1. 尺寸基准

在每个方向上，标注尺寸的起点称作尺寸基准。在平面图形中，一般有水平和竖直两个方向的尺寸基准。对平面图形来说，常用的基准是：对称图形的对称线，圆的中心线，左、右端面，上、下顶（底）面等，如图 1-27 中长度方向尺寸主要基准是ϕ24 圆柱的左端面，高度方向尺寸主要基准是ϕ24 圆柱的轴线。

2. 定形尺寸

确定平面图形上几何元素形状和大小的尺寸称作定形尺寸，如直线的长短、圆弧的直径或半径以及角度的大小、矩形的长和宽、多边形的边长等。如图 1-27 中的定形尺寸：R15、ϕ15、R30、ϕ20、R20、R100、R115、R20、R35、ϕ24、19。

3. 定位尺寸

确定平面图形上几何元素间相对位置的尺寸称作定位尺寸。在平面图形上，确定几何元素相对位置需要两个方向，即水平方向和竖直方向的定位尺寸，如图 1-27 中的 72、45、32、18、60°。有时一个尺寸可兼有定位和定形两种作用。

知识点二、平面图形的线段分析

平面图形上的每一线段都应在知道定形尺寸和定位尺寸后才能画出。而实际上有些线段的定位尺寸没有直接给出，要根据这条线段与相邻线段之间的相切关系来确定。平面图形中的线段（直线或圆弧）按所标尺寸的不同可分为三类：

1. 已知线段

定形尺寸和定位尺寸均直接给出，能直接画出的线段，如图 1-27 中的 *R*15、*ϕ*15、*ϕ*20、*R*20、*R*100、*R*115、*ϕ*24、19。

2. 中间线段

有定形尺寸，但缺少一个定位尺寸，必须依靠其与一端相邻线段的连接关系才能画出的线段，如图 1-27 中的 *R*20、*R*35 圆弧以及与水平线成 60°切线都是中间线段。

3. 连接线段

只有定形尺寸，而无定位尺寸（或不标任何尺寸，如公切线）的线段，也必须依靠其余两端线段的连接关系才能确定画出，如图 1-27 中的 *R*15、*R*30 以及 *R*20 和 *R*35 的外公切线都是连接线段。

必须指出，在两条已知线段之间，可以有多条中间线段，但有且只有一条连接线段，否则，将出现尺寸缺少或多余的情况。

知识点三、平面图形的作图步骤

在对其进行线段分析的基础上，应先画出已知线段，再画出中间线段，最后画出连接线段，具体作图步骤如图 1-28（a）~（e）所示。

（1）画图框、标题栏、基准线、定位线，已知定位尺寸 72、45、32、18，如图 1-28（a）所示。

（2）画已知线段，根据已知的定位尺寸和定形尺寸绘制出已知线段*ϕ*20、*R*20、*ϕ*15、*R*15、*ϕ*24、19、*R*100、*R*115，如图 1-28（b）所示。

（3）画中间线段，已知 *R*20 和 *R*35 的高度定位尺寸 18，同时 *R*22 圆弧与 *R*100 圆弧内切，利用内切圆弧半径相减做同心圆的方式绘制圆弧定圆心和切点，根据圆心和半径绘制 *R*20 圆弧；用同样的方式绘制出 *R*35 圆弧，倾角 60°的直线与 *R*22 圆弧相切，如图 1-28（c）所示。

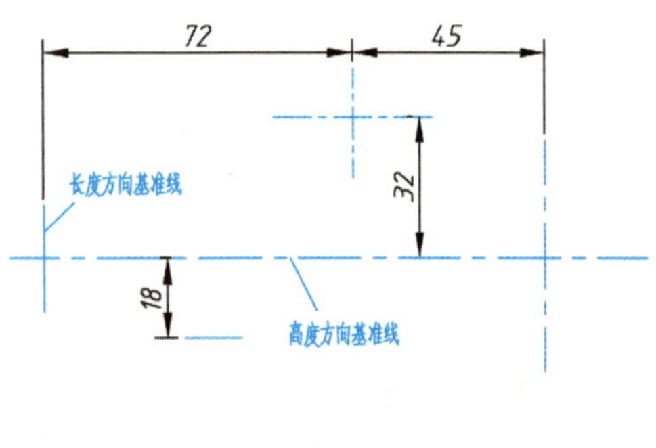

（a）画基准线、定位线

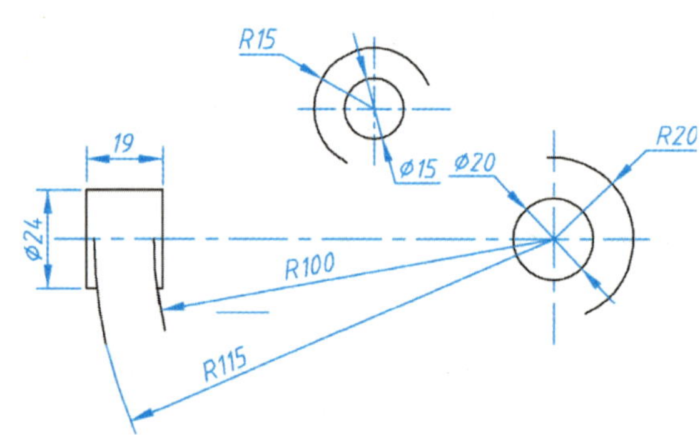

（b）画已知线段

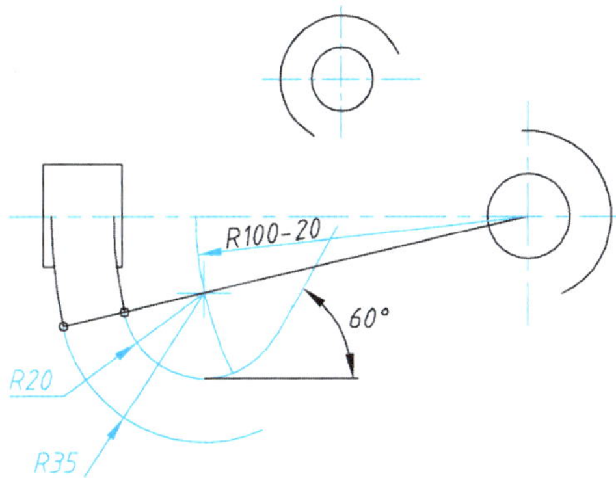

（c）画中间线段

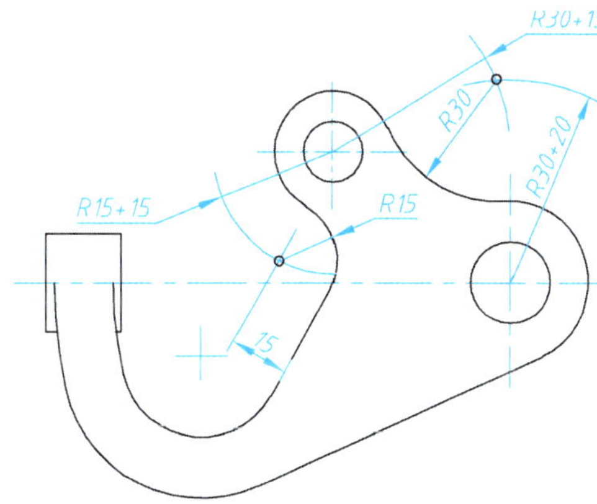

（d）画连接线段

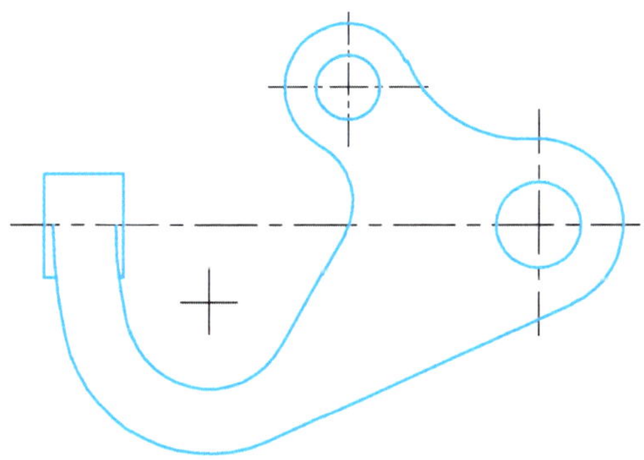

（e）检查加深加粗图线

图 1-28　平面图形绘制步骤

（4）画连接线段，图中连接线段 $R30$ 与两已知圆弧外切，连接线段 $R15$ 与已知圆弧 $R15$ 和已知直线相切，利用圆弧连接的原理，通过找圆心、定切点、画圆弧的步骤绘制连接圆弧，如图 1-28（d）所示。

（5）整理全图，标注尺寸，仔细检查无误后加深图线，如图 1 28（e）所示。

知识点四、平面图形的尺寸标注

图形和尺寸的关系极为密切，绘制平面图形时，要根据所给尺寸分析其各类线段，因此，能否正确绘出图形，要看所给尺寸是否足够或有无多余；而在为所画图形标注尺寸时，则首先要根据所画图形的特点选定尺寸基准，把构成该图形的主要轮廓线定为已知线段，注出相应的定形、定位尺寸；然后根据线段类别，定出中间线段与连接线段，注出相应的尺寸。此时应特别注意不能有多余尺寸。标注平面图形尺寸的一般步骤是：

（1）分析平面图形各部分的构成，确定尺寸基准。

（2）标注全部定形尺寸。

（3）标注必要的定位尺寸。已知线段的两个定位尺寸都要注出，中间弧只需要标注圆心的一个定位尺寸，不必标注连接弧圆心定位尺寸，否则便会出现多余尺寸。

（4）检查、调整、补遗、删多。

注意：尺寸排列要整齐，小尺寸在内，大尺寸在外，以避免尺寸线与尺寸界线相交。检查时可按画图过程进行，如果按所注尺寸无法完成作图，说明缺少尺寸。画图时没有用到的尺寸即是重复尺寸，要做到尺寸不多也不少。

【任务实战】

班级：________ 姓名：________ 学号：________	
任务名称	绘制平面图形
任务概述	一、目　的 1. 熟悉平面图形的绘制过程及尺寸标注方法； 2. 掌握线型规格及线段连接技巧。 二、内容与要求 1. 绘制图框和标题栏； 2. 将下列平面图形按 1∶1 的比例绘制在 A4 图纸上，并标注尺寸。 三、注意要求 1. 布置图时考虑尺寸标注的位置； 2. 画底稿时作图线应该轻而准确，并找准连接圆弧的圆心及切点； 3. 尺寸箭头应该符合规定，并且大小一致。 视频：平面图形绘制
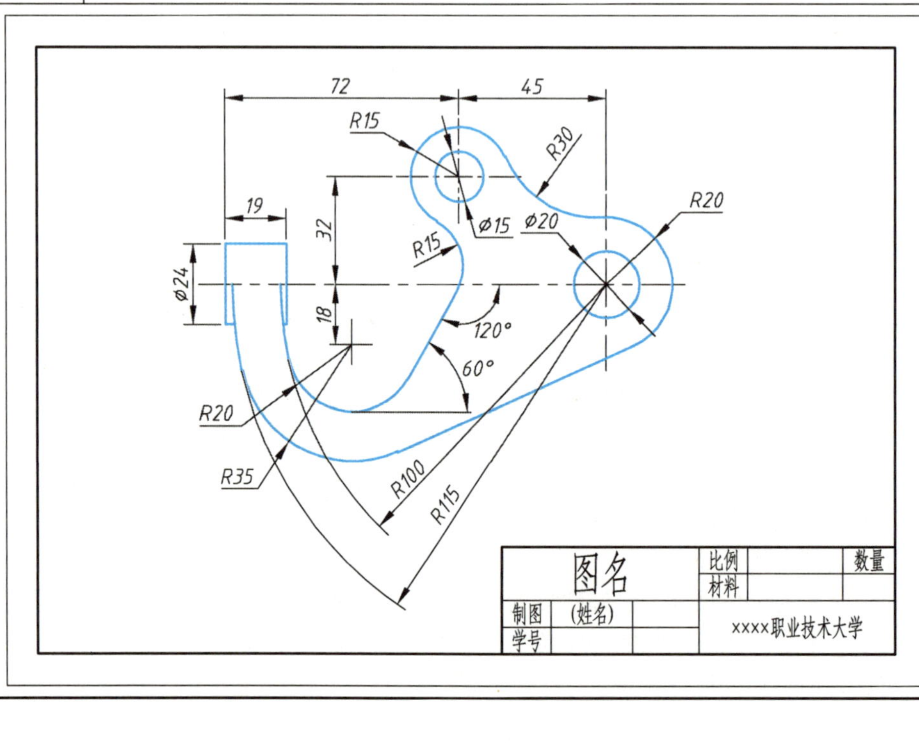	

【学习评价】

<table>
<tr><th colspan="5">学习评价考核表</th></tr>
<tr><th colspan="2">评价项目</th><th>评价标准</th><th>自评</th><th>互评</th></tr>
<tr><td rowspan="4">专业能力</td><td>图纸幅面、图纸格式绘制正确（10分）</td><td>1. 图框格式正确，干净整洁；
2. 标题栏格式正确（标题栏尺寸）。</td><td></td><td></td></tr>
<tr><td>图形比例合适、字体规范（10分）</td><td>1. 绘图比例符合要求；
2. 字体工整。</td><td></td><td></td></tr>
<tr><td>图线绘制规范（20分）</td><td>1. 粗实线加粗，细实线加深，中心线规范；
2. 中心线超出轮廓线 2～3 mm。</td><td></td><td></td></tr>
<tr><td>图形正确（30分）</td><td>1. 图形连接无误，图形标准；
2. 尺寸标注规范（尺寸数字和终端标注合理）。</td><td></td><td></td></tr>
<tr><td rowspan="3">素质能力</td><td>遵守课堂纪律（10分）</td><td>1. 上课不迟到早退；
2. 上课不玩手机、不睡觉。</td><td></td><td></td></tr>
<tr><td>课后自学能力（10分）</td><td>1. 做好课前复习、课后巩固；
2. 及时完成课后作业。</td><td></td><td></td></tr>
<tr><td>互帮互助能力（10分）</td><td>1. 乐于帮助同学，团结协作；
2. 勤于思考，勇于表达。</td><td></td><td></td></tr>
<tr><td colspan="5">教师综合评价</td></tr>
<tr><td colspan="2">专业能力评价</td><td>素质能力评价</td><td colspan="2">得分</td></tr>
<tr><td colspan="2"></td><td></td><td colspan="2"></td></tr>
<tr><td>综合评价</td><td colspan="4"></td></tr>
</table>

思政学堂 领略中国古代工程图的魅力

我国是世界文明古国之一，在工程图学方面有着悠久历史。远在战国时期人们就已运用设计图（有确定的绘图比例、酷似用正投影法画出的建筑规划平面图）来指导工程建设，距今已有 2 400 多年的历史。1977 年河北省平山县出土的战国时代中山王墓中就出现了建筑规划平面图；自秦汉起，我国已出现图样的史料记载，并能根据图样建筑宫室。南朝宋时宗炳编著的《画山水序》中就有了中心投影原理图；宋代李诫（仲明）所著《营造法式》一书，总结了我国两千年来的建筑技术成就，全书 36 卷，其中 6 卷是图样（包括平面图、轴测图、透视图），这是一部闻名于世的建筑图样巨著，图上运用了投影法表达了复杂的建筑结构；宋代苏颂和赵公廉所著的《新仪象法要》中已附有天文报时仪器的机械图纸；元代薛景石作品《梓人遗作》中出现了纺织机械图；元代王祯的《农书》中有农业机械图样 258 幅；明代宋应星所著《天工开物》中也有大量的机械图纸等。如图 1-29 所示，中国古代工程图取得了举世瞩目的科学成就，古代图学家们的精湛技术造诣和认真求实精神为中华文明留下了辉煌的篇章，他们的图学思想、图学理论及制图技术对世界工程图学的发展产生了重要影响，对我国图形学的发展做出了巨大贡献。我们该为此自豪，为中国灿烂的历史文明而自豪，以坚定同学们文化自信的底气。

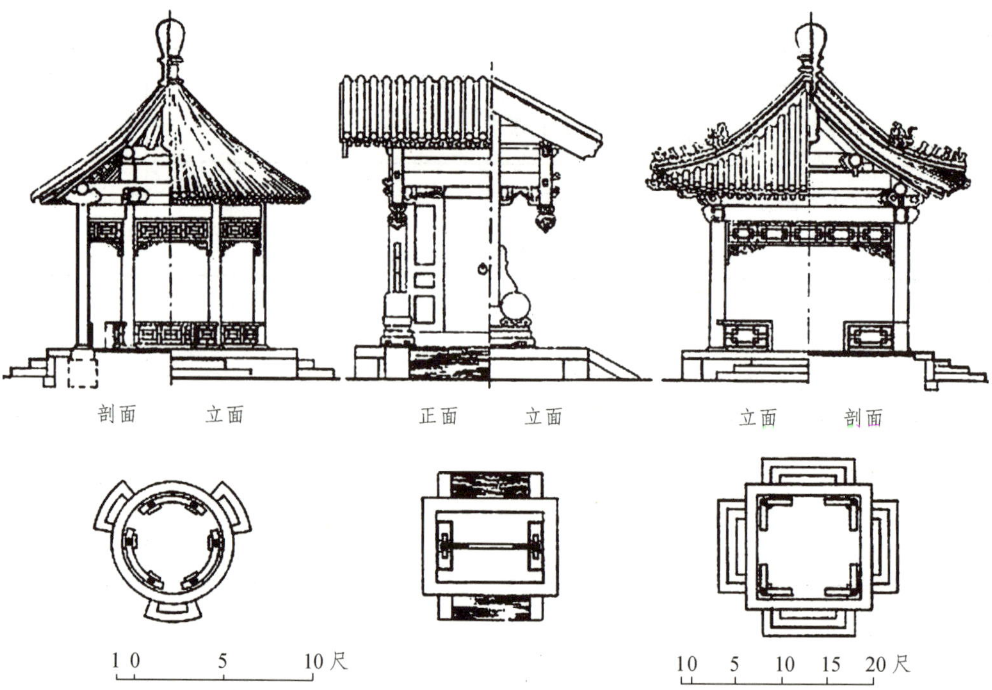

图 1-29　中国古代工程图

随着生产技术的不断发展，农业、交通、军事等器械日趋复杂和完善，图样的形式和内容也日益接近现代工程图样，如清代程大位所著《算法统筹》一书的插图中，有丈量步车的装配图和零件图。新中国成立后，工程图学得到前所未有的发展。1959 年，国家科学技术委员会颁布了第一个国家标准《机械制图》，随后又颁布了国家标准《建筑制图》，使全国工程图样标准得到了统一，标志着我国工程图学进入了一个崭新的阶段。随着科学技术的发展和工业水平的提高，技术规定不断修订和完善，我国先后颁布了一系列《技术制图》和《机械制图》的新标准。

思政引导：请登录国家标准信息公共服务平台，查阅《技术制图》图纸幅面和格式、标题栏、明细栏、比例、字体、图线部分的国家标准，并记录其代号。谈一谈您对国家标准的认识。

单元二 投影基础

投影法是人们将投影现象进行科学总结和抽象形成的。机械工程图样通常都是用正投影方法绘制的。本学习单元中将介绍投影法的基本知识和物体的三视图，点、直线、平面等几何元素的投影原理，基本几何体（简称基本体）、切割体及相交体的视图绘制方法，以及轴测投影图的绘制方法。

知识目标

（1）掌握投影法的基本概念以及正投影法的特性；

（2）掌握基本几何元素的投影特性；

（3）掌握典型基本体的投影特性；

（4）掌握常见切割体与相交体截交线画法；

（5）掌握正等轴测图的特性及其绘制方法。

能力目标

（1）理解投影规律中“宽相等”，并熟练运用于作图中；

（2）具备对立体表面几何元素进行投影分析的能力；

（3）能够正确分析立体表面上各种交线的形状，并熟练掌握截交线和相贯线的作图方法；

（4）掌握正等轴测图的画法。

素养目标

（1）培养学生掌握认识本质与规律、共性与个性的科学思维方法；

（2）发展学生的空间思维能力及分析问题、解决问题的能力；

（3）明确相贯线中特殊点的意义和方法，培养学生一丝不苟的职业精神。

任务引入

在本次学习任务中，以立体三视图形成、立体表面截交线和立体表面相贯线的表达为载体，将三视图形成基本原理、三视图绘制过程、基本体投影、立体表面截交线以及相贯线的基本画法融入到学习任务如图 2-1、2-2、2-3 所示中。

子任务一：绘制基本体三视图（见图 2-1）

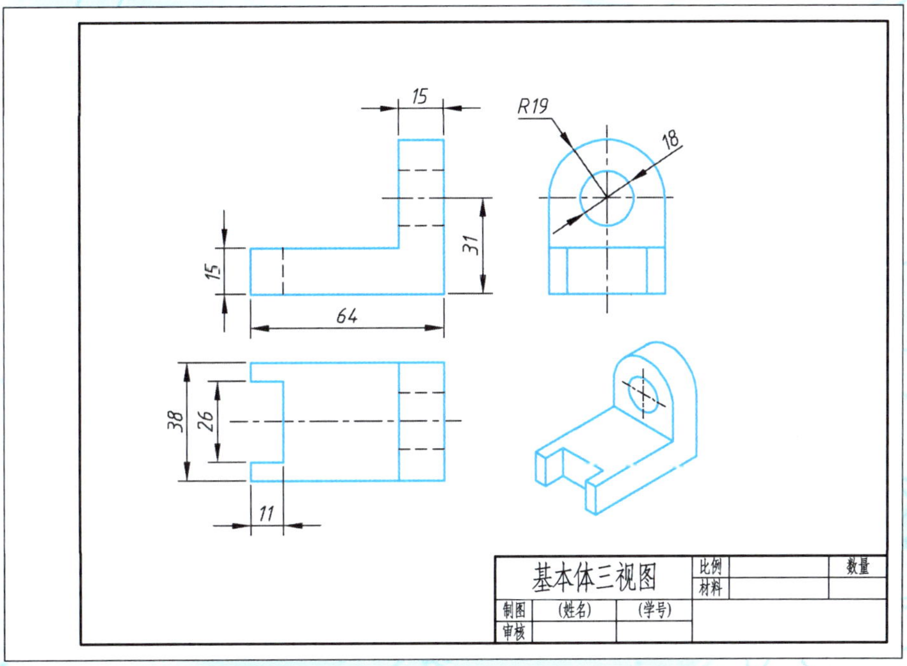

图 2-1　基本体三视图

子任务二：绘制截交线（见图 2-2）

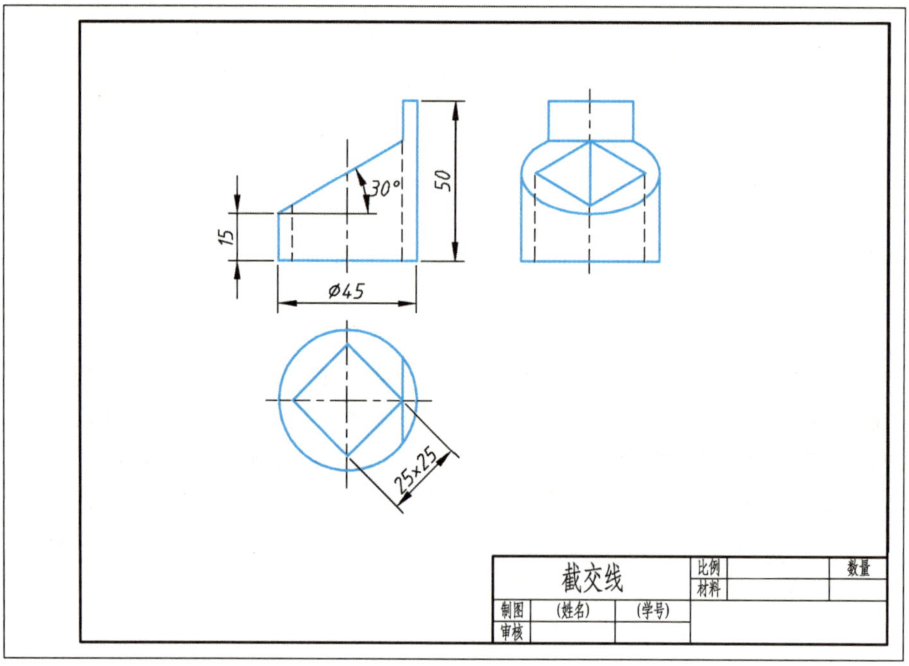

图 2-2　截交线

子任务三：绘制相贯线（见图 2-3）

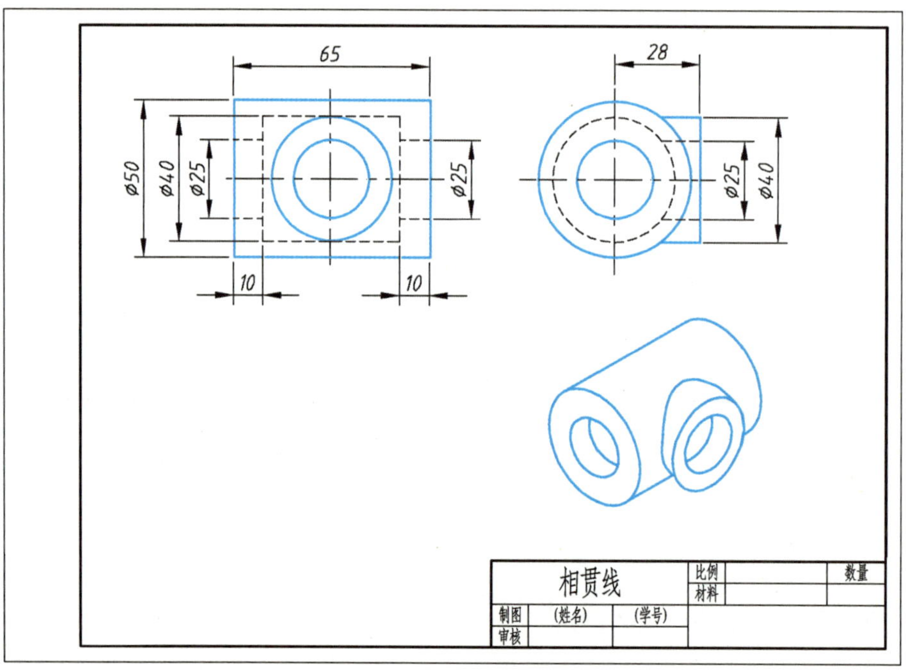

图 2-3　相贯线

任务一 投影法及三视图的形成

知识点一、投影法的概念及分类

（一）投影法的概念

在日常生活中，人们可以看到太阳或灯光照射物体时，在墙壁或地面上就出现了物体的影子，这是一种自然的投影现象。根据这种现象，人类经过科学总结影子与物体的几何关系，创造了把空间物体图示在平面上的表示方法，即投射线通过物体，向选定的平面投射并在该平面上得到图形的方法称作投影法。

在投影法中，得到投影的平面（P）称作投影面，发自投射中心且通过物体上各点的直线称作投射线，投射线可以是平行的或者是从一个中心点发出的，在投影面上得到的图形称作投影图（简称投影）。

视频：斜投影法和正投影法

（二）投影法的种类

由于投射线的不同，投影法一般可分为中心投影法和平行投影法两类，如图 2-4 所示。

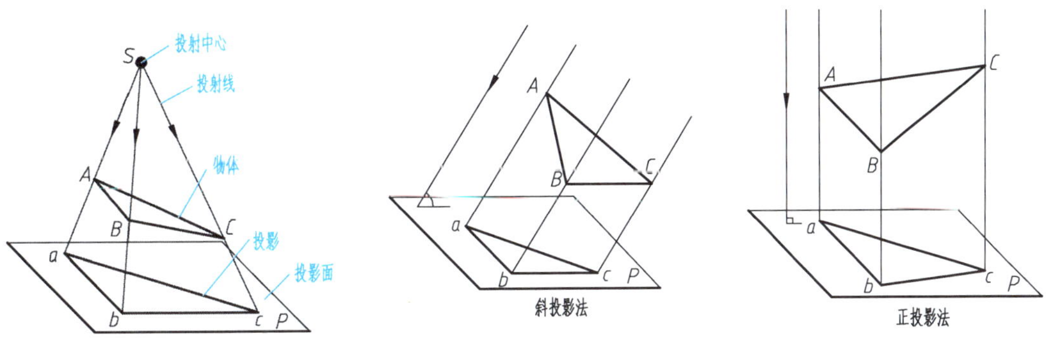

（a）中心投影法　　（b）平行投影法

图 2-4　投影法种类

1. 中心投影法

投射线相交于一点的投影法称作中心投影法，如图 2-4（a）所示。投射线的交汇点称作投影中心，如图 2-4（a）中的 S 点。用中心投影法绘制出的图形，符合人们的视觉规律，因此经常用此方法绘制一些需要强调视觉效果的图形，比如建筑效果图等。由于用中心投影法绘制图形，方法复杂，效率低，又不容易进行尺寸标注，所以在机械制图中很少使用此方法。

2. 平行投影法

投射线相互平行的投影法（或投射中心位于无限远处）称作平行投影法，如图 2-4（b）所示。在平行投影法中，根据投射线是否垂直投影面，又分为斜投影法和正投影法两种。

正投影：平行投射线垂直于投影面，如图 2-4（b）所示，由此法得到的投影图称作正投影图。

斜投影：平行投射线不垂直于投影面，如图 2-4（b）所示，用此法得到投影图，称作斜投影图。

由于用正投影法得到的正投影图能真实地表达空间物体的形状和大小，不仅度量性好，作图也比较方便，故在机械工程图中广泛应用。因此，本课程主要研究正投影法。今后除特别说明外，所述投影均指正投影。

（三）正投影的基本特性

正投影图度量性好、作图简便。正投影的基本特性见表 2-1。

表 2-1　正投影的基本特性

投影性质	从属性	平行性	定比性
图例	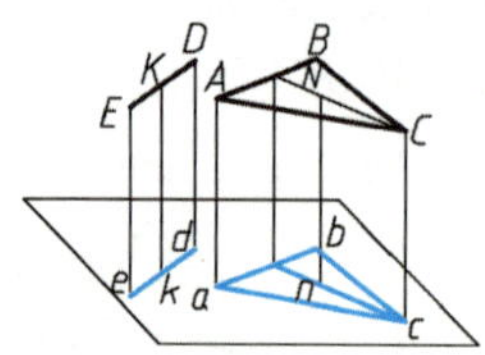	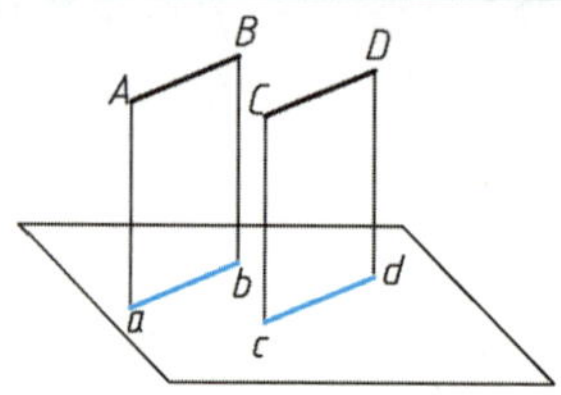	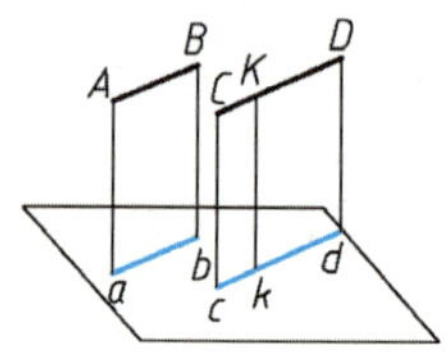
说明	点在直线（或平面）上，则该点的投影一定在直线（或平面）的同面投影上	空间平行的两直线，其在同一投影面上的投影一定相互平行	点分线段之比，投影后比值不变；空间平行两线段之比，投影后该比值不变
投影性质	真实性	积聚性	类似性
图例	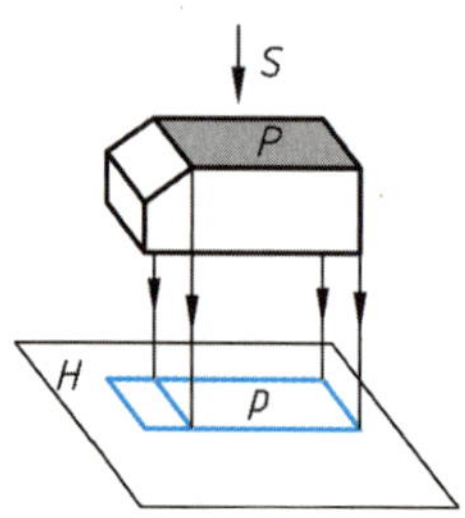	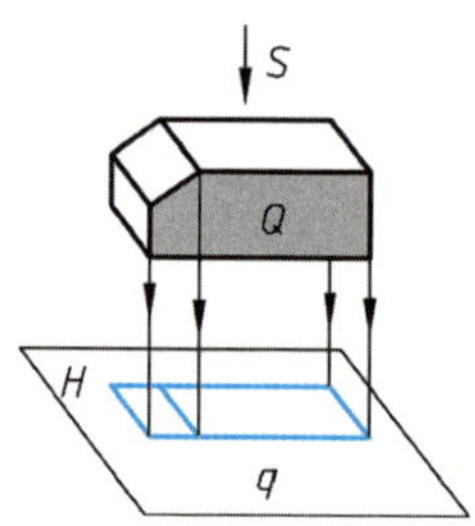	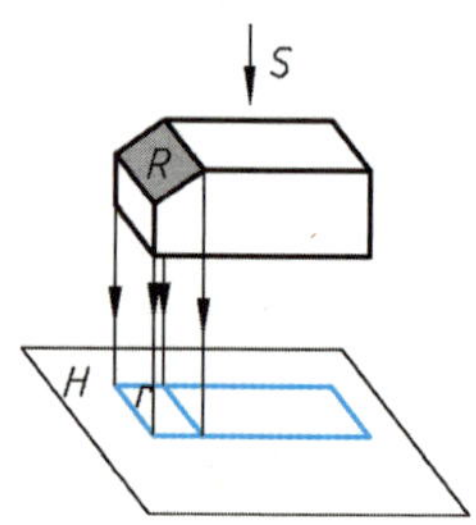
说明	直线、平面平行于投影面时，其投影反映实长和实形	直线、平面垂直于投影面时，直线投影积聚成点，平面投影积聚成直线	平面倾斜于投影面时，其投影形状与原形状类似

知识点二、三视图的形成

在机械图样中，使用正投影法绘制的物体投影图形称作视图。仅用一个方向的视图不能完全确定物体的形状和大小，如图 2-5 所示，结构形状不同的 A、B、C 物体在 *W* 面却得到了相同的投影，需要从几个不同的方向进行投影，形成一组视图来表达对象。

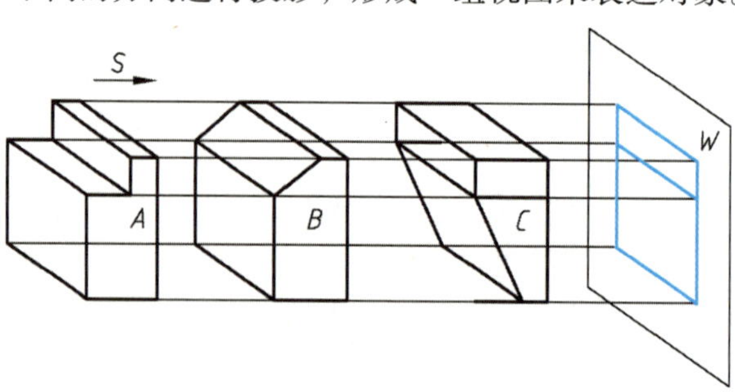

图 2-5　单面投影

（一）三投影体系

三个相互垂直的投影面 V、H 和 W 构成三投影面体系，如图 2-6 所示。正立放置的 V 面称正立投影面，简称正面；水平放置的 H 面称水平投影面，简称水平面；侧立放置的 W 面称侧立投影面，简称侧面。投影面的交线称作投影轴，即 OX、OY、OZ，三投影轴的交点 O 称作投影轴原点。

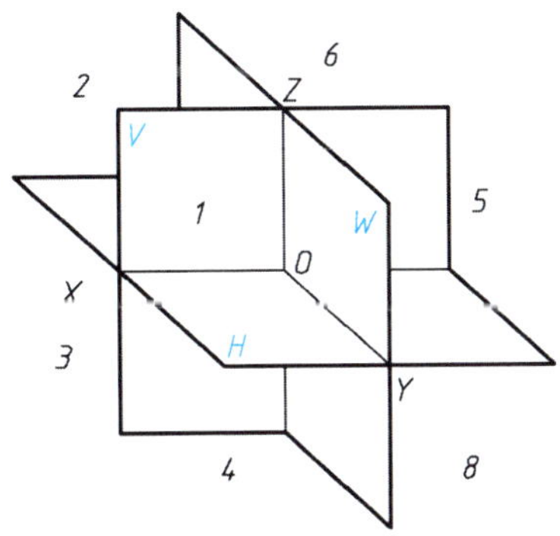

图 2-6　三投影面体系

三面投影体系将空间分为 8 个区域，称作分角。国家标准《图样画法》(GB/T 17451—1998)规定，技术图样优先采用第一角画法，必要时才允许使用第三角画法，本书主要讨论第一分角画法。

（二）三视图的形成

所谓视图，实际上就是物体的正投影。如图 2-7 所示，将物体放在三投影面体系中，用正投影法向三个投影面投影，就得到了物体的三面投影。其中，正面投影，即从前向后投射所得图形，称作主视图；水平投影，即从上向下投射所得的图形，称作俯视图；侧面投影，即从左向右投射所得的图形，称作左视图。

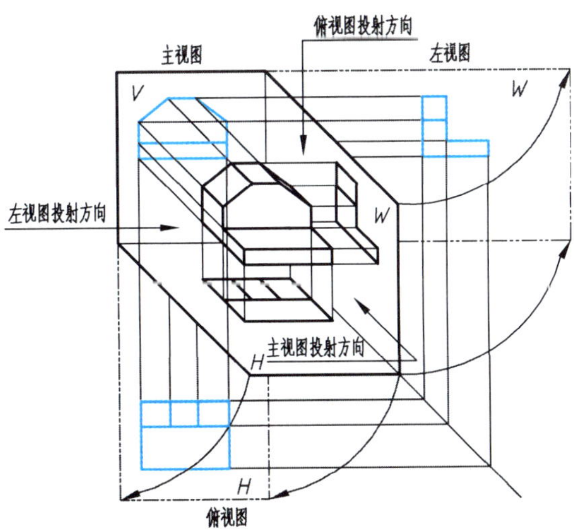

图 2-7　三面投影体系与三视图

为了把物体的三面投影画在同一平面上，规定如下：保持 V 面不动，将 H 面绕 OX 轴向下旋转 90°，将 W 面绕 OZ 轴向后旋转 90°，使其与 V 面处在同一平面上，如图 2-7 所示，即为三视图的配置关系。物体的三个空间尺寸长、宽、高均反映在三视图中。

（三）三视图之间的关系

三视图之间存在着位置、尺寸和方位三种对应关系。

1. 位置关系

以主视图为基准，一般情况下，俯视图位于主视图的正下方，左视图位于主视图的正右方。

2. 方位关系

工作空间的物体有上、下、左、右、前、后 6 个方向的位置。主视图反映了物体的上下、左右方位；俯视图反映了物体的前后、左右方位；左视图反映了物体的前后、上下方位。由于 H 投影面和 W 投影面在展开摊平时各向下、向后旋转了 90°，因而俯视图、左视图靠近主视图的一侧反映物体的后面，远离主视图的一侧反映物体的前面，如图 2-8 所示。

3. 尺寸关系

物体有长、宽、高三个方向的尺寸，每个视图都能够反映物体两个方向的尺寸。主视图反映了物体的长度和高度，俯视图反映了物体的长度和宽度，左视图反映了物体的宽度和高度。这样，主、俯视图共同反映了物体的长度尺寸，主、左视图共同反映了物体的高度尺寸，俯、左视图共同反映了物体的宽度尺寸。由此看出相邻两个视图同一方向的尺寸相等，即主俯视图长度相等，且对正；主左视图高度相等，且平齐；俯左视图宽度相等。以上关系简称“长对正、高平齐、宽相等”的“三等”关系，这就是三视图的投影规律，如图 2-9 所示。画图、读图时都要严格遵守这一规律。

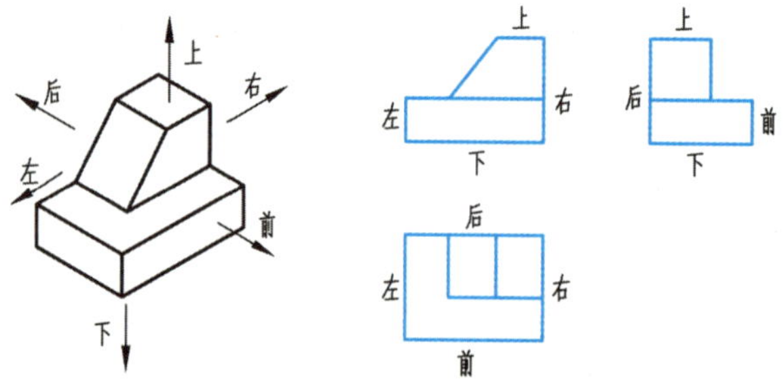

图 2-8　三视图上的方位

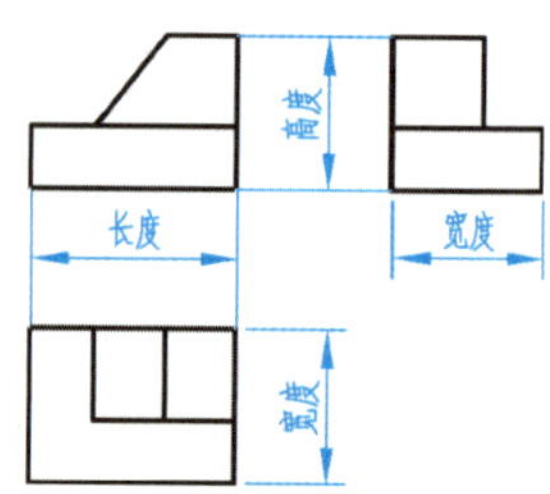

图 2-9　物体的投影关系

任务二　点、直线、平面的投影规律

在前面已介绍了物体与视图之间的对应关系，但为了迅速而准确地表达空间形体，就必须进一步研究构成形体的最基本的几何元素（点、线、面）的投影规律。只要按照投影规律绘制出各个点的投影，即可绘制出各条直线的投影，同时也就绘制出了形体各表面的投影，进而绘制出整个形体的投影。因此，研究点、线、面的投影是学习机械制图的基础。

知识点一、点的投影

（一）点的三面投影

如图 2-10（a）所示，由空间点 *A* 分别向 *H*、*V* 和 *W* 面作垂线，可得到 *A* 点的水平投影 *a*、正面投影 *a′*和侧面投影 *a″*。展开三投影面得到的点的三面投影图如图 2-10（b）所示。空间点用大写字母如 *A*、*B* 表示，水平投影用相应的小写字母表示，正面投影用相应小写字母加一撇表示，侧面投影用相应小写字母加两撇表示。

（二）点的投影规律

视频：点的三面投影

从图 2-10 中可以看出空间点 *A* 在三投影面体系中有唯一确定的一组投影（*a*，*a′*，*a″*），反之如已知点 *A* 的三面投影即可确定点 *A* 的坐标值，也就确定了其空间位置。因此可以得出点的投影规律：

（1）点的 *V* 面与 *H* 面的投影连线垂直于 *OX* 轴，即 $aa' \perp OX$ 轴。

（2）点的 *V* 面与 *W* 面的投影连线垂直于 *OZ* 轴，即 $a'a'' \perp OZ$ 轴。

（3）点的 *H* 面投影到 *OX* 轴的距离等于点的 *W* 面投影到 *OZ* 轴的距离。

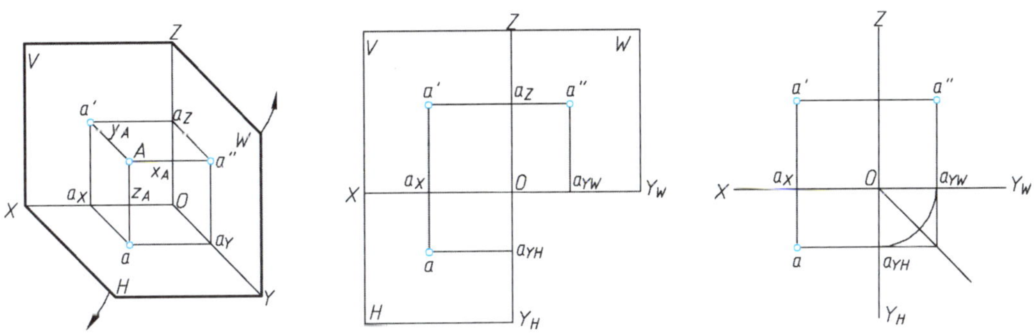

（a）　（b）　（c）

图 2-10　点的三面投影

实际上，上述点的投影规律也体现了三视图的“长对正、高平齐、宽相等”。作图时，为了表示 $aa_x = a''a_z$ 的关系，常用过原点 *O* 的 45°辅助线把点的 *H* 面与 *W* 面投影关系联系起来，如图 2-10（c）所示。点的三个坐标值（*x*、*y*、*z*）分别反映了点到 *W*、*V*、*H* 面之间的距离。根据点的投影规律，可由点的坐标画出三面投影，也可根据点的两个投影作出第三投影。

【例 2-1】已知点 *A* 的两面投影和点 *B* 的坐标为（25，20，30），求点 *A* 的第三面投影及点 *B* 的三面投影，见图 2-11（a）。

分析：（1）求 *A* 点的侧面投影。

先过原点 *O* 作 45°辅助线。过 *a* 作 // *OX* 轴的直线与 45°辅助线相交于一点，过交点作 ⊥ OY_W 的直线，该直线与过 *a′*平行于 *OX* 轴的直线相交于一点即为所求侧面投影 *a″*。

（2）求 *B* 点的三面投影。

在 *OX* 轴取 $Ob_x = 25$ mm，得点 b_x，过 b_x 作 *OX* 轴的垂线，取 $b'b_x = 30$ mm，得点 *b′*，取 $bb_x =$

20 mm，得点 b；同求点 A 的侧面投影一样，可求得点 B 的侧面投影 b''。答案见图 2-11（b）。

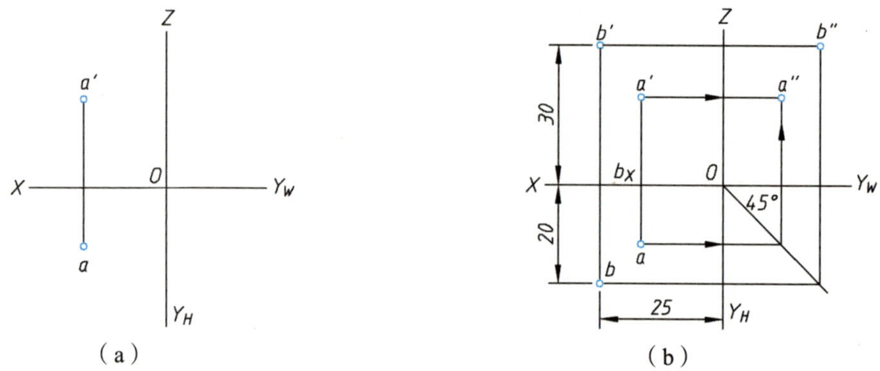

图 2-11 求作点的投影

（三）重影点及两点的相对位置

1. 重影点

若空间两点的某一投影重合在一起，则这两点称作对该投影面的重影点。如图 2-12 所示，在三棱柱上两点 A、C 为 H 面的重影点。重影点的可见性由两点的相对位置判别，对 V 面、H 面和 W 面的重影点分别为前遮后、上遮下、左遮右，不可见点的投影字母加括号表示。

空间点的相对位置，可以在三面投影中直接反映出来，如图 2-12（b）所示，在三棱柱上的两点 A、B，在 V 面上反映两点上下、左右关系，H 面上反映两点左右、前后关系，W 面上反映两点上下、前后关系。

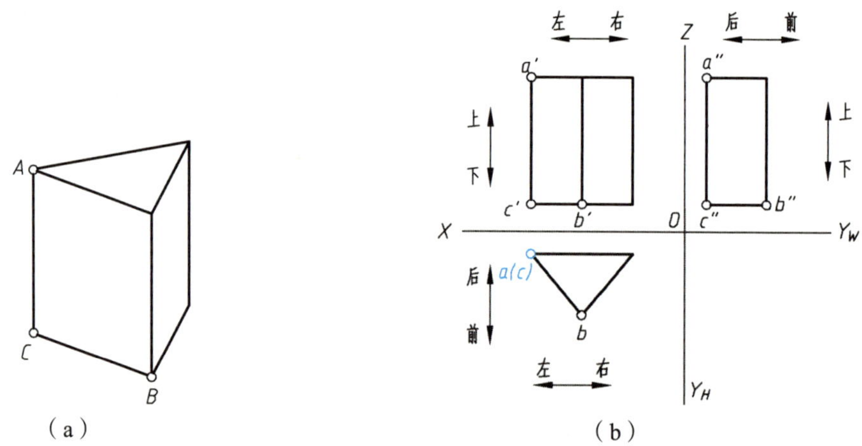

图 2-12 重影点及两点相对位置

2. 两点相对位置关系

空间两点的左右关系由正面（V 面）和水平面（H 面）投影判断，X 值大则在左边，如图 2-13（b）所示，A 点在 B 点的左边。

空间两点的前后关系由侧面（W 面）和水平面（H 面）投影判断，Y 值大则在前边，如图 2-13（b）所示，A 点在 B 点的前边。

空间两点的上下关系由正面（V 面）和侧面（W 面）投影判断，Z 值大则在上边，如图 2-13

（b）所示，A 点在 B 点的下边。

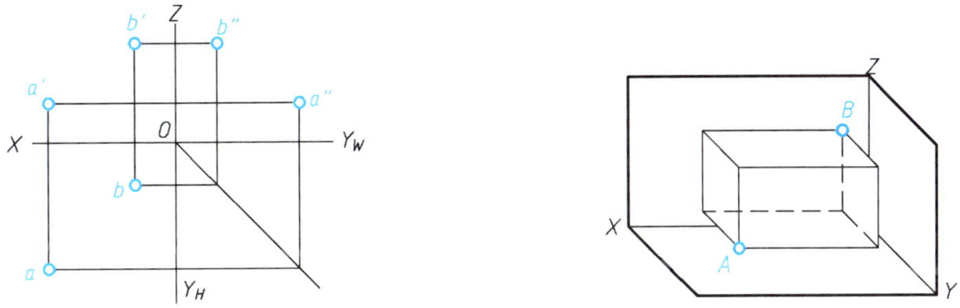

（a）　　　　（b）

图 2-13　判断两点相对位置关系

知识点二、直线的投影

（一）各位置直线投影特性

直线的投影一般仍为直线。由几何学知道，空间两点决定一直线，因此要作直线的投影，只需作出直线段上两点的投影（两点在同一投影面上的投影称作同面投影）。

（1）平行于一个投影面而与另外两个投影面倾斜的直线称作投影面平行线。投影面平行线有水平线、正平线和侧平线三种。

投影面平行线的投影特性（正平线、水平线、侧平线）见表 2-2。

（2）垂直于一个投影面（必与另两个投影面平行）的直线称作投影面垂直线。投影面垂直线有铅垂线、正垂线和侧垂线三种。投影面垂直线的投影特性见表 2-3。

表 2-2　投影面平行线的投影

名称	立体图	投影图	投影特性
正平线	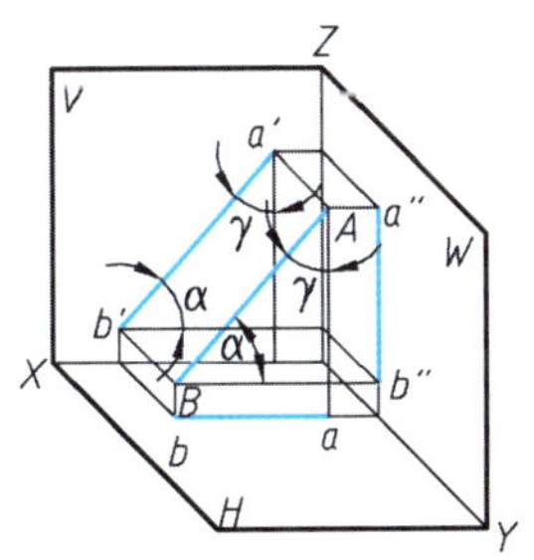	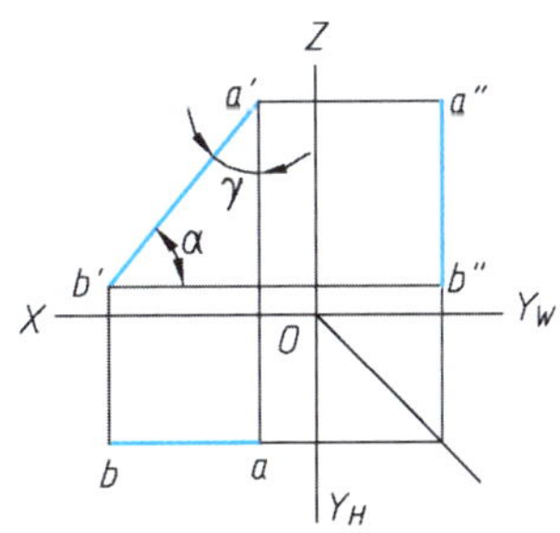	（1）$a'b'$反映实长和真实倾角 α、γ； （2）ab // OX，$a''b''$ // OZ，长度缩短
水平线	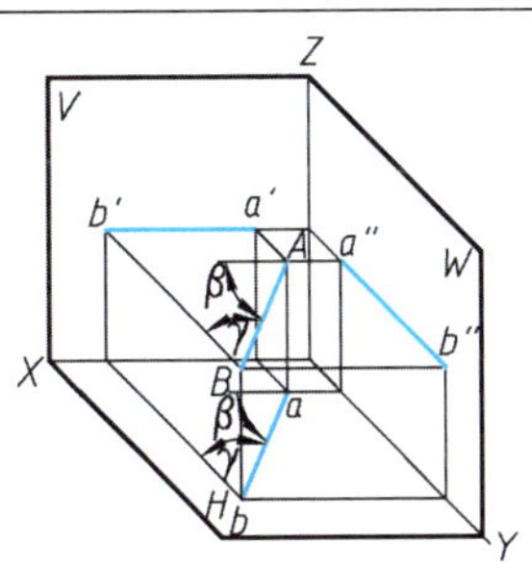	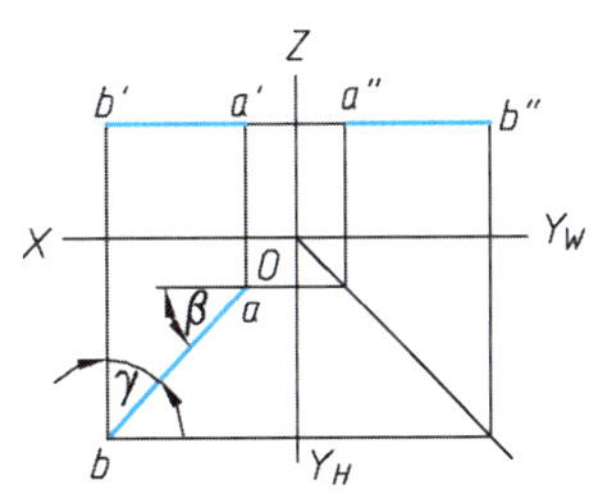	（1）ab 反映实长和真实倾角 β、γ； （2）$a'b'$ // OX，$a''b''$ // OY_W，长度缩短

续表

名称	立体图	投影图	投影特性
侧平线	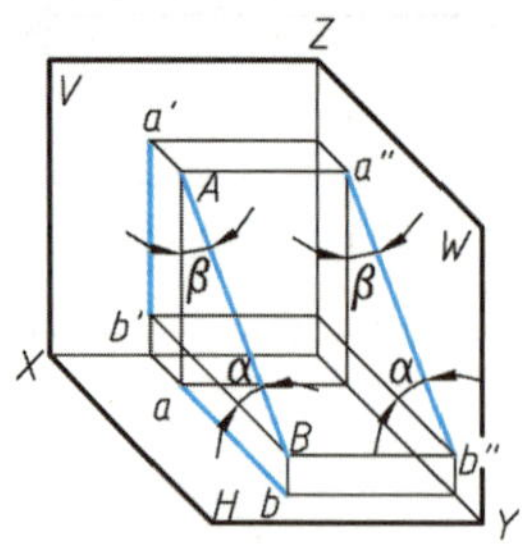	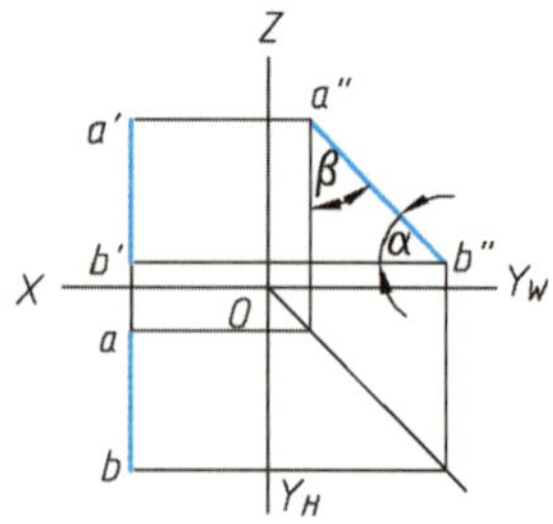	(1) $a''b''$反映实长和真实倾角 α、β； (2) $a'b'$ // OZ，ab // OY_H，长度缩短
投影面平行线的投影特性： (1) 直线在与其平行的投影面上的投影，反映该线段的实长及该直线与其他两个投影面的倾角； (2) 直线在其他两个投影面的投影分别平行于相应的投影轴			

表 2-3　投影面垂直线的投影

名称	立体图	投影图	投影特性
正垂线	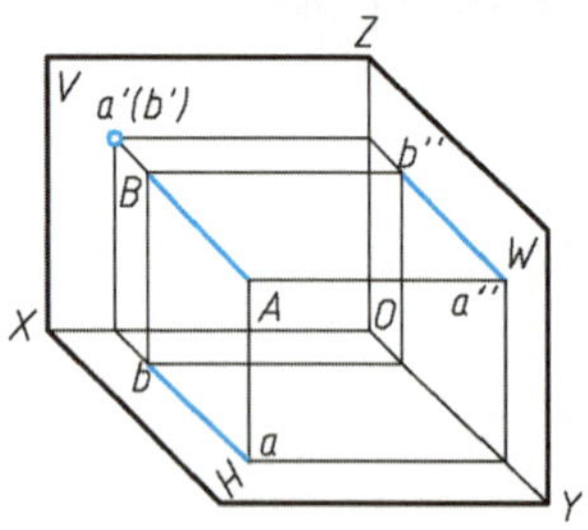	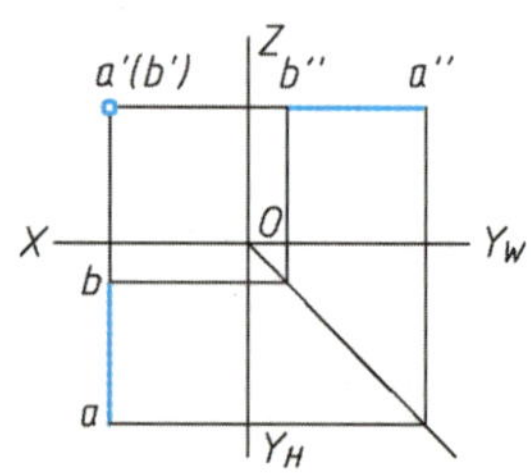	(1) $a'b'$积聚成一点； (2) $ab \perp OX$，$a''b'' \perp OZ$，且反映实长，即 $ab = a''b'' = AB$
铅垂线	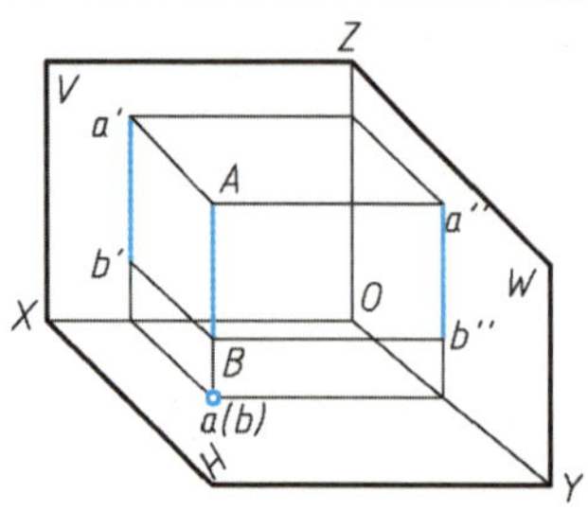	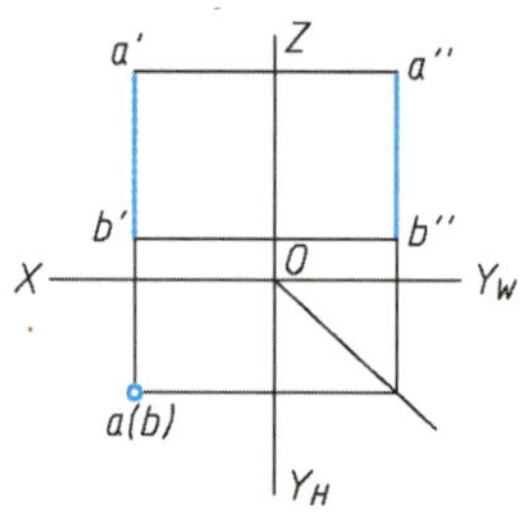	(1) ab 积聚成一点； (2) $a'b' \perp OX$，$a''b'' \perp OY_W$，且反映实长，即 $a'b' = a''b'' = AB$
侧垂线	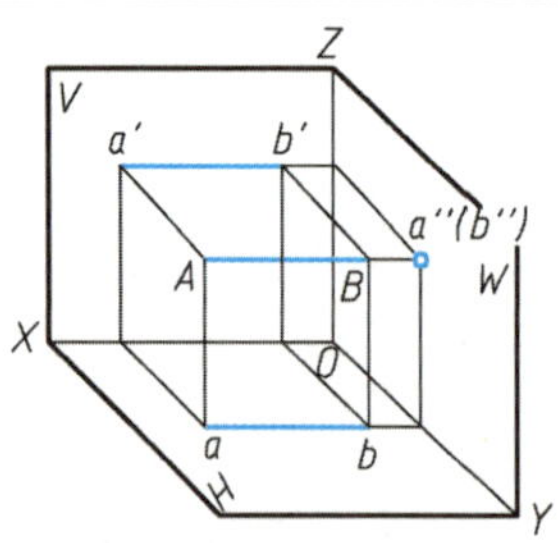	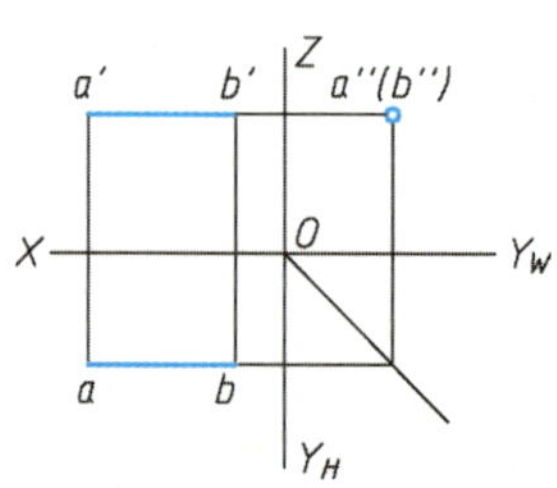	(1) $a''b''$积聚成一点； (2) $a'b' \perp OZ$，$ab \perp OY_H$，且反映实长，即 $ab = a'b' = AB$
投影面垂直线的投影特性： (1) 直线在与其垂直的投影面上的投影积聚成一点； (2) 直线在其他两个投影面的投影分别垂直于相应的投影轴，且反映该线段的实长			

（3）与三个投影面都倾斜的直线，称作一般位置直线，其投影特性：三个投影均为倾斜投影轴的直线，且都小于实长。

（二）直线上点的投影

如图 2-14 所示，点在直线上，由正投影的基本性质可知，应有下列投影特性：

（1）点的投影必在直线的同面投影上（从属性）。如图 2-14 所示，在直线 AB 上有一点 M，点 M 的三面投影 m、m'、m''分别在直线 AB 的同面投影 ab、$a'b'$、$a''b''$上。

（2）点分线段之比等于其投影之比（定比性）。如图 2-14，点 M 分 AB 成 AM 和 BM，有 $AM : BM = am : bm = a'm' : b'm' = a''m'' : b''m''$。

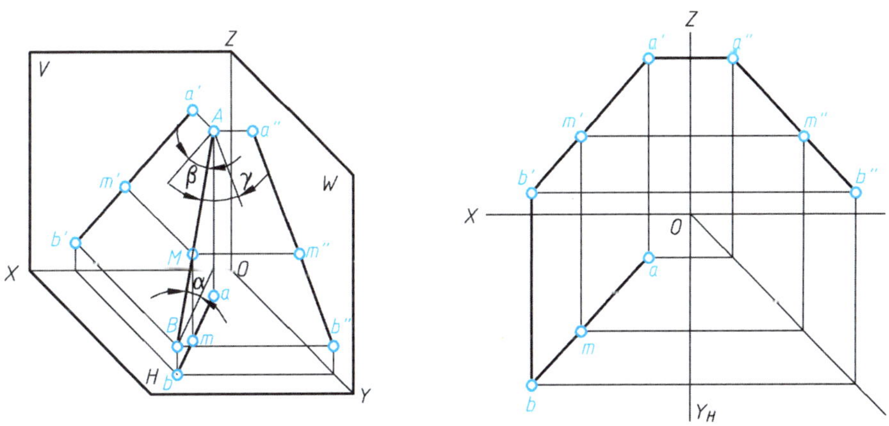

图 2-14　直线及直线上点的投影

【例 2–2】如图 2-15（a）所示，已知点 C 分 AB 为 $AC : BC = 3 : 2$，求点 C 的投影。

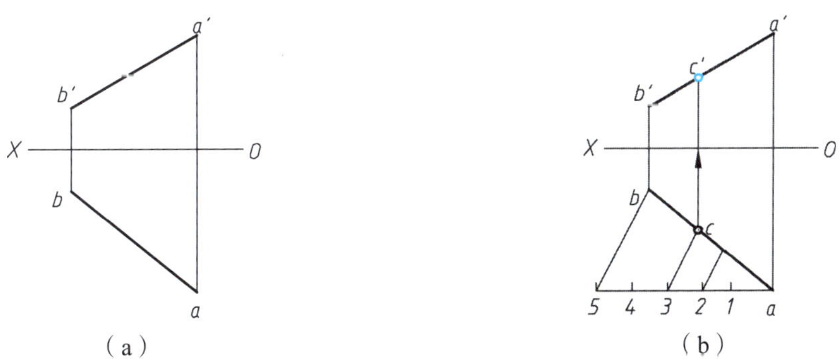

图 2-15　求直线上点的投影

分析：根据直线上点的投影特性，可将 AB 的任一投影分成 3 : 2，求得点 C 的一个投影，利用从属性和定比性，求出点 C 的另一投影。作图步骤如下[见图 2-15（b）]：

（1）过 a 作任意直线，并截取 5 个单位长度，连接线 $5b$；

（2）过 3 作 $5b$ 的平行线，交 ab 于 c；

（3）由 c 作投影连线，交 $a'b'$于点 c'。

（三）两直线的相对位置

空间两直线的相对位置有相交、平行和交叉三种情况。交叉两直线不在同一平面上，所以称作异面直线。相交两直线和平行两直线在同一平面上，所以又称之为共面直线。

两直线的相对位置投影特性见表 2-4。根据投影图可判断两直线的相对位置。

如两直线处于一般位置，一般由两面投影即可判断，若直线处于特殊位置，则需要利用三面投影或定比性等方法判断。

表 2-4　两直线的相对位置投影特性

名称	立体图	投影图	投影特性
平行两直线	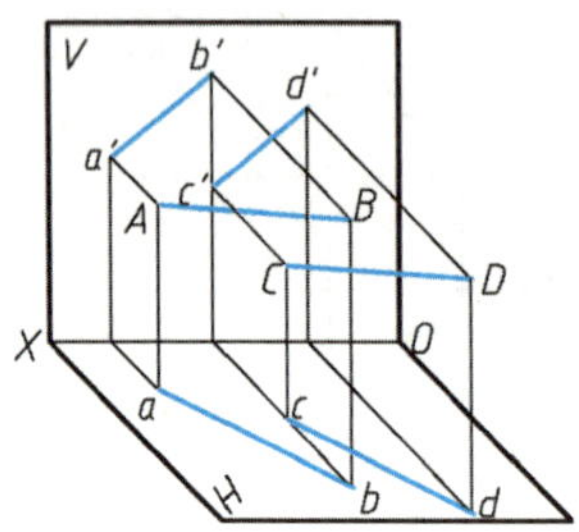	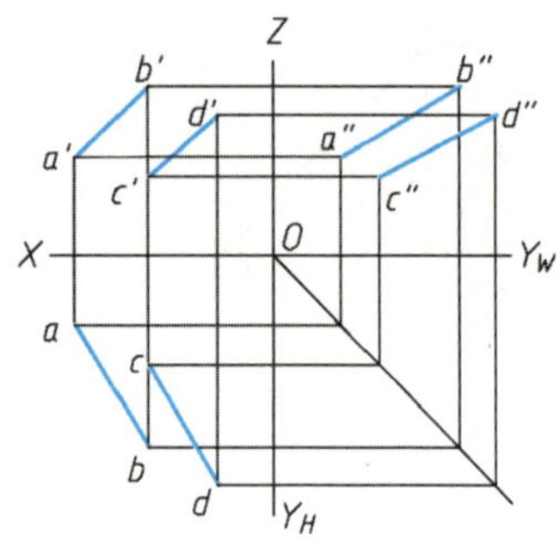	平行两直线的同面投影分别相互平行，且具有定比性
相交两直线	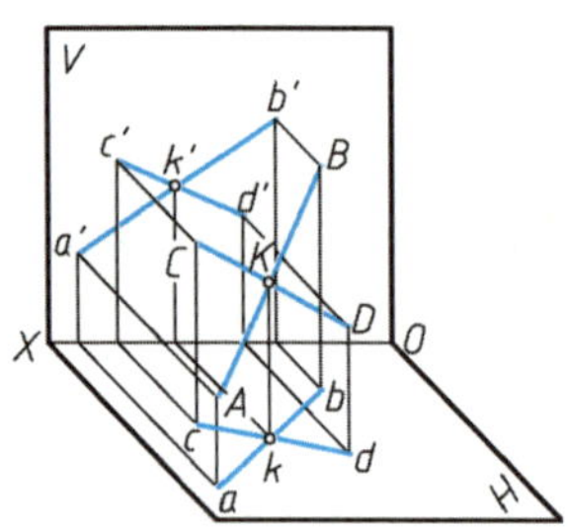	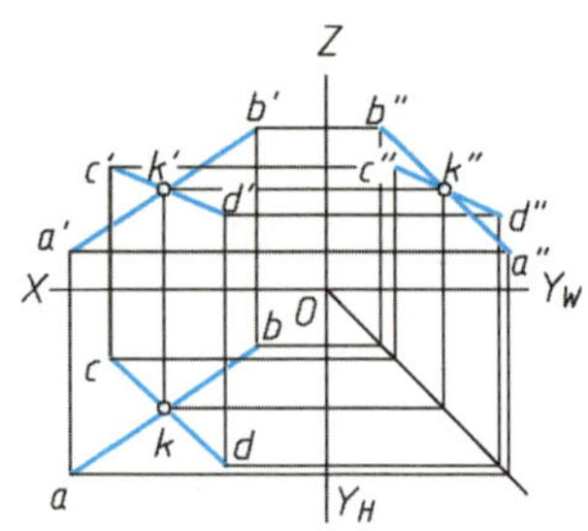	相交两直线的同面投影分别相交，且交点符合点的投影规律
交叉两直线	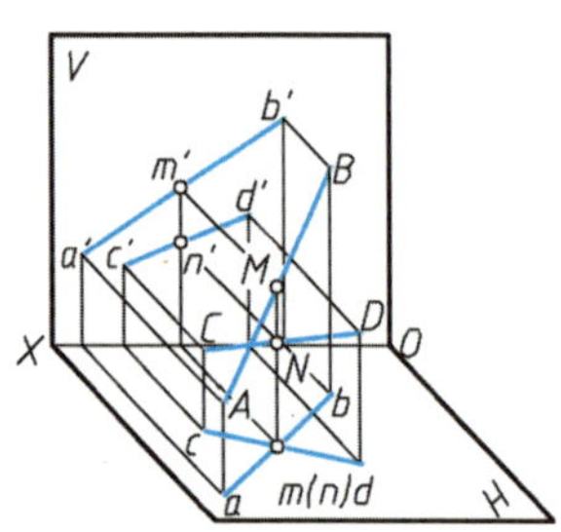	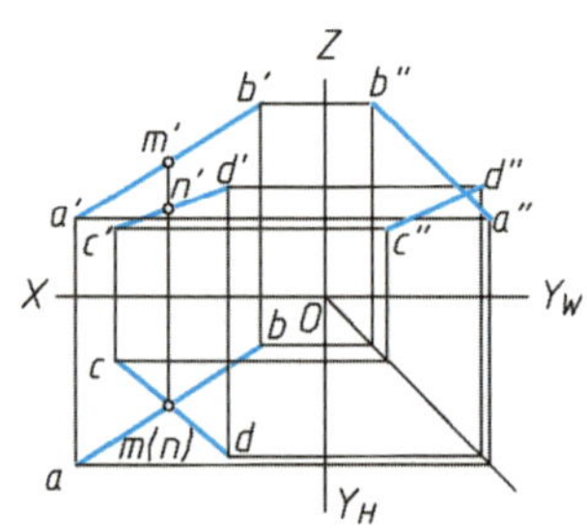	既不符合平行两直线的投影特性，又不符合相交两直线的投影特性

知识点三、平面的投影

（一）平面的表示法

在投影图上，平面的投影可以用图 2-16 所示的任何一组几何元素的投影来表示。图 2-16

所示的五组几何元素都表示同一平面，它们之间可以相互转换。

不在同一直线上的三点，如图 2-16（a）所示；

一直线和直线外一点，如图 2-16（b）所示；

相交两直线，如图 2-16（c）所示；

平行两直线，如图 2-16（d）所示；

任意平面图形，如图 2-16（e）所示。

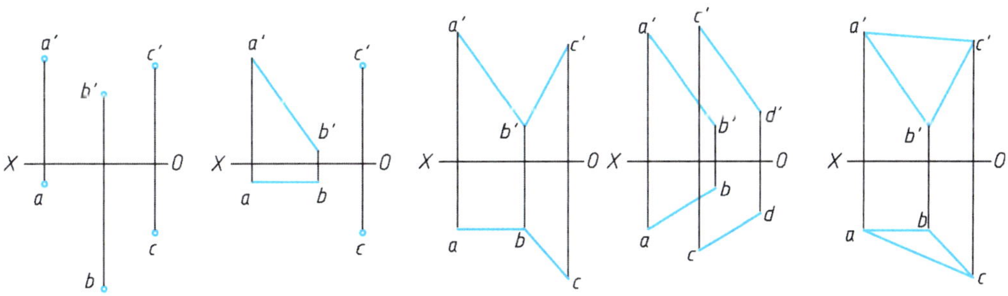

图 2-16　平面的表示法

（二）平面的投影特性

1. 一般位置平面

相对于三个投影面都倾斜的空间平面称作一般位置平面。其投影特性为：三个投影都为缩小的类似形。一般位置平面的投影如图 2-17 所示，由于△*ABC* 对 *V*、*H*、*W* 三面都倾斜，因此其三面投影都是三角形，为原平面图形的类似形，且面积比原图形小。

平面对 *H*、*V*、*W* 面的倾角，分别用 α、β、γ 来表示。

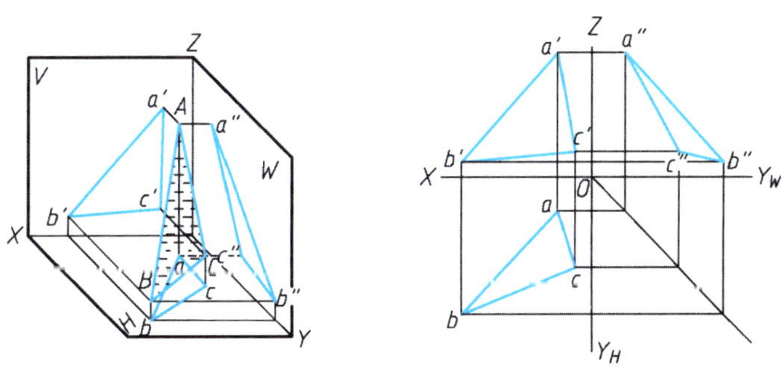

图 2-17　一般位置平面的投影

2. 投影面垂直面

垂直于一个投影面而倾斜于另外两个投影面的平面称作投影面垂直面。投影面垂直面分为铅垂面、正垂面和侧垂面三种。表 2-5 列出了它们的直观图、投影图和投影特性。

表 2-5　投影面垂直面的投影

名称	立体图	投影图	投影特性
铅垂面	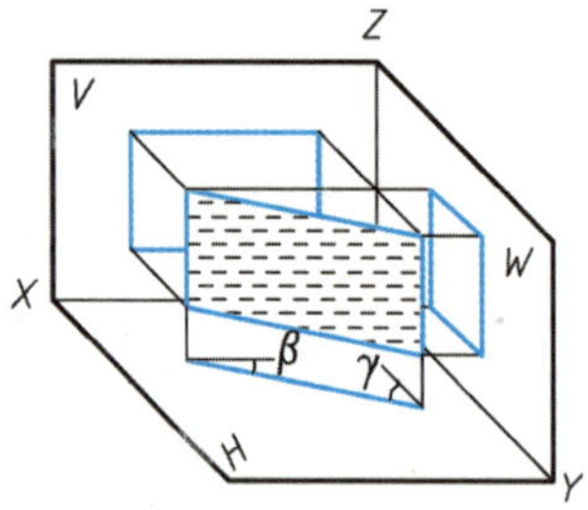	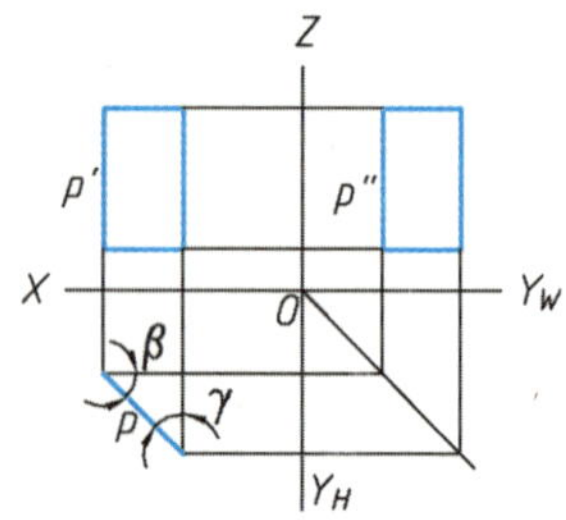	（1）水平投影积聚成一直线，并反映真实倾角 β、γ； （2）正面投影和侧面投影仍为平面图形，但面积缩小
正垂面	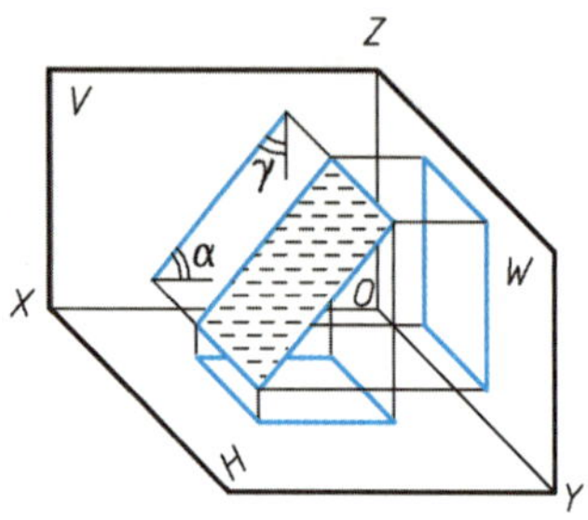	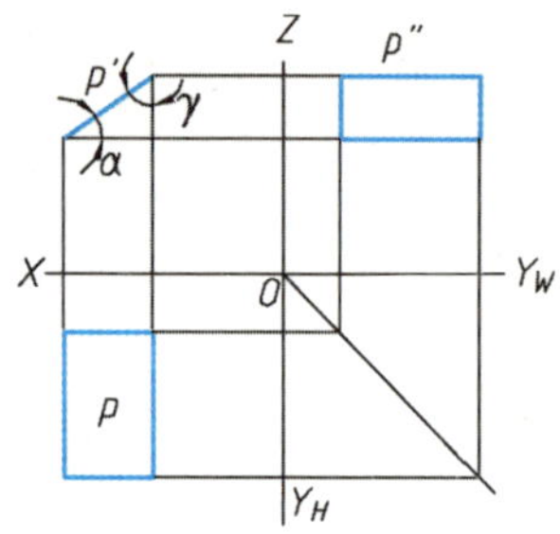	（1）正面投影积聚成一直线，并反映真实倾角 α、γ； （2）水平投影和侧面投影仍为平面图形，但面积缩小
侧垂面	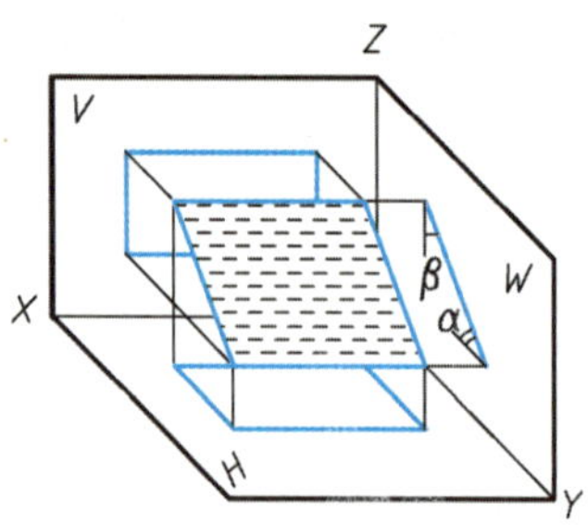	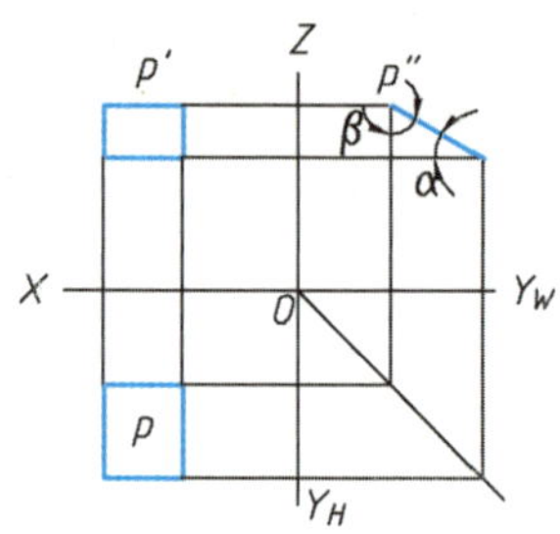	（1）侧面投影积聚成一直线，并反映真实倾角 α、β； （2）正面投影和水平投影仍为平面图形，但面积缩小
投影面垂直面的投影特性： （1）平面在与其垂直的投影面上的投影积聚成一直线，并反映该平面对其他两个投影面的倾角； （2）平面在其他两个投影面的投影都是面积小于原平面图形的类似形			

3．投影面平行面

平行于一个投影面而垂直于另外两个投影面的平面称作投影面平行面。投影面平行面分为水平面、正平面和侧平面三种。表 2-6 列出了它们的直观图、投影图和投影特性。

表 2-6　投影面平行面的投影

名称	立体图	投影图	投影特性
正平面	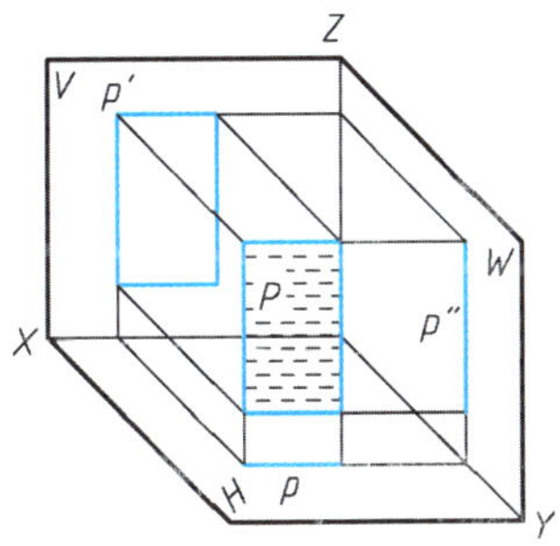	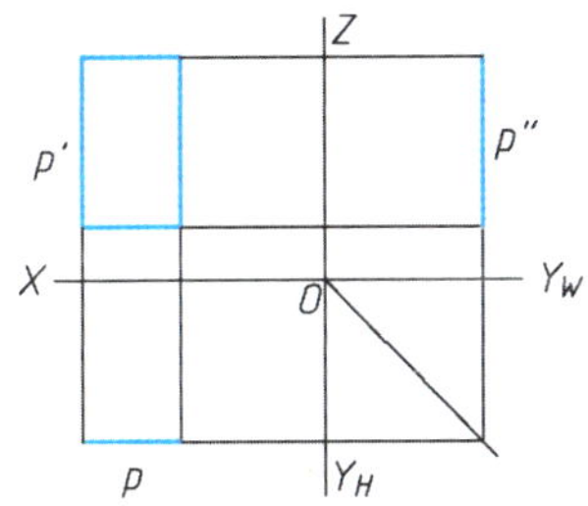	（1）正面投影反映实形； （2）水平投影平行于 OX、侧面投影平行于 OZ，并分别积聚成一直线
水平面	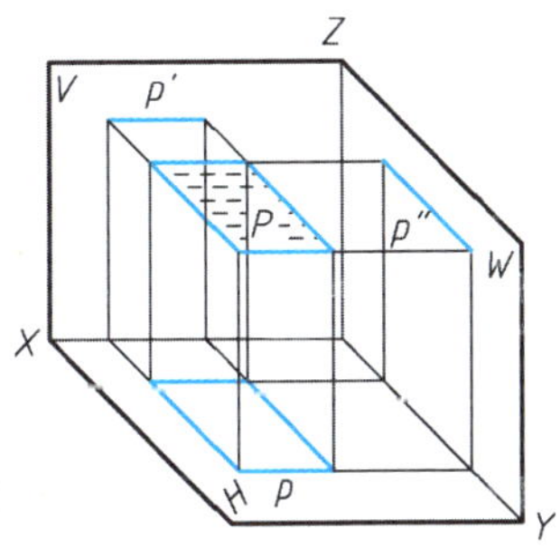	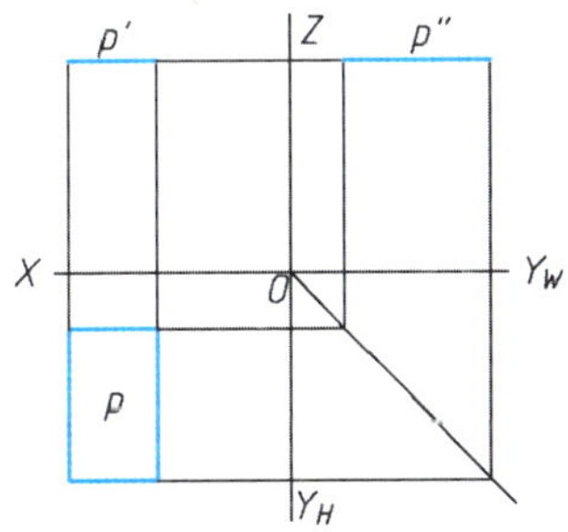	（1）水平投影反映实形； （2）正面投影平行于 OX、侧面投影平行于 OY_W，并分别积聚成一直线
侧平面	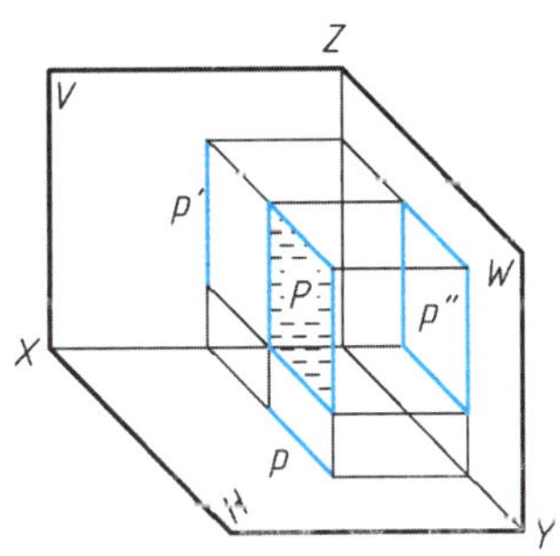	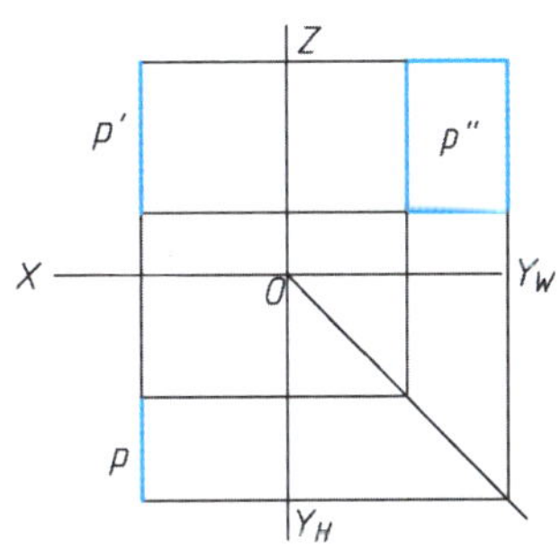	（1）侧面投影反映实形； （2）正面投影平行于 OZ、水平投影平行于 OY_H，并分别积聚成一直线
投影面平行面的投影特性： （1）平面在与其平行的投影面上的投影反映平面实形； （2）平面在其他两个投影面的投影都积聚成平行于相应投影轴的直线			

（三）平面内的点和直线

点属于平面的几何条件是：点必须在平面内的一条直线上。因此要在平面内取点，必须过点在平面内取一条已知直线。如图 2-18 所示，在△*ABC* 所确定的平面内取一点 *N*，点 *N* 取在已知直线 *AB* 上，即在 *a′b′* 上取 *n′*，在 *ab* 上求取 *n*，因此点 *N* 必在该平面内。

直线属于平面的几何条件：该直线必通过此平面内的两个点或通过该平面内一点且平行于该平面内的另一已知直线。

依此条件，可在平面内取直线，如图 2-19（a）在 *DE* 和 *EF* 相交直线所确定的平面内取两点 *M* 和 *N*，直线 *MN* 必在该平面内。图 2-19（b）为过 *M* 作直线 *MN*∥*EF*，则直线 *MN* 必在该平面内。

在平面内取点和直线是密切相关的，取点要先取直线，而取直线又离不开取点。

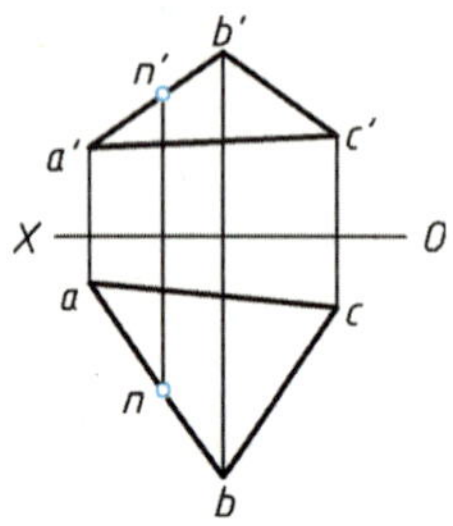

图 2-18 平面内取点

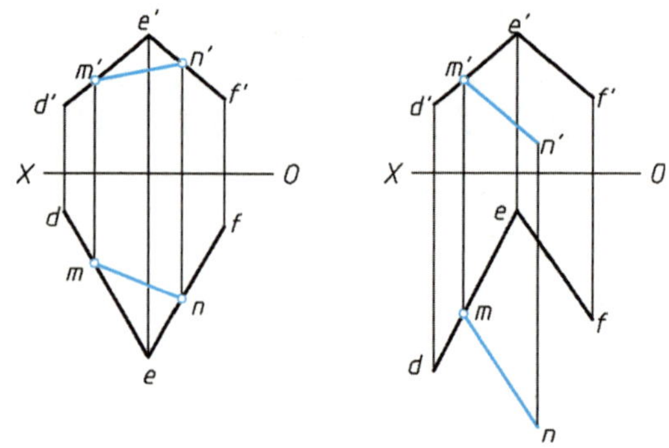

（a） （b）

图 2-19 平面内取直线

【例 2-3】如图 2-20（a）所示，判断点 *K* 是否属于△*ABC* 所确定的平面。

分析：根据点在平面内的条件，假如点在平面内，则必属于平面内的一条直线上。判断方法：过点 *K* 的一个投影在△*ABC* 作一直线 *AK* 交 *BC* 于 *D*，再判断点 *K* 是否在直线 *AD* 上。

作图过程如下[见图 2-20（b）]：连接 *a*′、*k*′交 *b*′*c*′于 *d*′，过 *d*′作投影连线得 *d*，即求得 *AD* 的水平投影 *ad*。而点 *K* 的水平投影 *k* 不在 *ad* 上，故 *K* 点不属于平面△*ABC*。

【例 2-4】如图 2-21 所示，在平面 *ABCD* 内求点 *K*，使其距 *V* 面为 15 mm、距 *H* 面为 12 mm。

（1）分析：在平面 *ABCD* 内求点 *K* 距 *V* 面 15 mm，则点一定在距 *V* 面 15 mm 的正平线上。同理，又因点距 *H* 面为 12 mm，则点一定在距 *H* 面为 12 mm 的水平线上。平面上的正平线与水平线的交点即为所求 *K*。

（2）作图步骤如下（见图 2-21）：先作正平线 *MN* 的水平投影 mn//*OX*，且距 *OX* 轴为 15 mm，并作出 *MN* 的正面投影 *m*′*n*′。同理，作水平线 *PQ* 的正面投影 *p*′*q*′//*OX*，且距 *OX* 轴为 12 mm。*m*′*n*′与 *p*′*q*′的交点即为 *K* 点的正面投影 *k*′，作投影连线交 *mn* 于 *k*，即点 *K*（*k*，*k*′）即为所求。

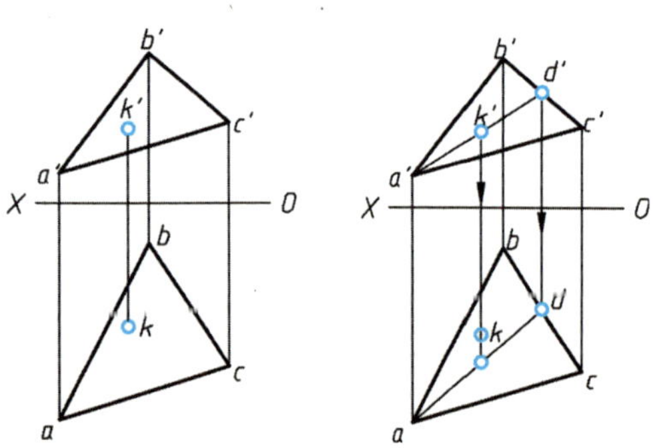

（a） （b）

图 2-20 判断点是否在平面内

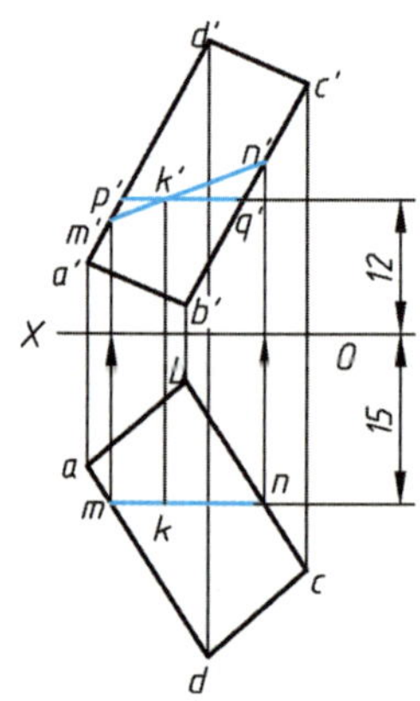

图 2-21 投影面平行线的应用

任务三 基本体的投影

按照一定规则形成的简单立体称作基本体。

机器零件无论其形状如何复杂，都可看成是由棱柱、棱锥、圆柱、圆锥、圆球、圆环等基本体按一定方式组合而成的。图 2-22 所示为由基本体组合而成的机件。根据基本体在机件中所起的作用不同，常加工成带切口、穿孔等结构，从而形成带切口的基本体。

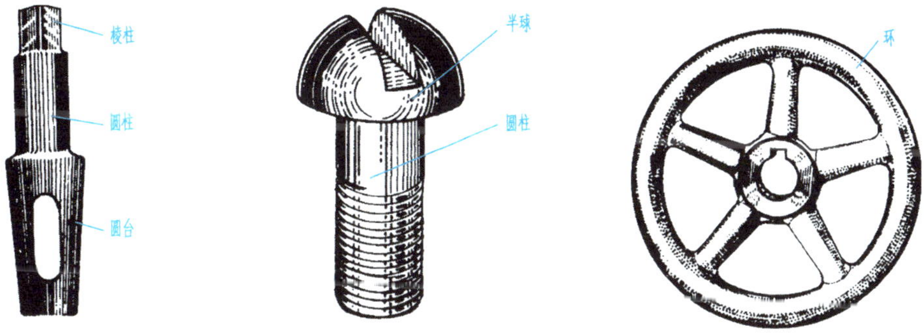

（a）　　（b）　　（c）

图 2-22　机件表面的几何形状

按表面性质的不同，基本体通常分为平面立体和曲面立体两类。本任务研究上述两类立体的投影及立体表面取点、取线的作图方法。

知识点一、平面立体的投影

平面立体是由平面围成的，平面立体上相邻两表面的交线称作棱线。常见的平面立体有棱柱和棱锥。

（一）棱　柱

1. 棱柱的投影分析及画法

棱柱由两个形状、大小相同且平行的顶面、底面和若干个矩形棱面围成。图 2-23 所示为一水平放置的正六棱柱和它的三面投影，它的顶面和底面为正六边形，且为水平面，水平投影反映实形，六个棱面为铅垂面，在水平投影面上的投影有积聚性。正面投影为三个相邻的矩形，中间矩形线框为前后棱面的投影，反映实形，左右两线框是其余四个棱面的投影，为类似形；侧面投影的两个相邻矩形，读者可自行分析。作棱柱的三面投影时，一般先画有积聚性的投影，然后按投影关系，完成其他两面投影。

2. 棱柱表面上取点和取线

在图 2-23 中，由于棱柱表面都处在特殊位置，所以棱柱表面上点的投影均可利用平面投影的积聚性来作图。在判断可见性时，若该平面处于可见位置，则该面上点的同面投影也可见，反之为不可见。有积聚投影的平面上的点的投影，不必判断其可见性。如图 2-23（b）所示，已知正六棱柱棱面 *ABCD* 上点 *M* 的正面投影 m'，求该点的水平投影 m 和侧面投影 m''。

由于点 *M* 所属棱面 *ABCD* 为铅垂面，其水平投影有积聚性，因此点 *M* 的水平投影 m 必在该棱面积聚性投影 *abcd* 上，根据 m'、m 求出 m''，由于 *ABCD* 的侧面投影为可见，故 m''也为可见。

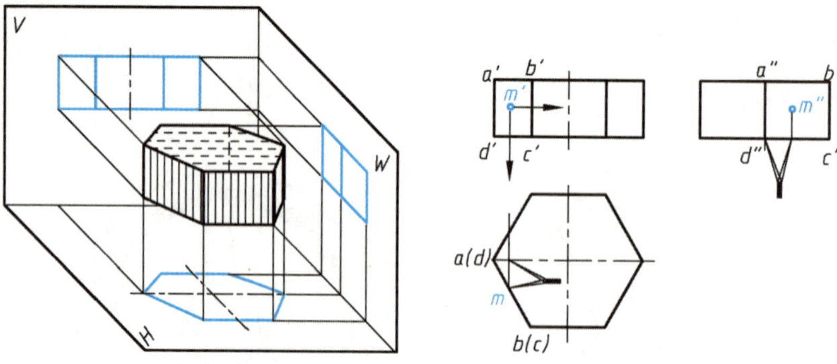

（a）　　　　　　　　（b）

视频：六棱柱投影

图 2-23　六棱柱的投影及面上取点

【例 2–5】设五棱柱的表面上有点 A、B 和线段 CD、DE，且 a'、b'、$c''d''$、$d''e''$为已知[见图 2-24（a）]，试完成它们的其余两投影。

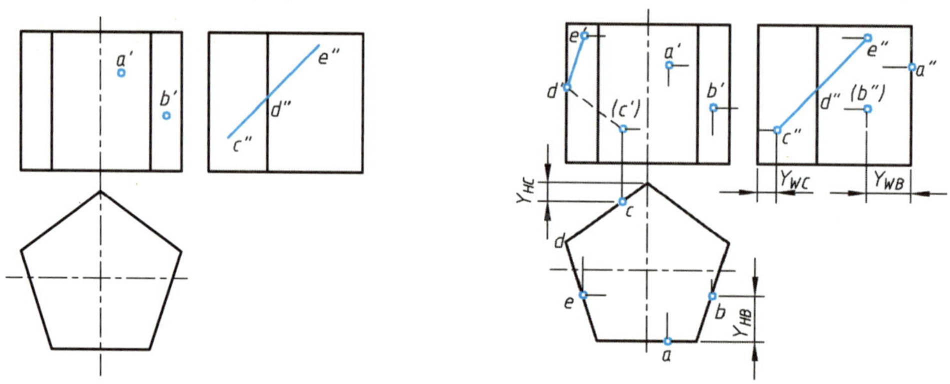

（a）　　　　　　　　（b）

图 2-24　五棱柱面上取点、取线

分析：点 A 在五棱柱的前棱面上，由于该面的水平投影和侧面投影均有积聚性，可直接求得 a、a''；点 B 在右棱面上，而右棱面的水平投影有积聚性，故作图时利用积聚性先求 b，再根据 $Y_{HB} = Y_{WB}$ 和 b'求得 b''。由于右棱面在侧面投影上为不可见面，故 b''为不可见（加括号表示）。求作线段 CD、DE 的其余投影，需求出线段两端点的各投影，然后把同面投影相连。图中处在棱线上的点 D 可根据 d''直接求得 d'和 d；点 C 的两投影可由 $Y_{WC} = Y_{HC}$ 确定 c 后再求 c'，用同样的方法可求得 e 和 e'。连线时，由于 CD 所在棱面的正面投影不可见，故 $c'd'$为不可见，用虚线表示。

（二）棱　锥

1. 棱锥的投影分析及画法

棱锥是由一个多边形底面和若干个共顶点的三角形棱面所围成的。从棱锥顶点到底面的距离叫作棱锥的高。当棱锥底面为正多边形，各棱面是全等的等腰三角形时，称之为正棱锥。

图 2-25 所示为四棱锥及其投影，它的底面为水平面，其水平投影反映实形，前后棱面为侧垂面，其侧面投影有积聚性，其水平投影和正面投影为前后棱面的类似形；左右棱面为正垂面，其正面投影有积聚性，其余两投影为左右棱面的类似形。作图时，宜先画出棱锥底面的各投影，

然后画出锥顶的各投影，最后将它与底面各顶点的同面投影连接起来即可。

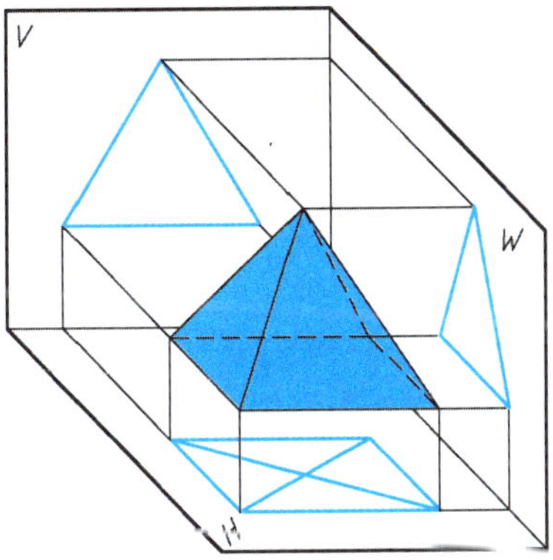

图 2-25　四棱锥投影

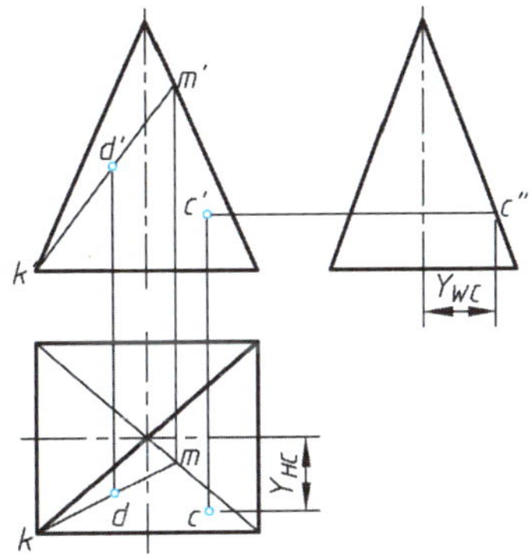

图 2-26　四棱锥的投影及面上取点

2. 棱锥表面上取点和取线

设在四棱锥前棱面上有一点 C 的正面投影 c'（见图 2-26），求其水平投影 c 和侧面投影 c''。利用前棱面的侧面投影有积聚性，可先求出 c''，然后由 $Y_{WC}=Y_{HC}$ 和 c' 求得 c。若只给出四棱锥的正面投影和水平投影，且有一点 D 在前棱面上，d' 为已知，求 d 时，须在该棱面上过 D 作一辅助线（如 KM），即先过 d' 作 $k'm'$，然后求 km，则 d 必在 km 上，如图 2-26 所示。

【例 2-6】 已知三棱锥表面上直线 HM、MN 的正面投影 $h'm'$、$m'n'$，试求其水平投影和侧面投影（见图 2-27）。

分析： 由题设 $h'm' /\!/ a'b'$，且 AB 为水平线，故直线 HM 为棱面 SAB 上的水平线，即 $HM /\!/ AB$。MN 为棱面 SBC 上的一般位置直线，点 M 在棱线 SB 上，必须作辅助线求点 N 的其余投影。

作图步骤：

（1）由于点 M 在棱线 SB 上，根据 m'，先求出 m'' 后再求得 m；

（2）在水平投影上作 $hm /\!/ ab$，在侧面投影上作 $h''m'' /\!/ a''b''$；

（3）在棱面 SBC 上作辅助线 SD 确定点 N 的水平投影 n 和侧面投影 n''；

（4）分别连接点 M、N 的水平投影 mn 和侧面投影 $m''n''$；

（5）判别可见性，因棱面 SBC 的侧面投影不可见，故 $m''n''$ 亦不可见，应连虚线，如图 2-27（b）所示。

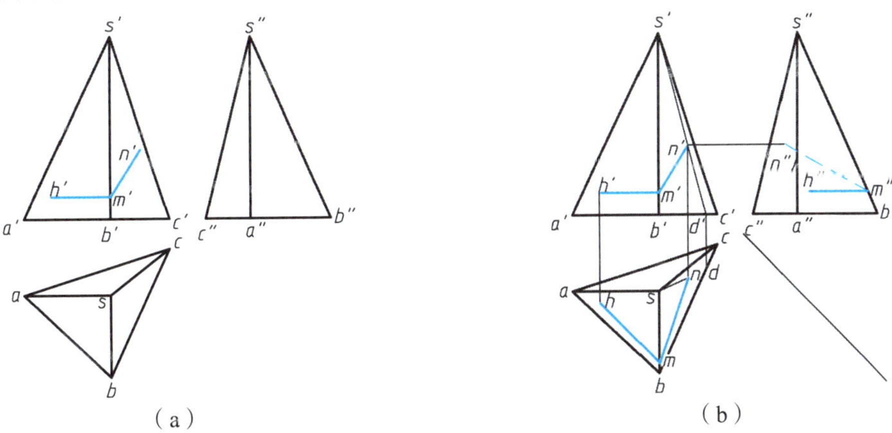

图 2-27　三棱锥表面上取线

知识点二、曲面立体的投影

曲面立体是由曲面或曲面和平面围成的，常见的曲面立体有圆柱、圆锥、圆球和圆环等。这些曲面都是由母线（直线或圆）绕某一轴线旋转而成的，所以又称作回转体。常见的四种回转面的形成方式见表 2-7。

表 2-7　四种回转面的形成方式

圆柱面	圆锥面	圆球面	圆环面
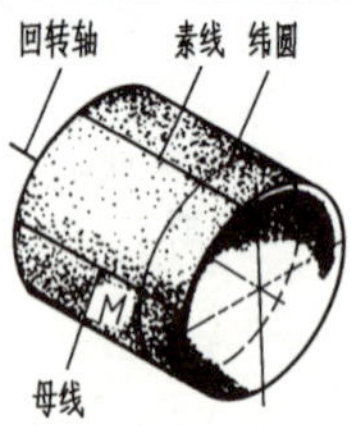	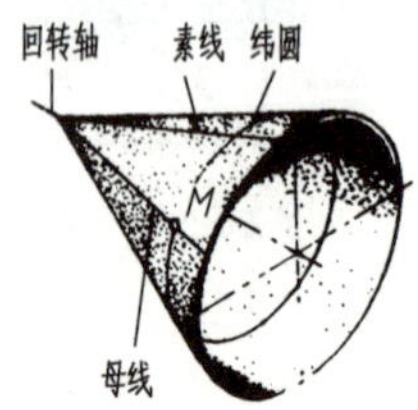	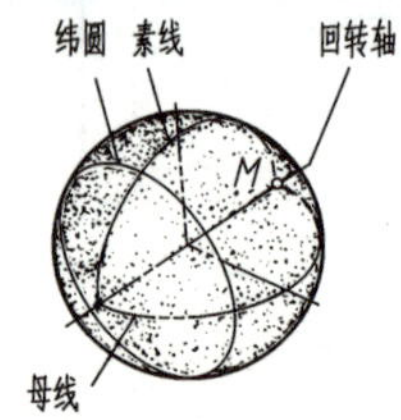	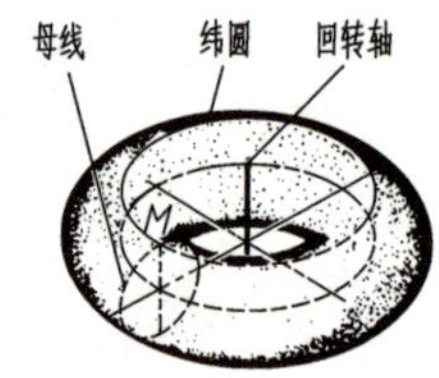

（一）圆　柱

圆柱是由圆柱面及顶圆平面和底圆平面围成的。圆柱面可看成是由一平行于轴线的直线母线绕轴线旋转而成的，如图 2-28（a）所示，它的三面投影见图 2-28（b）。圆柱曲面上所有的素线都平行于轴线。

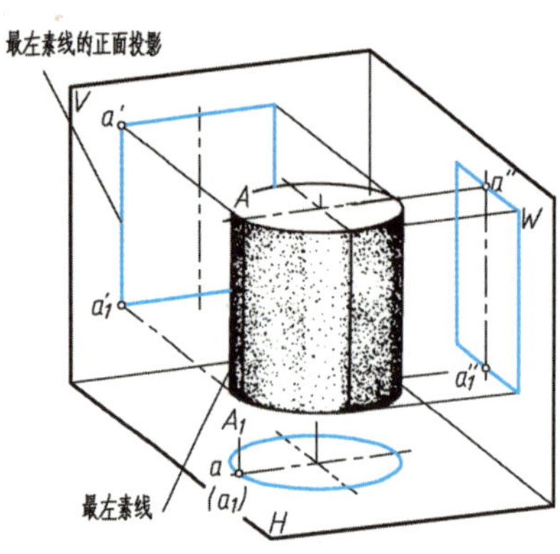

（a）

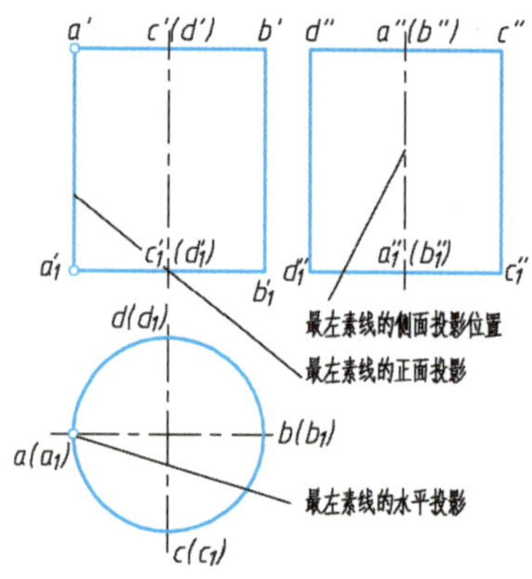

（b）

图 2-28　圆柱的投影

1. 圆柱的投影分析及画法

图 2-28（a）所示的圆柱轴线垂直于水平面，顶面和底面均为水平面，故其水平投影反映实形且重合；正面投影和侧面投影均积聚为平行于相应投影轴的直线段，且直线段长度等于顶圆、底圆的直径。因其轴线为铅垂线，圆柱面为铅垂曲面，其水平投影积聚为一圆，且与顶圆、底圆平面轮廓线的投影圆周相重合。圆柱面上所有素线为铅垂线，其水平投影积聚为点，且落在圆柱面的积聚投影圆周上；圆柱面的正面投影应画出该圆柱面正视转向轮廓线的正面投影。圆柱面上的最左、最右两条素线 AA_1 和 BB_1 是正视方向可见部分（前半个圆柱面）和不可见部分（后半个圆柱面）的分界线，称作正视转向轮廓线。这两条素线表示圆柱正面投影范围，其正面投影 $a'a'_1$

和 $b'b_1'$ 必须画出。这两条素线的水平投影积聚在圆周的最左点 a（a_1）和最右点 b（b_1）。其侧面投影 a''（b''）和 a_1''（b_1''）与圆柱轴线的侧面投影重合，省略不画。圆柱面的侧面投影应画出该圆柱侧视转向轮廓线的侧面投影，圆柱面上最前、最后两条素线 CC_1 和 DD_1 是侧视方向可见部分（左半个圆柱面）和不可见部分（右半个圆柱面）的分界线，称作侧视转向轮廓线。这两条素线表示圆柱侧面投影的范围，所以其侧面投影 $c''c_1''$ 和 $d''d_1''$ 必须画出。其水平投影积聚在圆周的最前点 c（c_1）和最后点 d（d_1）。其正面投影 $c'c_1'$ 和 $d'd_1'$ 与圆柱轴线的正面投影重合，省略不画。关于可见性问题，对正面投影来说，前半个圆柱面是可见的；在侧面投影，左半个圆柱面是可见的。

2. 圆柱表面上取点和取线

当圆柱面的回转轴线垂直于某一投影面时，则圆柱面在该投影面上的投影具有积聚性，利用这一投影性质，在圆柱面上取点、取线的作图比较简便。

【例 2–7】 设已知从属于圆柱面上点 K 的正面投影，试求其他两个投影，如图 2-29 所示。

分析： 由于（k'）不可见，故点 K 在圆柱面后半部，又因圆柱面的水平投影有积聚性，故点 K 的水平投影 k 必落在后半圆周的水平投影上。根据（k'）及 k 即可求出 k''，由于点 k 又在圆柱左半部，故其侧面投影 k'' 为可见。

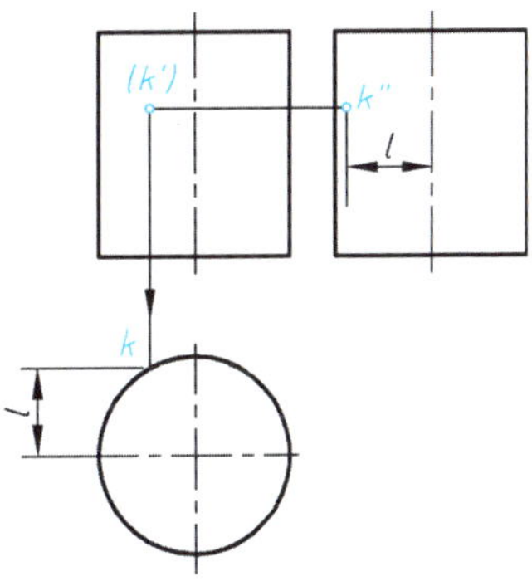

图 2-29 圆柱面上取点

【例 2–8】 补画圆柱的侧面投影，并求作圆柱面上线段 ABC 的其余两投影[见图 2-30（a）]。

分析： 线段 ABC 是前半个圆柱面上的一段曲线，点 A 和点 B 分别在圆柱的最左、最前素线上，处于特殊位置，点 C 处在圆柱面上的一般位置。

作图步骤：

（1）补画圆柱的侧面投影；

（2）点 A、B、C 的水平投影均积聚在圆周上，根据点的投影规律分别确定其水平投影和侧面投影；

（3）为使作图更准确，需在曲线 ABC 上取若干点（如点 Ⅰ、Ⅱ），并求出相应的水平投影和侧面投影；

（4）区分可见性，依次光滑连点成线，如图 2-30（b）所示。

视频：圆柱面上取点

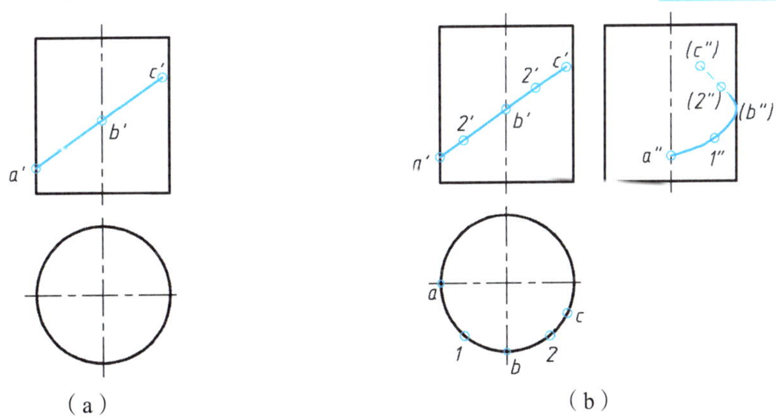

图 2-30 求作圆柱面上线段 ABC 的其余两投影

（二）圆 锥

1. 圆锥的投影分析及画法

圆锥是由圆锥面和底平面围成的。圆锥面可看成是由一与轴线相交的直母线绕轴线回转而成的，如图 2-31（a）所示。图 2-31（b）为轴线垂直于 H 面的圆锥的投影。由图 2-31（b）可见，圆锥面的三面投影都没有积聚性，正面投影和侧面投影中的左右外形线分别是圆锥面上最左、最右素线和最后、最前素线的投影，水平投影中圆的范围既是圆锥底面的投影，也是圆锥面的投影。

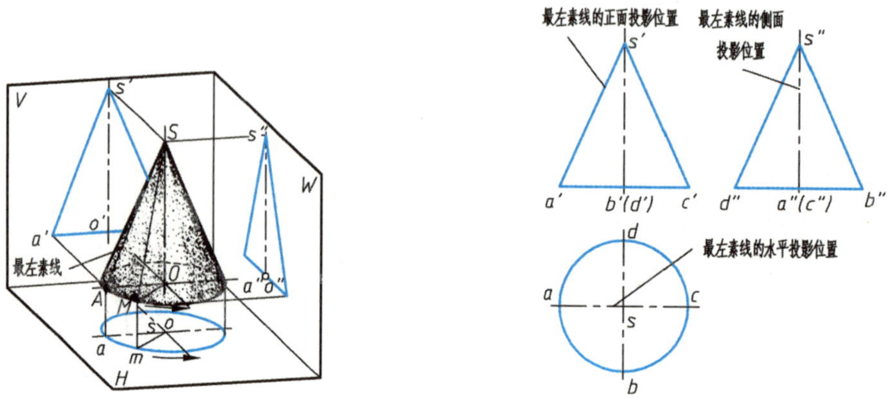

（a） （b）

图 2-31 圆锥的投影

2. 圆锥表面上取点和取线

由于圆锥面的投影没有积聚性，故在圆锥面上取点、取线，必须通过在圆锥面上作辅助线的方法求解。既可过锥顶作直素线为辅助线，也可作纬圆为辅助线。如已知圆锥面上点 K 的正面投影 k'，试求其他两投影时，具体作法如下：

（1）过锥顶的素线法[见图 2-32（b）]：

① 由锥顶 s'过 k'作直线 $s'k'$并延长交底圆的投影于 e'；

② 求出点 E 的水平投影 e，并连接 se；

③ 按点的投影规律在 se 上作 K 的水平投影 k；

④ 根据 k'和 k 便可求得 k''。

（2）辅助纬圆法[见图 2-32（c）]：

① 过 k'作直线垂直于轴线的投影且与外形线相交于 e'，与轴线的投影相交于 o'，则 $o'e'$为辅助纬圆的半径；

② 在水平投影中，以 o 为圆心，$o'e'$为半径画圆，即是辅助纬圆的投影；

③ 根据 k'在辅助圆周上即可得 k；

④ 由 k'和 k，便可作出侧面投影 k''。

【例 2–9】已知圆锥面上曲线 AE 的正面投影 $a'e'$（见图 2-33），试求其他两投影。

分析：将曲线 AE 看成由 n 个点（如 5 个点）组成，由于 $a'e'$可见，故曲线 AE 在圆锥前半部。作图：利用辅助纬圆法分别求出 A、B、C、D、E 五个点的其他两投影，然后依次连接成光滑曲线，点 C（c，c'，c''）属于圆锥面的左视转向线 $s1$，c''在 $s''1''$上，点 C 把曲线分成两部分，曲线 CE 在圆锥面的左半部分，其侧面投影 $c''e''$为可见，画成粗实线；曲线 AC 在圆锥面的右半部，其侧面投影 $a''c''$不可见，画成虚线，因此 c''是曲线侧面投影可见与不可见部分的分界点。

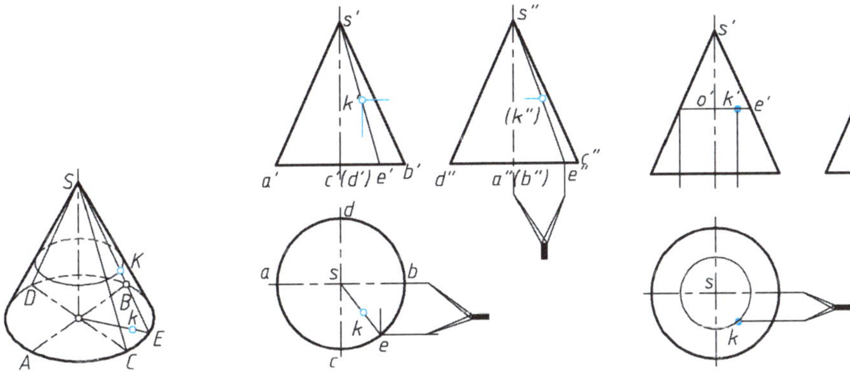

（a）　　　　（b）　　　　（c）

图 2-32　圆锥面上取点

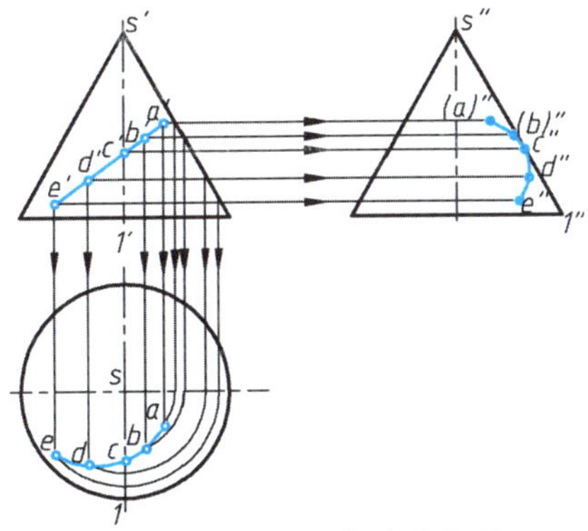

图 2-33　圆锥面曲线的投影

视频：圆锥面上取点

（三）圆　球

1. 圆球的投影分析及画法

一圆母线绕其通过圆心的轴线（直径）回转后形成的曲面称作圆球面，圆球面所围成的立体称圆球体，如图 2-34（a）所示。圆球的三面投影如图 2-34（b）所示，它们都是与球直径相

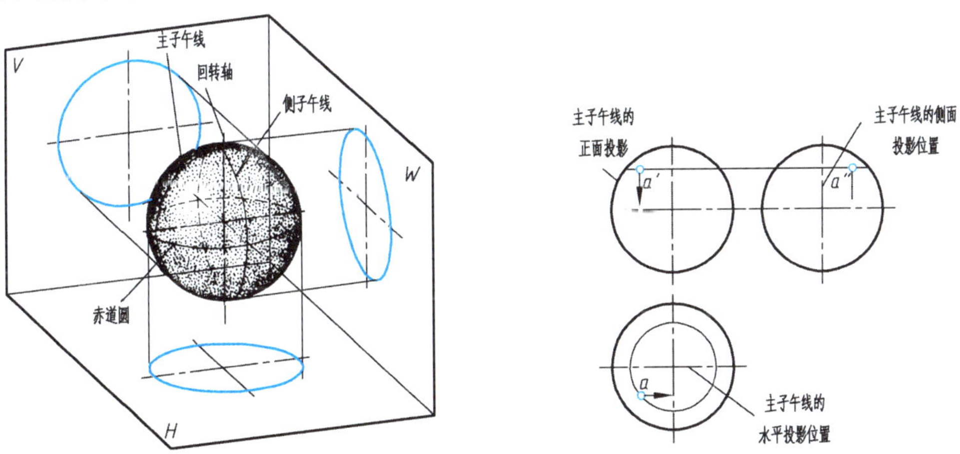

（a）　　　　（b）

图 2-34　圆球的投影

等的圆。这三个圆分别为球面上平行于各投影面的最大圆的投影。其中，正面投影上的圆是前半球与后半球分界线（即主子午线）的投影，与它对应的水平投影重合在平行于 X 轴的中心线上，侧面投影重合在平行于 Z 轴的中心线上。至于水平投影、侧面投影上的圆及与之对应的其余两投影的位置，读者可自行分析。

2. 圆球表面上取点和取线

在圆球面上取点时，通常只能在球面上作辅助线圆，即可分别作出平行于三个投影面的圆。如图 2-35 中的点 A 已知正面投影 a'，求 a 和 a''时，可过点 A 作平行于 H 面的圆为辅助圆，也可过 A 作平行于 W 面或平行于 V 面的圆为辅助圆，图中是通过 A 作平行于 H 面的辅助圆而获得 a 和 a''。点 B 是处于主子午线上的特殊点，已知正面投影 b'，可直接求得 b 和 b''。

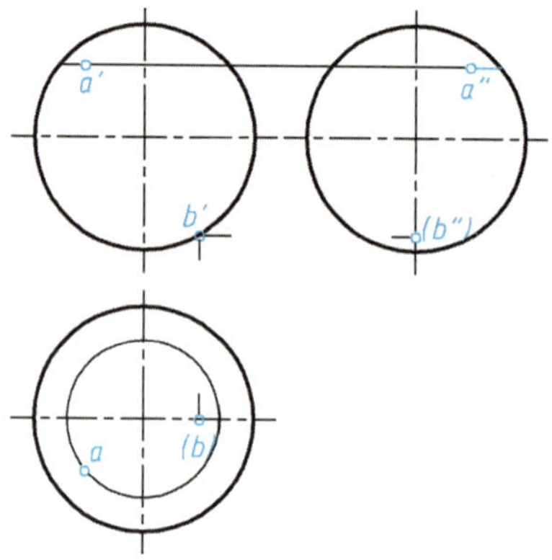

视频：圆球面上取点

图 2-35　圆球面上取点

【例 2-10】已知半球面上点 A 及线段 BC、CD 的正面投影，补画半球的水平投影，并求点、线的其余两投影[见图 2-36（a）]。

分析：点 A 是主子午线上的点，此点为特殊点，可直接求得其余两投影。线段 BC 是球面上平行于赤道圆的一段圆弧，其水平投影仍是一段圆弧，侧面投影是一段直线；线段 CD 是圆球面上倾斜于水平投影面和侧立投影面的一段圆弧，其水平投影和侧面投影均为一段椭圆弧；点 C 是特殊点，可直接求得 c 和 c''。点 D 属于一般点，需通过作辅助圆求 d 和 d''。为了作图准确起见，必须在圆弧 CD 上再取若干一般点（如点Ⅰ、Ⅱ），并采用辅助圆法求出它们的其余两投影，然后依次光滑连线。圆弧 CD 在右半球面上，其侧面投影为不可见，如图 2-36（b）所示。

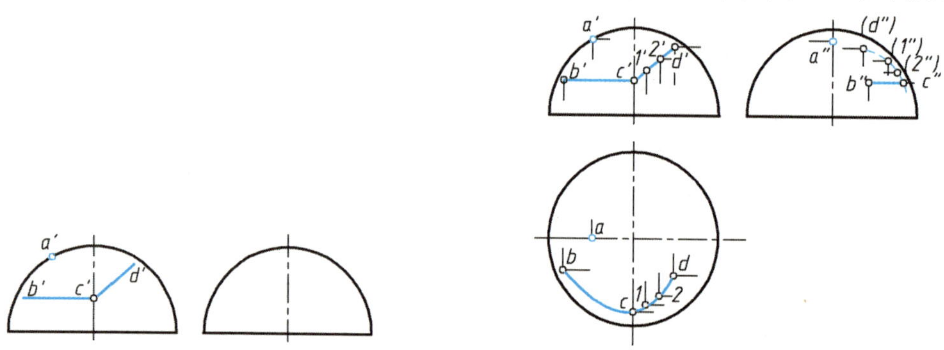

（a）　（b）

图 2-36　求半球面上点、线的其余两投影

（四）圆　环

圆环是由环面围成的。环面可看作圆绕与圆共面但不过圆心的轴线旋转而成。图 2-37（a）为轴线垂直于H面的圆环的投影，靠近轴的半个环面为内环面，远离轴的半个环面称作外环面。图 2-37（b）为圆环的三面投影。

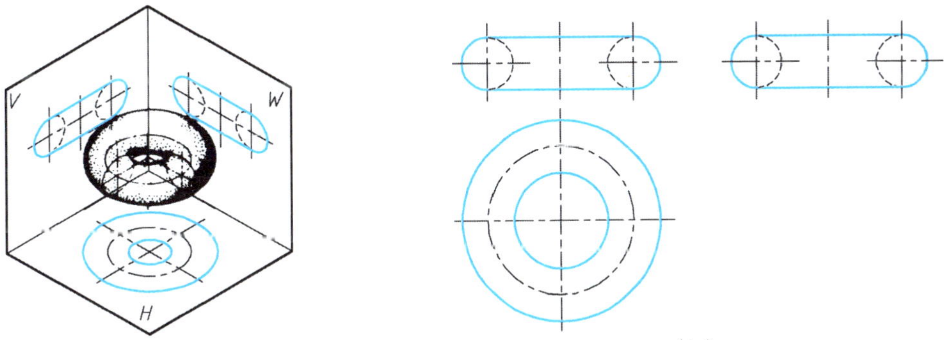

（a）　　　　（b）

图 2-37　圆环的投影

知识点三、基本体的尺寸标注

形体的真实大小是由图样上所注的尺寸来确定的。空间几何体需要长、宽、高三个方向的尺寸才能确定其形状大小，故在图中应该注出三个方向的尺寸。表 2-8 为常见基本体尺寸标注示例。

表 2-8　常见基本体尺寸标注示例

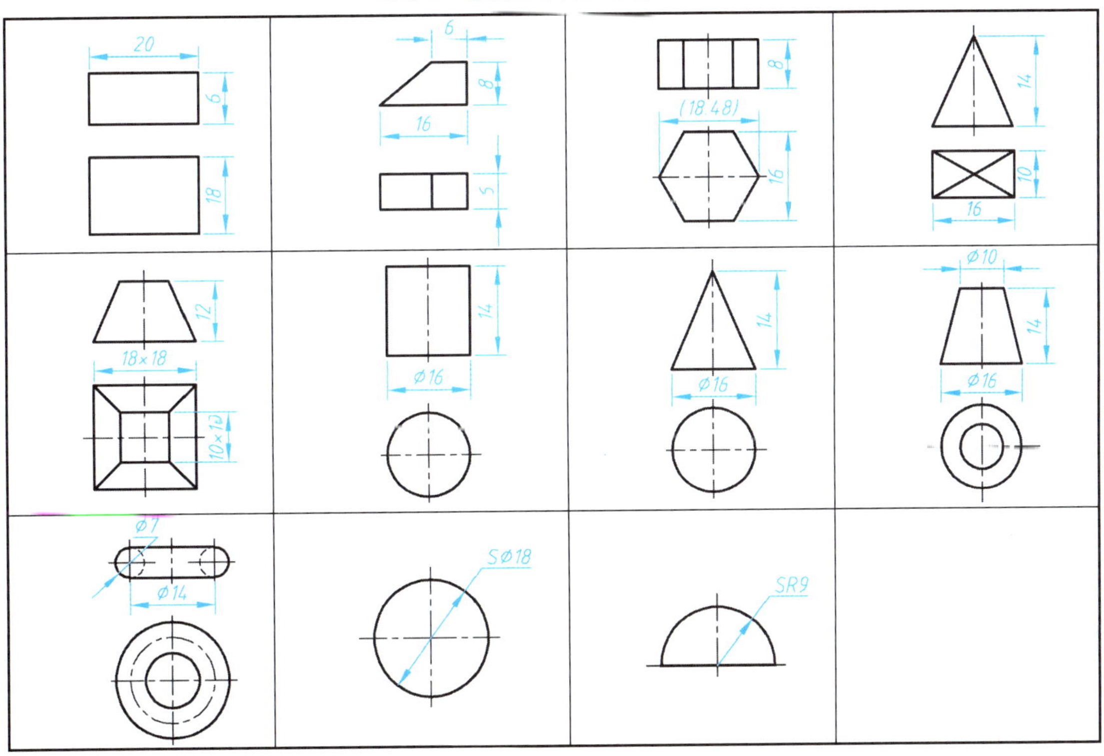

1. 平面立体的尺寸标注法

标注平面立体尺寸时，应根据其几何形状的特点来确定其长、宽、高三个方向的尺寸，棱柱、棱锥、棱台的尺寸，除了标注高度尺寸外，还要注出决定其顶面和底面形状的尺寸，如表 2-8 所示，底面为正多边形的棱柱和棱锥，其底面尺寸一般标注外接圆直径，也可根据需要注成其他形式。但有些基本体，这三个尺寸中的两个或三个是互相关联的，如表 2-8 中的六棱柱，正六边形的对角距与对边距相互关联（即 16 = 18.48 × sin60°），故除标出六棱柱的高 8 以外，注上对边距 16，尺寸就完整了，（18.48）则为参考尺寸。

2. 曲面立体的尺寸标注法

圆柱、圆锥、圆台应标注底圆直径和高度尺寸，直径尺寸一般注在非圆形视图上，并在数字前加注对应的特征符号“ϕ”。当把尺寸集中标注在一个非圆视图上时，这个视图即可表示清楚它们的形状和大小。标注球的尺寸时，需要在数字前加注符号“$S\phi$”。

任务四 立体表面截交线

机械零件的结构多种多样，但这些零件往往不是单一或完整的基本立体，而是由平面与立体相交或立体与立体相交产生的，因此，这些零件表面会产生交线，其中由平面与立体表面相交而产生的交线称作截交线，由立体与立体表面相交而产生的交线称作相贯线，如图 2-38 所示。为了清楚地表达出机件的形状，应正确地画出这些交线的投影。

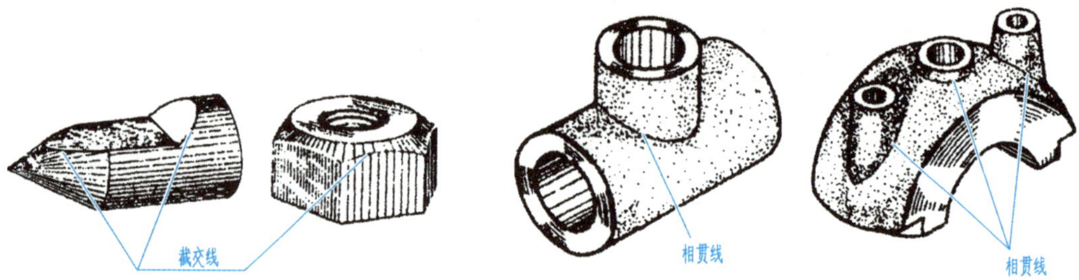

（a）　（b）

图 2-38　立体表面的交线

知识点一、立体表面截交线基本性质

平面与立体相交，即用平面截切立体，这个平面称作截平面，截平面与立体表面的交线称作截交线。截交线的形状与立体表面性质及截平面与立体的相对位置有关，但任何截交线都具有下列两个基本性质：

（1）封闭性。由于任何立体都占有一定的空间，所以截交线一般为封闭的平面图形。

（2）共有性。截交线是截平面和立体表面的共有线，截交线上的点是截平面与立体表面的共有点。

因此，求截交线可归结为求截平面与立体表面的一系列共有点，然后把它们按一定的顺序连线即可。

知识点二、平面与平面立体相交

平面与平面立体相交，即平面立体被平面截切，其截交线是平面多边形，多边形的各边是截平面与立体表面的交线，而多边形的顶点是立体各棱线或底边与截平面的交点，因此平面体上截交线的求法可归结为求两平面的交线或直线与平面的交点问题。

（一）平面与棱柱相交

【例 2-11】如图 2-39 所示，已知正六棱柱被正垂面截切，试完成其水平投影和侧面投影。

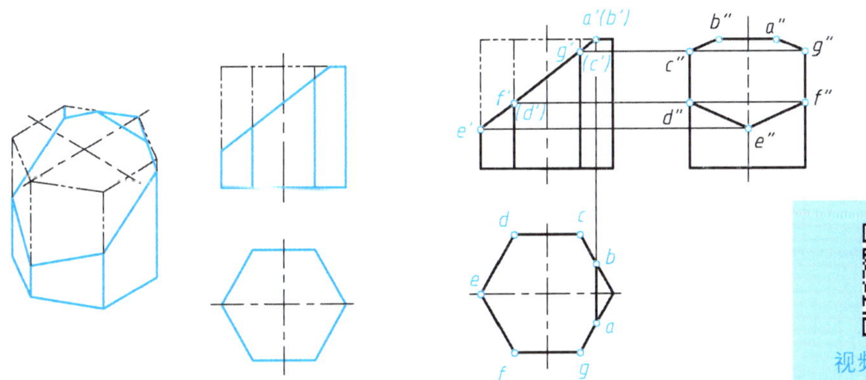

（a）　　　　（b）

视频：正垂面与六棱柱相交

图 2-39　正垂面与六棱柱相交

分析：由正面投影可知，正垂面与正六棱柱的顶面和六个侧棱面都相交，所以截交线为七边形。其中，五个顶点是正垂面与五条棱线的交点，另两个顶点是正垂面与顶面边线的交点。由于截平面为正垂面，所以截交线的正面投影积聚为直线，而侧面投影和水平投影为类似形。

作图步骤：

（1）由已知的正面投影和水平投影画出完整正六棱柱的侧面投影。

（2）确定七边形七个顶点的正面投影 a'、（b'）、（c'）、（d'）、e'、f'、g'，根据点的投影规律求出这七个顶点的水平投影和侧面投影。

（3）水平投影中，七边形的六条边与棱柱的水平投影重合，只需将 ab 连线即可，因 ab 可见，故画成粗实线。侧面投影中，七边形的三条边与棱柱的侧面投影和顶面投影重合，将其余四条边 $b''c''$、$d''e''$、$e''f''$、$a''g''$ 分别连线即可，因这四条边均可见，故画成粗实线。

（4）整理轮廓线，完成投影图（侧面投影中的细虚线一定不要漏掉）。

（二）平面与棱锥相交

【例 2-12】补画被截四棱锥的水平投影和侧面投影[见图 2-40（a）]。

分析：如图 2-40（a）所示，四棱锥被相交的水平面 Q 和正垂面 P 所截切。水平面 Q 与各棱面交线的正面投影和侧面投影有积聚性，水平面投影反映截交线实形。正垂面 P 与各棱面交线在正面投影有积聚性，截平面与各侧棱交点的投影在各棱的同面投影上。

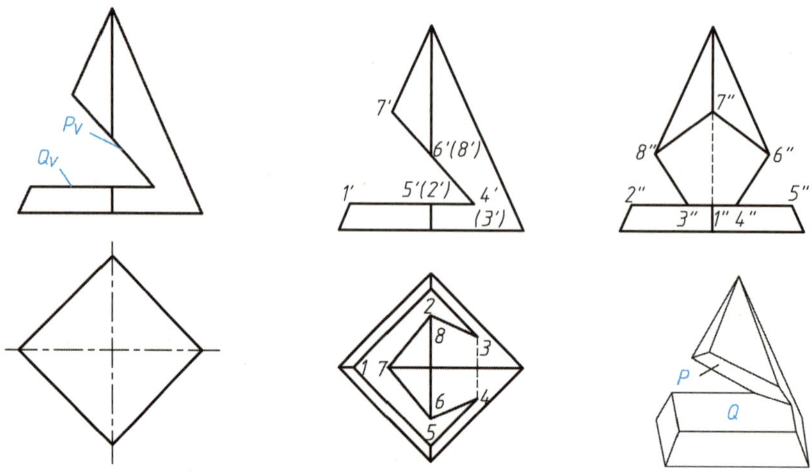

（a）　　　　（b）

图 2-40　四棱锥被两平面所截切

视频：四棱锥被两平面所截切

作图步骤：

（1）在主视图中依次标出各侧棱与截平面的交点 1′、2′、3′、4′、5′、6′、7′、8′。按投影关系直接可求出平面 P 截四棱锥的截交线的水平投影 6、7、8。

（2）求平面 Q、P 截四棱锥的截交线的水平、侧面投影。由 1′在俯视图上求 1，由 1 作四边形与底面四边形对应边平行，可得 2、5，平面 Q 与 P 的交线Ⅲ、Ⅳ的投影可由 3′、4′在俯视图上求得 3、4；侧面投影为 1″、2″、3″、4″、5″、6″、7″、8″。

（3）判别可见性，依次连接各点的同面投影。

（4）整理，擦去多余的线，完成作图，如图 2-40（b）所示。

知识点三、平面与曲面立体相交

平面与曲面立体相交，即曲面立体被平面所截切，其截交线为封闭的平面曲线，或由曲线与直线围成的平面图形或平面多边形，其几何形状取决于曲面立体的形状和截平面与曲面立体的相对位置。

求曲面立体上的截交线，就是求截平面与立体上各被截素线的交点，可归结为求线面交点的问题。当截平面或被截曲面立体轴线处于垂直于投影面的特殊位置时，可利用投影的积聚性求出截交线的投影，而在一般情况下则需要通过作辅助平面才能求出截交线的投影。

（一）平面与圆柱相交

平面与圆柱相交，即圆柱面被平面所截，根据平面与圆柱轴线的相对位置不同，其截交线形状有三种（见表 2-9）。当截平面与圆柱轴线垂直时，截交线为圆；当截平面与圆柱轴线平行时，截交线为一矩形；当截平面与圆柱轴线倾斜时，截交线为一椭圆，椭圆短轴的长度等于圆柱直径，长轴的长度取决于截平面与圆柱轴线夹角的大小。

表 2-9　圆柱面的截交线

截平面的位置	与轴线垂直	与轴线平行	与轴线倾斜
截交线的名称	圆	矩形	椭圆
立体图	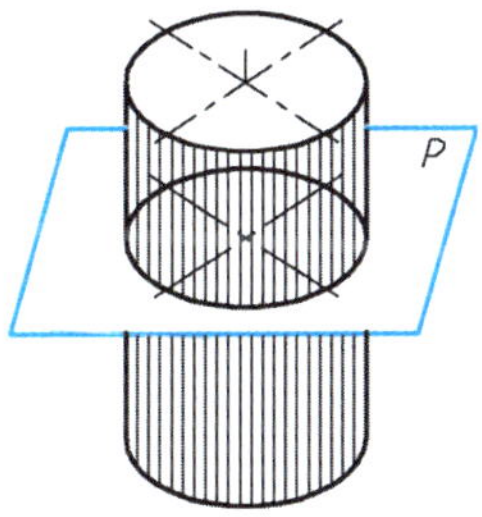	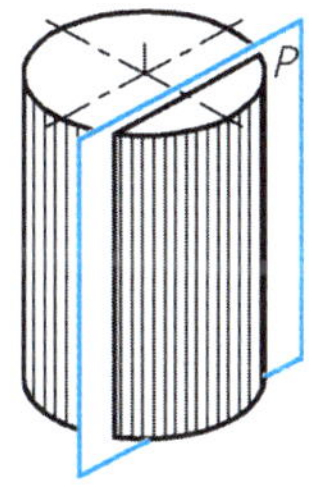	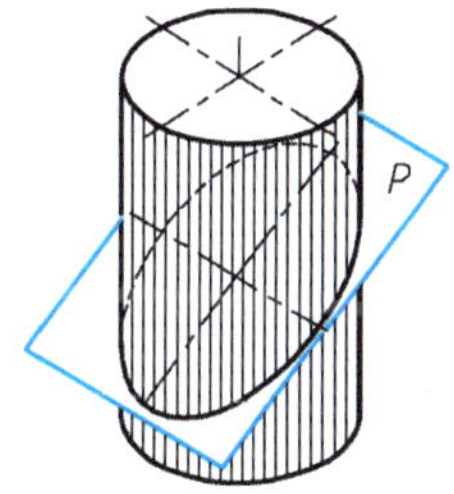
投影图	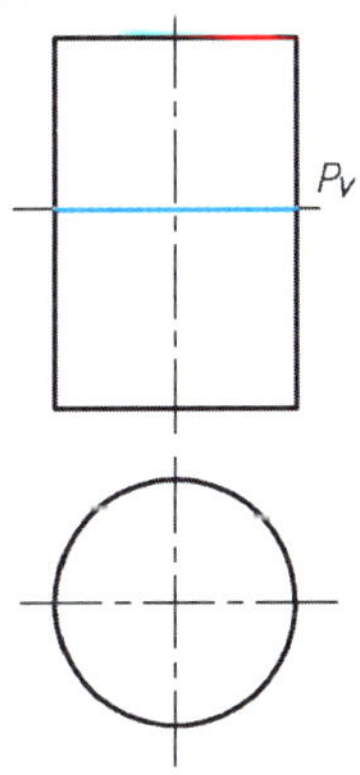	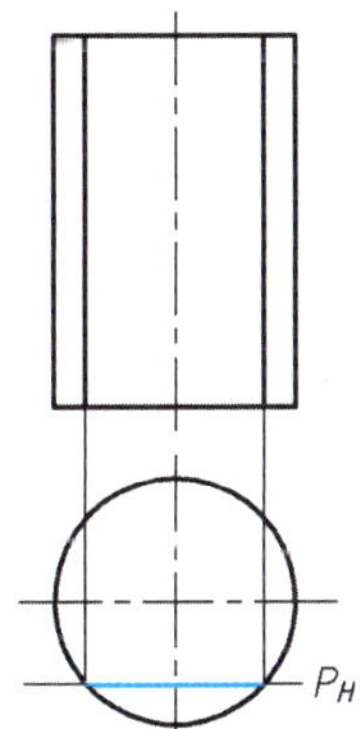	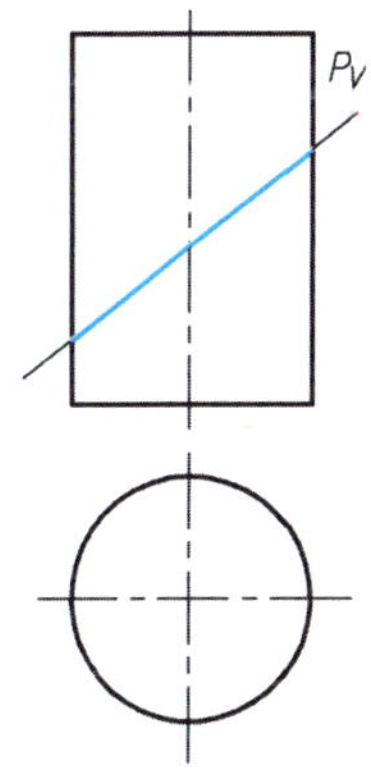

【例 2–13】 如图 2-41 所示，完成圆柱被截切后的水平投影和侧面投影。

分析： 由图可知，截平面 P 倾斜于圆柱轴线且与圆柱面的所有素线都相交，截交线为完整的椭圆。又由于圆柱的轴线为铅垂线，截平面 P 为正垂面，因此截交线的正面投影积聚在线段 $a'b'$ 上，水平投影积聚在圆周上，故只需要求出交线的侧面投影。

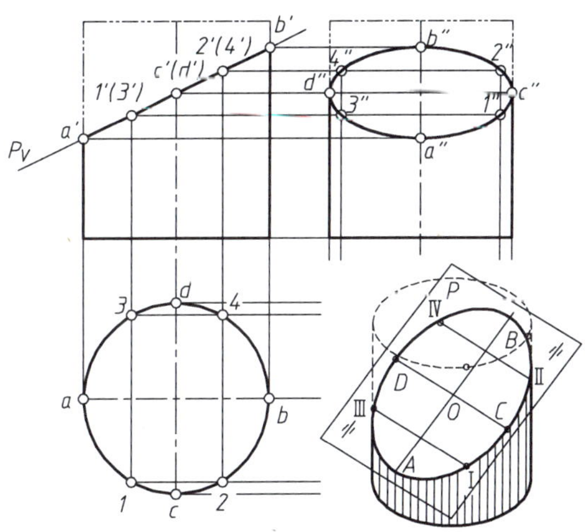

图 2-41　圆柱被斜切的截交线

具体作图步骤如下：

（1）画出完整圆柱的左视图后，求截交线上的特殊点。特殊点主要是转向轮廓线与截面的交点、极限点（最高、最低、最前、最后、最左、最右点）和椭圆长、短轴的端点等。在图 2-41 中，截交线上的点 A、B、C、D 分别是极限点，也是转向轮廓线上的点，也是椭圆长、短轴的端点。根据它们的正面投影和水平投影按投影关系可直接求出侧面投影。

（2）求截交线上的一般点。为作图准确，还要作出若干一般点的投影。为作图简便，一般选取椭圆上四个对称点Ⅰ、Ⅱ、Ⅲ、Ⅳ。同上，由 1′（3′）、2′（4′）和 1、2、3、4 可求出 1″、2″、3″、4″。

（3）依次光滑连接各点的投影，并判别可见性。在本例中截交线的侧

视频：圆柱被斜切的截交线

面投影全都可见。

（4）整理轮廓，完成作图。侧面投影轮廓线应画到 c''、d''为止。

【例 2–14】 如图 2-42 所示，完成开槽圆柱的水平投影和侧面投影。

分析： 由图 2-42（a）可看出，切口是由两个与轴线平行且对称的侧平面和一个与轴线垂直的水平面切割而成，与轴线平行的平面所切截交线为直线，与轴线垂直的平面所切截交线为圆弧，所以圆柱上的截交线是由直线和部分圆弧组成的。

作图步骤如下：

（1）由已知的正面投影和水平投影画出完整圆柱的侧面投影。

（2）求侧平面与圆柱的截交线（以右边的侧平面为例来说明）。

侧平面与顶面的交线为正垂线，正面投影积聚为一点 1′（2′），根据投影规律求出水平投影和侧面投影，因均可见，故用粗实线画出。

侧平面与圆柱面的交线为两段铅垂线，正面投影重合为直线 1′（2′）-3′（4′），水平投影积聚为两点，求出侧面投影为两条可见直线，故用粗实线画出。

（3）求水平面与圆柱的截交线。

水平面与圆柱的截交线为两段圆弧，正面投影重合为直线 7′（8′）-a'（b'）-3′（4′），水平投影反映实形，为圆弧（7）-a-（3）和（8）-b-（4），根据投影规律求出侧面投影。其中 7″-a''、8″-6″可见，用粗实线画出；a''-（3″）、b''-（4″）不可见，但由于分别和 7″-a''、8″-b''重合，所以不用表示。

（4）求截平面交线的投影。

侧平面与水平面之间产生的交线有两条，为正垂线ⅢⅣ和ⅦⅧ，其正面投影积聚为点 3′（4′）和 7′（8′），水平投影分别和 12、56 重合，不用表示，侧面投影（3″）（4″）和 7″8″不可见，用虚线画出。

（5）整理轮廓线，完成投影图，如图 2-42 所示。

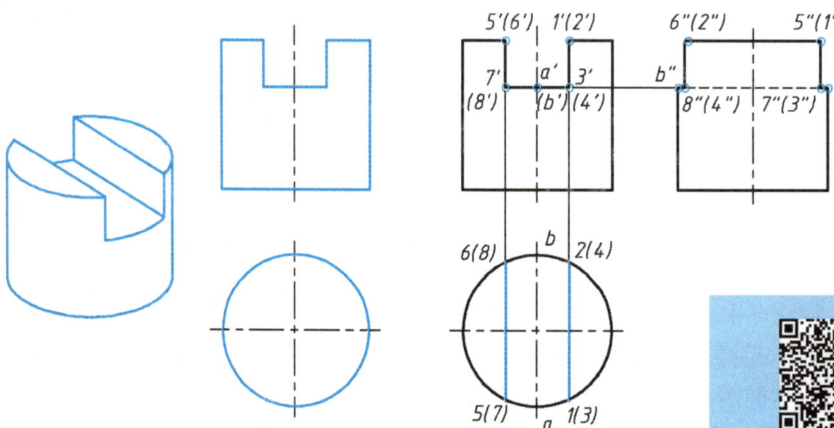

（a）　　　　（b）

图 2-42　圆柱开方槽的截交线

视频：圆柱开方槽的截交线

（二）平面与圆锥相交

平面与圆锥相交，即圆锥面被平面所截切，根据截平面与圆锥的相对位置不同，其截交线形状有五种情况，见表 2-10。

表 2-10 圆锥面的截交线

截平面的位置	与轴线垂直	与轴线倾斜且与所有素线相交	平行于任一素线	平行于轴线	通过锥顶
截交线名称	圆	椭圆	抛物线	双曲线	相交直线（两直素线）
立体图	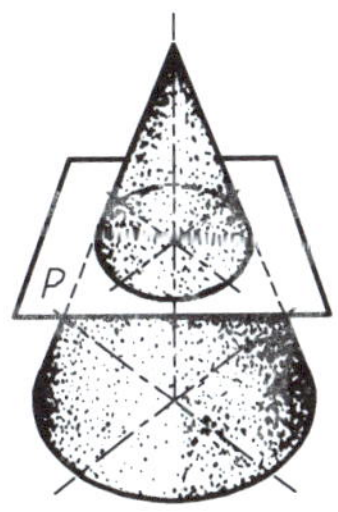	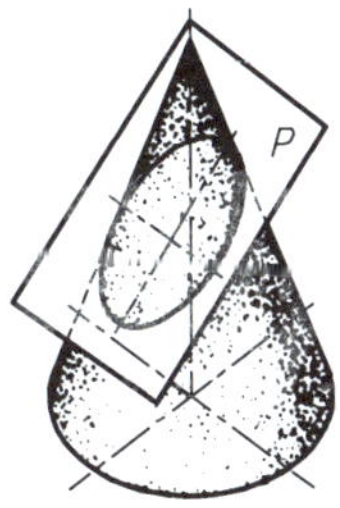	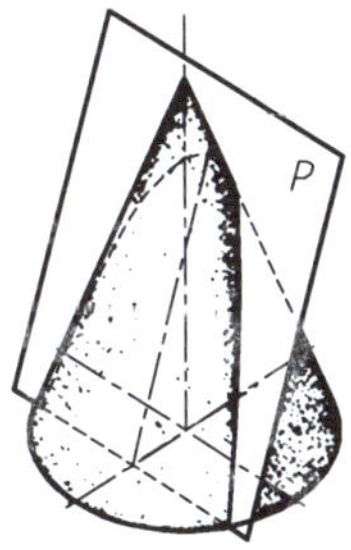	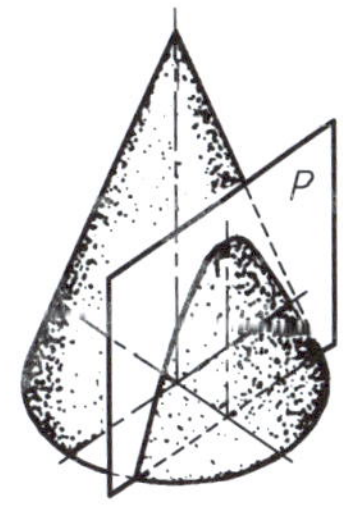	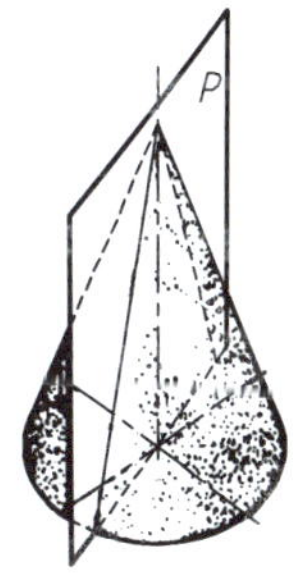
投影图	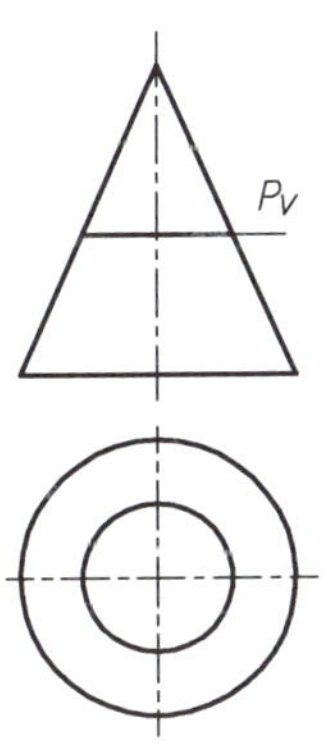	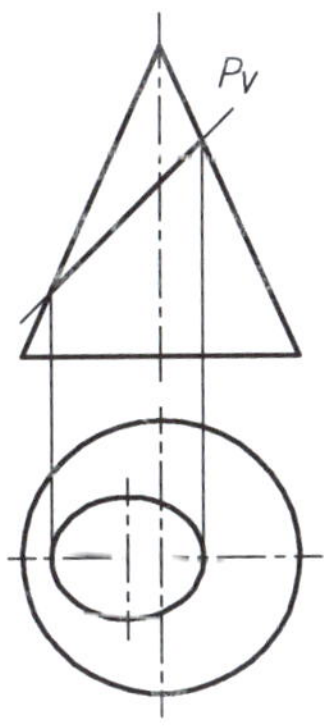	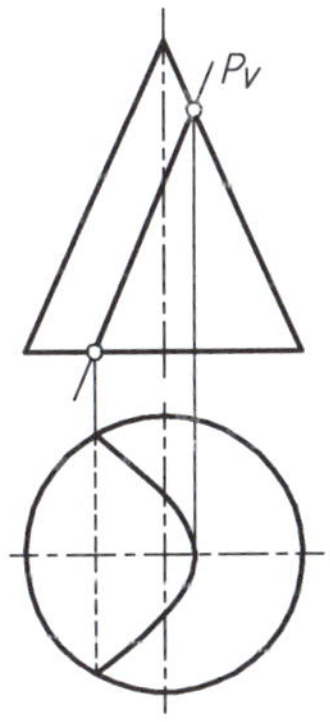	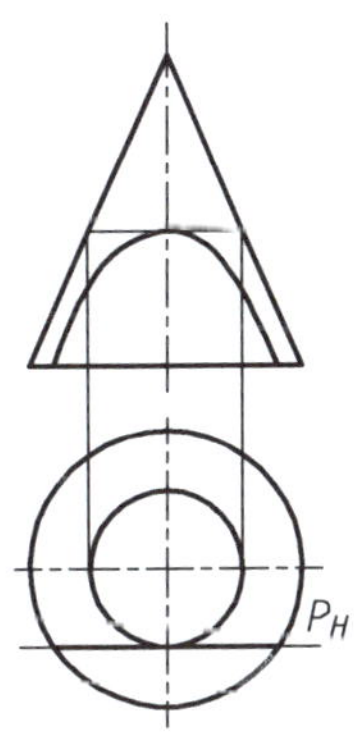	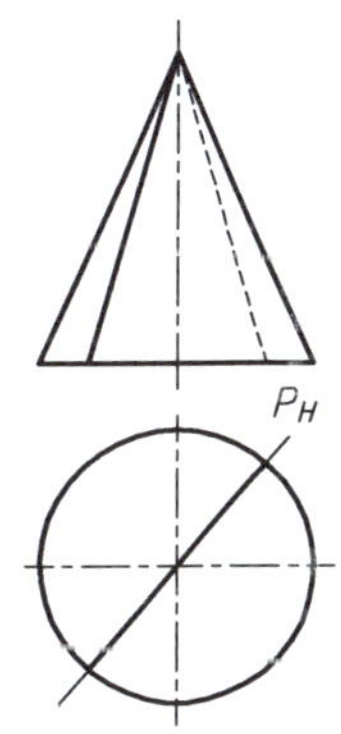

【例 2-15】如图 2-43 所示圆锥被正垂面截切，已知其截交线的正面投影，试求其水平投影和侧面投影。

分析：由图可知，截平面 P 与圆锥轴线倾斜，且与圆锥面的所有素线都相交，截交线为椭圆。截交线的正面投影积聚在 PV 上为已知，故只要求作截交线的水平投影和侧面投影。

具体作图步骤如下：

（1）求截交线上的特殊点。这些特殊点分别为椭圆的长、短轴端点 A、B、C、D，以及转向轮廓线与截平面的交点Ⅰ、Ⅱ。其中 A、B 为椭圆长轴的两端点，其正面投影 $a'b'$反映长轴的实长；C、D 为椭圆短轴的两端点，C、D 的正面投影 c'（d'）积聚在长轴正面投影 $a'b'$的中点处。A、B、Ⅰ、Ⅱ四点的水平投影 a、b、1、2 和侧面投影 a''、b''、$1''$、$2''$，可由它们的正面投影按投影关系直接求出。C、D 两点的投影 c、d 和 c''、d''需用辅助纬圆法求得。

（2）求截交线上的一般点。在截交线有积聚性的正面投影上选取一般点Ⅲ、Ⅳ，用辅助纬圆法求出 3、4、$3''$、$4''$。

（3）依次光滑连接各点的投影，并判别可见性。图中所求截交线的水平投影和侧面投影均为可见。

（4）整理轮廓线，侧面投影的轮廓线应画到 c''、d''为止。

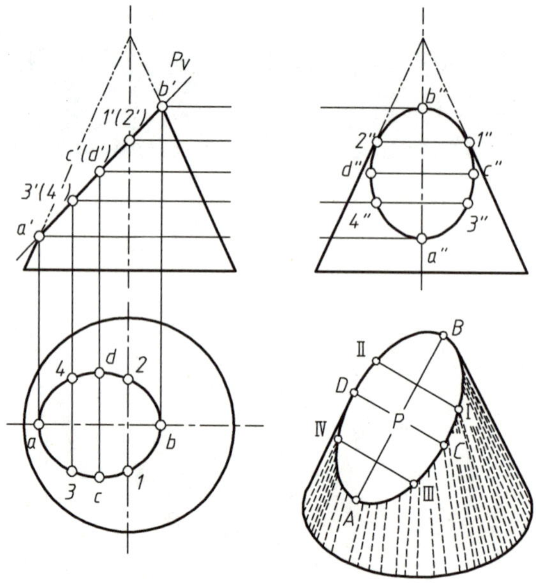

视频：圆锥被斜切的截交线

图 2-43　圆锥被斜切的截交线

（三）平面与圆球相交

平面与圆球相交，即用平面截切圆球面，不论截平面处于任何位置，截交线都是圆。但根据截平面对投影面的相对位置不同，截交线的投影可以是直线段、圆或椭圆。当截平面平行于投影面时，截交线在该投影面上的投影反映实形，是圆；当截平面垂直于投影面时，截交线在该投影面上的投影积聚成一条直线段，线段长为截交线圆的直径；当截平面倾斜于投影面时，截交线在该投影面上的投影为椭圆。

【例 2–16】求被切球面的正面投影和侧面投影，如图 2-44 所示。

分析：如图 2-44 所示，球面被铅垂面 P 所截切，截平面 P 与球面的交线在 H 面上的投影积聚在 P_H 上。因为截平面倾斜于正投影面和侧投影面，所以截交线的正面投影和侧面投影均为椭圆，可分别求出它们的长、短轴后作出。

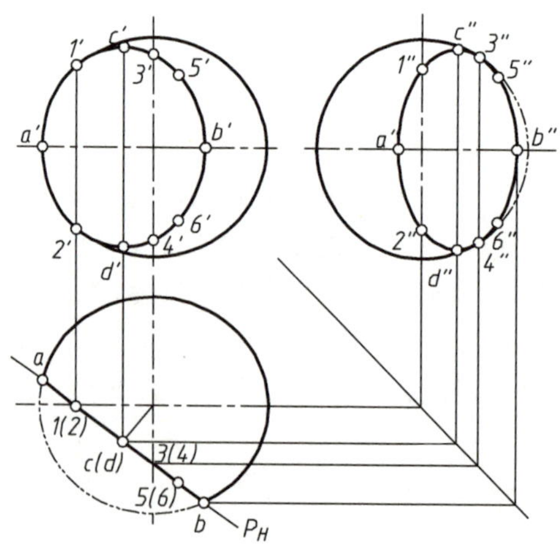

图 2-44　球面截交线的求法

具体作图步骤如下：

（1）求截交线上的特殊点。这些特殊点分别为椭圆的长、短轴端点 A、B、C、D，以及转向轮廓线与截平面的交点Ⅰ、Ⅱ、Ⅲ、Ⅳ。在水平投影上直接标出以上各点的投影 a、b、c、d、1、2、3、4，其中 c、d 在线段 ab 的中点处，C、D 两点的投影 c'、d'和 c''、d''可用辅助纬圆法求得。其他各点的投影，可由它们的水平投影按投影关系直接求出。

（2）求截交线上的一般点。在截交线有积聚性的水平投影上选取一般点Ⅴ、Ⅵ，用辅助纬圆法分别求出它们的其余两投影。

（3）依次光滑连接各点的投影，并判别可见性。图中所求截交线的投影均为可见。

（4）整理轮廓线，正面投影的轮廓应画到 1′、2′为止，侧面投影的轮廓应画到 3″、4″为止。

（四）平面与任意回转面相交

平面与任意回转面相交，一般情况下截交线为对称的平面曲线，当截平面垂直于回转曲面的轴线时，截交线是圆。

【例 2-17】求正平面与任意回转面的截交线，如图 2-45 所示。

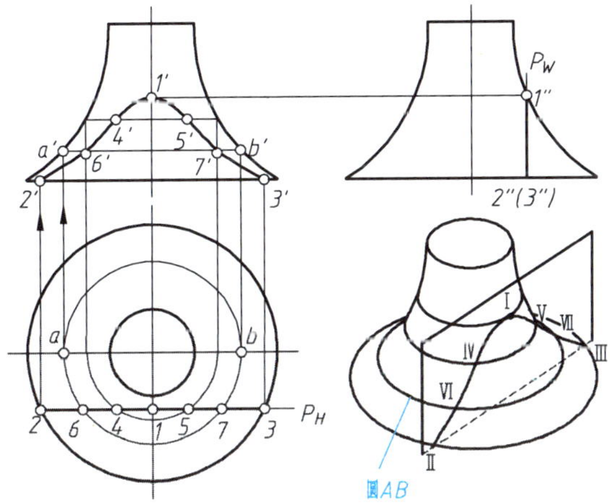

图 2-45　任意回转面的截交线

分析：由图可知，该立体是轴线垂直于水平面的任意回转面，截交线的水平投影积聚在 P_H 上，侧面投影积聚在 P_W 上，故只需求出截交线的正面投影。

（1）求截交线上的特殊点。最高点Ⅰ、最低点Ⅱ和Ⅲ的正面投影 1′、2′、3′可由投影关系直接求出。

（2）求截交线上的一般点。在侧面投影的 P_W 上取一般点 4″（5″）、6″（7″），利用辅助纬圆法求出 4、5、6、7，再利用投影关系求出 4′、5′、6′、7′。

（3）光滑连接各个点的投影并判别可见性。由图可知截交线的正面投影全部可见。

（五）平面与组合体相交

平面与组合体相交，即组合体被平面截切，其截交线一般是由若干段几何性质不同的直线或曲线围成的平面图形，每一段截交线的几何形状由所属基本体的性质及其与截平面的相对位置而定。因此，为了正确地画出组合体表面的截交线，首先必须进行形体分析，找出各基本体之间的分界线，然后分别求出这些基本体的截交线，并依次将其连接即可。

【例 2-18】求作磨具顶针的截交线（见图 2-46）。

分析：如图 2-46 所示，磨具顶针是由同轴的圆锥、小圆柱和大圆柱组成的，且轴线垂直于侧面。水平截平面 *Q* 截圆锥的交线为双曲线，截圆柱面的交线为直线；正垂截平面 *P* 与大圆柱的轴线斜交，其交线为部分椭圆。平面 *P*、*Q* 的正面投影及平面 *Q* 的侧面投影均为有积聚性的直线段，圆柱面的侧面投影有积聚性，故截交线的正面投影和侧面投影为已知，只需求作交线的水平投影。

（1）在正面投影和侧面投影中分别标出点Ⅰ、Ⅱ、Ⅲ、Ⅳ、Ⅴ、Ⅵ、Ⅶ的投影，再利用投影关系求出它们的水平投影。

（2）区分可见性，依次光滑连接各点，完成作图。

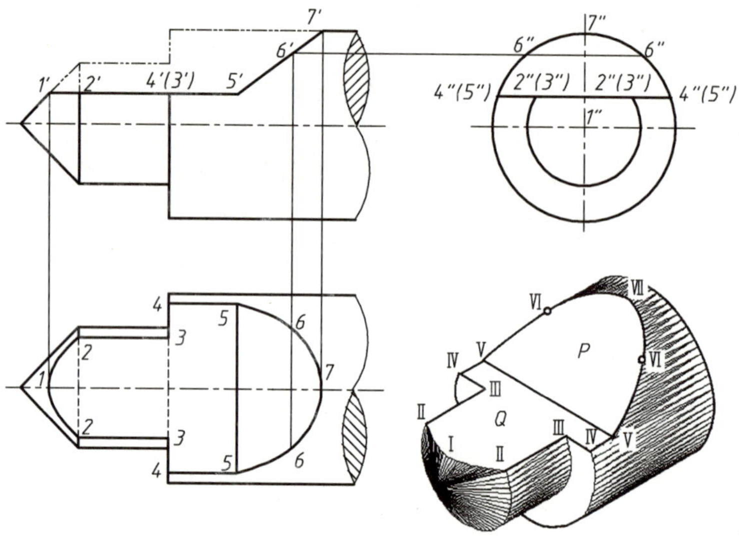

图 2-46　磨具顶针的截交线

任务五　相贯体的投影

知识点一、相贯线的性质

立体与立体相交，在立体表面产生的交线称作相贯线，如图 2-47 所示。根据立体表面的性质，两立体相交可分为三种情况：① 两平面立体相交；② 平面立体与曲面立体相交；③ 两曲面立体相交。前两种情况就是求平面与平面立体或平面立体与曲面立体的截交线问题。这些在前面都已经叙述过，这里不再讨论，下面着重介绍两回转体相交时相贯线的性质及作图方法。

两回转体相交时具有以下的性质：

（1）封闭性。相贯线一般为封闭的空间曲线，特殊情况下是平面曲线或直线。

（2）共有性。相贯线是两立体表面的共有线，相贯线上的点是两立体表面的共有点。因此，求相贯线的问题其实就是求线面交点或面面交线的问题。

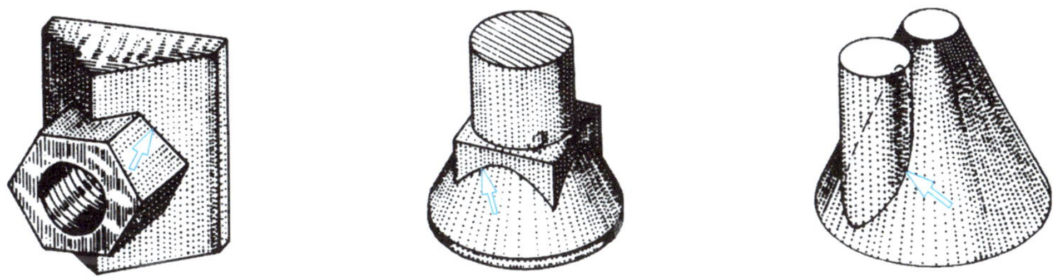

(a) (b) (c)

图 2-47 两回转体相交时的相贯线

知识点二、相贯体三视图

绘制相交体三视图是在基本体三视图的基础上来完成的。因此，绘制相交体三视图的一般方法步骤是：

1. 形体分析

明确两个参与相交的基本体的类型、相对位置，进而确定相贯线的空间形状。注意，相贯线的形状不同，求相贯线的方法可能不同。

2. 作出基本体的三视图

遵照三视图之间的“三等”关系，分别作出参与相交的两基本体的三视图，并分析和表明可见性。

3. 求相交体表面的相贯线

相贯线是两相交基本体表面的共有线，也是区分两相交基本体表面的分界线；相贯线上的点是两相交基本体表面的共有点。在求相贯线时，应当充分利用基本体表面在视图中的积聚性、真实性作图，以提高作图的速度和正确性。

4. 检查并判别可见性，完成全图

对作图结果进行全面检查，尤其要注意检查三视图中是否有多线或漏线的情况，其可见性是否正确等。一旦发现错误，应当及时改正，保证最后得到的三视图正确和完整。

由此可见，要想画出相交体三视图，就必须求出相交体表面的相贯线。下面将分三种情况进行讨论。

知识点三、求两回转体的相贯线

求两曲面立体表面共有点的方法主要有两种．表面取点法和辅助平面法。

（一）利用积聚性表面取点法

当相交的两回转面中，只要有一个是轴线垂直于投影面的圆柱面时，相贯线在该投影面上的投影与圆柱面的积聚性投影重合，因此相贯线的这个投影就是已知的。这时相贯线可视为另一回转体表面上的曲线，可利用面上取点法求出相贯线的其余投影。在图 2-48 中，有两个轴线垂直相交的圆柱体，相贯线为一封闭的空间曲线。大圆柱轴线垂直于 W 投影面，小圆柱轴线垂直于 H 投影面，所以相贯线的水平投影和小圆柱的水平投影重合，为一个圆；相贯线的侧面投影和大圆柱的侧面投影重合，为一段圆弧。因此，只需求出相贯线的正面投影。

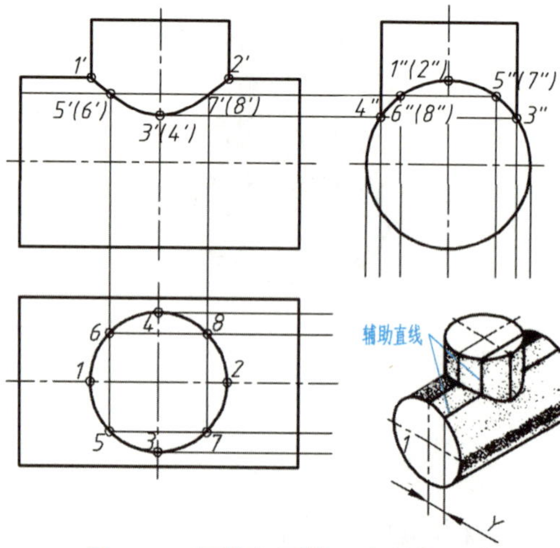

视频：圆柱与圆柱正交的相贯线

图 2-48　圆柱与圆柱正交的相贯线

作图：（1）求特殊点。相贯线上的特殊点主要是转向轮廓线上的点和极限位置点。最高点Ⅰ、Ⅱ，最低点Ⅲ、Ⅳ，也是转向轮廓线上的点，它们的水平投影和侧面投影都已知，正面投影 1′、2′、3′（4′）可由投影关系直接求出。

（2）求一般点。在相贯线的水平投影上任取一般点 5、6、7、8，同上，可利用投影关系求出 5″（7″）、6″（8″）和 5′（6′）、7′（8′）。

（3）判别可见性，依次光滑连接各点。判别相贯线投影可见性的原则是：只有同时位于两立体可见表面的相贯线才是可见的。由图可知，该相贯线前后对称，故其正面投影虚线和实线重合。

两回转体相交，可能是立体的外表面相交，也可能是立体的内表面相交，因此就会出现如图 2-49 所示的两外表面相交、外表面与内表面相交、两内表面相交三种形式。不管是哪种相交形式，只要相交的两个回转体表面的形状、相对尺寸大小及表面相对位置不变，则它们的相贯线形状和作图方法都是相同的。

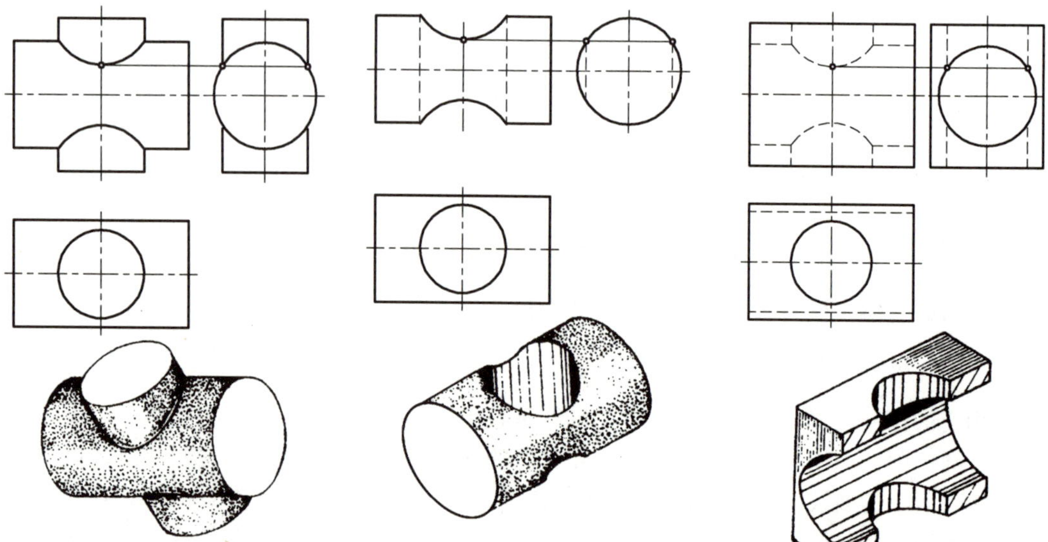

（a）　（b）　（c）

图 2-49　两圆柱面相交的三种形式

（二）用辅助平面法求相贯线

当相交的两个回转体的投影没有积聚性，它们的相贯线不能用表面取点法作图时，可采用辅助平面法。所谓辅助平面法，就是根据三面共点的原理，利用辅助平面求出两回转体表面上的若干共有点，从而求出相贯线的投影方法，如图 2-50 所示。

为了作图简便，选择辅助平面时应遵守以下原则：所选择的辅助平面与两相贯体的截交线的投影是最简单的直线或圆。

图 2-50 所示为圆柱与半圆球相交，由于圆柱的轴线垂直于侧面，相贯线的侧面投影积聚在圆周上，为已知，故只需求作相贯线的正面投影和水平投影。根据辅助平面的选择原则，在此选择水平面为辅助平面，具体作图步骤如下。

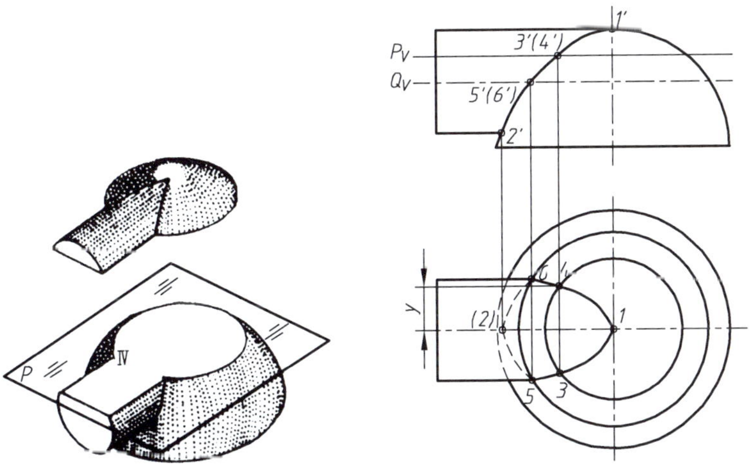

（a）　　（b）

视频：圆柱与半球相交

图 2-50　圆柱与半圆球相交

（1）求特殊点：由侧面投影可知，Ⅰ、Ⅱ、Ⅴ、Ⅵ分别是相贯线上的最高、最低和最前、最后点。由 1″、2″可直接求出 1′、2′和 1、2；点Ⅴ、Ⅵ的投影，可利用辅助平面法求出，过 5″、6″作水平辅助平面 Q，平面 Q 与圆柱面相交于最前、最后两条素线，与圆锥面相交于一水平纬圆，它们的水平投影的交点就是 5、6，再根据 5、6 在 Q_V 上求出 5′、（6′）。

（2）求一般点：在侧面投影的适当位置作辅助水平面 P，平面 P 与圆柱面相交于两条素线，与圆锥相交于一水平纬圆，它们的水平投影的交点就是Ⅲ、Ⅳ点的水平投影 3、4，再根据 3、4 在 P_V 上求出 3′、（4′）。

（3）判别可见性，并光滑连接各点。在俯视图中，位于圆柱上半部的相贯线可见，位于圆柱下半部的相贯线不可见，故 6、4、1、3、5 可见，连成实线，5、（2）、6 连成虚线，可见与不可见的分界点为 5、6 点。相贯线前后对称，因此相贯线的正面投影前后重合，用实线画出。

知识点四、立体表面交线的分析

（一）相贯线的特殊情况

（1）两同轴回转面的相贯线是垂直于轴线的圆。当它们的轴线平行于某投影面时，相贯线在该投影面上的投影积聚为垂直于轴线的直线段，如图 2-51 所示。

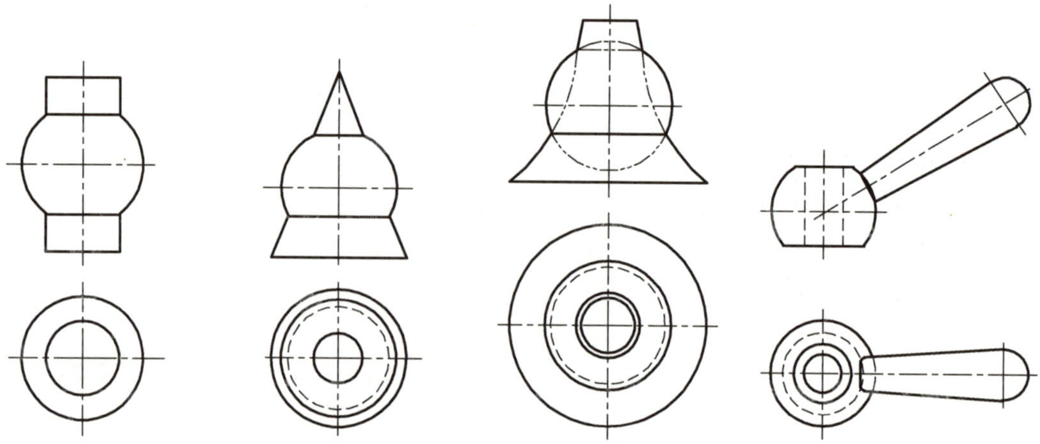

（a）　（b）　（c）　（d）

图 2-51　两同轴回转面的相贯线

（2）轴线相交的两回转面公切于一个球面时，其相贯线是平面曲线——椭圆。若两回转面的轴线都平行于某投影面，则相贯线在该投影面上的投影积聚为两相交的直线段，如表 2-11 所示。

表 2-11　公切于圆球时，圆柱与圆柱以及圆柱与圆锥的相贯线

表面性质相对位置条件	柱、柱相贯		锥、柱相贯	
	轴线正交	轴线斜交	轴线正交	轴线斜交
公切于一圆球	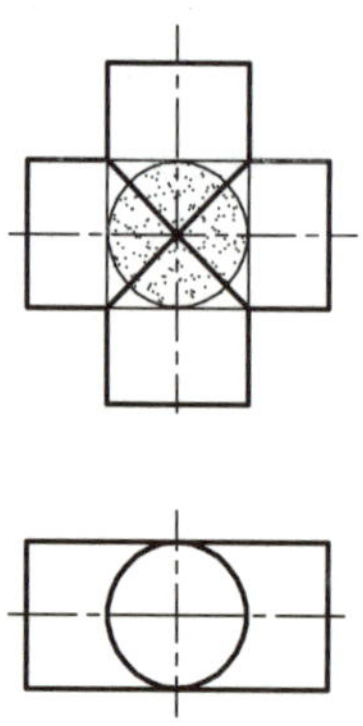	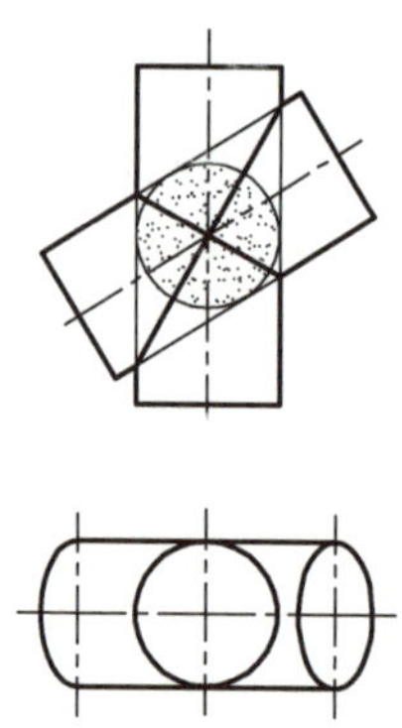	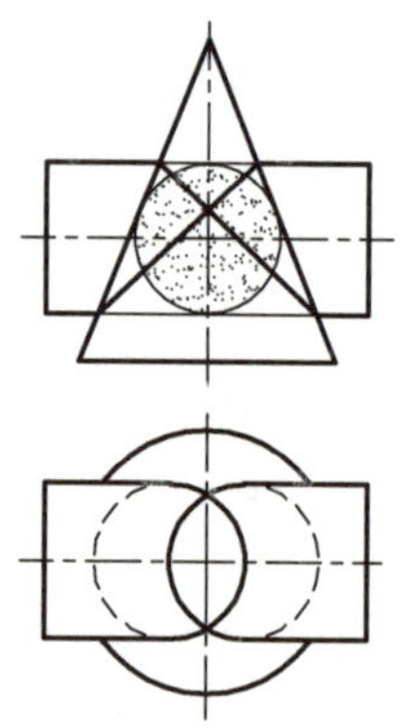	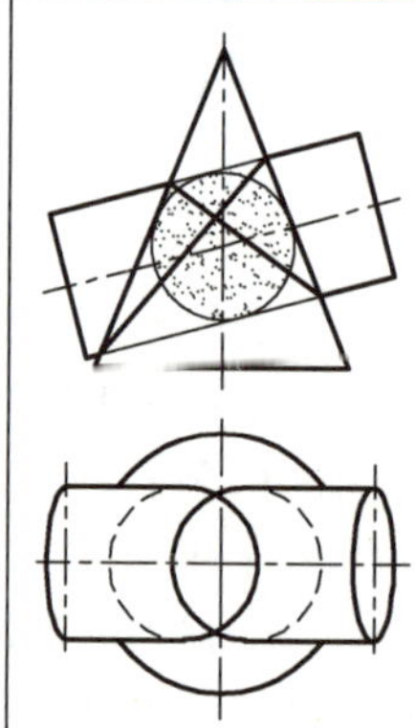

（二）影响相贯线形状的因素

影响相贯线形状的因素有：两相贯体表面的几何性质，两相贯体的相对尺寸大小和相对位置的变化情况。

（1）表 2-12 表示圆柱与圆柱、圆柱与圆锥轴线正交时，当其中一相贯体尺寸发生改变时，相贯线形状的变化趋势。

表 2-12　轴线正交时表面性质相同而尺寸相对变化对相贯线的影响

尺寸变化 表面性质	直立圆柱的直径变化时		
柱、柱相贯	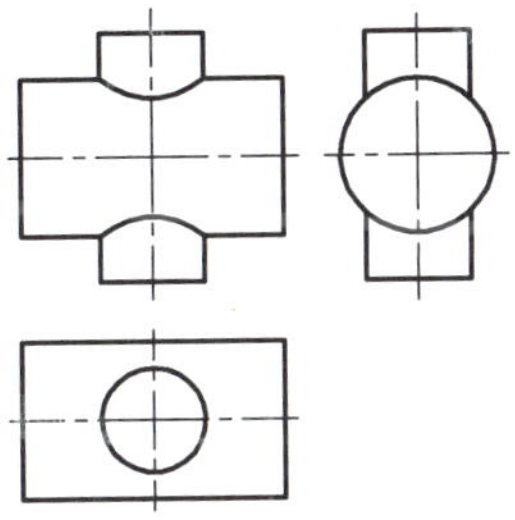	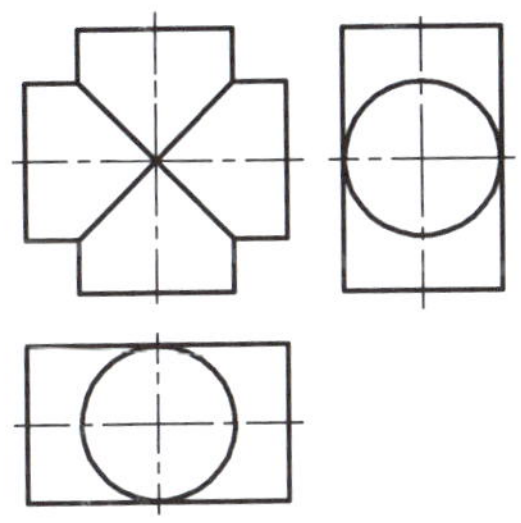	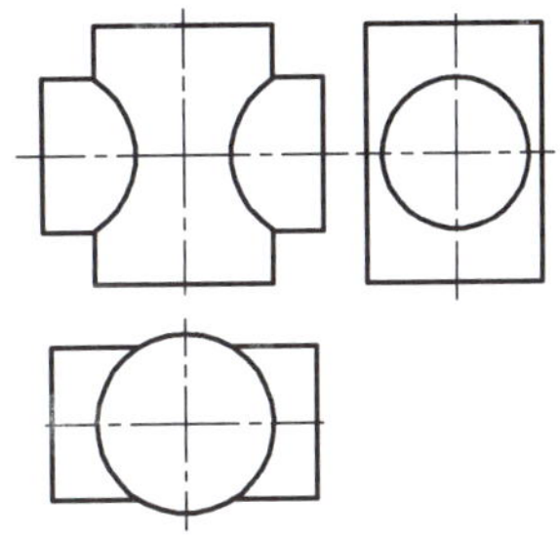
锥、柱相贯	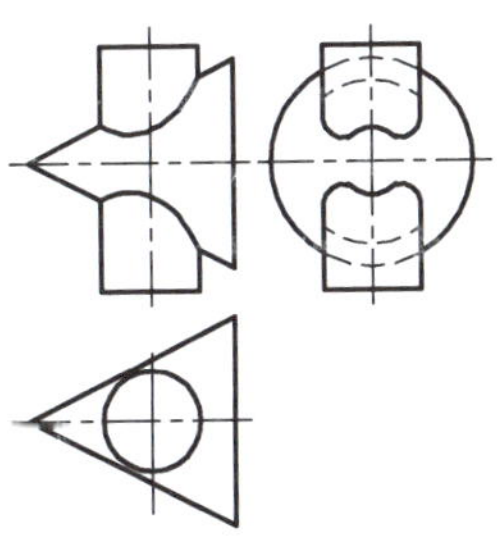	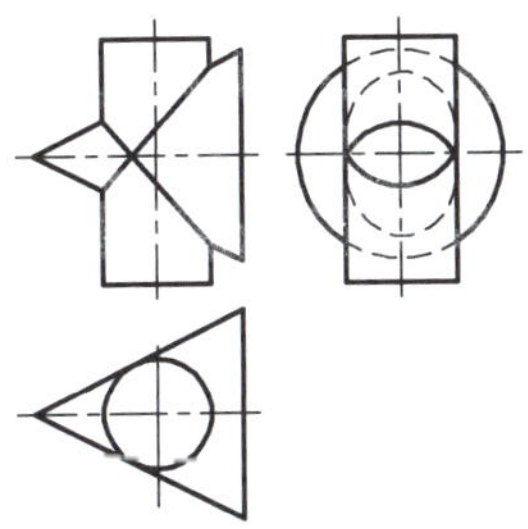	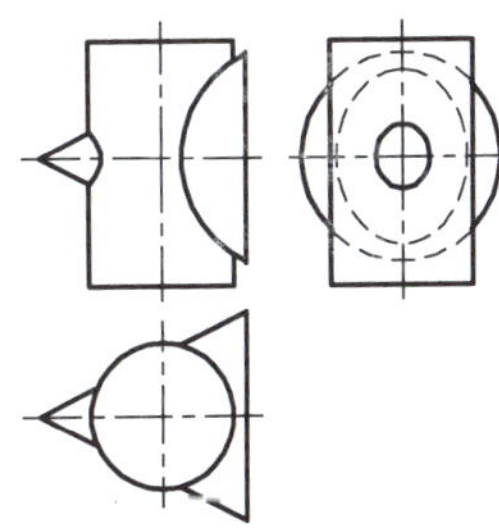

（2）表 2-13 表示圆柱与圆柱、圆柱与圆锥相交时，若它们的直径保持不变，而使它们的相对位置发生改变，比如正交、斜交和交叉三种情况下，相贯线形状的变化情况。

表 2-13　相对位置变化对相贯线形状的影响

尺寸变化 表面性质	轴线正交	轴线斜交	轴线交叉
柱、柱相贯	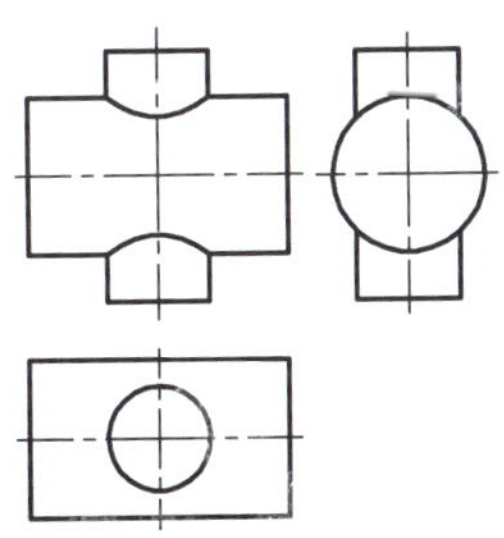	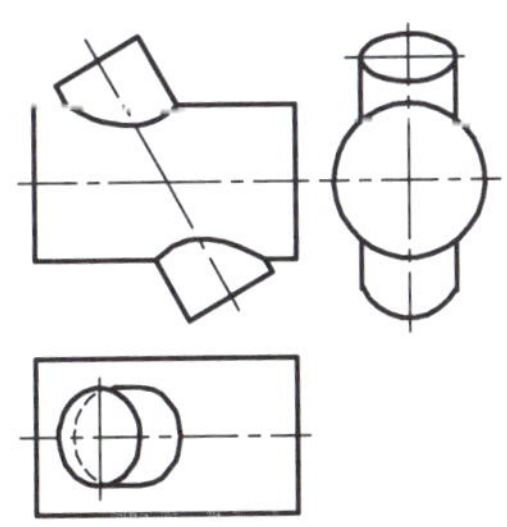	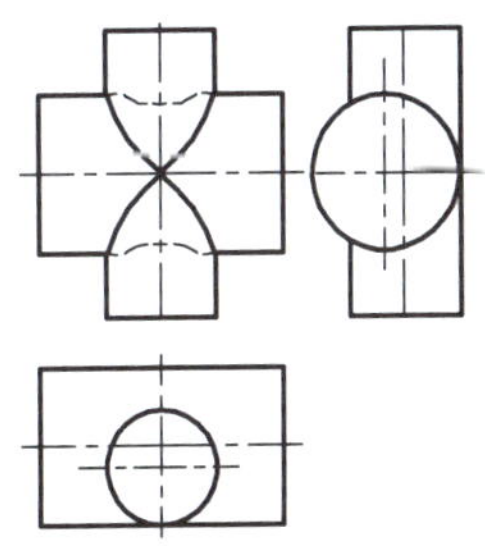
锥、柱相贯	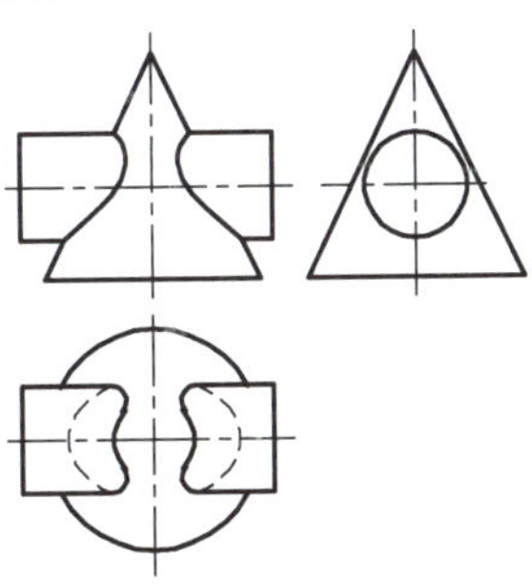	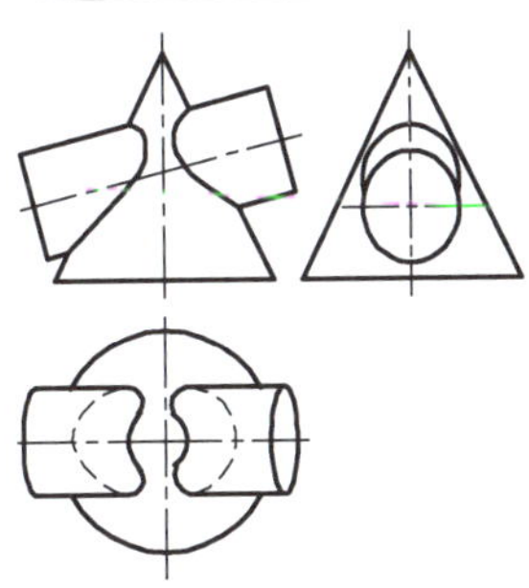	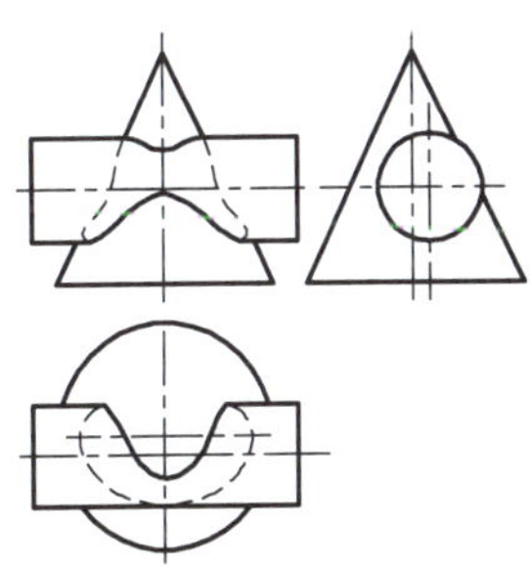

（三）相贯线的近似画法

当两圆柱的直径差别较大且对相贯线形状的准确度要求不高时，允许采用近似画法，即采用圆弧代替相贯线的投影，圆弧的圆心位于小圆柱的轴线上，半径等于大圆柱的半径，如图 2-52 所示。

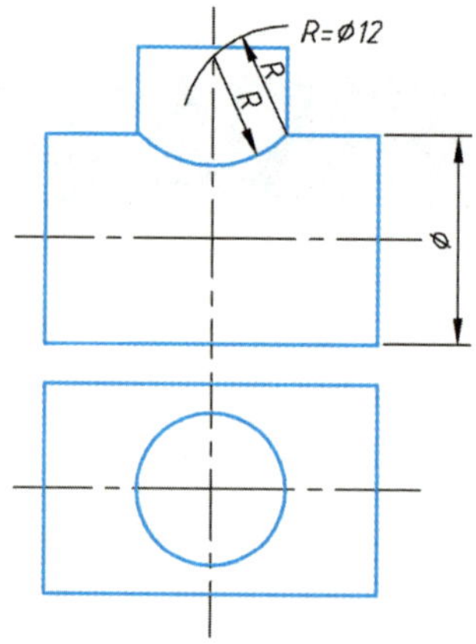

图 2-52　正交圆柱相贯线简化画法

知识点五、综合相交举例

机件往往都是由多个基本体构成的组合体，它们相交时产生的表面交线可能是相贯线，也可能是截交线，形成综合相交。画组合体的投影时，必先进行形体分析，找出存在截交和相贯关系的表面，应用截交线和相贯线的基本作图方法，逐一作出各条交线的投影。

【例 2-19】完成图 2-53（a）所示组合体的正面投影和水平投影。

分析：该组合体由两个同轴圆柱Ⅰ、Ⅱ和其左边的圆柱Ⅲ组合而成。圆柱Ⅰ与圆柱Ⅲ、圆柱Ⅱ与圆柱Ⅲ均为轴线垂直相交，且前者为两直径相等的圆柱相交，属于特殊相贯的情况，故需分别求作相贯线；圆柱Ⅱ的顶面 *A* 截割圆柱Ⅲ，还必须求作截交线。

具体作图步骤：

（1）求作圆柱Ⅰ和圆柱Ⅲ表面的相贯线上的点，可以利用积聚性直接作图。由侧面投影中的点 1″、2″、3″、4″、5″和水平投影中的点 1、2、3、4、5，便可求出其正面投影 1′、2′、(3′)、4′、(5′)。

（2）求作圆柱Ⅱ和圆柱Ⅲ两表面相贯线上的点，同样可利用积聚性先直接找到点Ⅵ、Ⅶ、Ⅷ的侧面投影 6″、7″、8″和水平投影（6）、（7）、（8）后，再求其正面投影 6′、(7′)、8′。

（3）求作圆柱Ⅱ顶面 *A* 与圆柱Ⅲ相交的截交线。平面 *A* 与圆柱Ⅲ的轴线平行，其交线是平行于轴线的两直线段，即侧垂线Ⅵ、Ⅳ和Ⅶ、Ⅴ。

（4）判别可见性，分段依次连线。由于相贯线前后对称，在正面投影上相贯线前后两部分重合，均画成粗实线，且直径相等的两圆柱的相贯线的投影为直线段。*A* 面截圆柱Ⅲ的截交线的水平投影不可见，应画成虚线，如图 2-53（b）所示。

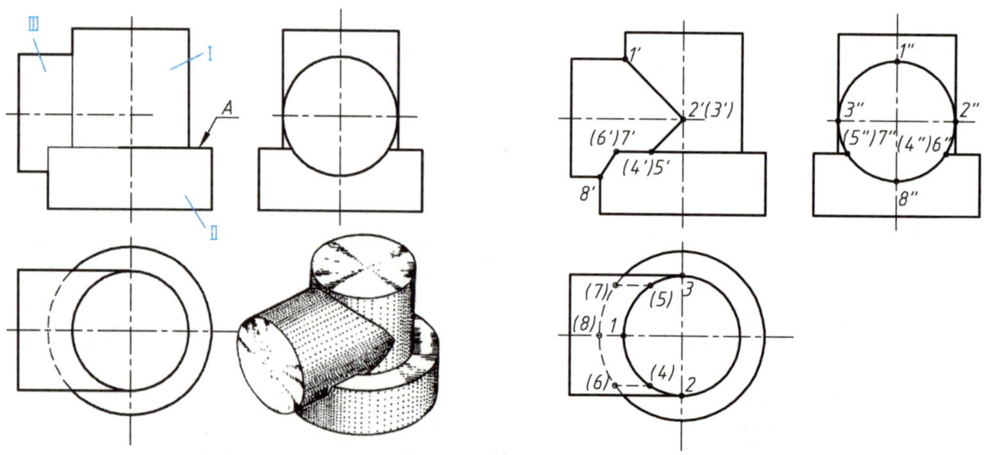

（a）　　　　（b）

图 2-53　组合体的表面交线

任务六 简单体尺寸标注

生产中，图上所标注的尺寸是工人制造零件的重要依据，标错一个，整个零件就可能报废。因此，标注尺寸时必须认真负责，一丝不苟，绝不能粗心大意。

标注尺寸的基本要求：

（1）正确：所注尺寸应符合国家标准《技术制图》中有关尺寸注法的基本规定。

（2）完全：尺寸必须标注齐全，不遗漏，不重复。

（3）合理：所注尺寸既能保证设计要求，又要符合加工、装配、测量等工艺要求。

（4）清晰：尺寸标注要布置匀称、清楚、整齐，便于阅读。

下面主要介绍切割体、相贯体和简单平板类形体的尺寸标注，初步理解尺寸标注的要求，为后续组合体尺寸标注打下基础。

知识点一、切割体尺寸标注

切割体的尺寸标注是在基本体尺寸标注的基础之上来完成的。切割体的尺寸由两部分组成：一是需要标注基本体的定形尺寸，二是需要标注确定截平面位置的定位尺寸。由于截平面与形体的相对位置确定后，截交线即被唯一确定，因此不应对截交线标注尺寸。

图 2-54 给出了几种典型切割体的尺寸标注。由此可以看出，恰当地标注尺寸，可以减少视图的数量，方便读图。

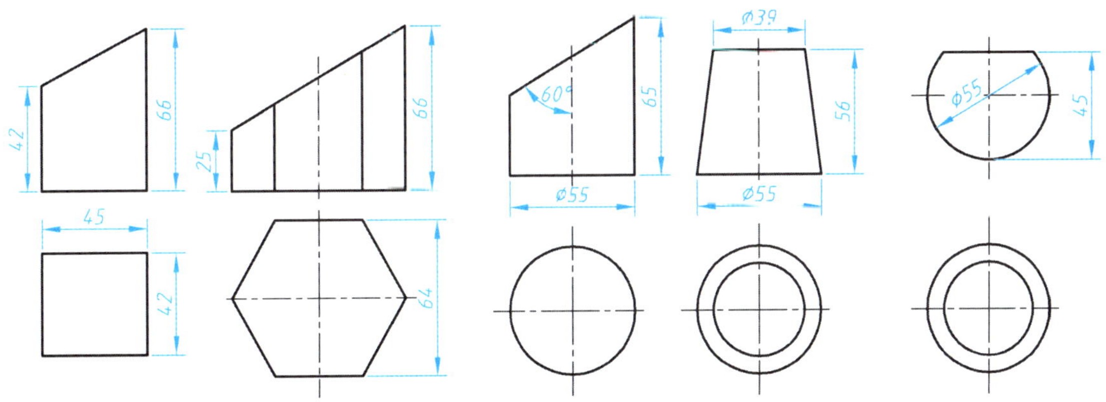

图 2-54　切割体的尺寸标注

知识点二、相贯（交）体尺寸标注

相贯（交）体尺寸标注是在基本体尺寸标注的基础上来完成的。相贯（交）体的尺寸由两部分组成：一是需要标注基本体的定形尺寸，二是需要标注确定两基本体相对位置的定位尺寸。具体标注方法和步骤如下：

（1）形体分析——明确两个参与相交的基本体的类型、相对位置。

（2）选择尺寸基准——相交体需要三个方向的尺寸基准，即左右方向、前后方向和上下方向尺寸基准。一般情况下，应选择平面立体上的大端面、回转体的轴线作为尺寸基准。

（3）标注定形尺寸——为每个参与相交的基本体标注定形尺寸。

（4）标注定位尺寸——从已选择的尺寸基准出发，分别按照左右方向、前后方向和上下方向为每个参与相交的基本体标注定位尺寸。

（5）检查和调整——当相贯体所需尺寸较多时，难免会出现差错或者出现尺寸放置位置不当的情况。这时就需要进行认真检查并改正错误，或者需要重新调整尺寸的放置位置，直至符合要求为止。

图 2-55 是几种相贯体的尺寸标注，图中的箭头所指是为尺寸标注选择的尺寸基准。注意：当基本体的一端与另一基本体相切或者相交时，位于该方向的定形尺寸不能直接标注；当基本体的端平面、对称平面或者回转轴线与尺寸基准重合时，位于该方向的定位尺寸则不需要标注。

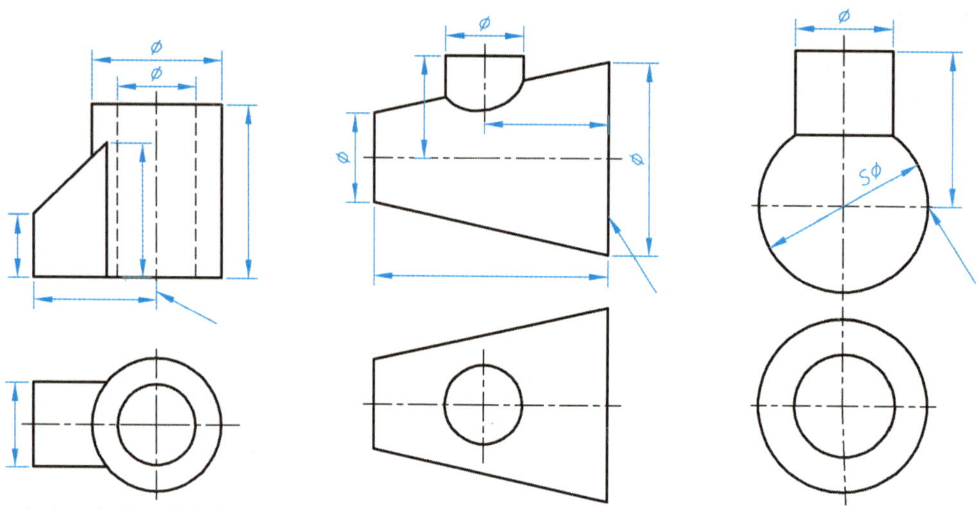

（a）平板与圆管相交　（b）圆柱与圆台相交　（c）圆柱与圆球相交

图 2-55　相贯体的尺寸标注

知识点三、简单平板类形体尺寸标注

由于平板类形体（俗称板子）在结构形状上的特殊性，其三视图的绘制及其尺寸标注具有非常强的规律性。

（一）平板类形体的三视图

平板类形体的形状特点：在一个方向上的尺度与其他两个方向的尺度相比明显较小。平板类形体的结构特点：在两个相互平行、距离比较小的表面上，往往分布着若干形状不同、大小不等的通孔或通槽，或者按一定规则分布着若干形状相同、大小相等的通孔或通槽等。

在绘制平板类形体的三视图时，经常有一个视图能够明确地反映出板子的实形，以及板子上各种孔或槽的形状、大小与分布情况；而另两个视图则主要反映该板子的厚度。因此，在实际当中经常只画两个视图，即一个视图反映其实形，另一个视图反映其厚度，如图 2-56 所示。

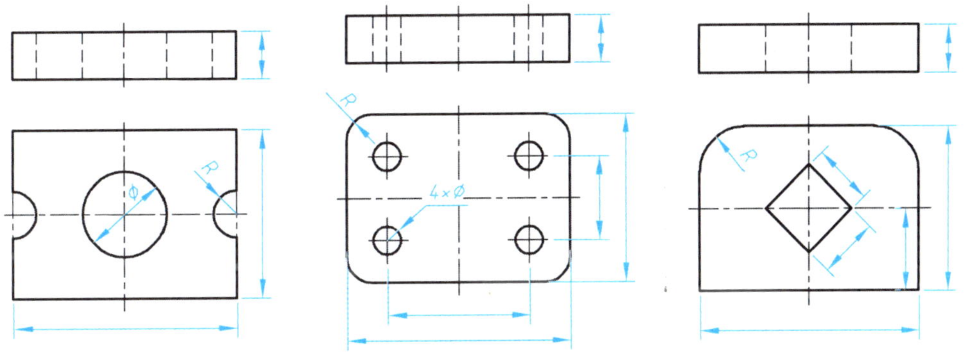

图 2-56 平板类形体的三视图及尺寸标注（一）

（二）平板类形体的尺寸标注

平板类形体的尺寸标注，其总的标注方法是：除平板的厚度尺寸需在其他视图上标注以外，其余尺寸（包括定形尺寸和定位尺寸）全部标注在反映平板实形的视图上，如图 2-57 所示。但在具体标注尺寸时，还必须坚持以下原则：

（1）如果平板上有 *n* 个相同的圆孔，一般需在其中一个圆上标注 *n* × *φ*，并标出这些圆孔的中心距；如果圆孔是沿圆周分布的，则需要标注（用点划线画出的）其定位圆的直径。如果平板上有多个相同的回转面需要标注半径，则只需在其中一段圆弧标注 *R*，如图 2-57 所示。

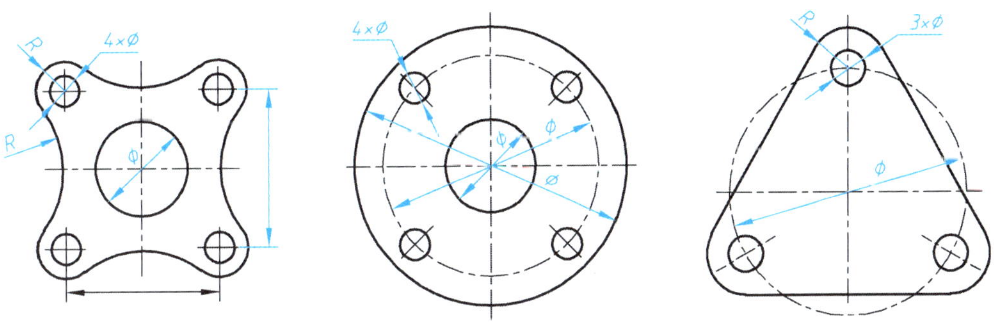

图 2-57 平板类形体的三视图及尺寸标注（二）

（2）如果平板的端面为回转面，一般不能标注其长度尺寸或宽度尺寸，而是标注其圆弧半径和圆心的定位尺寸，如图 2-58 所示。

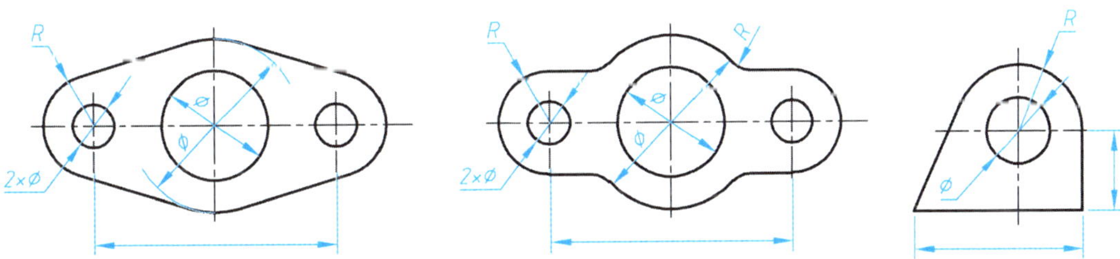

图 2-58 平板类形体的三视图及尺寸标注（三）

（3）对于平板上带有半圆形的长槽，一般只标注槽宽尺寸，而不标注圆弧的半径，如图 2-59 所示。

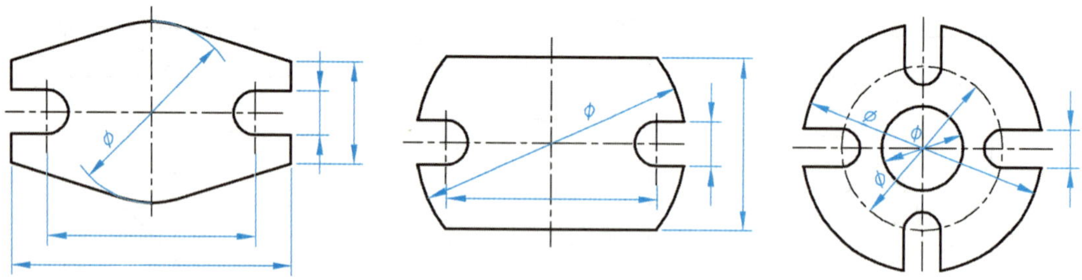

图 2-59　平板类形体的三视图及尺寸标注（四）

（4）当两个相对的圆弧半径相等且圆心重合时，应该标注两圆弧的直径，如图 2-59 所示。但是当两圆弧圆心不重合且不需要确定圆弧圆心，或者圆弧圆心位于形体之外而不便于定位时，可采用如图 2-60 所示的方式标注。

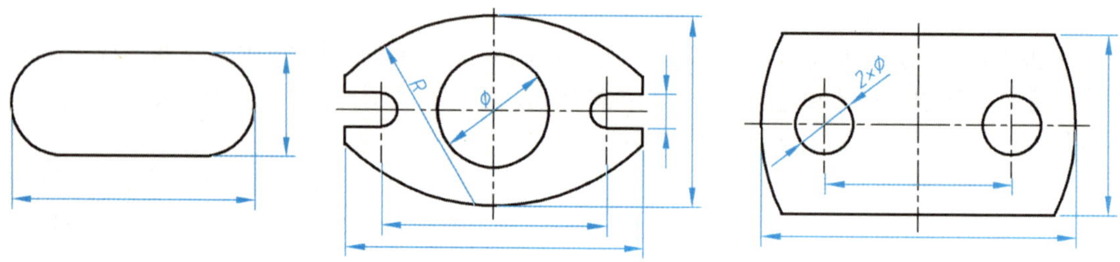

图 2-60　平板类形体的三视图及尺寸标注（五）

任务七　轴测投影

常用的零件图样是多面正投影图，多面正投影具有作图简便、度量性好等优点，如图 2-61（a）所示。但这种图样缺乏立体感，必须具有一定的图学知识才能看懂。为此，工程上还常用一种富有立体感的投影图来表达物体，以弥补多面投影图的不足。这种单面投影图称作轴测图。

轴测图是一种单面投影图，在一个投影面上能同时反映出物体三个坐标面的形状，并接近于人们的视觉习惯，形象、逼真，富有立体感。但是轴测图一般不能反映出物体各表面的实形，因而度量性差，同时作图较复杂。因此，在工程上常把轴测图作为辅助图样，来说明机器的结构、安装、使用等情况，在设计中，用轴测图帮助构思、想象物体的形状，以弥补正投影图的不足，如图 2-61（b）、（c）所示。

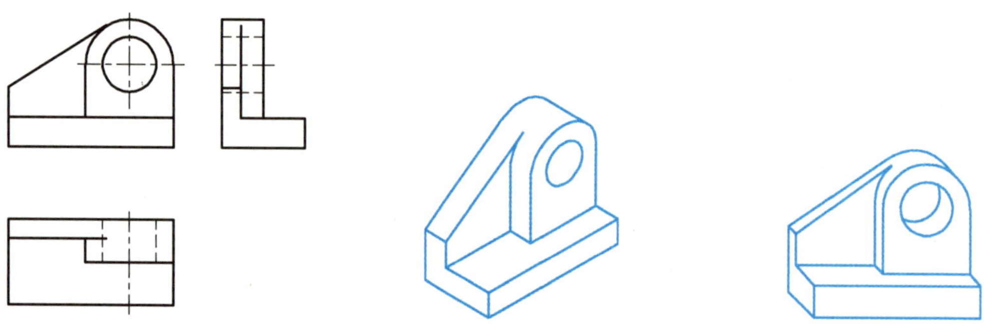

（a）　（b）　（c）

图 2-61　多面正投影图与轴测图

知识点一、轴测图的基本知识

（一）轴测图的形成和投影特性

如图 2-62 所示，轴测图是将物体连同其参考直角坐标系，沿不平行于任一坐标平面的方向，用平行投影法将其投射在单一投影面 P 上所得的图形。

在轴测投影中，投影面 P 称作轴测投影面，投射方向 S 称作轴测投射方向。由于轴测图是用平行投影法得到的，因此具有下列投影特性：

（1）平行性：物体上互相平行的线段，在轴测图上仍然互相平行。

（2）定比性：物体上两平行线段或同一直线上的两线段长之比，在轴测图上保持不变。

（二）轴测轴、轴间角及轴向伸缩系数

轴测轴：空间直角坐标轴 OX、OY、OZ 在轴测投影面上的投影 O_1X_1、O_1Y_1、O_1Z_1。

轴间角：相邻两轴测轴之间的夹角，即角 $\angle X_1O_1Y_1$、$\angle X_1O_1Z_1$、$\angle Y_1O_1Z_1$。

轴向伸缩系数：轴测轴上单位长度与相应空间直角坐标轴上单位长度之比。

X、Y、Z 轴的轴向伸缩系数分别用 p、q、r 表示，$p=O_1C_1/OC$，$q=O_1G_1/OG$，$r=O_1H_1/OH$，如图 2-62 所示。

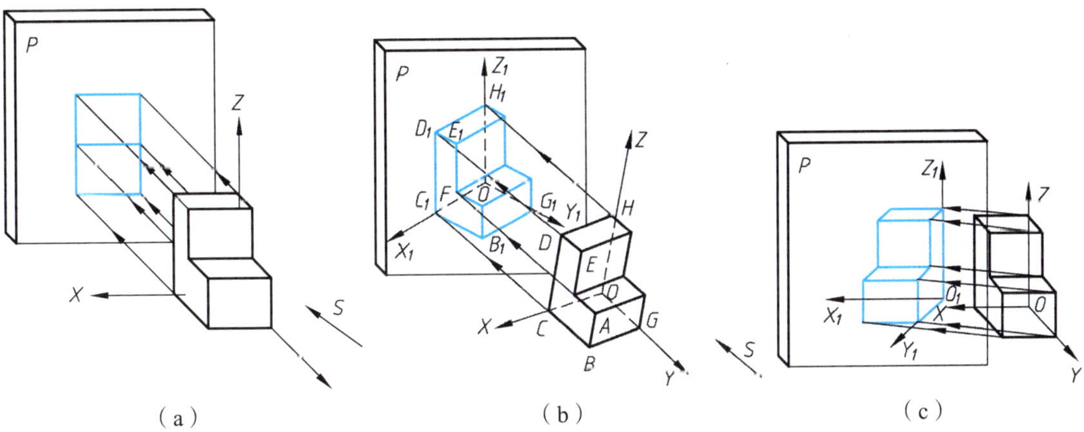

图 2-62　轴测图的形成

（三）轴测图的分类

根据投射方向与轴测投影面是否垂直，可将轴测图分为两类。

1. 正轴测图

投射方向与轴测投影面垂直，即用正投影法得到的轴测图，如图 2-62（b）所示。

2. 斜轴测图

投射方向与轴测投影面倾斜，即用斜投影法得到的轴测图，如图 2-62（c）所示。

在上述两类轴测图中，根据轴向伸缩系数的不同，每类又可分三种。

（1）正（或斜）等轴测图：三个轴向伸缩系数都相等的轴测图，即 $p=q=r$。

（2）正（或斜）二轴测图：有两个轴向伸缩系数相等的轴测图，即 $p=q\neq r$，或 $p=r\neq q$，或 $p\neq r=q$。

（3）正（或斜）三轴测图：三个轴向伸缩系数均不相等的轴测图，即 $p\neq r\neq q$。

在工程上用得较多的是正等轴测图和斜二轴测图，这里主要介绍正等轴测图和斜二轴测图的画法。

知识点二、正等轴测图的画法

（一）轴间角和轴向伸缩系数

使直角坐标系的三条坐标轴 OX、OY、OZ 对轴测投影面的倾斜角相等，并用正投影法将物体连同坐标系一起向轴测投影面投射，所得到的图形称作正等轴测图，简称正等测。

如图 2-63 所示，正等轴测图的三个轴间角相等，均为 120°，规定 Z 轴是铅垂方向，根据理论计算，其轴向伸缩系数 $p=q=r\approx0.82$，为了作图简便，采用 $p=q=r=1$，这样沿轴向的尺寸就可以直接量取物体实长，但画出的正等轴测图比原投影放大 $1/0.82\approx1.22$ 倍。

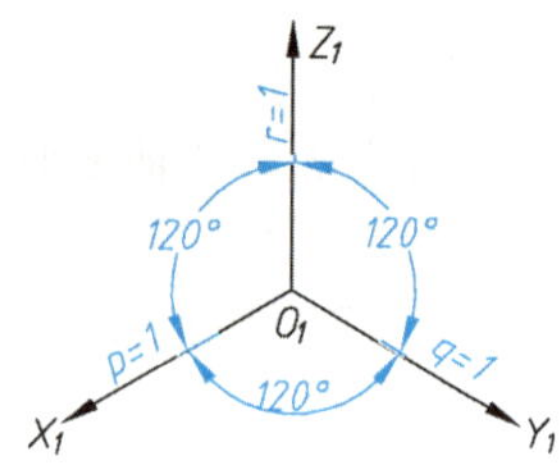

图 2-63　正等轴测图的轴间角和轴向伸缩系

（二）平面立体的正等轴测图的画法

绘制轴测图的基本方法是坐标法。所谓坐标法，就是根据立体表面上每个顶点的坐标，画出它们的轴测投影，然后连成立体表面的轮廓线，从而获得立体轴测投影的方法。另外还有切割法、堆叠法等，下面举例说明坐标法画正等轴测图的方法。

根据物体的特点，建立合适的坐标轴，然后按坐标法画出物体上各顶点的轴测投影，再由点连成物体的轴测图。

【例 2–20】如图 2-64 所示，已知正六棱柱的主、俯视图，求作其正等轴测图。

分析：

（1）在两视图上确定直角坐标系，坐标原点取为顶面的中心，如图 2-64 所示。

（2）画轴测轴，分别在 X_1、Y_1 方向量取长度 A、B，再利用平行性及六边形边长作出顶面的轴测投影，如图 2-65（a）、（b）所示。

（3）根据高度在 Z_1 方向截取 H，作出底面各点轴测投影，如图 2-65（c）所示。

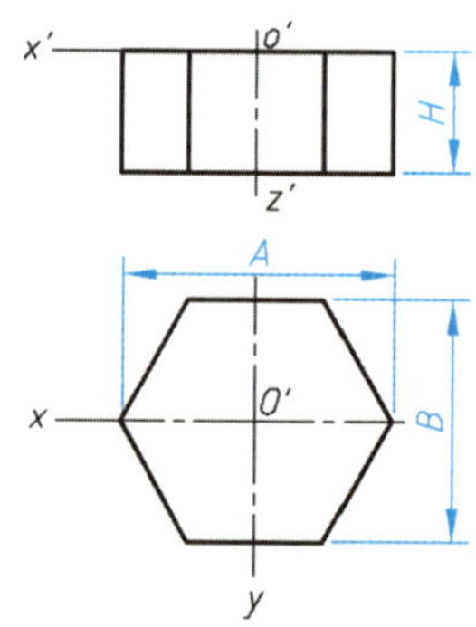

图 2-64　正六棱柱的视图

（4）连接边长与棱线，擦去作图线，即完成正六棱柱的正等轴测图，如图 2-65（d）所示。

轴测图的主要画法有切割法和叠加法。切割法是对于某些以切割为主的立体，可先画出其切割前的完整形体，再按形体形成的过程逐一切割而得到立体轴测图的方法。叠加法是对于某些以叠加为主的立体，可按形体形成的过程逐一叠加从而得到立体轴测图的方法。实际上，大多数立体既有切割又有叠加，在具体作图时切割法和叠加法总是交叉使用。

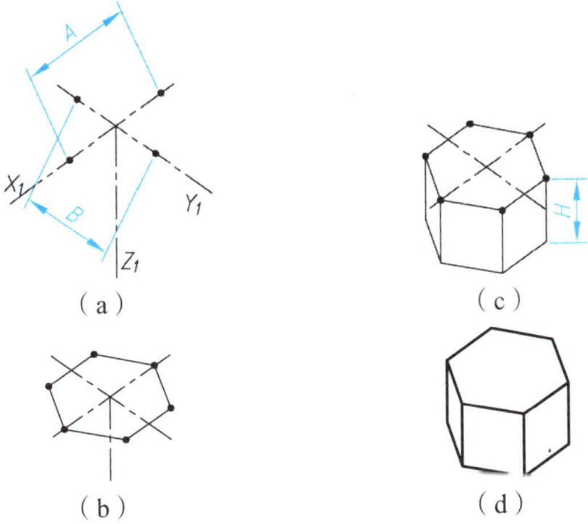

图 2-65　正六棱柱的正等轴测图

视频：正六棱柱的正等轴测图

【例 2-21】根据视图[见图 2-66（a）]，作出立体的正等轴测图。

分析：

（1）切割法：先画长方体，然后逐步切割形体作图，步骤如图 2-66（b）~（e）所示。

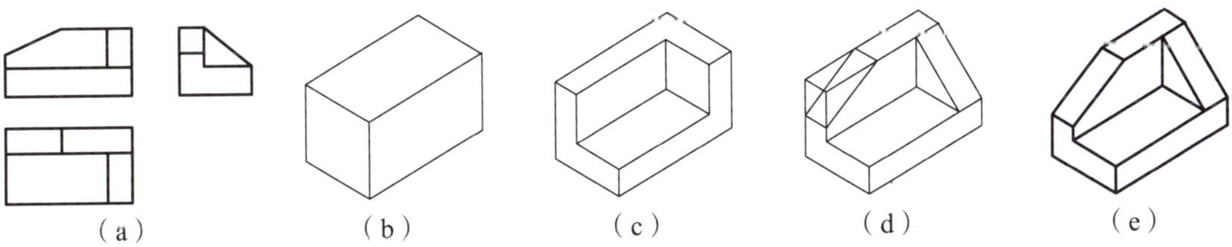

图 2-66　切割法作正等轴测图

（2）叠加法：先画长方体底板，再加立板，然后加上三角形斜块，步骤如图 2-67 所示。

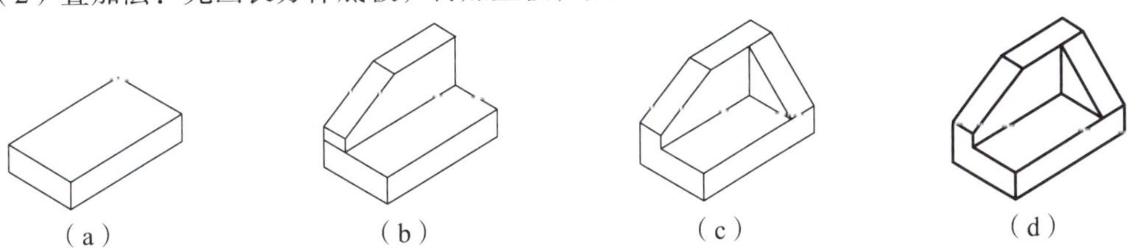

图 2-67　叠加法作正等轴测图

（三）回转体的正等轴测图

作回转体的正等轴测图，关键在于画出立体表面上圆的轴测投影。

1. 平行于坐标面圆的正等轴测投影

圆的正等轴测投影为椭圆，该椭圆常采用菱形法近似画法，即用四段圆弧近似代替椭圆弧，不论圆平行于哪个投影面，其轴测投影的画法均相同，图 2-68 表示直径为 d 的水平圆。

（1）先确定原点与坐标轴，并作圆的外切正方形，切点为 a、b、c、d，如图 2-68（a）所示。

（2）作轴测轴和切点 a_1、b_1、c_1、d_1，通过切点作外切正方形的轴测投影，即得菱形。菱形的对角线即为椭圆长、短轴的位置，如图 2-68（b）所示。

（3）过 a_1、b_1、c_1、d_1 作各边垂直线，连接 o_3b_1、o_3c_1 与长轴相交，得圆心 o_2、o_4，如图 2-68（c）所示。

（4）以 o_1、o_3 为圆心，o_1a_1 为半径，作圆弧 a_1d_1、c_1d_1；以 o_2、o_4 为圆心，o_2a_1 为半径，作圆弧 a_1b_1、c_1d_1，连成近似椭圆，如图 2-68（d）所示。

视频：菱形法画圆的正等轴测图

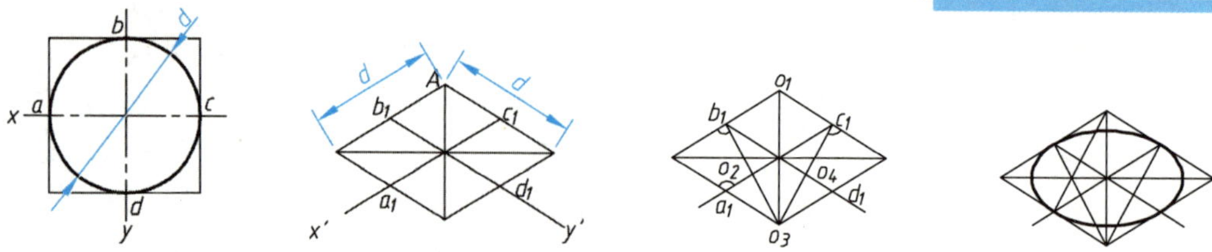

（a）　（b）　（c）　（d）

图 2-68　菱形法画圆的正等轴测图

图 2-69 画出了平行于三个坐标面上圆的正等轴测图，它们都可用菱形法画出。只是椭圆的长、短轴的方向不同，并且三个椭圆的长轴构成等边三角形。

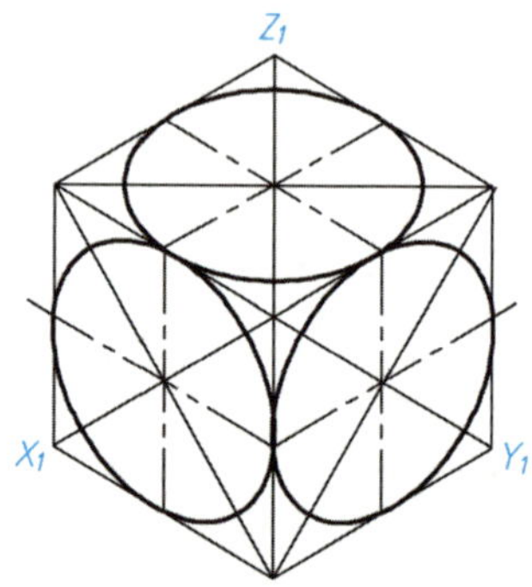

图 2-69　平行于三个坐标面的圆正等轴测图

2. 回转体的正等轴测图的画法

画回转体的正等轴测图，只要先画出底面和顶面圆的正等轴测图——椭圆，然后作出两椭圆的公切线即可。

【例 2–22】 如图 2-70（a）所示，已知切割圆柱的主、俯视图，作出其正等轴测图。

分析：

（1）选坐标系，原点选定为顶圆的圆心，*XOY* 坐标面与上顶圆重合，如图 2-70（a）所示。

（2）用菱形法画出顶圆的轴测投影——椭圆，将该椭圆沿 *Z* 轴向下平移 *H*，即得底圆的轴测投影；将半个椭圆沿 *Z* 轴向下平移 *H*/2，即得切口的轴测投影，如图 2-70（b）、（c）所示。

（3）作椭圆的公切线、截交线，擦去不可见部分，加深后即完成作图，如图 2-70（d）所示。

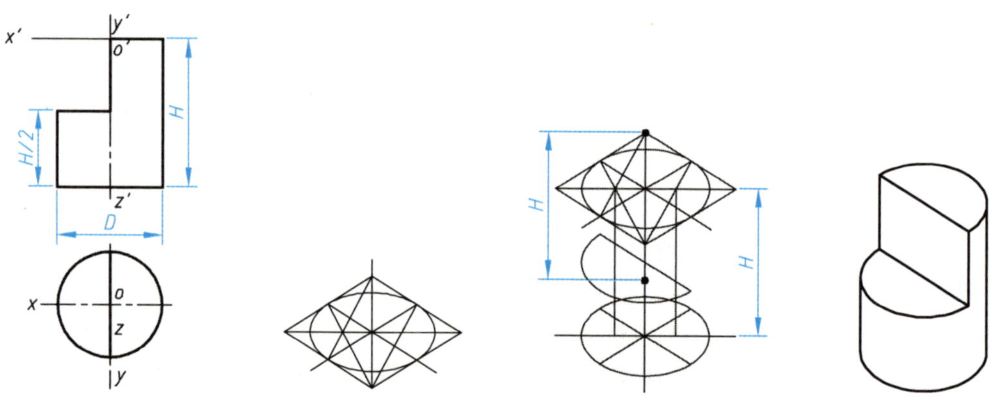

（a）　（b）　（c）　（d）

图 2-70　切割圆柱的正等轴测图画法

3. 圆角的正等轴测图的画法

立体上 1/4 圆角在正等轴测图是 1/4 椭圆弧，可用近似画法作出，如图 2-71（a）所示。作图时根据已知圆角半径 R，找出切点 A_1、B_1、C_1、D_1，过切点分别作圆角邻边的垂线，两垂线的交点即为圆心，以此圆心到切点的距离为半径画圆弧即得圆角的正等轴测图。底面圆角可将顶面圆弧下移 H 即得，如图 2-71（b）、（c）所示。

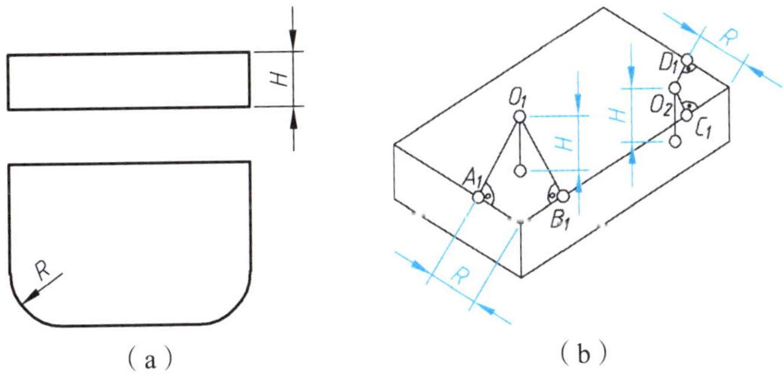

图 2-71　1/4 圆角的正等轴测图

4. 组合体正等轴测图画法

【例 2-23】 画出如图 2-72 所示的直角支板的正等轴测图。

分析：

（1）在投影图上定出直角坐标系。

（2）画底板和侧板的正等轴测图，如图 2-73（a）所示。

（3）画底板圆角、侧板上圆孔及上半圆柱面的正等轴测图，如图 2-73（b）所示。

（4）画底板圆孔和中间肋板的正等轴测图，如图 2-73（c）所示。

（5）整理并加深即完成全图，如图 2-73（d）所示。

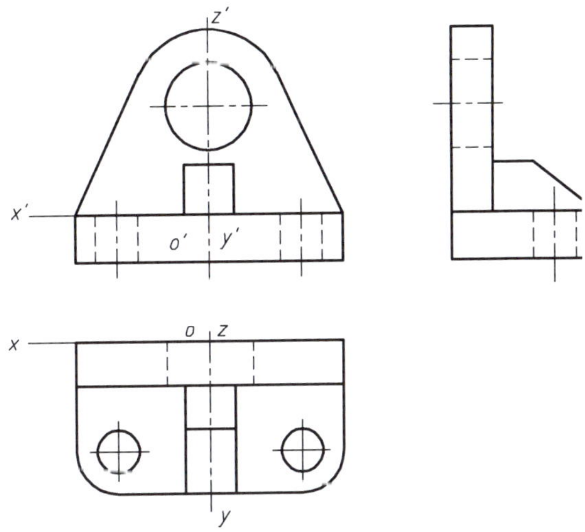

图 2-72　直角支板的视图

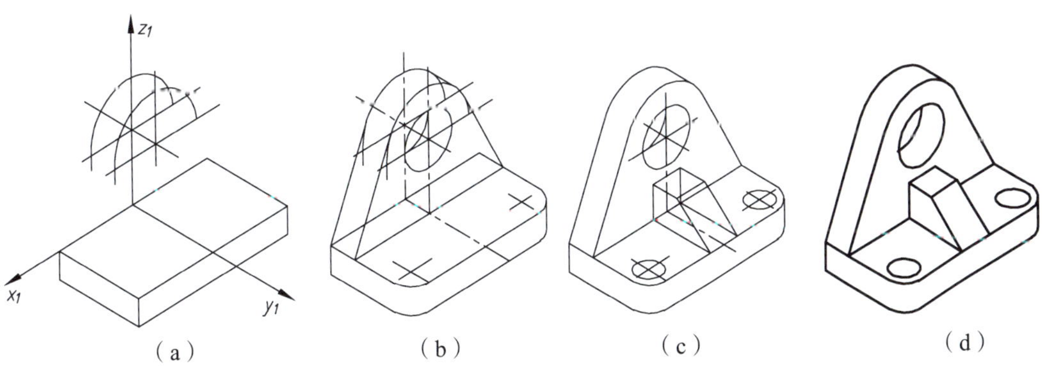

图 2-73　直角支板的正等轴测图

知识点三、斜二轴测图的画法

（一）轴间角和轴向伸缩系数

斜二轴测图是轴测投影面平行于一个坐标平面，且平行于坐标平面的那两个轴的轴向伸缩系数相等的斜轴测投影。如图 2-74（a）所示，一般选择正面 XOZ 坐标面平行于轴测投影面。因此，$p=r=1$，$\angle X_1O_1Z_1=90°$，只有 Y 轴伸缩系数和轴间角随着投射方向的不同而变化。

为了使图形更接近视觉效果和作图简便，国家标准“投影法”中规定，斜二轴测图中，取 $q=0.5$，轴间角 $\angle X_1O_1Y_1=\angle Y_1O_1Z_1=135°$，如图 2-74（b）所示。

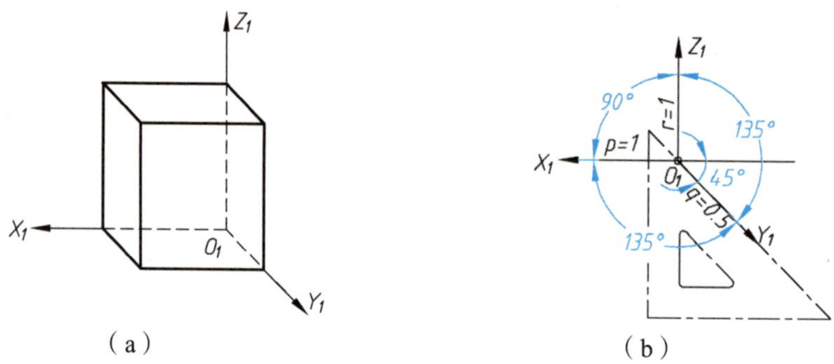

图 2-74　斜二测轴间角

（二）斜二轴测图的画法

斜二轴测图能反映物体 XOZ 面及其平行面的实形，故特别适合于用来绘制只有一个方向有圆或曲线的物体。

【例 2-24】画出如图 2-75（a）所示端盖的斜二轴测图。

分析：由投影可知，端盖的形状特点是在一个方向有相互平行的圆。宜选择圆的平面平行于坐标面 XOZ，作图过程如图 2-75 所示。

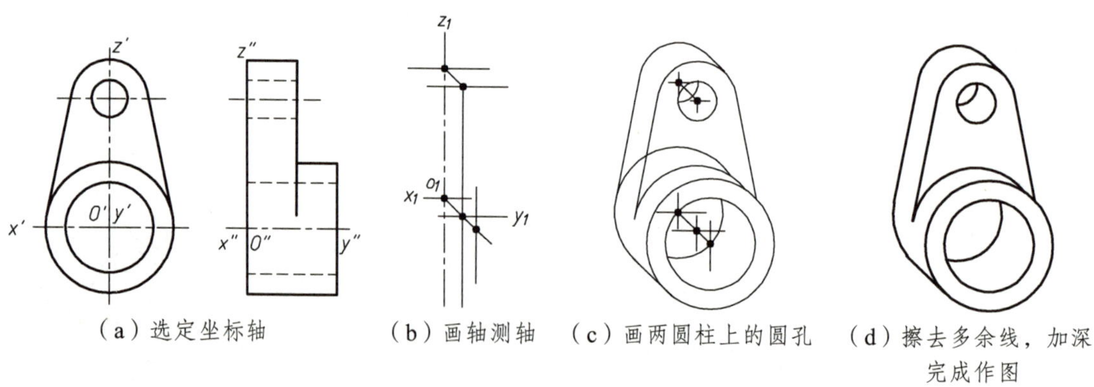

图 2-75　端盖的斜二轴测图画法

【任务实战】

班级：______________ 姓名：______________ 学号：______________

任务名称	绘制三视图
任务概述	一、目　的 1. 熟悉三视图绘图基本原理； 2. 掌握立体表面截交线与相贯线的画法。 二、内容与要求 1. 绘制图框和标题栏； 2. 用 A4 图纸绘制，绘制简单相贯体三视图，并标注尺寸，比例自定。 三、注意要求 1. 分析图形，定好基准，布置图时考虑尺寸标注的位置； 2. 注意特征对应关系； 3. 尺寸箭头应该符合规定，并且大小一致。

子任务一：绘制三视图

视频：绘制三视图

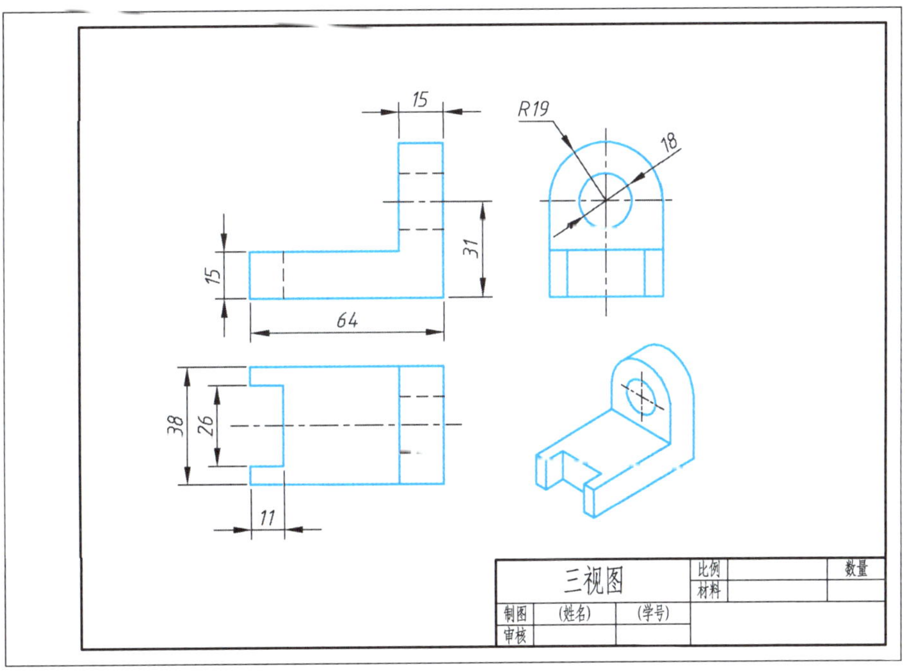

子任务二：绘制截交线

视频：
绘制截交线

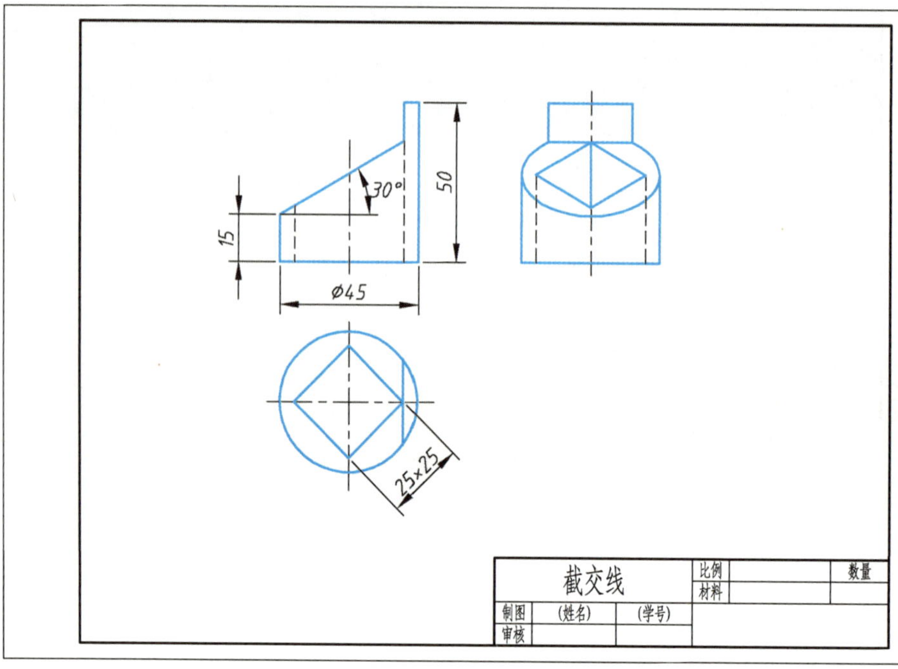

子任务三：绘制相贯线

视频：
绘制相贯线

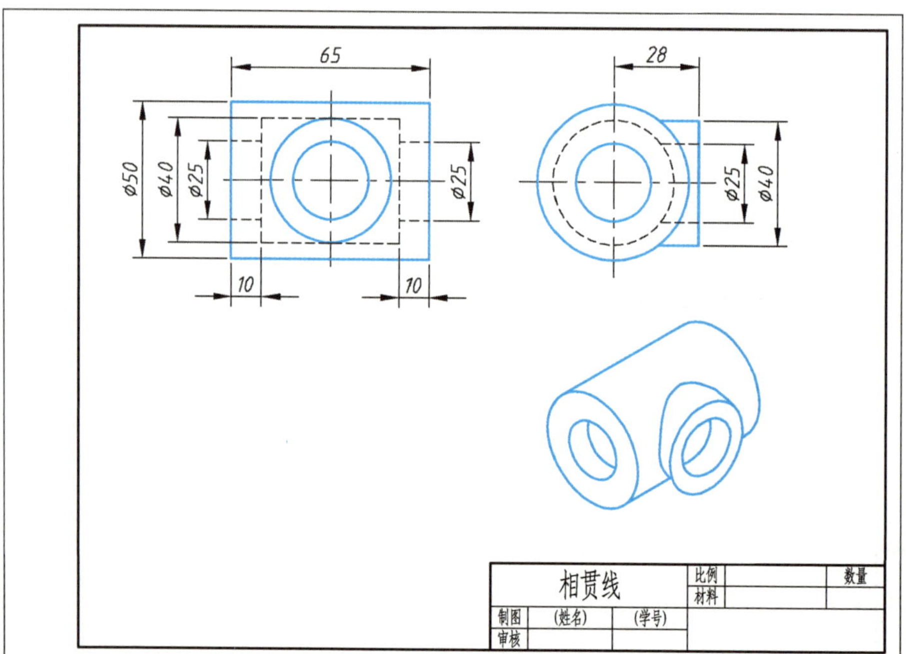

【学习评价】

<table>
<tr><th colspan="5">学习评价考核表</th></tr>
<tr><th colspan="2">评价项目</th><th>评价标准</th><th>自评</th><th>互评</th></tr>
<tr><td rowspan="4">专业能力</td><td>图纸幅面、图纸格式绘制正确（10 分）</td><td>1. 图框格式正确，干净整洁；
2. 标题栏格式正确（标题栏尺寸）。</td><td></td><td></td></tr>
<tr><td>图形比例合适、字体规范（10 分）</td><td>1. 绘图比例符合要求；
2. 字体工整。</td><td></td><td></td></tr>
<tr><td>图线绘制规范（20 分）</td><td>1. 粗实线加粗，细实线加深，中心线规范；
2. 中心线超出轮廓线 2～3 mm。</td><td></td><td></td></tr>
<tr><td>图形正确（30 分）</td><td>1. 三视图满足投影关系；
2. 表面截交线或相贯线绘制准确；
3. 尺寸标注规范，尺寸数字和终端标注合理。</td><td></td><td></td></tr>
<tr><td rowspan="3">素质能力</td><td>遵守课堂纪律（10 分）</td><td>1. 上课不迟到早退；
2. 上课不玩手机、不睡觉。</td><td></td><td></td></tr>
<tr><td>课后自学能力（10 分）</td><td>1. 做好课前复习、课后巩固；
2. 及时完成课后作业。</td><td></td><td></td></tr>
<tr><td>互帮互助能力（10 分）</td><td>1. 乐于帮助同学，团结协作；
2. 勤于思考，勇于表达。</td><td></td><td></td></tr>
<tr><td colspan="5">教师综合评价</td></tr>
<tr><td colspan="2">专业能力评价</td><td>素质能力评价</td><td colspan="2">得分</td></tr>
<tr><td colspan="2"></td><td></td><td colspan="2"></td></tr>
<tr><td>综合评价</td><td colspan="4"></td></tr>
</table>

思政学堂　以匠人之心缔造“太空之吻”——王曙群

浩瀚宇宙，中国人独立自主建立的中国天宫空间站正在太空遨游。作为中国航天科技集团八院 149 厂对接机构总装组组长，王曙群和团队负责空间站的核心产品之一——对接机构的装调。

每一次对接，12 把锁必须同步锁紧、同步分离。王曙群担起重任，从 150 万个数据中寻找线索，带领团队反复试验、调整、总装，最终让“神舟”飞船航天器在太空中实现精准对接。

以匠人之心缔造“太空之吻”，王曙群对“工匠精神”有着独到理解。他认为，在追求细致、极致、卓越、超越的同时，工匠精神必须与时代、产业发展同频共振，持续更新知识技能，才能走在产业发展的最前沿。

王曙群所在的 149 厂拥有约 800 名一线产业工人。王曙群表示，说起创新，大多数认为是科研技术人员的创新，实际上，一线产业工人的创新是最实用的创新。

从 2015 年至今，厂里平均每两年就有一线产业工人走上省部级科技进步奖领奖台，折射出新时代产业工人是知识与技能兼具的复合型产业人才。

从神舟到天宫，从天宫到天舟，从天舟到嫦娥，王曙群带领团队参与了不同型号的航天设备的科研生产和发射任务，托起中国对浩瀚星空探索的梦想。

“成长的道路上，不走捷径就是最大的捷径。”30 多年来，王曙群把工匠精神植根于心、付之于行，从一个拧螺丝的装配工人，成长为我国唯一的对接机构总装组组长、载人航天工程总装领域杰出的技能领军人物。在单位里，王曙群常常跟徒弟说：“拿起工具，要能成为制造‘零缺陷’产品的技师；张开嘴，要能担当传承技艺的讲师；提起笔，也要能成为创新提炼总结的大师。”他告诉大家，随着航天事业的飞速发展，面临的挑战会越来越多，一定要做到“提升永无止境，质量无懈可击”，“以匠人之心，铸航天重器”。

王曙群将一线产业工人 40 年的职业生涯大致划分为四个阶段：第一个十年要锻炼自己的综合能力，第二个十年要开始为企业创造更多价值，第三个十年要在创新领域有所突破，而在最后十年，重心要放在传承上。

思政引导：通过图书馆、网络等相关渠道查阅相关文献资料，谈一谈您对中国航天发展及成就的认识。

单元三 机件的表达方法

知识目标

（1）了解组合体的组合方式，理解组合体表面连接关系；
（2）掌握组合体三视图画法及尺寸标注；
（3）熟悉各种视图的画法及标注；
（4）掌握各种剖视图画法和标注；
（5）掌握断面图分类、画法和标注；
（6）了解其他规定画法和简化画法。

能力目标

（1）学会利用形体分析法、线面分析法绘制和识读组合体视图；
（2）具备通过已知视图补画第三视图和补画视图中所缺图线的能力；
（3）能综合应用图样的表达方法，将机件表达清楚。

素养目标

（1）使学生正确认识图样与实体之间的转换规律；
（2）培养学生实践第一和理论联系实际的观念；
（3）培养学生能够灵活运用各种表达方法，综合分析问题、解决问题的能力。

任务引入

由多个基本形体按照一定的方式组合或由一个基本体经切割而成的物体称作组合体。

在生产实际中，由于使用场合和要求的不同，机件（包括零件、部件和机器）的结构形状也是各不相同的。当其形状比较复杂时，仅用前面所讲的三视图，已难以将物体的内外形状正确、完整、清晰地表示出来，必须根据物体的结构特点，采取多种表达方法。为此，国家标准《技术制图》和《机械制图》规定了视图、剖视图、断面图等各种表达方法。熟练掌握和应用这些表达方法，是绘制和识读机械图样的基础。

通过本单元的学习，选择适当的表达方案表达清楚如图 3-1 所示的组合体。

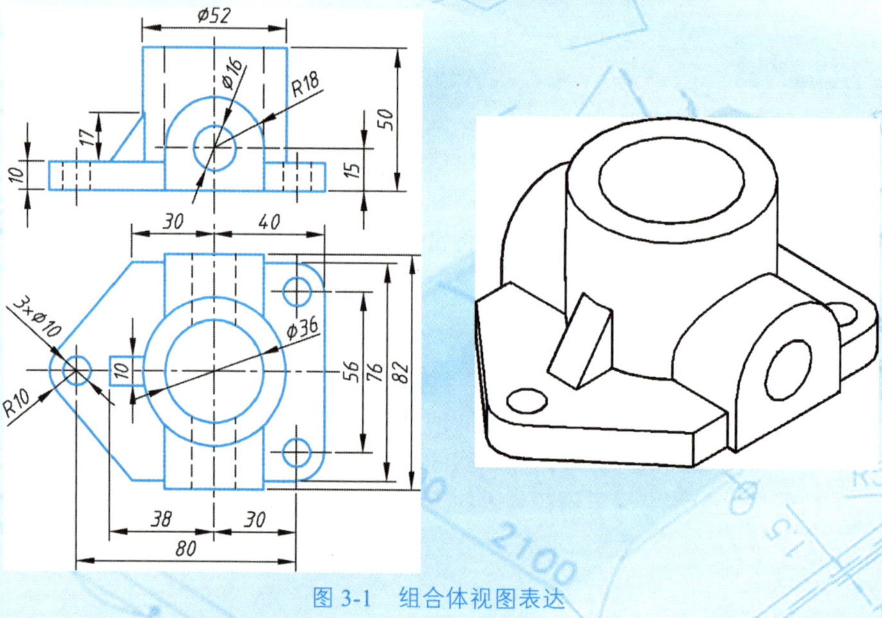

图 3-1　组合体视图表达

任务一　组合体的组合方式

知识点一、组合体的形体分析

在制图中，人们常常把组合体分解成若干个基本形体或组成部分，通过分析各基本形体或各组成部分的形状、相对位置、组成方式和表面连接关系，从而有序地进行画图、读图和标注尺寸，这种分析和思考的方法称作形体分析法。

如图 3-2（a）所示的组合形体，按结构可将其分解为带圆角底板Ⅰ、圆筒Ⅱ、带圆孔 U 形座Ⅲ和三棱柱肋板Ⅳ四个组成部分。其中每一组成部分，例如带圆孔 U 形座Ⅲ，又可把它看成是由一个四棱柱和一个半圆柱相结合，然后被截割挖去一个圆柱而成的形体，如图 3-2（b）所示。这样就把一个复杂的形体分解为几个较简单的形体，便于画图、读图和标注尺寸。

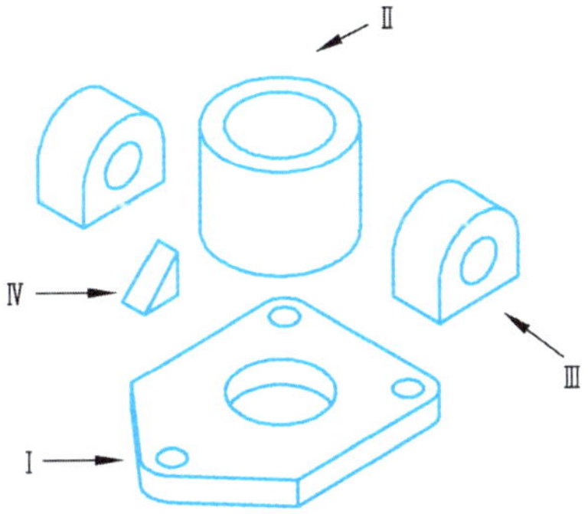

（a）

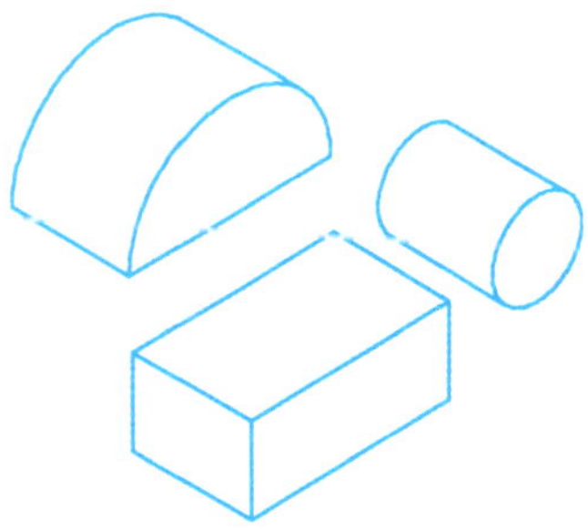

（b）

图 3-2　组合形体

知识点二、组合体的组成方式

根据形体的组合特点，组合体的组成方式可以分为叠加类、切割类两种。

1. 叠加类组合体

由若干简单形体相互叠加而形成的组合体，如图 3-3（a）所示。

2. 切割类组合体

切割是指把物体用平面或曲面切割去若干部分，如图 3-3（b）所示的镶块，即属于切割类组成方式。

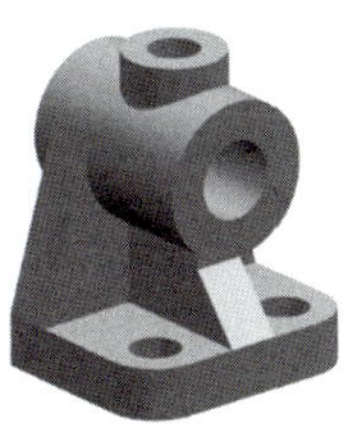

（a）叠加类

（b）切割类

图 3-3　组合体的组合方式

组合体是一个整体，所谓“叠加”“切割”只是形体分析的具体体现，不能因此而增加组合体本身不存在的轮廓线；在许多情况下，同一组合体，既可以按“叠加”进行分析，也可以按“切割”进行分析。如图 3-3（b）所示的镶块，组成方式为“切割”方式，其实质与叠加基本相同，不过，其组成部分是虚体而不是实体罢了。因此，在具体分析时，应以便于画图、看图和易于理解为原则。

知识点三、组合体的表面连接关系

1. 两表面共面与相错连接关系

如图 3-4（a）所示，组成物体的底板和支座两部分宽度相等，叠加时，前后两个面共面，所以在正面投影中，贴合处不画出分界线。如图 3-4（b）所示，底板和支座两部分的宽度不等，前表面相错，在正面投影中，贴合处必须画出分界线。

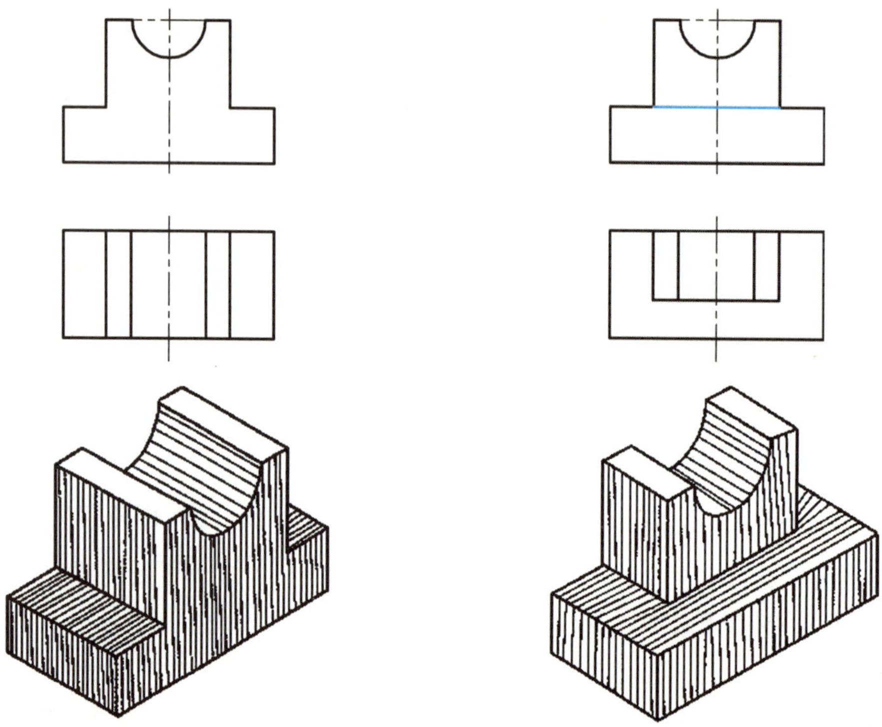

（a）表面共面　　（b）表面相错

图 3-4　两表面共面与相错连接关系

2. 两表面相切与相交连接关系

如图 3-5（a）所示，耳板的侧面与圆柱面相切，相切处不应画线，耳板上、下面的正面投影和侧面投影画到切点止。当平面与曲面或曲面与曲面相切时，两表面光滑过渡。如图 3-5（b）所示，该形体由圆筒和耳板组成，当两表面相交时，它们之间产生明显的转折，因此，在相交处有交线（截交线或相贯线），作图时应画出交线的投影。

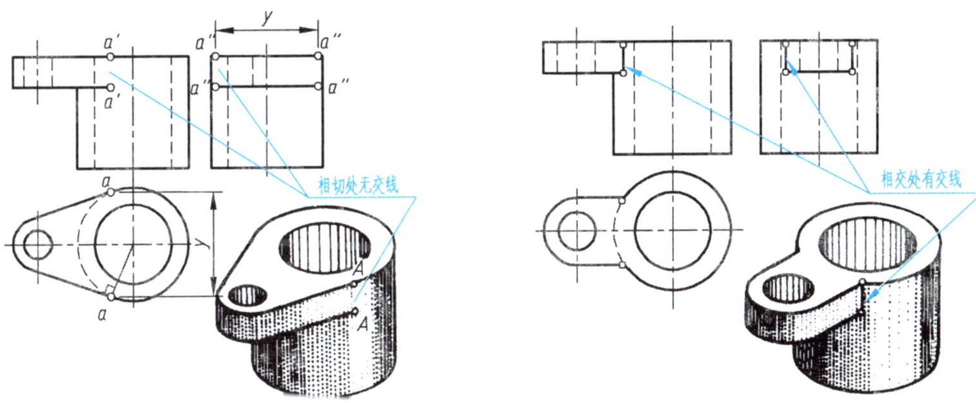

（a）表面相切　　（b）表面相交

图 3-5　两表面相切与相交连接关系

任务二　组合体三视图的画法

知识点一、叠加类组合体三视图的画法

下面以轴承座为例，来说明绘制组合体三视图的方法和步骤。

（1）形体分析。

轴承座是用来支撑轴承的。用形体分析法假想把它分成五部分：安装底板、与轴相配的圆筒、支撑板、肋板和圆形凸台，如图 3-6 所示。

图 3-6　形体分析

（2）选择主视图。

主视图在三视图中占重要位置，选择时要从两个方面考虑：一是组合体的安放位置，通常使其主要轮廓平行或垂直于基本投影面；二是投射方向，选择最能反映组合体形状特征以及表面连接关系的视图作为主视图，还要兼顾其他视图，使其虚线尽可能少。根据此原则，轴承座主视图的选择如图 3-7 所示，综合考虑后发现图 3-7（b）作为主视图最合适。

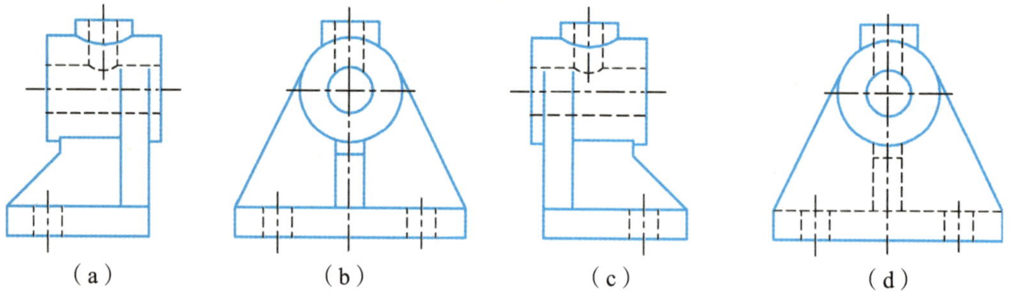

图 3-7　选择主视图

（3）选图幅，定比例。

（4）画底稿，如图 3-8 所示。

① 布置视图，画定位基线。

② 按照形体分析，逐个绘制各形体的三视图，绘图过程中注意各形体之间的连接关系与可见性判断，各形体绘图步骤如图 3-8（b）～（f）所示。

（5）检查、整理、描深、加粗。

（6）填写标题栏（略）。

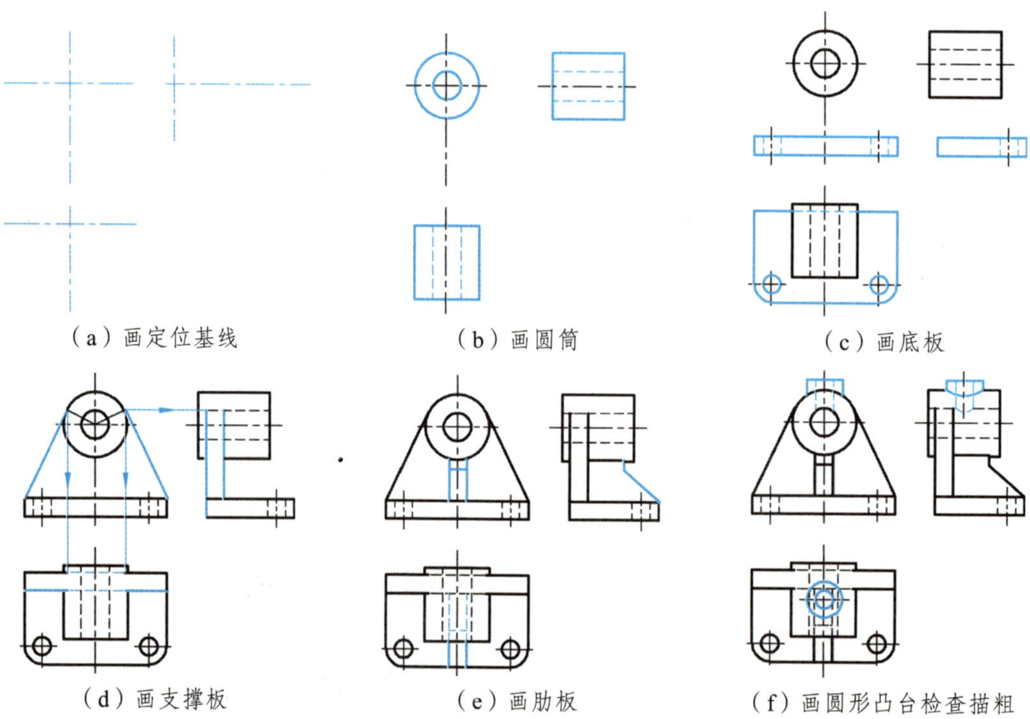

图 3-8　轴承座作图步骤

知识点二、切割类组合体三视图的画法

如图 3-9 所示的切割类组合体可以看成是 U 形块切割掉Ⅰ、Ⅱ、Ⅲ、Ⅳ部分而形成的。图 3-10（a）、（b）、（c）、（d）所示为该组合体三视图绘图步骤。

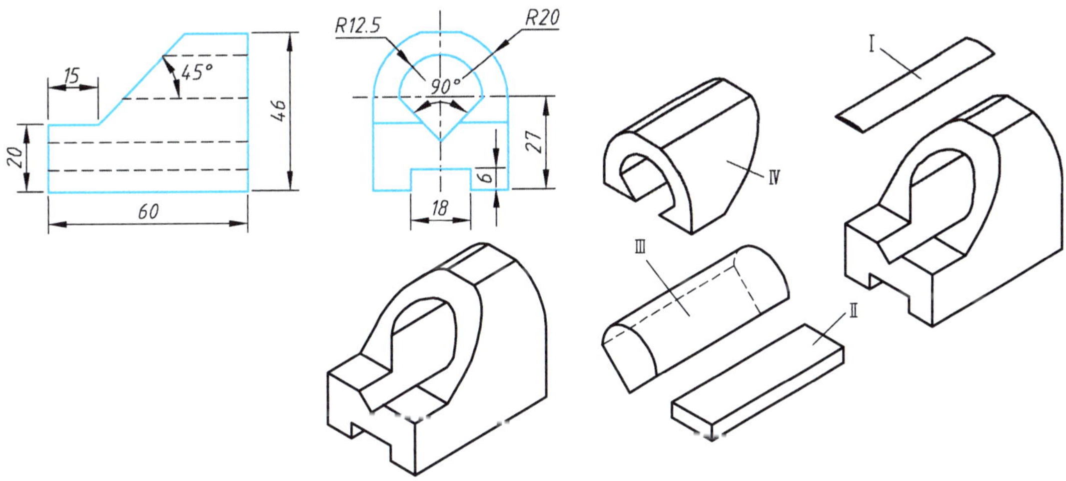

图 3-9　切割类组合体

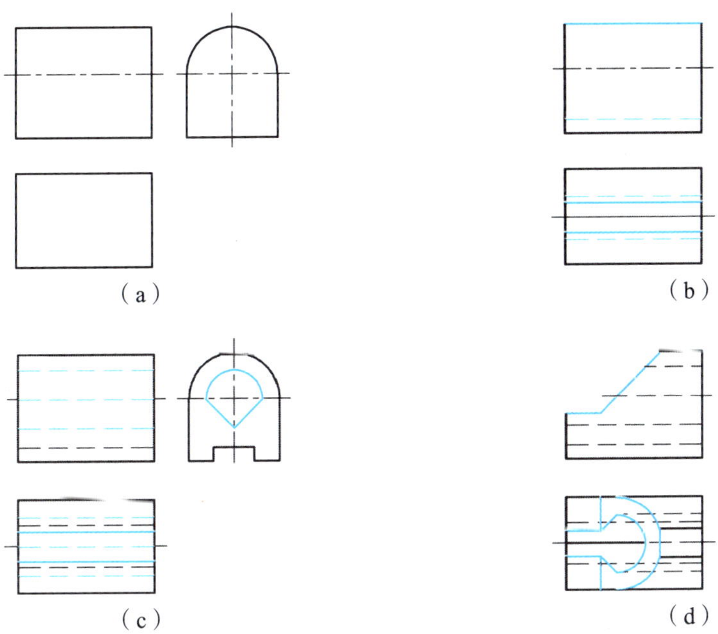

图 3-10　作图步骤

任务三　识读组合体视图

知识点一、读图的基本要领

（一）几个视图联系起来识读

在机械图样中，机件的形状一般是通过几个视图来表达的，每个视图只能反映机件的一个方向的形状。一般情况下，仅由一个或两个视图往往不能唯一确定物体形状，因此，读图时一定要把几个视图联系起来分析构思，才能想象出组合体的形状。

如图 3-11 所示，七个不同的组合形体，但它们的主视图都是相同的。

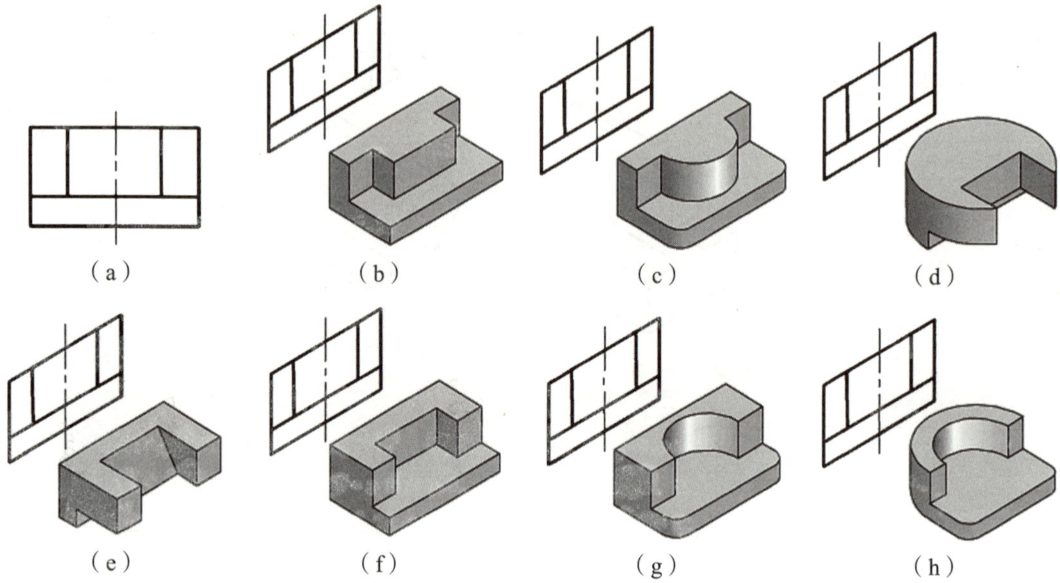

图 3-11　一个视图可能对应的形体

（二）弄清视图中图线和线框的含义

视图中的每条图线可能是立体表面有积聚性的投影，或两平面的交线投影，也可能是曲面转向轮廓的投影。视图中的每个封闭线框，通常都是物体上一个表面（平面、曲面或平面与曲面光滑过渡）的投影，如图 3-12 所示。

若两线框相邻或大线框中套小线框，则表示物体上不同位置的两个面。既然是两个面，就会有左右、前后或上下之分，或凹面、凸面或孔洞情况，或者两个面相交。

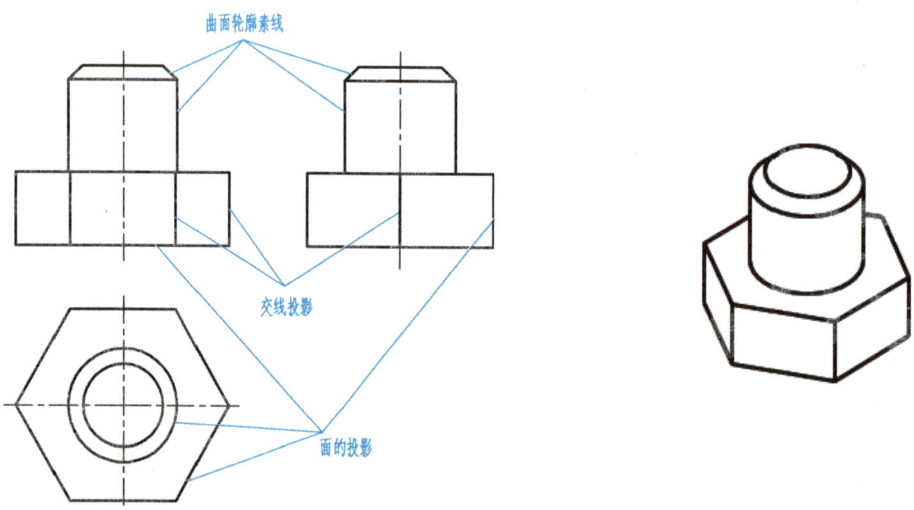

图 3-12　线及线框的含义

（三）从特征视图入手，想象各形体形状

以形状特征视图想象各形体的形状。组合体是由若干个简单形体组合而成的，故各形体的形状特征视图不一定集中在一个视图上，所以看图时，必须学会从各个视图中找出反映各部分形状特征的线框，以此线框为基础，结合其他两视图，想象该部分的形状，如图 3-13 所示。

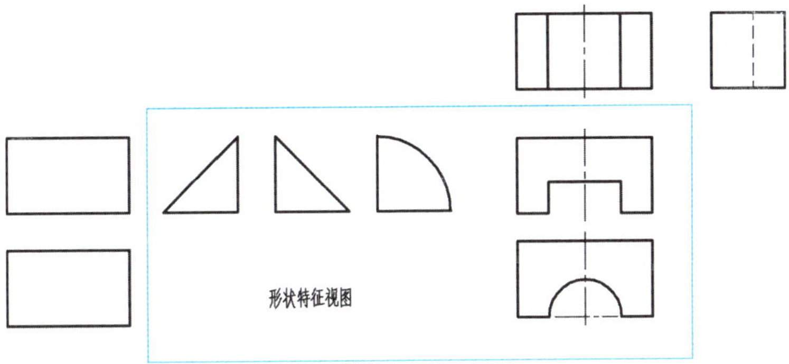

图 3-13　特征视图

知识点二、读图的基本方法

（一）形体分析法

按照投影规律先将组合体视图分解为若干部分，再分析出各部分的形状和相对位置，综合想象组合体空间形状的方法称作形体分析法。

现以图 3-14 所示的组合体为例，说明用形体分析法读图的一般步骤。

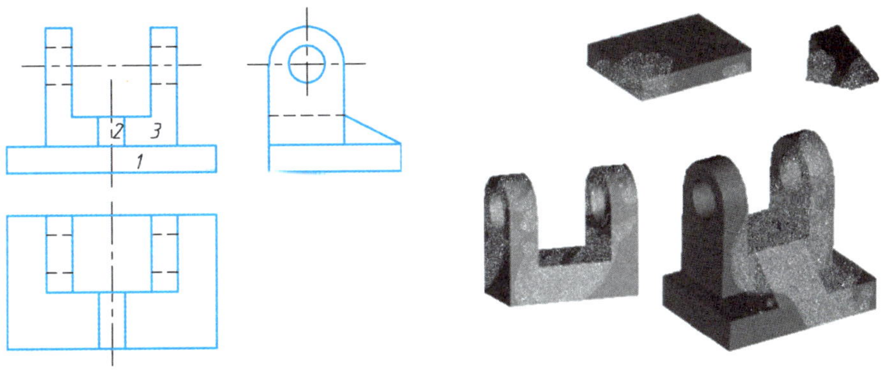

图 3-14　形体分析

1. 分线框、对投影

初步了解组合体的特征，并采用形体分析法把物体分解成若干组成部分。看图一般从主视图入手，结合其他视图可看出该组合体大致分成三部分。

2. 想简单形体

根据投影规律，逐步弄清楚各组成部分的形状。分析想象每一组成部分的形状时，可借助于丁字尺、三角板和分规等工具，用“对线条”的办法，找出三个投影之间一一对应的关系，从而想象出各个组成部分的空间形状。

3. 综合起来想整体

深入看懂细节，综合想象整体形状，该组合体由底板 1，三棱柱肋板 2 和耳座 3 组成。耳座与底板和肋板也分别产生交线。通过深入分析，最后想象出整个物体的形状。

（二）线面分析法

以线面的投影规律为基础，分析视图中各线框和图线所表达的含义，以确定各表面的形状和相对位置，最后综合想象出由这些表面和图线所围成的组合体的整体空间形状。

下面以图 3-15 所示的压块为例，说明线面分析法读图的方法和步骤。

（1）一个线框表示物体上的一个表面。三视图上的每一个封闭线框，一般都表示物体上的一个表面。如图 3-15（a）所示，水平投影上标注的线框 a、p，按照投影规律找出这两个线框对应的正面投影和侧面投影，即可判断出线框 a 为水平面，线框 P 为正垂面。三视图中其余各线框可按此方法相应地作出判断，它们均表示物体上不同位置的面。

（2）相邻两线框表示物体上两个不同的表面。这两个表面可能相交，也可能不相交。若两表面相交，其共有线是交线的投影；若不相交，其共有线为两表面过渡的第三个表面的有积聚性的投影。图 3-15（a）中，正面投影有两相邻线框 q' 和 c'，其公有线 $1'2'$ 为此两线框所代表的铅垂面 Q 和正平面 C 的交线 Ⅰ、Ⅱ 的投影。而线框 c' 和 b' 中的共有线则是平面 A 的有积聚性的投影。

（3）正面投影上各线框表示物体上前、后位置不同的面，水平投影上各线框表示物体上、下位置不同的面，侧面投影上各线框表示物体左、右位置不同的面。要区分物体上各表面的上、下、左、右、前、后位置，也必须遵循投影规律，把几个投影联系起来分析判别。如正面投影上 c' 和 b' 两个线框所表示的平面 C 和 B，根据正面投影和水平投影可知它们互相平行，且 C 面在 B 面的前方。

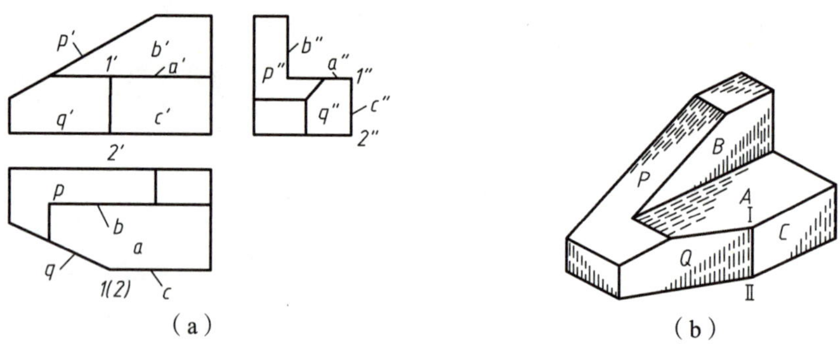

图 3-15　线及线框位置

看组合体的三视图常常是形体分析法和线面分析法并用，而且是以形体分析法为主，再辅以线面分析法。

任务四　组合体的尺寸标注

视图只能表达组合体的结构形状，而各形体的真实大小及其相对位置，则要由尺寸来确定。组合体尺寸标注的基本要求：

正确——尺寸标注要符合国家标准的有关规定；

完整——尺寸标注要齐全，既不遗漏，又不重复；

清晰——尺寸标注要做到合理，布局清晰，便于阅读。

正确性已经在前面单元介绍过了，这里主要讨论尺寸标注的完整性和清晰性。

知识点一、标注尺寸要完整

为了使尺寸标注完整，首先需对组合体进行形体分析，在熟悉基本体尺寸标注、带切口基本体和相贯体尺寸标注的基础上,注全各组成部分的定形尺寸、定位尺寸和组合体的总体尺寸。

如图 3-16 所示组合体，底板长 46、宽 28、高 8，底板的左、右半圆形槽宽 10 及圆台上、下底面圆的外径尺寸$\phi16$、$\phi24$，内孔直径$\phi12$ 等均为定形尺寸；底板的半圆形槽圆弧中心之间的距离 36 为定位尺寸，尺寸 46、28 和 21 分别为组合体长、宽、高三个方向的总体尺寸。

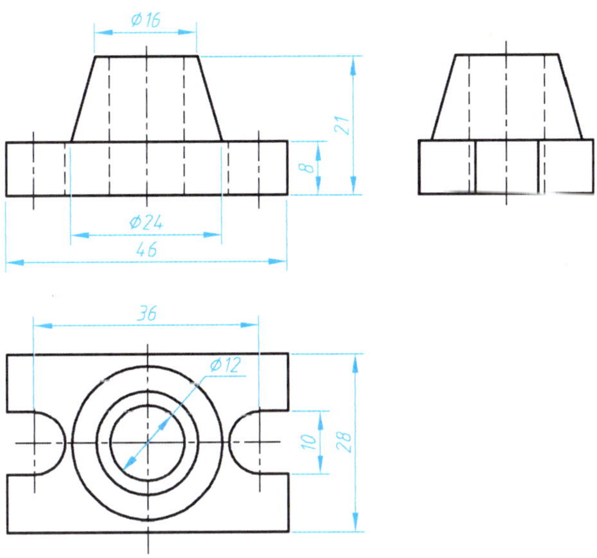

图 3-16　尺寸分析

知识点二、标注尺寸要清晰

为了使尺寸标注清晰，除了必须遵守国家标准的有关规定外，还要考虑尺寸的布局，标注尺寸应注意以下几点：

（1）同一形体的定形尺寸和定位尺寸，应尽量集中标注在反映该部分形状特征最明显的视图上，如图 3-17 所示。

（2）圆柱、圆锥等回转体的直径尺寸，应尽量标注在反映其轴线的投影图（非圆视图）上，圆弧半径尺寸必须注在反映圆弧实形的视图上。

（3）尽量避免在虚线上标注尺寸。

（4）应尽量把尺寸标注在视图的外边，与两投影有关的尺寸宜注在两视图之间。

（5）尺寸线与轮廓线或尺寸线之间的距离，一般取 5 ~ 7 mm，间距最好一致，且排列整齐，同一方向首尾相接的尺寸，应尽量配置在同一直线上。而同一方向有数个并列的平行尺寸时，较小尺寸应靠近图形，较大的依次向外排列。尽量避免尺寸线和尺寸线或尺寸界线相交。

（6）直径相同，并在同一平面上均匀分布的孔组，只须标注一个孔的尺寸，再在直径符号“ϕ”前注明孔的个数（见图 3-17 中尺寸 $2\times\phi15$）。在同一平面上若干半径相同的圆角，不应在半径符号“R”前加注相同半径的个数。

知识点三、尺寸的分类

根据尺寸的作用，可分为如下三类尺寸：

1. 定形尺寸

确定组合体各形体的大小和形状的尺寸称作定形尺寸。如图 3-17 中底板的长、宽、高(100、55、12)。当两形体具有相同尺寸或有规律分布的相同形体时，可省略其中一个定形尺寸。

2. 定位尺寸

标注定位尺寸时，在组合体长、宽、高三个方向至少要分别选择一个尺寸基准。所谓尺寸基准，就是标注和度量尺寸的起点。选择尺寸基准必须既体现组合体的组合特点，又方便制造和测量。因此，在组合体中通常以对称面、底面、端面或主要的轴心线等作为尺寸基准。若在某一方向叠加、挖切、共面、对称或同轴时即可省略一个定位尺寸。如图 3-17 中底板上的小孔就省略了高度方向的定位尺寸。

3. 总体尺寸

表示组合体外形的总长、总宽和总高的尺寸称作总体尺寸。有时定形尺寸本身就是组合体的总体尺寸，故不必另标。

当组合体的一端（或两端）为回转面时，该方向上的总体尺寸一般不直接标注，而是由确定回转面的定位尺寸和回转体的定形尺寸来确定，如图 3-17 中总高尺寸是由 $55+\phi55/2$ 确定的。

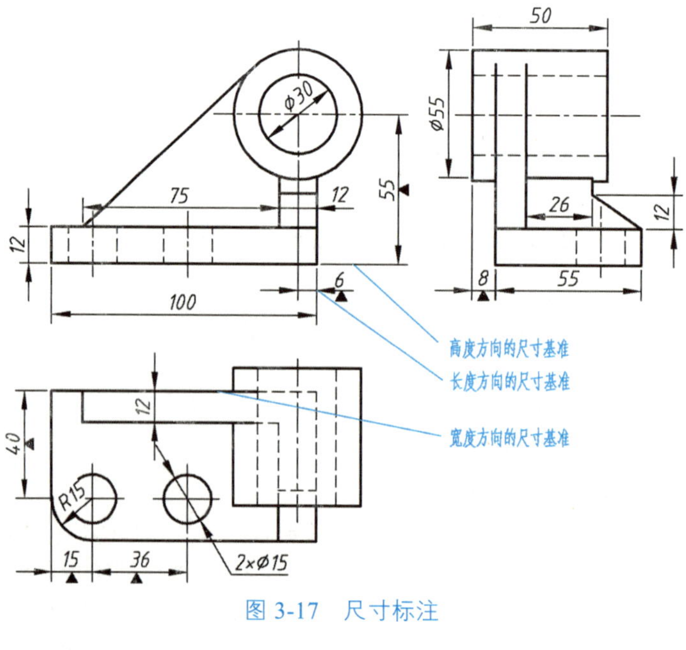

图 3-17 尺寸标注

任务五 视 图

视图是根据有关国家标准和规定用正投影法绘制所得的图形，主要用来表达机件的外部结构形状。它一般用来表示几件的可见部分，必要时才用虚线画出其不可见部分。视图通常分为基本视图、向视图、局部视图和斜视图。

知识点一、基本视图

当机件外形比较复杂时，为了清晰地表达出它们的上下左右前后的不同形状，根据需要，除了已经学了的三个视图外，还可另外增加三个视图。如图 3-18 所示，在原有三个投影面的基础上，再增设三个投影面构成一个正六面体，将机件放在正六面体中间，分别向六个基本投影面投射，即得到六个基本视图。六个基本视图除了前面介绍的三个视图——主视图、俯视图和左视图外，新增加的基本视图是：

右视图——由右向左投射所得的视图；

仰视图——由下向上投射所得的视图；

后视图——由后向前投射所得的视图。

视频：基本视图投影方向

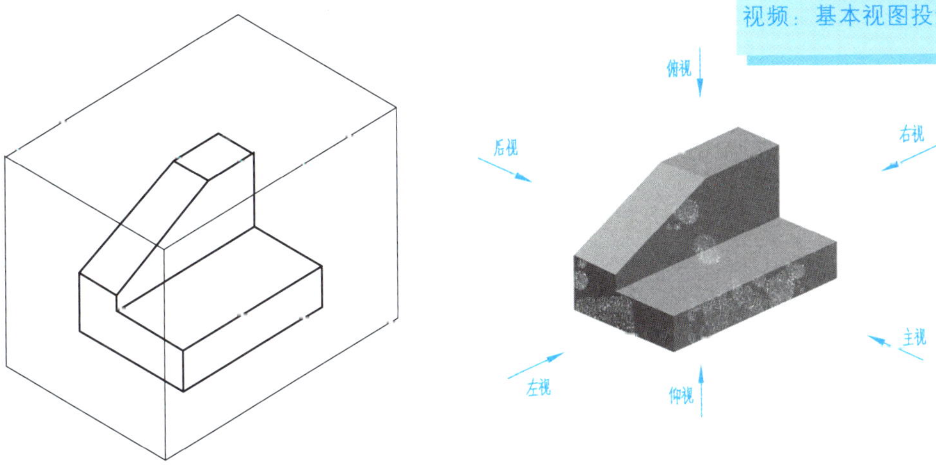

图 3-18 基本视图投影方向

各基本投影面的展开方式如图 3-19 所示，即保持正投影面不动，其余各面按箭头所指方向展开，使之与正投影面共面，即得六个基本视图。展开后各视图的配置如图 3-20 所示。六个基本视图之间仍保持着与三视图相同的“长对正、高平齐、宽相等”的投影规律，即主视图、俯视图和仰视图长对正（后视图同样反映零件的长度尺寸），主视图、左视图、右视图和后视图高平齐，左视图、右视图与俯视图、仰视图宽相等。除后视图外，其他视图远离主视图的一边，仍然表示机件的前面，靠近主视图的一边，表示机件的后面；主、后视图左、右方位相反。

基本视图主要用于表达机件在基本投射方向上的外形。在实际绘图时，应根据机件外形的复杂程度选择恰当的主视图方向，选用必要的基本视图。总的要求是表达完整、清晰，又不重复，使视图的数量最少，力求制图简便，看图方便。一般优先选用主、俯、左视图。

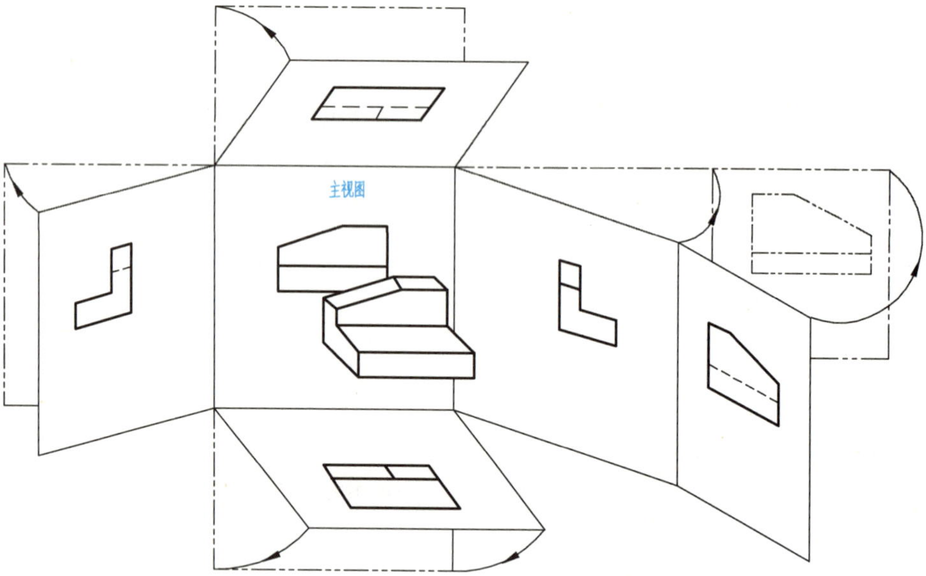

图 3-19　基本视图展开

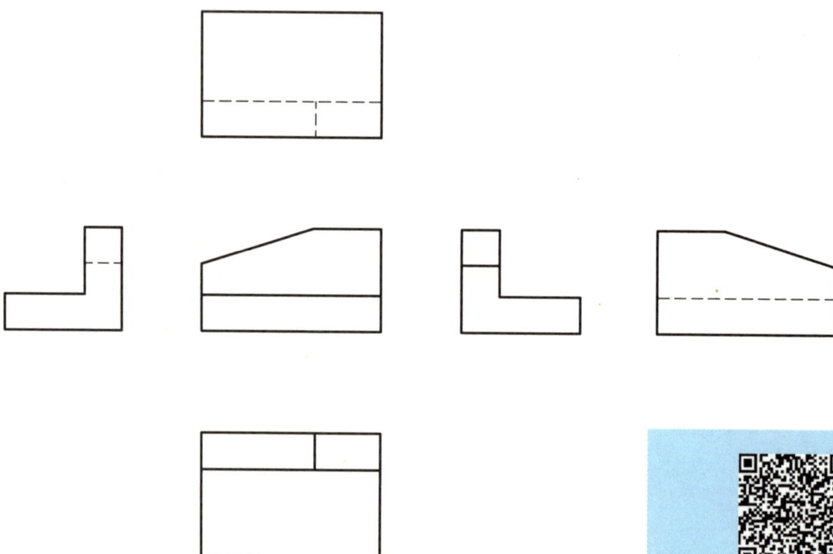

图 3-20　基本视图配置

视频：基本视图投影规律

知识点二、向视图

向视图是可以自由配置位置的视图。

基本视图按图 3-20 所示的位置配置时，可不标注视图的名称。但在实际绘图过程中，为了合理利用图纸，可以自由配置视图，这种可以自由配置的视图，称作向视图。

画向视图时，一般应在向视图上方用大写拉丁字母标出视图的名称“×”，并在相应视图附近用箭头标明投射方向（尽量在基本视图上标注），标注上同样的字母，如图 3-21 所示。

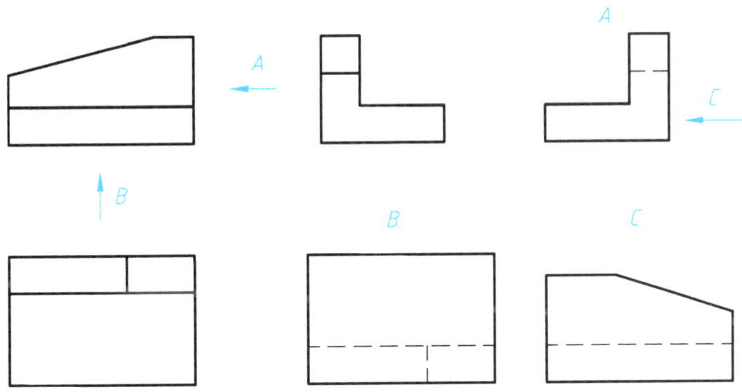

图 3-21 向视图

知识点三、局部视图

如果机件主要结构已经在基本视图上表达清楚了，仅有一局部结构尚须表达，这时可将机件的这一部分向基本投影面投射，所得的视图称作局部视图。

画局部视图的主要目的是减少作图工作量。如图 3-22 所示，机件主、俯两个基本视图已将其主体部分的结构表达清楚，但左边棱形连接板和右边圆形连接板尚未表达清楚，可以采用局部视图来表示，这样不但节省了两个基本视图，而且表达清楚，重点突出，简单明了。画局部视图时应注意：

（1）局部视图应尽量按基本视图的位置配置。有时为了合理布置图面，也可按向视图的配置形式配置。

（2）画局部视图时，应在局部视图上方用大写拉丁字母标出视图的名称“×”，并在相应视图附近用箭头指明投射方向，注上相同的字母，如图 3-22 所示。当局部视图按投影关系配置，中间又无其他视图隔开时，允许省略标注。

（3）局部视图的断裂边界用波浪线或双折线表示，如图 3-22 中 *A* 向局部视图。当所表示的局部结构是完整的，且外形轮廓又是封闭的，其断裂边界线可以省略不画，如图 3-22 中 *B* 向局部视图。

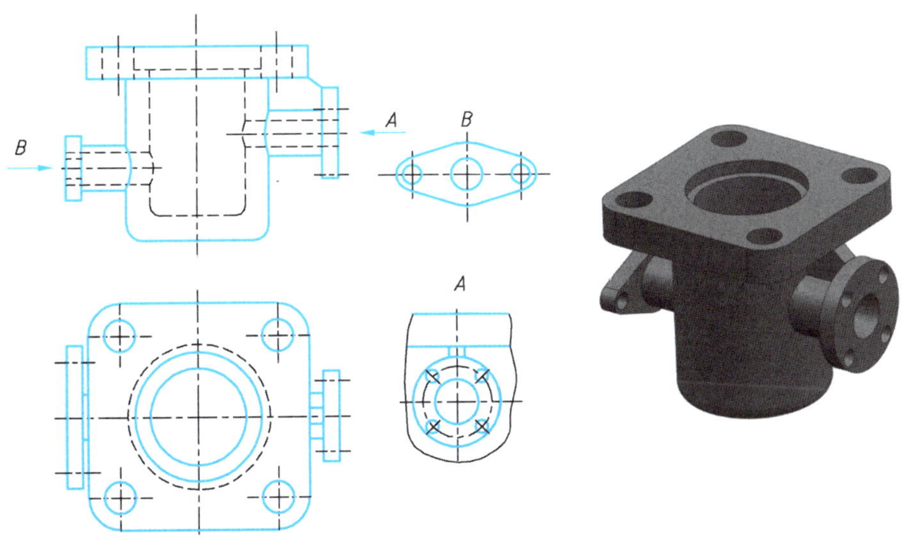

图 3-22 局部视图

知识点四、斜视图

当机件上的某一部分结构与基本投影面倾斜时，在基本投影面上则不能反映该部分的真实形状。如图 3-23 所示的弯板，其倾斜部分在俯视图上不能反映实形，为此，可选用一个新的辅助投影面（该投影面应垂直于某一基本投影面），使它与机件的倾斜部分表面平行，然后向新投影面投射，这样便使倾斜部分在新投影面上反映实形。

将机件向不平行于任何基本投影面的平面投射所得的视图，称作斜视图，如图 3-23 所示。画斜视图时应注意以下几点：

斜视图通常按向视图的配置形式配置并标注。必要时，允许将斜视图旋转配置，在旋转后的斜视图上方应标注视图名称“×”及旋转符号，旋转符号的箭头方向应与斜视图的旋转方向一致。

表示该视图名称的大写拉丁字母应靠近旋转符号的箭头端，如图 3-23 中的 *A* 向视图。

斜视图主要用来表达物体上倾斜结构的实形，其余部分不必全部画出，用波浪线断开即可。

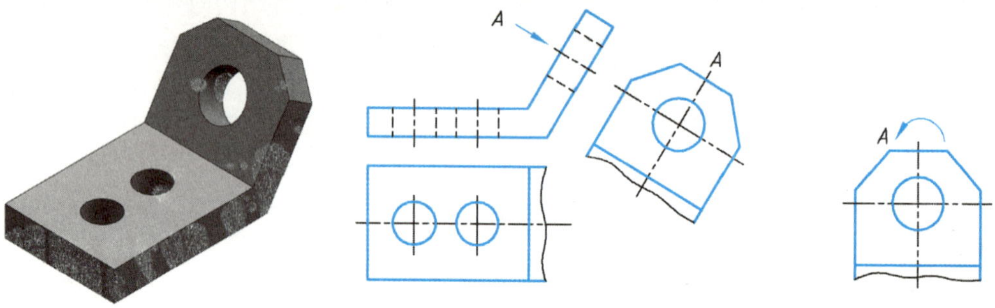

图 3-23　斜视图

任务六　剖视图

用视图表达机件形状时，不可见的结构形状越复杂，虚线就越多，则既影响图形表达的清晰性，又不利于标注尺寸。因此，利用剖视图来表达机件的内部结构形状。

知识点一、剖视图的概念

（一）剖视图的形成

图 3-24 所示为一个机件的两面视图，当机件内部结构比较复杂时，视图中就会有很多的虚线，不便于看图和标注尺寸。为了清楚地表达机件的内部结构，国家标准规定了剖视图的画法。

假想用剖切面把机件剖开，移去观察者与剖切平面之间的部分，将留下的部分向投影面投射，并在剖面区域内画上剖面符号，这样得到的图形称作剖视图，简称剖视，如图 3-25 所示。

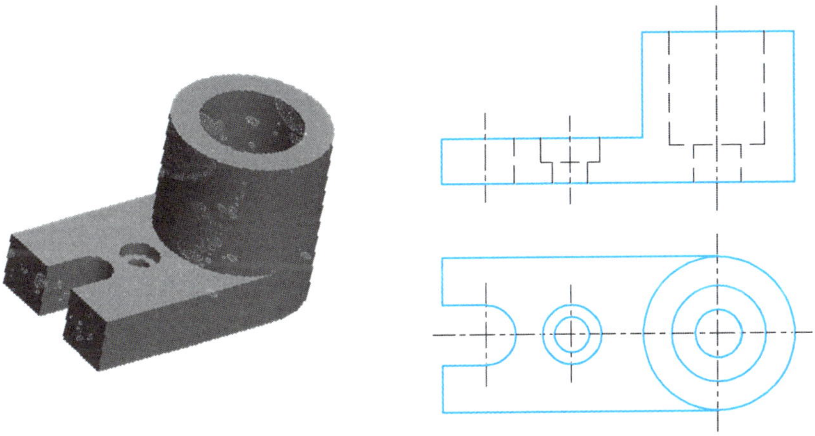

视频：剖视图的形成

图 3-24　视图

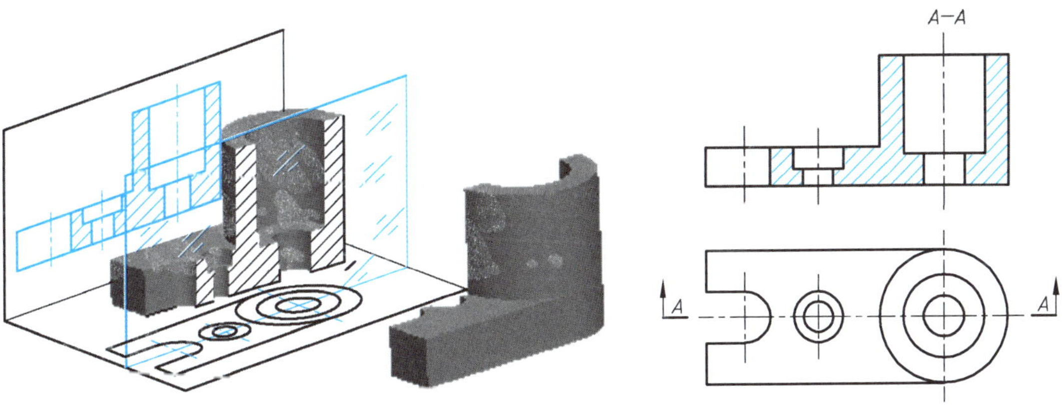

图 3-25　剖视图形成

（二）画剖视图的注意事项

（1）因为剖切机件是假想的，并不是真的把机件切开拿走一部分，因此，当一个视图画成剖视后，其余视图仍应按完整的视图画出。

（2）画剖视图时，剖切面后面的可见轮廓线，必须用粗实线画齐全，不能遗漏，也不能多画。

（3）剖切平面后面的不可见部分的轮廓线——虚线，在不影响完整表达机件形状的前提下，剖视图上一般不画虚线，以增加图形的清晰性。但如画出少量虚线可减少视图数量时，也可画出必要的虚线，如图 3-26 所示。

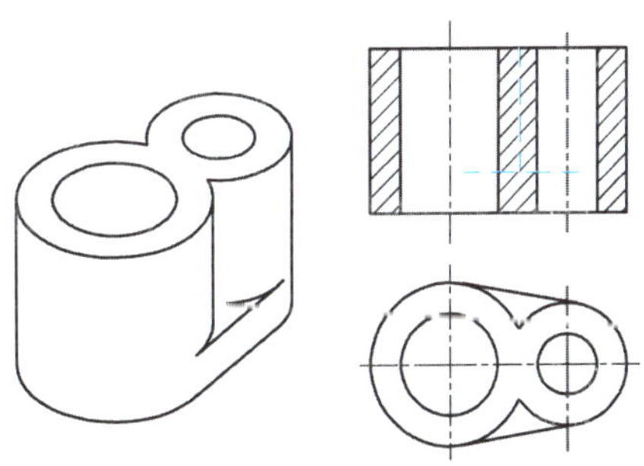

图 3-26　剖视图中虚线处理

（三）剖面符号

剖切机件的假想平面或曲面称作剖切面，剖切面与机件的接触部分称作剖面区域。

画剖视图时，剖面区域内应画上剖面符号，以区分机件被剖切面剖切到的实体与空心部分。机件材料不同，其剖面符号画法也不同，见表 3-1。

表 3-1　剖面符号

材料	剖面符号	材料	剖面符号	材料	剖面符号
金属材料（已有规定剖面符号者除外）	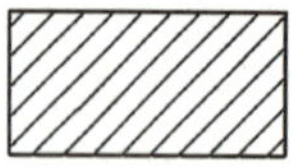	型砂、填砂、粉末冶金、砂轮、陶瓷刀片、硬质合金刀片等	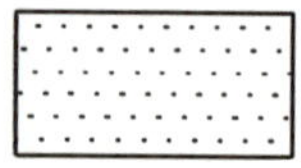	木材纵剖面	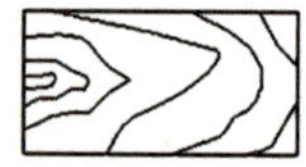
非金属材料（已有规定剖面符号者除外）		钢筋混凝土		木材横剖面	
转子电枢变压器和电抗器等的叠钢片	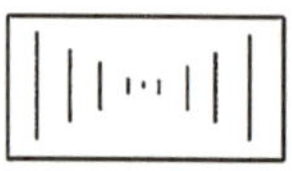	玻璃及供观察用的其他透明材料	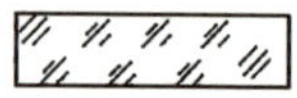	液体	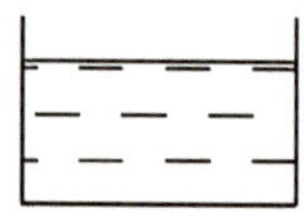
线圈绕组元件	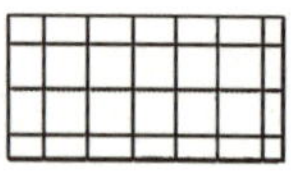	砖	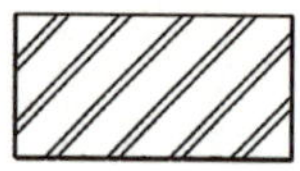	木质胶合板（不分层数）	
混凝土	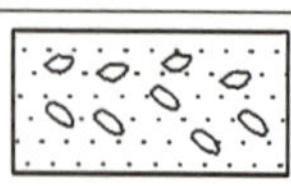	基础周围的泥土	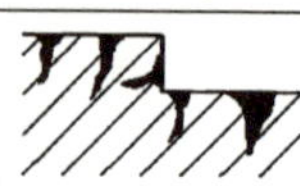	格网（筛网、过滤网）	

画金属材料的剖面符号时，应遵守下述规定：

（1）金属材料的剖面符号（也称剖面线）用细实线绘制，方向应与机件主要轮廓线或剖面区域的对称线成 45°角（左右倾斜均可），互相平行且间距相等，如图 3-27 所示。

（2）剖面线的间隔应按剖面区域的大小选定。同一机件所有各剖视图和断面图中剖面线应方向相同、间隔相等。

（3）当图形的主要轮廓与水平线成 45°或接近 45°时，则该图形的剖面线应改画成与水平方向 30°或 60°的平行线，但倾斜方向和间隔仍应与同一机件其他图形的剖面线一致，其他视图的剖面线仍应绘制成 45°方向，如图 3-27 所示。

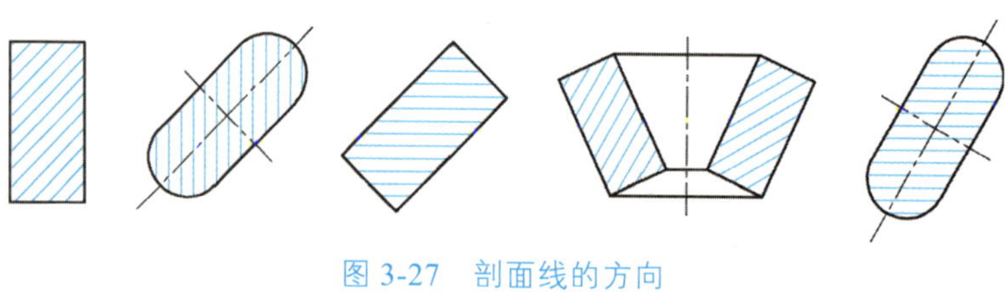

图 3-27　剖面线的方向

（四）剖视图的配置与标注

剖视图通常按投影关系配置在相应的位置上，必要时可以配置在其他适当的位置。

剖视图标注的目的在于表明剖切平面的位置以及投射的方向。一般应在剖视图上方用大写拉丁字母标出剖视图的名称，如“*A*—*A*”，在相应视图上用剖切符号（粗短线）表示出剖切位置，用箭头表示投射方向，并注上同样的字母。

（1）剖切符号用线宽为（1 ~ 1.5）*b*、长为 3 ~ 5 mm 的粗实线，在相应的视图上表示出剖切平面的位置。为了不影响图形的清晰，剖切符号应避免与图形轮廓线相交。

（2）在剖切符号的起、讫处外侧画出与剖切符号相垂直的箭头，表示剖切后的投射方向。

（3）在剖切符号的起、讫及转折处的外侧写上相同的大写拉丁字母，并在剖视图的上方标注出剖视图的名称“×—×”，字母一律水平书写。

在下列情况下，剖视图的标注内容可以简化或省略：

① 当剖视图按投影关系配置，中间又没有其他图形隔开时，可省略箭头。

② 当单一剖切平面通过机件的对称平面或基本对称平面，且剖视图按投影关系配置，中间又没有其他图形隔开时，可省略标注，如图 3-26 中的主视图。

知识点二、剖视图的种类

根据剖切范围的大小，剖视图可分为全剖视图、半剖视图和局部剖视图三种。

（一）全剖视图

用剖切面完全地剖开机件所得的剖视图，称作全剖视图。全剖视图用于表达内形较复杂外形简单的不对称机件，如图 3-25 所示。为了便于标注尺寸，对于外形简单，且具有对称平面的物体也常采用全剖视图。

（二）半剖视图

当机件具有对称平面时，向垂直于对称平面的投影面上投射所得的图形，以对称中心线（细点画线）为界，一半画成视图用以表达外部结构形状，另一半画成剖视图用以表达内部结构形状，这种组合的图形称作半剖视图，如图 3-28 所示。

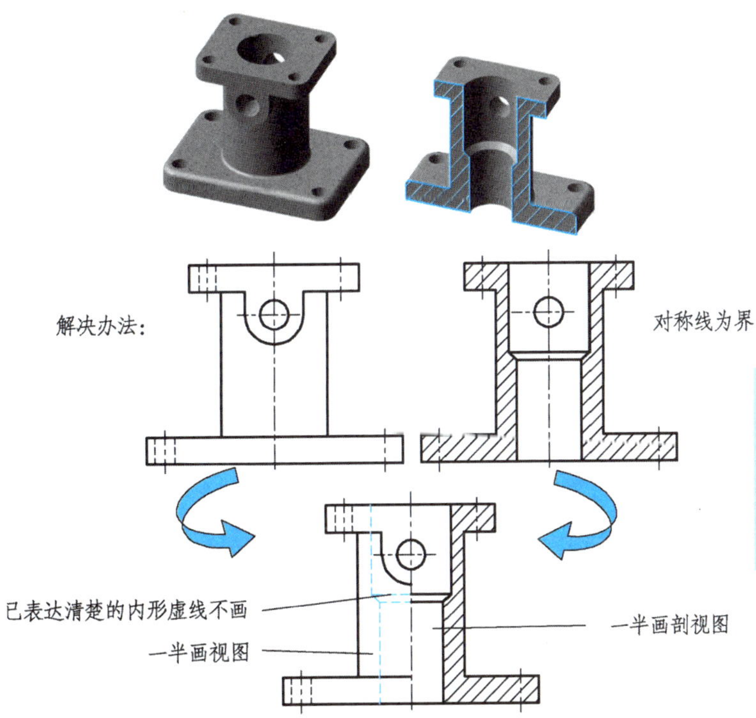

图 3-28　半剖视图

视频：半剖视图

半剖视图适用于内、外形状都比较复杂，需同一图上兼顾表达的对称机件。若机件的形状接近对称，且不对称部分已在其他视图上表示清楚时，也可以画成半剖视图，如图 3-29 所示。

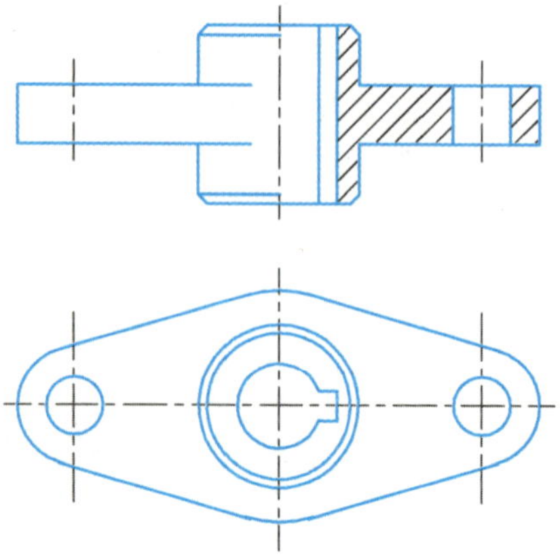

图 3-29　基本对称物体的半剖视图

画半剖视图时应注意：

（1）半剖视图中，视图与剖视图的分界线为细点画线，不能是其他任何图线。

（2）当机件的内部结构在剖视部分已经表示清楚，在表达外形的视图部分不必再画出虚线。

半剖视图中，因为有些部分的形状只画出一半，所以标注尺寸时尺寸线上只画出一端箭头，另一端只需超过中心线，不画箭头。

（3）半剖视图的标注与全剖视图相同。

（三）局部剖视图

当机件尚有部分内部结构形状未表达清楚，但又没有必要作全剖视图或不适合于作半剖视图时，可用剖切平面局部地剖开机件，所得的剖视图称作局部剖视图，如图 3-30 所示。局部剖切后，机件断裂处的分界线用波浪线表示。

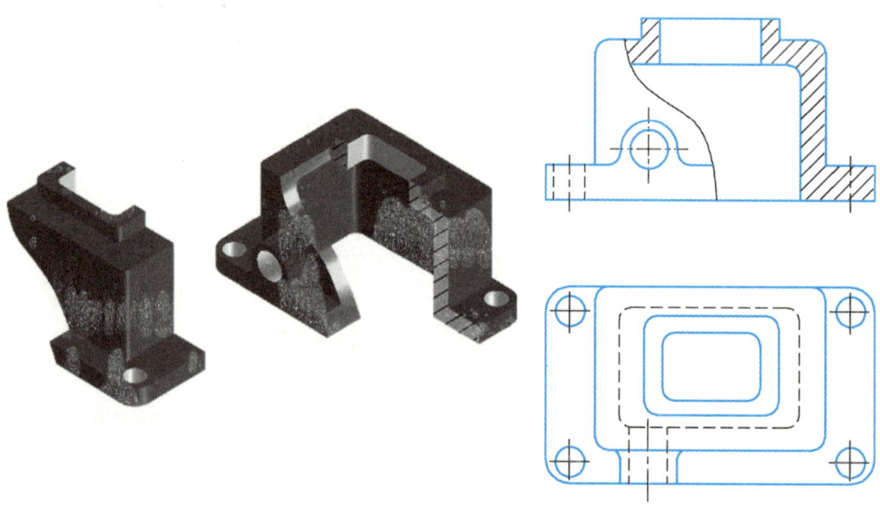

图 3-30　局部剖视图（一）

局部剖视图既能把机件局部的内部形状表达清楚，又能保留机件的某些外形，是一种比较灵活的表达方法。局部剖视图适用于：

（1）当机件不对称的内、外形都需要表达时，如图 3-30 所示。

（2）机件只有局部结构需要剖切表示，而又没有必要作全剖视图，如图 3-31 所示。

（3）当机件对称，且在图上恰好有一轮廓线与对称中心线重合时，不宜采用半剖视图，此时可采用局部剖视图，如图 3-32 所示。

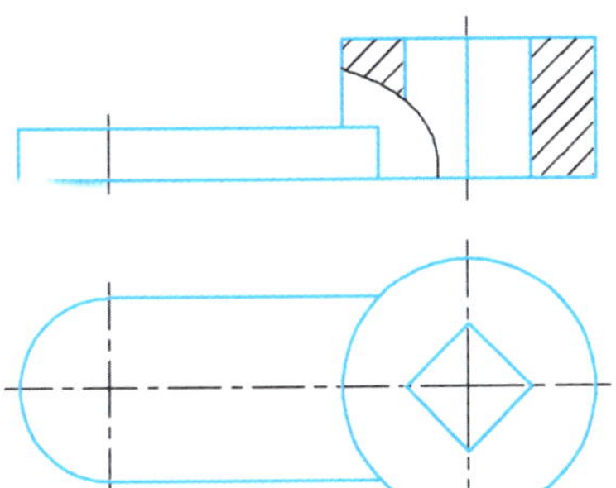

图 3-31　局部剖视图（二）

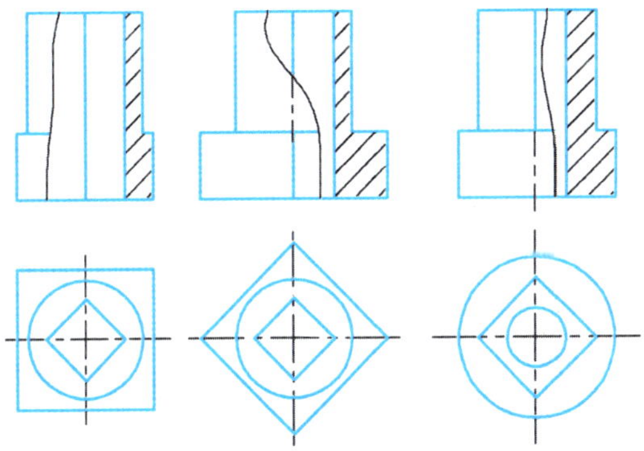

图 3-32　局部剖视图（三）

（4）当实心件如轴、杆、手柄等上的孔、槽等内部结构需要剖开表达时，如图 3-33 所示。

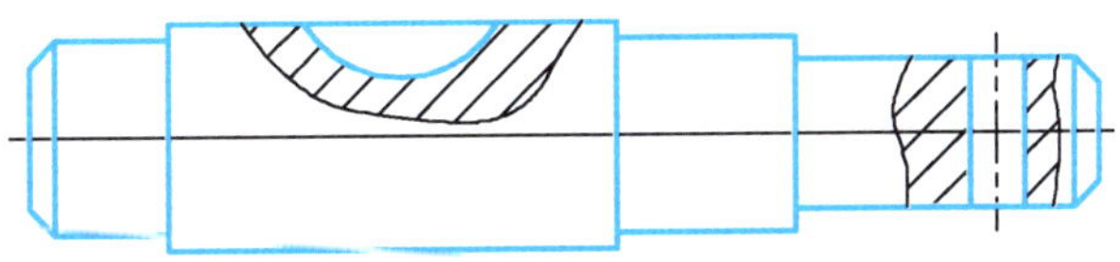

图 3-33　局部剖视图（四）

画局部剖视图时应注意：

（1）局部剖视图用波浪线与视图分界，波浪线不应与图形上其他图线重合（见图 3-34 中 *A* 处）不能用轮廓线代替波浪线。

（2）波浪线应画在剖切到的实体部分，遇到孔、槽时应断开（见如图 3-34 中的 *B* 处），不能画在轮廓线延长线上和实体以外，如图 3-35 所示。

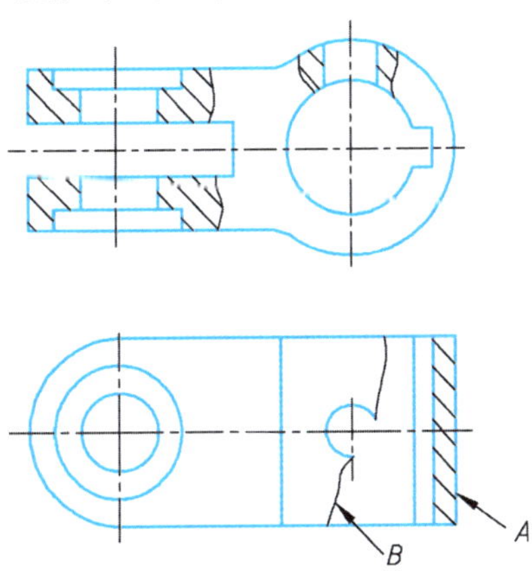

图 3-34　局部剖视图（五）

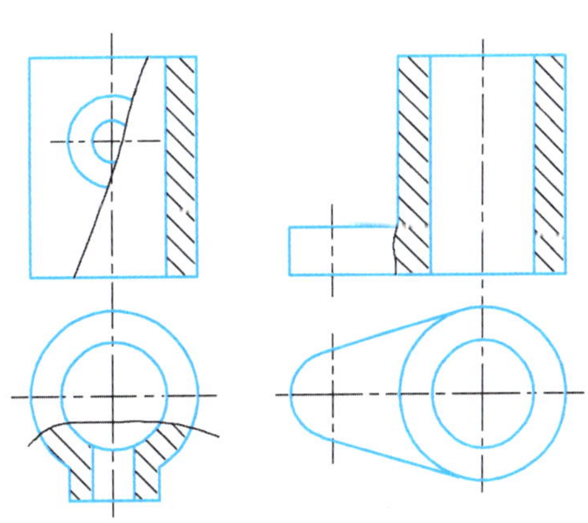

图 3-35　局部剖视图（六）

（3）在一个图中局部剖视图数量不宜用得过多，以避免图形显得杂乱。局部剖视图的剖切范围可以根据需要而定，选择比较灵活。

对于剖切位置比较明显的局部结构，一般不用标注。当剖切位置不够明显时，则应进行标注。

知识点三、剖切面的种类

根据机件结构的特点，国家标准《技术制图》规定：有单一剖切面、几个平行的剖切平面、几个相交的剖切面等剖切面剖开机件。

（一）单一剖切面

单一剖切面指用一个剖切面剖切机件。

1. 平行于某一基本投影面的剖切平面

前面介绍的剖视图，均为采用平行于基本投影面的单一剖切平面剖切机件得到的剖视图。图 3-36 中的 *B*—*B* 剖视图即为采用平行于基本投影面的单一剖切平面剖切后得到的剖视图。

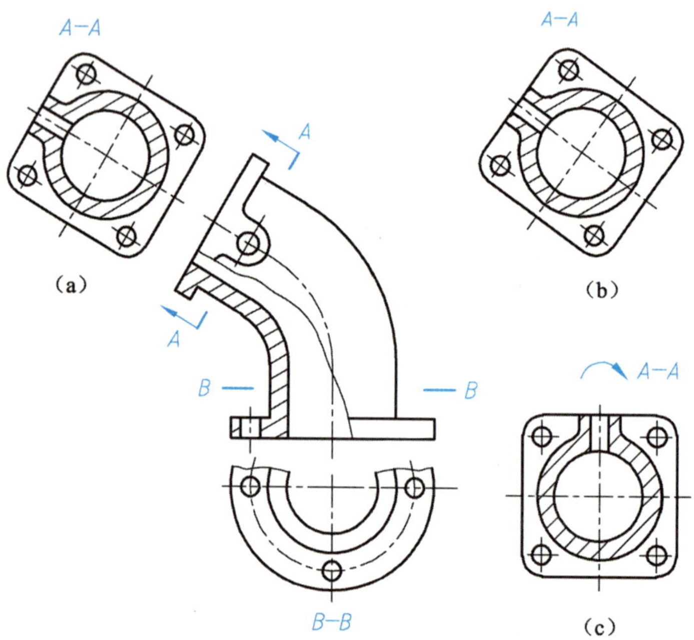

图 3-36　单一剖切面

2. 不平行于任何基本投影面的剖切平面

当机件上有倾斜部分的内部结构需要表达时，可与画斜视图一样，选择一个垂直于基本投影面且与所需表达部分平行的投影面，然后再用一个平行于这个投影面的剖切平面剖开机件，向这个投影面投射，这样得到该部分结构的真实形状。图 3-36 中的 *A*—*A* 剖视图是采用不平行于基本投影面的单一剖切平面剖切后得到的剖视图。若主要用以表达倾斜部分的结构，机件上与基本投影面平行的部分剖视图中不反映实形，一般应避免画出，常将它舍去画成局部视图。

画剖视时应注意以下几点：

（1）用不平行于任何基本投影面的剖切平面剖切的剖视图最好配置在与基本视图的相应部分保持直接投影关系的地方，标出剖切位置和字母，并用箭头表示投射方向，还要在该剖视图上方用相同的字母标明图的名称，如图 3-36（a）所示。

（2）为使视图布局合理，可将剖视图保持原来的倾斜程度，平移到图纸上适当的地方，如图 3-36（b）所示；为了画图方便，在不引起误解时，还可把图形旋转到水平位置，表示该剖视图名称的大写字母应靠近旋转符号的箭头端，如图 3-36（c）所示。

（3）当剖视的剖面线与主要轮廓线平行时，剖面线可改为与水平线成 30°或 60°角，原图形中的剖面线仍与水平线成 45°，但同一物体中剖面线的倾斜方向应大致相同，如图 3-36 所示的主视图剖面线与水平线成 30°角。

（二）几个平行的剖切面

当机件上的孔、槽的轴线或对称平面位于几个相互平行的平面上时，可以用几个与基本投影面平行的剖切平面来剖切机件，再向基本投影面投射，如图 3-37 所示。

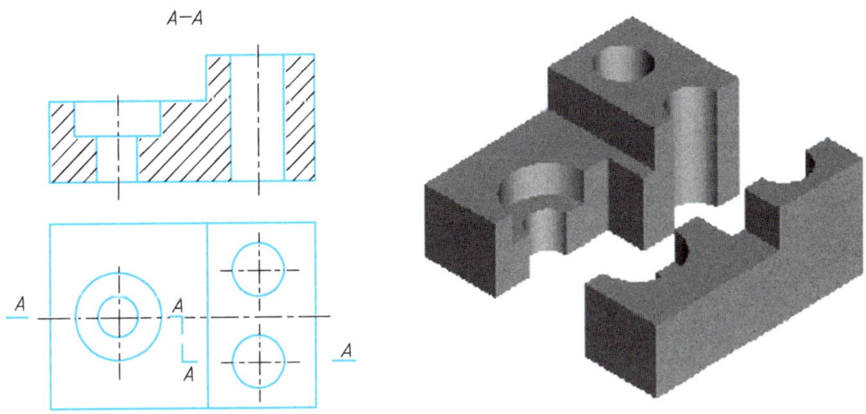

图 3-37　平行剖切面

1. 标注方法

在剖视图上方标出相同字母的剖视图名称“×—×”。在相应视图上用剖切符号表示出剖切位置，在剖切平面的起、讫和转折处标注相同字母，剖切符号两端用箭头表示投射方向。当剖视图按投影关系配置，中间又无其他图形隔开时，可省略箭头，如图 3-37 所示。

2. 画图时应注意的问题

（1）剖切是假想存在的，在剖视图中，不应画出剖切平面转折处的投影，如图 3-38（a）所示；剖切面的转折处要画成直角，且不应与图中的轮廓线重合，如图 3-38（b）所示。

（2）要恰当地选择剖切位置，避免在剖视图上出现不完整要素，如图 3-38（c）所示。

（三）几个相交的剖切面

当机件的内部结构形状用一个剖切平面不能表达完全，且这个机件在整体上又具有回转轴时，可用几个相交的剖切平面（交线垂直于某一基本投影面）剖开机件，并将与投影面不平行剖切平面剖开的结构及其有关部分旋转到与投影面平行再进行投射，如图 3-39 所示。

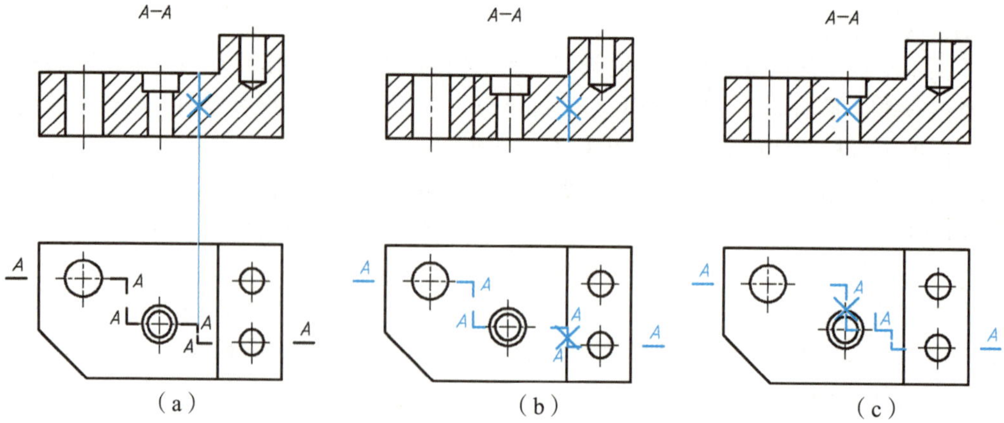

图 3-38　平行剖切错误画法

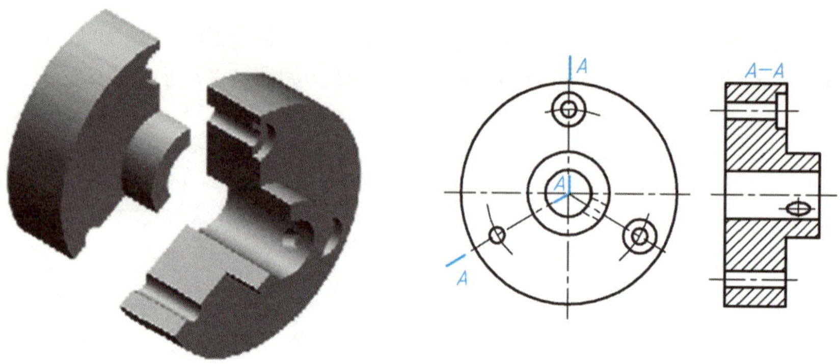

图 3-39　相交剖切面（一）

视频：相交剖切面

1. 标注方法

在剖视图上方标出相同字母的剖视图名称“×—×”。在相应视图上用剖切符号表示出剖切位置，在剖切平面的起、讫和转折处标注相同字母，剖切符号两端用箭头表示投射方向。当剖视图按投影关系配置，中间又无其他图形隔开时，可省略箭头，如图 3-39 所示。

2. 画图时应注意的问题

（1）要按“先剖切后旋转”的方法绘制剖视图，即先假想用相交剖切平面剖开机件，然后将剖开的倾斜结构及其有关部分旋转到与选定的投影面平行的位置，再进行投射，但在剖切平面后的其他结构一般仍按原来位置投射，如图 3-39 中空心圆柱上的小孔和图 3-40 中的油孔。

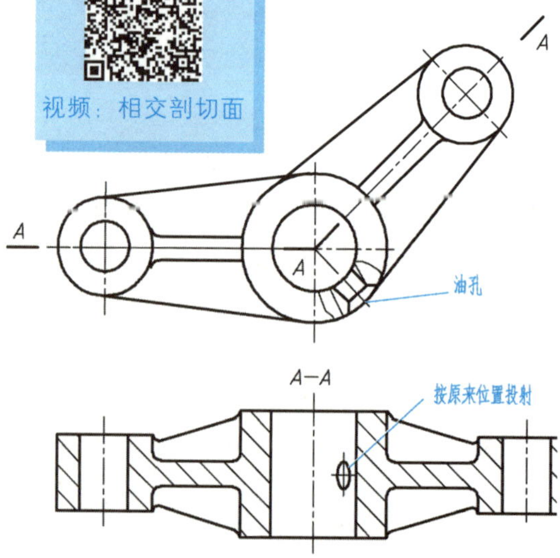

图 3-40　相交剖切面（二）

（2）当剖切后产生不完整要素时，应将此部分按不剖绘制，如图 3-41 所示。

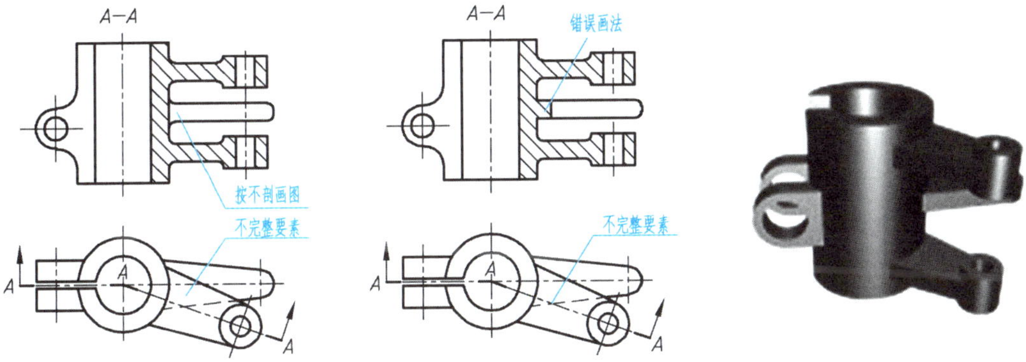

（a）　（b）

图 3-41　相交剖切面（三）

任务七　断面图

知识点一、断面图的概念

假想用剖切平面将机件的某处切断，仅画出断面的图形，称作断面图。如图 3-42 所示的吊钩，只画了一个主视图，并在几处画出了断面形状，就把整个吊钩的结构形状表达清楚了，比用多个视图或剖视图显得更为简便、明了。

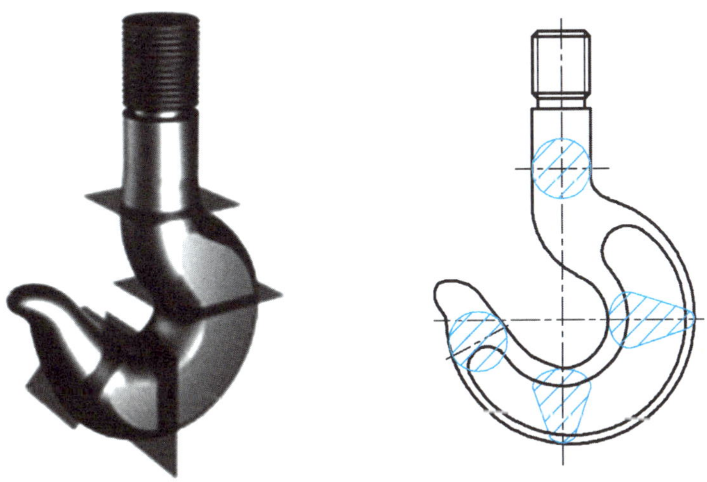

图 3-42　吊钩

断面图与剖视图的区别：断面图只画出剖切平面和机件接触部分的剖面投影，而剖视图则要求除了画出机件被剖切的断面图形外，还要画出剖切面后可见部分的投影，如图 3-43 所示。

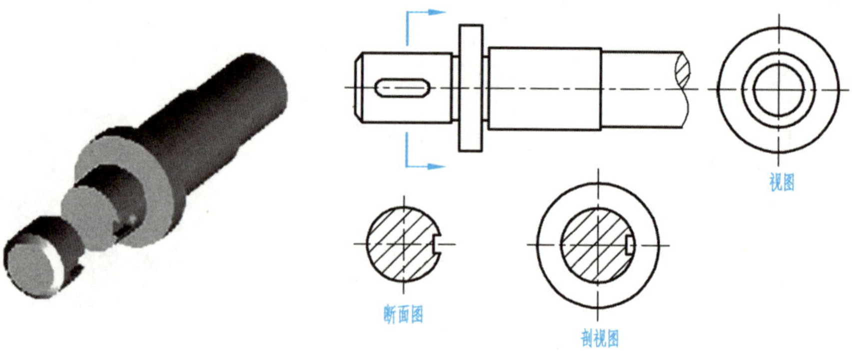

图 3-43　轴剖视图与断面图

知识点二、断面图的分类及画法

断面图按其在图纸上配置的位置不同，分为移出断面图和重合断面图两种。

（一）移出断面图

画在视图轮廓之外的断面图，称作移出断面图，如图 3-44 所示。

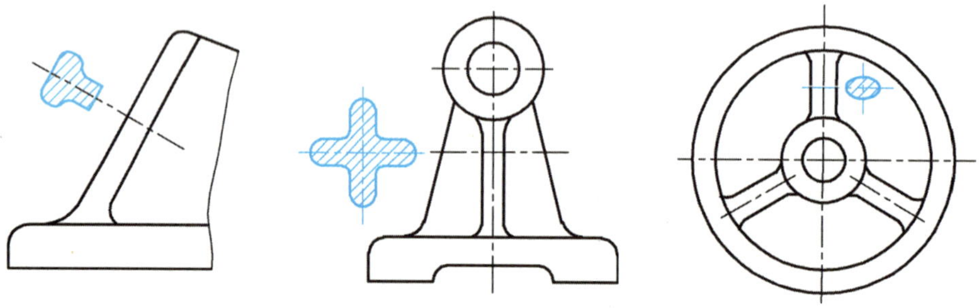

图 3-44　移出断面图（一）

1. 移出断面图的画法

移出断面图的轮廓线用粗实线绘制，在剖面上画出剖面符号。移出断面图应尽量配置在剖切线的延长线上，必要时也可配置在其他适当位置，如图 3-45 中的“*A—A*”和“*B—B*”所示。

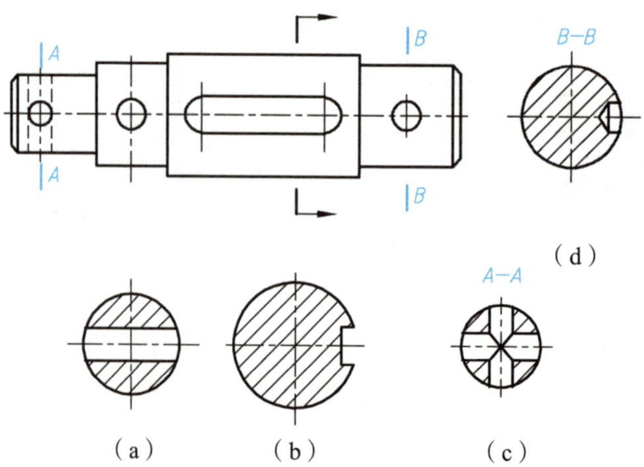

图 3-45　移出断面图（二）

画移出断面图时应注意以下几点：

（1）当剖切平面通过回转面形成的孔或凹坑的轴线时，这些结构应按剖视绘制，如图 3-46 所示。

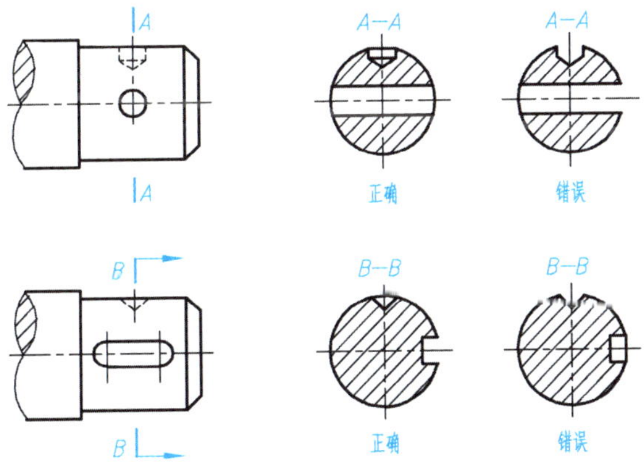

图 3-46　移出断面图注意事项（一）

（2）当剖切平面通过非圆孔，会导致出现完全分离的两部分断面时，这样的结构也应按剖视绘制，如图 3-47 所示。

（3）由两个或多个相交的剖切平面剖切后得到的移出剖面，中间应用波浪线断开绘制，如图 3-48 所示。

（4）当断面图形对称时，也可将断面图画在视图的中断处，如图 3-49 所示。

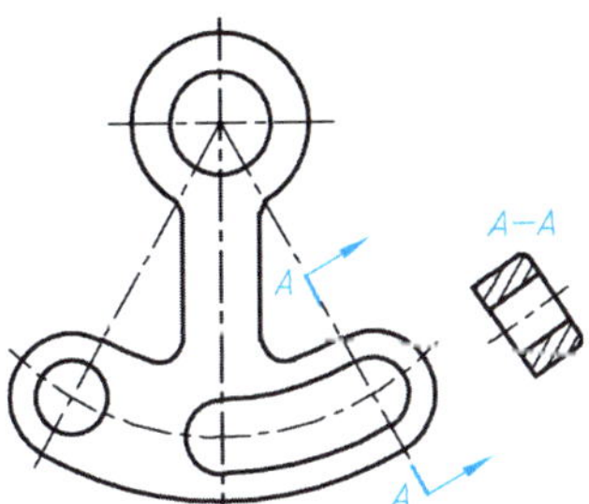

图 3-47　移出断面图注意事项（二）

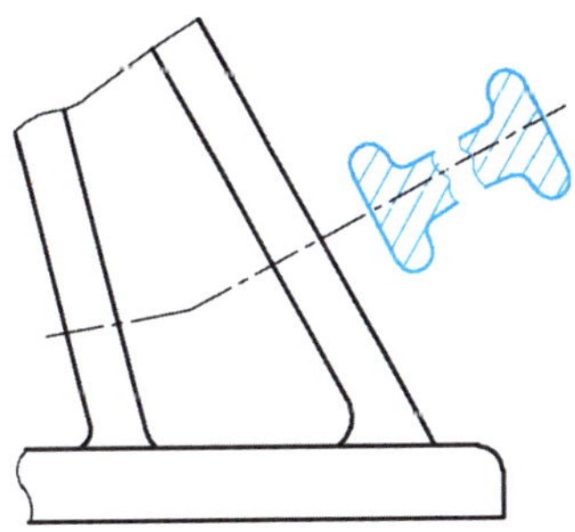

图 3-48　移出断面图注意事项（三）

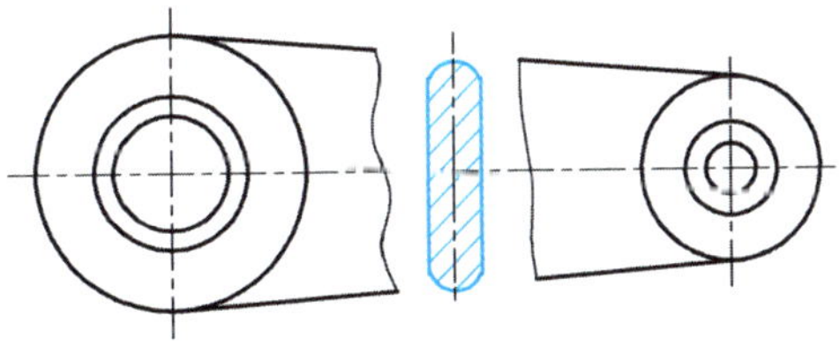

图 3-49　移出断面图注意事项（四）

2. 移出断面图的标注

移出断面图一般应在断面图上方用大写拉丁字母标出断面图的名称“×—×”，用剖切符号表示剖切位置，用箭头表示投射方向，并标注同样的字母，如图 3-45 所示。

（1）配置在剖切符号延长线上的对称移出断面图，可省略标注，如图 3-45（a）所示。

（2）配置在剖切符号延长线上的不对称移出断面图可省略字母，如图 3-45（b）所示。

（3）按基本视图位置配置的不对称移出断面图和没有配置在剖切延长线上的对称移出断面图均省略箭头，如图 3-45（c）、（d）所示。

（二）重合断面图

画在视图轮廓之内的断面图，称作重合断面图，如图 3-50 所示。

1. 重合断面图的画法

重合断面图的轮廓线用细实线绘制。重合断面图应配置在剖切线上，宜在不影响清晰的情况下采用。当视图中的轮廓线与重合断面的图形重叠时，仍按视图中的轮廓线画出，不可间断，如图 3-50 所示。

2. 重合断面图的标注

（1）配置在剖切符号延长线上的不对称重合断面图可省略字母，如图 3-50 所示。

（2）对称的重合断面图可省略标注，如图 3-51 所示。

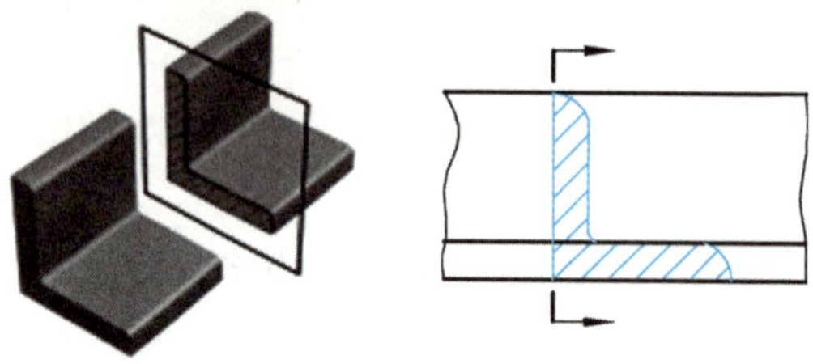

图 3-50　重合断面图（一）

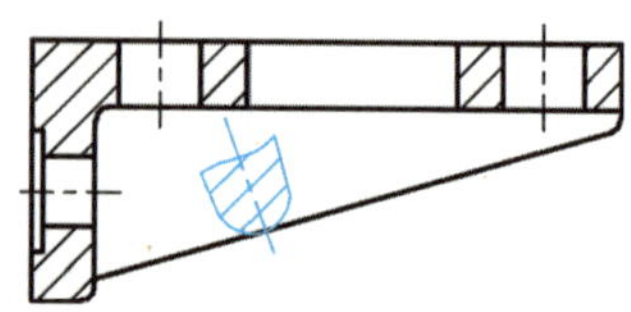

图 3-51　重合断面图（二）

任务八　其他表达方法

知识点一、局部放大图

当机件的某些局部结构较小，在原定比例的图形中不易表达清楚或不便标注尺寸时，可将此局部结构用大于原图形所采用的比例画出，这种图形称作局部放大图，如图 3-52 所示。此时，原视图中该部分结构也可简化表示。

局部放大图可画成视图、剖视图、断面图，它与被放大部分的表达方法无关。局部放大图应尽量配置在被放大部位的附近。

当机件上有几处被放大部位时，必须用罗马数字依次标明，并用细实线圆（或长圆）圈出，在相应的局部放大图上方标出相同数字和放大比例，如图 3-52 所示。如放大部位仅有一处，则不必标明数字，但必须标明放大比例。

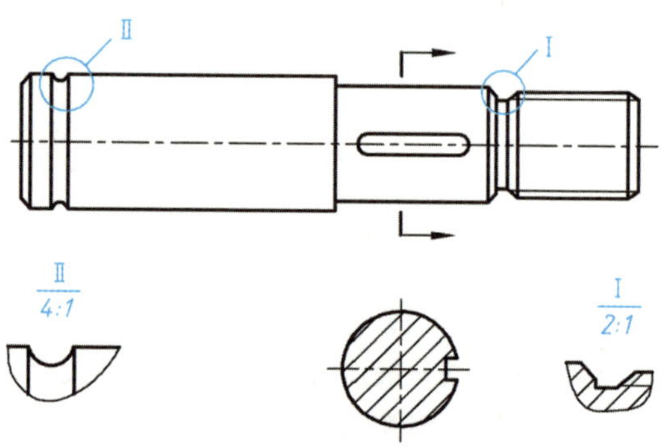

图 3-52　局部放大图

局部放大图的投射方向应与被放大部分的投射方向一致；与整体联系的部分用波浪线画出；画成剖视和剖面时，其剖面符号的方向和距离应与原图中有关的剖面符号相同。

知识点二、简化画法

（1）当零件回转体上均匀分布的肋板、轮辐、孔等结构不处于剖切平面上时，可将这些结构旋转到剖切平面上画出，如图 3-53 所示。

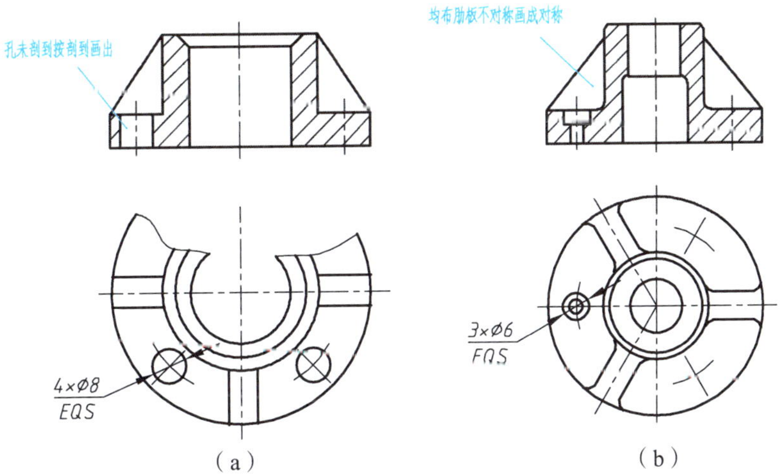

图 3-53　简化画法（一）

（2）当机件上具有若干相同结构（齿、槽、孔等），并按一定规律分布时，只需画出几个完整结构，其余用细实线相连或标明其中心位置，但在图上必须注明该结构的总数，如图 3-54 所示。

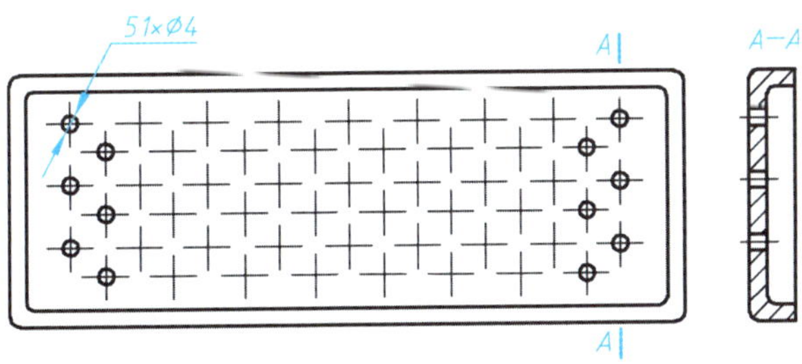

图 3-54　简化画法（二）

（3）当图形不能充分表达平面时，可用平面符号（相交两细实线）表示，如图 3-55 所示。

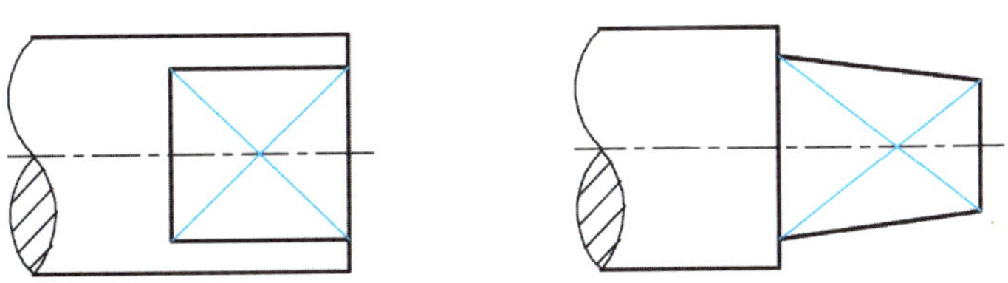

图 3-55　简化画法（三）

（4）为了节约绘图时间和图幅，在不致引起误解时，对称或基本对称机件的视图，可只画一半或 1/4，并在对称中心线的两端画出两条与其垂直的平行细实线；也可使图形适当超过对称中心线，不画对称符号，如图 3-56 所示。

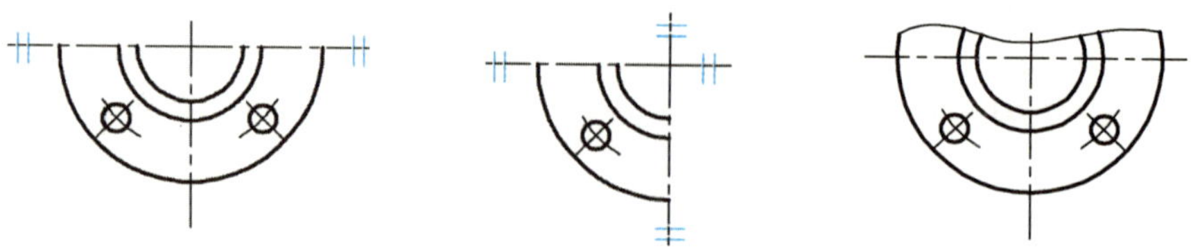

图 3-56　简化画法（四）

（5）较长的机件（如轴、杆、型材、连杆等）沿长度方向的形状一致，或按一定规律变化时，可断开后缩短绘制，但要标注实际尺寸，如图 3-57 所示。断裂处的边界可用波浪线或双点画线绘制。

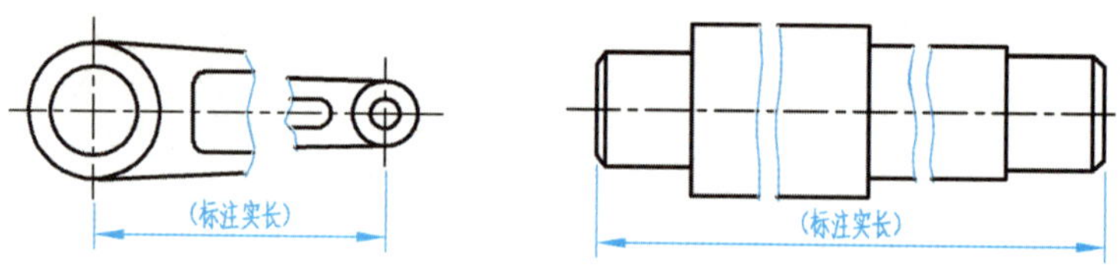

图 3-57　较长杆件的断裂画法

（6）与投影面倾斜角度小于或等于 30°的圆或圆弧，其投影可用圆或圆弧代替，如图 3-58 所示。

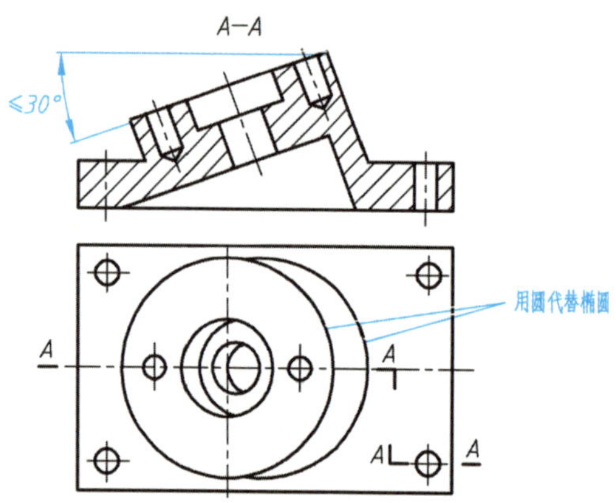

图 3-58　圆替代小角度椭圆

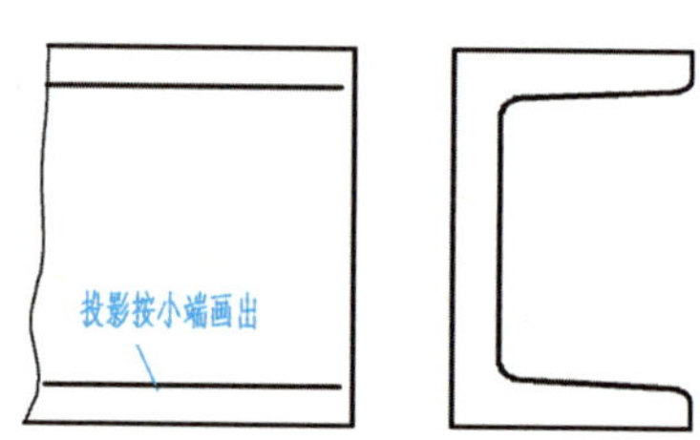

图 3-59　小斜度结构的简化画法

（7）型材（角钢、工字钢、槽钢）中的小斜度结构，在一个图中已表达清楚时，其他图形按小端画出，如图 3-59 所示。

（8）对于机件上的滚花部分，可以在轮廓线附近用细实线示意画出，并在图上或技术要求中注明这些结构的具体要求，如图 3-60 所示。

（9）机件上的一些较小结构所产生的交线（截交线、相贯线、过渡线），如在一个图形中已表达清楚时，其他图形可简化或省略，如图 3-61 所示。

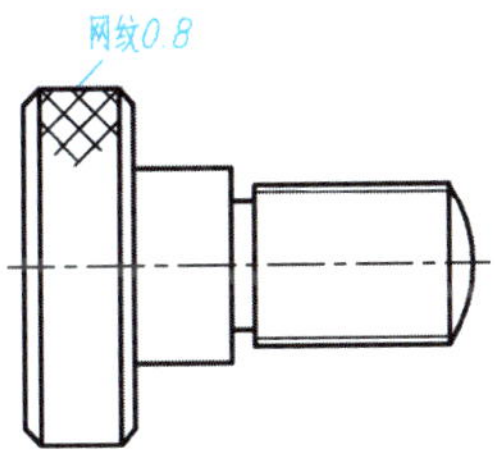

图 3-60　滚花的画法

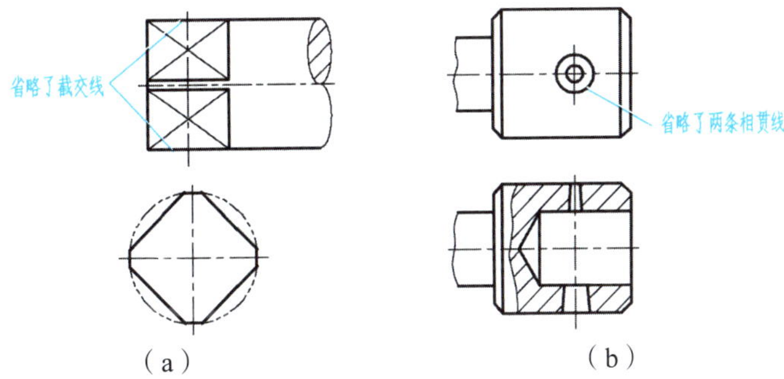

图 3-61　物体上较小结构的简化画法

（10）在不致引起误解时，零件图中的小圆角或 45°小倒角允许省略不画，但必须注明，如图 3-62 所示。

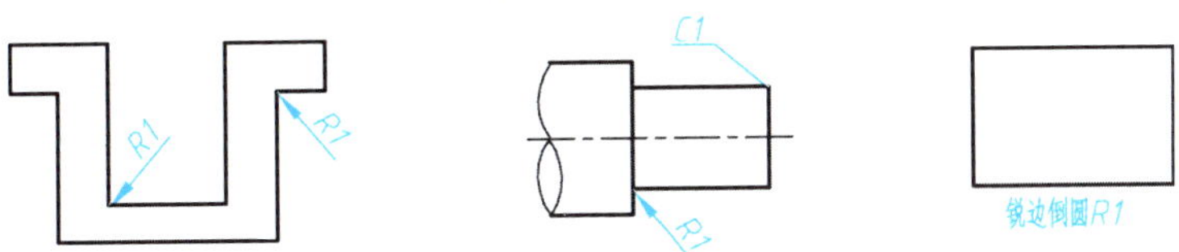

图 3-62　圆角、倒角的简化画法

【任务实战】

班级：________	姓名：________	学号：________

任务名称	组合体形体表达
任务概述	一、目　的 1. 熟悉组合体的形体分析； 2. 掌握机件综合表达方法及绘图步骤。 二、内容与要求 1. 绘制图框和标题栏； 2. 用 A4 图纸绘制，1∶1 比例采用适当的表达方法表达清楚该形体，并标注尺寸。 三、注意要求 1. 布置视图时考虑尺寸标注的位置； 2. 画底稿时作图线应该轻而准确，注意组成部分各表面之间的关系； 3. 尺寸标注符合规范要求。

视频：组合体表达方案分析

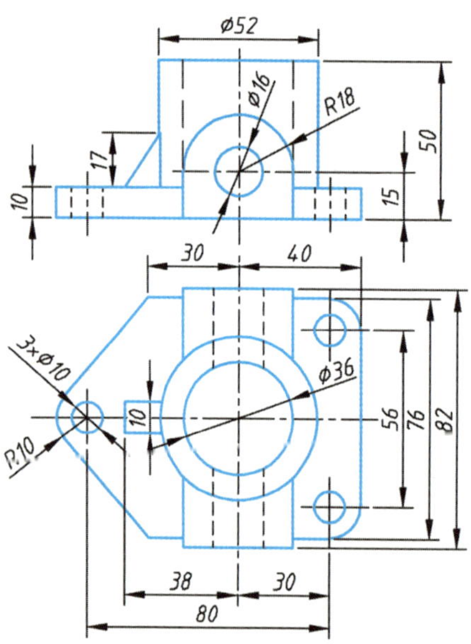

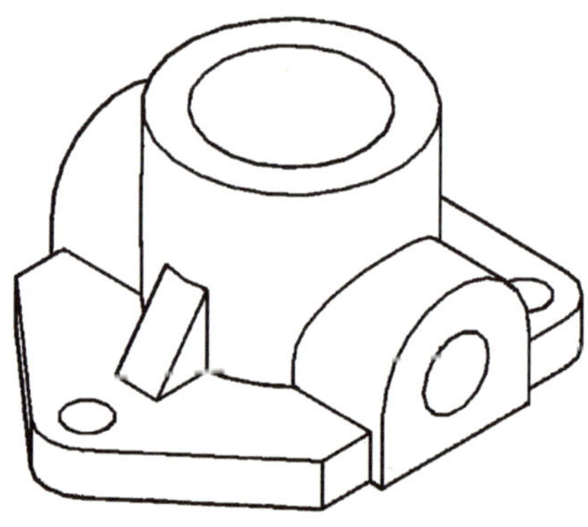

【学习评价】

<table>
<tr><th colspan="5">学习评价考核表</th></tr>
<tr><th colspan="2">评价项目</th><th>评价标准</th><th>自评</th><th>互评</th></tr>
<tr><td rowspan="4">专业能力</td><td>图纸幅面、图纸格式绘制正确（5 分）</td><td>1. 图框格式正确，干净整洁；
2. 标题栏格式正确。</td><td></td><td></td></tr>
<tr><td>图形比例合适、字体规范（5 分）</td><td>1. 绘图比例符合要求；
2. 字体工整。</td><td></td><td></td></tr>
<tr><td>图线绘制规范（20 分）</td><td>1. 粗实线加粗，细实线加深，中心线规范；
2. 中心线超出轮廓线 2 ~ 3 mm。</td><td></td><td></td></tr>
<tr><td>图形正确（40 分）</td><td>1. 表达方法合理，图形表达准确；
2. 尺寸标注规范。</td><td></td><td></td></tr>
<tr><td rowspan="3">素质能力</td><td>遵守课堂纪律（10 分）</td><td>1. 上课不迟到早退；
2. 上课不玩手机、不睡觉。</td><td></td><td></td></tr>
<tr><td>课后自学能力（10 分）</td><td>1. 做好课前复习、课后巩固；
2. 及时完成课后作业。</td><td></td><td></td></tr>
<tr><td>互帮互助能力（10 分）</td><td>1. 乐于帮助同学，团结协作；
2. 勤于思考，勇于表达。</td><td></td><td></td></tr>
<tr><td colspan="5">教师综合评价</td></tr>
<tr><td colspan="2">专业能力评价</td><td>素质能力评价</td><td colspan="2">得分</td></tr>
<tr><td colspan="2"></td><td></td><td colspan="2"></td></tr>
<tr><td>综合评价</td><td colspan="4"></td></tr>
</table>

思政学堂　书写壮丽核潜艇诗篇——黄旭华

1988年初，核潜艇按设计极限在南海做深潜试验，这是一次重要试验，也是一次十分危险的试验。当时，参试人员明白，中国只有常规潜艇下潜经验，而核潜艇要复杂得多危险得多。20世纪70年代末，美国的“长尾鲨号”就是在深潜试验时，下去后再没有上来，艇上160多人全部葬身海底，至今无法知道失败原因。这艘由里到外全部由中国人自己造出来的艇，能闯过中国核潜艇研制史上的首次深潜试验大关吗？包括有关专家都似有疑虑，有的参试人员做好了牺牲准备，向亲人嘱托了后事。黄旭华也明白：越是危险的试验，越需要沉着冷静，越需要精神集中。他和同事们再一次检查每一台设备，每一块钢板，每一条焊缝，每一根管道，确认万无一失才决定下潜。按说，试验时黄旭华应在指挥艇上坐镇，但他为增强参试人员的信心和掌握第一手试验资料，坚持上艇亲自做深潜试验：50米、100米……到达深潜设计要求，艇壳承受着巨大的水压，多处“咔嗒”“咔嗒”地响……终于，潜艇在设计要求深处一切完好，深潜试验成功了，消息传到家中，一向默默支撑着家庭重担的妻子竟放声大哭。当下水试验的所有任务都按照预想顺利完成后，在场的科技人员终于长长地出了一口气。

我们的科技工作者，在人们难以想象的困难条件下，用智慧，用无坚不摧的爱国精神、工匠精神、劳模精神书写出了壮丽的核潜艇诗篇。

思政引导：请登录央视网，观看《中国脊梁》记录片，并谈一谈你最喜欢的脊梁英雄，你从他们身上学到了什么？

单元四 标准件与常用件

知识目标

（1）掌握螺纹的规定画法；
（2）掌握螺纹紧固件的规定画法；
（3）熟悉键、销、滚动轴承和弹簧的规定画法；
（4）掌握直齿圆柱齿轮的规定画法。

能力目标

（1）能够绘制装配图中的螺纹紧固件连接画法；
（2）能够完成装配图中的键和销连接画法；
（3）能够绘制装配图中的圆柱齿轮啮合画法。

素养目标

（1）联系专业实际和生产实践介绍标准件和常用件，丰富学生的感性认识；
（2）加强法律法规教育，有计划、有目的地培养学生热爱专业、热爱岗位的职业精神。

任务引入

在各种机械设备中，广泛使用螺栓、螺母、键、销、滚动轴承、弹簧、齿轮、链传动等零部件。将结构和尺寸全部标准化的零部件称作标准件，如螺栓、螺钉、双头螺柱、螺母、垫圈、键、销、滚动轴承等。国家标准将部分结构、参数和尺寸标准化的零部件称作常用件，如齿轮、弹簧等。国家有关标准规定了上述常用件和标准件的画法、代号及标记，不必画出其真实投影。通过标准化提高此类零件的互换性，利于按规格选用和更换此类零件，也便于此类零件的大批量生产，从而降低设计和制造成本。在本学习单元中，以图 4-1 所示联轴器的装配连接为载体，介绍标准件与常用件的基本知识、规定画法、标注方法以及相关标准表格的使用方法。通过任务实施，要求学生掌握各种标准件和常用件的规范画法和标记，能够准确读取常用标准件及常用件的参数及计算。

一、目的

熟悉并掌握各种标准件的有关知识及其连接画法。

二、作业要求

在A3图纸上，用比例1：1画出全连轴节装配图。

三、注意事项

图中未注尺寸按比例1：1.5从图中量取（整数），装配图上不注尺寸，也不注零件序号。

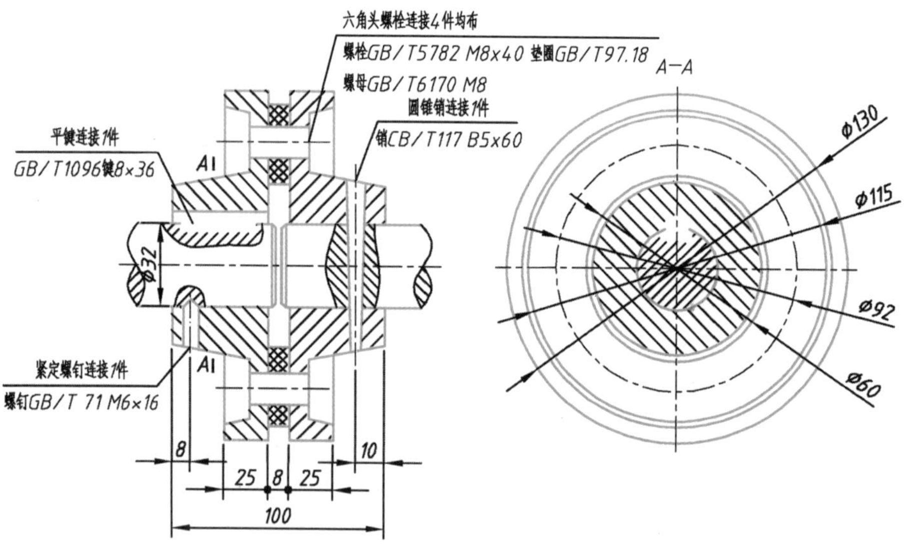

图 4-1　联轴器

任务一 螺 纹

知识点一、螺纹的基本知识

（一）螺纹的形成

圆柱面上一动点绕圆柱轴线做等速转动的同时，又沿圆柱母线做直线运动而形成的复合运动轨迹，称作螺旋线。

一平面图形（如三角形、梯形、锯齿形等）沿圆柱表面上的螺旋线运动形成的具有相同断面的连续凸起和沟槽即为螺纹。螺纹是零件上常见的一种标准结构要素，在圆柱外表面上形成的螺纹称作外螺纹；在圆柱内表面上形成的螺纹称作内螺纹，如图 4-2 所示。螺纹的加工方法很多，图 4-3（a）、（b）分别为车床上加工圆柱外螺纹和内螺纹的示意图；图 4-3（c）为大量生产螺纹紧固件时，滚压螺纹的原理图；图 4-3（d）、（e）分别为用丝锥和板牙分别加工小直径内螺纹和外螺纹的示意图。

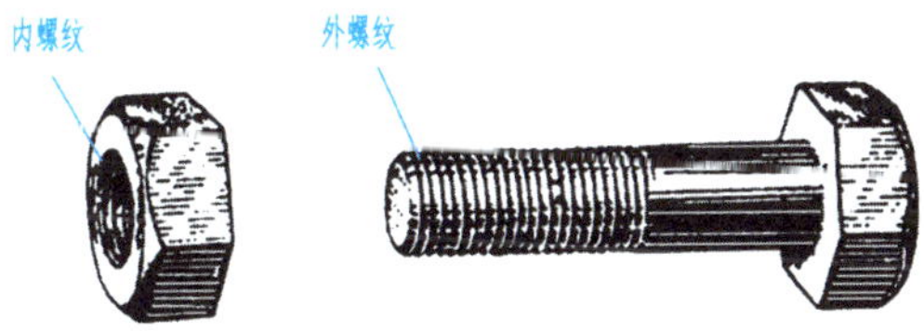

图 4-2　内螺纹和外螺纹

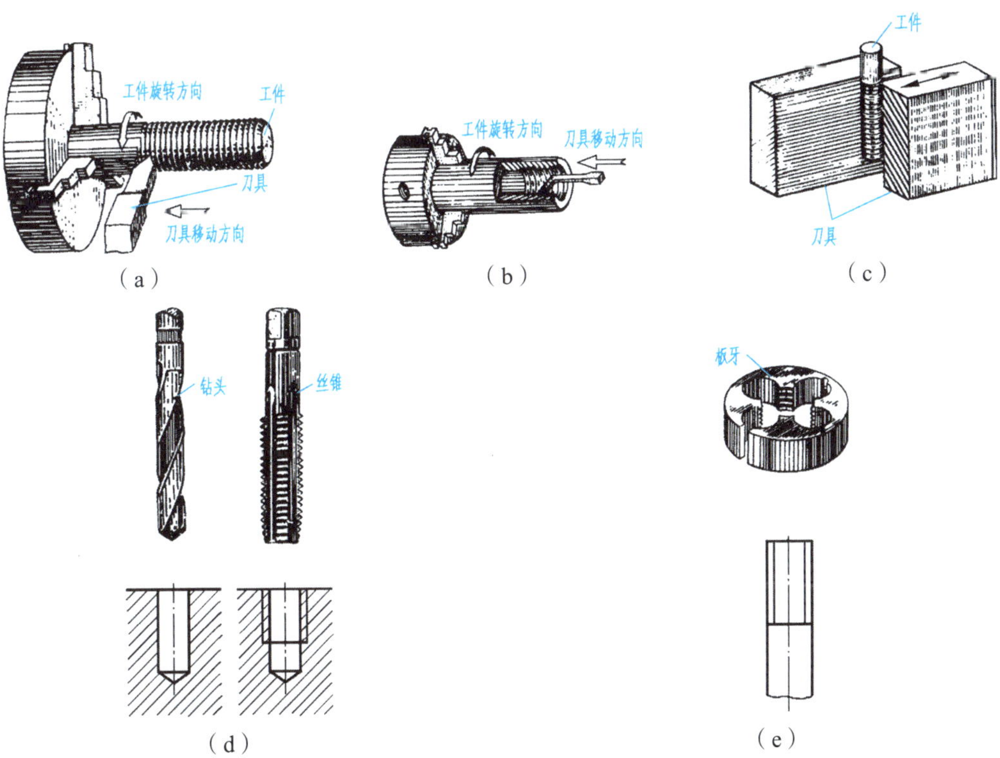

图 4-3　螺纹的加工

（二）螺纹的基本要素

1. 牙　型

螺纹在其断面上的牙齿轮廓形状称作螺纹牙型。常见的螺纹牙型有三角形、梯形、锯齿形和矩形等。不同牙型的螺纹有不同的用途，见表 4-1。

表 4-1　常用螺纹的种类、标记示例和用途

螺纹种类		牙型图例	特征代号	标记或标注示例	标注说明	用途
连接螺纹	普通螺纹	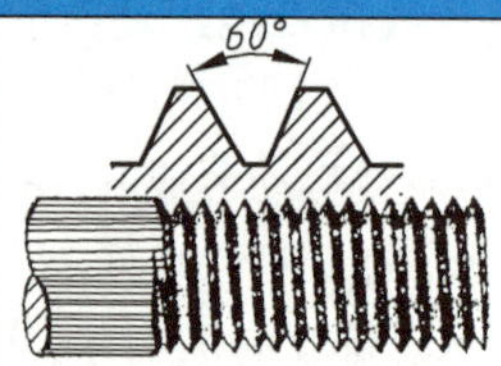 牙型为等边三角形	M	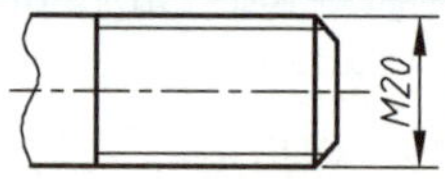	粗牙螺纹不注螺距	用于一般机件的连接
			M	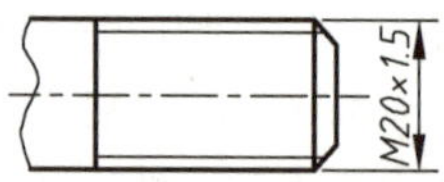	细牙螺纹要注螺距	用于薄壁或精密零件的连接
	管螺纹	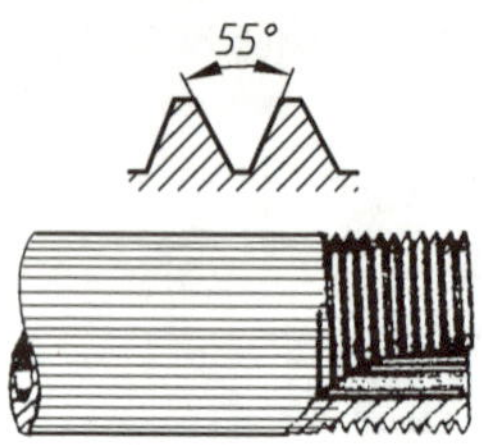 牙型为等腰三角形	G	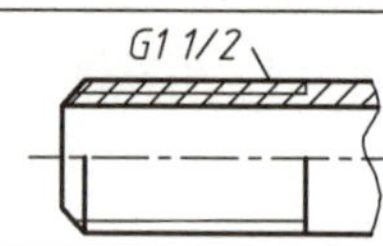	指 55°英寸制	是螺纹深度较浅的特殊细牙螺纹，常用于水管、油管、气管等薄壁管子的连接
			Rc	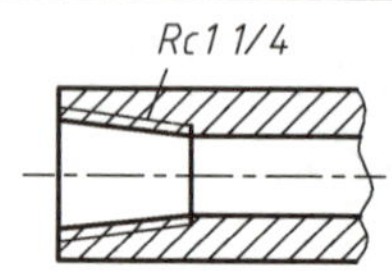		
传动螺纹	梯形螺纹	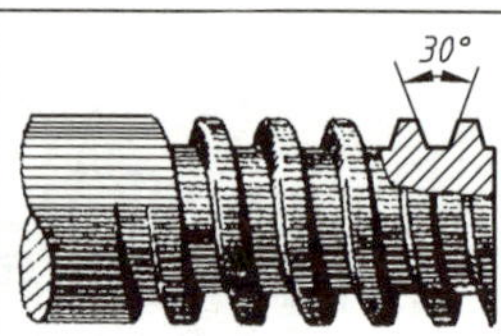 牙型为等腰梯形	Tr	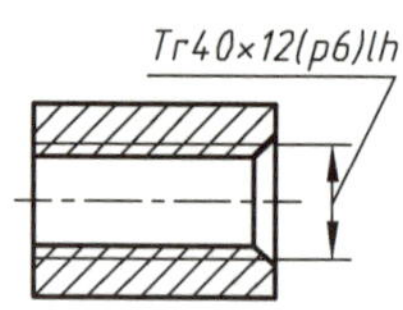	多线螺纹不注线数而注导程	用于承受两个方向的轴向力的场合，如车床的丝杠
	锯齿形螺纹	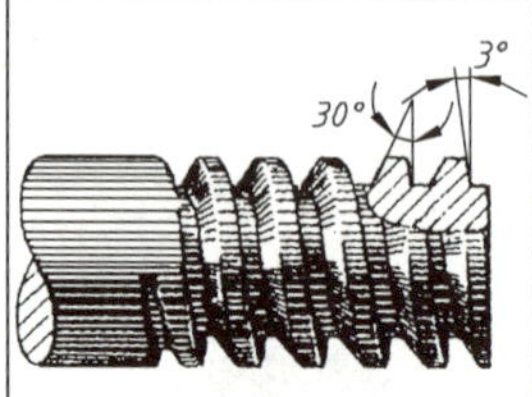 牙型为锯齿形	B	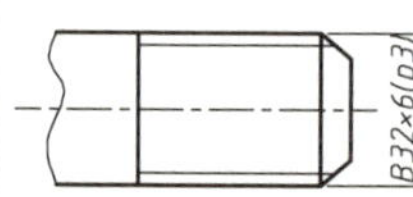		用于只承受单向轴向力的场合，如虎钳、千斤顶上的丝杠
	非标准螺纹	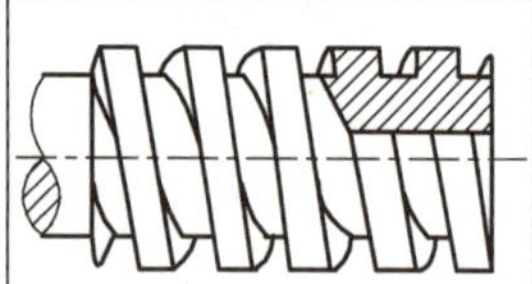		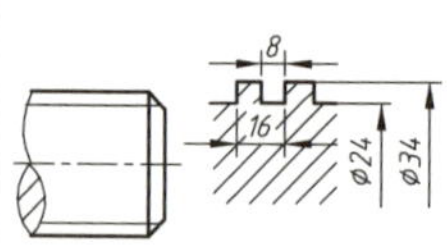	须画出部分牙型，并标注尺寸	

2. 直　径

螺纹的直径有三个：大径（d 或 D）、小径（d_1 或 D_1）、中径（d_2 或 D_2），如图 4-4 所示。螺纹的顶径是外螺纹的大径、内螺纹的小径；螺纹的底径是外螺纹的小径、内螺纹的大径。普通螺纹和梯形螺纹的大径又称为公称直径。

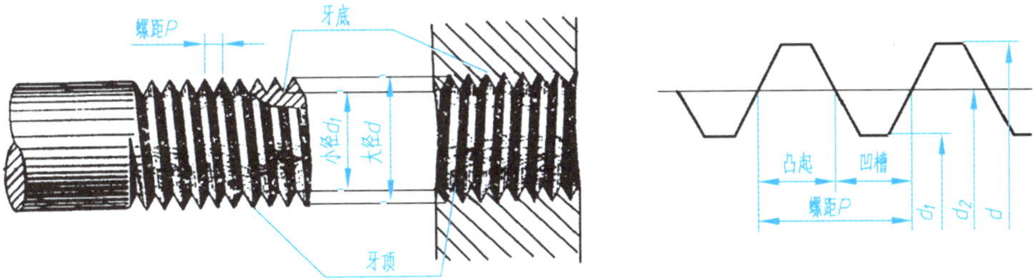

图 4-4　螺纹的直径

3. 线数 n

同一圆柱（锥）面上螺旋线的条数，称作线数。螺纹有单线和多线之分。沿一条螺旋线形成的螺纹称单线螺纹，如图 4-5（a）所示；沿两条或两条以上螺旋线形成的螺纹称多线螺纹，如图 4-5（b）所示。

4. 螺距 P 及导程 P_h

螺纹相邻两牙在中径线上对应两点之间的轴向距离称作螺距，用 P 表示。同一条螺旋线相邻两点之间的轴向距离称作导程，用 P_h 表示。单线螺纹的导程等于螺距，即 $P_h = P$；多线螺纹的导程等于线数乘以螺距，即 $P_h = nP$，如图 4-5 所示。

5. 旋　向

螺纹有右旋和左旋之分。内、外螺纹旋合时，顺时针方向旋入的螺纹称作右旋螺纹，反之称作左旋螺纹，如图 4-6 所示。工程上常用右旋螺纹。

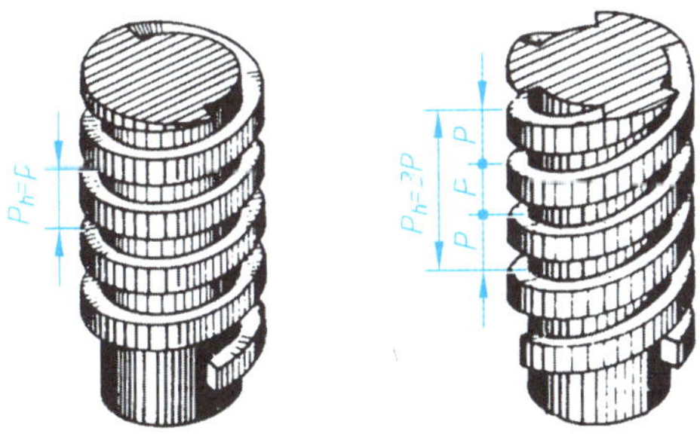

（a）　　（b）

图 4-5　螺纹的线数、螺距和导程

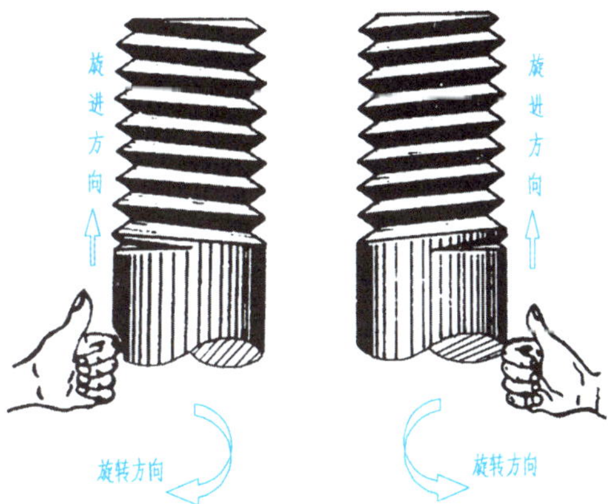

（a）左旋螺纹　　（b）右旋螺纹

图 4-6　螺纹的旋向

国家标准对螺纹五项要素中的牙型、公称直径和螺距做了规定。上述三项要素都符合标准的螺纹称作标准螺纹；仅牙型符合标准的螺纹称作特殊螺纹；连牙型也不符合标准的螺纹称作非标准螺纹。只有以上五个要素完全一致的内外螺纹才能旋合使用。

（三）螺纹的种类

（1）按螺纹要素分，螺纹可分为标准螺纹、特殊螺纹和非标准螺纹。

（2）按螺纹用途分，螺纹可分为连接螺纹（紧固螺纹、管螺纹）、传动螺纹和专用螺纹。其中专用螺纹有自攻螺钉用螺纹、木螺钉螺纹和气瓶准用螺纹等。

（3）按牙型分，螺纹可分为普通螺纹、梯形螺纹、锯齿形螺纹和管螺纹等。常见螺纹的分类见表 4-1。

知识点二、螺纹的规定画法和标记

（一）螺纹的规定画法

1. 外螺纹

在投影为非圆的视图上，螺纹牙顶线（即大径）用粗实线表示，牙底线（即小径）用细实线表示，并应画入倒角内；小径通常画成大径的 0.85 倍；螺纹的终止线用粗实线表示。在投影为圆的视图上，牙顶用粗实线圆表示，表示牙底的细实线圆只画约 3/4 圈，此时规定倒角圆省略不画。剖视画法中剖面线必须画至粗实线位置，如图 4-7 所示。

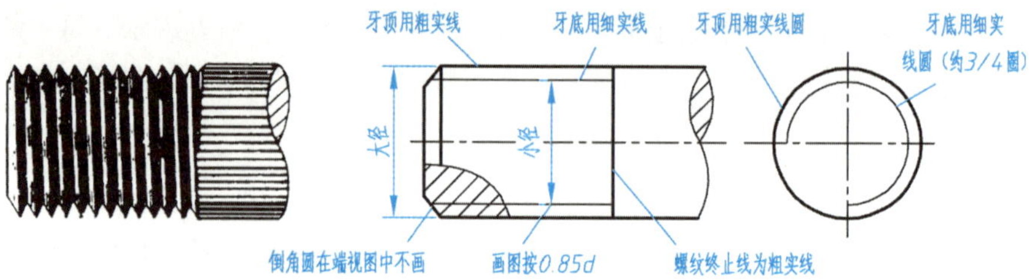

（a）不剖画法

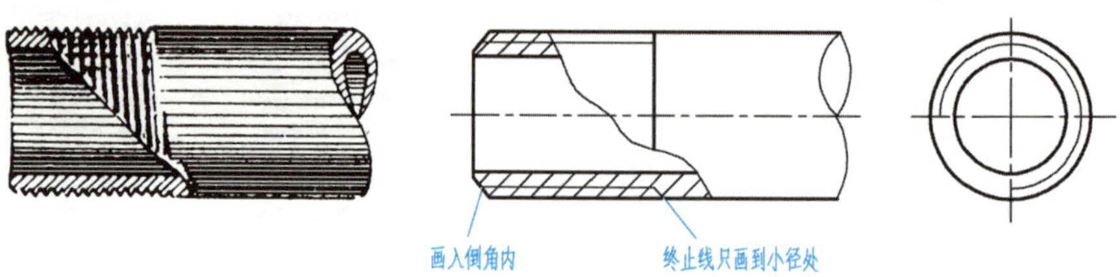

（b）剖视画法

图 4-7　外螺纹的规定画法

2. 内螺纹

内螺纹常采用剖视画法表达。在投影为非圆的视图上，牙顶线（即小径）及螺纹终止线用粗实线表示，牙底线（即大径）用细实线表示，如图 4-8（a）所示。不剖时，螺纹中所有图线均用虚线表示，如图 4-8（b）所示。在投影为圆的视图上，牙顶用粗实线圆表示，表示牙底的细实线圆（不剖画法中均用虚线圆）也只画约 3/4 圈，同样规定倒角圆省略不画，如图 4-8（b）所示。另外，应注意以下几点：

（1）无论是外螺纹或内螺纹，在剖视图或断面图中的剖面线都必须画到粗实线位置。

（2）对于不通的螺孔，钻孔深度应比螺孔深度大（0.2 ~ 0.5）D；由于钻头的刃锥角约为 118°，因此，钻孔底部以下的圆锥坑的锥角一般画成 120°，不要画成 90°，如图 4-8 所示。

（3）对于标准螺纹，一般可不画出牙型；对于非标准螺纹，需要表示螺纹牙型的，可按表 4-1 中所示的局部剖视和局部放大等方式，画出几个牙型，并标注出所需要的尺寸。

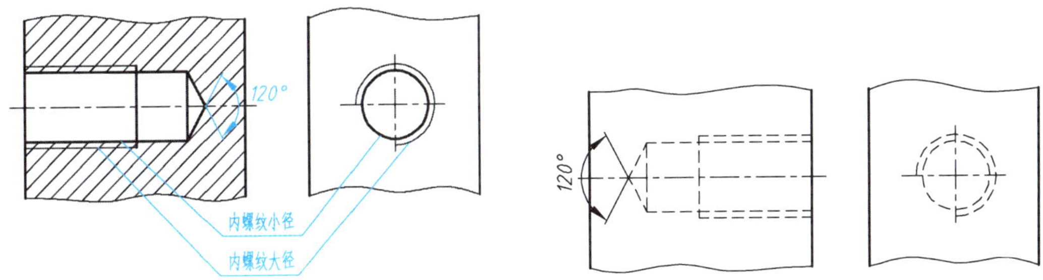

（a）剖视画法　　　　（b）不剖画法

图 4-8　内螺纹的规定画法

（二）螺纹连接的规定画法

如图 4-9 所示，在剖视图中内、外螺纹的旋合部分应按外螺纹绘制，其余部分仍按内、外螺纹的规定画法绘制。

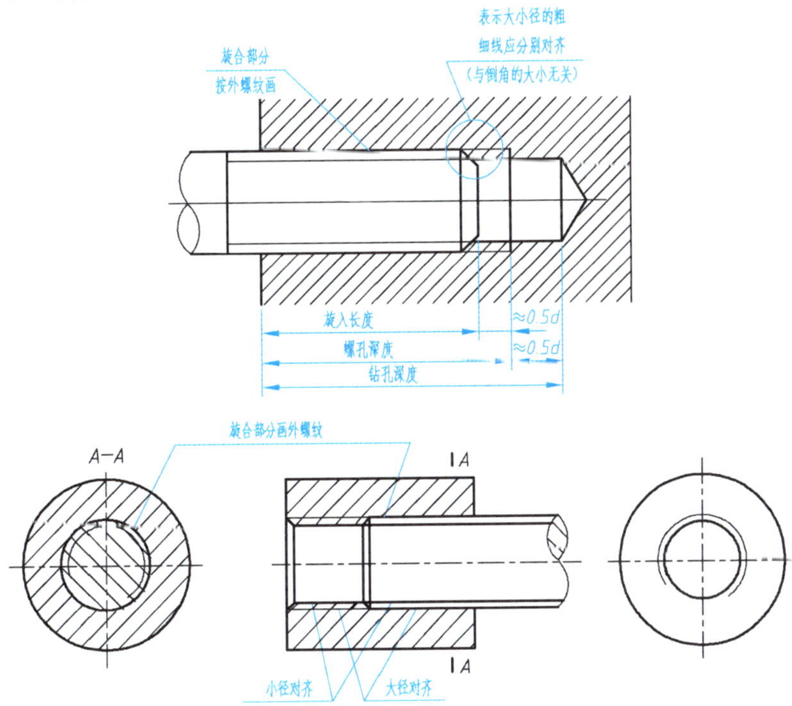

图 4-9　螺纹连接的规定画法

（三）螺纹的标记及标注

由于螺纹采用了规定画法，使得螺纹的牙型及各部分的尺寸和精度要求无法一一标注在图形上。为此，国家标准规定了用螺纹标记表示螺纹的设计要求。完整的螺纹标记是由螺纹特征代号、尺寸代号、公差带代号和旋合长度代号组成的。各种常用螺纹的标注方式见表 4-1。

1. 普通螺纹的代号和标注

特征代号（M）公称直径 × 螺距-旋向-公差带代号-旋合长度（单线时）

特征代号（M）公称直径 × P_h 导程（P 螺距）-旋向-公差带号-旋合长度（多线时）

2. 梯形螺纹、锯齿形螺纹的代号和标注

特征代号（Tr、B）公称直径 × 螺距-中径公差带代号-旋合长度-旋向（单线时）

特征代号（Tr、B）公称直径 × 导程（P 螺距）-中径公差带代号-旋合长度 – 旋向（多线时）

3. 管螺纹的代号和标注

特征代号（G、Rc、Rp、R、NPT）尺寸代号-旋向（只注左旋代号 LH）

其中，字母 G 表示 55°非密封的圆柱（内、外）管螺纹，Rc、Rp、R 分别表示 55°密封的圆锥内螺纹、圆柱内螺纹、圆锥外螺纹 R（与圆柱内螺纹旋合时代号为 R_1，与圆锥内螺纹旋合时代号为 R_2），NPT 表示 60°密封圆锥（内、外）管螺纹。需注意的是，管螺纹的尺寸代号是用英寸作单位，其大小近似等于带有外螺纹的管子的孔径而不是管螺纹的大径。此外，管螺纹的标注是用指引线从螺纹大径线上引出，且指引线不应与剖面线平行。

螺纹标记示例：

“M16 × 3（1.5）-LH-5g 6g-L”表示普通螺纹（外螺纹）其公称直径为 16 mm，导程为 3 mm（单线不注数值及符号 P_h），螺距为 1.5 mm（单线不注符号 P，粗牙不注数值），左旋（右旋不注），中径公差带为 5g，顶径公差带为 6g，长旋合长度[旋合长度分 L（长）、N（中等）、S（短）三组，中等旋合长度不注]。

“Tr40 × 7-7H”表示公称直径为 40 mm，螺距为 7 mm 的单线右旋梯形螺纹（内螺旋），中径、顶径公差带代号均为 7H，中等旋合长度。

“B40 × 10（5）LH-8c”表示锯齿形螺纹（外螺纹），公称直径为 40 mm，螺距为 5 mm，导程为 10 mm，双线螺纹，左旋，中径、顶径公差带代号均为 8c，中等旋合长度。

任务二 螺纹连接件

知识点一、常用螺纹连接件的种类和标记

常用的螺纹连接件有螺栓、双头螺柱、螺钉、螺母、垫圈等，如图 4-10 所示。

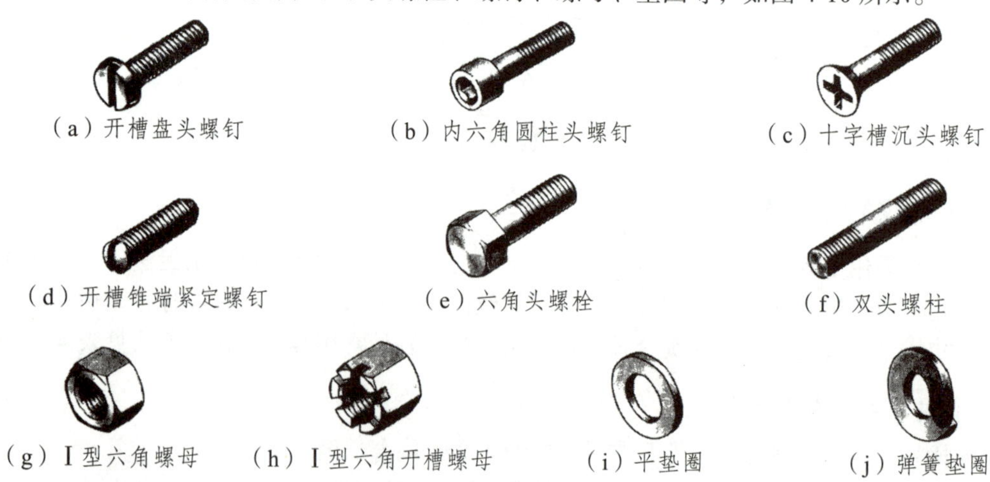

（a）开槽盘头螺钉　（b）内六角圆柱头螺钉　（c）十字槽沉头螺钉

（d）开槽锥端紧定螺钉　（e）六角头螺栓　（f）双头螺柱

（g）I 型六角螺母　（h）I 型六角开槽螺母　（i）平垫圈　（j）弹簧垫圈

图 4-10　常用的螺纹连接件

常见的螺纹连接形式有：螺栓连接、双头螺柱连接和螺钉连接。

标准的螺纹连接件标记的内容有：名称、标准编号、螺纹规格 × 公称长度，常用螺纹连接件的标记示例见表 4-2。

表 4-2　常用螺纹连接件的标记示例

名称	标记示例	标记形式	说　明
螺栓	螺栓 GB/T 5782—2000 M10 × 50	名称 标准代号 螺纹代号 × 公称长度	螺纹规格 d = M10、公称长度 l = 50 mm（不包括头部）的六角头螺栓
双头螺柱	螺柱 GB/T 898—1998 M12 × 40	名称 标准代号 螺纹代号 × 公称长度	螺纹规格 d = M12、公称长度 l = 40 mm（不包括旋入端）的双头螺柱
螺母	螺母 GB/T 6170—2000 M16	名称 标准代号 螺纹代号	螺纹规格 D = M16 的六角螺母
平垫圈	垫圈 GB/T 97.2—1985　16-140HV	名称 标准代号 公称尺寸 -性能等级	公称尺寸 d = 16 mm、性能等级为 140 HV、不经表面处理的平垫圈
弹簧垫圈	垫圈 GB/T 93—1987 20	名称 标准代号 规格	规格（螺纹大径）为 20 mm 的弹簧垫圈
螺钉	螺钉 GB/T 65—2000 M10 × 40	名称 标准代号 螺纹代号 × 公称长度	螺纹规格 d = M10、公称长度 l = 40 mm（不包括头部）的开槽圆柱头螺钉
紧定螺钉	螺钉 GB/T 71—1985 M5 × 12	名称 标准代号 螺纹代号 × 公称长度	螺纹规格 d = M5、公称长度 l = 12 mm 的开槽锥端紧定螺钉

知识点二、螺纹紧固件连接画法

为了提高画图速度，螺纹连接件各部分的尺寸都可用 d（或 D）的一定比例画出，称作比例画法。采用比例画法时，螺纹紧固件有效长度按被联接件的厚度决定，并按实画出，如图 4-11 所示。

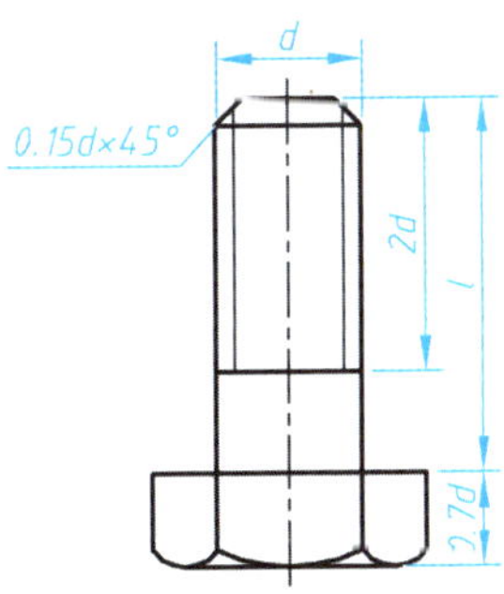

（a）螺栓

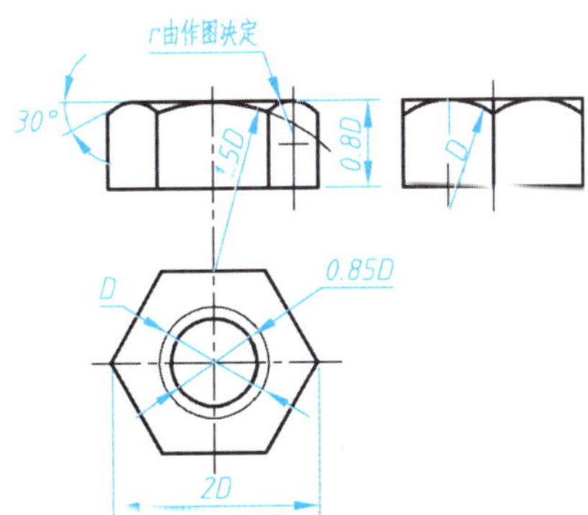

（b）螺母（螺栓头部）

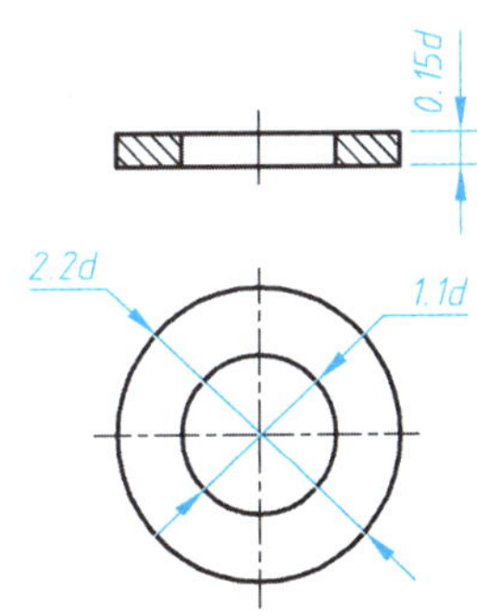

（c）垫圈

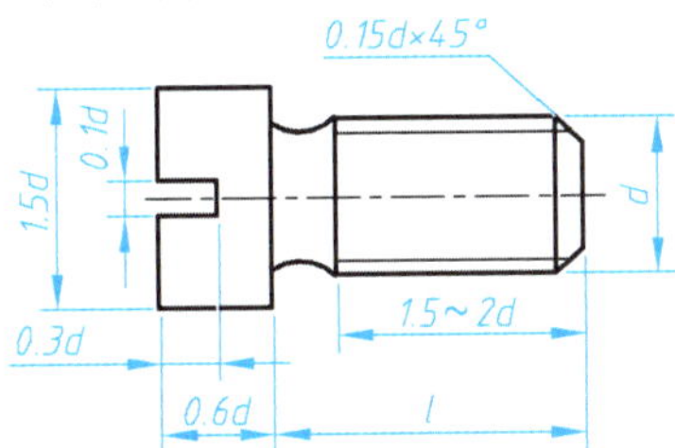

（d）圆柱头螺钉

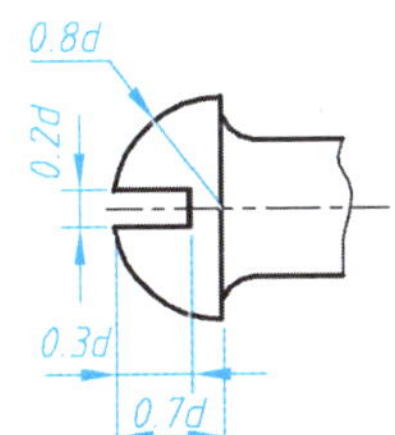

（e）半圆头螺钉

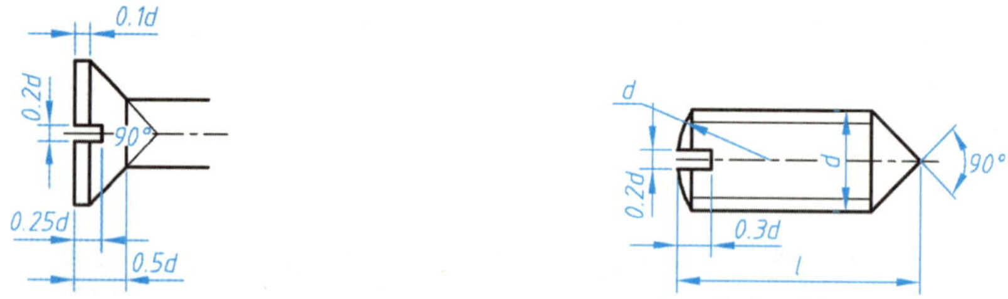

（f）沉头螺钉　　（g）锥端紧定螺钉

图 4-11　单个螺纹紧固件的比例画法

（一）螺栓连接

螺栓连接用于两个或两个以上不太厚并能钻成通孔的零件之间的连接，如图 4-12（a）所示。为了便于装配，被连接零件上通孔的直径应比螺栓的螺纹大径略大（$D_0≈1.1d$）。

在装配图中，螺栓连接通常采用比例画法。画图时，先要算出螺栓的有效长度 $l' = \delta_1 + \delta_2 + h + m + a$ 后，再从附表的 l 系列中选取与之相近但不小于 l' 的标准公称长度 l 值。其画法如图 4-12（b）。

从图 4-12（b）可以看出，画螺纹紧固件（包括螺栓、螺柱、螺钉连接）的装配图时，应遵守三个基本规定：

（1）两零件的接触表面只画一条粗实线，不接触的两表面画两条粗实线。

（2）剖视图中相邻零件的剖面线方向应相反；若方向相同，则应使间距不同或错开；同一零件在各个剖视图中的剖面线方向与间距均应一致。

（3）若剖切平面通过紧固件的轴线，则螺栓、螺柱、螺钉、螺母、垫圈等标准件均按不剖绘制。

在装配图上，也可采用图 4-12（c）所示的简化画法。

视频：螺栓连接的画法

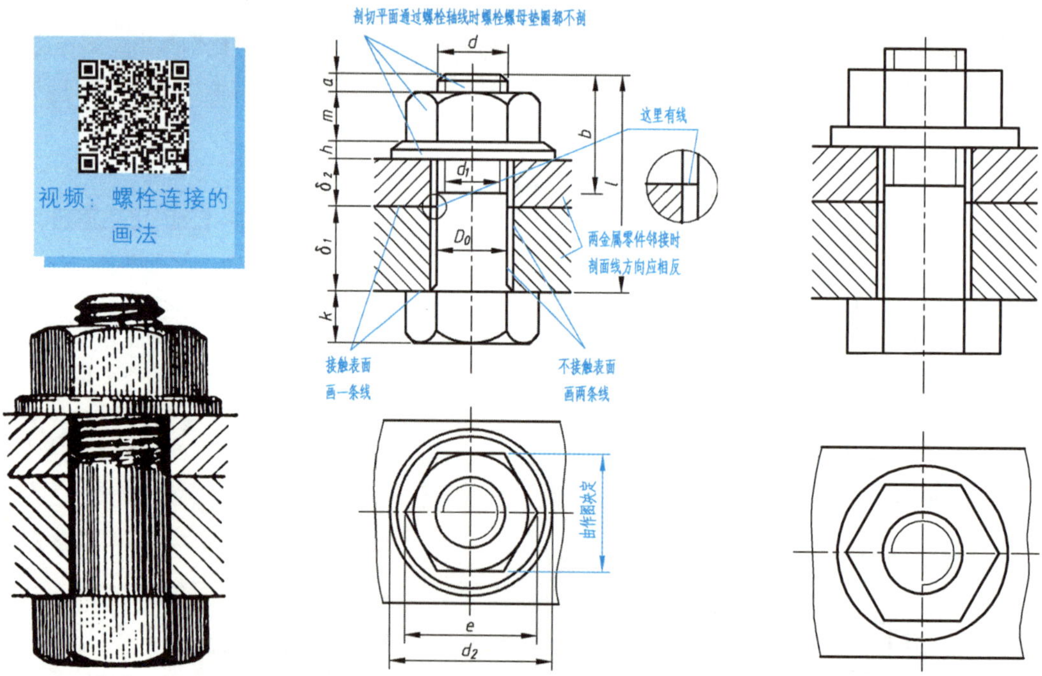

（a）　　（b）比例画法　　（c）简化画法

尺寸比例关系：$e = 2d$，$m = 0.8d$，$k = 0.7d$，$d_2 = 2.2d$，$h = 0.15d$，$d_1 = 0.85d$，$b = 2d$，$D_0 = 1.1d$，$a = 3 \sim 5$ mm。

图 4-12　螺栓连接的画法

（二）双头螺柱连接

螺柱连接多用于被连接件之一较厚、不允许钻成通孔的场合。如图 4-13 所示，先在较厚的零件上加工出螺纹孔，在较薄的零件上加工出光孔（即通孔，孔的直径约为 1.1d），然后把螺柱的旋入端旋入较厚零件的螺孔中，另一端穿过较薄零件上的光孔，套上垫圈，再用螺母旋紧。

螺柱的旋入端长度 b_m 与被旋入零件的材料有关。当被旋入零件的材料为钢和青铜时，$b_m = d$；材料为铸铁时，$b_m = 1.25d$；材料为铝合金时，$b_m = 2d$。螺柱分 A、B 两种结构形式，其标准摘录见附表。

在装配图中，螺柱连接通常采用图 4-13（d）所示的画法绘制，有关比例与螺栓连接画法中所选的比例一致（也可采用简化画法）。为了保证连接可靠，应将旋入端全部旋入螺孔内，即图中旋入端螺纹终止线应与螺孔孔口平齐。其余部分的画法与螺栓连接画法相同。

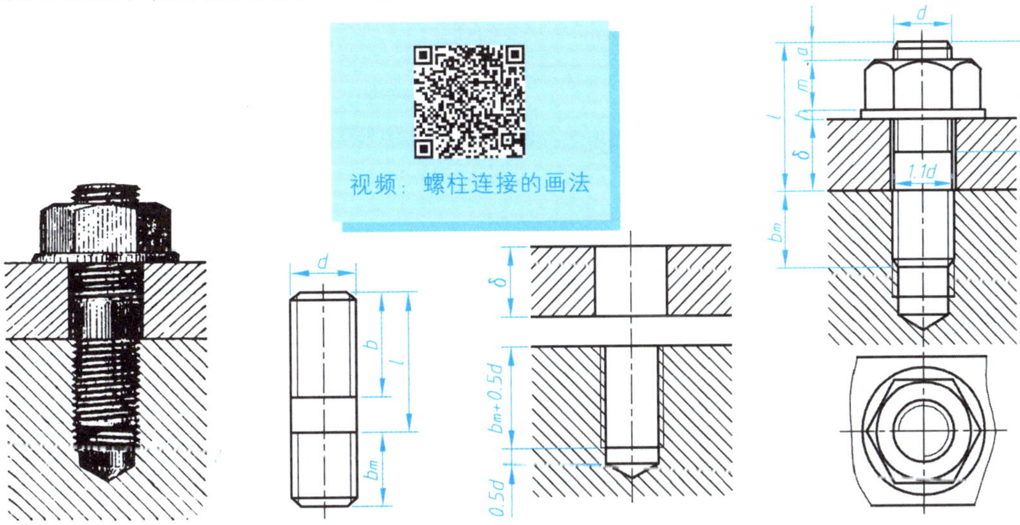

（a）　　（b）　　（c）　　（d）

图 4-13　螺柱连接的画法

由图 4-13（d）可知，螺柱的有效长度根据 $l \geq l' - \delta + h + m + a$ 算出后，再由附表选取与之相近的标准公称长度 l。

上述公式中，h 为垫圈厚度，$h = 0.15d$；m 为螺母厚度，$m = 0.8d$；a 为螺栓或螺母伸出长度，$a = 0.3d$。

（三）螺钉连接

按用途来分，螺钉可分为连接螺钉和紧定螺钉两种。

连接螺钉用于连接不经常拆卸并且受力不大的零件，其形式有开槽或内六角圆柱头、半圆头、沉头螺钉等，见附表。

画螺钉连接装配图时应注意（见图 4-14）：

（1）画图时，螺钉各部分尺寸可从有关标准中查出。由于旋入后螺钉的螺纹部分不全部旋入螺孔中，故螺钉的螺纹终止线在图中不应与螺孔孔口平齐，而应高出孔口。

（2）螺钉头部的开槽，可按粗实线绘制，并在俯视图中与水平线成 45°角，若槽宽≤2 mm，则应将开槽涂黑。

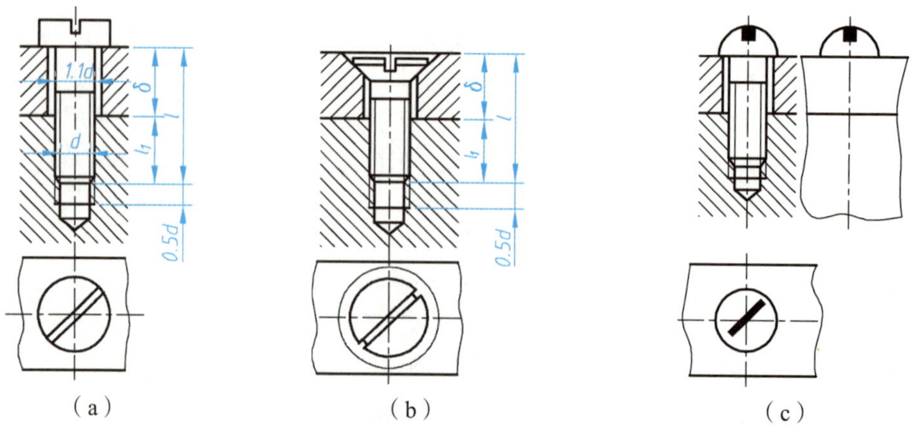

图 4-14　螺钉连接的画法

紧定螺钉用于固定两个零件的相对位置，使它们不产生相对运动，其形式有锥端紧定螺钉及平端紧定螺钉。其连接图如图 4-15 所示。

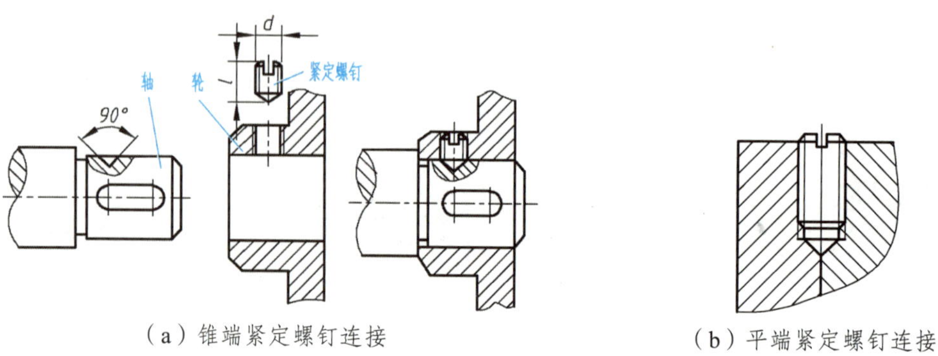

图 4-15　紧定螺钉连接图

任务三　齿　轮

齿轮是广泛应用于机器设备中的传动零件，它的主要作用是：传递运动、改变运动方向和转速。齿轮的种类很多，常用的有以下几种：

圆柱齿轮传动——用于两轴平行两轴之间的传动，如图 4-16（a）所示。

圆锥齿轮传动——用于两轴相交两轴之间的传动，如图 4-16（b）所示。

蜗轮蜗杆传动——用于两轴交叉两轴之间的传动，如图 4-16（c）所示。

根据齿轮齿廓形状，有渐开线齿轮、摆线齿轮和圆弧齿轮等。

圆柱齿轮的轮齿有直齿、斜齿和人字齿等，其中最常用的是直齿圆柱齿轮。下面主要介绍具有渐开线齿形的标准直齿圆柱齿轮的基本参数及画法。

（a）圆柱齿轮传动　　（b）圆锥齿轮传动　　（c）蜗轮蜗杆传动

图 4-16　齿轮传动

知识点一、直齿圆柱齿轮

现以标准直齿圆柱齿轮为例，说明圆柱齿轮各部分的名称、代号及尺寸计算，如图 4-17 所示。

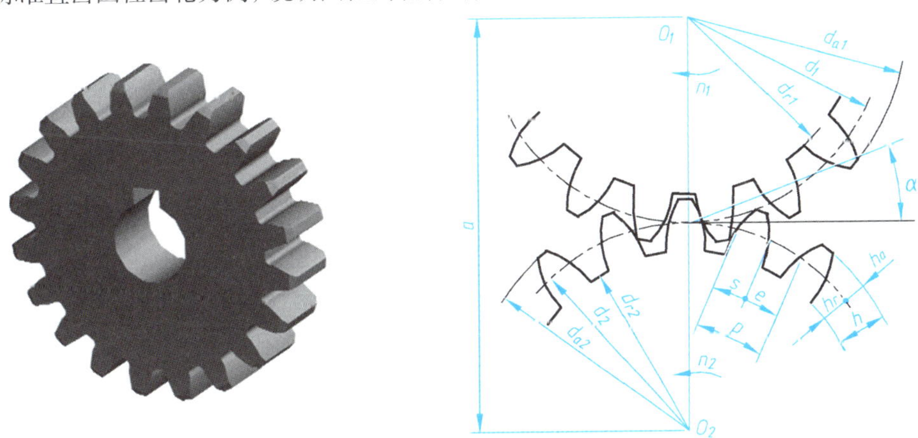

图 4-17　轮齿各部分的名称

（一）直齿圆柱齿轮轮齿的各部分名称及代号

（1）齿顶圆：通过轮齿顶部的圆柱体的直径，其直径用 d_a 表示。

（2）齿根圆：通过轮齿根部的圆柱体的直径，其直径用 d_f 表示。

（3）分度圆：在齿顶圆与齿根圆之间的一个约定的假想圆柱体的直径。对标准齿轮来说，是齿厚与槽宽相等处的一个圆。分度圆是设计、制造齿轮时计算轮齿各部分尺寸的基准圆，其直径用 d 表示。

（4）齿距：在分度圆周上相邻两齿对应点之间的弧长，用 p 表示。

（5）齿厚：一个轮齿在分度圆上的弧长，用 s 表示。

（6）槽宽：一个齿槽在分度圆上的弧长，用 e 表示。在标准齿轮中，齿厚、齿距、槽宽之间的关系为 $s = e = p/2$，$p = s + e$。

（7）齿顶高：分度圆与齿顶圆之间的径向距离，用 h_a 表示。

（8）齿根高：分度圆与齿根圆之间的径向距离，用 h_f 表示。

（9）齿高：齿顶圆与齿根圆之间的径向距离，用 h 表示，$h = h_a + h_f$。

（10）齿宽：沿齿轮轴线方向的轮齿宽度，用 b 表示。

（11）中心距：两啮合齿轮轴线之间的距离，用 a 表示。

（二）直齿圆柱齿轮的基本参数与齿轮各部分的尺寸关系

（1）模数：齿轮设计的重要参数。如以 z 表示齿轮的齿数，齿轮上有多少齿，在分度圆周上就有多少齿距，因此，分度圆周长 = 齿距 × 齿数，即 $\pi d = pz$

$$d = \frac{p}{\pi} z$$

式中，π 是无理数，为了便于计算和测量，齿距 p 与 π 的比值称作模数（单位为 mm），用符号 m 表示，即

$$m = p/\pi$$
$$d = mz$$

由于模数是齿距 p 与 π 的比值，因此齿轮的模数 m 越大，其齿距 p 也越大，齿厚 s 也越厚，因而齿轮承载能力也越大。

不同模数的齿轮，要用不同模数的刀具来制造。为了便于设计和制造，减少齿轮成形刀具的规格，模数已经标准化，我国规定的标准模数值见表 4-3。

表 4-3　标准模数

第一系列	1　1.25　1.5　2　2.5　3　4　5　6　8　10　12　16　20　25　32　40　50
第二系列	1.75　2.25　2.75　（3.25）　3.5　（3.75）　4.5　5.5　（6.5）　7　9　（11）　14　18　22　28　36　45

注：选用时，优先选用第一系列。

（2）压力角：两齿轮啮合时，在节点处两齿廓公法线与两轮中心连线的垂线之间所夹的锐角 α。通常所称压力角是指分度圆压力角，又称啮合角或齿形角用符号 α 表示。我国规定，标准渐开线齿轮的压力角为 20°。

（3）齿数：齿轮上轮齿的个数，设计时根据传动比确定。

只有模数和压力角都相同的齿轮才能相互啮合。

在设计齿轮时要先确定模数和齿数，其他各部分尺寸都可由模数和齿数计算出来。当齿轮的齿数、模数和压力角确定后，可按表 4-4 中的计算公式计算齿轮各部分尺寸。

表 4-4　标准直齿圆柱齿轮的计算公式

基本参数：模数 m，齿数 z			计算举例
名称	符号	计算公式	已知：$m=3$，$z=50$
齿顶高	h_a	$h_a = m$	$h_a = 3$
齿根高	h_f	$h_f = 1.25m$	$h_f = 3.75$
齿高	h	$h = h_a + h_f = 2.25m$	$h = 6.75$
分度圆直径	d	$d = mz$	$d = 150$
齿顶圆直径	d_a	$d_a = d + 2h_a = m(z+2)$	$d_a = 156$
齿根圆直径	d_f	$d_f = d - 2h_f = m(z-2.5)$	$d_f = 142.5$
齿距	p	$p = \pi m$	
中心距	a	$a = m(z_1 + z_2)/2$	

知识点二、直齿圆柱齿轮的画法

（一）单个圆柱齿轮的画法

国家标准规定，齿顶圆和齿顶线用粗实线绘制，分度圆和分度线用点画线绘制，齿根圆和齿根线用细实线绘制（或省略不画）。

在剖视图中，当剖切平面通过齿轮的轴线时，轮齿一律按不剖处理，齿根线用粗实线绘制，如图 4-18 所示。

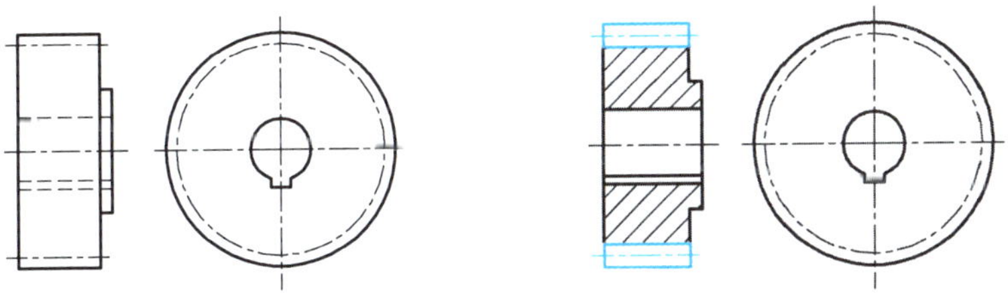

图 4-18　单个圆柱齿轮的规定画法

（二）圆柱齿轮的啮合画法

在投影为圆的视图中，啮合区内的齿顶圆用粗实线绘制，如图 4-19（a）所示；也可省略不画，如图 4-19（b）所示。相切的两个分度圆用点画线绘制，齿根圆省略不画。

在剖视图上，啮合区内一个齿轮的轮齿用粗实线绘制，另一个齿轮的轮齿被遮挡的部分用虚线绘制，虚线也可省略不画，如图 4-20 所示。

若不作剖视，则啮合区内的齿顶线不必画出，此时分度线用粗实线绘制，如图 4-19（c）所示。

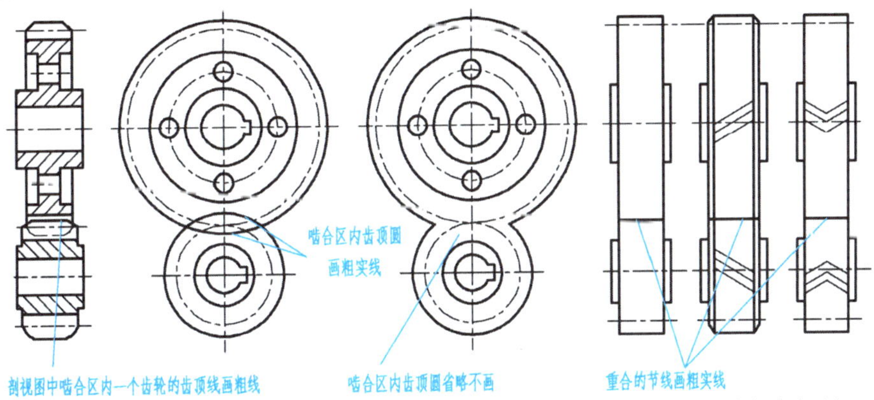

（a）规定画法　（b）省略画法　（c）未剖的径向视图

图 4-19　齿轮啮合的规定画法

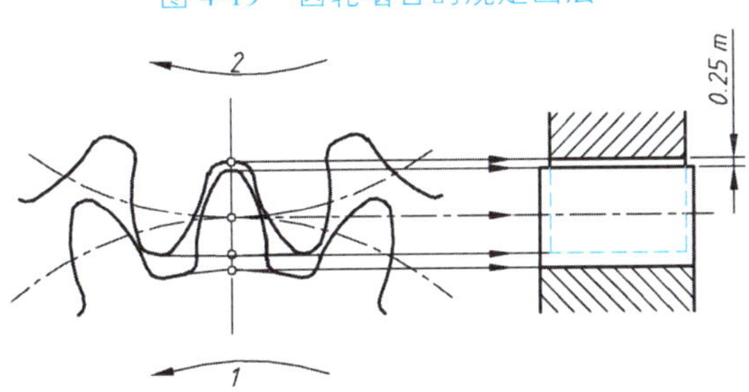

图 4-20　两个齿轮啮合的间隙

任务四 键连接和销连接

知识点一、键连接

（一）键的种类及标记

1. 键的种类

键用于连接轴和轴上的转动零件（如齿轮、皮带轮等），以便传递扭矩。键是标准件，可按有关标准选用。常用的键有普通平键、半圆键和钩头楔键等，普通平健又有 A 型（圆头）、B 型（平头）、C 型（单圆头）三种，如图 4-21 所示。

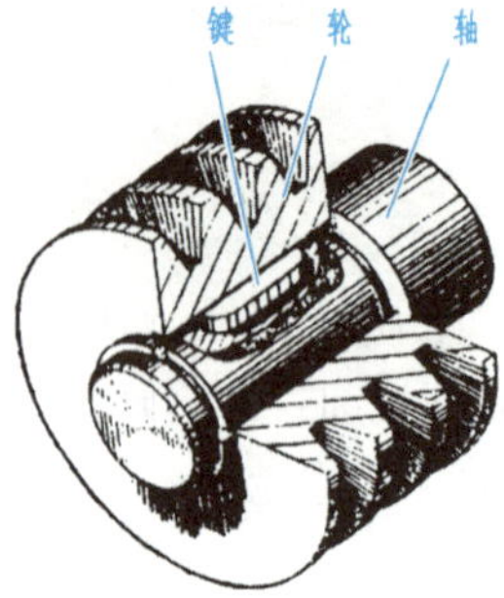

（a）键连接

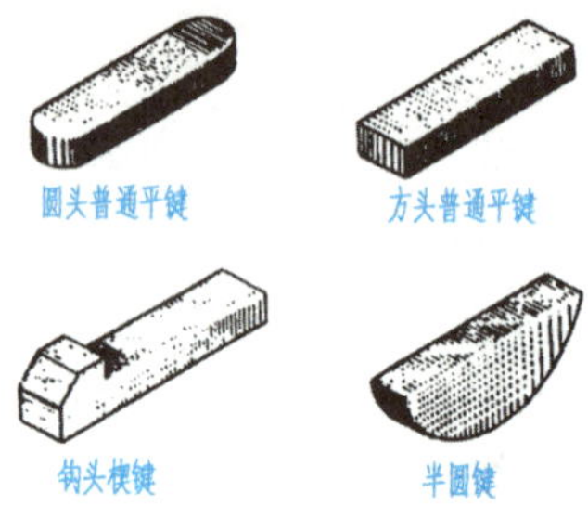

（b）键的种类

图 4-21　键的作用和种类

要连接轮与轴，须在轮毂和轴上分别加工出键槽，先将键嵌入轴的键槽内，再对准轮毂上的键槽，将轴和键一起插入轮毂孔内。常用键的键槽形式及加工方法如图 4-22 所示。

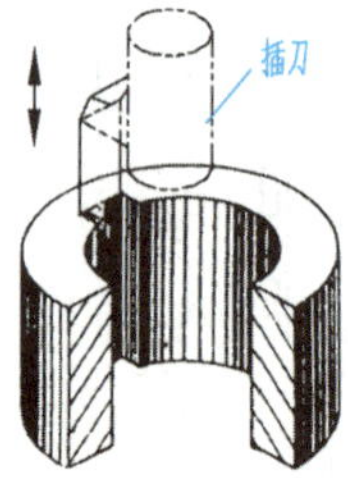

（a）轮毂上的平键槽

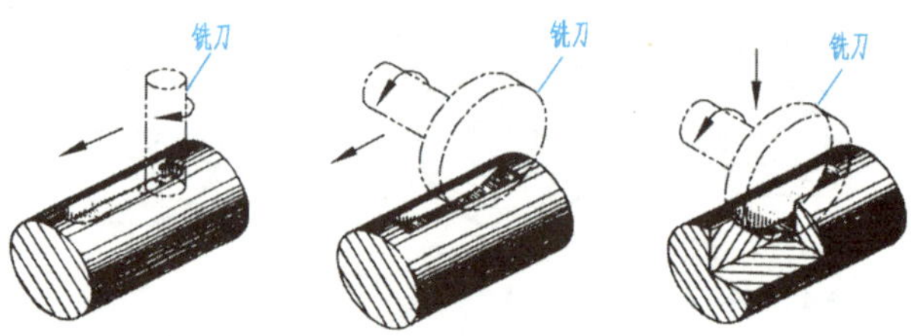

（b）轴上的键槽

图 4-22　键槽的加工方法示意图

2. 键的标记格式

键的规定标记格式：

标准编号　键　类型　$b \times h \times L$

其中，b 表示键的宽度，由轴径大小决定；L 表示公称长度，根据需要在一定范围内选取。键的有关参数可从标准（见附表）中查得。A 类平键省略类型标注，B 类、C 类需要标注 B 或 C。

（二）键连接的画法

在装配图上表示键连接时，常采用局部剖视和断面，如图 4-23 所示。

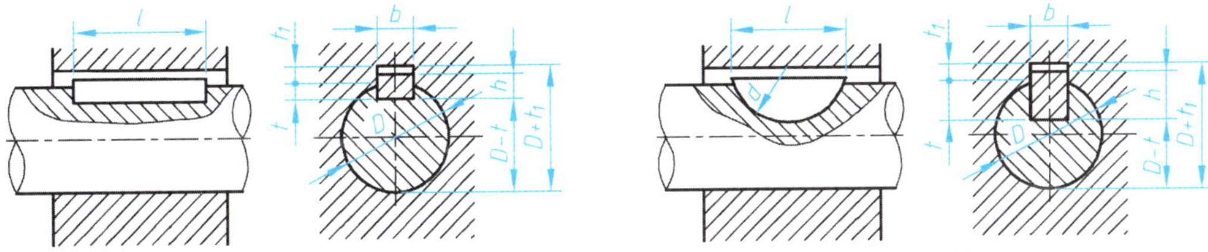

（a）平键连接　　（b）半圆键连接

图 4-23　键连接的画法

画普通平键连接和半圆键连接时，键的两个侧面是工作面，这两个工作面要与轴和轮毂的键槽侧面接触；键的底面与轴上键槽的底面接触，故这些接触面均只画成一条粗实线，而键的顶面与轮毂槽底面不接触，故应画成两条粗实线。

图 4-24 表示键槽的画法，一般用一个剖视和断面表示。键槽的尺寸可根据轴径 d 或孔径 D 查附表得出。

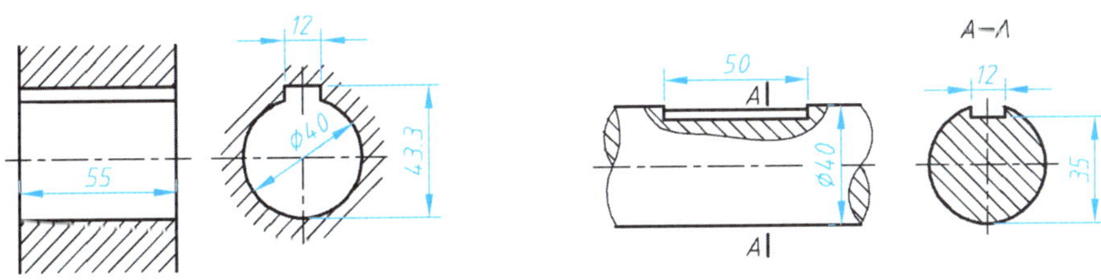

图 4-24　键槽的画法及尺寸标注

知识点二、销连接

（一）销的种类和标记

销主要用于零件间的连接、定位、锁定。常见的有圆柱销、圆锥销和开口销，如图 4-25 所示。销也是标准件，故其参数可从相应的标准（附表）中查得。

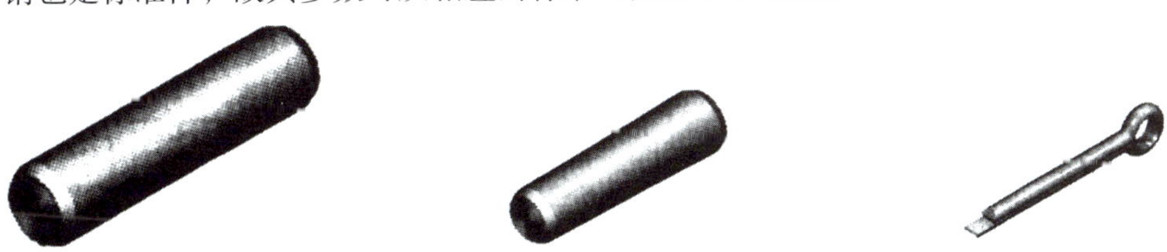

（a）圆柱销　　（b）圆锥销　　（c）开口销

图 4-25　销的种类

销的规定标记格式：

销　标准编号　规格

例如："销　GB/T 117—2000　A10×60"，从附表中查得其锥度为 1 : 50，小端直径（公称直径）d = 10 mm，长度 l = 60 mm，两端为球面结构的圆锥销。

（二）销连接的画法

定位用的圆柱销或圆锥销要求被定位的两零件经调整好后，共同加工出销孔以保证定位精度。图 4-26 所示为圆锥销孔加工过程和连接画法。

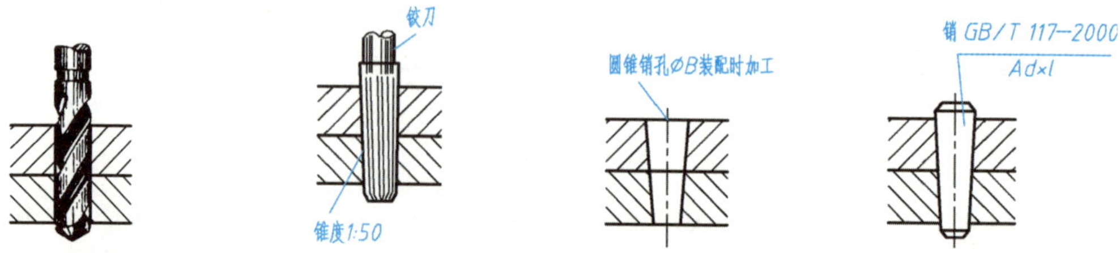

（a）先钻孔　（b）再铰孔　（c）铰成后　（d）装上销

图 4-26　圆锥销孔加工过程和连接画法

图 4-27 表示了圆柱销连接的画法。从图中可知，当剖切平面通过销的轴线剖切时，销作不剖处理。当剖切平面垂直销的轴线剖切时，须在销的断面上画剖面符号。

开口销为由一段半圆形断面的低碳钢丝弯转折合而成。在螺栓连接中，为防止螺母松开，用带孔螺栓和六角开槽螺母，将开口销穿过螺母的槽口和螺栓的孔，并在销的尾部叉开，使螺母不能转动而起到防松作用。图 4-28 所示为开口销连接画法。

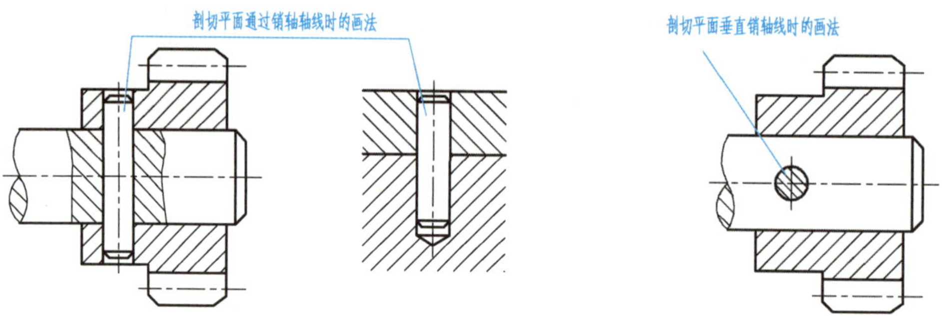

（a）　（b）

图 4-27　圆柱销连接的画法

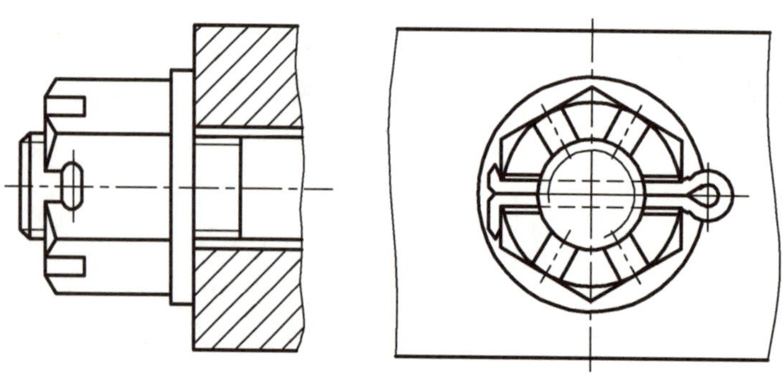

图 4-28　开口销连接画法

任务五 滚动轴承

知识点一、滚动轴承的结构和种类

滚动轴承是支承旋转轴的组件。在通常情况下，滚动轴承为标准件。对于轴承生产厂来说，一个组装好的滚动轴承是一个装配体，是完整而独立的产品。滚动轴承的种类虽然很多，但其结构大体相同，一般由外圈、内圈、滚动体及保持架（隔离圈）四部分组成。其外圈装在机座孔内，内圈套在转动的轴上，在一般情况下，轴承的外圈固定不动，而内圈随轴转动。图 4-29 为常见的三种滚动轴承。

滚动轴承按其受力方向可分为三类：

向心球轴承：主要承受径向力，如图 4-29（a）所示；

推力球轴承：主要承受轴向力，如图 4-29（b）所示；

向心推力轴承：同时承受径向力和轴向力，如图 4-29（c）所示。

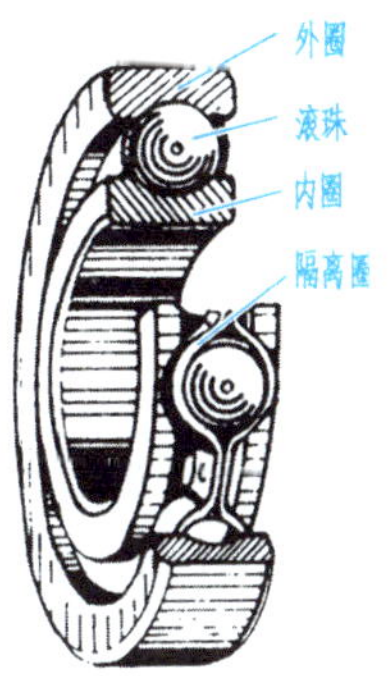

（a）向心球轴承

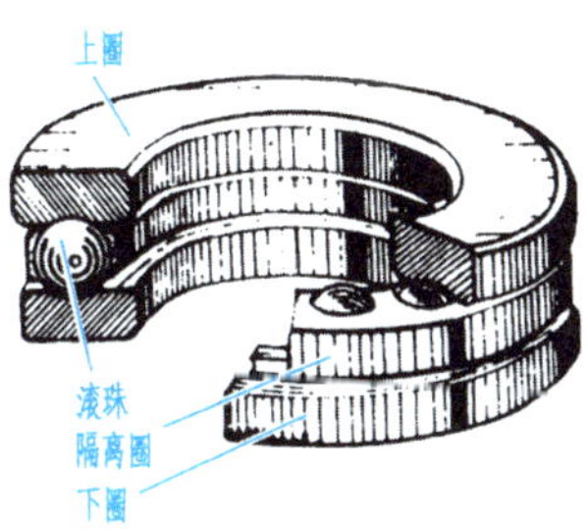

（b）推力球轴承

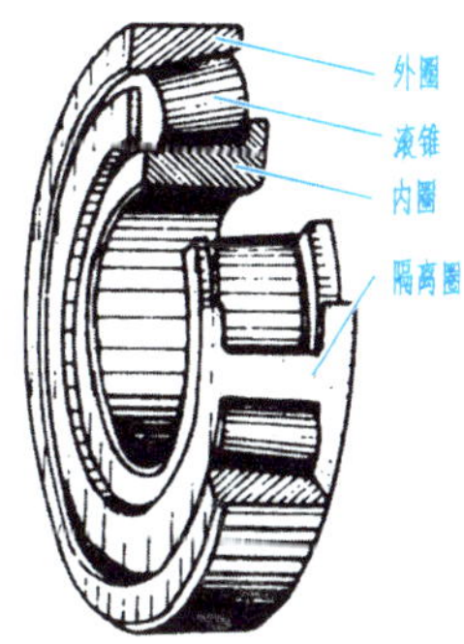

（c）向心推力轴承

图 4-29 滚动轴承

知识点二、滚动轴承的基本代号与标记

滚动轴承代号由字母和数字组成。完整的代号包括前置代号、基本代号和后置代号三部分，其排列方式如下：

前置代号　基本代号　后置代号

（一）基本代号

基本代号表示轴承的基本类型、结构和尺寸，是滚动轴承代号的基础。它由轴承类型代号、尺寸系列代号、内径代号构成。尺寸系列代号和内径代号用数字表示，基本方式如下：

轴承类型代号　尺寸系列代号　内径代号

1. 类型代号

类型代号用阿拉伯数字或大写拉丁字母表示，见表 4-5。

表 4-5　滚动轴承类型代号

代号	轴承类型	代号	轴承类型
0	双列角接触球轴承	N	圆柱滚子轴承
1	调心球轴承	U	外球面球轴承
2	调心滚子轴承和推力调心滚子轴承	QJ	四点接触球轴承
3	圆锥滚子轴承		
4	双列深沟球轴承		
5	推力球轴承		
6	深沟球轴承		
7	角接触球轴承		
8	推力圆柱滚子轴承		

2. 尺寸系列代号

尺寸系列代号由滚动轴承的宽（高）度系列代号和直径系列代号组合而成，用两位数字表示。它主要用来区别内径相同而宽（高）度和外径不同的轴承。滚动轴承尺寸系列代号见表 4-6。

表 4-6　滚动轴承尺寸系列代号

直径系列代号	向心轴承								推力轴承			
	宽度系列代号								高度系列代号			
	8	0	1	2	3	4	5	6	7	9	1	2
	尺寸系列代号											
7	—	—	17	—	37	—	—	—	—	—	—	—
8	—	08	18	28	38	48	58	68	—	—	—	—
9	—	09	19	29	39	49	59	69	—	—	—	—
0	—	00	10	20	30	40	50	60	70	90	10	—
1	—	01	11	21	31	41	51	61	71	91	11	—
2	82	02	12	22	31	42	52	62	72	92	12	22
3	83	03	13	23	33	43	53	63	73	93	13	23
4	—	04	—	24	—	—	—	—	74	94	14	24
5	—	—	—	—	—	—	—	—	—	95	—	—

3. 内径代号

内径代号表示轴承的公称内径大小，见表 4-7。

表 4-7　滚动轴承内径代号

<table>
<tr><th colspan="2">轴承公称内径</th><th>内径代号</th></tr>
<tr><td colspan="2">0.6 ~ 10（非整数）</td><td>用公称内径毫米直接表示，与尺寸系列代号之间用“/”分开</td></tr>
<tr><td colspan="2">1 ~ 9（整数）</td><td>用公称内径毫米直接表示，对于深沟球及角接触轴承 7、8、9 直径系列，内径与尺寸系列代号之间用“/”分开</td></tr>
<tr><td rowspan="4">10 ~ 17</td><td>10</td><td>00</td></tr>
<tr><td>12</td><td>01</td></tr>
<tr><td>15</td><td>02</td></tr>
<tr><td>17</td><td>03</td></tr>
<tr><td colspan="2">20 ~ 480
（22、28、32 除外）</td><td>公称内径除以 5 的商数，商数为个位数时，需要在商数左边加上“0”，如 06</td></tr>
<tr><td colspan="2">≥500 以及 22、28、32</td><td>用尺寸内径毫米数直接表示，与尺寸代号之间用“/”分开</td></tr>
</table>

（二）前置、后置代号

前置代号用字母表示，后置代号用字母（或字母和数字）表示。前置、后置代号是轴承在结构形状、尺寸、公差、技术要求等有改变时，在基本代号左右添加的补充代号。没有特殊要求时，前置和后置代号可以缺省。前置代号用字母表示，如“L”表示可分离轴承的可分离内圈或外圈。后置代号由字母、数字组成，如后置代号 2Z/P6 中，2Z 表示轴承两面带防尘罩。P6 表示公差等级符合国家标准 6 级，具体情况可查阅有关的国家标准。

滚动轴承的规定标记：“滚动轴承　基本代号　标准编号”。

例如：滚动轴承的规定标记为“滚动轴承 6208　GB/T 276—2013”。

其意义是：6 表示其类型为深沟球轴承，其内径 $d = 8 \times 5 = 40$ mm，尺寸系列代号为 02，其中宽度系列代号“0”省略。

例如：滚动轴承的规定标记为“滚动轴承 30312　GB/T 279—2015”。

其意义是：3 表示其类型为圆锥滚子轴承，$d = 12 \times 5 = 60$ mm，尺寸系列代号为 03，宽度系列代号 0，直径系列代号 3。

知识点三、滚动轴承的规定画法

因为滚动轴承是标准件，所以一般不必绘制它的零件图，只是在装配图中按国标规定表示。国标规定了滚动轴承的两类表示法，即简化画法（特征画法）和规定画法。

常用的滚动轴承的代号、结构形式、规定画法、特征画法和用途，见表 4-8。

表 4-8　常用滚动轴承的形式、画法和用途

轴承类型及国家标准号	结构形式	规定画法	特征画法	用途
深沟球轴承（GB/T 276—2013）60000 型	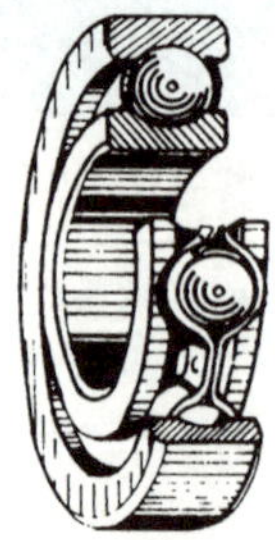	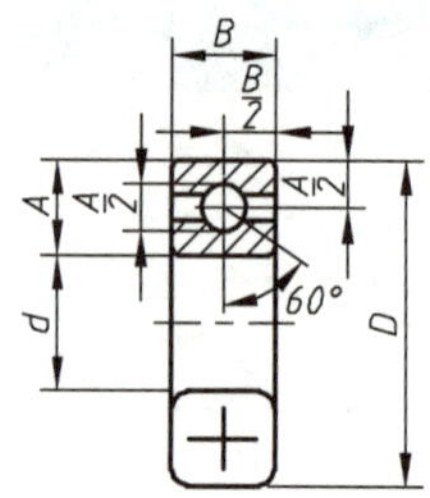	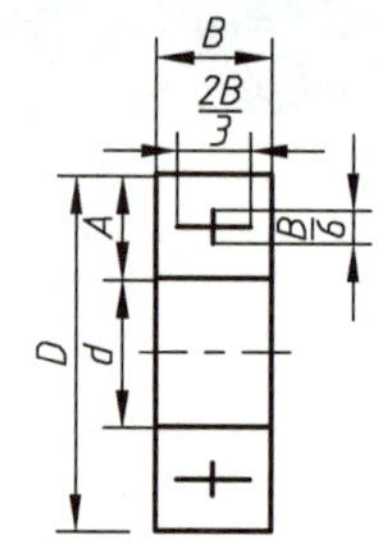	主要承受径向力
单列圆锥滚子轴承（GB/T 297—2015）30000 型	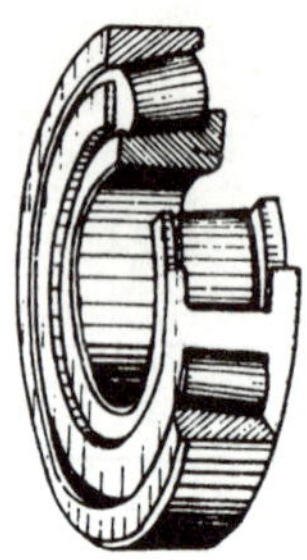	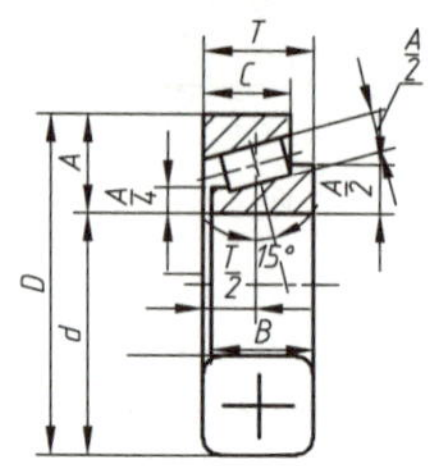	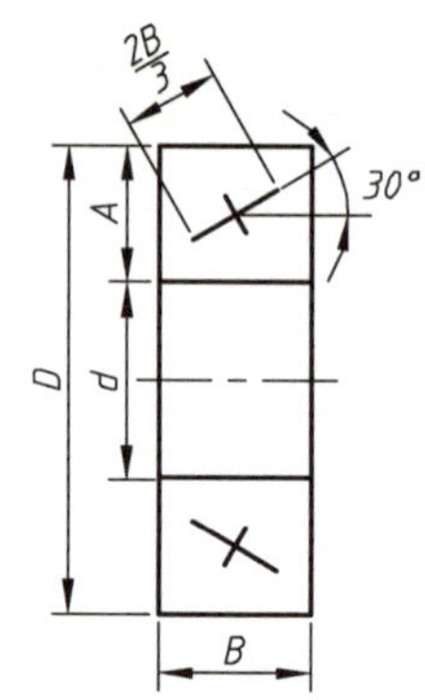	可同时承受径向力和轴承力
单列推力球轴承（GB/T 301—2015）51000 型	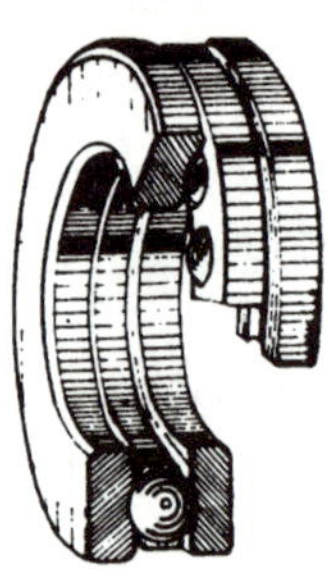	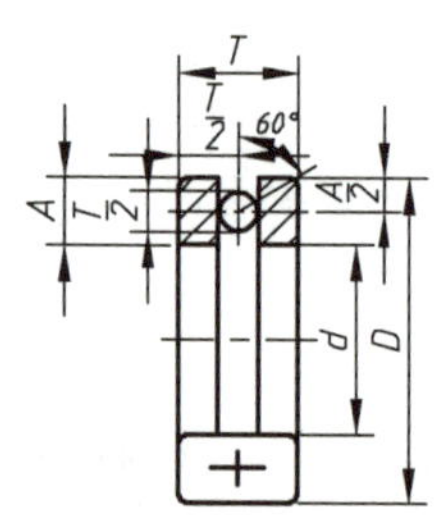	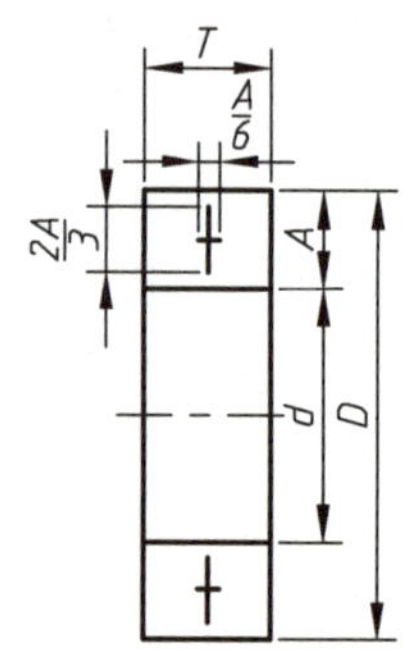	承受单方向的轴向力

任务六　弹　簧

弹簧是常用件，主要用来减振、夹紧、储能和测力等。弹簧的种类很多，有螺旋弹簧、涡卷弹簧、板弹簧等。图 4-30 所示为几种常用的弹簧。下面仅介绍应用较广泛的圆柱螺旋压缩簧。

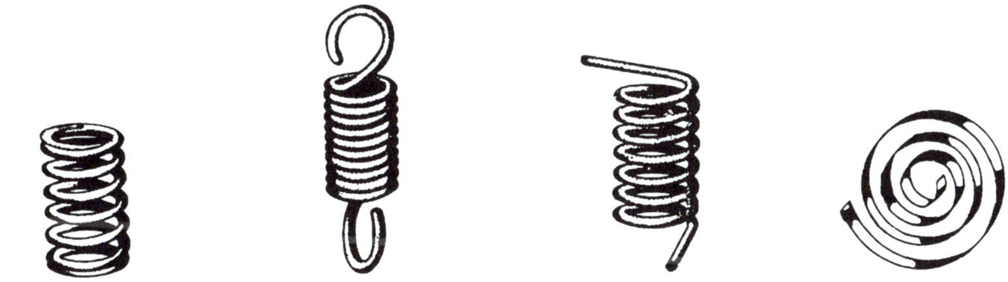

（a）压缩弹簧　（b）拉伸弹簧　（c）扭转弹簧　（d）涡卷弹簧

图 4-30　常用的弹簧

知识点一、圆柱螺旋压缩弹簧各部分名称及尺寸关系

如图 4-31 所示，弹簧各部分名称及尺寸关系如下：

（1）线径 d：弹簧所用坯料的直径。

（2）弹簧外径 D_2：弹簧的最大直径。

弹簧内径 D_1：弹簧的最小直径。

弹簧中径 D：弹簧的平均直径。

$$D=\frac{D_1+D_2}{2}$$

（3）旋向：弹簧的旋转方向，有左旋和右旋之分。常用弹簧多为右旋。

（4）节距 t：除支承圈外，相邻两工作圈上对应点间的轴向距离。

（5）支承圈数 n_2、有效圈数 n 和总圈数 n_1。

支承圈数 n_2：为了使弹簧工作时受力均匀，制造时使两端并紧、磨平端面、起支承作用的圈数。一般取 $n_2=1.5$、2 或 2.5 圈，多数情况下 $n_2=2.5$ 圈（即两端各并紧 1/2 圈，磨平 3/4 圈）。

有效圈数 n：除支承圈外，保持相等节距的圈数。

总圈数 n_1：支承圈数与有效圈数之和，即 $n_1=n_2+n$。

（6）自由高度 $H_0=nt+(n_2-0.5)d$。

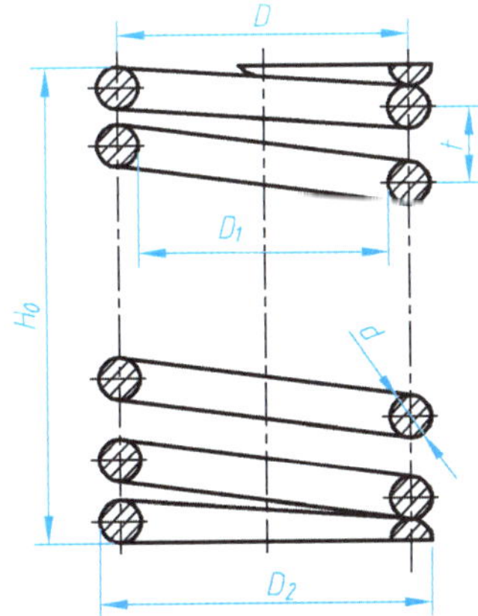

图 4-31　弹簧各部分名称

知识点二、弹簧的规定画法

（1）弹簧在平行于轴线的投影面的视图中，各圈的转向轮廓线画成直线，如图 4-31、图 4-32（a）所示。

（2）有效圈数在 4 圈以上的螺旋弹簧，中间各圈可省略不画，并可适当缩短图形的长度。

（3）螺旋弹簧不论旋向如何，均可画成右旋，但左旋弹簧一律要注写“左”字。

（4）在装配图中，被弹簧挡住的结构一律不画出，可见轮廓线应画到簧丝中心线为止，如图 4-32（a）所示。

（5）弹簧被剖切时，当线径在图上≤2 mm 时，可涂黑断面，如图 4-32（b）所示，也可用示意画法表示，如图 4-32（c）所示。

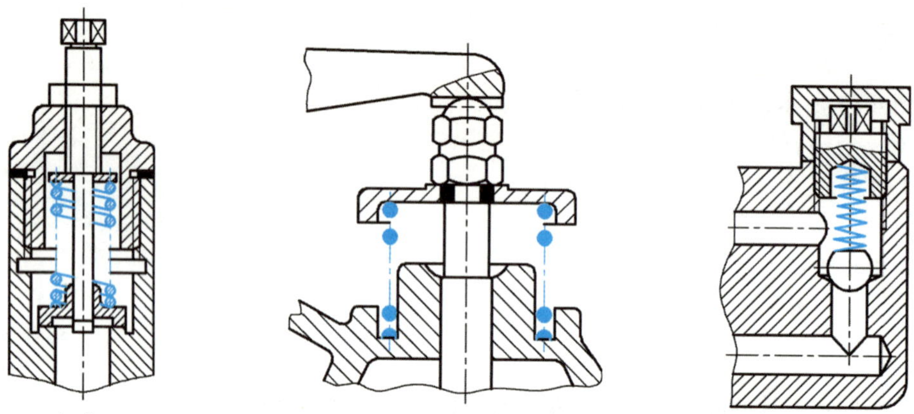

（a）　（b）　（c）

图 4-32　装配图中弹簧的画法

知识点三、圆柱螺旋压缩弹簧的画法举例

对于两端并紧、磨平的压缩弹簧，无论支承圈的圈数多少及端部并紧的情况如何，都可按如图 4-31 所示的形式画出，即按支承圈数为 2.5，磨平圈数为 1.5 的形式表达。

【例 4-1】已知弹簧外径 $D_2 = 45$ mm，线径 $d = 5$ mm，节距 $t = 10$ mm，有效圈数 $n = 8$，支承圈数 $n_2 = 2.5$，右旋，试画出这个弹簧。

分析：先进行计算，然后作图。

弹簧中径：

$$D = D_2 - d = 45 - 5 = 40\ (\text{mm})$$

自由高度：

$$H_0 = nt + (n_2 - 0.5)d = 8 \times 10 + (2.5 - 0.5) \times 5 = 90\ (\text{mm})$$

其画图步骤如图 4-33 所示。

（1）以自由高度 H_0 和弹簧中径 D 作矩形 $ABCE$。

（2）画出支承圈部分与簧丝直径相等的圆和半圆。

（3）根据节距 t 作簧丝断面。

（4）按右旋方向作簧丝断面的切线，校核、加深，画剖面线。

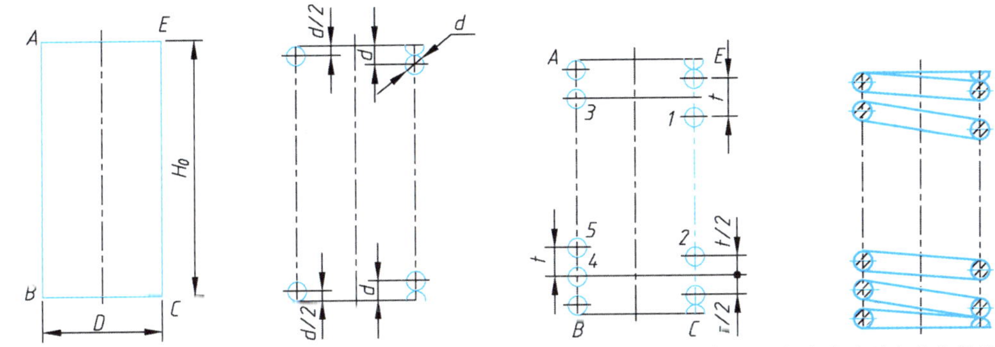

（a）以自由高度 H_0 和弹簧中径 D 作矩形 $ABCE$

（b）画出支承圈部分与簧丝直径相等的圆和半圆

（c）根据节距 t 作簧丝剖面

（d）按右旋方向作簧丝剖面的切线，校核、加深，画剖面线

图 4-33　圆柱螺旋压缩弹簧的画图步骤

图 4-34 所示为一个圆柱螺旋压缩弹簧的零件图。

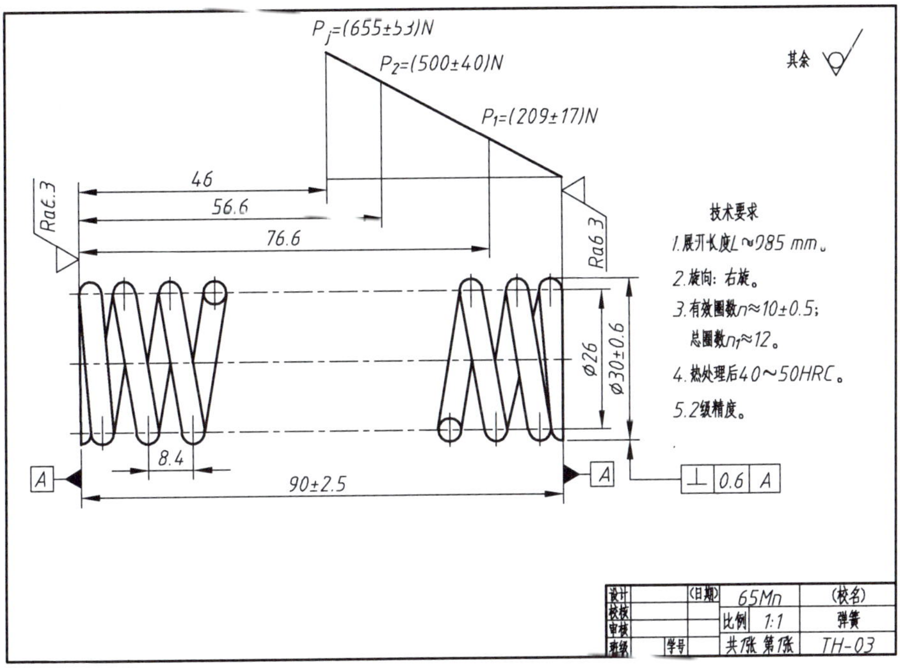

图 4-34　圆柱螺旋压缩弹簧零件图示例

【任务实战】

班级：＿＿＿＿＿＿＿＿ 姓名：＿＿＿＿＿＿＿＿ 学号：＿＿＿＿＿＿＿＿	
任务名称	绘制联轴器
任务概述	一、目　的 根据所给机件的视图及尺寸，按照标准件的名称、国标，选择适当规格的标准件，完成安装上标准件之后的联轴器装配图，并在标准件名称后标注标准件的规格。 二、内容与要求 1. 标准件规格选择根据尺寸查阅国家标准，确定型号；标准件连接画法符合规定要求； 2. 图名：联轴器装配图；图幅：A3；比例，1∶1。 三、注意要求 1. 根据所给视图对机件进行形体分析，在此基础上选择合适的标准件型号； 2. 根据规定的图幅和比例合理布置视图的位置； 3. 逐步画出各个视图，标准件连接部分根据螺栓连接、键连接、销连接和紧定螺钉连接规定画法绘制连接装配图，最终完成底稿； 4. 根据联轴器连接件规格，准确标注在标准件名称之后； 5. 反复检查底稿，改正错误，擦去多余图形，加深并完成全图。

一、目的

熟悉并掌握各种标准件的有关知识及其连接画法。

二、作业要求

在A3图纸上，用比例1∶1画出全连轴节装配图。

三、注意事项

图中未注尺寸按比例1∶1.5从图中量取（整数），装配图上不注尺寸，也不注零件序号。

视频：联轴器的连接画法

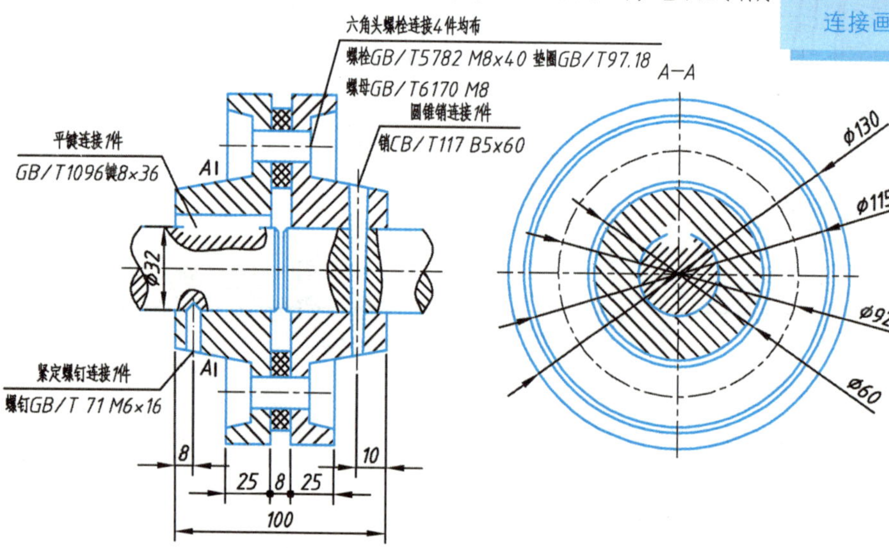

【学习评价】

<table>
<tr><th colspan="5">学习评价考核表</th></tr>
<tr><th colspan="2">评价项目</th><th>评价标准</th><th>自评</th><th>互评</th></tr>
<tr><td rowspan="4">专业能力</td><td>图纸幅面、图纸格式绘制正确（5分）</td><td>1. 图框格式正确，干净整洁；
2. 标题栏格式规范（标题栏尺寸），填写正确。</td><td></td><td></td></tr>
<tr><td>图形比例合适、字体规范（5分）</td><td>1. 绘图比例符合要求；
2. 字体工整。</td><td></td><td></td></tr>
<tr><td>图线绘制规范（20分）</td><td>1. 粗实线加粗，细实线加深，中心轴线规范；
2. 剖面线绘制符合标准，不同零件剖面线不同。</td><td></td><td></td></tr>
<tr><td>图形正确（40分）</td><td>1. 视图规范，结构清晰；
2. 标准件选择准确，标记符合要求；
3. 标准件绘制规范，配合面与非配合面表达清楚。</td><td></td><td></td></tr>
<tr><td rowspan="3">素质能力</td><td>遵守课堂纪律（10分）</td><td>1. 上课不迟到早退；
2. 上课不玩手机、不睡觉。</td><td></td><td></td></tr>
<tr><td>课后自学能力（10分）</td><td>1. 做好课前复习、课后巩固；
2. 及时完成课后作业。</td><td></td><td></td></tr>
<tr><td>互帮互助能力（10分）</td><td>1. 乐于帮助同学，团结协作；
2. 勤于思考，勇于表达。</td><td></td><td></td></tr>
<tr><td colspan="5">教师综合评价</td></tr>
<tr><td colspan="2">专业能力评价</td><td>素质能力评价</td><td colspan="2">得分</td></tr>
<tr><td colspan="2"></td><td></td><td colspan="2"></td></tr>
<tr><td>综合评价</td><td colspan="4"></td></tr>
</table>

思政学堂 国家标准的诞生和演化

新中国成立后，党和人民政府十分重视标准化工作的建设和发展，但是在这一时期，我国标准化工作面临着旧中国所遗留下来的半殖民地性质的“万国牌”局面。为此，在 1949 年 10 月我国成立了中央技术管理局，内设标准化规格化处负责组织开展工业生产和工程建设的标准化工作。

“一五”计划中明确提出要设立国家管理技术标准的机构和逐步制定国家统一技术标准的任务。国务院科学规划委员会制定的《1956—1967 年科学技术发展远景规划纲要（修正草案）》中明确指出，“制订和推行国家统一的先进技术标准，是发展国民经济、保证实现工业生产计划的必要措施。贯彻执行国家标准，就可以保证产品的质量，保证部件和零件的通用性与互换性，保证大量生产中的专业化和协作化，合理利用资源，降低成本，提高生产设备利用率和提高劳动生产率”。

1957 年，我国在国家技术委员会内设立标准局，对全国标准化工作进行统一领导。1958 年，国家技术委员会颁布第一号国家标准 GB 1《标准幅面与格式、首页、续页与封面的要求》。同年，国家技术委员会批准机械科学研究院制定第一批国家标准，即紧固件标准 GB 2～GB121-58，共计 120 项，包括了最通用的螺栓、螺母、螺钉、木螺钉、垫圈、铆钉和销等 7 大类产品。1959 年和 1960 年第一机械工业部批准颁布了由第一机械工业部提出的机械工业通用标准 JB 9～72-59 和 JB123～161-60，共计 103 项，至此，这些国家标准（GB）与机械行业标准（JB）初步建立了我国第一代紧固件标准体系，并开启了全面建设紧固件标准体系新征程。

1962 年，为配合机械工业贯彻“调整、巩固、充实、提高”八字方针，机械科学研究院建议对与产品质量关系密切的 4 项紧固件基础标准进行修订，国家标准局支持并安排为重点项目。在全国重点标准件厂支持下，组成了“国标紧固件修订工作组”，对 GB 38—58《螺栓 技术条件》等标准进行了首次修订，并于 1964 年经国家标准局批准颁布，标志我国标准化工作从“牙牙学语”到“蹒跚学步”的转变。

我国于 1978 年正式加入 ISO 国际标准化组织，同年 11 月，国家标准总局以“国标发〔1978〕104 号”文转发了“ISO 发展委员会”向各国推荐采用的 81 项国际标准，其中，ISO 225：1976《螺栓、螺钉和螺柱 尺寸》和 ISO 888：1976《螺栓、螺钉和螺柱 公称长度和一般用途螺栓的螺纹长度》共涉及 51 项 1976 年制定的紧固件产品国家标准，我国以最快速度提出了“对 51 项紧固件产品标准的修改建议”，于 1979 年 2 月审核批复，以最短的时间完成了“ISO 发展委员会”推荐采用工作。作为第一批实现标准化和专业化生产的产品之一，从 1972 年十字槽螺钉标准在一机部、商业部、三～七机部等部门的密切配合下开始贯彻标准，到 20 世纪 90 年代初由原国家技术监督局成立“贯彻紧固件国标协调小组”每年度发文推动贯彻标准，再到市场经济下各相关方积极主动使用标准，紧固件标准贯彻取得了巨大成果，积累了丰富经验，为我国实质性参与国际标准化工作奠定了坚实基础。2019 年 10 月，中机生产力促进中心组团参加法国里昂召开的 ISO TC2 国际会议，会议正式决议由我国负责 ISO 7434：1983、ISO 7435：1983、ISO 7436：1983 和 ISO 4766：2011 等四项紧定螺钉产品标准的修订工作，标志着我国国际标准化从“转化吸收”到“实质参与”的转变。

思政引导：查询资料了解我国国家标准的发展。一项标准的制定、颁布要经过什么过程，谈一谈你对国家标准、国际标准的认识。

单元五　零件图

机器或部件必须依据零件图制造零件，然后进行装配。表示零件结构、大小及技术要求的图样称作零件工作图，简称零件图。零件图是设计部门提交给生产部门的重要技术文件，它不仅反映了设计者的设计意图，而且表达了零件的各种技术要求，如尺寸精度、表面粗糙度等，工艺部门要根据零件图制造毛坯、制订工艺规程、设计工艺装备、加工零件等。所以，零件图是制造和检验零件的重要技术文件。

知识目标

（1）了解零件图的内容和作用；
（2）掌握零件图视图选择原则和典型零件的表达方法；
（3）掌握零件图尺寸标注及技术要求的注写；
（4）掌握零件图的读图方法；
（5）熟悉零件的测绘方法、草图的绘制，以及零件工作图的绘制。

能力目标

（1）能够用视图合理表达典型零件；
（2）能够正确读懂和标注零件图尺寸；
（3）能够查表确定零件的极限偏差，读懂相关技术要求；
（4）能够对典型零件图进行识读。

素养目标

（1）逐步加强对学生的表达能力和绘图能力的培养；
（2）帮助学生在零件生产过程中树立经济效益观念。

任务引入

零件图是机械产品在设计、制造、检验、安装和调试过程中要反复用到的图样。它能够反映出零件的形状、结构、尺寸、技术要求等内容。在本学习单元中，将通过零件图的识读与绘制，介绍零件图的作用与内容、零件图的视图选择方法、零件图的尺寸标注及技术要求等内容，如图 5-1 所示。

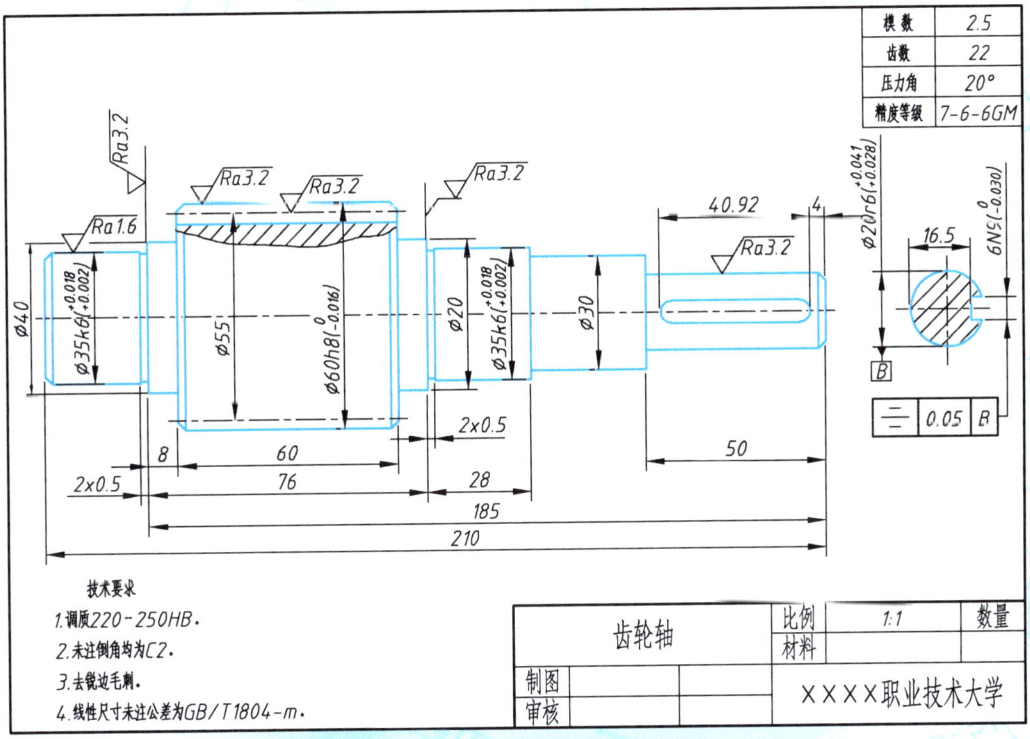

图 5-1 零件图

任务一　零件图的作用与内容

零件图是生产中指导制造和检验零件的主要技术文件，它不仅要把零件的内、外结构形状和大小表达清楚，还需要对零件的材料、加工、检验、测量等提出必要的技术要求，零件图必须包含制造和检验零件的全部技术资料。以图 5-2 所示的零件图为例，可以看出，一张完整的零件图应该包括视图、完整的尺寸、技术要求、标题栏等四部分内容。

1. 视　图

在零件图中，用一组视图来表达零件的形状和结构，应根据零件的结构特点，选择适当的视图、剖视、断面及其他规定画法，正确、完整、清晰地表达零件的各部分形状和结构。

2. 完整的尺寸

正确、完整、清晰、合理地注出制造和检验零件时所需要的全部尺寸，以确定零件各部分的形状大小和相对位置。

3. 技术要求

用规定的代号、数字、文字等，表示零件在制造和检验过程中应达到的一些技术指标，例如表面粗糙度、尺寸公差、形位公差、材料及热处理等。这些要求有的可以用符号注写在视图上。技术要求的文字一般注写在标题栏上方图纸空白处，如图 5-2 中的尺寸公差、表面粗糙度，以及文字说明的技术要求等。

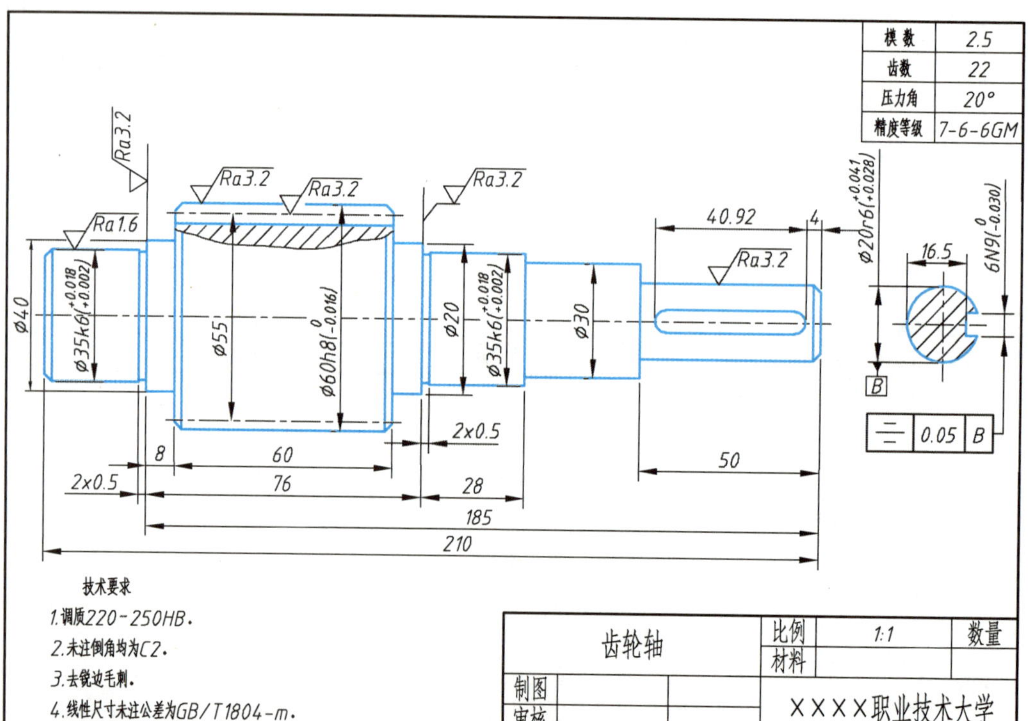

图 5-2　轴零件图

4. 标题栏

在零件图的右下角，用于注明零件的名称、数量、材料、比例、设计单位、设计人员等内容的专用栏目。

任务二 典型零件的视图选择

运用各种表达方法，选取一组恰当的视图，把零件的形状表示清楚。零件上每一部分的形状和位置要表示得完全、正确、清楚，符合国家标准规定，便于读图。

知识点一、主视图的选择

主视图是一组视图的核心，是表达零件形状的主要视图。主视图选择恰当与否，将直接影响整个表达方法和其他视图的选择。因此，确定零件的表达方案，首先应选择主视图。主视图的选择应从投射方向和零件的安放位置两个方面来考虑。选择最能反映零件形状特征的方向作为主视图的投射方向，如图 5-3 所示。

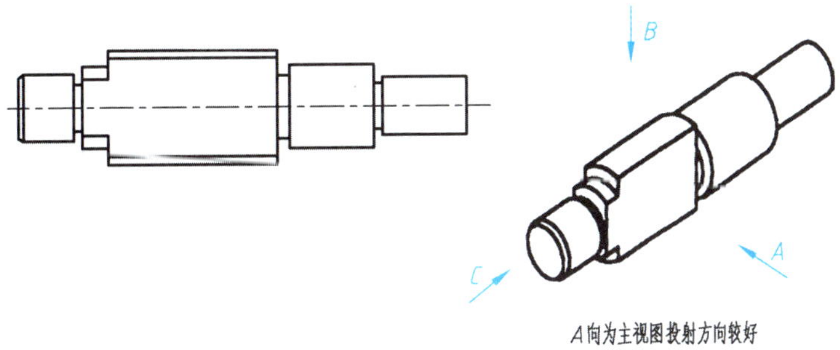

图 5-3 主视图的投射方向

确定零件的放置位置应考虑以下原则：

（一）加工位置原则

加工位置原则是指主视图按照零件在机床上加工时的装夹位置放置，应尽量与零件主要加工工序中所处的位置一致。例如，加工轴、套、圆盘类零件，大部分工序是在车床和磨床上进行的，为了使工人在加工时读图方便，主视图应将其轴线水平放置，如图 5-4 所示。

（二）工作位置原则

工作位置原则是指主视图按照零件在机器中工作的位置放置，以便把零件和整个机器的工作状态联系起来。对于叉架类、箱体类零件，因为常需经过多道工序加工，且各工序的加工位置也往往不同，故主视图应选择工作位置，以便与装配图对照起来读图，想象出零件在部件（或机器）中的位置和作用，如图 5-5 中的吊钩。

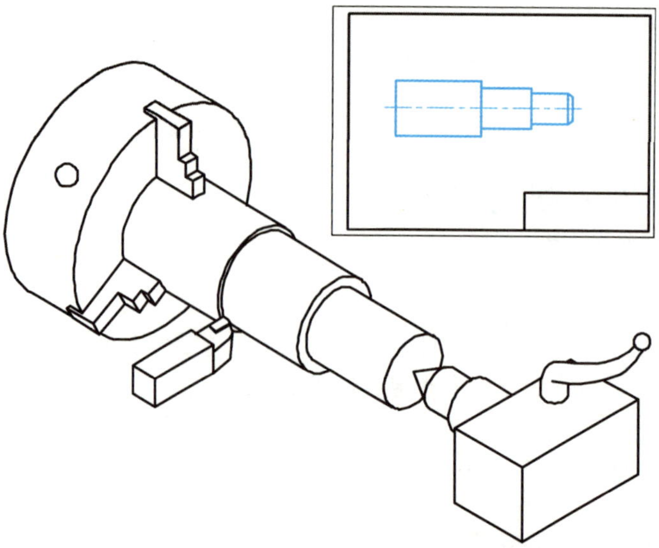

图 5-4　加工位置原则

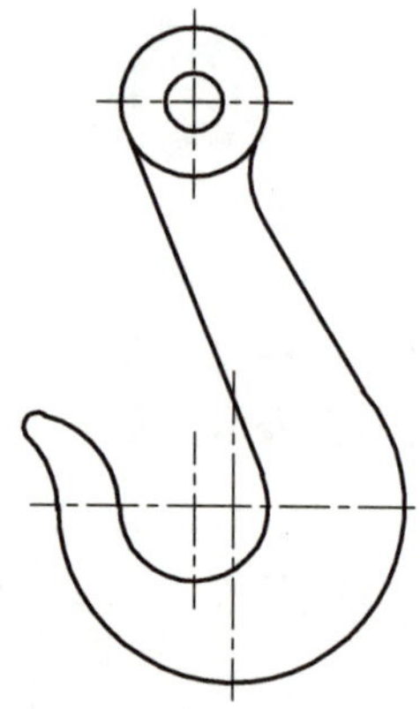

图 5-5　工作位置原则

（三）自然安放位置原则

如果零件的工作位置是斜的，不便按工作位置放置，而加工位置较多，又不便按加工位置放置，这时可将它们的主要部分放正，按自然安放位置放置，以利于布图和标注尺寸，如图 5-6 所示的拨叉。

由于零件的形状各不相同，零件主视图的选择并不一定完全符合上述三条原则，应根据零件的具体工作位置、安装位置或加工位置，选择最能反映零件结构形状特征的视图作为主视图，同时还要考虑其他视图选择的合理性。

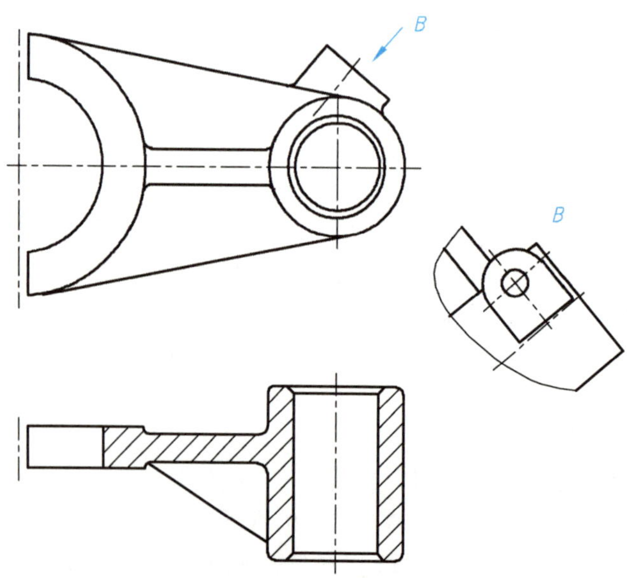

图 5-6　自然安放位置原则

知识点二、其他视图的选择

主视图选定之后，应根据零件结构形状的复杂程度，采用合理、适当的表达方法，来考虑其他视图，对主视图表达未尽部分，还需要选择其他视图完善其表达，使每一视图都具有其表达的重点和必要性。

其他视图的选择，应考虑零件还有哪些结构形状未表达清楚，优先选择基本视图，并根据零件内部形状等，选取相应的剖视图。对于尚未表达清楚的零件局部形状或细部结构，则可选择局部视图、局部剖视图、断面图、局部放大图等。对于同一零件，特别是结构形状比较复杂的零件，可选择不同的表达方案，进行分析比较，最后确定一个较好的方案。

具体选用时，应注意以下几点：

（一）视图的数量

所选的每个视图都必须具有独立存在的意义及明确的表示重点，并应相互配合、彼此互补。既要防止视图数量过多、表达松散，又要避免将表示方法过多集中在一个视图上。

（二）选图的步骤

首先选用基本视图，后选用其他视图（剖视、断面等表示方法应兼用）；先考虑表达零件的主要部分的形体和相对位置，然后再解决细节部分。根据需要增加向视图、局部视图、斜视图等。

（三）图形清晰、便于读图

其他视图的选择，除了要求把零件各部分的形状和它们的相互关系完整地表达出来外，还应该做到便于读图，清晰易懂，尽量避免使用虚线。

初选时，采用逐个增加视图的方法，即每选一个视图都自行试问：表示什么？是否需要剖视？怎样剖？还有哪些结构未表达清楚等。在初选的基础上进行精选，以确定一组合适的表示方案，在准确、完整表示零件结构形状的前提下，使视图的数量最少。

知识点三、常用典型零件的视图选择

零件的形状和结构虽然千差万别，但根据它们在机器（或部件）中的作用和形状特征，通过比较、归纳，零件的种类按其结构特点等，大体可分为轴套类、盘盖类、叉架类和箱体类四种典型零件。

（一）轴套类零件

轴套类零件包括各种轴、丝杠、套筒等。其基本形状一般为同轴的细长回转体，由不同直径的数段回转体组成。轴上常加工出键槽、退刀槽、砂轮越程槽、螺纹、销孔、中心孔、倒角和倒圆等结构。轴类零件主要用来支承传动零件（如齿轮、皮带轮等）和传递动力，如图 5-7 所示；套类零件通常装在轴上或孔中，用来定位、支承、保护传动零件等。

图 5-7　阶梯轴

1．选择主视图

轴套类零件一般在车床和磨床上加工，按加工位置确定主视图，轴线水平放置，大头在左、小头在右，键槽和孔结构可以朝前。轴套类零件主要结构形状是回转体，一般只画一个主视图来表示轴上各轴段长度、直径及各种结构的轴向位置。

2．选择其他视图

实心轴主视图以显示外形为主，局部孔、槽、凹坑可采用局部剖视图表达。键槽等结构需画出移出断面图，这样既能清晰表达结构细节，又有利于尺寸和技术要求的标注。当轴较长时，可采用断开后缩短绘制的画法。必要时，有些细部结构可用局部放大图表达。轴的零件图如图 5-2 所示。

（二）盘盖类零件

盘盖类零件一般由键、销与轴连接起来传递转矩，可起支承、定位和密封等作用，一般包括法兰盘、端盖、阀盖和各种轮子等，其基本形状为扁平的盘状。它们的主要结构大多有回转体，径向尺寸一般大于轴向尺寸，通常还带有各种形状的凸缘、圆孔和肋板等局部结构，如图 5-8 所示的阀盖。

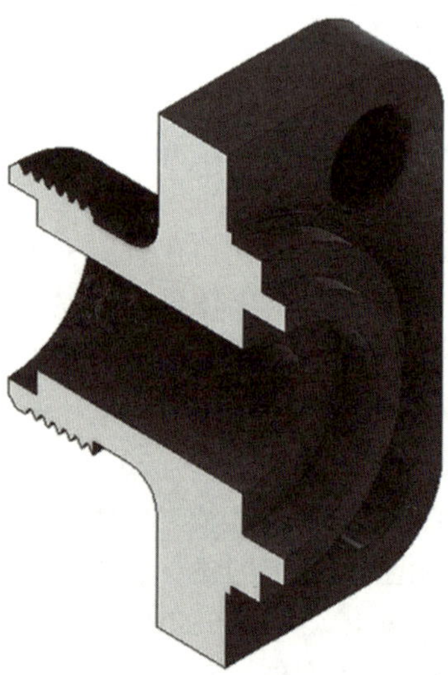

图 5-8　阀盖

1. 选择主视图

盘盖类零件的毛坯有铸件或锻件，机械加工以车削为主，对于圆盘，一般将中心轴线水平放置，与车削、磨削时的加工状态一致，主视图符合加工位置原则，便于加工者读图，并采用全剖视图（由单一剖切面或几个相交的剖切面等剖切获得）。对于非圆盘，主视图一般符合工作位置原则，如图 5-9 所示。根据结构特点，视图具有对称面时，可作半剖视；无对称面时，可作全剖或局部剖视。

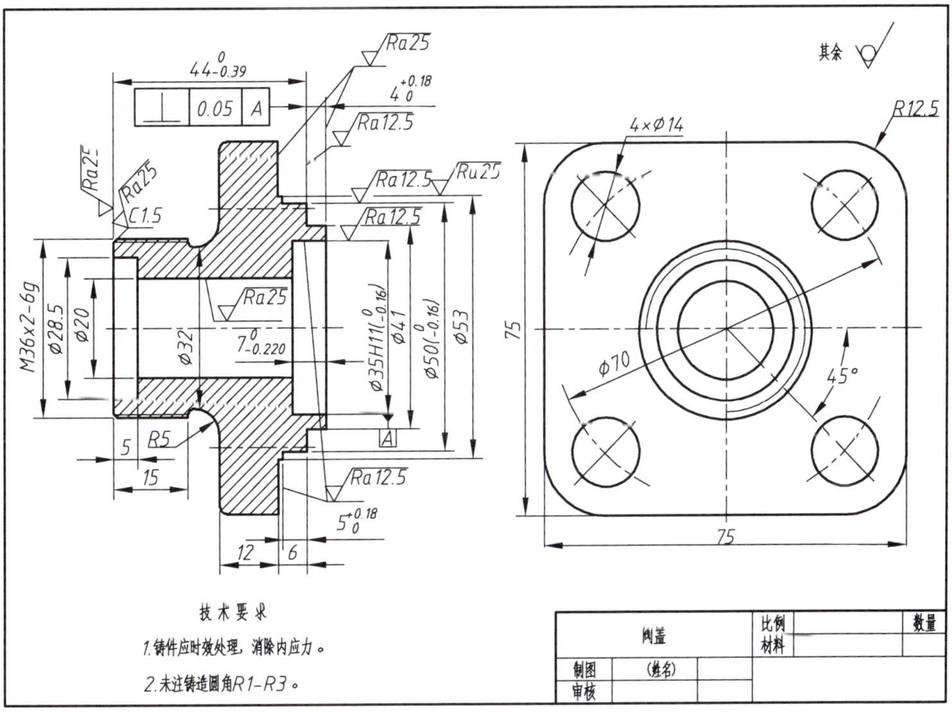

图 5-9　盘盖类零件

2. 选择其他视图

一个基本视图不能完整表达零件的内外结构，必须增加其他视图。用另一视图表达孔、槽的分布情况。某些局部细节需用局部放大图表示。其他结构形状如轮辐和肋板等可用移出断面或重合断面，也可用简化画法。如图 5-8 所示的阀盖零件，就在其零件图中增加了一个左视图，以表达带圆角的方形凸缘和四个均布的通孔。

（三）叉架类零件

叉架类零件包括叉杆和支架，一般有杠杆、拨叉、连杆、支座等零件，通常起传动、连接、支承等作用，多为铸件或锻件，如图 5-10 所示。叉架类零件形状不规则，外形比较复杂，常有弯曲或倾斜结构，并带有底板、肋板、轴孔、螺孔等结构，加工位置较多。

1. 选择主视图

叉架类零件的加工位置较难区别主次，因此，主视图一般按工作位置放置，当工作位置倾斜或不固定时，可将主视图摆正，按自然安放位置，主视图的投射方向主要考虑其形状特征。

2. 选择其他视图

其他基本视图大多用局部剖视图，兼顾表达叉架类零件的内、外结构形状。常常需要两个或两个以上的基本视图，因常有形状扭斜的结构，仅用基本视图往往不能完整表达真实形状，常用斜视图、局部视图等表达方法。对肋板结构用断面图表示。当杆类零件较长时，可采用断开后缩短绘制的画法。如图 5-10 所示的脚踏支架，采用俯视图表达安装板、肋板和轴承孔的宽度，以及它们的相对位置，用 *A* 向局部视图表达安装板左侧的形状，用移出断面图表达肋板的断面形状，如图 5-11 所示。

图 5-10　脚踏支架

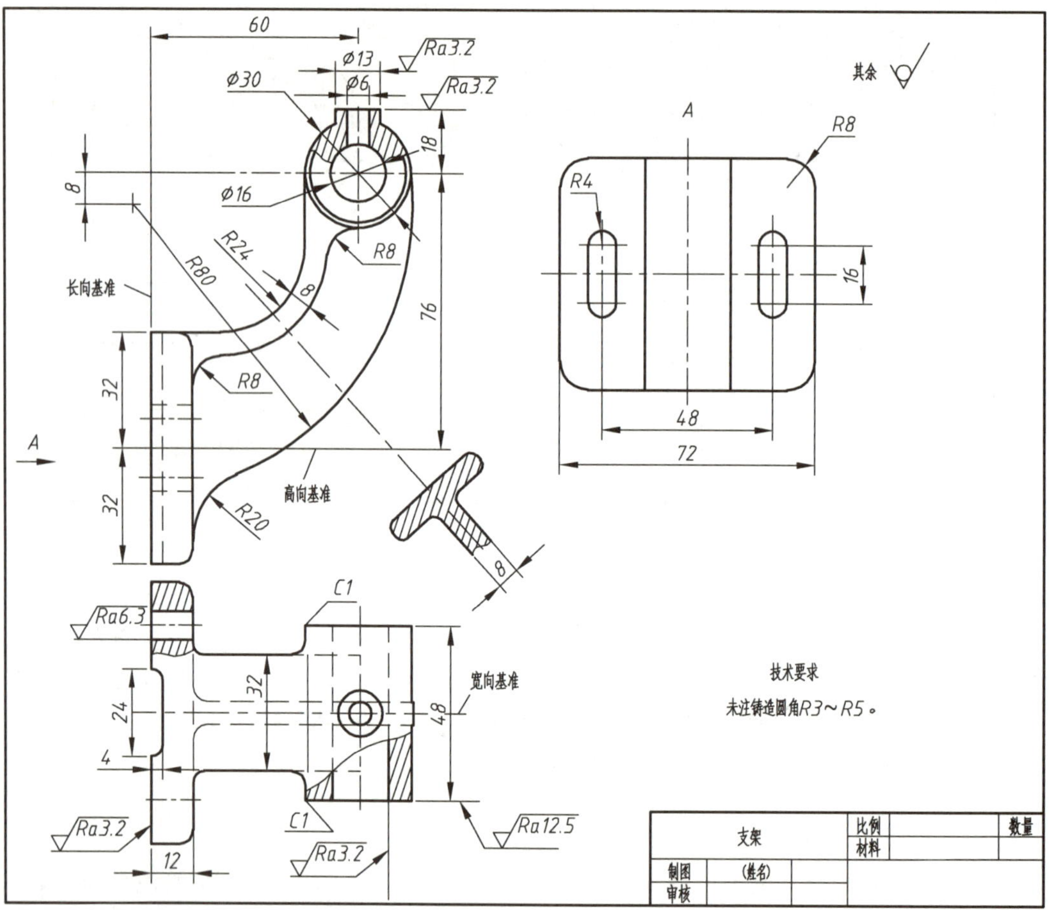

图 5-11　叉架类零件

（四）箱体类零件

箱体类零件一般包括箱体、泵体、阀体、阀座等。箱体类零件是用来支承、包容、密封和保护运动着的零件或其他零件的，多为铸件，如图 5-12 所示。

1. 选择主视图

一般来说，箱体类零件的结构比较复杂，加工位置较多，为了清楚地表达其复杂的内、外结构和形状，所采用的视图较多。箱体类零件的功能特点决定了其结构和加工要求的重点在于内腔，所以大量地采用剖视画法。在选择主视图时，主要考虑其内外结构特征和工作位置。

2. 选择其他视图

选择其他基本视图、剖视图等多种形式来表达零件的内部和外部结构，为表达完整和减少视图数量，可适当地使用虚线，但要注意不可多用。如图 5-12 所示的阀体，球形主体结构的左端是方形凸缘，右端和上部都是圆柱凸缘，凸缘内部的阶梯孔与中间的球形空腔相通。

图 5-12　阀体

如图 5-13 所示，阀体可用三个基本视图表达它的内、外形状。主视图采用全剖视图，主要表达内部结构形状。俯视图表达外形。左视图采用 *A—A* 半剖视图，补充表达内部形状及安装底板的形状。

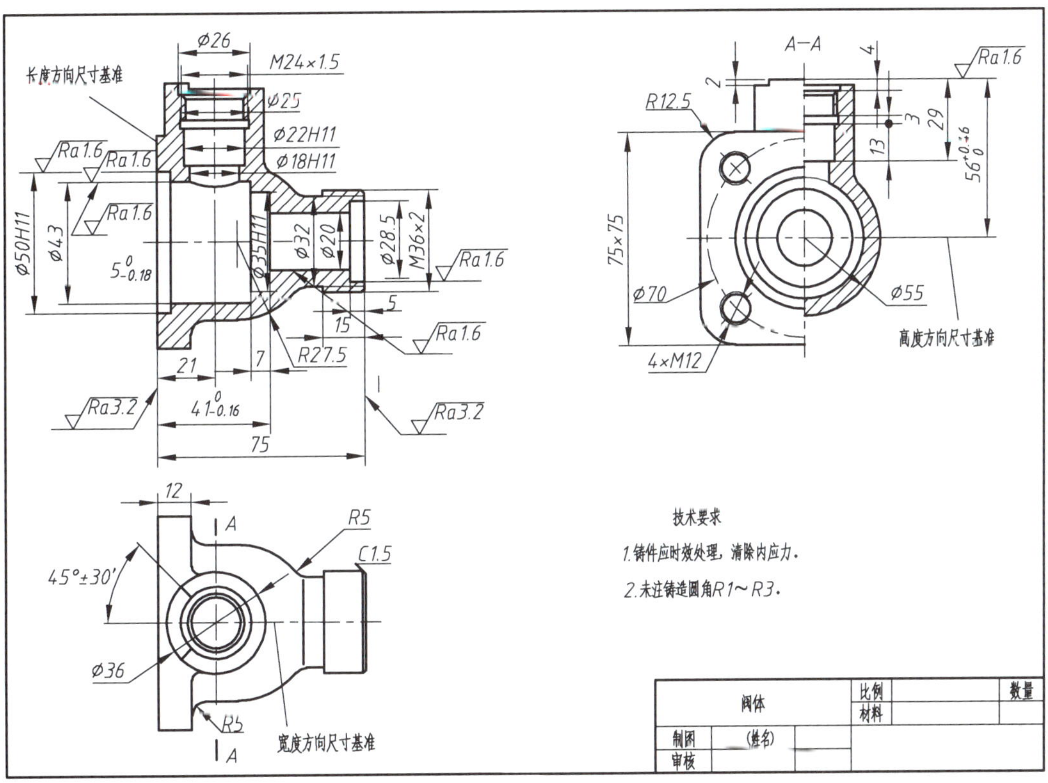

图 5-13　箱体类零件

任务三　零件图的尺寸标注

零件图中的尺寸，是加工和检验零件的重要依据。因此，在零件图上标注尺寸，除了要符合前面所述的尺寸正确、完整、清晰外，还应尽量标注得合理。尺寸的合理性主要是指既符合设计要求，又便于加工、测量和检验。为了合理标注尺寸，必须了解零件的作用，在机器中的装配位置及采用的加工方法等，从而选择恰当的尺寸基准，合理地标注尺寸。

要真正做到工艺合理，单从书本上学习的知识是远远不够的，还需要较丰富的生产经验和机械设计知识，本单元只对零件图尺寸标注的合理性做初步介绍。

知识点一、尺寸基准的选择

尺寸基准是指零件在设计、制造和检验时，计量尺寸的起点。

要做到合理标注尺寸，首先必须选择好尺寸基准。一般以安装面、重要的端面、装配的结合面、对称平面和回转体的轴线等作为基准。零件在长、宽、高三个方向都应有一个主要尺寸基准。除此之外，在同一方向上有时还有辅助尺寸基准，如图 5-14 所示。同一方向主要基准与辅助基准之间的联系尺寸应直接注出。

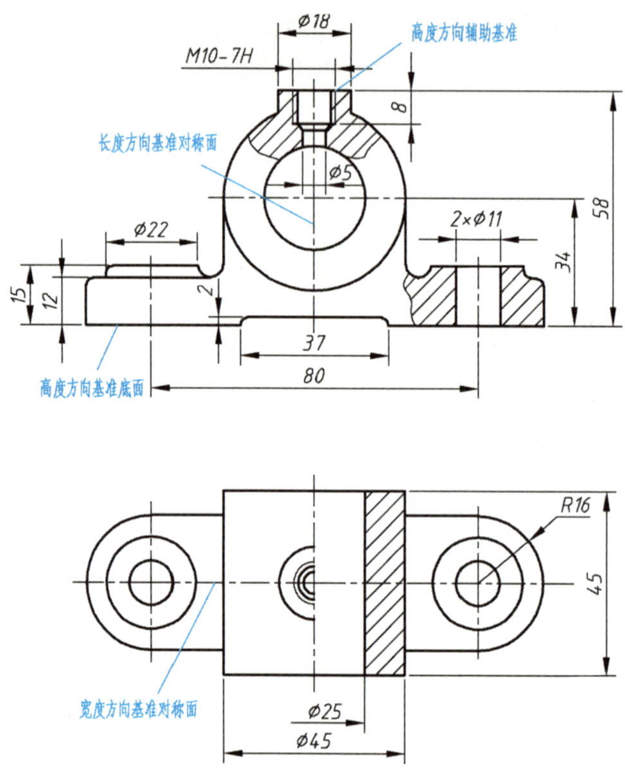

图 5-14　尺寸基准

从设计和工艺的不同角度来确定基准，一般把基准分成设计基准和工艺基准两大类。下面以如图 5-15 所示的轴承座为例加以说明。

（一）设计基准

在设计零件时，为保证功能，确定零件结构形状和各部分相对位置时所选用的基准。用来作为设计基准的，大多是工作时确定零件在机器或部件中位置的面或线，如零件的重要端面、底面、对称面、回转面的轴线等。设计基准通常是主要基准。从设计基准出发标注尺寸，可以直接反映设计要求，能体现零件在装配体中的功能。

如图 5-15 所示的轴承座，分别选底面为高度方向的设计基准，对称平面为长度方向的设计基准。因为一根轴通常要用两个轴承座支持，两者的轴孔应在同一轴线上。两个轴承座都以底面确定高度方向的位置，以对称平面确定左右方向的位置。所以，在设计时以底面为基准来确定高度方向的尺寸，以对称平面为基准确定底板上两个螺栓孔的孔心距及其对于轴孔的对称关系，最终实现二轴承座安装后轴孔同心，保证功能。

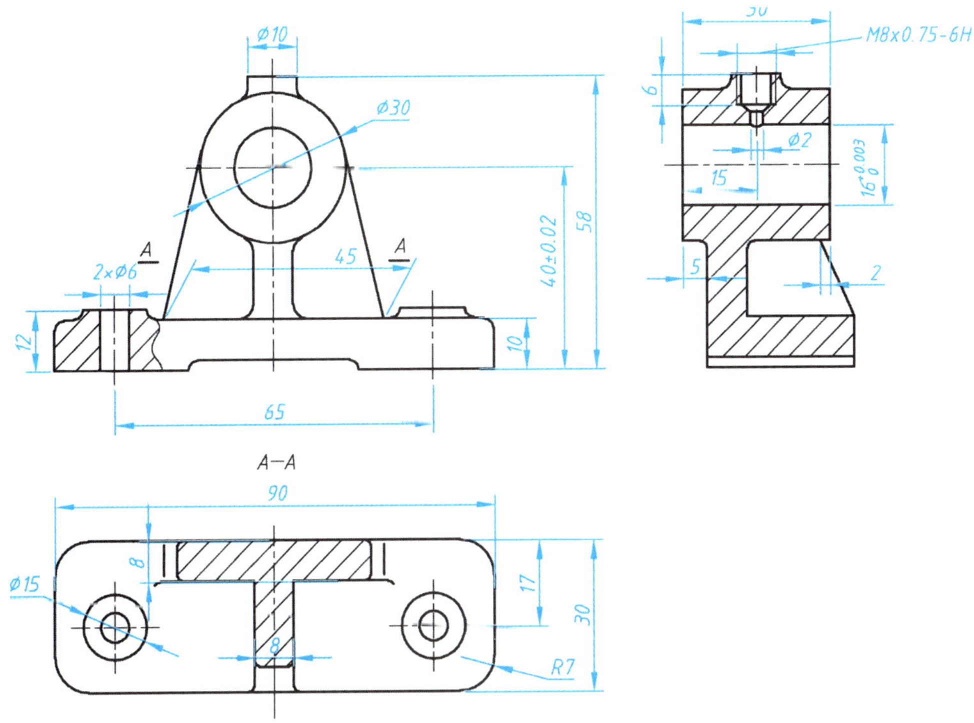

图 5-15　轴承座

（二）工艺基准

工艺基准是在加工或测量时，确定零件相对机床、工装或量具位置的面或线。从工艺基准出发标注尺寸，可直接反映工艺要求，便于测量，保证加工质量。

有时工艺基准和设计基准是重合的。如图 5-15 所示的轴承座，底面既是设计基准，又是工艺基准。对于顶部的螺纹孔来说，顶面既是螺纹孔深度的设计基准，又是加工和测量时的工艺基准。

在标注尺寸时，最好能把设计基准和工艺基准统一起来，这样，既能满足设计要求，又能满足工艺要求。当设计基准和工艺基准不能统一时，重要尺寸应从设计基准出发直接注出，以保证加工时达到设计要求，避免尺寸之间的换算。一般尺寸考虑到测量方便，应从工艺基准出发标注。

（三）主要基准与辅助基准

任何一个零件都有长、宽、高（或轴向、径向两个方向）三个方向的尺寸，每个方向的尺寸至少有一个基准，这三个基准就是主要基准。必要时还可以增加一些基准，即辅助基准。要注意的是：

（1）主要基准和辅助基准之间一定要有尺寸联系，如图 5-14 中的尺寸。

（2）主要基准应尽量是设计基准，同时也是工艺基准，辅助基准可是设计基准或工艺基准，如图 5-14 中的各基准。

知识点二、标注尺寸的合理原则

（一）重要的尺寸应直接注出

重要尺寸是指直接影响机器装配精度和工作性能的尺寸。如零件之间的配合尺寸、重要的安装定位尺寸等，一般都有公差要求。一般尺寸包括外形轮廓尺寸、无配合要求的尺寸、工艺尺寸（如退刀槽、凸台、凹坑、倒角等），一般都不注公差，如图 5-15 中 65、17、40 ± 0.012 等。

（二）避免注成封闭尺寸链

零件上某一方向尺寸首尾相接，形成封闭尺寸链，在如图 5-16（a）所示的标注中，长度方向的尺寸 L_1、L_2、L_3、L_4 首尾相连，绕成一个整圈，呈现 $L_4 = L_1 + L_2 + L_3$ 的关系，这称之为“封闭尺寸链”。由于加工误差的存在，很难保证 $L_4 = L_1 + L_2 + L_3$，所以在标注时出现封闭尺寸链是不合理的，应该避免它。为了保证每个尺寸的精度要求，通常对尺寸精度要求最低的一环不注尺寸（如 L_1），使尺寸误差都累积到这个尺寸上，从而保证重要尺寸的精度，又可降低加工成本，如图 5-16（b）所示。若因某种原因必须将其注出时，应将此尺寸数值用圆括号括起，称之为“参考尺寸”。

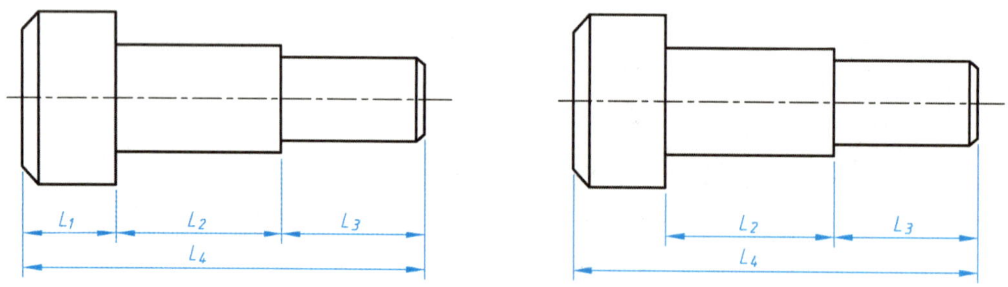

（a）封闭尺寸链　　（b）正确注法

图 5-16　不能注成封闭尺寸链

（三）应考虑到测量方便

标注尺寸应考虑零件便于加工、便于测量。例如在加工阶梯孔时，一般先加工小孔，然后依次加工出大孔。因此，在标注轴向尺寸时，应从端面注出大孔的深度，以便于测量，如图 5-17 所示。

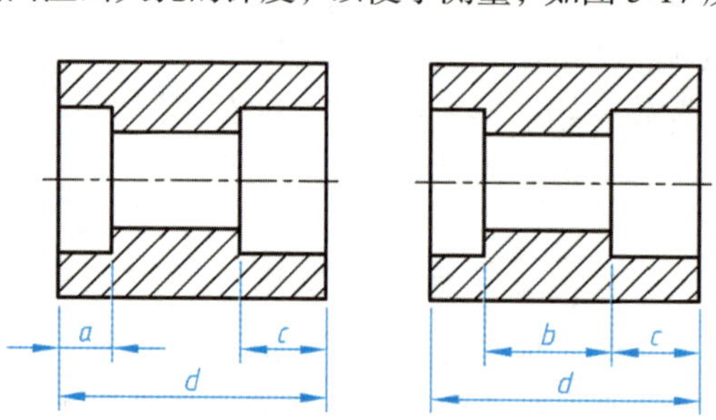

（a）便于测量　（b）不便于测量　（c）便于测量　（d）不便于测量

图 5-17　尺寸标注要便于测量

（四）应符合加工顺序

图 5-18 中的阶梯轴，其加工顺序一般是：先车外圆ϕ14、长 50；其次车ϕ10、长 36；再车离右端面 20、宽 2、ϕ6 的退刀槽；最后车螺纹和倒角，如图 5-18（b）、（c）、（d）、（e）所示。所以它的尺寸应按图 5-18（a）标注。

图 5-19 是按加工顺序标注轴向尺寸，是合理的。图 5-20 的尺寸注法不符合加工顺序，是不合理的。注意退刀槽的尺寸注法，如图 5-19 所示。

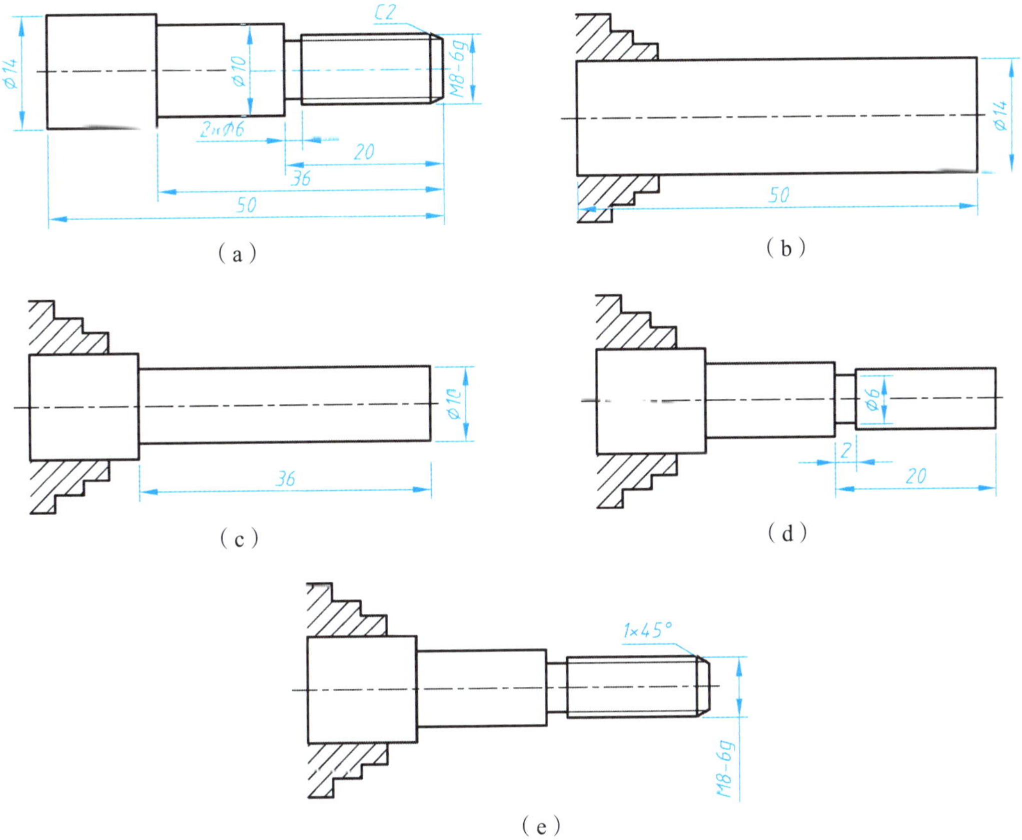

图 5-18　尺寸标注应符合加工顺序

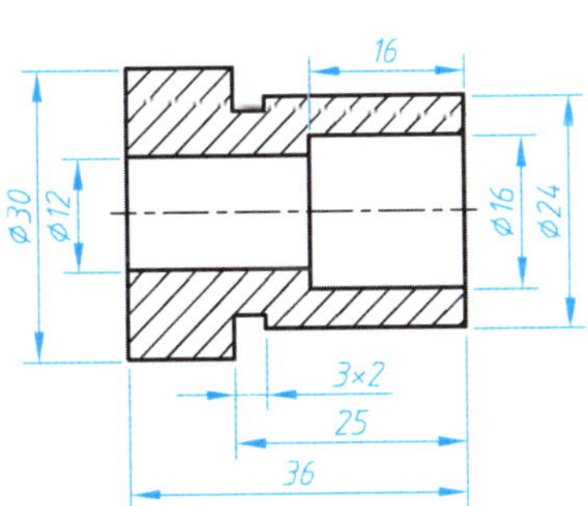

图 5-19　按加工顺序标注尺寸

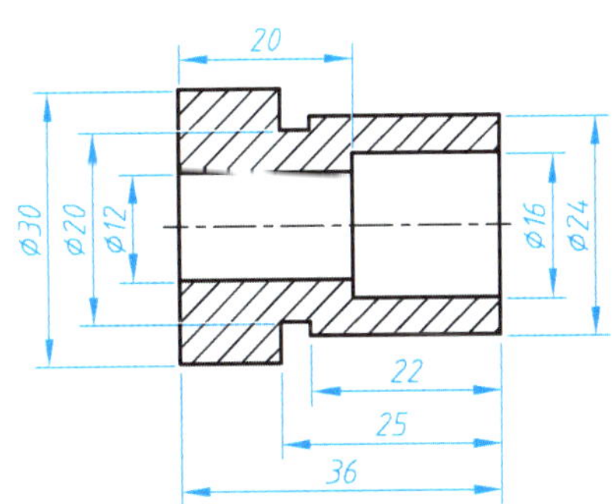

图 5-20　不符合加工顺序

（五）考虑加工方法

用不同工种加工的尺寸应尽量分开标注，这样配置的尺寸清晰，便于加工时读图，如图 5-21 中的铣工和车工尺寸分布。

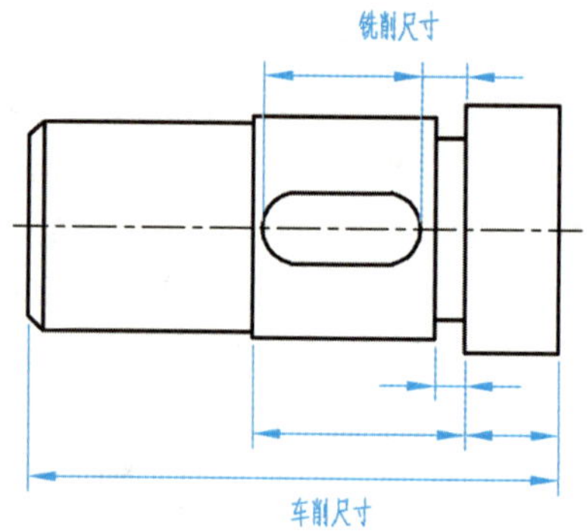

图 5-21　考虑加工方法图

（六）考虑加工面和非加工面

对于铸造或锻造零件，同一方向上的加工面和非加工面应各选择一个基准分别标注有关尺寸，并且两个基准之间只允许有一个联系尺寸。如图 5-22（a）所示，加工基准面与非加工基准面之间只用一个尺寸 *A* 相联系。图 5-22（b）所标注尺寸是不合理的，加工基准面与非加工基准面之间有五个尺寸相联系。

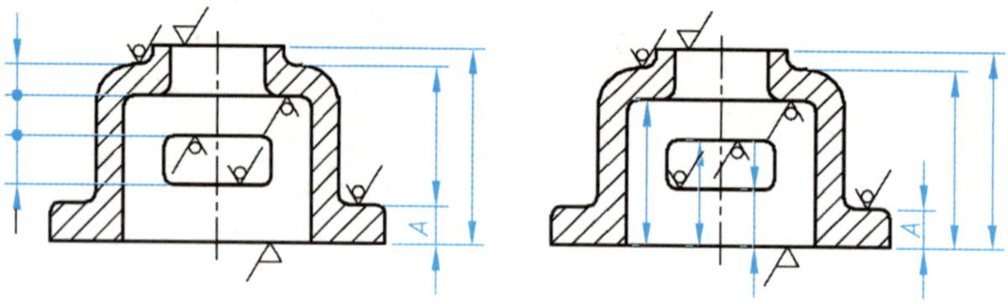

（a）　（b）

面 5-22　毛坯图尺寸注法

知识点三、零件上常见孔的尺寸注法

零件上常见孔的尺寸注法见表 5-1。

表 5-1　常见孔的尺寸注法

类　型	旁注法	一般注法
一般孔	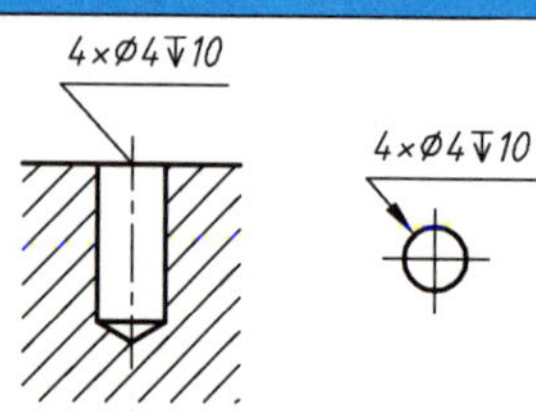	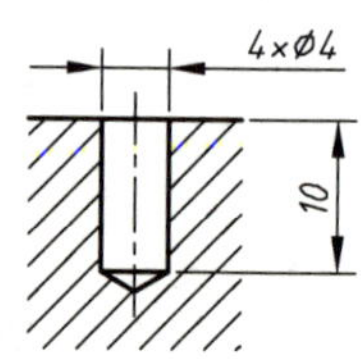
锥销孔	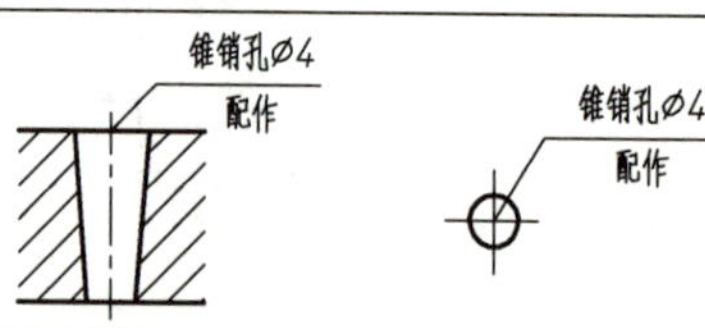	无一般注法
沉孔	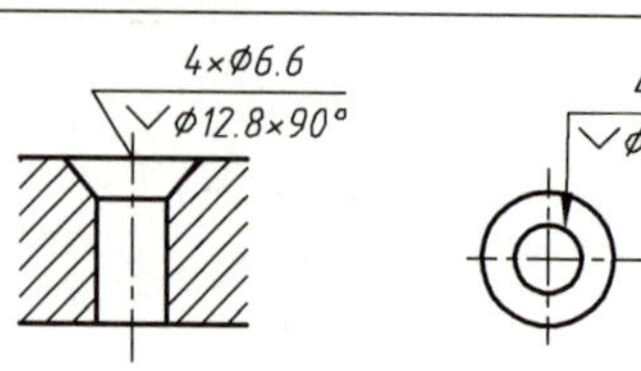	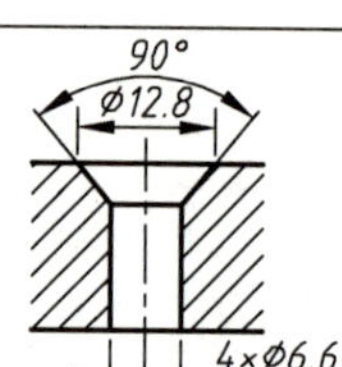

续表

类　型	旁注法	一般注法
沉孔	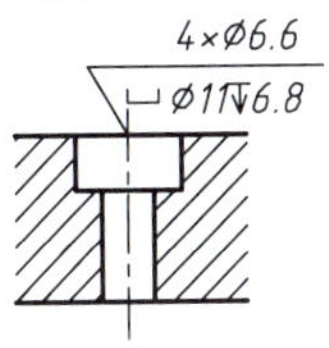 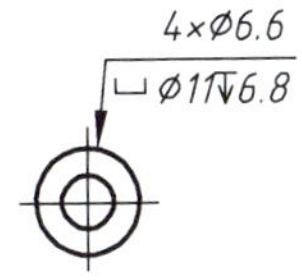	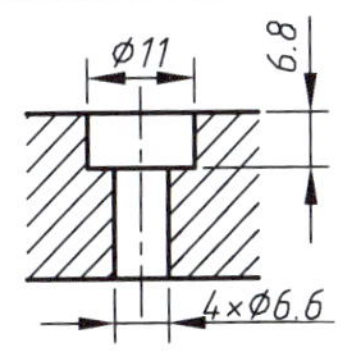
锪孔	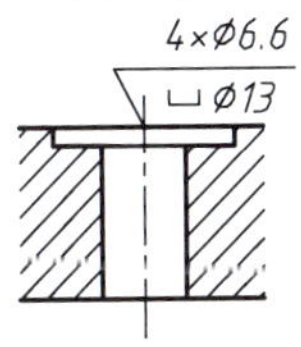 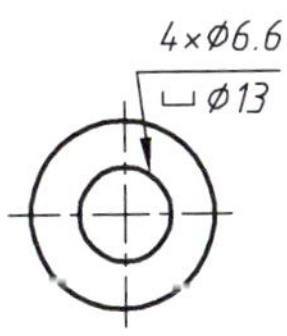	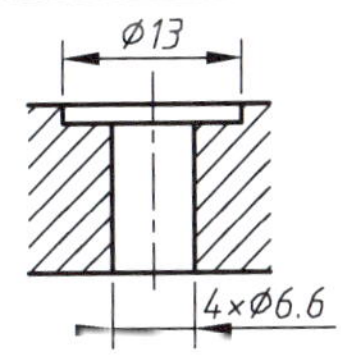

任务四　零件的常见工艺结构

零件的结构形状，取决于它在机器中所起的作用。大部分零件都要经过铸造、锻造和机械加工等过程制造出来，因此，制造零件时，零件的结构形状不仅要满足机器的使用要求，还要符合制造工艺和装配工艺等方面的要求。

知识点一、铸造零件的工艺结构

（一）起模斜度

用铸造的方法制造零件毛坯时，为了便于在砂型中取出模样，一般沿模样起模方向作成约 1∶20 的斜度，叫作起模斜度，因此在铸件上也有相应的起模斜度，如图 5-23 所示。起模斜度在图上可以不标注，也不画出；必要时，可以在技术要求中用文字说明。

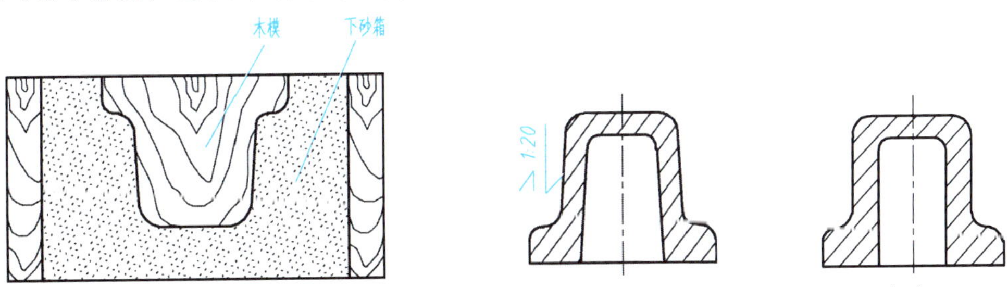

（a）　（b）　（c）

图 5-23　起模斜度

（二）铸造圆角

为了防止铸件冷却时产生裂纹和缩孔，防止浇铸时转角处落砂，铸件各表面相交的转角处都应做成圆角，称作铸造圆角。铸造圆角的大小一般取 $R = 3 \sim 5$ mm，可在技术要求中统一注明。相交的两铸件表面中有一个表面经过切削加工后，这时铸造圆角被削平，相交的转角处变成尖角，如图 5-24 所示。

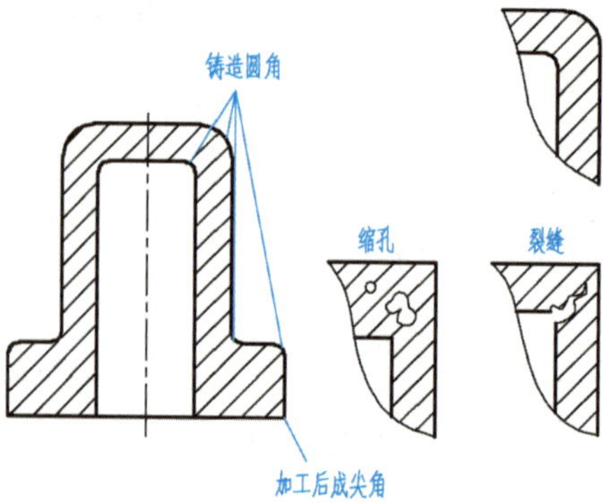

图 5-24　铸造圆角

（三）铸件壁厚

若铸件的壁厚不均匀，铸件在浇铸后，因各处金属冷却速度不同，壁薄处先凝固，壁厚处冷却慢，易产生缩孔，或在壁厚突变处产生裂纹。因此，铸件的壁厚应尽量均匀。当必须采用不同壁厚连接时，应采用逐渐过渡的方式，如图 5-25 所示。铸件的壁厚尺寸一般直接注出。

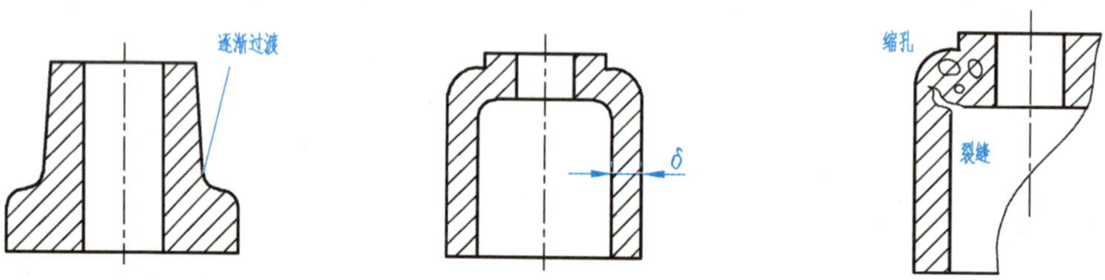

（a）　（b）　（c）

图 5-25　铸件壁厚

（四）过渡线

在铸造零件上，由于铸造圆角的存在，就使零件表面上的交线变得不十分明显。但是，为了便于读图及区分不同表面，在图样上，仍需按没有圆角时交线的位置，画出这些不太明显的线，这样的线称作过渡线。

过渡线用细实线表示，过渡线的画法与没有圆角时的相贯线画法完全相同，只是过渡线的两端与圆角轮廓线之间应留有空隙。下面分几种情况加以说明。

当两曲面相交时，过渡线应不与圆角轮廓接触，如图 5-26 所示。

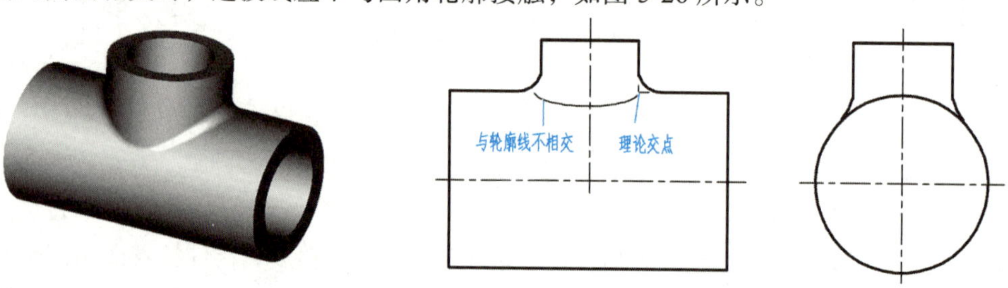

图 5-26　两曲面相交时过渡线的画法

当两曲面相切时，过渡线应在切点附近断开，如图 5-27 所示。

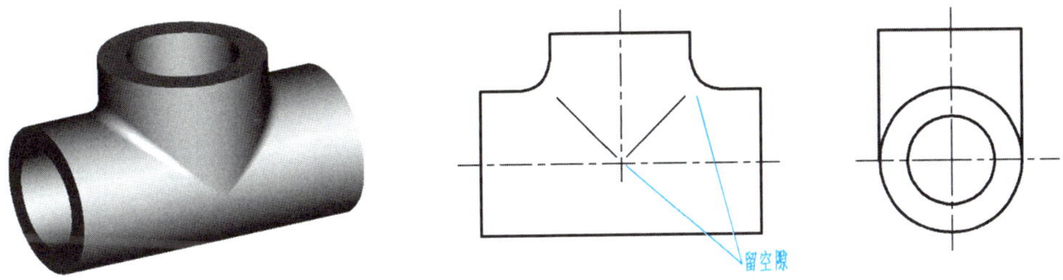

图 5-27　两曲面相切时过渡线的画法

平面与平面、平面与曲面相交时，过渡线应在转角处断开，并加画过渡圆弧，其弯向与铸造圆角的弯向一致，如图 5-28 所示。

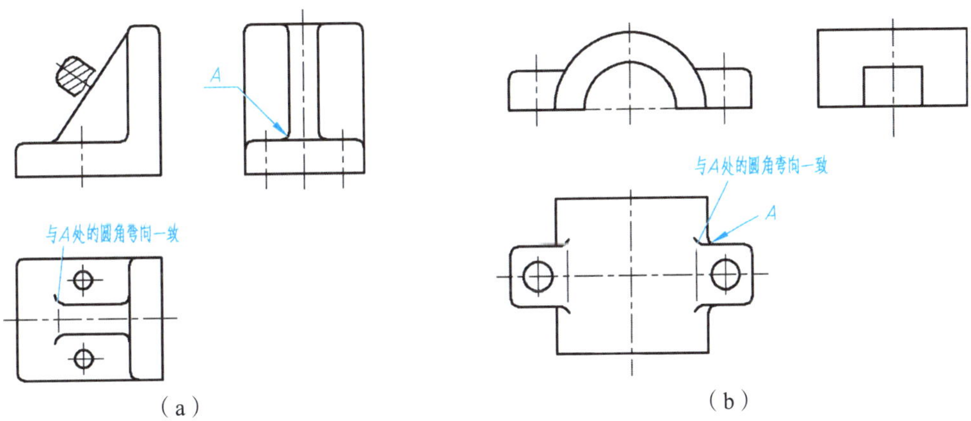

图 5-28　平面与平面或平面与曲面相交时过渡线的画法

当肋板与圆柱组合时，其过渡线的形状与肋板的断面形状，以及肋板与圆柱的组合形式有关，如图 5-29 所示。

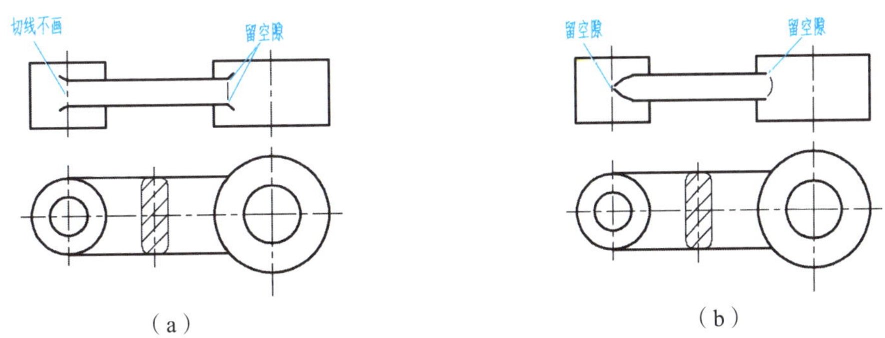

图 5-29　肋板与圆柱组合时过渡线的画法

知识点二、加工面的工艺结构

（一）倒角和倒圆

为了便于装配零件，消除毛刺或锐边，一般在孔和轴的端部加工出倒角。为了避免因应力集中而产生裂纹，常常把轴肩处加工成圆角的过渡形式，称作倒圆。倒角和倒圆的画法和标注方法如图 5-30 所示。

（a）45°倒角和倒圆　　（b）30°和 60°倒角

图 5-30　倒角和倒圆

（二）退刀槽和砂轮越程槽

在切削加工零件时，特别是在车螺纹和磨削时，为了便于退出刀具及保证装配时相关零件的接触面靠紧，常在待加工面的末端先车出退刀槽或砂轮越程槽。退刀槽、砂轮越程槽的尺寸一般可按“槽宽 × 直径”或“槽宽 × 槽深”方式标注，当槽的结构比较复杂时，可画出局部放大图标柱尺寸，如图 5-31 所示。

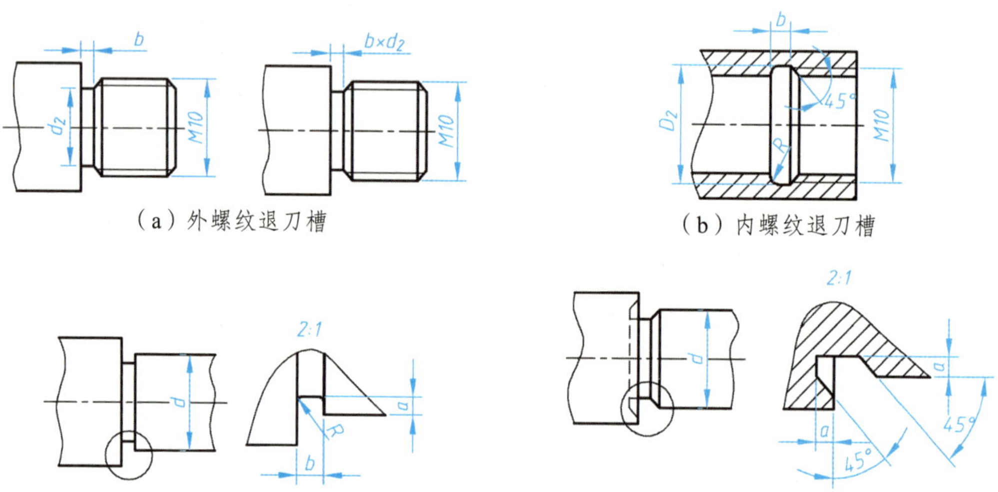

（a）外螺纹退刀槽　　（b）内螺纹退刀槽

（c）砂轮越程槽　　（d）砂轮越程槽

图 5-31　退刀槽和砂轮越程槽

（三）减少加工面积

零件上与其他零件的接触面，一般都要加工。为了减少加工面积，保证零件表面之间有良好的接触，常常在铸件上设计出凸台、凹坑，图 5-32（a）、（b）所示为螺栓连接的支承面做成凸台和凹坑形式。图 5-32（c）、（d）所示为减少加工面积而做成凹槽和凹腔结构。

（四）钻孔的工艺要求

用钻头钻出的盲孔，底部有一个 120°的锥顶角。圆柱部分的深度称作钻孔深度。在阶梯形钻孔中，有锥顶角为 120°的圆锥台。

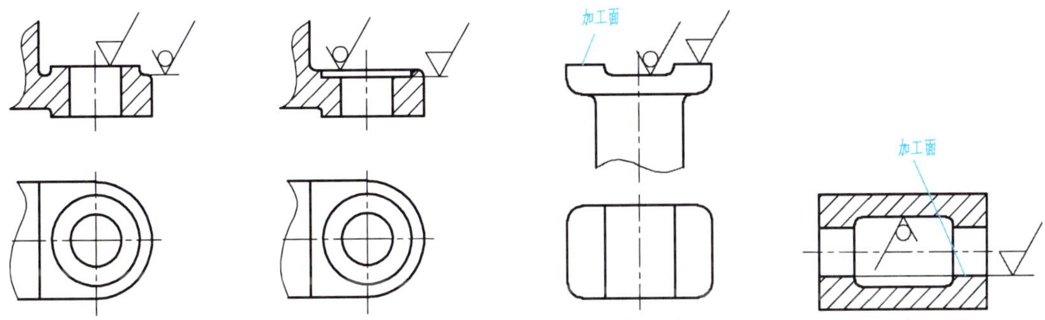

（a）凸台　（b）凹坑　（c）凹槽　（d）凹腔

图 5-32　减少加工面积

钻孔时，要求钻头的轴线尽量垂直于被钻孔的表面，以保证钻孔准确，避免钻头折断，当零件表面倾斜时，可设置凸台或凹坑。钻头单边受力也容易折断，因此，钻头钻透处的结构，也要设置凸台使孔完整，如图 5-33 所示。

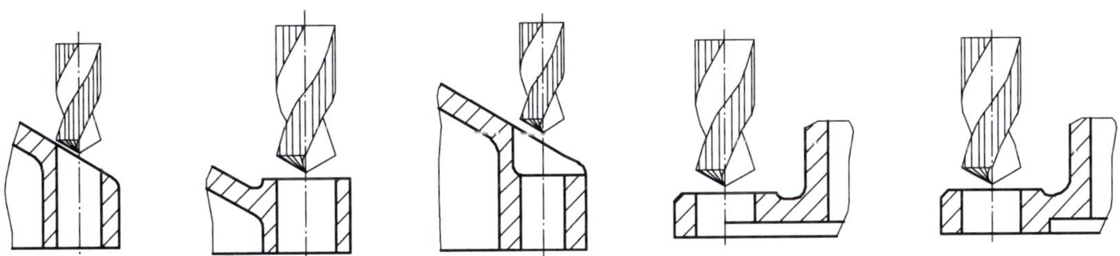

（a）不合理　（b）合理　（c）合理　（d）不合理　（e）合理

图 5-33　钻孔的工艺要求

任务五　零件图的技术要求

零件图不仅要把零件的形状和大小表达清楚，还需要对零件的材料、加工、检验、测量等提出必要的技术要求。用规定的代号、数字、文字等，表示零件在制造和检验过程中应达到的技术指标，称作技术要求。技术要求的主要内容包括表面粗糙度、尺寸公差、形位公差、材料及热处理等。这些内容凡有指定代号的，需用代号注写在视图上，无指定代号的则用文字说明，注写在图纸的空白处。

知识点一、表面粗糙度

（一）表面粗糙度的概念

零件的表面，无论采用哪种方法加工，都不可能绝对光滑、平整，将其置于显微镜下观察，都将呈现出不规则的高低不平的状况，高起的部分称作峰，低凹的部分称作谷，这种表面上具有较小间距的峰谷所组成的微观几何形状特性，称作表面粗糙度，如图 5-34 所示。这是由于加工零件时，刀具在零件表面上留下刀痕和切削时金属的塑性变形等影响，使零件表面存在着间距较小的轮廓峰谷。表面粗糙度反映了零件表面的加工质量，它对零件的耐磨性、耐腐蚀性、配合精度、疲劳强度及接触刚度和密封性等都有较大影响。国家标准规定了零件表面粗糙度的评定参数，应在满足零件表面功能要求的前提下，合理地选择表面粗糙度的参数值。一般来说，凡零件上有配合要求或有相对运动的表面，零件表面质量要求较高。

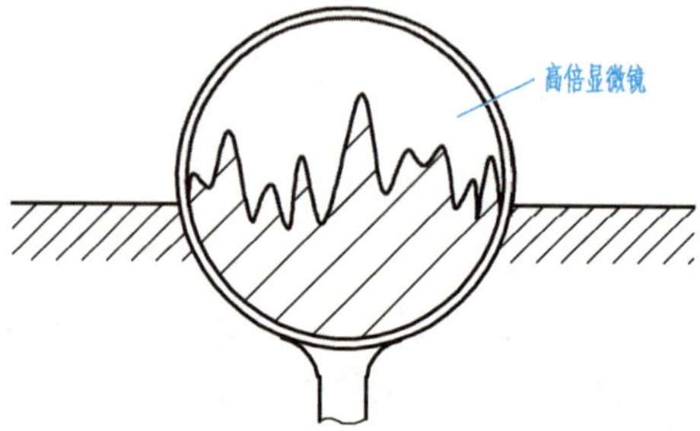

图 5-34　表面粗糙度

（二）表面粗糙度代号

表面粗糙度用代号标注在图样上，代号由符号、数字及说明文字组成。在零件的每个表面，都应按设计要求，标注表面粗糙度代号。表面粗糙度符号有三种，见表 5-2。

表 5-2　表面粗糙度符号

符　号	意义及说明
	基本符号，表示表面可用任何方法获得，当不加注粗糙度参数值或有关说明时，仅适用于简化代号标注
	表示表面是用去除材料的方法获得的
	表示表面是用不去除材料的方法获得的
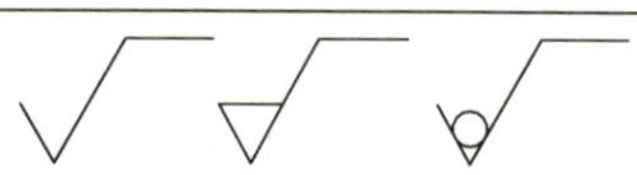	在上述三个符号的长边上均可加一横线，用于标注有关参数和说明
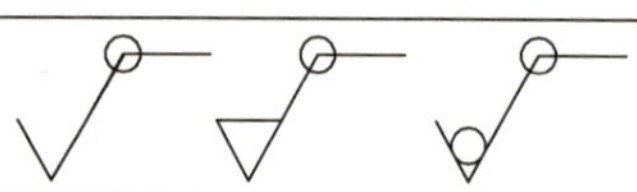	在上述三个符号上均可加一小圆，表示所有表面具有相同的表面粗糙度要求

（三）表面粗糙度的高度评定参数

评定表面粗糙度的高度参数有：轮廓的算术平均偏差 Ra、微观不平十点高度 Ry、轮廓的最大高度 Rz 等。这里只介绍最常用的轮廓算术平均偏差 Ra。其他内容可参阅国家标准。

轮廓的算术平均偏差 Ra 是指在取样长度 l 内，轮廓偏距 y 绝对值的算术平均值，如图 5-35 所示。用公式可表示为

$$Ra=\frac{1}{l}\int_0^l|y(x)|\mathrm{d}x \quad 或 \quad Ra\approx\frac{1}{n}\sum_{i=1}^{n}|y_i|$$

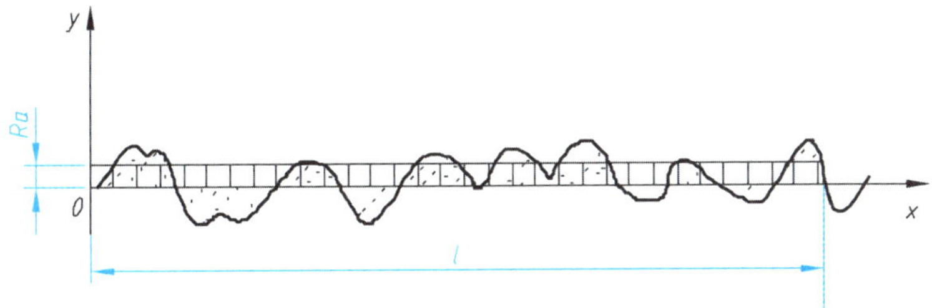

图 5-35 轮廓算术平均偏差

表面粗糙度的高度评定参数 *Ra* 的数值见表 5-3，优先选用常用值，当常用值不能满足要求时，可选取补充系列值或其他值。

表 5-3 表面粗糙度 *Ra* 数值 单位：μm

第 1 系列	第 2 系列	第 1 系列	第 2 系列	第 1 系列	第 2 系列	第 1 系列	第 2 系列
	0.008		0.125		1.25	12.5	
	0.010		0.160	1.60			16.0
0.012		0.20			2.0	25	
	0.016		0.25		2.5		20
	0.020		0.32	3.2			32
0.025		0.40			4.0		40
	0.032		0.50		5.0	50	
	0.040		0.63	6.3			63
0.050		0.80			8.0		80
	0.063		1.00		10.0	100	
	0.080						
0.100							

零件的表面粗糙度高度评定参数轮廓算术平均偏差 *Ra* 的数值越大，表面越粗糙，零件表面质量越低，加工成本就越低；轮廓算术平均偏差 *Ra* 的数值越小，表面越光滑，零件表面质量越高，加工成本就越高。因此，在满足零件使用要求的前提下，应合理选用表面粗糙度参数值。

（四）表面粗糙度代号在图样上的标注

表面粗糙度符号的画法如图 5-36 所示。对于 *Ra*、*Rz* 粗糙度高度参数，尤其选用 *Ra* 数值的为最多，见表 5-4。

图 5-36 表面粗糙度符号的画法

表 5-4　表面粗糙度代号示例

代　号	含义解释
Rz 0.4	表示不允许去除材料，单向上限值，*R* 轮廓，粗糙度的最大高度为 0.4 μm，评定长度为 5 个取样长度（默认），“16%”（默认）
Rz max 0.2	表示去除材料，单向上限值，*R* 轮廓，粗糙度的最大高度为 0.2 μm，评定长度为 5 个取样长度（默认），“最大规则”
Ra 3.2	表示去除材料，单向上限值，*R* 轮廓，算数平均偏差 3.2 μm，评定长度为 5 个取样长度（默认），“16%”（默认）
U Ra max 3.2 L Ra 0.8	表示不允许去除材料，双向极限值，*R* 轮廓，上极限：算数平均偏差 3.2 μm，评定长度为 5 个取样长度（默认），“最大规则”；下极限：算数平均偏差 0.8 μm，评定长度为 5 个取样长度（默认），“16%”（默认）

在图样上标注表面粗糙度时，应注意以下几点：

（1）同一零件图中，每个表面一般只标注一次表面粗糙度代号。

（2）表面粗糙度代号的尖端必须从材料外指向材料表面。

（3）表面粗糙度代号应标注在可见轮廓线、尺寸线、尺寸界线或引出线上，并且尽量标注在有关范围附近，如图 5-37 所示。

（4）当表面粗糙度代号中，仅有高度参数值一项内容时，表面粗糙度代号和数字的方向应按图 5-38 所示的规则标注。

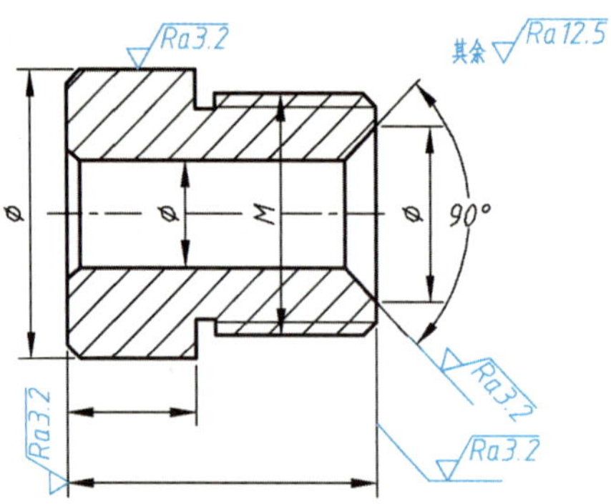

图 5-37　表面粗糙度的标注示例

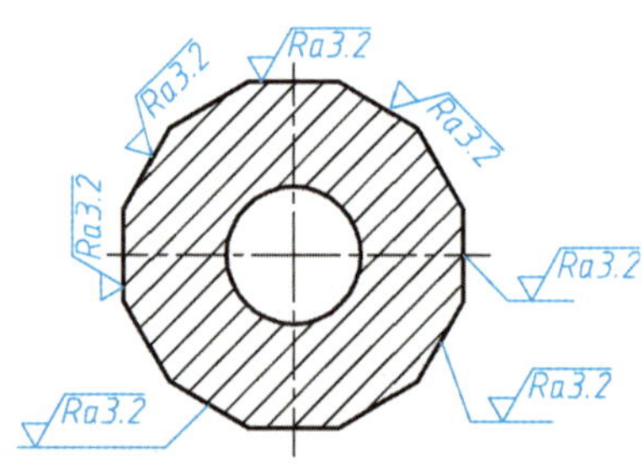

图 5-38　表面粗糙度的标注

（5）当零件表面有相同的表面粗糙度要求时，可将表面粗糙度代号统一标注在图样的右上角，如图 5-39 所示。

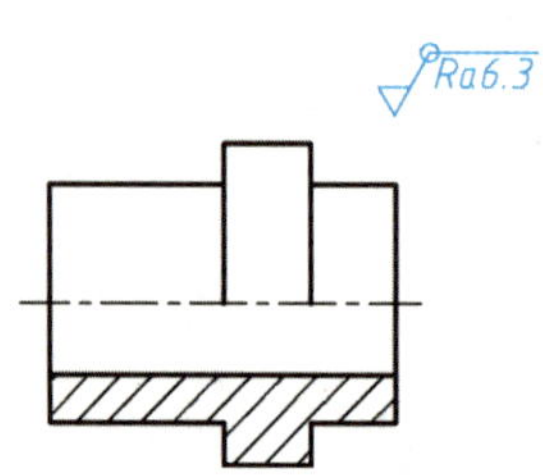

图 5-39　相同表面的表面粗糙度标注

当零件各表面的表面粗糙度要求不同时，可将使用得最多的一种表面粗糙度代号统一标注在图样的右上角，并在代号的前面加上“其余”二字，如图 5-37 所示。

零件上连续表面、重复要素（如孔、齿、槽等）的表面和用细实线连接不连续的同一表面，其表面粗糙度代号只注一次，如图 5-40 所示。

同一表面上有不同的表面粗糙度要求时，应用细实线画出其分界线，并注出相应的表面粗糙度代号和尺寸，如图 5-41 所示。

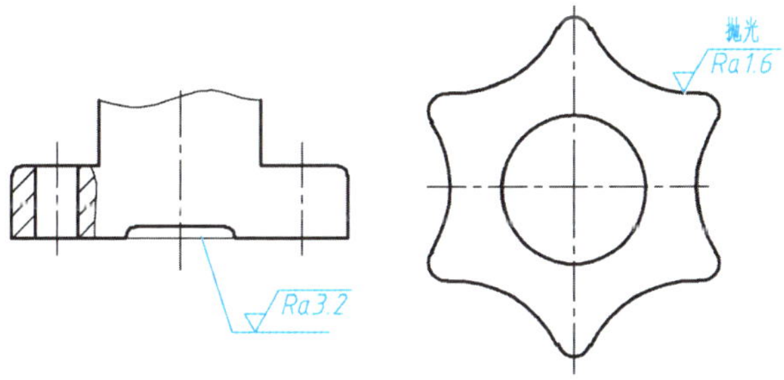

图 5-40　不连续的同一表面、连续表面的标柱

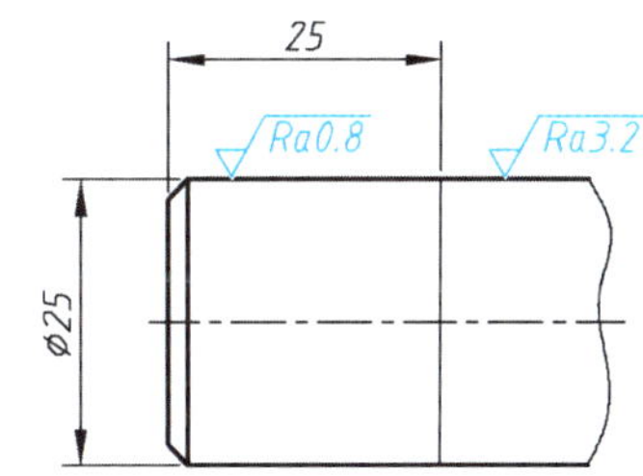

图 5-41　同一表面不同要求的注法

（五）表面粗糙度的选用

表面粗糙度参数值的选用，应该既要满足零件表面的功能要求，又要考虑经济合理性。具体选用时，可参照已有的类似零件图，用类比法确定。

选用时要注意以下问题：

（1）在满足功用的前提下，尽量选用较大的表面粗糙度数值，以降低生产成本。

（2）一般情况下，零件的接触表面比非接触表面的粗糙度参数值要小。

（3）受循环载荷的表面极易引起应力集中的表面，表面粗糙度参数值要小。

（4）配合性质相同，零件尺寸小的比尺寸大的表面粗糙度参数值要小；同一公差等级，小尺寸比大尺寸、轴比孔的表面粗糙度参数值要小。

（5）运动速度高、单位压力大的摩擦表面比运动速度低，单位压力小的摩擦表面的粗糙度参数值小。

（6）要求密封性好、耐腐蚀的表面，其粗糙度参数值要小。

表 5-5 列举了表面粗糙度参数 *Ra* 值与加工方法的关系及其应用实例，可供选用时参考。

表 5-5　表面粗糙度参数 *Ra* 值应用举例

Ra/μm	表面特征	表面形状	获得表面粗糙度的方法	应用举例
100	粗糙	明显可见刀痕	锯断、粗车、粗铣、粗刨、钻孔及用粗纹锉刀、粗砂轮等加工	管的端部断面和其他半成品的表面、带轮法兰盘的结合面、轴的非接触端面、倒角、铆钉孔等
50		可见刀痕		
25		微见刀痕		
12.5	半光	可见加工痕迹	拉制（钢丝）、精车、精铣、粗铰、粗铰埋头孔、粗剥刀加工、刮研	支架、箱体、离合器、带轮螺钉孔、轴或孔的退刀槽、量板、套筒等非配合面，齿轮非工作面，主轴的非接触外表面，IT8～IT11 级公差的结合面
6.3		微见加工痕迹		
3.2		看不见加工痕迹		

续表

Ra/μm	表面特征	表面形状	获得表面粗糙度的方法	应用举例
1.6	光	可辨加工痕迹的方向	精磨、金刚石车刀的精车、精铰、拉制、剥刀加工	轴承的重要表面，齿轮轮齿的表面，普通车床导轨面，滚动轴承相配合的表面，机床导轨面，发动机曲轴、凸轮轴的工作面，活塞外表面等IT6～IT8级公差的结合面
0.8		微辨加工痕迹的方向		
0.4		不可辨加工痕迹的方向		
0.2	最光	暗光泽面	研磨加工	活塞销和涨圈的表面、分气凸轮、曲柄轴的轴颈、气门及气门座的支持表面、发动机气缸内表面、仪器导轨表面、液压传动件工作面、滚动轴承的滚道、滚动体表面、仪器的测量表面、量块的测量面等
0.1		亮光泽面		
0.05		镜状光泽面		
0.025		雾状镜面		
0.012		镜面		

知识点二、公差与配合

（一）公差与配合基本概念

1. 零件的互换性

现代化的大规模生产，要求零件具有互换性，即在同一规格的一批零件中任取一件，在装配时不经加工与修配，就能顺利地将其装配到机器上，并能够保证机器的使用要求。零件在制造过程中，由于加工和测量等因素引起的误差，使得零件的尺寸不可能绝对准确，为了使零件具有互换性，就必须限制零件尺寸的误差范围，并且在制造上又是经济合理的。零件具有互换性，不但给装配、修理机器带来方便，还可用专用设备生产，提高产品数量和质量，同时降低产品的成本。

2. 尺寸公差

制造零件时，为了使零件具有互换性，就必须对零件的尺寸规定一个允许的变动范围。为此，国家制定了极限尺寸制度，即零件制成后的实际尺寸，限制在最大极限尺寸和最小极限尺寸的范围内。这种允许尺寸的变动量，称作尺寸公差。

下面简要介绍关于尺寸公差中的一些名词，如图 5-42 所示。

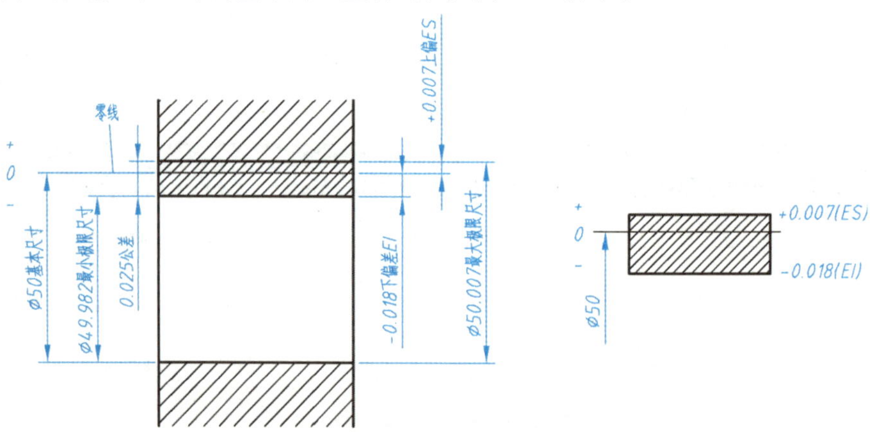

（a）尺寸公差　　（b）公差带图

图 5-42　尺寸公差名词

（1）基本尺寸

根据零件强度、结构和工艺性要求，设计给定的尺寸，如$\phi50$。

（2）实际尺寸

通过测量所得到的尺寸。

（3）极限尺寸

允许尺寸变化的两个界限值。它以基本尺寸为基数来确定。两个界限值中较大的一个称作最大极限尺寸；较小的一个称作最小极限尺寸。如最大极限尺寸为$\phi50.007$，最小极限尺寸为$\phi49.982$。

（4）尺寸偏差

尺寸偏差简称偏差。极限尺寸减去基本尺寸的代数差，分别为上偏差和下偏差。孔的上偏差用 ES，下偏差用 EI 表示；轴的上偏差用 es，下偏差用 ei 表示。

$$\text{上偏差} = \text{最大极限尺寸} - \text{基本尺寸}$$
$$\text{下偏差} = \text{最小极限尺寸} - \text{基本尺寸}$$
$$ES = 50.007 - 50 = +0.007$$
$$EI = 49.982 - 50 = -0.018$$

上、下偏差统称极限偏差。上、下偏差可以是正值、负值或零。

（5）尺寸公差

尺寸公差简称公差，是允许尺寸的变动量。它等于最大极限尺寸与最小极限尺寸之代数差的绝对值，也等于上偏差与下偏差之代数差的绝对值。

$$\begin{aligned}\text{尺寸公差} &= \text{最大极限尺寸} - \text{最小极限尺寸}\\ &= \text{上偏差} - \text{下偏差}\end{aligned}$$
$$\begin{aligned}\text{公差} &= 50.007 - 49.982 = 0.025\\ &= 0.007 - (-0.018) = 0.025\end{aligned}$$

因为最大极限尺寸总是大于最小极限尺寸，所以尺寸公差一定为正值。

（6）零　线

在公差带图中，确定偏差值的基准线，也称零偏差线。通常以零线表示基本尺寸。

（7）尺寸公差带

尺寸公差带简称公差带，是在公差带图解中由代表最大极限尺寸和最小极限尺寸的两条直线所限定的一个区域。为了便于分析，一般将尺寸公差与基本尺寸的关系，按放大比例画成简图，称作公差带图，如图 5-42（b）所示。

3. 标准公差和基本偏差

公差带是由标准公差和基本偏差组成的。标准公差确定公差带的大小，基本偏差确定公差带的位置。

（1）标准公差

国家标准所列的，用以确定公差带大小的任一公差。标准公差的数值由基本尺寸和公差等级来决定。公差等级确定尺寸的精确程度，分为 20 级，“IT”表示标准公差，公差等级的代号用阿拉伯数字表示。即 IT01，IT0，IT1，…，IT18。其尺寸精确程度从 IT01 到 IT18 依次降低。对于一定的基本尺寸，公差等级越高，标准公差值越小，尺寸的精确程度越高。基本尺寸和公差等级相同的孔与轴，它们的标准公差值相等。标准公差的具体数值见书末的附表。

（2）基本偏差

基本偏差是指在标准的极限与配合中，确定公差带相对零线位置的上偏差或下偏差，一般指靠近零线的那个偏差。当公差带在零线的上方时，基本偏差为下偏差；反之，则为上偏差。基本偏差共有 28 个，用拉丁字母表示，大写字母代表孔，小写字母代表轴，如图 5-43 所示。

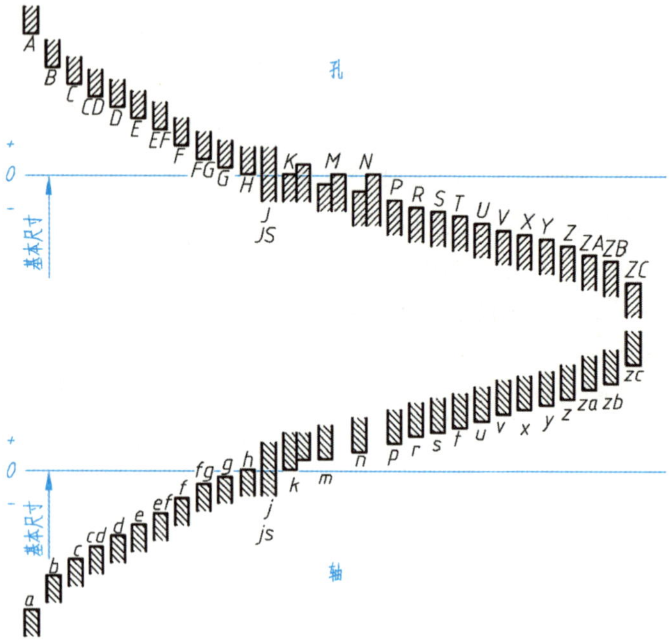

图 5-43　基本偏差系列示意图

从基本偏差系列图中可以看出：孔的基本偏差 A ~ H 和轴的基本偏差 k ~ zc 为下偏差；孔的基本偏差 K ~ ZC 和轴的基本偏差 a ~ h 为上偏差，JS 和 js 的公差带对称分布于零线两边，孔和轴的上、下偏差分别都是 + IT/2、 − IT/2。基本偏差系列图只表示公差带的位置，不表示公差的大小，因此，公差带一端是开口的，开口的另一端由标准公差限定，根据尺寸公差的定义有以下的计算式。

孔的另一偏差：　ES = EI + IT　或　EI = ES − IT

轴的另一偏差：　ei = es − IT 或　es = ei + IT

（3）孔、轴的公差带代号

对于某一基本尺寸，取标准规定的一种基本偏差，配上一级标准公差，就可以形成一种公差带。我们用基本偏差代号的字母和标准公差等级代号的数字即可组成一种公差带代号，如 H9、h7、F8、f7 等。

例如，ϕ50H8 的含义：基本尺寸为ϕ50，公差等级为 8 级，基本偏差为 H 的孔的公差带。又如，ϕ50f7 的含义：基本尺寸为ϕ50，公差等级为 7 级，基本偏差为 f 的轴的公差带。

4. 配　合

基本尺寸相同的、相互结合的孔和轴公差带之间的关系，称作配合。配合分为三类：间隙配合、过盈配合和过渡配合。

（1）间隙配合

孔的公差带完全在轴的公差带之上，孔比轴大，任取其中一对轴和孔相配都成为具有间隙的配合（包括最小间隙为零），如图 5-44 所示。当互相配合的两个零件需相对运动或要求拆卸很方便时，则需采用间隙配合。

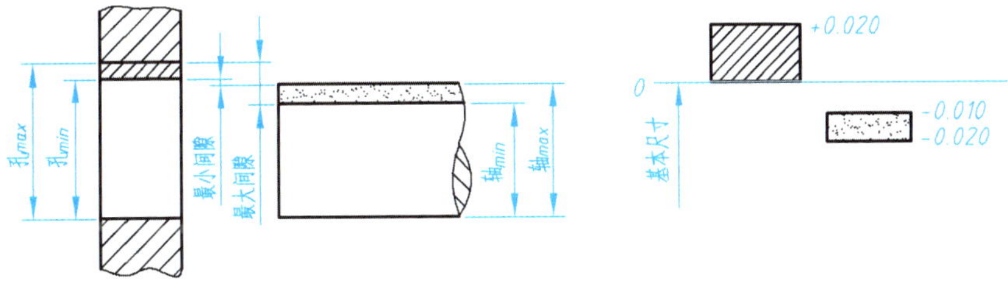

图 5-44　间隙配合

（2）过盈配合

孔的公差带完全在轴的公差带之下，孔比轴小，任取其中一对轴和孔相配都成为具有过盈的配合（包括最小过盈为零），如图 5-45 所示。当互相配合的两个零件需牢固连接、保证相对静止或传递动力时，则需采用过盈配合。

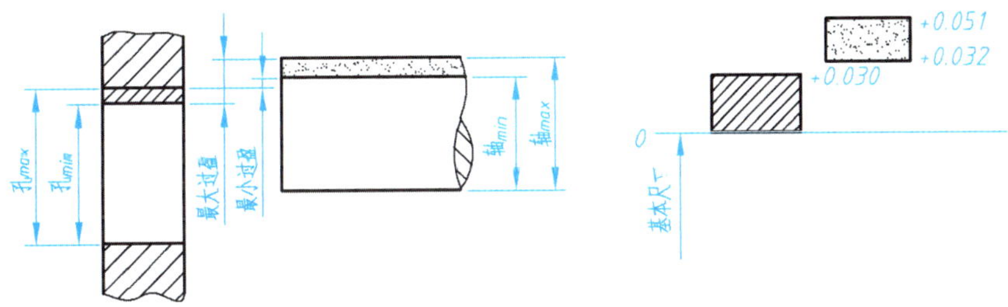

图 5-45　过盈配合

（3）过渡配合

孔和轴的公差带相互交叠，孔可能比轴大，也可能比轴小，任取其中一对孔和轴相配合，可能具有间隙，也可能具有过盈的配合，如图 5-46 所示。过渡配合常用于不允许有相对运动，轴孔对中要求高，但又需拆卸的两个零件间的配合。

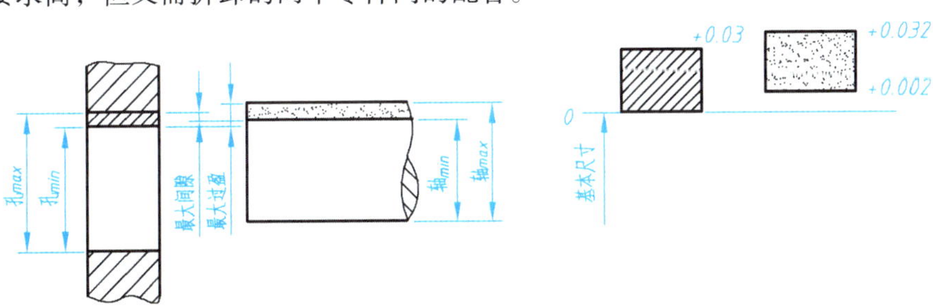

图 5-46　过渡配合

5. 配合制度

在制造相互配合的零件时，使其中一种零件作为基准件，它的基本偏差一定，通过改变另一种非基准件的基本偏差来获得各种不同性质配合的制度称作基准制。根据生产实际的需要，国家标准规定了基孔制和基轴制两种基准制度。

（1）基孔制配合

基本偏差为一定的孔的公差带，与不同基本偏差的轴的公差带构成各种配合的一种制度称作基孔制。这种制度在同一基本尺寸的配合中，是将孔的公差带位置固定，通过变动轴的公差带位置，得到各种不同的配合，如图 5-47 所示。

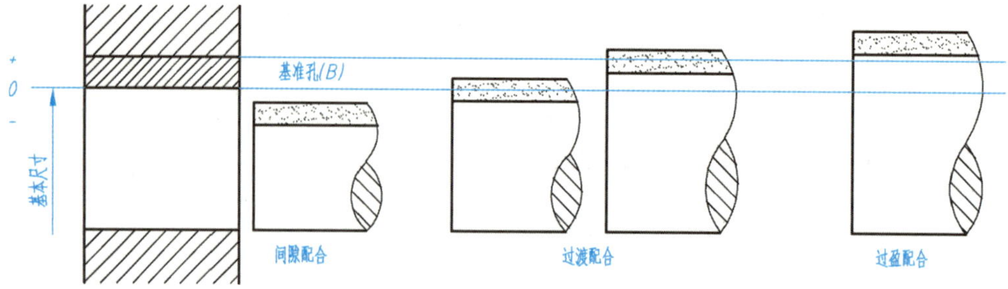

图 5-47　基孔制

基孔制的孔称作基准孔。国标规定基准孔的下偏差为零，“H”为基准孔的基本偏差。

一般情况下应优先选用基孔制。

（2）基轴制配合

基本偏差为一定的轴的公差带与不同基本偏差的孔的公差带构成各种配合的一种制度称作基轴制。这种制度在同一基本尺寸的配合中，是将轴的公差带位置固定，通过变动孔的公差带位置，得到各种不同的配合，如图 5-48 所示。

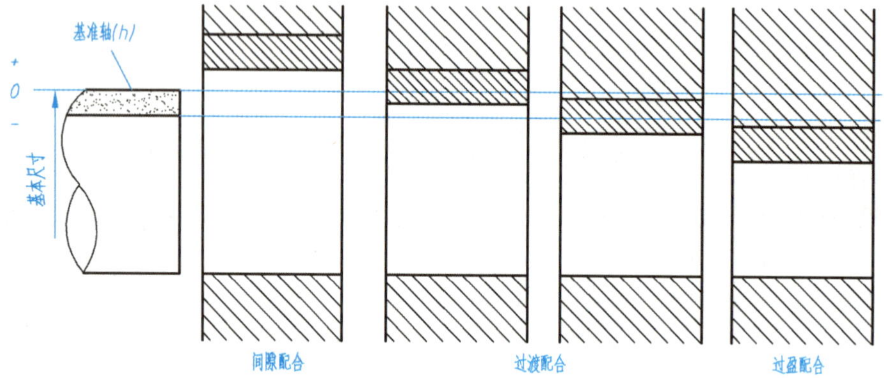

图 5-48　基轴制

基轴制的轴称作基准轴。国家标准规定基准轴的上偏差为零，“h”为基轴制的基本偏差。

从图 5-43 基本偏差系列中可以看出：

在基孔制中，基准孔 H 与轴配合，a ~ h（共 11 种）用于间隙配合；j ~ n（共 5 种）主要用于过渡配合；p ~ zc（共 12 种）主要用于过盈配合。

在基轴制中，基准轴 h 与孔配合，A ~ H（共 11 种）用于间隙配合；J ~ N（共 5 种）主要用于过渡配合；P ~ ZC（共 12 种）主要用于过盈配合。

（3）优先配合和常用配合

国家标准根据机械工业产品生产使用的需要，考虑到定值刀具、量具的统一，规定了一般用途孔公差带 105 种，轴公差带 119 种以及优先选用的孔、轴公差带。国家标准还规定轴、孔公差带中组合成基孔制常用配合 59 种，优先配合 13 种；基轴制常用配合 47 种，优先配合 13 种。表 5-6 为基孔制常用、优先配合系列，表 5-7 为基轴制常用、优先配合系列。在设计中，应根据配合特性和使用功能，尽量选用优先和常用配合。

表 5-6 基孔制常用、优先配合

基准孔	轴																				
	a	b	c	d	e	f	g	h	js	k	m	n	p	r	s	t	u	v	x	y	z
	间隙配合								过渡配合			过盈配合									
H6						H6/f5	H6/g5	H6/h5	H6/js5	H6/k5	H6/m5	H6/n5	H6/p5	H6/r5	H6/s5	H6/t5					
H7						H7/f6	▼H7/g6	▼H7/h6	H7/js6	▼H7/k6	H7/m6	▼H7/n6	▼H7/p6	H7/r6	▼H7/s6	H7/t6	▼H7/u6	H7/v6	H7/x6	H7/y6	H7/z6
H8					H8/e7	▼H8/f7	H8/g7	▼H8/h7	H8/js7	H8/k7	H8/m7	H8/n7	H8/p7	H8/r7	H8/s7	H8/t7	H8/u7				
				H8/d8	H8/e8	H8/f8		H8/h8													
H9			H9/c9	▼H9/d9	H9/e9	H9/f9		▼H9/h9													
H10			H10/c10	H10/d10				H10/h10													
H11	H11/a11	H11/b11	▼H11/c11	H11/d11				▼H11/h11													
H12		H12/b12						H12/h12													

注：1. $\frac{H6}{n5}$、$\frac{H7}{p6}$ 在基本尺寸小于或等于 3 mm 和 $\frac{H8}{r7}$ 在小于或等于 100 mm 时，为过渡配合。

2. 注▼符号者为优先配合。

表 5-7 基轴制常用、优先配合

基准孔	孔																				
	A	B	C	D	E	F	G	H	JS	K	M	N	P	R	S	T	U	V	X	Y	Z
	间隙配合								过渡配合			过盈配合									
h5						F6/h5	G6/h5	H6/h5	JS6/h5	K6/h5	M6/h5	N6/h5	P6/h5	R6/h5	S6/h5	T6/h5					
h6						F7/h6	▼G7/h6	▼H7/h6	JS7/h6	▼K7/h6	M7/h6	▼N7/h6	▼P7/h6	R7/h6	▼S7/h6	T7/h6	▼U7/h6				
h7					E8/h7	▼F8/h7		▼H8/h7	JS8/h7	K8/h7	M8/h7	N8/h7									
h8			D8/h8	E8/h8	F8/h8		H8/h8														
h9				D9/h9	▼E9/h9		▼H9/h9														
h10				D10/h10				H10/h10													
h11	A11/h11	▼B11/h11	C11/h11	D11/h11				▼H11/h11													
h12		B12/h12						H12/h12													

注：标▼符号者为优先配合。

（二）极限与配合的选用

极限与配合的选用包括基准制、配合类别和公差等级三项内容。

1. 基准制的选择

国家标准中规定优先选用基孔制，因为一般地说加工孔比加工轴难，采用基孔制可以减少加工孔所需用的定值刀具、量具的规格数量，从而获得较好的经济效益。

基轴制通常仅用于结构设计要求不适宜采用基孔制，或者采用基轴制具有明显经济效果的场合。例如，同一轴与几个具有不同公差带的孔配合，或冷拉制成不再进行切削加工的轴在与孔配合时，采用基轴制。

在零件与标准件配合时，应按标准件所用的基准制来确定，如滚动轴承的内圈与轴的配合为基孔制；而滚动轴承的外圈与机体孔的配合则为基轴制。

2. 公差等级的选择

由于公差等级越高，加工成本就越高，所以在保证零件使用要求的条件下，应尽量选择比较低的公差等级，即标准公差等级数较大，公差值较大，以减少零件的制造成本。由于加工孔比较难，故当标准公差等级高于 IT8 时，在基本尺寸至 500 mm 的配合中，应选择孔的标准公差等级比轴低一级（如孔为 8 级、轴为 7 级）来加工孔。标准公差等级低时，轴、孔的配合可选相同的标准公差等级。

通常 IT01 ~ IT4 用于块规和量规；IT5 ~ IT12 用于配合尺寸；IT12 ~ IT18 用于非配合尺寸。表 5-8 列举了 IT5 ~ IT12 公差等级的应用说明，可供选择时参考。

表 5-8　公差等级的应用

公差等级	应用举例
IT5	用于发动机、仪器仪表、机床中特别重要的配合，如发动机中活塞与活塞销外径的配合；精密仪器中轴和轴承的配合；精密高速机械的轴颈和机床主轴与高精度滚动轴承的配合
IT6、IT7	广泛用于机械制造中的重要配合，如机床和减速器中齿轮和轴，皮带轮、凸轮和轴，与滚动轴承相配合的轴及座孔，通常轴颈选用 IT6，与之相配的孔选用 IT7
IT8、IT9	用于农业机械、矿山、冶金机械、运输机械的重要配合，精密机械中的次要配合，如机床中的操纵件和轴，轴套外径与孔，拖拉机中的齿轮和轴
IT10	重型机械、农业机械的次要配合，如轴承端盖和座孔的配合
IT11	用于要求粗糙，间隙较大的配合，如农业机械、机车车厢部件及冲压加工的配合零件
IT12	用于要求很粗糙，间隙很大，基本上无配合要求的部位，如机床制造中扳手孔与扳手座的连接

3. 配合的选择

选择配合的方法有类比法、计算法和实验法等。在实际生产中，应用最广泛的是类比法。类比法就是参考现有手册和资料，参照经过验证的类似产品已有的配合，进行修正的方法。当零件之间具有相对转动或移动时，必须选择间隙配合；当零件之间无键、销等紧固件，只依靠结合面之间的过盈来实现传动时，必须选择过盈配合；当零件之间不要求有相对运动，同轴度要求较高，且不是依靠该配合传递动力时，通常选择过渡配合。表 5-9 列举了基孔制中轴的基本偏差应用说明，表 5-10 列举了优先配合的特性及应用说明，可供选择时参考。

表 5-9　轴的基本偏差应用说明

配合	基本偏差	配合特性及应用
间隙配合	a、b	可得到特别大的间隙，应用很少
	c	可得到很大的间隙，一般应用于缓慢、松弛的动配合。用于工作条件较差（如农业机械），受力变形，或为了便于装配，而必须保证有较大的间隙时，推荐配合为 H11/c11，其较高等级的配合如 H8/c7 适用于轴在高温工作的紧密动配合，例如内燃机排气阀和导管
	d	配合一般用于 IT7 ~ IT11，适用于松的转动配合，如密封盖、滑轮、空转带轮等与轴的配合，也适用于大直径滑动轴承配合，如透平机、球磨机、轧滚成型和重型弯曲机，以及其他重型机械中的一些滑动支承
	e	多用于 IT7、IT8 和 IT9 级，通常适用于要求有明显间隙，易于转动的支承配合，如大跨距支承、多支点支承等配合。高等级的 e 轴适用于大的、高速、重载支承，如透平发电机组、大电动机的支承、凸轮轴支承、摇臂支承等配合
	f	多用于 IT7、IT8 和 IT9 级的一般转动配合。当温度影响不大时，被广泛应用于普通润滑油（或润滑脂）润滑的支承，如齿轮箱、小电动机、泵等的转轴与滑动支承的配合
	g	配合间隙很小，制造成本高，除很轻负荷的精密装置外，不推荐用于转动配合。多用 IT5、IT6 和 IT7 级，最适合于不回转的精密滑动配合，也用于插销等定位配合，如精密连杆轴承、活塞及滑阀、连杆销等
	h	多用于 IT4 ~ IT11，广泛用于无相对转动的零件，作为一般的定位配合。若没有温度、变形影响，也可用于精密滑动配合
过渡配合	js	完全对称偏差（±IT/2），平均起来为稍有间隙的配合，多用于 IT4 ~ IT7，要求间隙比 h 轴小，并允许略有过盈的定位配合，如联轴器，可用手或木锤装配
	k	平均起来没有间隙的配合，适用于 IT4 ~ IT7。推荐用于稍有过盈的定位配合，例如为不消除振动用的定位配合。一般用木锤装配
	m	平均起来具有不大过盈的过渡配合，适用 IT4 ~ IT7。一般可用木锤装配，但在最大过盈时，要求相当的压入力
	n	平均过盈比 m 轴稍大，很少得到间隙，适用 IT4 ~ IT7。用锤或压力机装配，通常推荐用于紧密的组件配合。H6/n5 配合时为过盈配合
过盈配合	p	与 H6 或 H7 孔配合时为过盈配合，与 H8 孔配合时则为过渡配合。对非铁类零件，为较轻的压入力配合，当需要时易于拆卸。对钢、铸铁或铜、钢组件装配是标准压入配合
	r	对铁类零件为中等打入配合。对非铁类零件，为轻打入配合，当需要时可以拆卸。与 H8 孔配合，直径在 100 mm 以上时为过盈配合，直径较小时为过渡配合
	s	用于钢和铁制零件的永久性和半永久装配，可产生相当大的结合力。当用弹性材料（如轻合金）时，配合性质与铁类零件的 p 轴相当，如套环压装在轴上、阀座等配合。尺寸较大时，为了避免损伤配合表面，需用热胀或冷缩法装配
	t、u、v、x、y、z	过盈量依次增大，一般不推荐

表 5-10 优先配合的特性及应用

基孔制	基轴制	配合特性及应用
$\frac{H11}{c11}$	$\frac{C11}{h11}$	间隙非常大，用于很松的、转动很慢的间隙配合；要求大公差与大间隙的外露组件；要求装配方便且很松的配合
$\frac{H9}{d9}$	$\frac{D9}{h9}$	间隙很大的自由转动配合，用于精度为非主要要求时。适用于有大的温度变动、高转速或大的轴颈压力时的配合
$\frac{H8}{f7}$	$\frac{F8}{h7}$	间隙不大的转动配合。用于中等转速与中等轴颈压力的精确转动；也用于装配较易的中等精度定位配合
$\frac{H7}{g6}$	$\frac{G7}{h6}$	间隙很小的滑动配合。用于不希望的自由旋转，但可自由移动和转动并精确定位时；也可用于要求明确的定位配合
$\frac{H7}{h6}$ $\frac{H8}{h7}$ $\frac{H9}{h9}$ $\frac{H11}{h11}$	$\frac{H7}{h6}$ $\frac{H8}{h7}$ $\frac{H9}{h9}$ $\frac{H11}{h11}$	均为间隙定位配合，零件可自由装卸，而工作时一般相对静止不动。最小间隙为零
$\frac{H7}{k6}$	$\frac{K7}{h6}$	过渡配合，用于精密定位
$\frac{H7}{n6}$	$\frac{N7}{h6}$	过渡配合，用于要求有较大过盈的更精确的定位配合
$\frac{H7}{p6}$	$\frac{P7}{h6}$	过盈定位配合，属于小过盈配合。用于定位精度特别重要时，能以最好的定位精度达到部件的刚性及对中性要求，而对内孔承受压力无特殊要求，不依靠配合的紧固性来传递摩擦负荷
$\frac{H7}{s6}$	$\frac{S7}{h6}$	中等压入配合，适用于一般钢件或用于薄壁件的冷缩配合；也可用于铸铁件可获得最紧的配合
$\frac{H7}{u6}$	$\frac{U7}{h6}$	压入配合，适用于承受大压入力的零件或不宜承受大压入力的冷缩配合

知识点三、极限与配合的标注及查表

（一）在零件图中的标注

在零件图中进行公差标注有以下三种方法：

（1）标注公差带代号

直接在基本尺寸后面标注出公差带代号，如图 5-49（a）所示。这种注法常用于大批量生产中，由于与采用专用量具检验零件统一起来，因此不需要注出偏差值。

（2）标注极限偏差

直接在基本尺寸后面标注出上、下偏差数值，如图 5-49（b）所示。在零件图中进行公差标注一般采用极限偏差的形式。这种注法常用于小批量或单件生产中，以便加工检验时对照。标注偏差数值时应注意：

① 上、下偏差数值不相同时，上偏差注在基本尺寸的右上方，下偏差注在右下方并与基本尺寸注在同一底线上。偏差数字应比基本尺寸数字小一号，小数点前的整数位对齐，后边的小数位数应相同，如图中 $\phi50^{-0.025}_{-0.050}$。

② 如果上偏差或下偏差为零时，应简写为“0”，前面不注“+”“−”号，后边不注小数点；另一偏差按原来的位置注写，其个位“0”对齐，如图中 $\phi50^{-0.039}_{\ 0}$。

③ 如果上、下偏差数值绝对值相同，则在基本尺寸后加注“±”号，只填写一个偏差数值，其数字大小与基本尺寸数字大小相同，如 $\phi80\pm0.017$。

（3）公差带代号与极限偏差值同时标出

在基本尺寸后面标注出公差带代号，并在后面的括弧中同时注出上、下偏差数值，如图 5-49（c）所示。这种标注形式集中了前两种标注形式的优点，常用于产品转产较频繁的生产中。

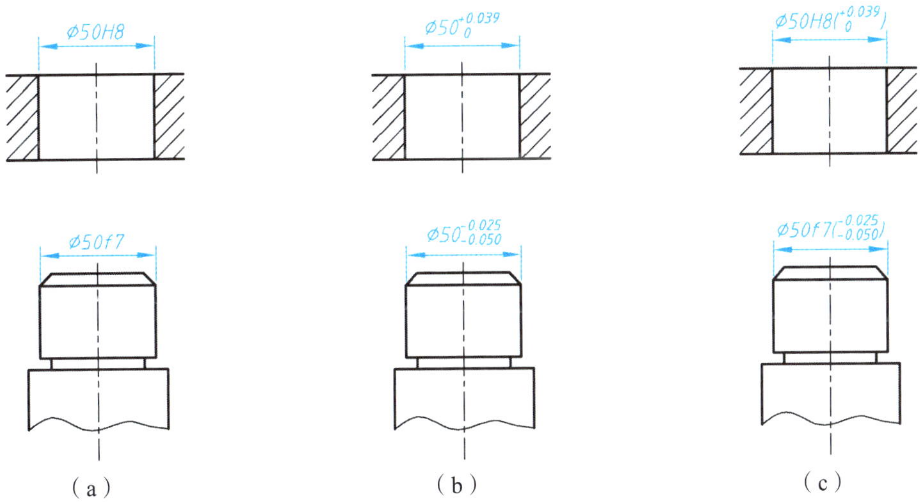

图 5-49　零件图中公差的标注

国家标准规定，同一张零件图中其公差只能选用一种标注形式。

（二）在装配图上的标注

在装配图上标注配合，是在基本尺寸的后面，用分式注出，分子为孔的公差带代号，分母为轴的公差带代号，有以下 3 种形式：

（1）标注孔、轴的配合代号，如图 5-50（a）所示。这种注法应用最多。

（2）标注孔、轴的极限偏差，如图 5-50（b）所示。这种注法主要用于非标准配合。

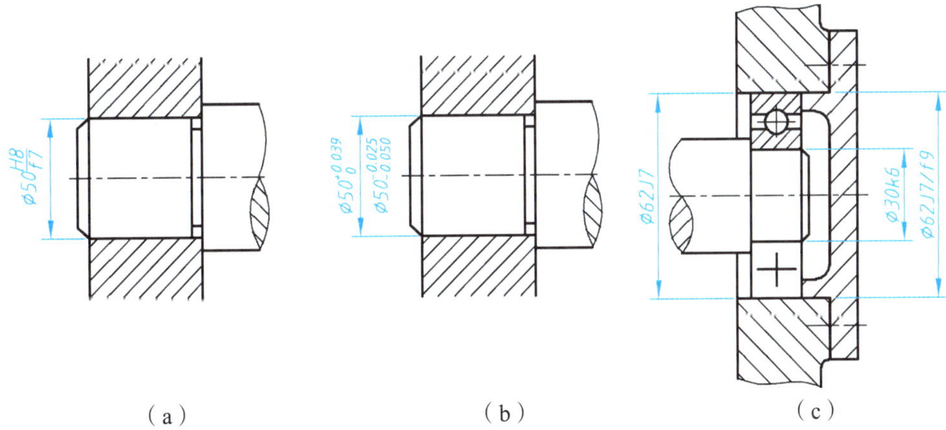

图 5-50　装配图中配合的标注

（3）零件与标准件或外购件配合时，装配图中可仅标注该零件的公差带代号。如图 5-50（c）中轴颈与滚动轴承内圈的配合，只注出轴颈ϕ30k6；机座孔与滚动轴承外圈的配合，只注出机座孔ϕ62J7。

（三）查表方法

基本尺寸、基本偏差、公差等级确定以后，极限偏差的数值可以从书末的附表中查得。

例如，查表写出 ϕ30H8/f7 的轴、孔的极限偏差数值。

从该配合代号中可以看出：孔、轴基本尺寸为 ϕ30，孔为基准孔，公差等级 8 级；相配的轴的基本偏差代号为 f，公差等级 7 级，属基孔制间隙配合。

（1）查孔 ϕ30H8 的偏差数值。在附表 20 中由基本尺寸“大于 24 至 30”的横行与 H8 的纵列相交处，查得上偏差为 + 33 μm（即 + 0.033 mm），下偏差为“0”，见表 5-11。所以 ϕ30H8 可写成 $\phi30^{+0.033}_{0}$。

表 5-11　查孔 ϕ30H8 的偏差数值

代号		A	B	C	D	E	F	G	H					
基本尺寸/mm		公差等级												
大于	至	11	11	11	*9	8	8	7	6	7	8	9	10	11
10 14	14 18	+400 +290	+260 +150	+205 +95	+93 +50	+59 +32	+43 +16	+24 +6	+11 0	+18 0	+27 0	+43 0	+70 0	+110 0
18 24	24 30	+430 +300	+290 +160	+240 +110	+117 +65	+73 +40	+53 +20	+28 +7	+13 0	+21 0	+33 0	+52 0	+84 0	+130 0
30	40	+470 +310	+330 +170	+280 +120	+142 +80	+89 +50	+64 +25	+34 +9	+16 0	+25 0	+39 0	+62 0	+100 0	+160 0
40	50	+480 +320	+340 +180	+290 +130										

（2）查轴 ϕ30f7 的偏差数值。在附表 15 中，由基本尺寸“大于 24 至 30”的横行与 f7 的纵列相交处，查得上偏差为 – 20 μm（即 – 0.020 mm），下偏差为 – 41 μm（即 – 0.041 mm），见表 5-12。所以 ϕ30f7 可写成 $\phi30^{-0.020}_{-0.041}$。

表 5-12　查轴 ϕ30f7 的偏差数值

代号		a	b	c	d	e	f	g	h					
基本尺寸/mm		公差等级												
大于	至	11	11	11	9	8	7	6	5	6	7	8	9	10
10 14	14 18	−290 −400	−150 −260	−90 −205	−50 −93	−32 −59	−16 −34	−6 −17	0 −8	0 −11	0 −18	0 −27	0 −43	0 −70
18 24	24 30	−300 −430	−160 −290	−110 −240	−65 −117	−40 −73	−20 −41	−7 −20	0 −9	0 −13	0 −21	0 −33	0 −52	0 −84
30	40	−310 −470	−170 −330	−120 −280	−80 −142	−50 −89	−25 −50	−9 −25	0 −11	0 −16	0 −25	0 −39	0 −62	0 −100
40	50	−320 −480	−180 −340	−130 −290										

知识点四、形状公差和位置公差简介

（一）形状公差和位置公差的概念

机械零件在加工中的尺寸误差，根据使用要求用尺寸公差加以限制。而加工中对零件的几何形状和相对几何要素的位置误差则由形状和位置公差加以限制。

如图 5-51（a）所示的齿轮轴，即使加工后尺寸误差和表面粗糙度都合格，但齿轮轴形状弯曲了，产生了形状（直线度）误差，如图 5-51（b）所示。如果零件存在严重的形状和位置误差，将给其装配造成困难，影响机器的质量。这种在形状上出现的误差，称作形状误差。再例如阶梯轴，加工后可能会出现各轴段的轴线不在一条直线上的情形。这种在相互位置上出现的误差，称作位置误差。如果零件在加工时产生的形状误差和位置误差过大，将会影响机器的质量。

（a）　　　　（b）

图 5-51　形状误差

形状误差是指实际形状相对于理想形状的变动量。测量时，理想形状相对于实际形状的位置，应按最小条件来确定。形状公差是指实际要素的形状所允许的变动全量。

位置误差是指实际位置相对于理想位置的变动量。理想位置是指相对于基准的理想形状的位置而言。测量时，确定基准的理想形状的位置应符合最小条件。位置公差是指实际要素的位置对基准所允许的变动全量。

形状公差和位置公差，简称形位公差。对零件上精度要求较高的部位，必须根据实际需要对零件加工提出相应的形状误差和位置误差的允许范围，在图纸上标出形位公差。因此，它和表面粗糙度、极限与配合共同成为评定产品质量的重要技术指标。

（二）形位公差的代号

国家标准规定了 14 个形位公差项目，每一项目用一个符号表示，见表 5-13。

表 5-13　形位公差项目及符号

分类	名称	符号	分类		名称	符号
形状公差	直线度	—	位置公差	定向	平行度	//
	平面度	▱			垂直度	⊥
	圆度	○			倾斜度	∠
	圆柱度	⌭		定位	同轴度	◎
	线轮廓线	⌒			位置度	⌖
	面轮廓度	⌓			对称度	⌯
				跳动	圆跳动	↗
					全跳动	⌰

国家标准规定，形位公差在图样中应采用代号标注。当无法用代号标注形位公差时，允许在技术要求中用文字说明。形位公差代号包括：形位公差各项目的符号，形位公差框格及指引线，形位公差数值和其他有关符号，以及基准代号等。框格内字体的高度 h 与图样中的尺寸数字等高，如图 5-52 所示。

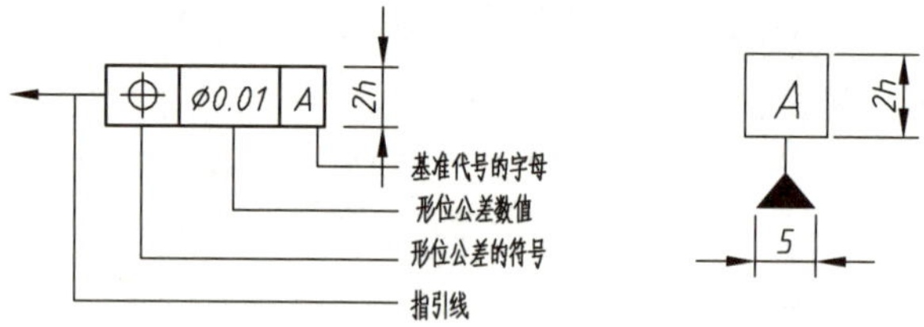

图 5-52　形位公差代号

（三）形位公差的标注

在图样中，形位公差的内容（项目符号、公差值、基准要素字母及其他要求）在公差框格中给出。公差框格用细实线画出，可画成水平的或垂直的，框格高度是图样中尺寸数字高度的两倍，它的长度视需要而定。框格中的数字、字母、符号与图样中的数字等高。用带箭头的指引线将被测要素与公差框格一端相连，指引线箭头指向公差带的宽度方向或直径方向。有基准要求时，相对于被测要素的基准用基准代号表示。基准代号也可由基准符号、圆圈、连线和大写字母组成。基准符号用加粗的短划表示；圆圈和连线用细实线绘制，连线必须与基准要素垂直，表示基准的字母也应注在公差框格内。

标注时应注意以下几点：

（1）当被测要素或基准要素为实际表面时，指引线的箭头应指在该要素的轮廓线或其引出线上，基准符号应靠近该要素的轮廓线或其引出线标注，并都应明显地与尺寸线错开，如图 5-53（a）所示。

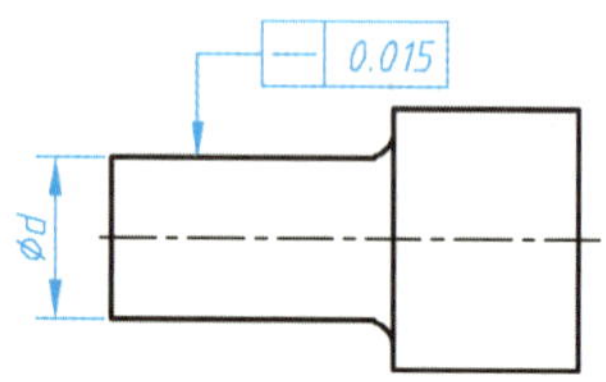

（a）

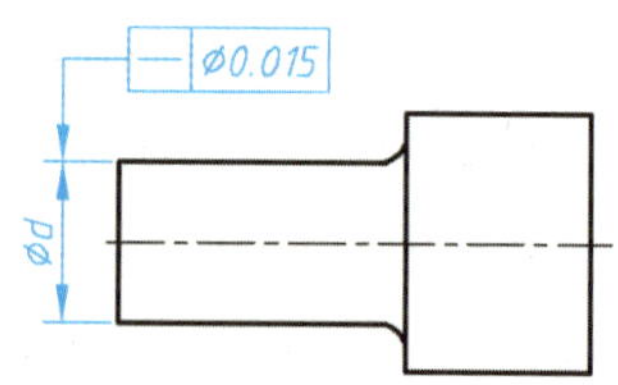

（b）

图 5-53　形状公差的标注

（2）当被测要素或基准要素为轴线、球心或中心平面时，指引线的箭头或基准符号应与该要素的尺寸线对齐，如图 5-53（b）、图 5-54 所示。

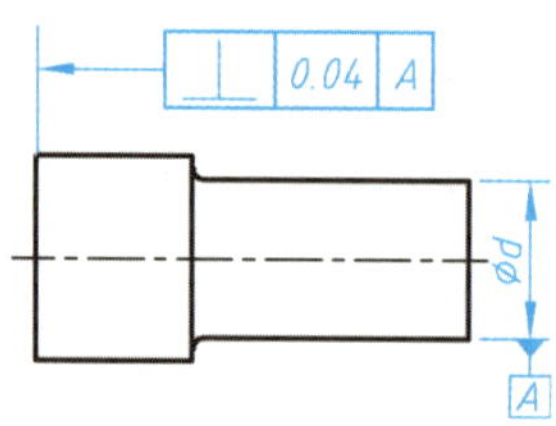

（a）

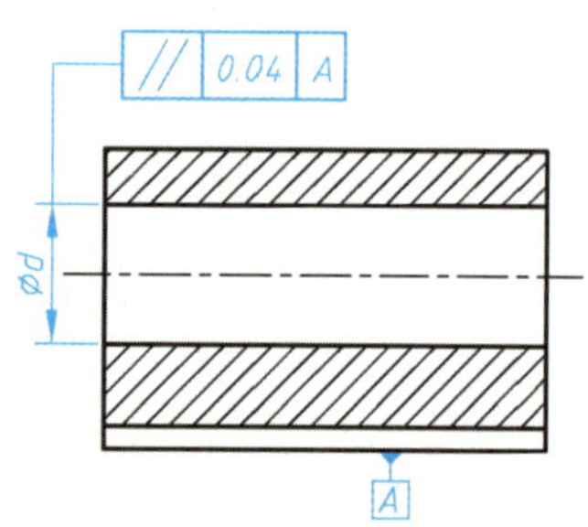

（b）

图 5-54　位置公差的标注

（3）当被测要素或基准要素为整体轴线或公共中心平面时，指引线的箭头可以直接指在轴线或中心线上，基准符号可以直接靠近轴线或中心线标注，如图 5-55 所示。

（a）　　　　　　　　　　　　（b）

图 5-55　整体轴线

下面以图 5-56 所示的形位公差综合标注为例进行介绍。

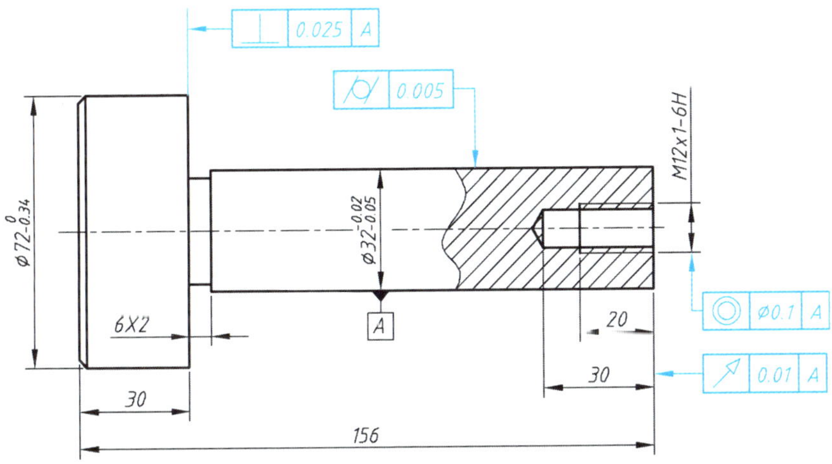

图 5-56　形位公差综合标注

图中的形位公差分别表示：

① [⌭ | 0.005] 表示：ϕ32 圆柱面的圆柱度公差为 0.005 mm，即该被测圆柱面必须位于半径差为公差值 0.005 mm 的两同轴圆柱面之间。

② [◎ | ϕ0.1 | A] 表示：M12 × 1 的轴线对基准 A（ ϕ24 圆柱面的轴线 ）的同轴度公差为 0.1 mm，即被测圆柱面的轴线必须位于直径为公差值 ϕ 0.1 mm，且与基准轴线 A 同轴的圆柱面内。

③ [↗ | 0.01 | A] 表示：ϕ32 圆柱的左端面对基准 A 的端面圆跳动公差为 0.01 mm，即被测面围绕基准 A 旋转一周时，任一测量直径处的轴向圆跳动量不得大于公差值 0.01 mm。

④ [⊥ | 0.025 | A] 表示：ϕ72 的右端面对基准 A 的垂直度公差为 0.025 mm，即该被测面必须位于距离为公差值 0.025 mm，且垂直于基准 A 的两平行平面之间。

任务六　识读零件图

识读零件图的要求：了解零件的名称、所用材料和它在机器或部件中的作用，并通过分析视图、尺寸和技术要求，想象出零件各组成部分的结构形状及相对位置，从而在头脑中建立起一个完整的、具体的零件形象，并对其复杂程度等有初步的认识，理解其设计意图，分析其加工方法等。

读零件工作图的基本方法仍然是形体分析法和线面分析法。

1. 概括了解

首先，通过标题栏，了解零件名称、材料、绘图比例等，根据零件的名称想象零件的大致功能，并对全图作一大体观览，这样就可以对零件的大致形状及在机器中的大致作用等有个初步认识。

2. 分析视图，想象零件形状

在纵览全图的基础上，详细分析视图，想象出零件的形状。要先看主要部分，后看次要部分；先看容易确定、能够看懂的部分，后看难以确定、不易看懂的部分；先看整体轮廓，后看细节形状。即应用形体分析的方法，抓特征部分，分别将组成零件各个形体的形状想象出来。对于局部投影难解之处，要用线面分析的方法仔细分析，辨别清楚。最后将其综合起来，搞清它们之间的相对位置，想象出零件的整体形状。

3. 尺寸分析

为了满足标注尺寸的合理性，应选择零件的设计基准或工艺基准作为它的尺寸基准，然后从基准出发，找出各组成部分的定形尺寸、定位尺寸及总体尺寸。

4. 了解技术要求

读懂技术要求，如表面粗糙度、尺寸公差、形位公差以及其他技术要求。分析技术要求时，关键是弄清楚哪些部位的要求比较高，以便考虑在加工时采取措施予以保证。

5. 综合分析

把零件的结构形状、尺寸标注、工艺和技术要求等内容综合起来，就能了解零件的全貌，也就读懂了零件图。有时为了读懂一些较复杂的零件图，还要参考有关资料，全面掌握技术要求、制造方法和加工工艺，综合起来就能得出零件的总体概念。

【例 5-1】读图 5-57 所示的蜗轮箱体零件图

（1）看标题栏，概括了解

由图 5-57 可知该零件名称作蜗轮箱体，是蜗轮减速器中的主要零件，因而即可知蜗轮箱体主要起支承、包容蜗轮蜗杆等的作用。该零件为铸件，因此，应具有铸造工艺结构的特点。

（2）视图分析

首先找出主视图及其他基本视图、局部视图等，了解各视图的作用以及它们之间的关系、表达方法和内容。图 5-57 所示的蜗轮箱体零件图采用了主视、俯视和左视 3 个基本视图、4 个局部视图和一个重合剖面。其中，主视图采取全剖视，主要表达箱体的内形；左视图为 *D—D* 局部剖视图，表达左端面外形和 $\phi35^{+0.025}_{0}$ 轴承孔结构等；俯视图为 *C—C* 半剖视图，与 *E* 向视图相配合，以表达底板形状等。其余 *A* 向、*B* 向、*E* 向和 *F* 向局部视图均可在相应部位找到其投影方向。

（3）根据投影关系，进行形体分析，想象出零件整体结构形状

以结构分析为线索，利用形体分析方法逐个看懂各组成部分的形状和相对位置。一般先看主要部分，后看次要部分；先外形，后内形。由蜗轮箱体的主视图分析，大致可分成如下 4 个组成部分。

① 箱壳。从主、俯和左视图可以看出箱壳外形上部为：外径 $\phi144$、内径 *R*62 的半圆形壳体，下部大体上是外形尺寸为 60、144、108，厚度为 10 的长方形壳体；箱壳左端是圆形凸缘，其上有 6 个均布的 M6 螺孔，箱壳内部下方前后各有一方形凸台，并加工出装蜗杆用的滚动轴承孔。

② 套筒。由主视、俯视和左视图可知，套筒外径为 $\phi76$，内孔为 $\phi52^{+0.03}_{0}$，用来安装蜗轮轴，套筒上部有一 $\phi24$ 的凸台，其中有一 M10 的螺孔。

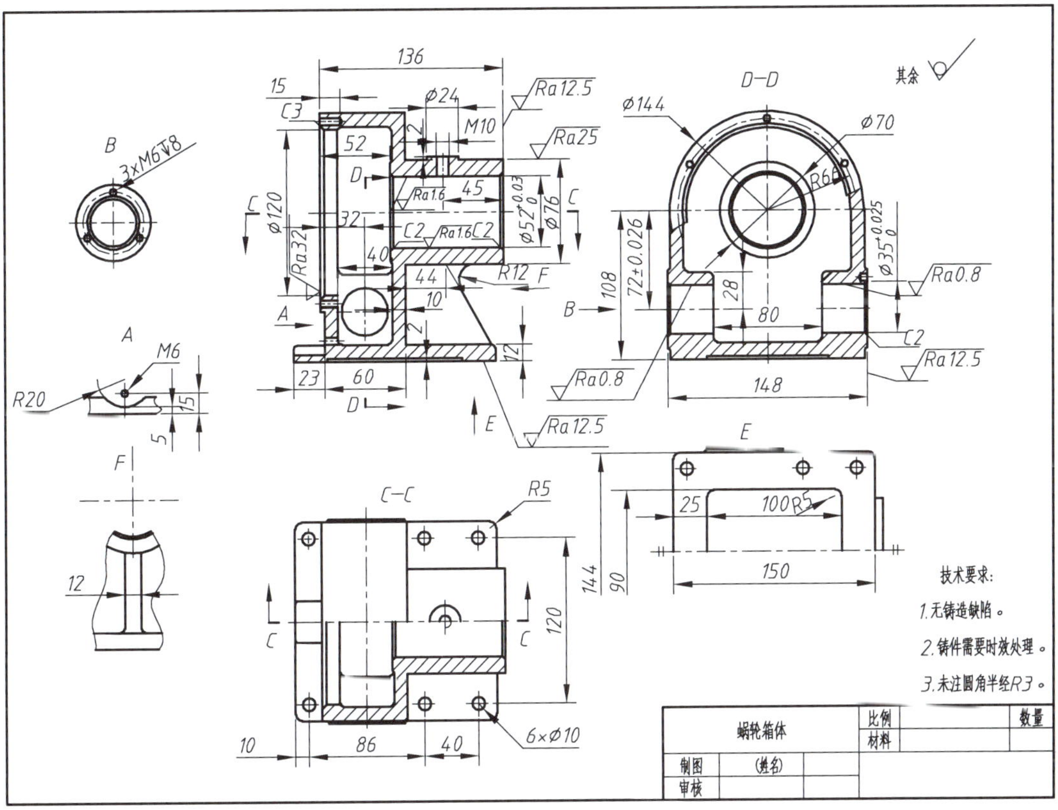

图 5-57　蜗轮箱体零件图

③ 底板。据俯视、主视和 *E* 向有关部分分析，底板大体是 150 × 144 × 12 的矩形板，底板中部有一矩形凹坑，底板上加工出 6 个 $\phi10$ 的通孔；左部的放油孔 M6 的下方有一个 *R*20 的圆弧凹槽。

④ 肋板。从主视图和 *F* 向视图及重合剖面可知，肋板大致为一梯形薄板，处于箱体前后对称位置，其三边分别与套筒、箱壳和底板连接，以加强它们之间的结构强度。

综合上述分析，便可想象出蜗轮箱体的整体结构形状，如图 5-58 所示。

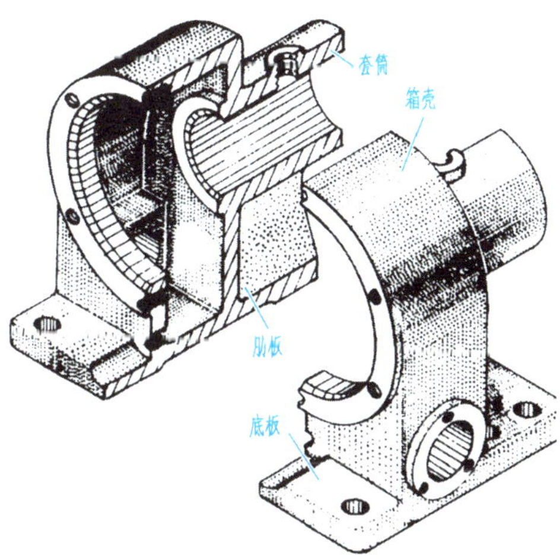

图 5-58　蜗轮箱体立体图

（4）分析尺寸和技术要求

看图分析尺寸时，一是要找出尺寸基准，二是分清主要尺寸和非主要尺寸。由图 5-58 可以看出，左端凸缘的端面为长度方向的尺寸基准，以此分别标注套筒和蜗杆轴承孔轴心线的定位尺寸 52 和 32。宽度方向的尺寸基准为对称平面；高度方向的尺寸基准为箱体底面。蜗轮轴孔与蜗杆轴孔的中心距 72 ± 0.026 为主要尺寸，加工时必须保证。然后再进一步分析其他尺寸。在技术要求方面，应对表面粗糙度、尺寸公差与配合、形位公差以及其他要求作详细分析。如本例中轴孔 $\phi35^{+0.0025}_{0}$ 和 $\phi52^{+0.03}_{0}$ 等加工精度要求较高，粗糙度 *Ra* 为 0.8 μm，两轴孔轴线的垂直度公差为 0.02。

【任务实战】

班级：__________ 姓名：__________ 学号：__________

任务名称	绘制齿轮轴零件图
任务概述	一、目　的 1. 根据所给机件的零件图以 1∶1 的比例抄画零件图； 2. 掌握零件图的基本内容及零件图识读技巧。 二、内容与要求 1. 图形准确，尺寸完整，表面技术要求规范； 2. 图名：齿轮轴；图幅：A4；比例：1∶1。 三、绘图步骤与注意事项 1. 根据所给视图对机件进行形体分析，读懂图形结构，找准图形基准线； 2. 根据规定的图幅和比例合理布置视图的位置； 3. 根据绘图步骤完成图形绘制，注意齿轮部分的画法。

视频：零件图的识读与绘制

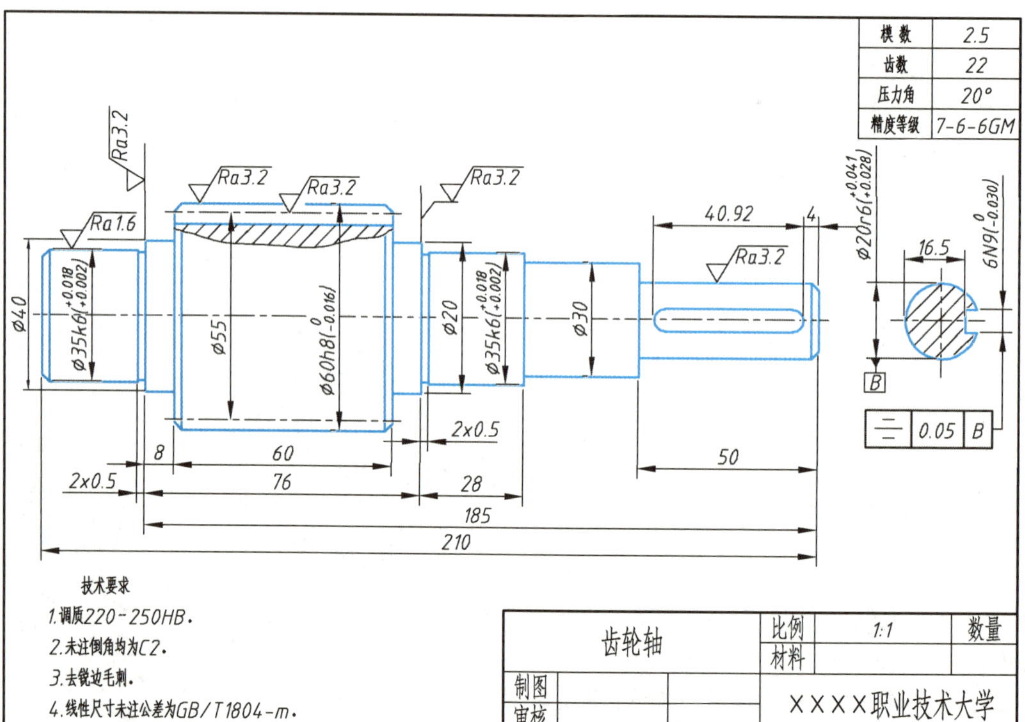

【学习评价】

<table>
<tr><th colspan="6">学习评价考核表</th></tr>
<tr><th colspan="2">评价项目</th><th colspan="2">评价标准</th><th>自评</th><th>互评</th></tr>
<tr><td rowspan="4">专业能力</td><td>图纸幅面、图纸格式绘制正确（5 分）</td><td colspan="2">1. 图框格式正确，干净整洁；
2. 标题栏格式规范（标题栏尺寸），填写正确。</td><td></td><td></td></tr>
<tr><td>图形比例合适、字体规范（10 分）</td><td colspan="2">1. 绘图比例符合要求；
2. 字体工整。</td><td></td><td></td></tr>
<tr><td>图线绘制规范（10 分）</td><td colspan="2">1 粗实线加粗，细实线加深，中心轴线规范；
2. 剖面线绘制符合标准。</td><td></td><td></td></tr>
<tr><td>图形正确（45 分）</td><td colspan="2">1. 视图规范，结构清晰；
2. 图形表达规范，其他视图符合标准；
3. 尺寸标注规范，技术要求合理；
4. 零件图内容完整。</td><td></td><td></td></tr>
<tr><td rowspan="3">素质能力</td><td>遵守课堂纪律（10 分）</td><td colspan="2">1. 上课不迟到早退；
2. 上课不玩手机、不睡觉。</td><td></td><td></td></tr>
<tr><td>课后自学能力（10 分）</td><td colspan="2">1. 做好课前复习、课后巩固；
2. 及时完成课后作业。</td><td></td><td></td></tr>
<tr><td>互帮互助能力（10 分）</td><td colspan="2">1. 乐于帮助同学，团结协作；
2. 勤于思考，勇于表达。</td><td></td><td></td></tr>
<tr><td colspan="6">教师综合评价</td></tr>
<tr><td colspan="3">专业能力评价</td><td colspan="2">素质能力评价</td><td>得分</td></tr>
<tr><td colspan="3"></td><td colspan="2"></td><td></td></tr>
<tr><td>综合评价</td><td colspan="5"></td></tr>
</table>

思政学堂 坚守初心、筑梦蓝天——胡双钱

胡双钱，中国商飞上海飞机制造有限公司高级技师，主要负责 ARJ21-700 飞机项目零件生产、C919 大型客机项目技术攻关及青年员工的培养，先后获得“上海市质量金奖”“全国五一劳动奖章”“全国劳动模范”等荣誉。近 40 年里加工的飞机零件，没有出现过一个次品。从一名仰望蓝天的少年，到“大国工匠”，胡双钱坚守初心，实现了筑梦蓝天的理想。要做好一件事，不难；要做好一天的工作，也不难。但是，要在近 40 年间，不出差错，做好每一件事，却是难上加难。对于这个令人震惊的纪录，胡双钱很淡定，没有什么豪言壮语，有的只是平淡的两个字：用心。

在他加工的零部件中，最大的将近 5 m，最小的比曲别针还小。有一次，在加工某定位圈时，由于零件的直径小，零件定位的孔径更小，而孔径深度尺寸又较长，孔径的公差要求高，通常加工完孔径的内圆尺寸后，内径无法进行打表测量，也没有专用量具。胡双钱反复琢磨，找出了一种测量内壁尺寸的方法：用块规加上标准的圆柱销进行辅助测量，通过一次次打表测量，直到符合图纸的加工要求。最终，他圆满地完成了任务。

在胡双钱眼里，自己一人好不算好，一个团队好才是真的好。创新创业来不得浮夸，回归“工匠精神”，用实干与可靠的技术、发明来扎扎实实地解决人类面临的难题、中国经济发展的困境、产业技术进步的瓶颈，是创新驱动发展的内在核心和根本保障。唯其如此，产业核心技术的获取、复杂产品的创新能力才会得到真正的提高。

思政引导：通过互联网及相关学习平台，了解“监鲸 2 号”、“墨子号”量子通信卫星、C919 大型客机等引领我国走向科技强国的大国重器。中国都有哪些傲世全球的国之重器？谈一谈你对“大国重器”“大国工匠”的感想。

单元六 装配图

表达机器或部件的工作原理、结构性能、各零件之间的装配连接关系等内容的图样，称作装配图。在设计机器时，先要根据设计者的意图画出装配图，然后再设计出零件图。在制造机器时，先按零件图加工出零件，然后把零件按照装配图进行组装和调试。在机器或设备使用与维修过程中，也常常需要用到装配图，所以装配图是机械设计、生产和使用中的重要技术文件之一。

知识目标

（1）了解装配图的内容和视图表达方式；
（2）了解装配图的尺寸种类、技术要求的拟定方法；
（3）掌握装配图中零、部件序号的编写规则，以及明细栏和标题栏的填写内容。

能力目标

（1）熟悉装配图的规定画法、特殊画法，能读懂装配图；
（2）熟悉装配图的尺寸标注方法，能读懂装配图中各尺寸的作用；
（3）掌握绘制和识读装配图的方法和步骤；
（4）具备从装配图上拆画零件图的能力。

素养目标

（1）通过对比零件图和装配图的不同表达方案，培养学生顾全大局的集体观念；
（2）养成互帮互助、团结友善的良好品质；
（3）使学生树立学习先进制造技术、勇于创新、为中国制造做贡献的信心。

任务引入

在本次学习任务中，以如图 6-1 所示的千斤顶装配图绘制为例，学习装配图的作用、内容、规定画法、特殊画法、尺寸标注、技术要求、零件序号、明细栏和工艺结构，以及画装配图和读装配图等知识。

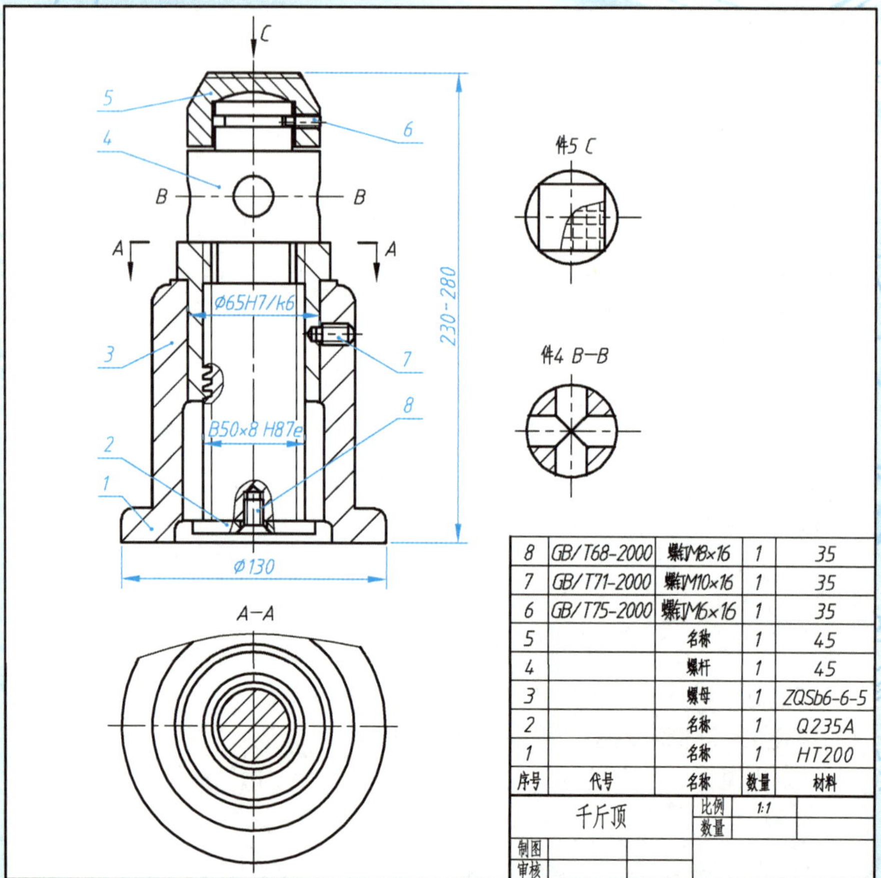

8	GB/T68-2000	螺钉M8×16	1	35
7	GB/T71-2000	螺钉M10×16	1	35
6	GB/T75-2000	螺钉M6×16	1	35
5		名称	1	45
4		螺杆	1	45
3		螺母	1	ZQSb6-6-5
2		名称	1	Q235A
1		名称	1	HT200
序号	代号	名称	数量	材料

千斤顶	比例	1:1	
	数量		
制图			
审核			

图 6-1　千斤顶装配图

任务一 装配图的作用和内容

在产品设计中，一般先根据产品的工作原理图画出装配图，然后再根据装配图进行零件设计，并拆画出零件图。在生产制造过程中，根据零件图制造出零件，再根据装配图，将零件装配成机器或部件。装配图是制订装配工艺规程、进行装配和检验的技术依据。

在机器使用时，装配图是了解机器的工作原理和构造，进行调试、维修的主要依据。此外，装配图也是进行科学研究和技术交流的工具。因此，装配图是生产中的主要技术文件。

下面以如图 6-2 所示的柱塞泵为例，介绍完整的装配图应包含的基本内容。

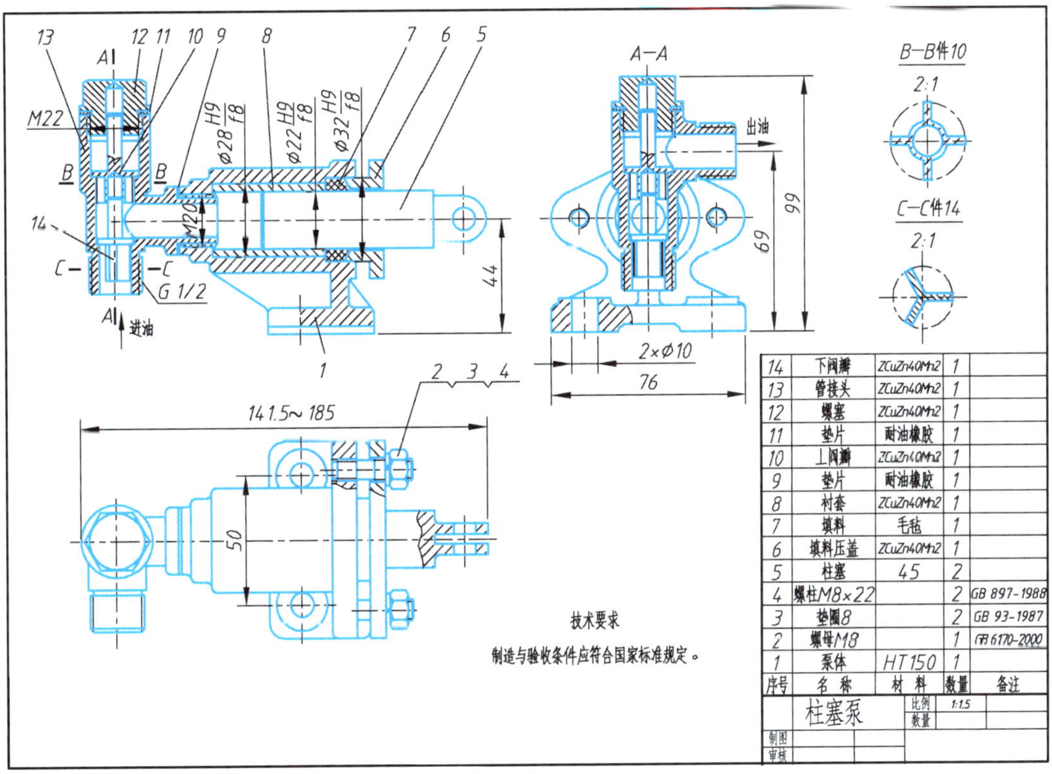

图 6-2 柱塞泵装配图

柱塞泵是液压系统的一个重要装置。它依靠柱塞在缸体中往复运动，使密封工作容腔的容积发生变化来实现吸油、压油。当柱塞 5 右移时，柱塞左端容积增大，下阀瓣 14 被抬起从进油口进油；当柱塞 5 左移时柱塞左端容积减小，上阀瓣 10 被抬起，油从出油口流出。

从图 6-2 中可以看出装配图的内容一般包括以下四个方面：

1. 一组视图

一组视图表达装配体（机器或部件）的工作原理、装配关系、各组成零件的相对位置、连接方式、主要零件的结构形状以及传动路线等。

图 6-2 中采用了三个基本视图，其中，主视图和左视图采用全剖视图，清楚地表达了柱塞

泵的内部结构与装配关系；俯视图采用局部剖视图，表达了柱塞泵的外形与螺柱连接。

2. 必要的尺寸

装配图上仅需要标注表示装配体（机器或部件）规格、装配、安装时所必需的尺寸。

在图 6-2 中，柱塞直径ϕ22H9/f8 为规格尺寸，50、44 和 69 为安装尺寸，ϕ28 H9/f8、ϕ22H9/f8、ϕ32H9/f8 等为配合尺寸，76、99、141.5 ~ 185 为总体尺寸。

3. 技术要求

用符号、文字等说明对装配体（机器或部件）的工作性能、装配要求、试验或使用等方面的有关条件或要求。

4. 零件序号和明细栏

为了便于读图、图样管理和生产准备工作，装配图中的零件或部件应进行编号，这种编号称作零部件序号。零件的序号、名称、数量、材料等信息应自下而上地填写在标题栏上方的明细栏中，如图 6-2 所示。

应当指出，由于装配图的复杂程度和使用要求不同，以上各项内容并不是在所有的装配图中都要表现出来，而是要根据实际情况来决定。

任务二 装配图的规定画法和特殊画法

在零件图上所采用的各种表达方法，如视图、剖视图、断面图、局部放大图等也同样适用于画装配图。但是零件图所表达的是一个零件，而装配图所表达的则是由许多零件组成的装配体（机器或部件）。因为两种图样的要求不同，所表达的侧重面也不同。装配图应该表达出装配体的工作原理、装配关系和主要零件的主要结构形状。因此，国家标准《机械制图》和《技术制图》对绘制装配图制定了规定画法、特殊画法和简化画法等。

知识点一、规定画法

在装配图中，为了便于区分不同的零件，正确地表达出各零件之间的关系，在画法上有以下规定：

1. 接触面和配合面的画法

相邻两零件的接触表面和基本尺寸相同的两配合表面只画一条线；两零件的不接触表面和基本尺寸不同的非配合表面画成两条线，即使间隙很小，也必须用夸大画法画出间隙，如图 6-3 所示。

2. 剖面线的画法

相邻两金属零件的剖面线方向应相反，见图 6-3 中右图。当三个零件互为相邻时，其中必有两个零件的剖面线的倾斜方向一致，此时剖面线间隔不应相等，或使其相互错开；但同一装配图中的同一零件，其剖面线在各视图中都必须方向相同、间隔相等，如图 6-4 所示。

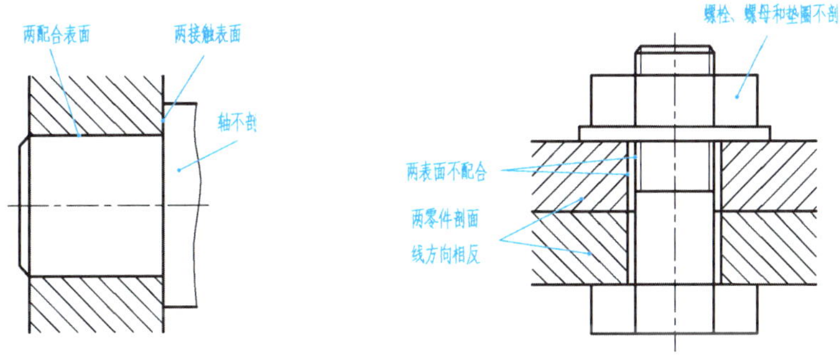

图 6-3　规定画法（一）

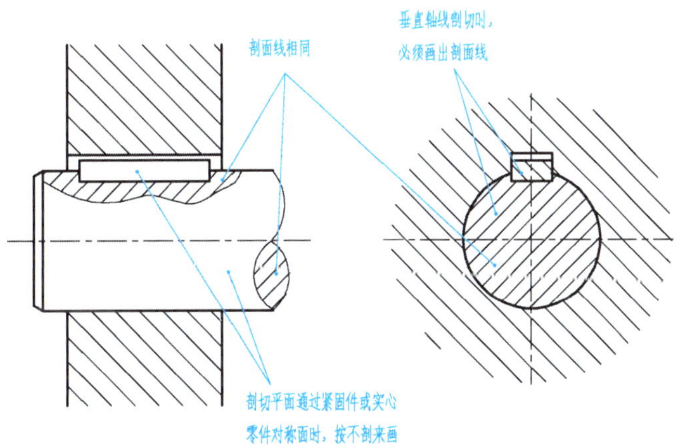

图 6-4　规定画法（二）

3. 实心件和某些标准件的画法

对于螺纹紧固件以及轴、连杆、球、钩子、键、销等实心零件，若剖切平面通过其纵向对称面或轴线时，这些零件均按不剖切绘制。如需表明零件的内部构造，如键槽、销孔等，则可用局部剖视图，如图 6-3 和图 6-4 所示。

知识点二、特殊画法

1. 拆卸画法和沿结合面剖切画法

（1）在装配图的某个视图上，如果有些零件在其他视图上已经表示清楚，而又遮住了需要表达的零件时，则可将其拆卸掉不画，而画剩下部分的视图，这种画法称作拆卸画法。为了避免读图时产生误解，可对拆卸画法加以说明，在图上加注“拆去零件 × ×”等，如图 6-5 中左视图的“拆去零件 6、7、8”。

（2）在装配图中，可假想沿某些零件的结合面剖切，此时，在零件结合面上不画剖面线，但被剖切到的零件需画剖面线。如图 6-6 中的“*C*—*C*”剖视图，是沿泵体（零件 1）和泵盖（零件 6）的结合面剖开，只有销 C4 × 20、螺栓 M8 × 22、泵轴（零件 4）被剖切到，其断面需画出剖面线。

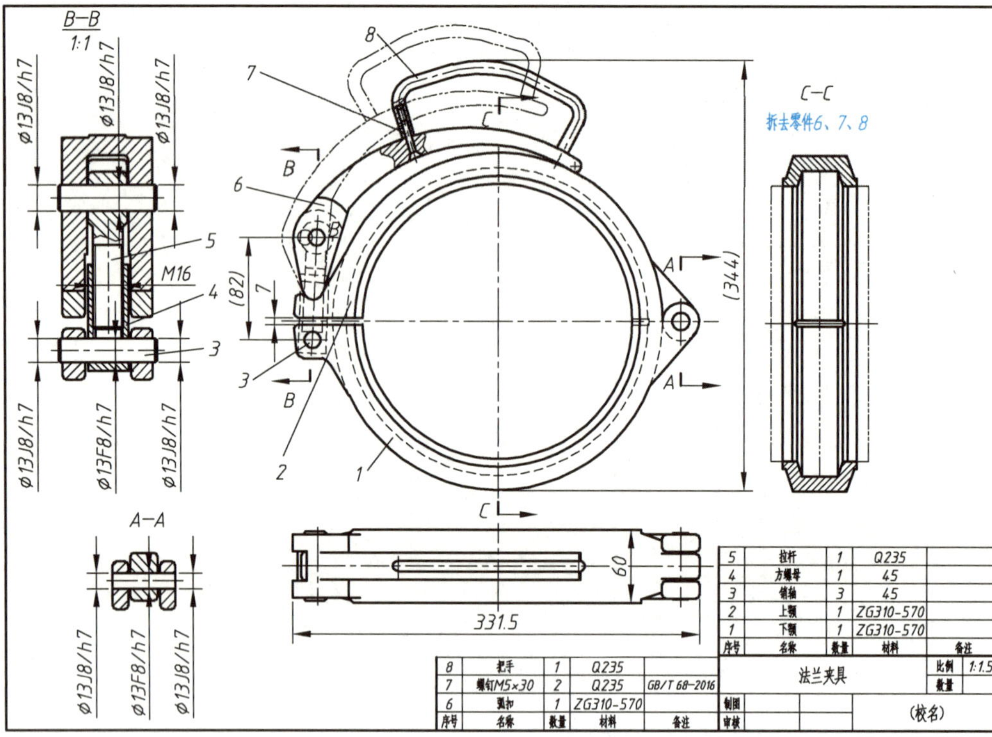

5	拉杆	1	Q235	
4	方螺母	1	45	
3	销轴	3	45	
2	上颚	1	ZG310-570	
1	下颚	1	ZG310-570	
序号	名称	数量	材料	备注

8	把手	1	Q235	
7	螺钉M5×30	2	Q235	GB/T 68-2016
6	弧扣	1	ZG310-570	
序号	名称	数量	材料	备注

法兰夹具		比例	1:1.5
		数量	
制图		(校名)	
审核			

图 6-5　法兰夹具装配图

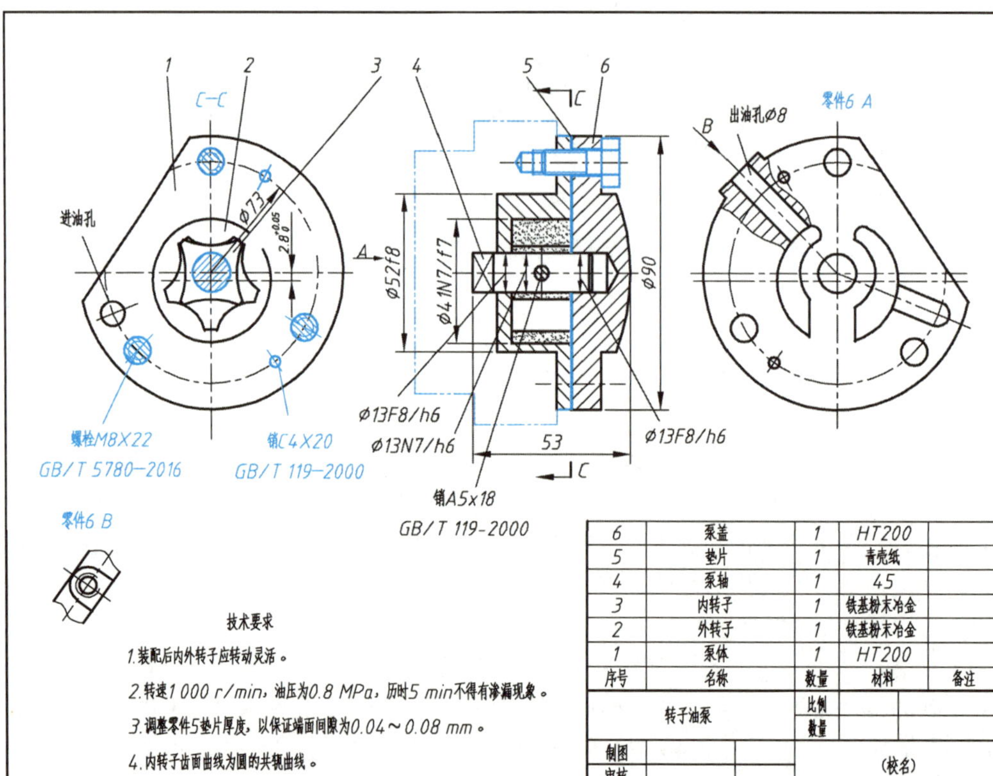

技术要求

1.装配后内外转子应转动灵活。

2.转速1 000 r/min，油压为0.8 MPa，历时5 min不得有渗漏现象。

3.调整零件5垫片厚度，以保证端面间隙为0.04～0.08 mm。

4.内转子齿面曲线为圆的共轭曲线。

6	泵盖	1	HT200	
5	垫片	1	青壳纸	
4	泵轴	1	45	
3	内转子	1	铁基粉末冶金	
2	外转子	1	铁基粉末冶金	
1	泵体	1	HT200	
序号	名称	数量	材料	备注

转子油泵		比例	
		数量	
制图		(校名)	
审核			

图 6-6　转子泵装配图

2. 假想画法

在装配图中，当需要表示某些零件运动范围和极限位置时，或需要表示该部件与相邻零部件的相对位置时，可用双点画线画出其外形轮廓图。如图 6-6 中主视图转子泵的安装位置、图 6-7 表示运动零件的极限位置，按其运动的一个极限位置绘制图形，再用双点画线画出另一极限位置的图形。

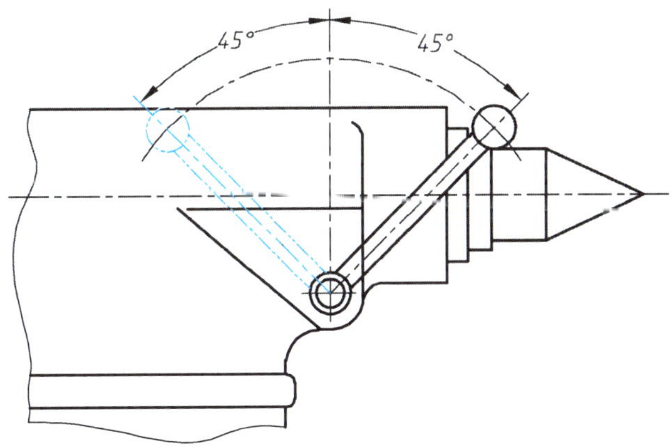

图 6-7　运动零件的极限位置

3. 夸大画法

在装配图中，对于一些薄片零件、细小结构、微小间隙等，若按其实际尺寸很难画出，或难以明确表示时，可不按其实际尺寸画图，而适当地夸大画出。在图 6-8 所示的装配图中，端盖与箱体间的垫片、端盖与轴间的间隙等，都是用夸大画法画出的。

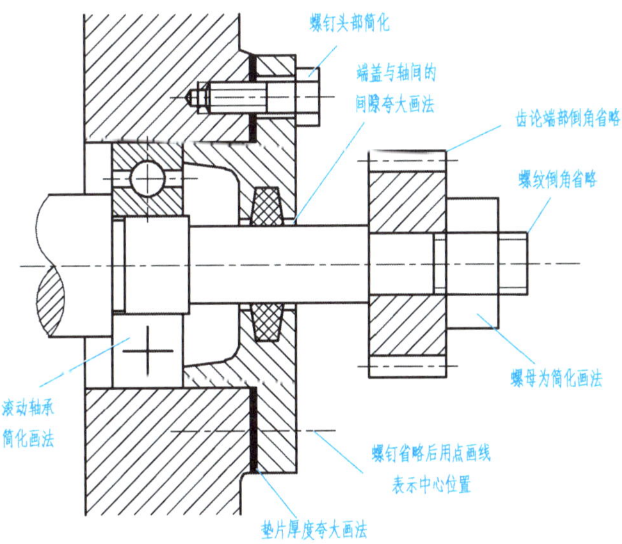

图 6-8　装配图中的简化画法

4. 单独表示某个零件

在装配图中，必要时可单独画出某一个或几个零件的视图。但必须在所画视图的上方注出该零件的视图名称，在相应视图的附近用箭头指明视图方向，并注上同样的字母，如图 6-6 中的“零件 6　*A*”和“零件 6　*B*”两个向视图。

5. 展开画法

为了表达传动机构的传动路线以及轴上各零件间的装配关系，可假想按传动顺序沿轴线用几个相交的剖切面剖切，然后依次展开使剖切面与选定的投影面平行再画出它的剖视图，这种画法称作展开画法，并在该图上方标注“×—×展开”，如图 6-9 所示。

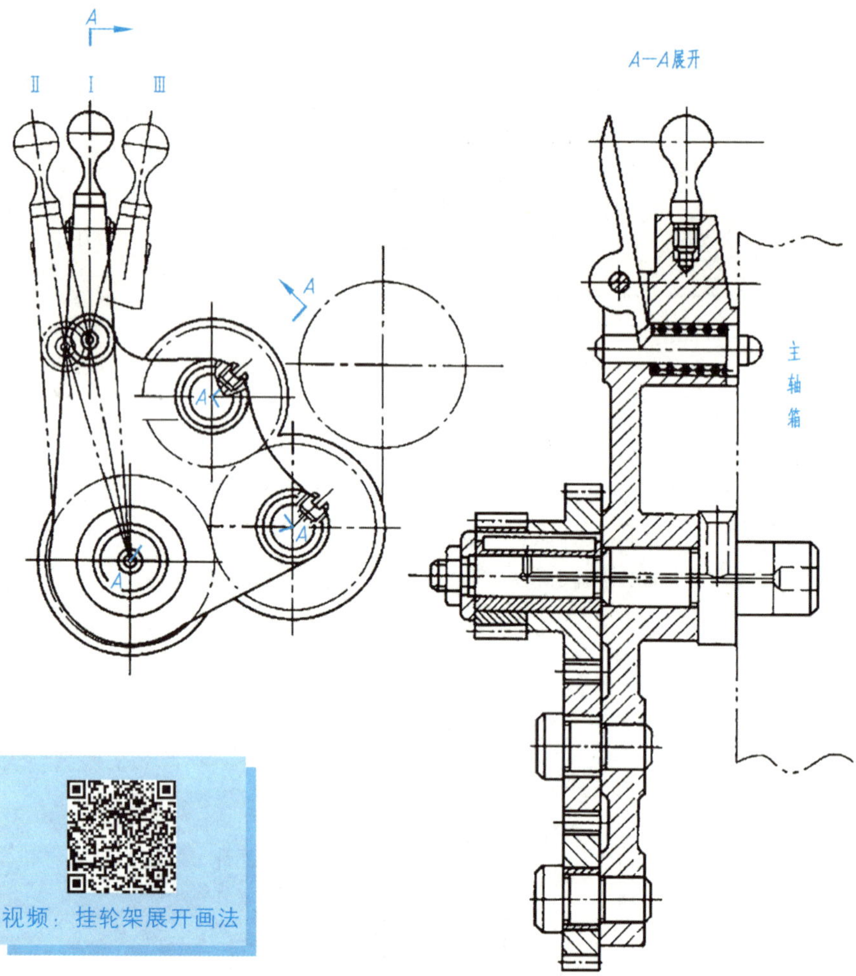

视频：挂轮架展开画法

图 6-9　挂轮架展开画法

知识点三、简化画法

（1）在装配图中，对于若干相同的零件组，如螺纹紧固件等，允许详细地画出一组或几组，其余的只需在装配位置画出中心线即可，如图 6-8 所示的螺钉连接。

（2）在装配图中，对于零件上的一些工艺结构，如小圆角、倒角、退刀槽和砂轮越程槽等可以省略不画，如图 6-8 所示。

任务三 装配图的尺寸标注和技术要求

知识点一、尺寸标注

装配图的作用与零件图不同，因此，在图上标注尺寸的要求也不同。零件图中必须标注出零件的全部尺寸，以确定零件的形状和大小；在装配图上应该按照装配体的设计、制造的要求来标注某些必要的尺寸，以说明装配体性能规格、装配体“成员”的装配关系、装配体整体大小等。即装配图没有必要标注出零件的所有尺寸，只需标出性能尺寸、装配尺寸、安装尺寸和外形尺寸等。

1. 性能（规格）尺寸

性能（规格）尺寸表示装配体的工作性能或规格大小的尺寸，这些尺寸是设计时确定的，它也是了解和选用该装配体的依据，如图 6-2 所示的柱塞直径ϕ22H9/f8。

2. 装配尺寸

装配尺寸是表示装配体中各零件之间相互配合关系和相对位置的尺寸，这种尺寸是保证装配体装配性能和质量的尺寸。

（1）配合尺寸：表示零件间配合性质的尺寸。如图 6-2 所示的配合尺寸有ϕ28H9/f8、ϕ22H9/f8、ϕ32H9/f8 等。

（2）相对位置尺寸：表示装配时需要保证的零件间相对位置的尺寸。如图 6-2 所示的泵体上两个安装孔的相对位置尺寸 50。

3. 安装尺寸

将装配体安装到其他装配体上或地基上所需的尺寸。如图 6-2 所示的柱塞中心轴线到基面的距离 44，管接头轴线到基面的距离 69 等。

4. 外形尺寸

表示装配体外形大小的总体尺寸，即装配体的总长、总宽、总高。它反映了装配体的大小，提供了装配体在包装、运输和安装过程中所占的空间尺寸。如图 6-2 中的 76、99 和 141.5 ~ 185 就是柱塞泵的外形尺寸。若某尺寸可变化时，应注明其变化范围。

5. 其他重要尺寸

其他重要尺寸是指在设计中确定的而又未包括在上述几类尺寸之中的尺寸。其他重要尺寸视需要而定，如主体零件的重要尺寸，齿轮的中心距，运动件的极限尺寸，安装零件要有足够操作空间的尺寸等。

上述五类尺寸之间并不是互相孤立无关的，实际上有的尺寸往往同时具有多种作用。此外，在一张装配图中，也并不一定需要全部注出上述五类尺寸，而是要根据具体情况和要求来确定。

知识点二、技术要求

装配图要对机器或部件的性能、使用环境、工作状态、装配时的注意事项和所要达到的质量指标等提出技术要求。根据装配图的功用，拟定技术要求一般可从以下几个方面来考虑：

1. 装配要求

（1）需要在装配时加工的说明，如有的表面需在装配后加工，零件装好后配作；
（2）指定的装配方法；
（3）安装时应满足的运动要求、密封要求、噪声或环保要求；
（4）装配后应达到的性能要求等。

2. 检验要求

（1）基本性能的检验方法和条件；
（2）检验操作指示、检验工具的规定；
（3）检验结果的判定条件等。

3. 使用要求

（1）对产品基本性能的维护、保养的要求；
（2）操作使用时的注意事项；
（3）大、中、小修的规范等。

4. 其他要求

有些机器或部件的性能、规格参数不便用符号或尺寸标注时，也常用文字注写在技术要求中，如齿轮泵的油压、转速、功率等。

上述各类技术要求，并不是每张装配图都要注全，具体注哪些，应根据需要而定。通常注写在图样右下方空白处，也可编成技术文件作为图样的附件。

任务四 装配图的零件序号和明细栏

为了便于装配时读图查找零件，便于作生产准备和图样管理，必须对装配图中所有不同的零件编写序号，并列出零件的明细栏。

知识点一、零件序号

1. 一般规定

图样中每一种规格的零件或组件都要进行编号。形状、尺寸完全相同的零件或者同一标准部件，只编写一个序号，并将该零件的相关信息填写在明细栏中。零、部件序号与明细栏中的序号必须一致。

2. 零件序号的组成

零件序号由圆点、指引线、水平线或圆（均为细实线）及数字组成，序号写在水平线上或小圆内，如图 6-10（a）所示。序号数字比装配图中的尺寸数字大一号。

（1）指引线不要与轮廓线或剖面线等图线平行，指引线之间不允许相交，但指引线允许弯折一次。

（2）指引线应从所指零件的可见轮廓内引出，并在其末端画一圆点；若所指的部分不宜画圆点，如很薄的零件或涂黑的剖面等，可在指引线的末端画一箭头，并指向该部分的轮廓，如图 6-10（b）所示。

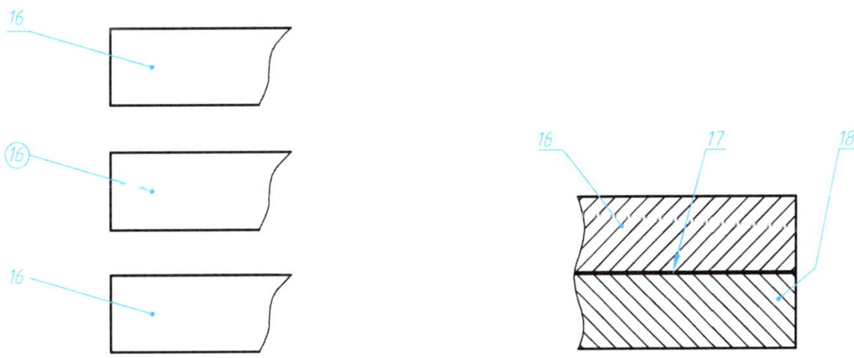

（a）　　　　（b）

图 6-10　零件序号

（3）如果是一组螺纹连接件或装配关系清楚的零件组，可以采用公共指引线，如图 6 11 所示。

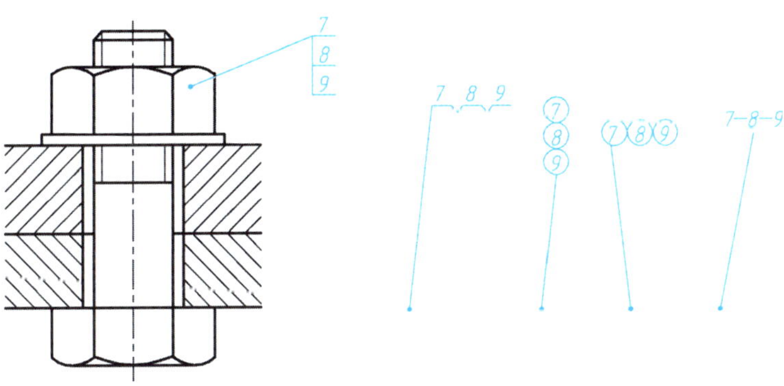

图 6-11　零件组序号

（4）标准化组件（如滚动轴承、电动机、油杯等）只能编写一个序号。

3. 序号编排方法

应将序号在视图的外围按水平或垂直方向排列整齐，并按顺时针或逆时针方向顺序依次编号，不得跳号，如图 6-1、图 6-2、图 6-5 和图 6-6 所示。

知识点二、明细栏

在装配图的右下角必须设置标题栏和明细栏。明细栏位于标题栏的上方，并和标题栏紧连在一起。图 6-12 所示的内容和格式可供制图作业中使用。

6	泵盖	1	HT200	
5	垫片	1	青壳纸	
4	泵轴	1	45	
3	内转子	1	铁基粉末冶金	
2	外转子	1	铁基粉末冶金	
1	泵体	1	HT200	
序号	名称	数量	材料	备注
转子油泵		比例		
		数量		
制图	（姓名）			
审核				

图 6-12　标题栏与明细栏

明细栏是装配体全部零件的目录，由序号、（代号）名称、数量、材料、备注等内容组成，其序号填写的顺序要由下而上。如位置不够时，可移至标题栏的左边继续编写，如图 6-5 所示。

任务五　装配体的工艺结构

零件除了应根据设计要求确定其结构外，还要考虑加工和装配的合理性，否则就会给装配工作带来困难，甚至不能满足设计要求。下面介绍几种较常见的装配工艺结构。

1. 接触面转角处的结构

两配合零件在转角处不应设计成相同的圆角，否则既影响接触面之间的良好接触，又不易加工，轴肩面和孔端面相接触时，应在孔边倒角，或在轴的根部切槽，以保证轴肩与孔的端面接触良好，如图 6-13 所示。

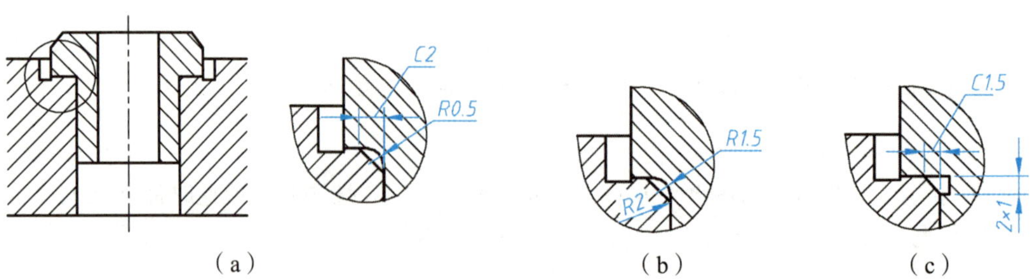

图 6-13　接触面转角处的结构

2. 两零件接触面的数量

两零件装配时，在同一方向上，一般只宜有一个接触面，否则就会给制造和配合带来困难，如图 6-14 所示。

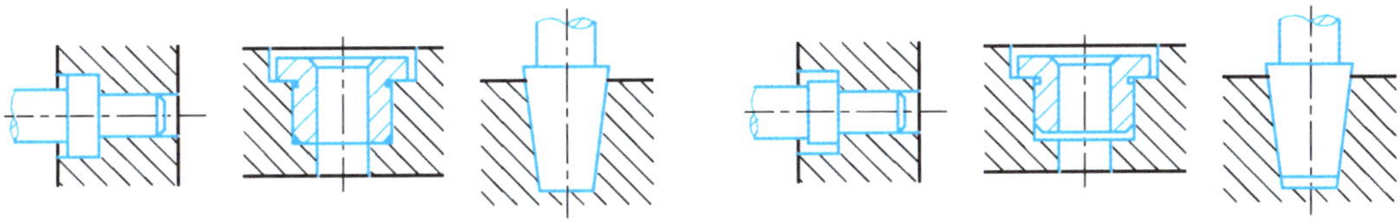

（a）不正确　　　　（b）正确

图 6-14　同一方向上只能有一个接触面

3. 减少加工面积

为了使螺栓、螺钉、垫圈等紧固件与被连接表面接触良好，减少加工面积，应把被连接表面加工成凸台或凹坑，如图 6-15 所示。

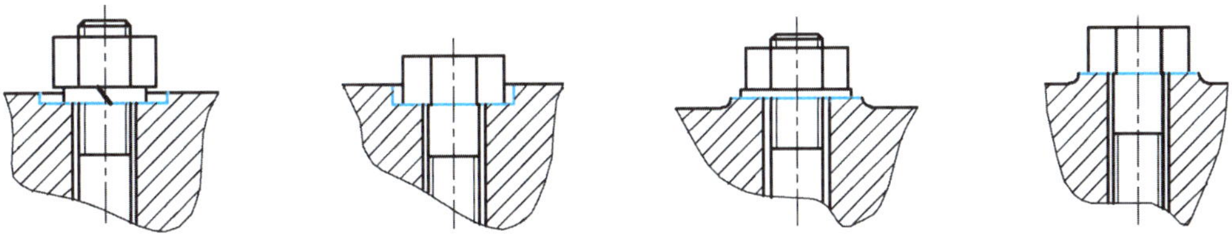

（a）　（b）　（c）　（d）

图 6-15　凸台或凹坑

4. 密封装置的结构

在一些部件或机器中，常需要有密封装置，以防止液体外流或灰尘进入。图 6-16 所示的密封装置是用在泵和阀上的常见结构。通常用浸油的石棉绳或橡胶作填料，拧紧压盖螺母，通过填料压盖即可将填料压紧，起到密封作用。但填料压盖与阀体端面之间必须留有一定间隙，才能保证将填料压紧；而轴与填料压盖之间应有一定的间隙，以免转动时产生磨擦，如图 6-16（a）所示留有一定间隙，是正确的；如图 6-16（b）所示没有留间隙，是错误的。

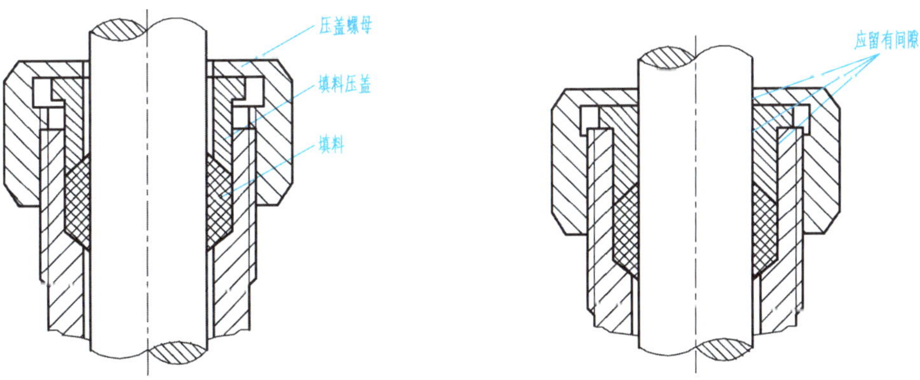

（a）正确　　　　（b）错误

图 6-16　填料与密封装置

5. 零件在轴向的定位结构

装在轴上的滚动轴承及齿轮等一般都要有轴向定位结构，以保证能在轴线方向不产生移动。如图 6-17 所示，轴上的滚动轴承及齿轮是靠轴的轴肩来定位，齿轮的另一端用螺母、垫圈来压紧，垫圈与轴肩的台阶面间应留有间隙，以便压紧。

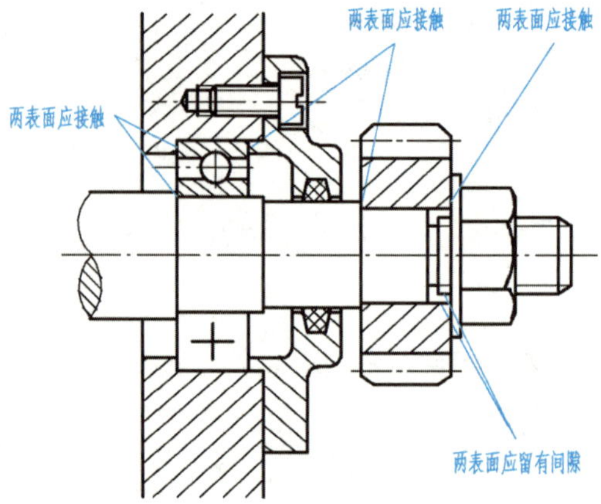

图 6-17 轴向定位结构

6. 考虑维修、安装、拆卸的方便

如图 6-18 所示，滚动轴承装在箱体轴承孔及轴上，右边是合理的，若设计成左边图那样，将无法拆卸。

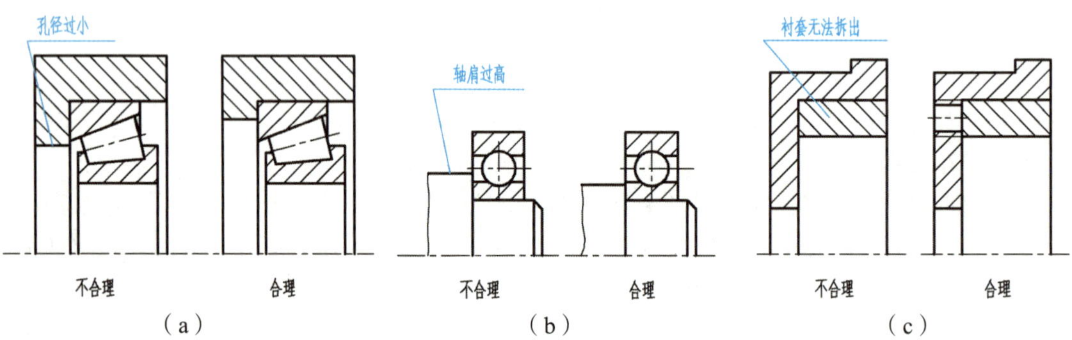

图 6-18 滚动轴承和衬套的定位结构

在安排螺钉位置时，应考虑扳手的空间活动范围，如图 6-19 所示。图 6-19（a）中所留空间太小，扳手无法使用，图 6-19（b）是正确的结构形式。

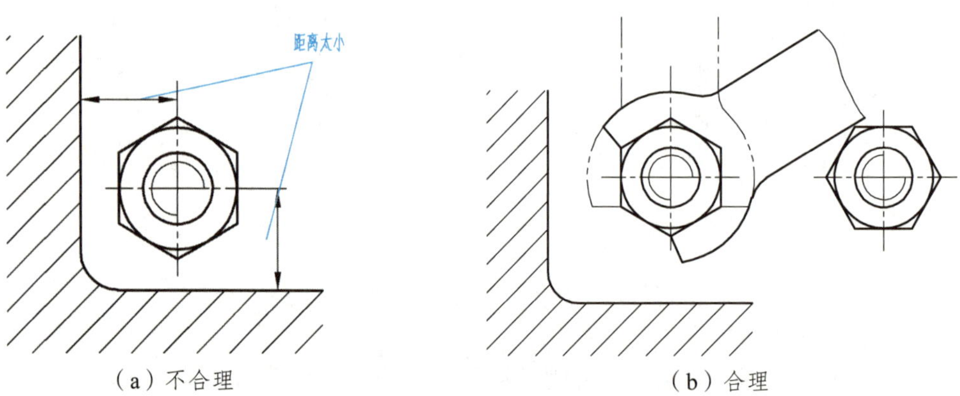

图 6-19 留出扳手活动空间

应考虑螺钉放入时所需要的空间，如图 6-20 所示。图 6-20（a）中所留空间太小，螺钉无法放入，图 6-20（b）是合理的结构形式。

（a）不合理　　（b）合理

图 6-20　留出螺钉装卸空间

任务六　装配图的画法

在画装配图之前，必须对该装配体的功用、工作原理、结构特点，以及装配体中各零件的装配关系等有一个全面的了解和认识。装配体由若干零件组成，根据装配体所属的零件图，就可以画出装配体的装配图。现以图 6-1 所示的千斤顶装配图为例，介绍画装配图的方法和步骤。

（一）拟定表达方案

表达方案包括选择主视图、确定其他视图。拟定表达方案能较好地反映装配体的装配关系、工作原理和主要零件的结构形状等。

对装配图视图的要求：

（1）投影关系正确，图样画法和标注方法符合国家标准规定。

（2）装配体中各零件的装配关系表达清楚，主要零件的主要结构形状要表达清楚，但不要求把每个零件的形状结构都表达完全。

（3）图形清晰，便于阅读者读图。

（4）便于绘制和尺寸标注。

1. 主视图的选择

一般按装配体的工作位置放置，并使主视图能够较多地表达装配体的工作原理、零件间主要装配关系及主要零件的结构形状特征。

一般在装配体中，将装配关系密切的一些零件，称作装配干线。

千斤顶的主视图按其工作位置竖直放置，即按顶举重物和复位的方向放置，并将底座上的标准件转至与顶垫上的标准件处于同一平面。

将螺杆上两组通孔的轴线水平和竖直放置作为主视图的投射方向，并作剖视，可清楚地表达各主要零件的结构形状、装配关系以及工作原理。

2. 其他视图的选择

主视图选定之后，一般只能把装配体的工作原理、主要装配关系和主要结构特征表示出来，但是，只靠一个视图是不能把所有的情况全部表达清楚的。因此，就需要有其他视图作为补充，并应考虑以何种表达方法最能做到易读易画。对主视图未能表示清楚的内容，选用其他视图、剖视图等表示。所选视图要重点突出，相互配合，避免遗漏和不必要的重复。

千斤顶的主视图虽反映出了工作原理、装配关系、零件间的相互位置，但螺母和底座的外形结构、顶垫的顶面结构，以及螺杆四个通孔的内部结构尚未表示清楚，以俯视方向沿螺母与螺杆的结合面剖切，表示螺母和底座的外形，再补充两个辅助视图，反映顶垫的顶面结构和螺杆上部用于穿铰杆的四个通孔的局部结构。

3. 检查、修改、调整、补充

检查是否表示完全，必要时，进行调整、补充。

（二）画装配图的步骤

确定了装配体的视图表达方案后，根据视图表达方案以及装配体大小及复杂程度，选取适当的比例，安排各视图的位置，从而选定图幅，便可着手画图。在安排各视图的位置时，要注意留有编写零件序号、明细栏，以及注写尺寸和技术要求的位置。

画图时，应先从装配干线入手，画出各视图的主要轴线、对称中心线和某些零件的基面和端面等作图基准线。由主视图开始，几个视图配合进行。画剖视图时按照装配干线，由内向外逐个画出各个零件，即从装配体的核心零件开始“由内向外”，按装配关系逐层扩展画出各零件，最后画壳体、箱体等支撑、包容零件。也可由外向里画，即先将起支撑、包容作用的壳体、箱体零件画出，再按装配关系逐层向内画出各零件。

下面以千斤顶为例简要说明其画图过程：

（1）根据所确定的视图数目、图形的大小和采用的比例，选定图幅；并在图纸上进行布局。在布局时，应留出标注尺寸、编注零件序号、书写技术要求、画标题栏和明细栏的位置。

（2）画出图框、标题栏和明细栏。

（3）画出各视图的主要中心线、轴线、对称线及基准线等，如图 6-21（a）所示。

（4）画出各视图主要部分的底稿。通常可以先从主视图开始。根据各视图所表达的主要内容不同，可采取不同的方法着手。如果是画剖视图，则应从内向外画。这样被遮住的零件的轮廓线就可以不画。如果画的是外形视图，一般则是从大的或主要的零件着手，如图 6-21（b）、（c）、（d）、（e）、（f）、（g）所示。

（5）画次要零件、小零件及各部分的细节，如图 6-21（h）所示。

（6）加深图线。

（7）注出必要的尺寸。

（8）编注零件序号，并填写明细栏和标题栏。

（9）填写技术要求等。

（10）仔细检查全图并签名，完成全图，如图 6-1 所示。

(a)

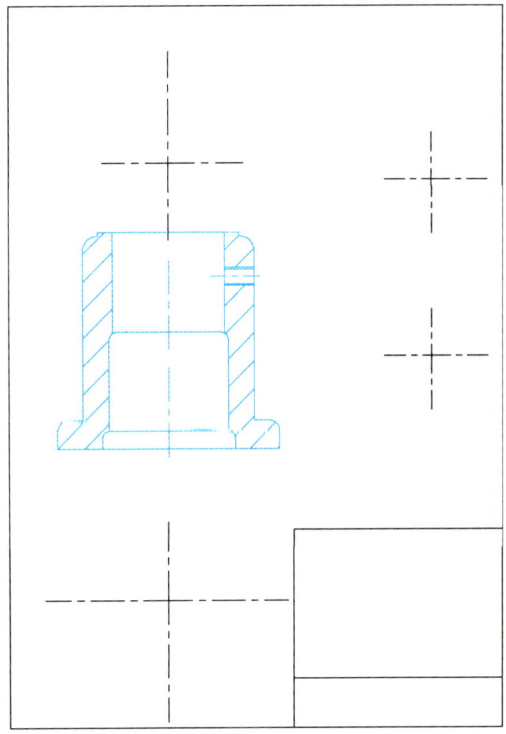

(b)

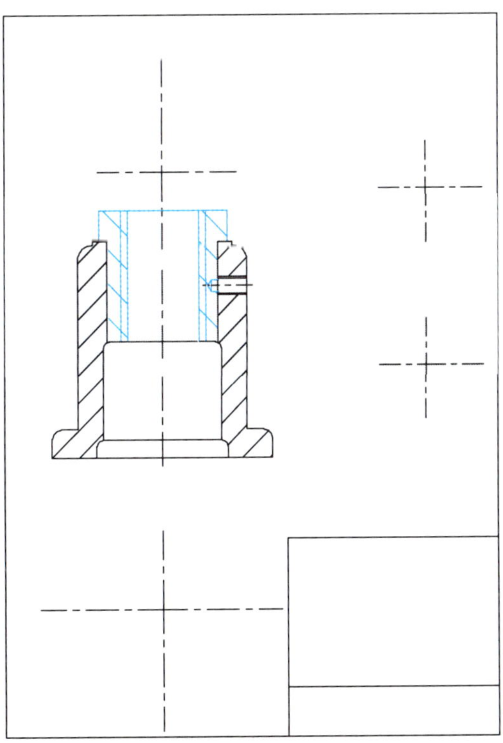

(c)

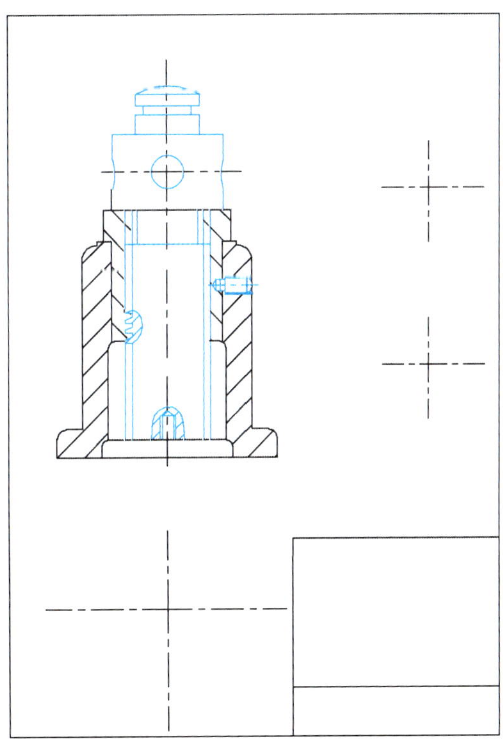

(d)

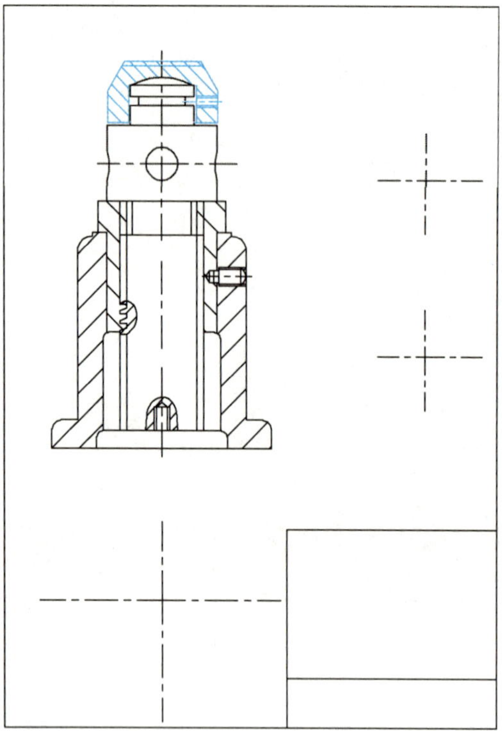

（e）

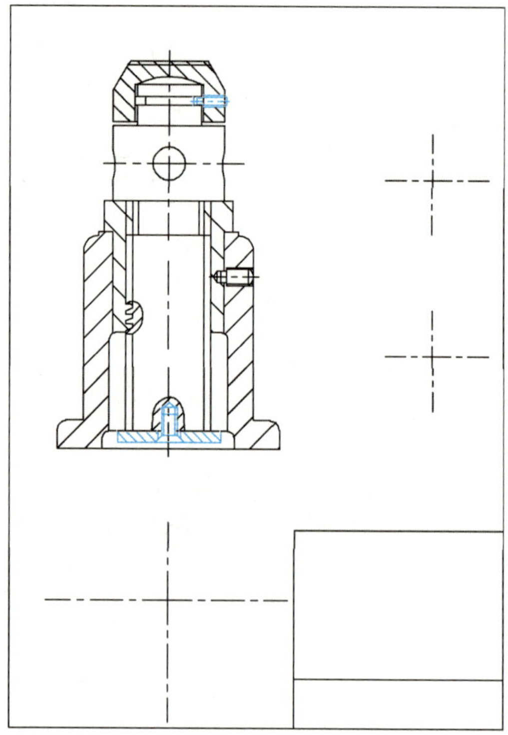

（f）

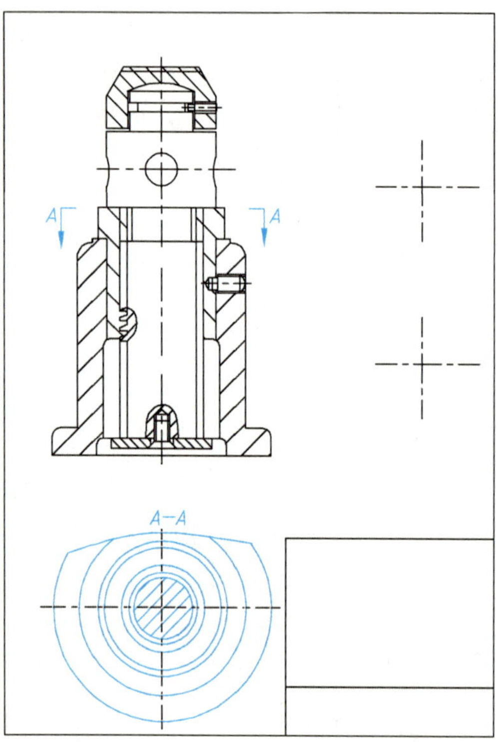

（g）

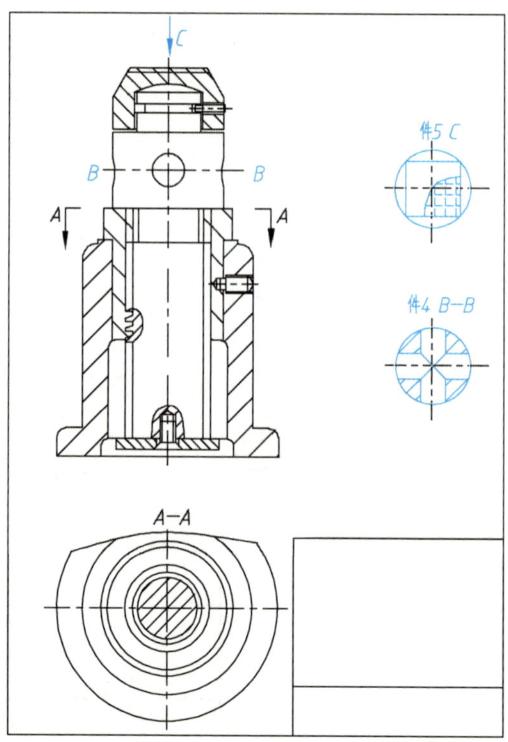

（h）

图 6-21　装配图的画法步骤

任务七 识读装配图

在装配机器，维护和保养设备，从事技术改造的过程中，都需要识读装配图。其目的是了解装配体的规格、性能、工作原理，各个零件之间的相互位置、装配关系、传动路线及各零件的主要结构形状等。例如在设计中，需要依据装配图来设计零件并画出零件图；在装配机器时，需根据装配图将零件组装成部件或机器；在设备维修时，需参照装配图进行拆卸和重新装配；在技术交流时，则要参阅有关装配图才能了解、研究一些工程、技术等有关问题。因此，工程技术人员必须具备识读装配图的能力。

读装配图的一般要求：

（1）了解装配体的功用、性能和工作原理，装配体的使用、调整方法等。

（2）弄清楚各零件间的装配关系，各零件如何定位、固定和装拆次序。

（3）弄清楚各零件的主要结构形状和作用等。

（4）了解技术要求中的各项内容。

现以图 6-22 所示的齿轮油泵为例，介绍识读装配图的方法和步骤。

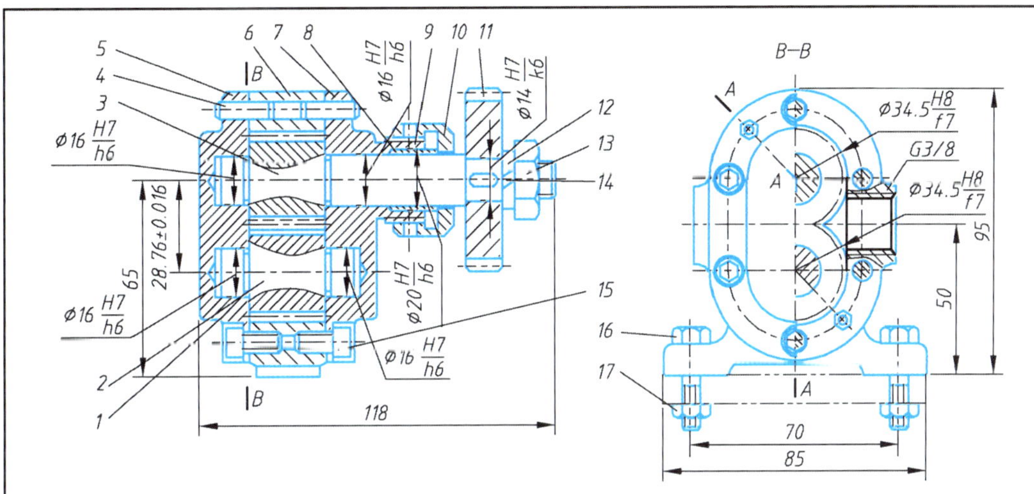

技术要求

1.齿轮安装后，用手转动作动齿轮时，应转动灵活.

2.两齿轮轮齿的啮合面占齿长的3/4以上.

序号	名称	数量	材料	备注
17	螺母×16	2	Q235	GB/T6170—2000
16	螺栓M16×30	2	Q235	GB/T5782—2000
15	螺钉M6×16	2	35	GB/T65—2000
14	键5×5×10	1	45	GB/T1096—2000
13	螺母×20	1	Q235	GB/T6170—2000
12	垫圈	1	65Mn	GB/T94.1—2000
11	传动齿轮	1	45	m=2.5,z=20
10	压紧螺母	1	35	
9	轴套	1	ZCuSn5PbZn5	
8	密封圈	1	橡胶	
7	右端盖	1	HT200	
6	泵体	1	HT200	
5	垫片	2	纸	厚=1
4	销A5×18	4	45	GB/T 119.1—2000
3	主动齿轮轴	1	45	m=3,z=9
2	从动齿轮轴	1	45	m=3,z=9
1	左端盖	1	HT200	

齿轮油泵	比例	1:1	
	数量		
制图			
审核			

图 6-22 齿轮油泵装配图

知识点一、识读装配图的基本方法

（一）概括了解

（1）从标题栏了解装配体名称、大致用途及绘图的比例等。从标题栏了解绘图比例，查外形尺寸可明确装配体的大小。

齿轮油泵是机器润滑、供油系统中的一个部件，用来为机器输送润滑油，是液压系统中的动力元件。从绘图的比例为 1∶1，齿轮油泵外形尺寸为 118×85×95，可以对该装配体体形的大小有一个印象。

（2）从零件编号及明细栏中，可以了解零件的名称、数量及在装配体中的位置。从明细栏了解装配体由那些零件组成，标准件和非标准件各为多少，以判断装配体复杂程度。

齿轮油泵是由泵体、传动齿轮、齿轮轴、泵盖等零件组成。齿轮油泵由 17 种 34 个零件组成，4 种标准件，属简单装配体。

（3）分析视图，了解各视图、剖视、断面等相互间的投影关系及表达意图。了解视图数量、视图的配置，找出主视图，确定其他视图投射方向，明确各视图的画法。

齿轮油泵共有两个基本视图，主视图采用全剖视图，表达了齿轮泵的装配关系。左视图沿左泵盖与泵体结合面剖开，由于油泵在此方向内、外结构形状对称，故此视图采用了一半拆卸剖视和一半外形视图的表达方法——半剖，表达了一对齿轮的啮合情况；还采用了局部剖视，表达了进出口油路。

（二）分析视图，了解工作原理

根据视图配置，找出它们的投影关系。对于剖视图，要找到剖切位置。分析所采用的表达方法及表达的主要内容。

如图 6-22 所示的齿轮油泵共用了两个视图，主视图是用两相交剖切平面剖切的全剖视图，它将该部件的结构特点和零件间的装配、连接关系大部分表达出来。由于油泵内、外结构形状对称，左视图为半剖视图，采用沿左端面剖切的拆卸画法，表达泵室内齿轮啮合情况，以及泵体的形状和螺钉的分布情况。主视图中的局部剖视图表达了一对齿轮的啮合情况，左视图中的局部剖视图则是用来表达进油口和出油口。

一般情况下，直接从图样上分析装配体的传动路线及工作原理。当装配体比较复杂时，需参考产品说明书。

如图 6-22 所示的齿轮油泵，当外部动力经齿轮传至传动齿轮 11 时，即产生旋转运动。当它逆时针方向（在左视图上观察）转动时，通过键 14，带动传动齿轮轴 3，再经过齿轮啮合带动从动齿轮，从而使齿轮轴 2 顺时针方向转动。当主动齿轮逆时针方向转动时，从动齿轮顺时针方向转动，齿轮啮合区右边的轮齿逐渐分开时，齿轮油泵的右腔空腔体积逐渐扩大，油压降低，形成负压，油箱内的油在大气压的作用下，经吸油口被吸入齿轮油泵的右腔，齿槽中的油随着齿轮的继续旋转被带到左腔；而左边的各对轮齿又重新啮合，空腔体积缩小，使齿槽中不断挤出的油成为高压油，并由压油口压出，这样，泵室右面齿间的油被高速旋转的齿轮源源不断地带往泵室左腔，然后经管道被输送到机器中需要供油的部位，如图 6-23 所示。

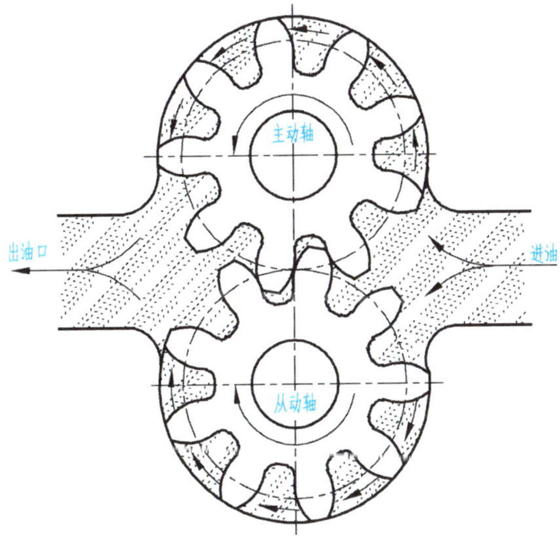

图 6-23　齿轮油泵的工作原理

（三）分析零件间的装配关系及装配体的结构

这是识读装配图进一步深入的阶段，需要把零件间的装配关系和装配体结构搞清楚。细致分析视图，弄清各零件之间的装配关系，以及各零件主要结构形状，各零件如何定位、固定，零件间的配合情况，各零件的运动情况，零件的作用和零件的拆、装顺序等。

图 6-22 所示的齿轮油泵主要有两条装配线：一条是主动齿轮轴系统，它是由主动齿轮轴 3 装在泵体 6 和左端盖 1 及右端盖 7 的轴孔内；在主动齿轮轴上装有密封圈 8、轴套 9 及压紧螺母 10；在主动齿轮轴右边伸出端，装有传动齿轮 11、垫圈 12 及螺母 13。另一条是从动齿轮轴系统，从动齿轮轴 2 也是装在泵体 6 和左端盖 1 及右端盖 7 的轴孔内，与主动齿轮啮合。

对于齿轮泵的结构可分析下列内容：

1. 连接和固定方式

在齿轮油泵中，左端盖 1 和右端盖 7 都是靠内六角螺钉 15 与泵体 6 连接，并用销 4 来定位。密封圈 8 是由轴套 9 及压紧螺母 10 将其挤压在右端盖相应的孔槽内。传动齿轮 11 靠主动齿轮轴 3 端面定位，用螺母 13 及垫圈 12 固定。两齿轮轴向定位，是靠两端盖端面及泵体两侧面分别与齿轮两端面接触。从图 6-22 中可以看出，采用 4 个圆柱销定位、12 个螺钉紧固的方法将两个端盖与泵体连接在一起。

2. 配合关系

凡是配合的零件，都要弄清基准制、配合种类、公差等级等。这可由图上所标注的配合代号来判别。如两齿轮轴与两泵盖轴孔的配合均为 $\phi16\frac{H7}{f6}$。两齿轮与两齿轮腔的配合均为 $\phi34.5\frac{H8}{f7}$。它们都是基孔制、间隙配合，都可以在相应的孔中转动。

3. 密封装置

泵、阀之类部件，为了防止液体或气体泄漏以及灰尘进入内部，一般都有密封装置。在齿轮油泵中，主动齿轮轴 3 伸出端用轴套 9、压紧螺母 10 和密封圈 8 加以密封；两端盖与泵体接触面间放有垫片 5 的作用也有密封防漏作用。

4. 装拆顺序

装配体在结构设计上都应有利于各零件能按一定的顺序进行装拆。齿轮油泵的拆卸顺序是：先拧出螺母 13，取出垫圈 12、齿轮 11 和键 14，旋出压紧螺母 10，取出轴套 9；再拧出左、右端盖上各六个螺钉 15，两端盖、泵体和垫片即可分开；然后从泵体中抽出两齿轮轴。对于销和密封圈可不必从泵盖上取下。如果需要重新装配上，可按拆卸的相反次序进行。

（四）分析零件，看懂零件的结构形状

弄清楚每个零件的结构形状和作用，是读懂装配图的重要标志。在分析清楚各视图表达的内容后，对照明细栏和图中的序号，逐一分析各零件的结构形状。分析时一般从主要零件开始，再看次要零件。

分析零件，首先要会正确地区分零件。区分零件的方法主要是依靠不同方向和不同间隔的剖面线，以及各视图之间的投影关系进行判别。从标注该零件序号的视图入手，用对线条、找投影关系以及根据“同一零件的剖面线在各个视图上方向相同、间隔相等”的规定等，将零件在各个视图上的投影范围及其轮廓搞清楚，进而构思出该零件的结构形状。此外，分析零件主要结构形状时，还应考虑零件为什么要采用这种结构形状，以进一步分析该零件的作用。

零件区分出来之后，便要分析零件的结构形状和功用。例如，齿轮油泵件 7 的结构形状。首先，从标注序号的主视图中找到件 7，并确定该件的视图范围；然后用对线条找投影关系，以及根据同一零件在各个视图中剖面线应相同这一原则来确定该件在左视图中的投影。这样就可以根据从装配图中分离出来的属于该件的投影进行分析，想象出它的结构形状。齿轮油泵的两泵盖与泵体装在一起，将两齿轮密封在泵腔内；同时对两齿轮轴起着支承作用。所以需要用圆柱销来定位，以便保证左泵盖上的轴孔与右泵盖上的轴孔能够很好地对中。

分析清楚零件之间的配合关系、连接方式和接触情况，能够进一步了解装配体。

（五）归纳总结

在详细分析各个零件之后，可综合想象出装配体的结构和装配关系，弄懂装配体的工作原理，拆卸顺序。还需对装配图所注尺寸以及技术要求（符号、文字）进行分析研究，进一步了解装配体的设计意图和装配工艺。传动齿轮轴 3 与传动齿轮 11 的配合为 $\phi14H7/k6$，为基孔制过渡配合。$\phi16H7/h6$ 为基孔制间隙配合。$\phi34.5H8/f7$ 为基孔制间隙配合。尺寸 27.2 ± 0.016 为重要尺寸，反映出对啮合齿轮中心距的要求。118 为总长尺寸，85 为总宽尺寸，95 为总高尺寸。$2 \times \phi7$、70 为安装尺寸。这样，对装配体的全貌就有了进一步的了解，从而读懂装配图，为进一步拆画零件图打下良好基础。齿轮油泵的立体图如图 6-24 所示。

以上所述是读装配图的一般方法和步骤，事实上有些步骤不能截然分开，而要交替进行。再者，读图总有一个具体的重点目的，在读图过程中应该围绕着这个重点目的去分析、研究。只要这个重点目的能够达到，那就可以不拘一格，灵活地解决问题。

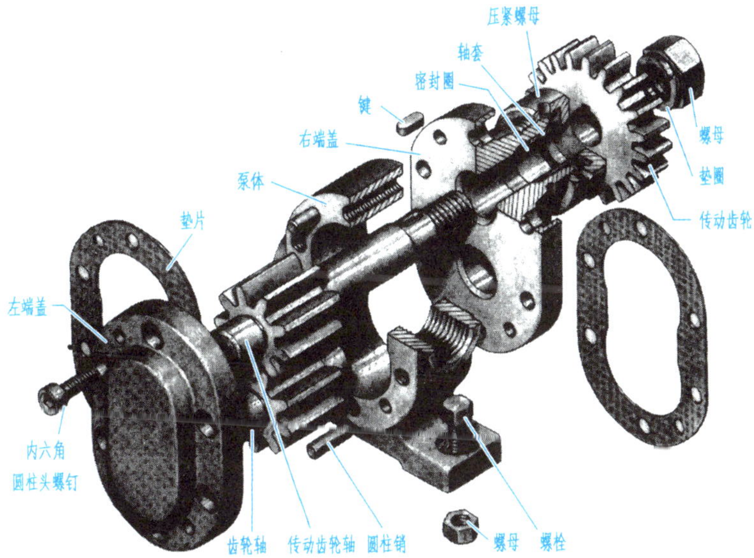

图 6-24 齿轮油泵的立体图

知识点二、由装配图拆画零件图

在设计新机器时，通常根据使用要求，先画出装配图，确定实现其工作性能的主要结构，然后依据装配图来设计零件并画出零件图。由装配图拆画零件图，不仅是机械设计中的一个重要环节，也是考核检查能否读懂装配图的重要手段。

根据装配图拆画零件图，不仅需要较强的读图、画图能力，而且需要有一定的设计和工艺知识。现以如图 6-22 所示的齿轮油泵 7 号零件右端盖为例，简要说明拆画零件图的方法和步骤。

（一）认真读懂装配图，掌握所拆画零件的轮廓和结构形状

拆图前必须认真读懂装配图。一般情况下，主要零件的结构形状在装配图上已表达清楚，而且主要零件的形状和尺寸还会影响其他零件。因此，可以从拆画主要零件开始。对于一些标准零件，只需要确定其规定标记，可以不拆画零件图。

拆画零件图时，先从各个视图上区分出零件。应当注意，在装配图中，由于零件间的相互遮掩或采用了简化画法、夸大画法等，零件的具体形状或某些形状不能完全表达清楚。这时，零件的某些不清楚部位应根据其作用和与相邻零件之间的装配关系进行分析，补充并完善。

在装配图的主视图中，分离出右端盖的投影，左视图不能直接反映其端面形状。从主视图上看，左、右端盖的销孔、螺孔均与泵体贯通，与泵体接触部分的结构和它们所起的作用完全相同。据此，可确定右端盖的端面形状与左端盖的端面形状完全一致，如图 6-25 所示。

装配图的视图选择方案，主要是从表达装配体的装配关系和整个工作原理来考虑的；而零件图的视图选择，则主要是从表达零件的结构形状这一特点来考虑。由于表达的出发点和主要要求不同，所以在选择视图方案时，就不应强求与装配图一致，即零件图不能简单地照抄装配图上对于该零件的视图数量和表达方法，而应该结合该零件的形状结构特征、工作位置或加工位置等，按照零件图的视图选择原则重新考虑。

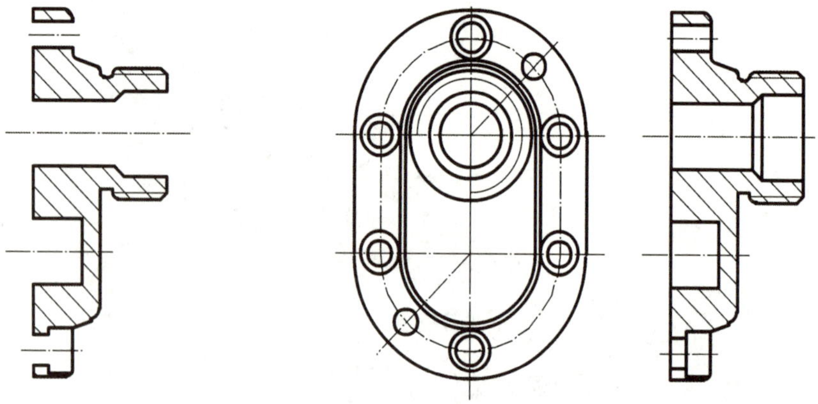

（a）　　　　　　　　　　（b）

图 6-25　由装配图拆画零件图

右泵盖的主视图的安放位置和投射方向与装配图一致，按工作位置放置。主视图采用了全剖视图，可将三个组成部分的外部结构及其相对位置反映出来，也将其内部结构，如阶梯孔、销孔、螺孔等表达清楚。右视图表达右泵盖的外形轮廓，以及销孔、螺孔等的分布情况。

在装配图中对零件上某些局部结构可能表达不完全，而且对一些工艺标准结构还允许省略（如圆角、倒角、退刀槽、砂轮越程槽等）。在画零件图时均应补画清楚，对标准结构应查表确定。

（二）合理、清晰、完整地标注尺寸

拆画零件图时应按零件图的要求注全尺寸。

（1）装配图已注的尺寸，在有关的零件图上应直接注出。对于配合尺寸，一般应注出尺寸的上、下偏差。

（2）对于一些工艺结构，如圆角、倒角、退刀槽、砂轮越程槽、螺栓通孔等，应尽量选用标准结构，查阅有关标准尺寸标注。

（3）对于与标准件相连接的有关结构尺寸，如螺孔、销孔、键槽等尺寸，应查阅有关手册资料确定。

（4）有的零件的某些尺寸需要根据装配图所给的数据进行计算才能得到（如齿轮分度圆、齿顶圆直径等），需经计算确定。

（5）一般尺寸均按装配图的图形大小、图的比例，可从装配图中按比例直接量取，并将量得的尺寸数值圆整。

应该特别注意，各零件间有装配关系的尺寸，必须协调一致，配合零件的相关尺寸不可互相矛盾。相邻零件接触面的有关尺寸和连接件有关的定位尺寸必须一致，拆图时应一并将它们注在相关的零件图上。

例如，根据 M6 查表确定内六角圆柱头螺钉用的通孔尺寸为 $6\times\phi6.6$ 和沉孔 $\phi11$ 深 6.8。确定细牙普通螺纹的尺寸为 $M27\times1.5$。查表确定退刀槽的尺寸为 2.5×1.5。

（三）注写零件图上的技术要求

要根据零件在装配体中的作用和与其他零件的装配关系，以及工艺结构等要求，参考有关

资料和同类产品，标注出该零件的表面粗糙度等方面的技术要求。有配合要求或有相对运动的表面，零件表面质量要求较高，如右端盖与轴配合的孔 *Ra* 的上限值为 1.6。在标题栏中填写零件的材料时，应和明细栏中的一致。右端盖的零件图如图 6-26 所示。

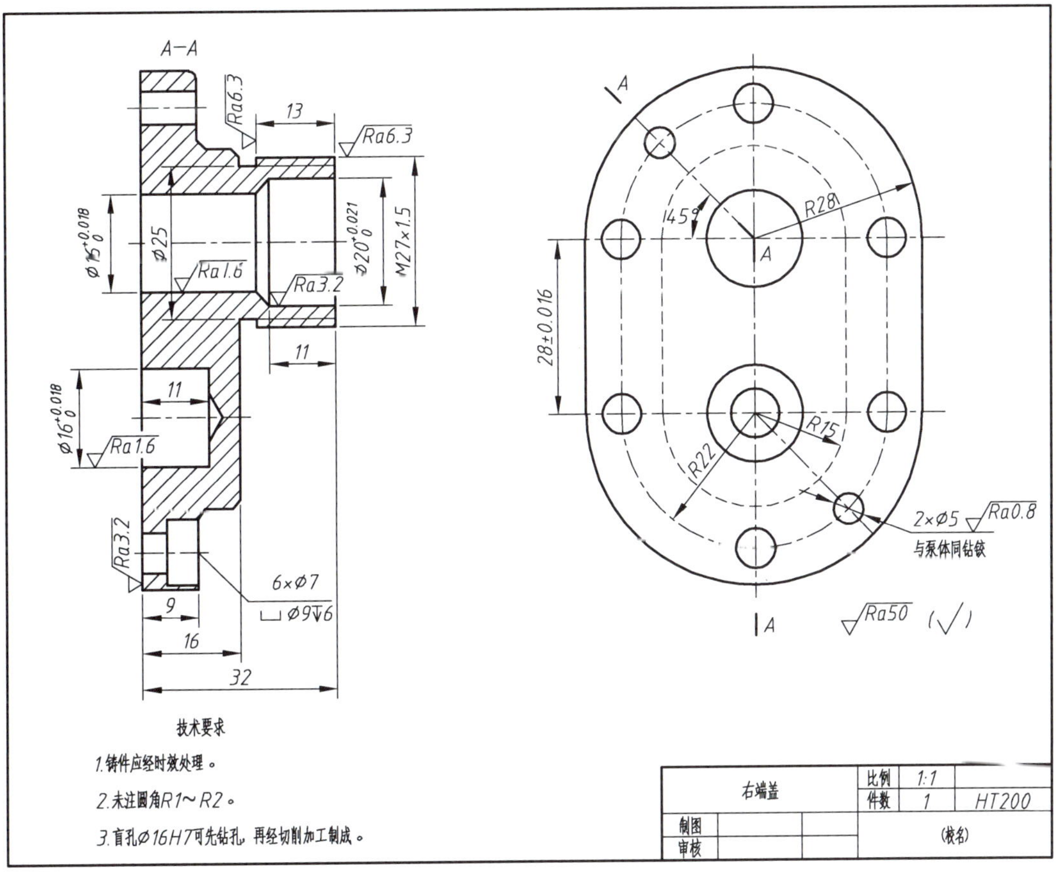

图 6-26　右端盖零件图

【任务实战】

班级：＿＿＿＿＿＿ 姓名：＿＿＿＿＿＿ 学号：＿＿＿＿＿＿	
任务名称	绘制千斤顶装配图
任务概述	一、目的、内容与要求 1. 根据千斤顶零件图图纸，绘制千斤顶装配图。 2. 读懂各组成零件的结构形状和它们之间的装配、连接关系，选择恰当的表达方案。 二、图名、图幅、比例 图名：千斤顶；图幅：A3；比例，1∶1。 三、千斤顶工作原理 千斤顶是一种小型起重工具。绞杠穿入螺杆 4 上部的通孔中，拨动绞杠，螺杆 4 随之转动，由于螺纹作用，因螺母 3 与底座 1 通过螺钉 7 连接在一起，故螺杆 4 上下移动，通过顶垫 5 将重物顶起或落下。螺钉 6 将顶垫与螺杆连接在一起。 视频：千斤顶装配图分析与绘制

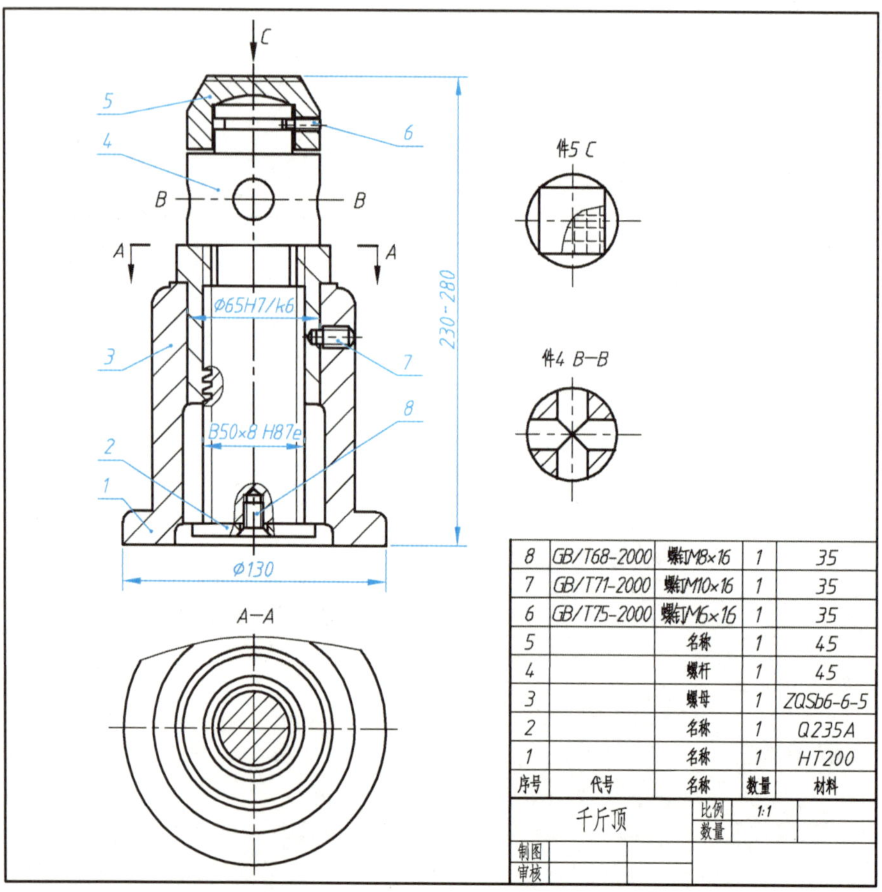

8	GB/T68-2000	螺钉M8×16	1	35
7	GB/T71-2000	螺钉M10×16	1	35
6	GB/T75-2000	螺钉M6×16	1	35
5		名称	1	45
4		螺杆	1	45
3		螺母	1	ZQSb6-6-5
2		名称	1	Q235A
1		名称	1	HT200
序号	代号	名称	数量	材料

千斤顶	比例	1:1	
	数量		
制图			
审核			

【学习评价】

<table>
<tr><th colspan="5">学习评价考核表</th></tr>
<tr><th colspan="2">评价项目</th><th>评价标准</th><th>自评</th><th>互评</th></tr>
<tr><td rowspan="4">专业能力</td><td>图纸幅面、图纸格式绘制正确（10 分）</td><td>1. 图框格式正确，干净整洁；
2. 标题栏格式规范（标题栏尺寸），填写正确；
3. 明细栏填写完整，零件编号符合要求。</td><td></td><td></td></tr>
<tr><td>图形比例合适、字体规范（5）</td><td>1. 绘图比例符合要求；
2. 字体工整。</td><td></td><td></td></tr>
<tr><td>图线绘制规范（10 分）</td><td>1. 粗实线加粗，细实线加深，中心轴线规范；
2. 剖面线绘制符合装配图要求；
3. 装配结构合理。</td><td></td><td></td></tr>
<tr><td>图形正确（45 分）</td><td>1. 视图规范，结构清晰；
2. 图形表达规范，其他视图符合标准；
3. 尺寸标注规范，技术要求合理；
4. 装配图内容完整，装配原理正确。</td><td></td><td></td></tr>
<tr><td rowspan="3">素质能力</td><td>遵守课堂纪律（10 分）</td><td>1. 上课不迟到早退；
2. 上课不玩手机、不睡觉。</td><td></td><td></td></tr>
<tr><td>课后自学能力（10 分）</td><td>1. 做好课前复习、课后巩固；
2. 及时完成课后作业。</td><td></td><td></td></tr>
<tr><td>互帮互助能力（10 分）</td><td>1. 乐于帮助同学，团结协作；
2. 勤于思考，勇于表达。</td><td></td><td></td></tr>
<tr><td colspan="5">教师综合评价</td></tr>
<tr><td colspan="2">专业能力评价</td><td>素质能力评价</td><td colspan="2">得分</td></tr>
<tr><td colspan="2"></td><td></td><td colspan="2"></td></tr>
<tr><td>综合评价</td><td colspan="4"></td></tr>
</table>

思政学堂　以超群技艺助力中国高铁发展——李文龙

从沂蒙革命老区走出来的李文龙，2007 年进入中车青岛四方机车车辆股份有限公司，由一名普通工人成长为首席技能专家。身为高铁动车组内装装配领域的“大国工匠”，李文龙精通多种型号高速动车组及城轨地铁制造、装配工艺，具有独立研发、设计工艺装备及解决棘手技术难题的能力。

司机室是动车组的关键部位，内部部件之间的尺寸关系复杂，各种复杂的长、大、异形零部件的装配，对装配技能要求极高，不仅精度非常高，而且劳动强度大，堪称最复杂的装配工序。

对于农村出身的李文龙来说，吃苦并不是问题，最大的挑战在于，尽管在技校有学钳工的底子，但感觉学校里学的知识根本不够用。

第一次拿到司机室结构总装图，李文龙只看懂个大概。为了掌握司机室装配技术，他买回了大量的专业书籍自学。“那时已经不是想不想学的问题了，而是必须学，否则就得被淘汰。”随着知识量的增加，李文龙对干好自己的工作也渐渐有了底气。

李文龙是个有心人，他悟出了“如果能够了解全套工序生产流程，就能进一步提高产品的每个生产环节的质量和精度”的道理。在这个想法的驱使下，李文龙总是在完成自己的工作后，去别的工友岗位学习，一边做一边记。短短半年时间，他就把动车组整个装配工序的生产工艺流程装进了脑子里，成为装配线上的技能骨干。

在生产一线，李文龙练就了不少“绝活”。车头前挡风玻璃的装配是动车组制造的一大关键技术。当动车组时速超过 300 km，80%以上的阻力是空气阻力，同时还面临气动噪声、列车表面压力波等考验，这对前挡风玻璃的装配提出了很高的要求。凭着精湛的技艺，李文龙能精确控制前挡风玻璃的装配精度，不但保证了行车安全，而且外形美观。

“要做就做到最好”，这已经成为李文龙的工作信念。近年来，在动车组装配生产线上，李文龙经手了从“和谐号”到“复兴号”多种车型的装配制造，创新了多项工艺操作法。通过大胆的摸索和试验，他还接连提出工艺革新建议，发明了一批快速工装，这些工装成为生产线上的“神器”，方便、准确、高效，减少了返工，降低了成本，同时也保证了产品质量。

思政引导：通过互联网了解更多关于我国高铁建造取得的辉煌成就，谈一谈诸如李文龙这样的“大国工匠”给你的启示。

单元七 AutoCAD 计算机绘图

AutoCAD 是一款集二维绘图、三维建模、数据管理和数据共享等诸多功能于一体的高精度计算机辅助设计软件，该软件具有功能强大、易于掌握、使用方便和良好的二次开发性等特点，目前已经在机械、建筑、电子、航天、船舶、地理和气象等领域得到了广泛的应用，逐渐成为各领域工程师设计和提高工作效率的有效工具之一。

经过不断的发展和改进，AutoCAD 绘图软件已经具备强大和完善的设计功能，掌握 AutoCAD 的绘图技巧也已成为从事相关设计行业的一项基本技能。AutoCAD 2022 继承了 AutoCAD 的一贯优势，并且在用户界面、图形管理、用户定制、性能、互联网等方面进一步得到了加强，因此在本学习单元中，将以 AutoCAD 2022 为基础，对 AutoCAD 中常用的基本绘图和编辑命令以及其他相关操作内容进行简单介绍。

知识目标

（1）熟悉 AutoCAD 绘图环境，掌握二维绘图方法与编辑功能；

（2）掌握 AutoCAD 绘制组合体三视图的方法；

（3）掌握 AutoCAD 绘制组合体正等轴测图的方法；

（4）掌握 AutoCAD 绘制机件剖视图的方法；

（5）掌握 AutoCAD 绘制零件图的方法；

（6）熟悉 AutoCAD 绘制装配图的方法。

能力目标

（1）能够熟练地使用计算机绘制二维工程图；

（2）熟练掌握工程图尺寸标注、形位公差标注、表面粗造度标注等计算机绘制的方法和技巧；

（3）正确使用参考资料、手册、标准及规范等；

素养目标

（1）培养规范计算机作图的良好习惯；

（2）培养良好的职业道德和工作作风；

（3）养成勤于思考的学习习惯；

（4）提升综合解决问题的能力。

任务引入

用 AutoCAD 绘制零件图时，除了要根据零件的形状特点用合适的绘图和编辑命令绘制零件基本视图以外，还要注意的是零件图中有很多的铸造圆角和倒角结构；还有尺寸精度、几何公差和表面结构等技术要求要在零件图里标注清楚。绘制零件的铸造圆角和倒角结构可以用“圆角”和“倒角”命令完成。标注尺寸精度、几何公差和表面结构等技术要求会涉及“图块”和“形位公差”等命令的使用（说明：“形位公差”是旧国家标准中“几何公差”的说法，但 AutoCAD 软件系统中还没有及时更改，仍然使用“形位公差”）。通过本任务学习绘制如图 7-1 所示的支架零件图。

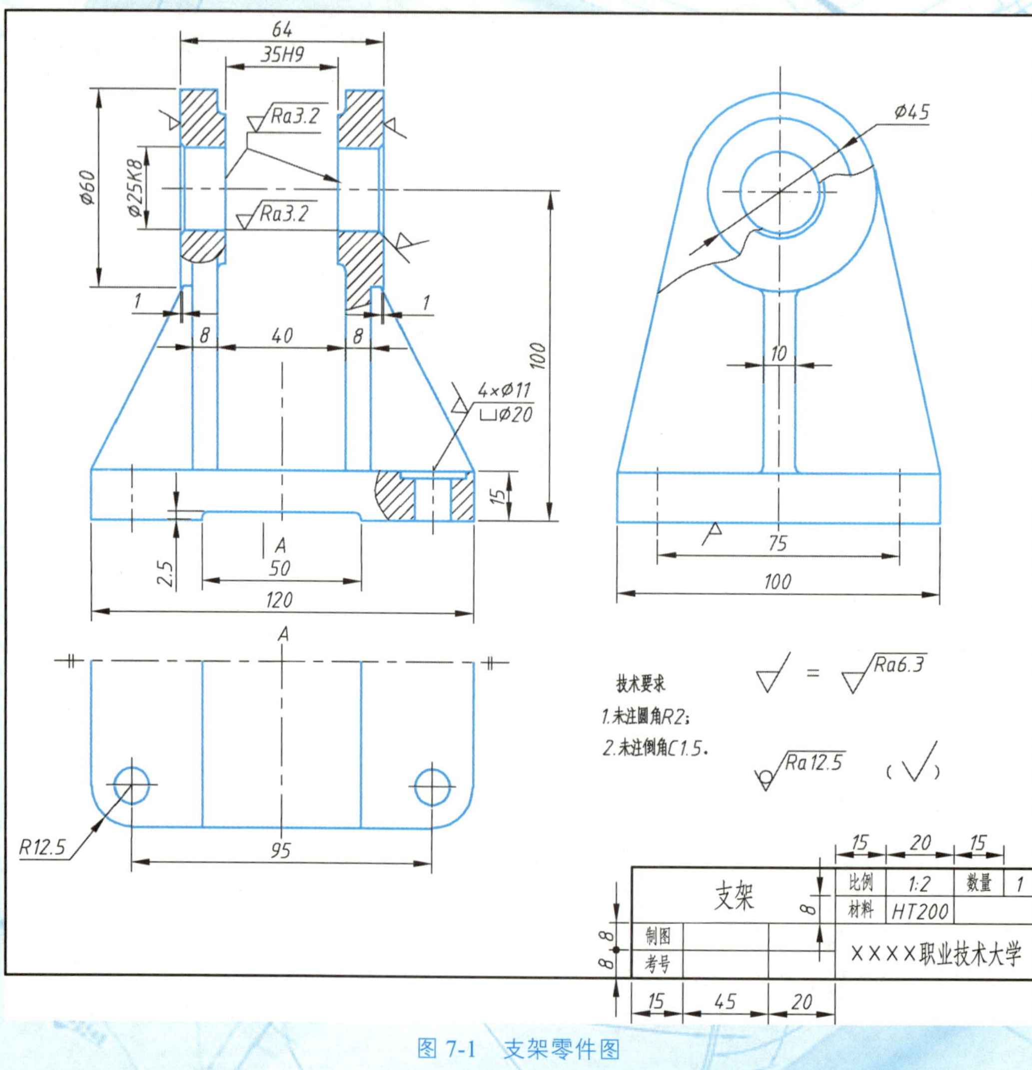

图 7-1　支架零件图

任务一　AutoCAD 绘图基础

知识点一、AutoCAD 2022 的工作界面

AutoCAD 2022 中文版是 Autodesk 公司推出的较新版本 CAD 设计软件包。由于其人性化的设计界面、操作方式和强大的设计能力，可最大限度地满足用户的需要，因而在各行各业有着广泛的应用。AutoCAD 2022 中文版具有轻松的设计环境，更加透明的用户界面，使得用户可以将更多的精力集中在设计对象和设计过程上而非软件本身。

启动 AutoCAD 2022 进入开始界面，然后单击“打开”或“新建”区域进入工作界面，如图 7-2 所示。AutoCAD 2022 提供了“草图与注释”“三维基础”“三维建模”等工作空间。AutoCAD 2022 的默认界面为“草图与注释”工作空间的界面。该界面由快速访问工具栏、菜单栏、标题栏、功能区、绘图窗口、坐标系、命令行、状态栏等组成，如图 7-3 所示。

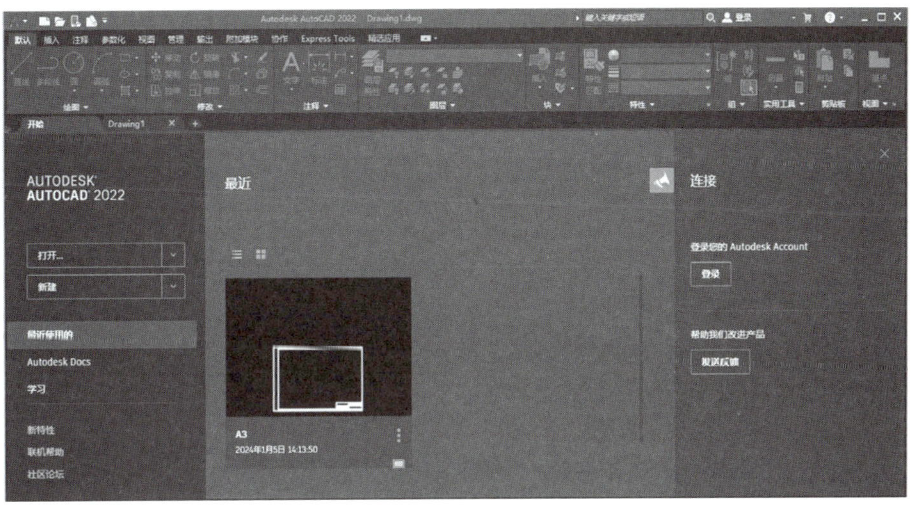

图 7-2　快速入门工作界面

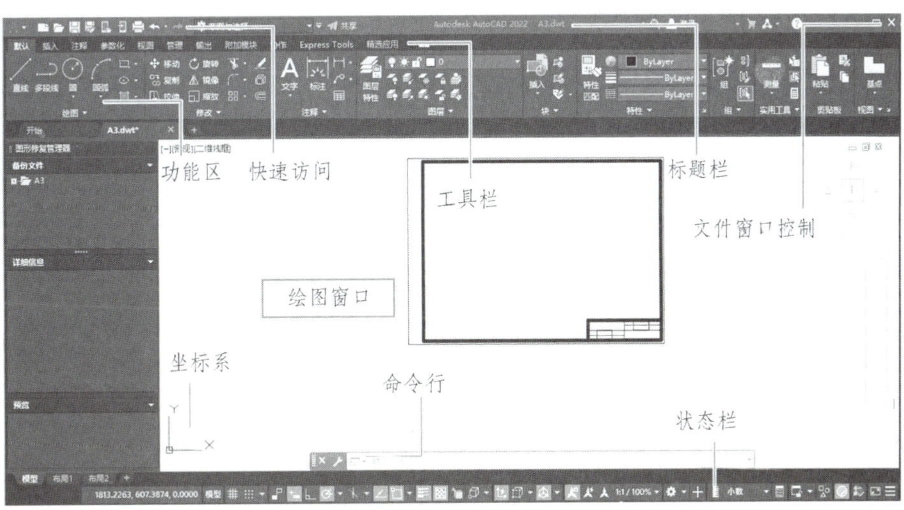

图 7-3　“草图与注释”工作空间的界面

注意：菜单栏在 AutoCAD 2022 版本中，在任何工作空间都默认为不显示，只有在快捷访问工具栏中单击下拉按钮，并在弹出的下拉菜单中选择“显示菜单栏”，才能够将菜单栏显示出来，如图 7-4 所示。

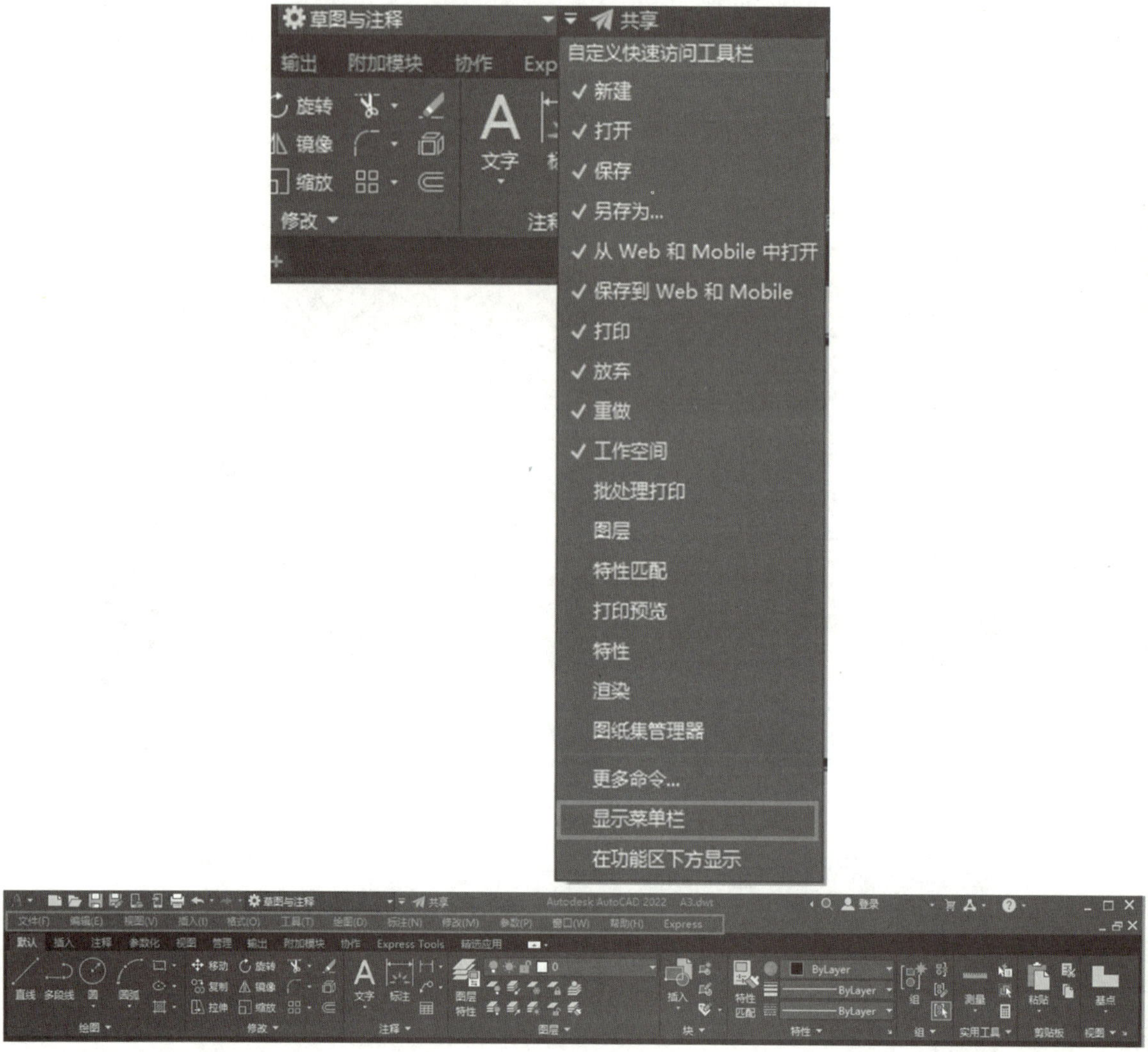

图 7-4　显示菜单栏

知识点二、AutoCAD 2022 的工作空间

中文版 AutoCAD 2022 为用户提供了“草图与注释”“三维基础”及“三维建模”三种工作空间。选择不同的空间可以进行不同的操作。在“草图与注释”空间中绘制出二维草图，然后转换至“三维基础”工作空间进行建模操作，再转换至“三维建模”工作空间，赋予材质、布

置灯光进行渲染，这就是 CAD 建模的大致流程。因此，这三个工作空间是互为补充的。如图 7-5 所示，AutoCAD 2022 的工作空间打开有两种方式：

（1）在自定义快速访问工具栏中将“工作空间”打开，即可出现工作空间，单击下拉按钮，在弹出的下拉列表中选择工作空间，就可以切换“草图与注释”“三维基础”及“三维建模”三种工作空间，还可以创建自定义的工作空间（例如旧版 AutoCAD 用户可以创建“经典工作空间”）。

（2）在菜单栏中点击工具按钮，选择工作空间，即可选择所需要的模式。

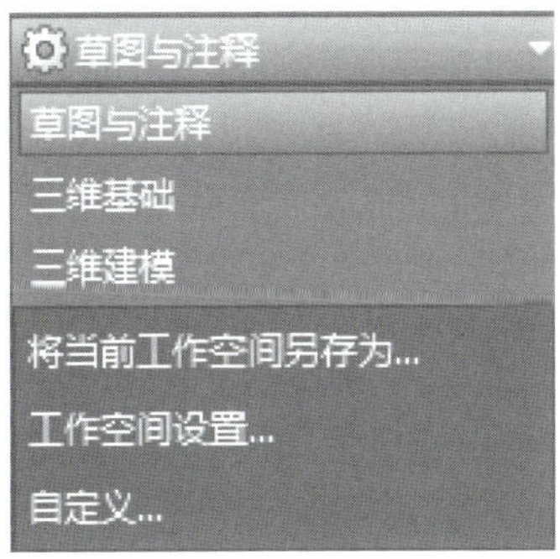

图 7-5　工作空间切换

（一）“草图与注释”工作空间

AutoCAD 2022 默认的工作空间为“草图与注释”工作空间。在该工作空间中可以方便地使用“默认”选项卡中的“绘图”“修改”“注释”“块”和“特性”等功能区的功能绘制和编辑二维图形，如图 7-6 所示。

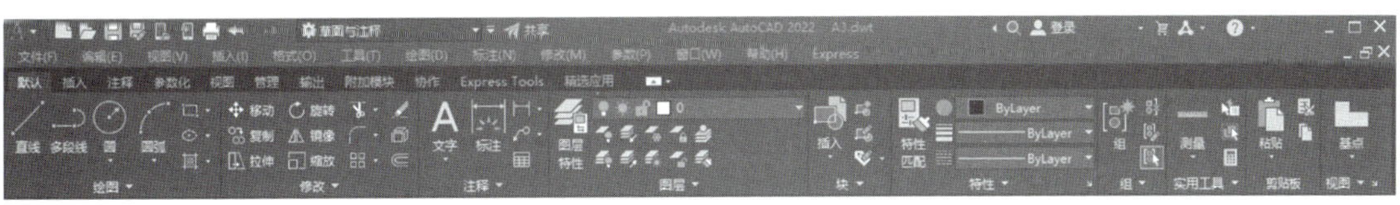

图 7-6　草图与注释工作空间

（二）“三维基础”工作空间

“三维基础”工作空间与“草图与注释”工作空间类似，功能区包含的是基本的三维建模工具，如各种常用的三维建模、布尔运算及三维编辑工具按钮，能够非常方便地创建简单的三维模型，如图 7-7 所示。

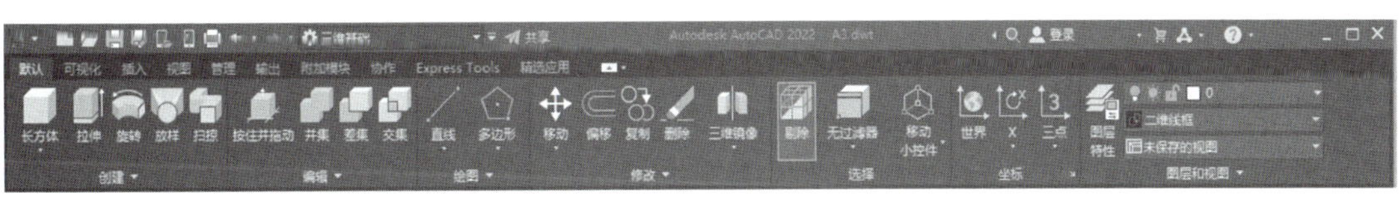

图 7-7　三维基础工作空间

（三）“三维建模”工作空间

“三维建模”工作空间界面与“三维基础”工作空间界面较相似，但功能区包含的工具有较大差异，其功能区选项卡中集中了实体、曲面和网格的多种建模和编辑命令，以及视觉样式、渲染等模型显示工具，为绘制和观察三维图形、附加材质、创建动画、设置光源等操作提供了非常便利的环境，如图 7-8 所示。

图 7-8　三维建模工作空间

（四）自定义工作空间

在 AutoCAD 2022 中，用户除了可以使用软件默认设置的几种工作空间以外，还可以通过自定义的方式创建符合自己工作需求的工作空间。

知识点三、AutoCAD 2022 的基本操作

（一）绘图区

界面上中间较大一片空白区域为绘图区，图形即绘制在该部分区域。绘图区域其实是无限大，可以通过视图中的相关命令进行缩放、平移等。

1. 视图缩放

视图缩放命令可以用于调整当前视图大小，既能观察较大的图形范围，又能观察图形的细小部分而不改变图形的实际大小。视图缩放只是改变视图显示的比例，并不改变图形中对象的绝对大小。打印出来的图形仍是设置的大小。执行视图缩放命令有以下几种方法。

（1）功能区：在“视图”选项卡的“导航”面板中选择视图缩放工具。

（2）菜单栏：选择“视图”→“缩放”菜单命令。

（3）工具栏：单击“缩放”工具栏中的按钮。

（4）命令行：输入 ZOOM 或 Z。

（5）快捷操作：滚动鼠标滚轮。

执行缩放命令后，命令行中会提示各种选项进行不同的缩放，包括“全部缩放”“中心缩放”“动态缩放”“范围缩放”“缩放上一个”“比例缩放”“窗口缩放”“缩放对象”“实时缩放”“放大”和“缩小”。

2. 视图平移

视图平移不改变视图的大小和角度，只改变其图形显示位置，以便观察图形其他的组成部分。执行视图平移命令有以下几种方法。

（1）功能区：单击“视图”选项卡中“导航”面板的“平移”按钮。

（2）菜单栏：执行“视图”→“平移”菜单命令。

（3）工具栏：单击“标准”工具栏中的“实时平移”按钮。

（4）命令行：输入 PAN 或 P。

（5）快捷操作：按住鼠标滚轮拖动，可以快速进行视图平移。

绘图区左下角显示的是 UCS 图标。UCS 图标可以显示在左下角或原点，也可以被隐藏。不同的图标表示了不同的空间或观测点。

（二）显示控制区

在绘图区右侧是常用的显示控制按钮，包括 UCS 控制、全导航控制、平移、缩放、动态观察、Showmotion 等按钮。单击其中的小箭头，可以弹出更多的控制菜单供选择。

（三）命令提示行和文本窗口

命令提示行包含了所下达的历史命令和命令提示信息，AutoCAD 的输入及反馈信息都在其中。其默认显示的行数可以设定。该命令行可以被移动及改变大小。通过剪切、复制和粘贴功能将历史命令粘贴在命令行，可重复执行以前的命令。按【F2】键可以控制是否显示独立的文本窗口。该窗口同样可以被移到其他位置并改变其形状和大小。

（四）状态行

状态行左边显示了光标的当前信息。当光标在绘图区时显示其坐标，当光标在工具栏或菜单上时显示功能及命令。状态行右侧显示了各种辅助绘图状态，包括推断约束、捕捉模式、栅格显示、正交模式、极轴追踪、对象捕捉、三维对象捕捉、对象捕捉追踪、允许禁止 DUCS、DYN、线宽显示、显示/隐藏透明度、快捷特性、对象循环、模型或图纸等。

（1）光标位置：表示光标位置的坐标显示状态有 4 种方式：

相对：显示相对于最近指定的点的坐标。此选项仅在要指定多个点、距离或角度时可用。

绝对：显示相对于当前 UCS 的坐标。

地理：显示相对于指定给图形的地理坐标系的坐标。此选项仅在图形文件包含地理位置数据时可用。

特定：仅在指定点时更新坐标。

（2）推断约束：可以在创建和编辑几何对象时自动应用几何约束。右击该按钮并选择设置，弹出如图 7-9 所示的对话框。

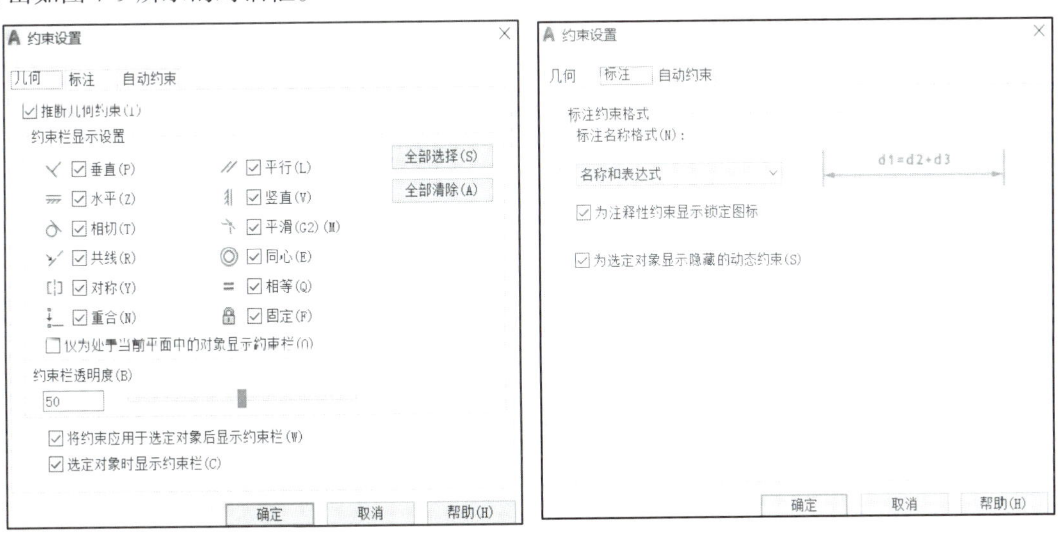

图 7-9　约束设置

（3）捕捉模式：处于打开状态时，光标只能在 X 轴、Y 轴或极轴方向移动固定距离的整数倍，该距离可以通过“工具→草图设置”菜单打开“草图设置”对话框进行设定，如图 7-10 所示。

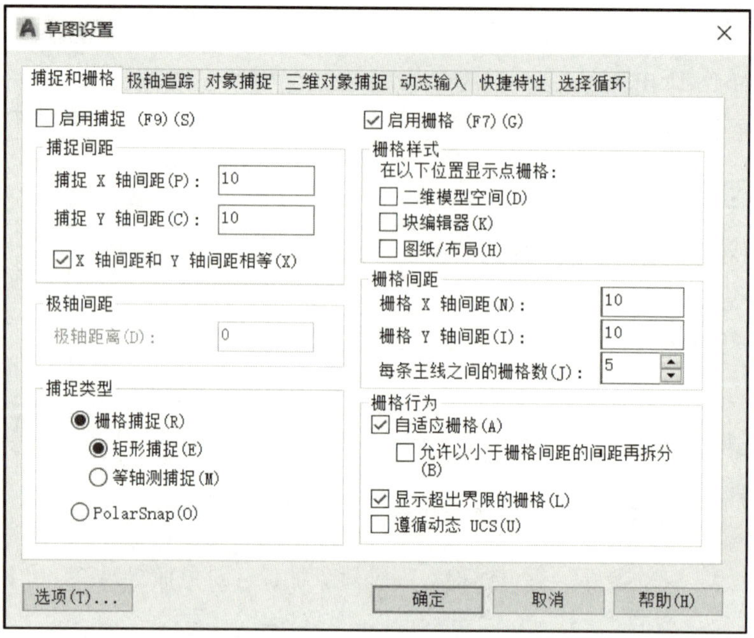

图 7-10　草图设置捕捉模式

（4）栅格显示：栅格主要和捕捉配合使用。当用户打开栅格时，如果栅格不是很密，在屏幕上会出现很多间隔均匀的小点，其间隔同样可以在“草图设置”对话框中进行设定。

（5）正交：用于控制用户所绘制的线或移动时的位置保持水平或垂直的方向。

（6）极轴追踪：在用户绘图的过程中，系统将根据用户的设定，显示一条跟踪线，在跟踪线上可以移动光标进行精确绘图。系统的默认极轴为 0°、90°、180°、270°，用户可以通过“草图设置”对话框中的“极轴追踪”选项卡，修改或增加极轴的角度或数量，如图 7-11 所示。

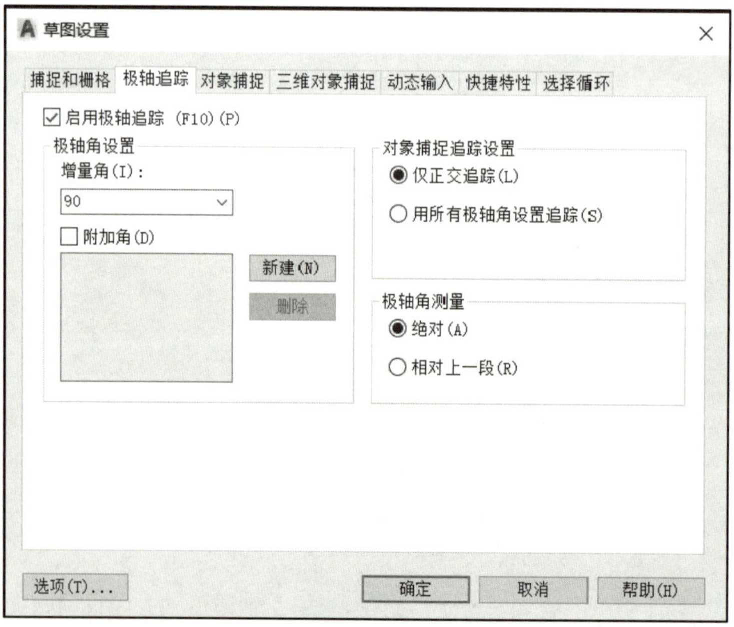

图 7-11　草图设置极轴追踪

状态栏中按钮按下时为开，弹起时为关。如果触发该按钮，在状态行中的命令行上会显示“<极轴 开>”或“<极轴 关>”的提示信息。打开极轴追踪绘图时，当光标移到极轴附近时，系统将显示极轴，并显示光标当前的方位。

（7）二维对象捕捉：通过二维对象捕捉可以精确地取得诸如直线的端点、中点、垂足，圆或圆弧的圆心、切点、象限点等，这是精确绘图所必需的。按钮按下时为开，弹起时为关。如果触发该按钮，在状态行中的命令行上会显示“<对象捕捉 开>”或“<对象捕捉 关>”的提示信息。

（8）三维对象捕捉：控制三维对象的执行对象捕捉设置。使用执行对象捕捉设置（也称作对象捕捉），可以在对象上的精确位置指定捕捉点如三维对象顶点、边中点、面中心、节点、垂足等。

（9）对象捕捉追踪：该开关处于打开状态时，用户可以通过捕捉对象上的关键点，然后沿正交方向或极轴方向拖动光标，系统将显示光标当前位置与捕捉点之间的关系。

（10）动态 UCS：允许或禁止动态 UCS。使用动态 UCS 功能，可以在创建对象时使 UCS 的 *XY* 平面自动与实体模型上的平面临时对齐。可以通过【F6】键、【Ctrl + D】组合键进行切换。

（11）动态输入：动态输入按钮。启用时，可以在光标附近的输入文本框中输入数据。如图 7-12 所示，其中（a）图为输入距离，（b）图为输入距离和角度，或者输入距离后按【Tab】键显示一个锁定图标需要输入的角度。

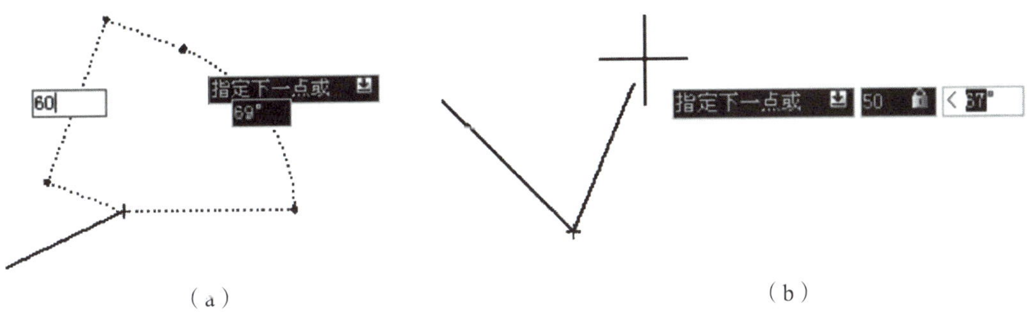

图 7-12 动态输入模式

（12）线宽：用户可在画图时直接为所画的对象指定其宽度或在图层中设定其宽度。线宽显示按钮可以用鼠标在状态栏单击或右击后选择“开/关”及通过“线宽设置”对话框来控制。当某对象被设定了线宽，同时该按钮打开时，一般在屏幕上显示其宽度。

（13）透明度：用于控制透明度设置是否启用。

（14）快捷特性：对于显示在“特性”选项板中的特性，“快捷特性”选项板可显示可自定义的子集，也可以自定义对象类型，这些对象在选定后或双击时显示在“快捷特性”选项板中。

（15）选择循环：“选择循环”允许选择重叠的对象，可以配置“选择循环”列表框的显示设置。

（16）图纸/模型：用于在模型空间和图纸空间之间切换。模型空间如图 7-13（a）所示，图纸布局空间如图 7-13（b）所示。

（17）注释比例：注释比例是与模型空间、布局视口和模型视图一起保存的设置。

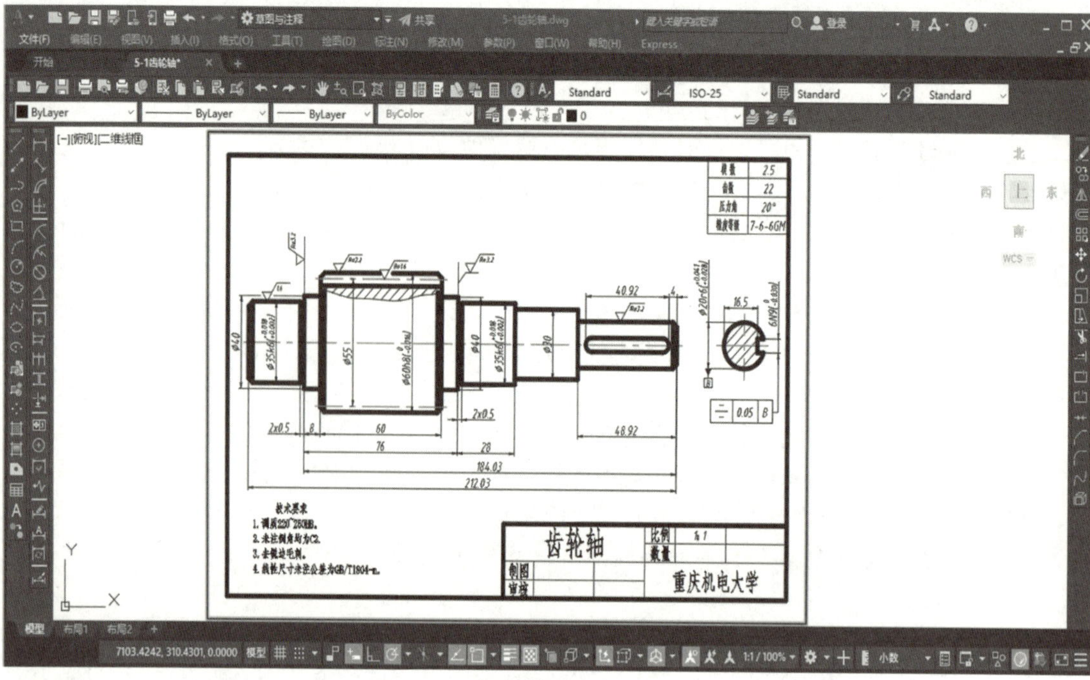

（a）模型空间

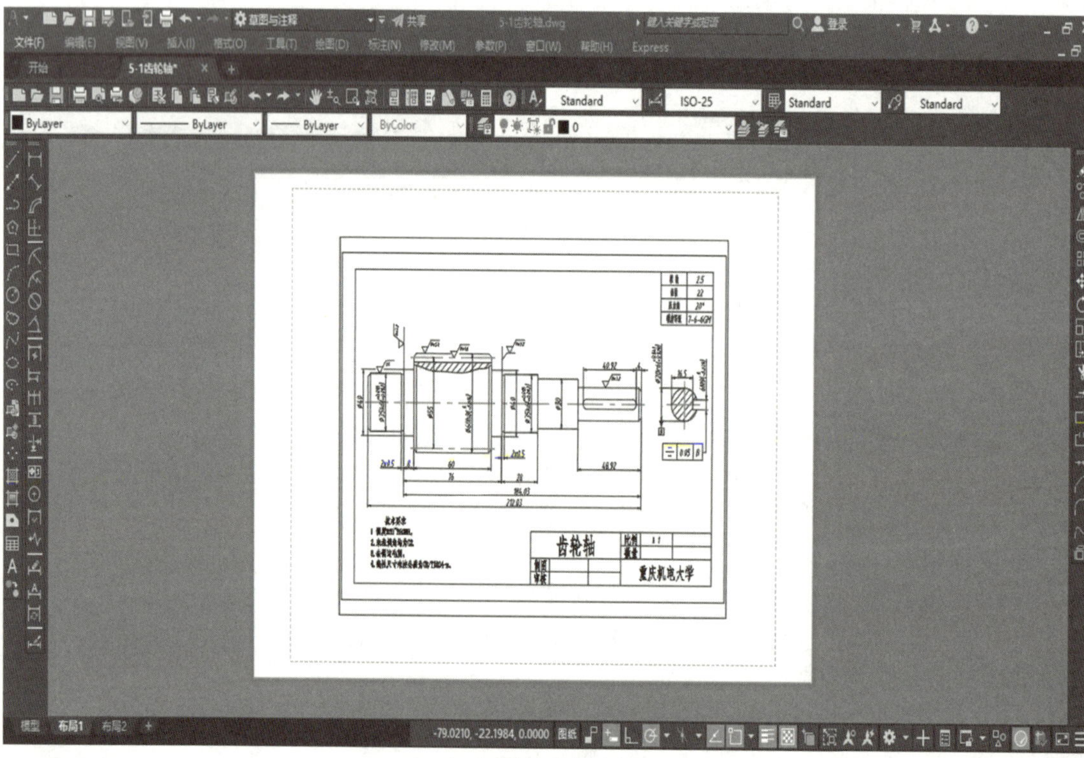

（b）图纸布局空间

图 7-13　图纸/模型空间模式

（18）切换工作空间：使用“自定义用户界面”（CUI）编辑器创建工作空间、更改工作空间的特性，以及在所有工作空间中显示某个工具栏。

（19）锁定用户界面：单击该按钮，弹出设置锁定或解锁菜单。

（20）图形性能：控制是否使用硬件进行加速，包括图形的显示和打印。

（21）隔离对象：用于控制选择对象是否隐藏或隔离出来。

（22）全屏显示：控制是否全屏显示。

（五）命令的调用方式

AutoCAD 中调用命令的方式有很多种，这里仅介绍最常用的几种。

1 使用功能区调用

三个工作空间（草图与注释、三维基础、三维建模）的功能区调用是调用命令的主要方式。与其他的调用命令的方法相比，使用功能区调用命令更为直观，非常适合不能熟记绘图命令的 AutoCAD 初学者。功能区使绘图界面无须显示多个工具栏，系统会自动显示与当前绘图操作相适应的面板，从而使应用程序窗口更加整洁。

2. 使用命令行调用

通过在命令行输入代码来调用命令是 AutoCAD 的一大特色功能，同时也是最快捷的绘图方式。这就要求用户熟记各种绘图命令，一般对 AutoCAD 较熟悉的用户都用此方式绘制图形，因为这样可以大大提高绘图的速度。

AutoCAD 绝大多数命令都有其相应的简写方式。如“直线”命令线的简写方式是 L，“矩形”命令矩形的简写方式是 REC。另外，AutoCAD 对于命令和参数输入不区分大小写，因此操作者不必考虑输入的大小写。

3. 使用菜单栏调用

菜单栏调用是 AutoCAD 提供的功能最全、最强大的命令调用方式。AutoCAD 绝大多数常用命令都分门别类地放置在菜单栏中。

4. 使用快捷菜单调用

用快捷菜单调用命令，即右击，在弹出的菜单中选择命令。

5. 使用工具栏调用

工具栏调用是 AutoCAD 经典的命令调用方式，也是旧版本中最主要的调用方法。但是随着时代的进步，这种方式也逐渐不适应人们的使用需求。因此，与菜单栏一样，工具栏也不显示在三个工作空间中，而是需要通过菜单栏的“工具”→“工具栏”命令调出。单击工具栏中的按钮即可执行相应的命令

（六）坐标的几种输入方法

在 AutoCAD 中，坐标有多种表达方式，如绝对直角坐标、相对直角坐标、绝对极坐标和相对极坐标等。一般 CAD 默认的输入环境为相对极坐标模式，根据输入需求，可以在“状态栏”→“自定义”→“动态输入”→“动态输入设置”里面进行修改，如图 7-14 所示。

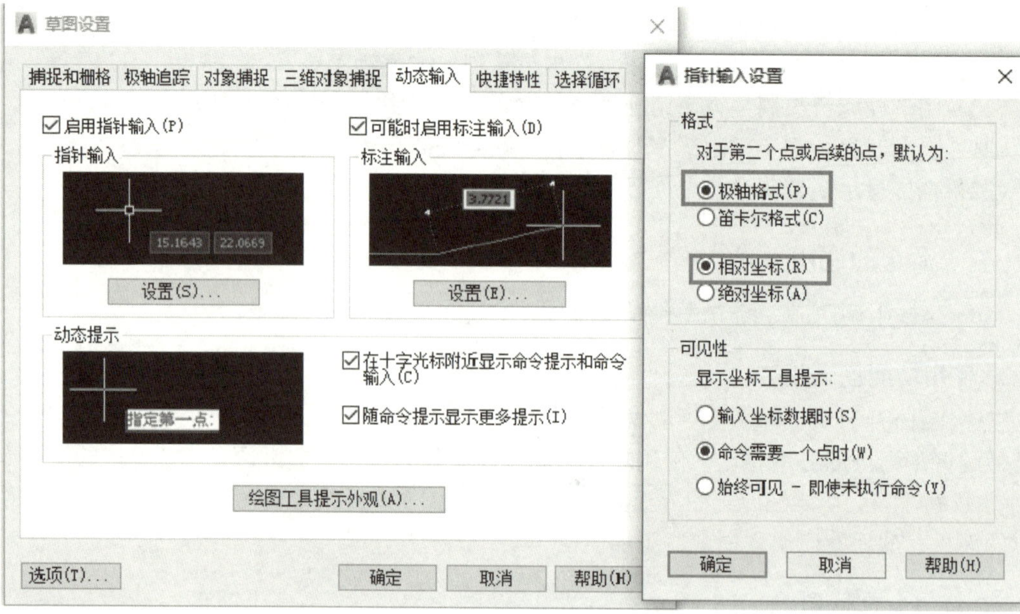

图 7-14　坐标输入切换方式

下面以实例说明各类型坐标的输入方式。

1. 绝对直角坐标的输入

绝对直角坐标是从原点出发的位移，其表示方式为（x，y）。其中，x、y 分别对应坐标轴上的数值，如图 7-15 所示。

命令：L

LINE

指定第一个点：0，0

指定下一点或 [放弃（U）]：45，45

2. 相对直角坐标的输入

相对直角坐标是指相对于前一点的 x 轴和 y 轴的距离。具体表示方式是在绝对坐标前面加上@符号，如图 7-16 所示。

命令：L

LINE

指定第一个点：200，0

指定下一点或 [放弃（U）]：@45，45

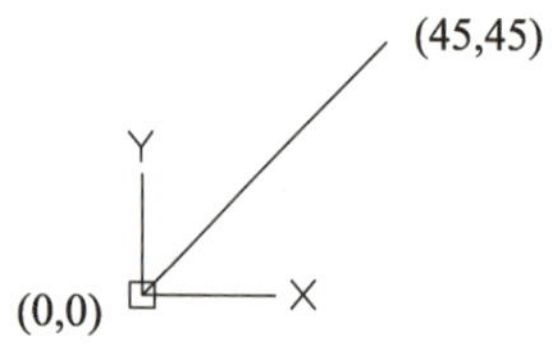

图 7-15　绝对直角坐标

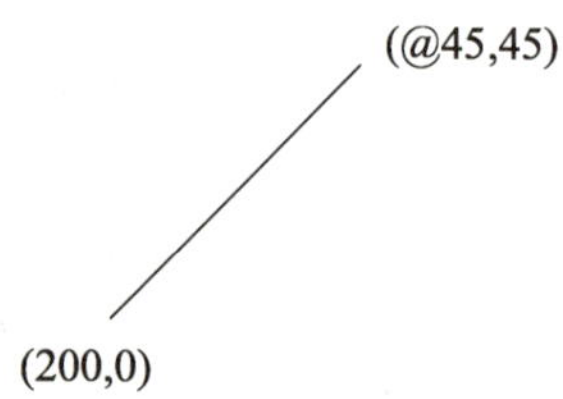

图 7-16　相对直角坐标

3. 绝对极坐标的输入

绝对极坐标也是从原点出发的位移，但绝对极坐标的参数是距离和角度。其中，距离和角度之间用“<”分开，而角度值是和 x 轴正方向之间的夹角，如图 7-17 所示。

4. 相对极坐标的输入

相对极坐标是相对于前一点的距离和角度，具体表达方式是在绝对极坐标表达式的前面加上“@”符号，如图 7-18 所示。

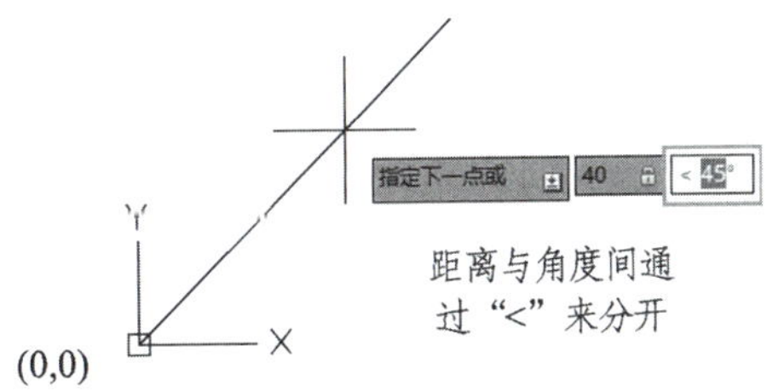

图 7-17 绝对极坐标

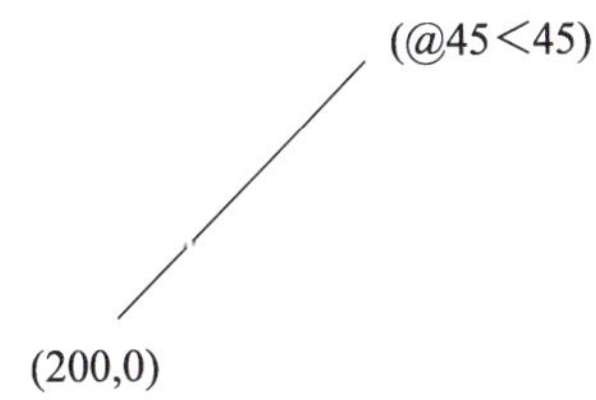

图 7-18 相对极坐标

（七）图形对象的选择方式

对图形进行任何编辑和修改操作时，在选择了编辑和修改命令后必须要选择图形对象。AutoCAD 2022 版提供了多种选择对象的基本方法，其中最常用的有直接点选、窗口选择、交叉口选择、全选等方法。

1. 直接点选

在绘图过程中，当命令行提示窗口中显示“选择对象”时，绘图窗口中的十字光标变为拾取框，此时将拾取框移到目标对象上单击即可选中对象，这就是直接点选方式。

2. 窗口选择

窗口选择（W）是一种通过定义矩形窗口选择对象的方法。选择对象时，从左往右拉出矩形窗口，框住需要选择的对象，此时绘图区将出现一个实线的矩形方框，释放鼠标后，被方框完全包围的对象将被选中。注意，从左往右框选，需所选对象整体存在于矩形方框内才能被选中。

3. 交叉窗口选择

交叉窗口选择对象的选择方向正好与窗口选择相反，它是按住鼠标左键从右往左拉出矩形窗口，框住需要选择的对象，框选时绘图区内将出现一个虚线的矩形方框，释放鼠标后，与方框相交和被方框完全包围的对象都将被选中。注意，从右往左框选，只要所选对象部分存在于矩形方框内就能被选中。

4. 全　选

当命令行提示窗口中显示“选择对象”时，输入“ALL”后按【Enter】键即可选择全部对象（被冻结图层上的对象除外）。

知识点四、AutoCAD 2022 的基本设置

（一）图形界限的设置

AutoCAD 的绘图区域是无限大的，用户可以绘制任意大小的图形。但在国家标准规定中使用的图纸均有特定的尺寸（如常见的 A4 图纸大小为 297 mm × 210 mm），为了使绘制的图纸符合国家标准，需要设置一定的图形界限，执行图形界限命令有以下两种方式。

（1）菜单栏：执行“格式”→“图形界限”菜单命令。

（2）命令行：输入 LIMITS。

通过以上任一种方式执行图形界限命令后，输入图形界限的两个角点坐标，即可定义图形界限，而在设置图形界限之前，需要激活状态栏中的“栅格”按钮，只有启动该功能才能查看图形界限的设置效果，它确定的区域是可见栅格指示的区域。

（二）图层的设置与管理

为了方便管理图形，在 AutoCAD 中提供了图层工具。图层相当于一层透明纸，可以在上面绘制图形，将纸一层层重叠起来，构成最终的图。在 AutoCAD 中图层的功能和用途要比透明纸强大得多，用户可以根据需要创建很多图层，将相关的图形对象放在同一层上，以此来管理图形对象。

1. 图层的设置

每次启动软件后，AutoCAD 都会自动默认一个图层，其名称作“0”。用户还可以根据自己的需要创建若干个图层，不同的图层设置不同的特性，如颜色、线型、线宽等，可显著提高绘图的效率。

（1）调用图层特性管理器

启动图层特性管理器即可创建新的图层，或者对现有图层进行修改和管理，常用的调用图层特性管理器的方法有以下几种。

功能区：单击“快速访问工具栏下拉菜单”→“图层”，调出图层特性快捷工具栏。

功能区：单击“草图与注释”，在默认功能区单击“图层特性”按钮。

菜单栏：执行“格式”→“图层”菜单命令。

命令行：输入 layer（缩写 la）。

执行命令后，会弹出如图 7-19 所示的“图层特性管理器”对话框。

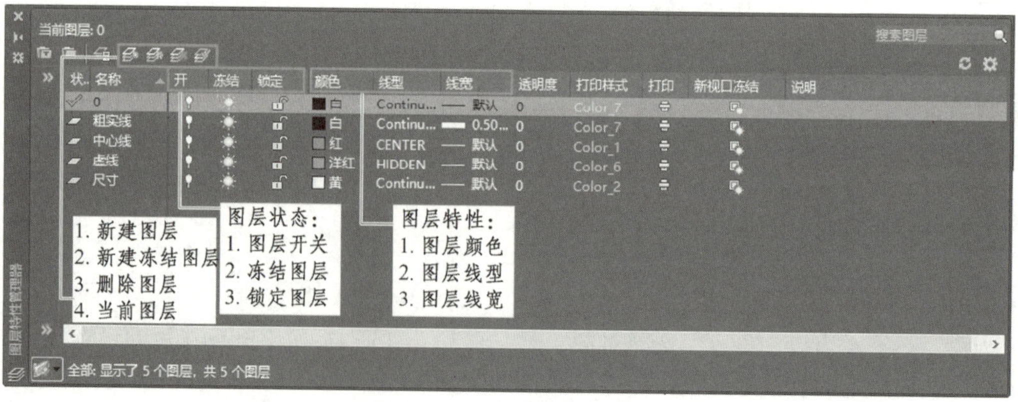

图 7-19　图层特性管理器

在该对话框里可以看到，当前已有图层为系统默认的、不能删除及重命名的图层“0”。一般情况下不使用该图层。

（2）创建新图层的步骤

第 1 步　单击“图层特性管理器”对话框中的“新建图层”按钮，建立一个新的图层，新图层临时名称“图层 1”命名，并出现在列表中，其特性均与图层“0”一致，即默认设置的特性。

第 2 步　单击新图层的名称，根据需要进行重命名，以方便查看和调用，图层重命名快捷键 F2。

第 3 步　在该图层的“颜色”位置单击，弹出如图 7-20 所示的“选择颜色”对话框，指定图层颜色。

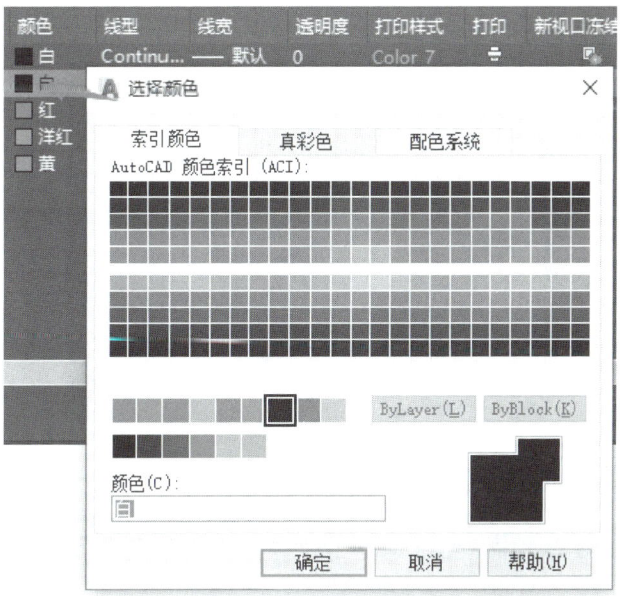

图 7-20　图层颜色选择

第 4 步　图层默认线型是“Continuous”（连续），适用于实线，可不做修改。如果要选择其他线型，应该在该图层的“线型”位置单击，弹出如图 7-21 所示的“选择线型”对话框。如果需要该对话框内的线型，就单击“加载”按钮，在弹出的“加载或重载线型”对话框中进行选择。

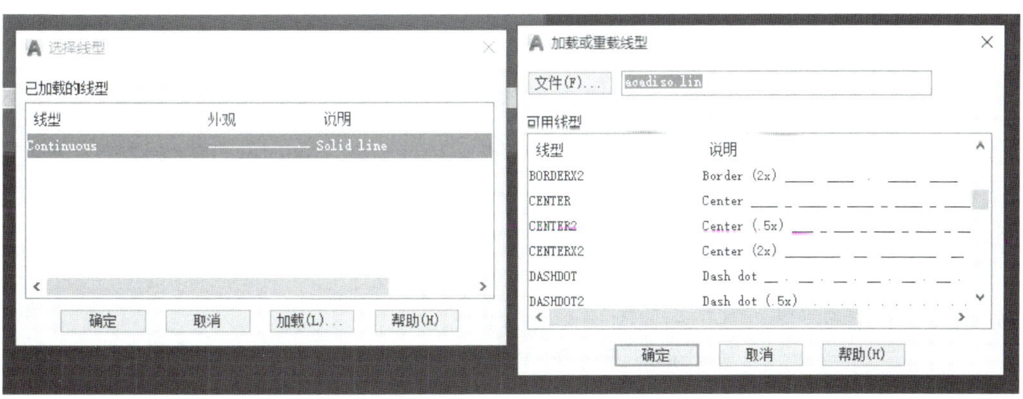

图 7-21　图层线型选择

第 5 步　在该图层的“线宽”位置单击，弹出如图 7-22 所示的“线宽”对话框，指定该图层的线宽为 0.5 mm。线宽可根据实际需要来指定。一般默认的线宽为 0.25，粗线是细线宽度的两倍。

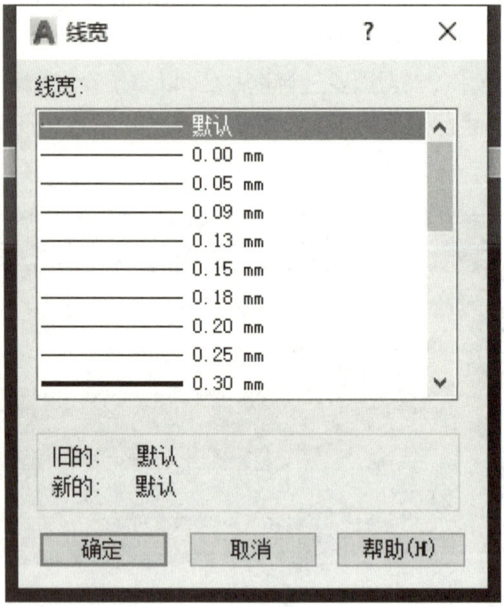

图 7-22　线宽选择

第 6 步　如果还需要创建其他图层，再重复上述操作。对于一般的机械工程图，将各个图层设置为不同的颜色，是为了在绘图过程中能很轻易地对不同对象进行区分。特别是当图形复杂、线条较多时，设置不同的显示颜色对于编辑修改很有好处。当最终图形完成需要打印时，再将所有的线条改为同一颜色即可。

第 7 步　单击“确定”按钮，完成图层设置并关闭对话框。图层创建完成后，在“图层”工具栏的下拉列表中，可以看到所创建的所有图层，再次选中某图层，即可使用该图层绘制图形。

2. 图层的管理

每个工程图都是由若干的图层叠加构成的，对于图层及图层上的对象，AutoCAD 可以对其进行控制和管理，每一个图层前都有三个按钮，分别用于管理该图层的开/关、冻结/解冻、锁定/解锁，各按钮的意义如下。

（1）图层的开/关：用于打开和关闭选定图层。当图层打开时该图层可见，并且可对图层上的对象进行操作或者进行打印；当图层关闭时，图层中的对象不可见并且不能打印；当图形重新生成时，被关闭的图层将一起被生成。

（2）图层的冻结/解冻：用于冻结和解冻图层的对象。当图层冻结时，图层中的对象不可见并且不能打印；当图形重新生成时，系统不再重新生成该层上的对象，因而冻结一些图层后，可以加快许多操作的步骤；其中当前图层不可以被冻结。

（3）图层的锁定/解锁：锁定和解锁选择的图层。锁定图层时，图层的对象为可见，但是无法对图层对象进行操作；若要对图层对象进行操作，则需对图层进行解锁。

3. 图层的切换

为了方便绘图、看图以及图层管理，可以在功能区切换图层，如图 7-23 所示。

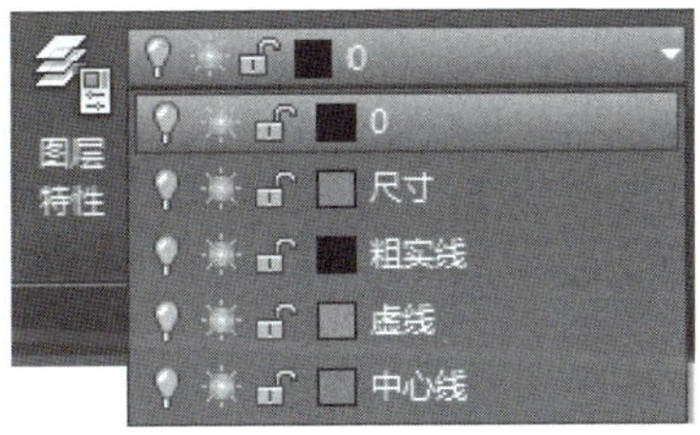

图 7-23　图层切换

知识点五、常用二维绘图与编辑命令

常用二维绘图与编辑命令图标及功能如图 7-24 和表 7-1、表 7-2 所示。

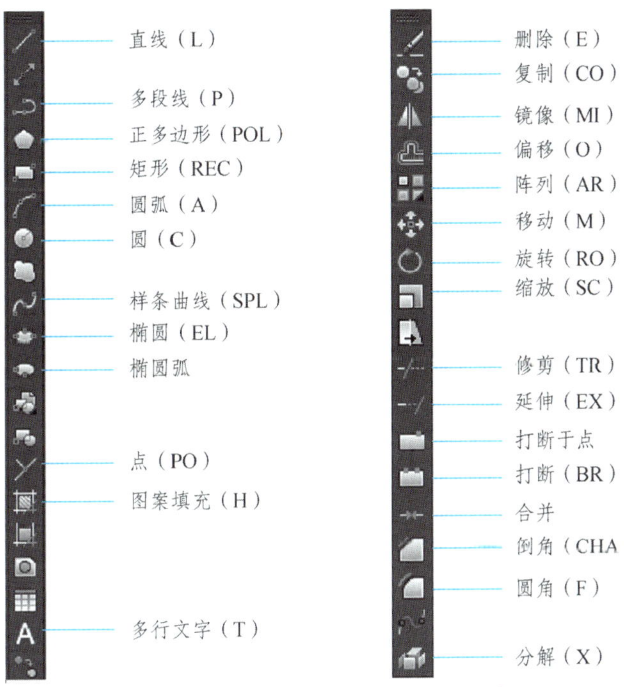

图 7-24　常用的绘图指令与编辑指令

表 7-1　常用二维绘图命令及功能

序号	命令	功　能
1	直线	使用直线命令，可以创建一系列连续的直线段。每条线段都是可以单独进行
2	多段线	二维多段线是作为单个平面对象创建的相互连接的线段序列，可以创建直线段、圆弧段或二者的组合线段
3	圆	AutoCAD 提供了“圆心，半径”“圆心，直径”“三点”“两点”“相切，相切，半径”“相切，相切，相切”共 6 种画圆的方式。其中“相切，相切，半径”方式常用于绘制连接圆弧

续表

序号	命令	功　能
4	圆弧	AutoCAD 提供了 11 种绘制圆弧的方式。可以通过指定圆心、端点、起点、半径、角度和方向值的各种组合形式来绘制圆弧
5	矩形	使用矩形命令，可以指定矩形参数（长度、宽度、旋转角度）并控制角的类型（圆角、倒角或直角）
6	正多边形	创建等边闭合多段线，可以指定多边形的各种参数，包括边数。显示了内接和外切选项间的差别
7	椭圆	创建椭圆或椭圆弧。椭圆的形状和大小可以使用“圆心”“轴，端点”两种方式来设置。正等轴测图中椭圆的绘制比较特殊，要在将“捕捉类型”中的设置改为“等轴测捕捉”后，再用椭圆命令中新增的“等轴测圆”进行绘制
8	图案填充	使用适当的填充图案对选定的封闭区域或对象进行图案填充

表 7-2　常用二维编辑命令及功能

序号	命令	功　能
1	删除	从图形中删除对象。对于临时被删除的对象可用 UNDO 命令将其恢复
2	复制	将对象复制到指定方向的指定距离处。复制后对象的大小和方向保持不变，在新的位置增加了被复制对象
3	镜像	绕指定轴线翻转对象创建对称的镜像图形。在绘制对称图形时常使用命令
4	偏移	创建同心圆、平行直线和平行曲线。创建等距图线时常用偏移命令
5	阵列	阵列有三种方式：矩形阵列、环形阵列和路径阵列。对于矩形阵列，可以控制行和列的数量及它们之间的距离。对于创建多个定间距的对象，阵列要比复制快捷且位置精确
6	移动	将对象在指定的两点之间移动指定距离。移动后对象的大小和方向保持不变，只是位置发生了变化
7	旋转	可以围绕基点将选定的对象旋转到一个绝对的角度
8	缩放	放大或缩小选定的对象，基点作为缩放操作的中心，保持静止。比例因子大于 1 时，将放大对象；比例因子在 0～1 时，将缩小对象
9	修剪	修剪对象以适合其他对象的边界。要修剪对象，先选择边界，然后按【Enter】键后再选择要修剪的对象
10	延伸	该命令可以使对象精确地延伸至由其他对象定义的边界。要延伸对象，先选择边界，然后按【Enter】键后再选择要延伸的对象
11	倒角	给对象加倒角，将按用户选择对象的次序应用指定的距离和角度
12	圆角	给对象直接加圆角
13	分解	将复合对象分解为单个的元素。可以分解的对象包括块、多段线、尺寸标注、图案填充和面域等
14	拉伸	通过交叉窗口或多边形框选的方式选择部分包围的拉伸对象。如果对象被窗口全部包围，则将移动（而不是拉伸）对象。一些对象类型（例如圆、椭圆和块）不能被拉伸

知识点六、AutoCAD 绘图实例

（一）绘制二维平面图形的一般方法

【例 7–1】选用合适的坐标输入法绘制如图 7-25 所示的平面图形。

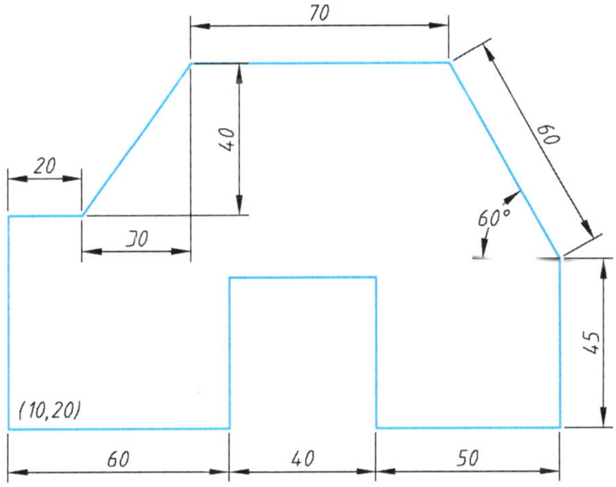

图 7-25　平面图形（一）

1. 图形分析

图 7-25 所示的图样全部由直线组成，绘图时主要使用“直线”绘图命令和合适的坐标输入法来完成，但是由于给出的尺寸有的是线段的长度，有的是相对坐标值，甚至有的线段的长度都没有给出尺寸，因而作图时必须考虑绘图顺序。由于 *A* 点和 *K* 点之间的长度没有给出，因此绘图时只能从 *A* 点出发逆时针画到 *K* 点或者从 *K* 点出发顺时针画到 *A* 点后，再将 *A*、*K* 两点连接完成图样，如图 7-26 所示。

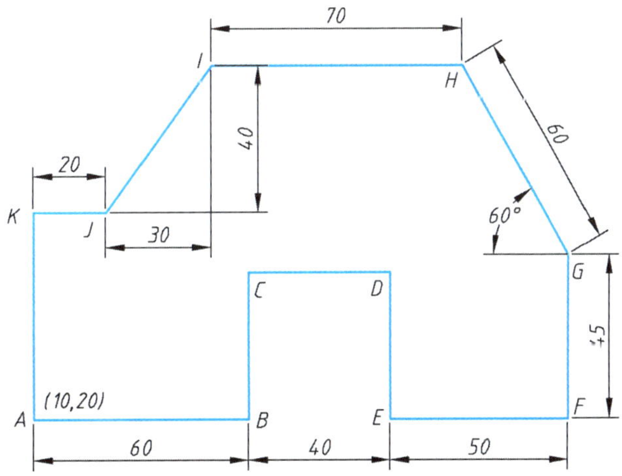

图 7-26　平面图形（二）

2. 作图步骤

第 1 步　单击“绘图”功能区中的“直线”按钮，在命令行输入绝对直角坐标（10，20）

确定直线的起点 *A*。

第 2 步　在“指定下一点”时，输入相对直角坐标@60，0，完成线段 *AB*。

第 3 步　在“指定下一点”时，输入相对直角坐标@0，40，完成线段 *BC*。

第 4 步　在“指定下一点”时，输入相对直角坐标@40，0，完成线段 *CD*。

第 5 步　在“指定下一点”时，输入相对直角坐标@0，－40，完成线段 *DE*。

第 6 步　在“指定下一点”时，输入相对直角坐标@50，0，完成线段 *EF*。

第 7 步　在“指定下一点”时，输入相对直角坐标@0，45，完成线段 *FG*。

第 8 步　在“指定下一点”时，输入相对极坐标@60<120，完成线段 *GH*。

第 9 步　在“指定下一点”时，输入相对直角坐标@－70，0，完成线段 *HI*。

第 10 步　在“指定下一点”时，输入相对直角坐标@－30，－40，完成线段 *IJ*。

第 11 步　在“指定下一点”时，输入相对直角坐标@－20，0，完成线段 *JK*。

第 12 步　在“指定下一点”时，抓取端点 *A*，完成线段 *KA*。

【例 7-2】绘制如图 7-27 所示的平面图形。

1. 图形分析

图 7-27 中有两个正三角形，需要使用正多边形命令。两个正三角形是对称关系，可以使用镜像或旋转命令。图 7-27 中六段圆弧是六个圆的一部分，可以使用阵列命令中的环形阵列命令阵列出六个圆后再使用修剪命令去除多余的圆弧。

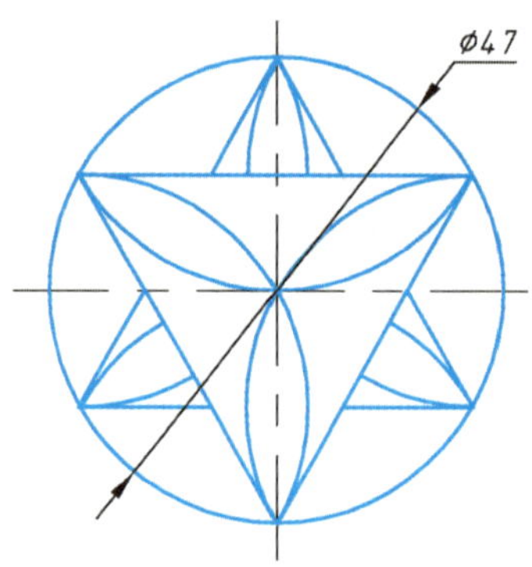

图 7-27　平面图形（三）

2. 作图步骤

设置图层。单击“草图与注释”工作空间下“图层”工具栏中的“图层特性”按钮，打开“图层特性管理器”对话框，单击“新建”按钮，新建绘图所需要的图层，并为相应图层选择合适的线型、线宽、颜色。

第 1 步　单击“绘图”功能区中的“直线”按钮，或者输入直线快捷键 L，绘制中心线，如图 7-28（a）所示。

第 2 步　在粗线图层单击“绘图”功能区中的“圆”按钮（快捷键 C），捕捉中心线的交点为圆心，以命令中的圆心、直径方式绘制一个半径为 23.5 的圆。再单击“正多边形”按钮，输入多边形边数 3，确定中心（ϕ47 的圆心），选择内接于圆以及内接圆半径，画该圆的内接正三角形，如图 7-28（b）所示。

第 3 步　单击“修改”功能区中的“镜像”按钮，将正三角形关于水平的中心线镜像做出另一个正三角形，对称中心为水平线，如图 7-28（c）所示。

第 4 步　单击“修改”功能区中的“复制”按钮，选择复制基点圆心，将直径 47 的圆复制到三角形于中心线交点处，如图 7-28（d）所示。

第 5 步　单击“修改”功能区中的“环形阵列”按钮，阵列中心为圆心，阵列出六个直径为 47 的圆，如图 7-28（e）所示。

第 6 步　单击“修改”功能区中的“分解”按钮，将阵列出的六个直径为 47 的圆分解。单击“修改”功能区中的“修剪”按钮，用修剪（tr）命令修剪多余的图线，如图 7-28（f）所示。

第 7 步　修改图层，注意打开状态栏线宽按钮。

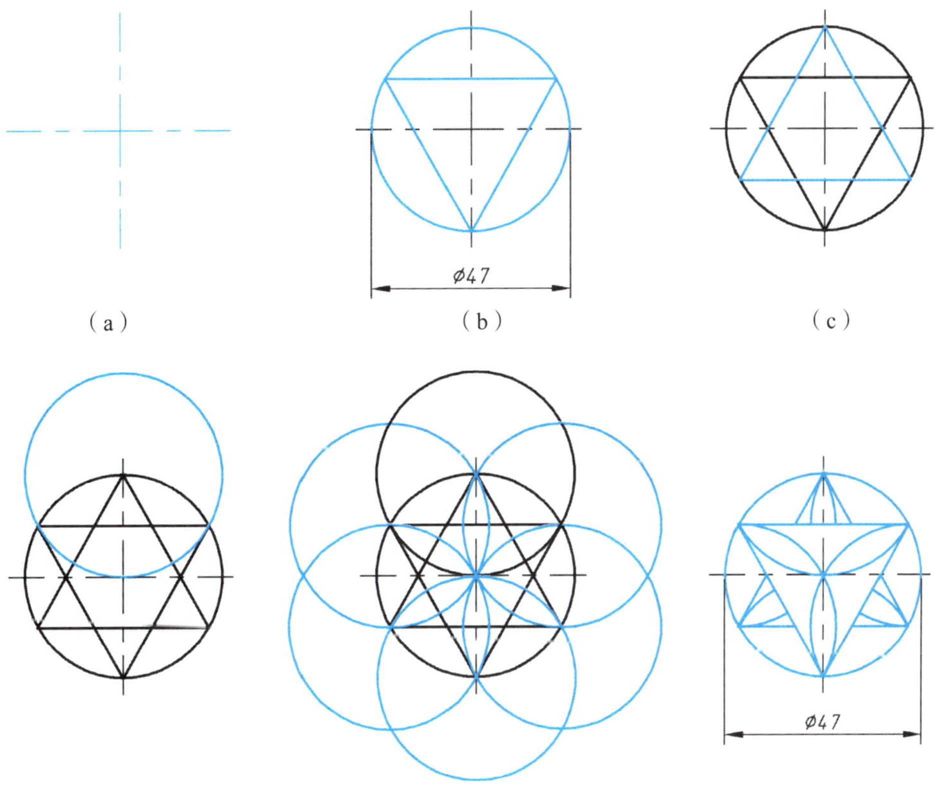

图 7-28　平面图形（三）的绘图步骤

3. 作图技巧

（1）绘图时要正确使用对象捕捉，以确保作图的精确性。

（2）对用阵列命令形成的对象进行修改之前，要先将阵列产生的对象用分解命令进行分解后，才能进行其他修改操作。

（二）圆弧连接简单平面图形的绘制

【例 7-3】绘制如图 7-29 所示的简单平面图形。

1. 图形分析

图 7-29 由圆、圆弧和直线组成。绘图时主要使用“直线”“圆”绘图命令和“偏移”“修剪”“圆角”等修改命令。其中，外切连接圆弧可以通过倒圆角方式完成，内切连接圆弧或内外相切连接圆弧用圆命令中的“相切，相切，半径”方式完成。图形绘制过程按照先绘制已知线段，再绘制中间线段，最后绘制连接线断的顺序绘制图形。本例题中$\phi16$ 和$\phi32$ 为已知线段，$R30$、$R90$ 和相切直线为连接线段。

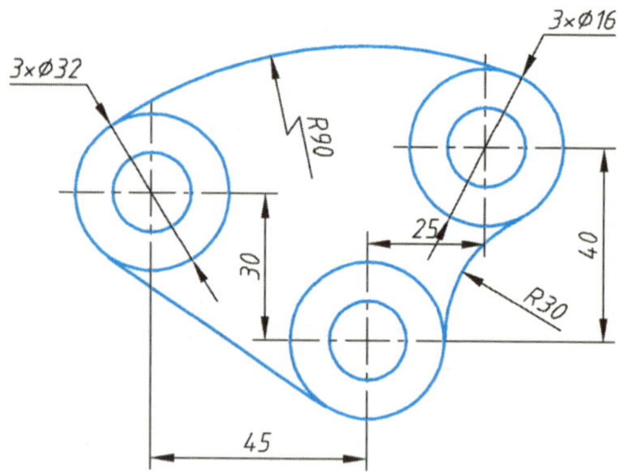

图 7-29　简单圆弧连接

2. 作图步骤

第 1 步　设置图层，根据图形需求，需要设置粗实线和中心线两个图层。

第 2 步　绘制中心线，确定同心圆圆心位置。确定基准线，点击修改命令栏的“偏移”按钮，输入偏移距离 45，点击偏移对象，竖直中心线，向左偏移；点击【Enter】键确认，再次输入偏移距离 30，点击偏移对象，水平中心线，向上偏移，然后调整中心线位置。同理，绘制另外一个同心圆圆心，如图 7-30（a）所示。其中偏移过程如下：

```
#命令：O                                                     /偏移命令 O/
OFFSET                                                       /空格命令/
当前设置：删除源 = 否　图层 = 源　OFFSETGAPTYPE = 0
指定偏移距离或 [通过（T）/删除（E）/图层（L）] <25.0000>：45　/输入偏移距离 45/
选择要偏移的对象，或 [退出（E）/放弃（U）] <退出>：              /选择偏移对象/
指定要偏移的那一侧上的点，或 [退出（E）/多个（M）/放弃（U）] <退出>：/确定偏移方向/
命令：OFFSET                                        /空格命令延续上一指令/
当前设置：删除源 = 否　图层 = 源　OFFSETGAPTYPE = 0
指定偏移距离或 [通过（T）/删除（E）/图层（L）] <45.0000>：30
选择要偏移的对象，或 [退出（E）/放弃（U）] <退出>：
指定要偏移的那一侧上的点，或 [退出（E）/多个（M）/放弃（U）] <退出>：
#
```

第 3 步　绘制已知同心圆。输入“圆”指令快捷键 C，在已知圆心处绘制半径为 8 和 16 的同心圆；点击修改命令栏的“复制”按钮 复制，快捷键 CO，选择复制基点圆心，点击复制目标位置：另外两个圆心，按【Enter】键，即可绘制出如图 7-30（b）所示图形。其中复制过程如下：

```
#命令：CO                                                  /复制命令 CO/
COPY
选择对象：找到 1 个
选择对象：找到 1 个，总计 2 个                              /选择复制对象/
当前设置：复制模式 = 多个
指定基点或 [位移（D）/模式（O）]<位移>：                    /选择复制基点/
指定第二个点或 [阵列（A）]<使用第一个点作为位移>：           /选择复制目标点/
指定第二个点或 [阵列（A）/退出（E）/放弃（U）]<退出>：       /选择复制目标点/
指定第二个点或 [阵列（A）/退出（E）/放弃（U）]<退出>：*取消*  /退出指令/
#
```

第 4 步　绘制连接圆弧 *R*30。点击修改命令栏的“圆角”按钮，快捷键 F，输入命令 R，设定圆角半径，输入 30，回车，选择圆角相切第一个对象和第二个对象，回车退出命令。圆角过程如下：

```
#命令：F                                                   /输入圆角命令 F/
FILLET
当前设置：模式 = 修剪，半径 = 0.0000                        /当前圆角环境/
选择第一个对象或 [放弃（U）/多段线（P）/半径（R）/修剪（T）/多个（M）]：R
/修改圆角半径/
指定圆角半径 <0.0000>：30                                   /输入圆角半径/
选择第一个对象或 [放弃（U）/多段线（P）/半径（R）/修剪（T）/多个（M）]：
/圆角相切对象/
选择第二个对象，或按住 Shift 键选择对象以应用角点或 [半径（R）]：/圆角相切对象/
#
```

第 5 步　绘制连接圆弧 *R*90。命令栏输入 C（圆），空格确定，再输入 T（相切，相切，半径），空格确定，选择第一个切点，选择第二个切点，输入圆弧半径 90，回车，绘制出 *R*90 的内切圆；再通过“修剪”命令（TR），修剪掉多余线段，命令栏输入指令 TR，空格确定，选择修剪对象（即修剪的剪刀部分），空格确定，选择被修剪对象（即需要修剪的部分），退出。具体过程如下：

```
#命令：C                                                   /输入圆命令 C/
CIRCLE
指定圆的圆心或 [三点（3P）/两点（2P）/切点、切点、半径（T）]：T  /选择绘圆方式：T/
指定对象与圆的第一个切点：
指定对象与圆的第二个切点：                                  /选择圆弧切点位置/
指定圆的半径 <16.0000>：90
命令：TR                                                   /输入修剪命令 TR/
TRIM
当前设置：投影 = UCS，边 = 无
选择剪切边...
选择对象或 <全部选择>：找到 1 个                            /选择剪切边 1/
选择对象：找到 1 个，总计 2 个                              /选择剪切边 2/
```

```
选择对象：
选择要修剪的对象，或按住 Shift 键选择要延伸的对象，或          /选择被修剪对象/
#
```

第 6 步　绘制相切直线。输入直线指令 L，在第一个相切对象上指定第一点：tan（表示切点），在第二个相切对象上指定第二点：tan，回车退出。三段连接线段绘制完成后如图 7-30（d）所示。

```
#命令：L                                    /直线指令 L/
LINE
指定第一个点：tan                            /指定切点近似位置/
到
指定下一点或 [放弃（U）]：tan                 /指定另一切点近似位置/
#
```

第 7 步　完成图形绘制后修改图层，此步骤也可以在绘制图线时先选择好绘图图层。

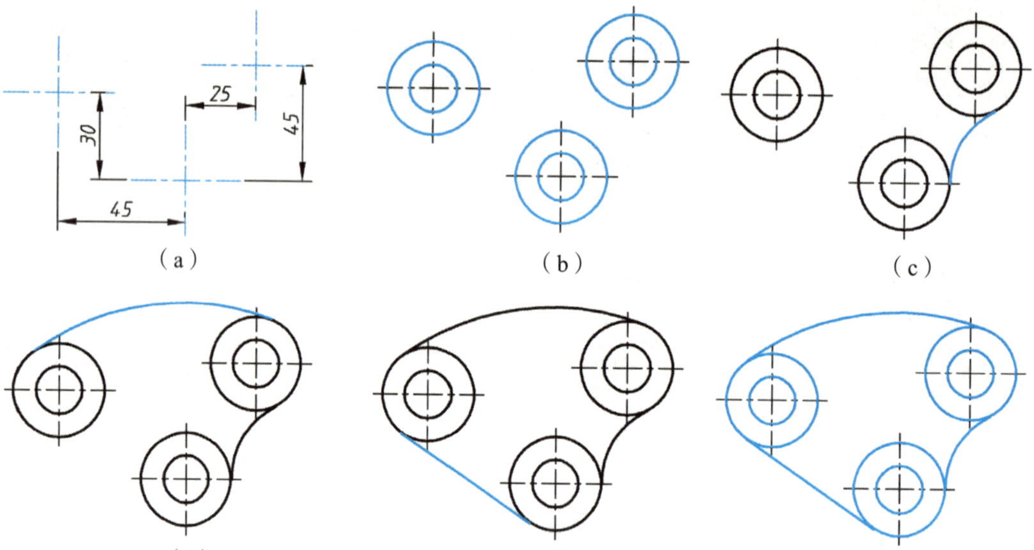

（a）　（b）　（c）　（d）　（e）　（f）

图 7-30　简单圆弧连接绘图步骤

3. 作图技巧

（1）所有相互平行的线段和圆弧均可采用偏移指令来绘制。

（2）当以“相切，相切，半径”方式绘制与已知圆相切的圆时，指定切点的位置不同可能会导致内外相切不同的效果，所以在选择切点时，要尽量选择在最终切点位置的附近。

（3）在使用修剪命令时要清楚所要修剪圆弧的修剪边界，可在一次修剪命令下完成多段圆弧或直线的修剪。

（4）在完成图形后要适当的调整图形，中心线长度不宜过长，一般超出轮廓线 2 ~ 3 mm 适宜。

（三）圆弧连接复杂平面图形的绘制

【例 7–4】绘制如图 7-31 所示的复杂平面图形。

1. 图形分析

图 7-31 所示复杂平面图形主要由圆、圆弧和直线组成，其中已知线段有矩形尺寸 16、12，*ϕ*10、*ϕ*20、*R*50、*R*15、*R*4 和未注圆角 *R*2，中间线段有 *R*55 和连接直线，连接线段有 *R*5、*R*8、*R*20。其中两段平行的直线和圆弧可以通过偏移的方式绘制，两个矩形方块可以通过复制旋转或者镜像的方式绘制，未注圆角采用不修剪方式绘制圆角。

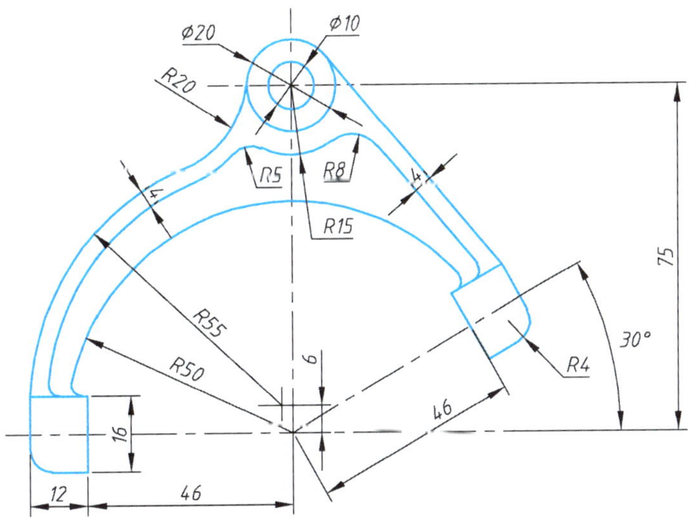

图 7-31　复杂平面图形

2. 绘图步骤

第 1 步　设置图层。

第 2 步　绘制中心线。绘制中心线之前先确定尺寸基准，然后通过偏移指令，确定*ϕ*10 圆心位置，并绘制已知圆*ϕ*10、*ϕ*20、*R*50、*R*15；根据矩形定位尺寸 46，确定矩形位置，根据矩形高度尺寸 16、宽度尺寸 12 绘制矩形，如图 7-32（a）所示。

第 3 步　旋转矩形。单击状态栏中的极轴追踪按钮，将增量角设置为 30° 30, 60, 90, 120...，通过直线指令，捕捉 30°斜线；选择对象矩形，单击“旋转”按钮 旋转，指定旋转基点 *R*50 的圆心，选择旋转模式：复制（C），指定旋转角度：捕捉逆时针 210°；通过倒圆角方式绘制两个矩形的圆角 *R*4，输入圆角指令 F 确定，修改圆角半径 *R*，输入半径值 4，选择倒圆角对象，得到如图 7-32（b）所示结果。其中旋转过程如下：

```
#命令：_rotate                                            /旋转指令 RO/
UCS 当前的正角方向：ANGDIR = 逆时针    ANGBASE = 0
找到 5 个
指定基点：                                                /指定旋转中心/
指定旋转角度，或 [复制（C）/参照（R）] <0>：C              /设置旋转模式：复制/
旋转一组选定对象。
指定旋转角度，或 [复制（C）/参照（R）] <0>：                /输入旋转角度/
#
```

第 4 步　绘制中间线段。*R*55 为中间线段，已知一个竖直定位尺寸 6，其中圆弧一端通过矩形端点，则需要通过已知端点找圆心的方式确定 $R55$ 圆心，具体过程为：通过“偏移”指令确定高度位置，再以通过的矩形端点为圆心，55 为半径绘制圆，与其偏移直线的交点即为所求圆心，然后绘制 $R55$ 圆弧；绘制过程中及时清除和剪切多余线段或圆弧，以保证图形简洁。连接直线一端通过矩形端点，一端与 $\phi20$ 相切，单击直线指令，单击矩形端点，确定直线第一个端点，输入切点 tan，点击相切圆弧，回车退出，如图 7-32（c）所示。

第 5 步　绘制偏移直线和连接圆弧。通过倒圆角方式绘制连接圆弧 $R20$，点击修改命令栏的“圆角”按钮，快捷键 F，输入命令 R，设定圆角半径，输入 20，回车，选择圆角相切第一个对象和第二个对象，回车退出命令；单击“偏移”按钮，输入偏移距离 4，旋转偏移对象 $R55$、$R20$、连接直线，向内偏移；用相同的倒圆角方式绘制连接圆弧 $R5$ 和 $R8$，如图 7-32（d）所示。

第 6 步　绘制未注圆角 $R2$。未注圆角仍然通过倒圆角的方式绘制，但是要修改倒圆角环境，由原来默认的修剪模式调整为不修剪模式，倒完圆角后对图形做整体的修剪和整理，具体操作过程如下：

```
#命令：F                                                  /圆角指令 F/
FILLET
当前设置：模式 = 修剪，半径 = 4.0000                        /保留上一次圆角环境/
选择第一个对象或 [放弃（U）/多段线（P）/半径（R）/修剪（T）/多个（M）]：R    /修改圆角半径/
指定圆角半径 <4.0000>：2                                   /输入半径值 2/
选择第一个对象或 [放弃（U）/多段线（P）/半径（R）/修剪（T）/多个（M）]：T    /修改修剪模式/
输入修剪模式选项 [修剪（T）/不修剪（N）] <修剪>：N                 /选择不修剪/
选择第一个对象或 [放弃（U）/多段线（P）/半径（R）/修剪（T）/多个（M）]：     /选择圆角对象/
选择第二个对象，或按住 Shift 键选择对象以应用角点或 [半径（R）]：
#
```

第 7 步　整理图形，调整图线，设置图层。

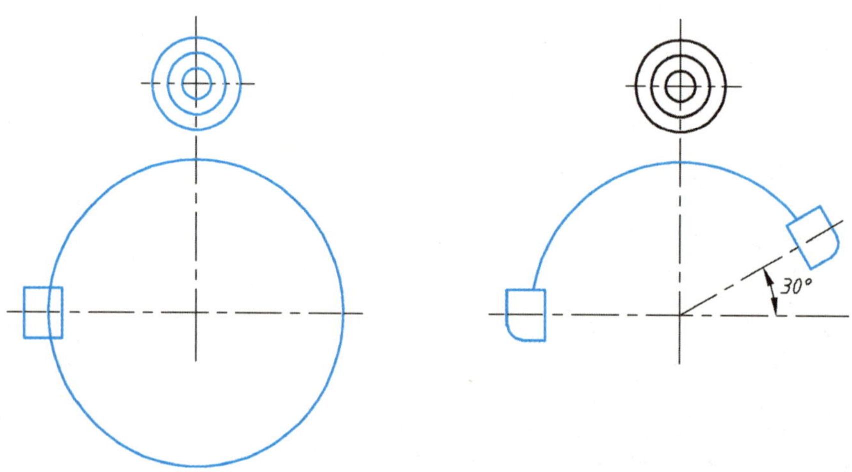

（a）　　　　　　　　（b）

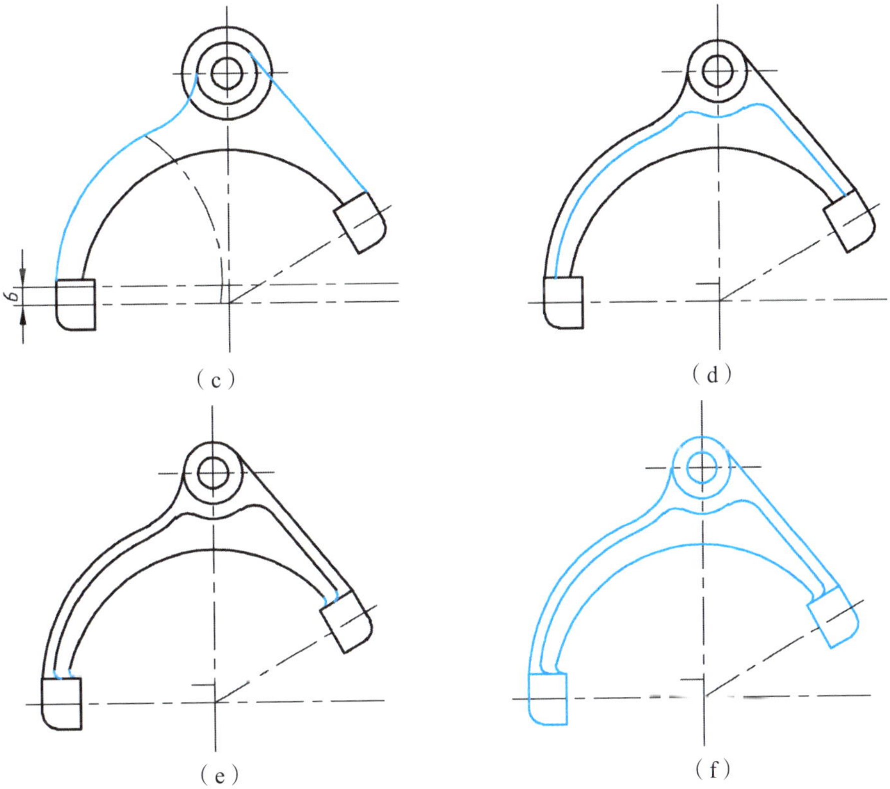

图 7-32　复杂圆弧连接平面图形绘图步骤

3. 作图技巧

（1）对于特殊角度斜线：15°、22.5°、30°、45°斜线都可以通过修改极轴追踪增量角来绘制。

（2）在绘制形状较复杂、尺寸较多的平面图形时，应先对各个尺寸认真分析，确定绘图步骤。

（3）绘制中间圆弧时，需要通过找圆心的方式确定圆心。如果圆弧过端点，则通过已知端点作等半径圆来找圆心；如果圆弧外切，则通过作半径相加同心圆来确定圆心；如果圆弧内切，则通过作半径相减同心圆来确定圆心；如果圆弧与直线相切则通过偏移直线来确定圆心。

（四）均布元素平面图形的绘制

【例 7–5】 绘制如图 7-33 所示的均布元素平面图形。

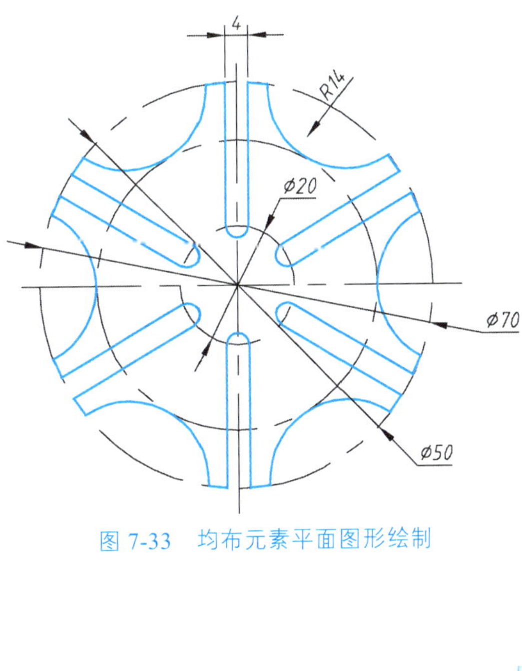

图 7-33　均布元素平面图形绘制

1. 图形分析

图 7-33 所示的均布元素平面图形主要由圆、圆弧和直线组成，而且这些圆弧和直线沿圆周方向均匀分布。对于这类在圆周上均匀分

布的图形，可只绘制其中的一个，然后用阵列命令中的环形阵列复制即可。

2. 绘图步骤

第 1 步　设置图层。

第 2 步　单击“绘图”面板中的“直线”和“圆”按钮，绘制中心线，如图 7-34（a）所示。

第 3 步　先在辅助线图层单击“绘图”面板中的“圆”按钮，以水平中心线与$\phi 50$中心线圆的交点为圆心绘制 $R14$ 的细实线圆；然后在粗实线图层单击“绘图”面板中的“圆”按钮，绘制粗实线圆 $R14$；再单击“绘图”面板中的“圆”按钮绘制$\phi 4$的小圆后，单击“绘图”面板中的“直线”按钮绘制两条直线，如图 7-34（b）所示。

第 4 步　单击“修改”面板中的“修剪”按钮，修剪掉 $R14$ 粗实线圆和$\phi 4$小圆上多余的部分，如图 7-34（c）所示。

第 5 步　单击“修改”面板中的“环形阵列”按钮，首先选择阵列对象即 $R14$ 粗实线圆和$\phi 4$小圆上保留的部分圆弧、两条粗实线、两条相互垂直的点画线；其次选择阵列的中心点即两条相互垂直的点画线的交点；最后选择阵列中的项目数为 6，完成环形阵列。效果如图 7-34（d）所示。

第 6 步　单击“修改”面板中的“修剪”按钮，修剪掉$\phi 70$粗实线圆上多余的部分，如图 7-34（e）所示。

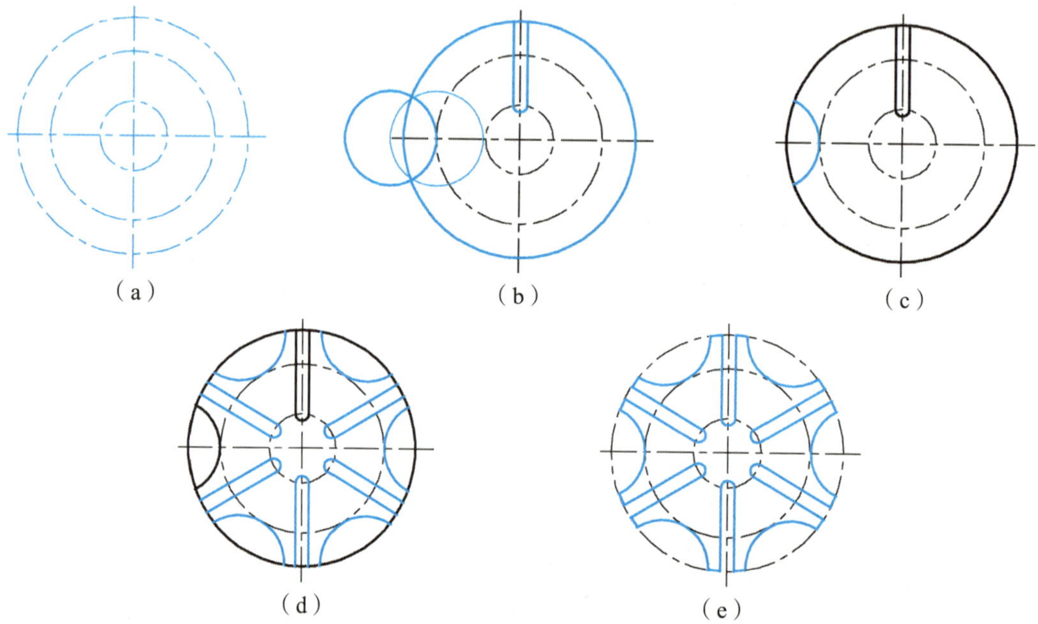

图 7-34　均布元素平面图形绘制步骤

3. 作图技巧

绘制均布元素时，可以将要进行阵列的所有对象在一次阵列命令的操作过程中完成，没有必要对每一个对象分别进行阵列操作。

【巩固练习】

根据本任务所学知识，抄画练习 1 ~ 练习 4。

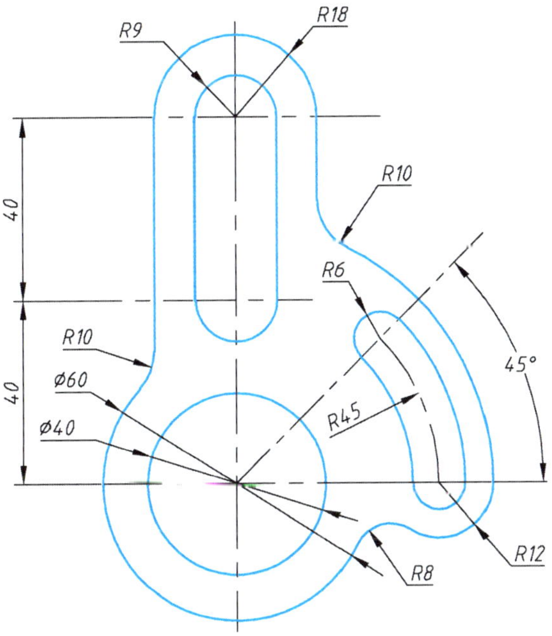

练习 1

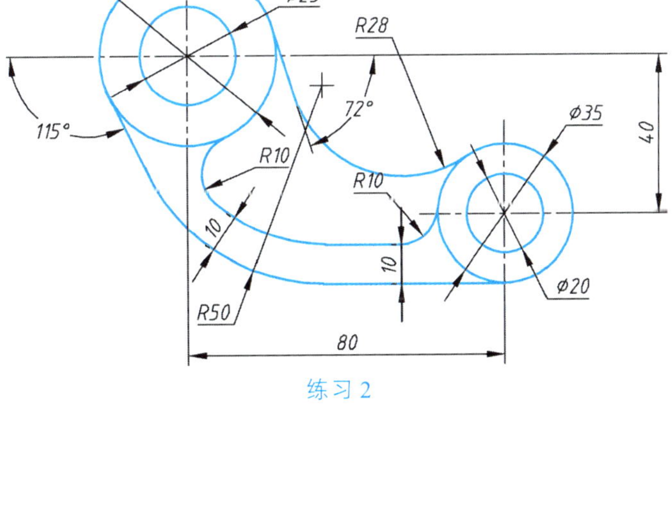

练习 2

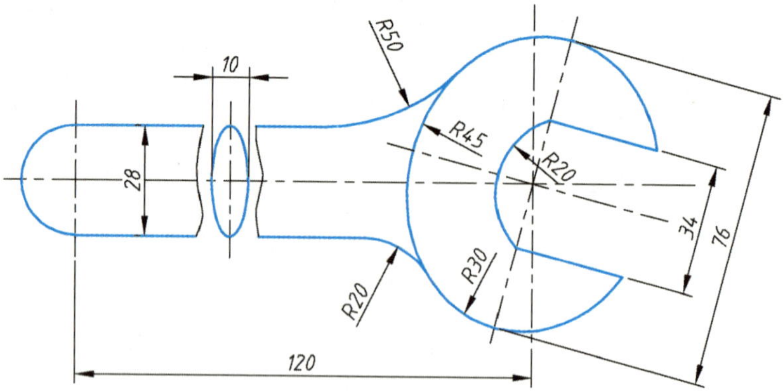

练习 3

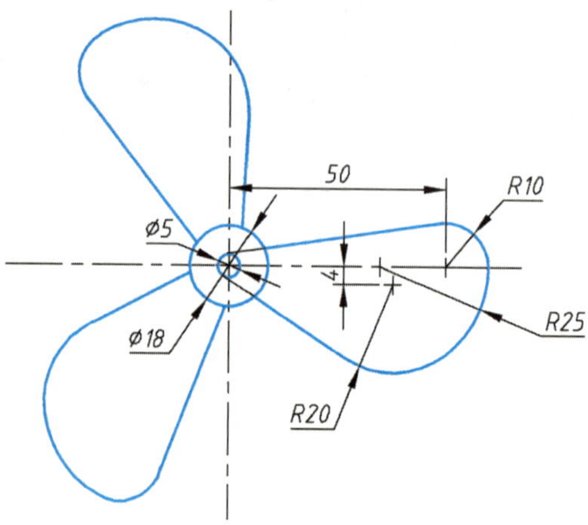

练习 4

任务二 AutoCAD 2022 绘制组合体三视图和正等轴测图

知识点一、AutoCAD 尺寸标注方法

（一）文字样式设置

标注尺寸和标注文本之前，先要给文本字体定义合适的样式。文字样式的设置包括字体、字高、倾斜角度、方向及其他特征的设置。字号大小规定见表 7-3。

表 7-3 国家标准规定字号大小

标 准	图 幅	字号大小	
		字母与数字	汉字
GB/T 18229—2000	A0	3.5	5
	A1		
	A2		
	A3		
	A4		
GB/T 14665—1998	A0	5	5
	A1		
	A2	3.5	3.5
	A3		
	A4		

调用“文字样式”对话框的常用方法如下：

（1）菜单栏：执行“格式”→“文字样式”菜单命令。

（2）功能区：单击“默认”选项卡“注释”功能区中“文字样式”按钮，如图 7-35 所示。

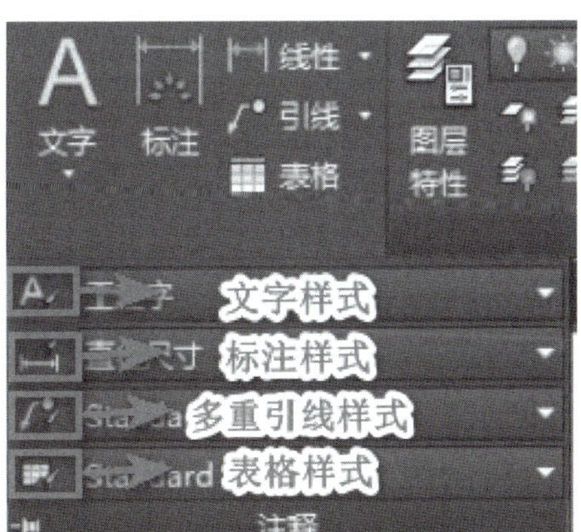

图 7-35 “文字样式”菜单栏

执行命令后，系统弹出“文字样式”设置对话框，如图 7-36 所示，可以在其中新建或修改当前文字样式。

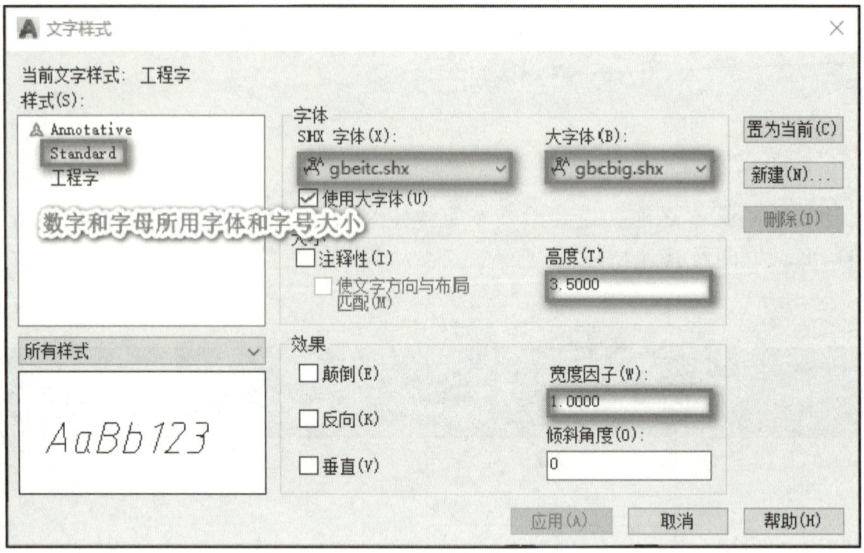

图 7-36 “文字样式”设置对话框

我国在国家标准《技术制图字体》(GB/T 14691—1993)中对技术图纸中的数字写法有详细的规定，这里我们设置一种符合国家标准要求的文字样式“数字和字母”，步骤如下：

第 1 步 单击“文字样式”对话框中的“新建”按钮，出现“新建文字样式”对话框，在“样式名”中输入“数字”后，单击“确定”按钮。

第 2 步 打开“字体名”下拉列表，选择“gbeitc.shx”字体，勾选“使用大字体”，“大字体”下拉框中选择“gbcbig.shx”字体。

第 3 步 在“高度”对话框中输入 3.5，“宽度因子”对话框中输入 1。

第 4 步 在“文字样式”对话框中单击“应用”按钮后，可以发现在“文字样式”中增加了一种新的样式“数字和字母”，如图 7-37 所示。

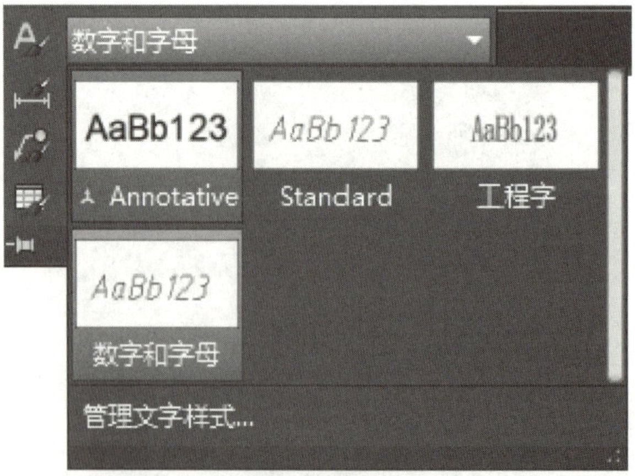

图 7-37 “数字和字母”文字样式

采用相同的操作步骤，设置工程字基本样式，具体样式要求如图 7-38 所示。注意，在设置工程字时，首先要去掉“使用大字体”，对于水平书写的工程字，选择“TT 仿宋”；对于竖直书写的工程字，选择“@TT 仿宋”。

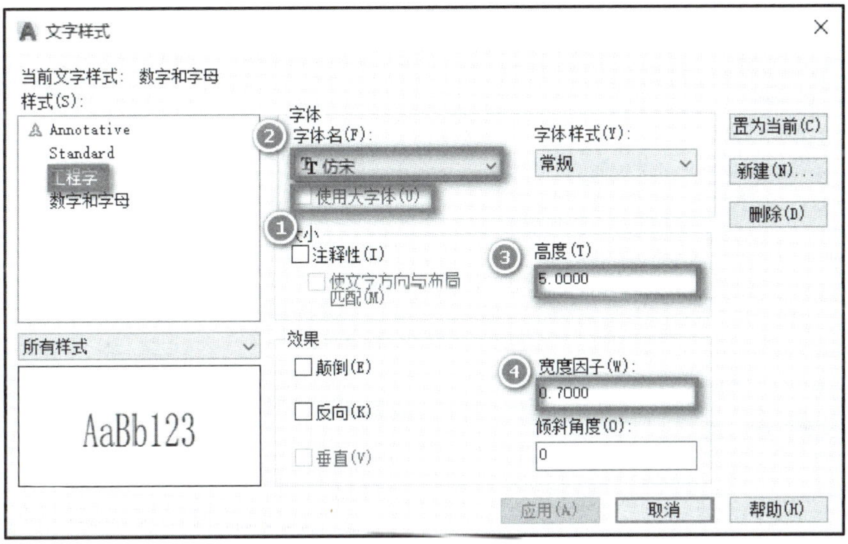

图 7-38　工程字样式设置要求

（二）尺寸样式设置

启用标注样式管理器的常用方法如下：

菜单栏：执行“格式”→“标注样式”菜单命令。

功能区：单击“默认”选项卡“注释”功能区中的“标注样式”按钮。系统弹出“标注样式管理器”对话框，如图 7-39 所示，单击“修改”按钮，打开“修改标注样式”对话框，如图 7-40 所示。

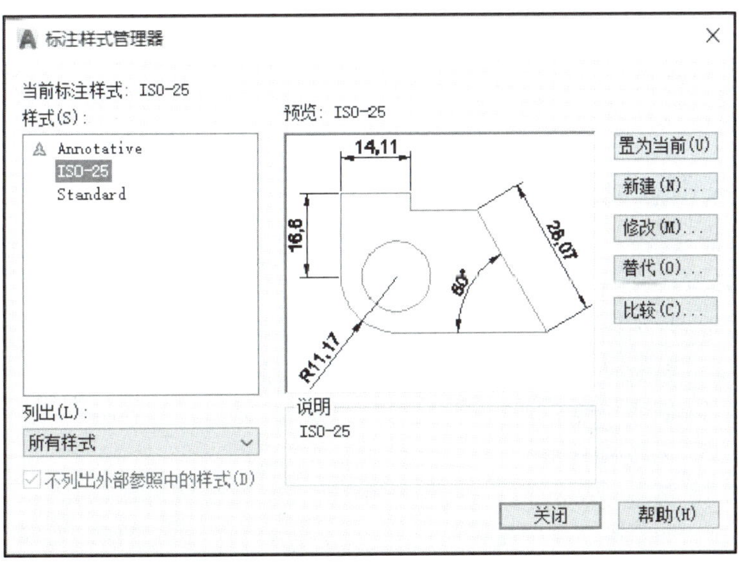

图 7-39　标注样式管理器

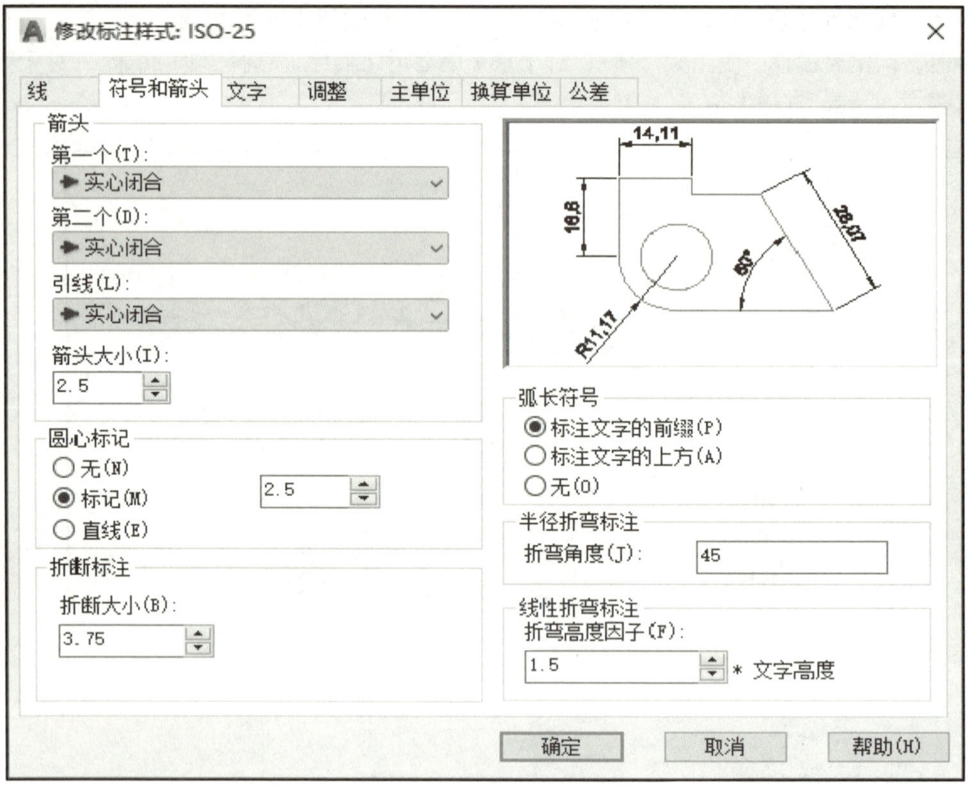

图 7-40　修改标注样式

“修改标注样式”对话框中各选项卡所对应的设置如下：

“线”选项卡：设置尺寸线、尺寸界线的特性。

“符号和箭头”选项卡：设置箭头、中心标记和折弯标注等特性。

“文字”选项卡：设置文字的格式、位置及对齐方式等特性。

“调整”选项卡：控制标注文字、箭头、引线及尺寸的放置。

“主单位”选项卡：设置主单位的格式及精度，同时还可以设置标注文字的前缀和后缀。

“换算单位”选项卡：设置换算单位的格式与精度。

“公差”选项卡：控制公差的显示及格式。

（三）常见尺寸标注类型

单击菜单栏的“标注”，可以查看到常见的尺寸标注类型，也可以通过工具栏调出标注快捷工具栏，具体过程如图 7-41 所示。

快速标注：可以根据选定的对象类，自动创建相应的标注。

线性标注：通过捕捉两点来标注水平或垂直的线性尺寸，也可以是旋转一定角度的标注。

对齐标注：用于创建与指定位置和对象平行的标注。通常用于倾斜对象的标注。

角度标注：用于标注两条直线或三个点之间的角度。

弧长标注：用于测量圆弧和多段线弧线段上的距离。弧长标注将显示一个圆弧符号。

半径标注：用于测量圆弧或圆的半径，并显示前面带有字母 R 的标注文字。

直径标注：用于测量圆弧或圆的直径，并显示前面带有字母 ϕ 的标注文字。

图 7-41 标注工具栏查看与调出

连续标注：创建首尾相连的多个标注。前一个尺寸的第二条尺寸界线就是后一个尺寸的第一条尺寸界线。

基线标注：自同一基线处测量的多个尺寸的标注。

（四）常用的样式设置

（1）线性标注设置：可以直接将 ISO-25 设置为线性标注样式。单击“标注样式”，弹出“标注样式管理器”，选择 ISO-25，单击“修改”，根据如图 7-42 所示修改对应选项卡。

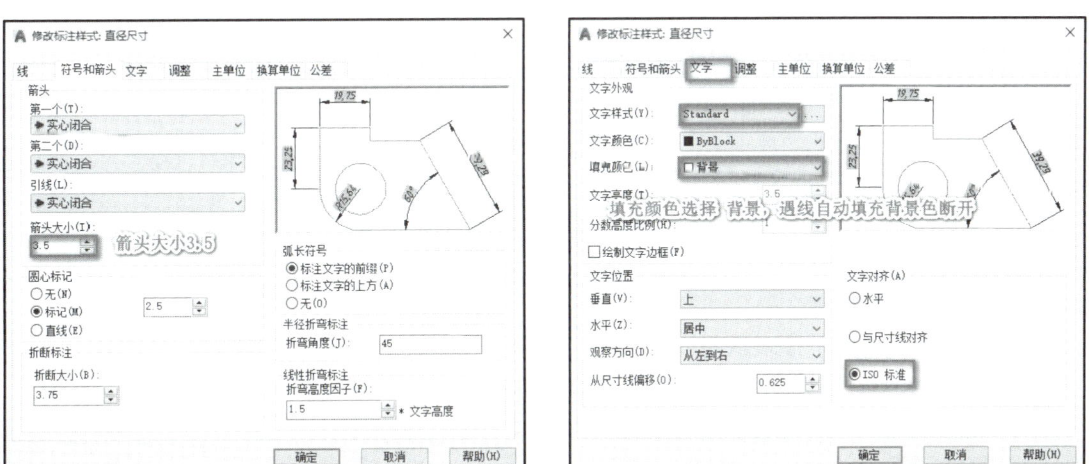

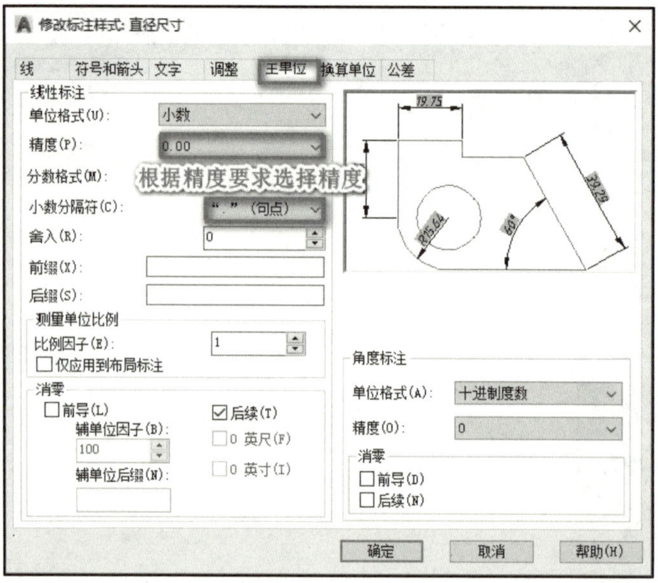

图 7-42　线性标注设置

（2）直径标注设置：基于 ISO-25 线性标注样式新建标注样式，根据直径标注特点，修改“调整”选项卡。当尺寸界线之间没有足够空间放置文字和箭头时，可将箭头和文字移出尺寸界线，并可以通过手动调节文字位置来调整尺寸标注位置，如图 7-43 所示。

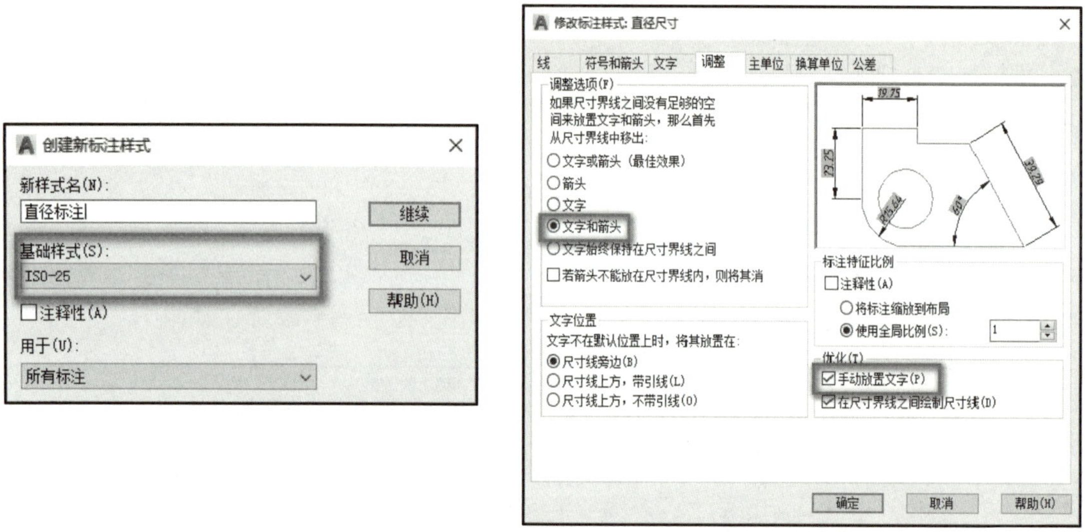

图 7-43　直径标注设置

（3）半径标注设置：同理直径标注方式，新建半径标注，在“线”选项卡中勾选隐藏尺寸界线 1，如图 7-44 所示。

（4）圆柱尺寸设置：圆柱尺寸主要用于非圆图形上标注直径尺寸，与线性尺寸不同的是尺寸数字带有前缀“ϕ”，因此在“主单位”选项卡中，“前缀”一栏输入%%C，如图 7-45 所示。

（5）角度标注设置：角度尺寸在数字书写过程中必须水平向上，因此，在“文字”选项卡中，文字对齐选择“水平”，如图 7-46 所示。

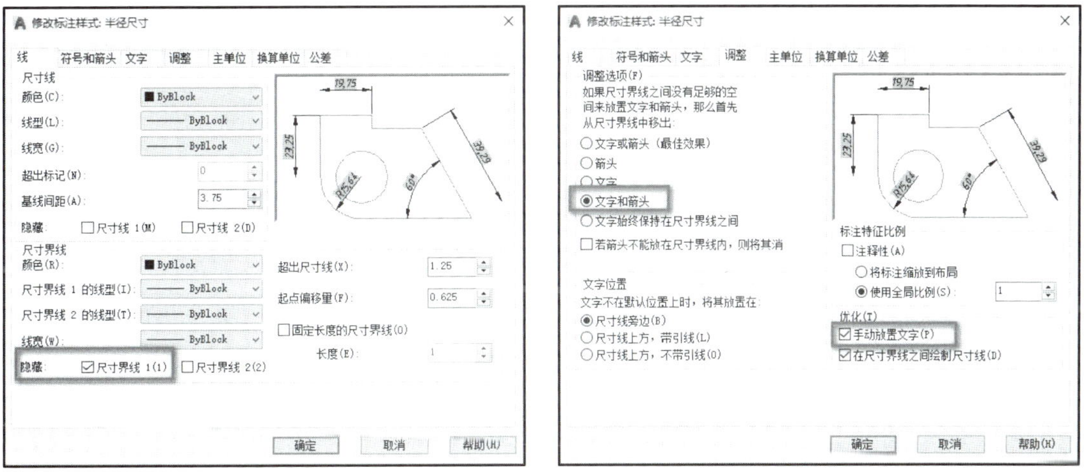

图 7-44　半径标注设置

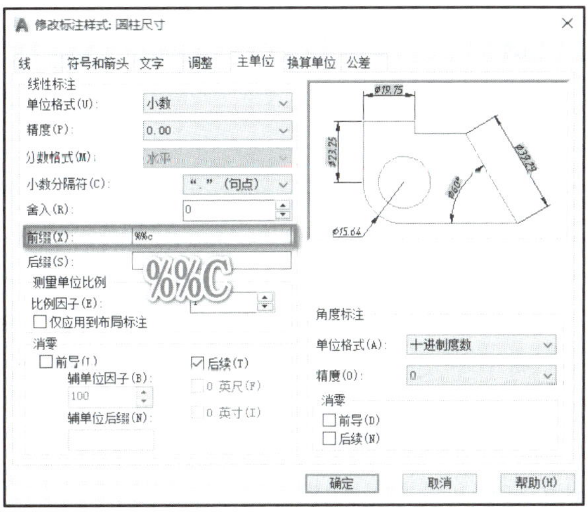

图 7-45　圆柱尺寸设置

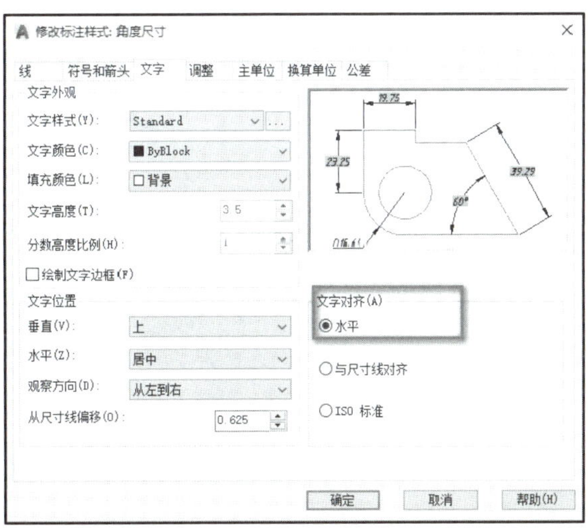

图 7-46　角度尺寸标注

知识点二、绘制工程样板图

所谓的工程图形样板文件就是包含有一定绘图环境和专业参数的设置，但并没有图形对象的空白文件，当将此空白文件保存为“.dwt”格式后就称作样板文件。

在工程制图中，国家标准规定图纸分为 A0、A1、A2、A3、A4 五类图纸，而每一类图纸又分为有装订边和无装订边两种，并且图纸还有横放与竖放的区别，所以在实际的绘图之前，我们可以根据需要建立各类图纸的图形样板格式文件，以便在绘图时进行适时的调用，提高绘图效率。这里仅就留装订边的 A3 图纸的图形样板文件的建立来进行举例，其余几类图纸的图形样板文件读者可以类似于 A3 图纸的建立自行完成以方便自己以后的图形绘制。

【例 7–6】新建一个名为 A3.dwt 的图形样板文件，要求如下：

（1）设置绘图界限为 A3、按照留装订边格式绘制图框，左边留装订边 25，其余三边留 5。

（2）按照表 7-4 所示的要求设置图层、线型。图层设置过程参见前述“图层设置与管理”。

表 7-4　图层设置要求

层名	颜色	线型	线宽/mm	用途	打印
粗实线	黑/白	Continuous	0.5	粗实线	打开
细实线	黑/白	Continuous	0.25	细实线	打开
虚线	洋红	Hiddenx2	0.25	细虚线	打开
中心线	红	Center	0.25	中心线	打开
尺寸线	绿	Continuous	0.25	尺寸、文字	打开
剖面线	蓝	Continuous	0.25	剖面线	打开

（3）设置文字样式和标注样式。

① 样式名：数字；字体名：Gbeitc.shx；文字宽的系数：1；文字倾斜角度：0。

② 样式名：汉字；字体名：仿宋；文字宽的系数：0.7；文字倾斜角度：0。

（4）制作标题栏，其中“图名”字高为 10 号、“校名”字高为 7，其余字高为 5，不标注尺寸。简易标题栏尺寸如图 7-47 所示。

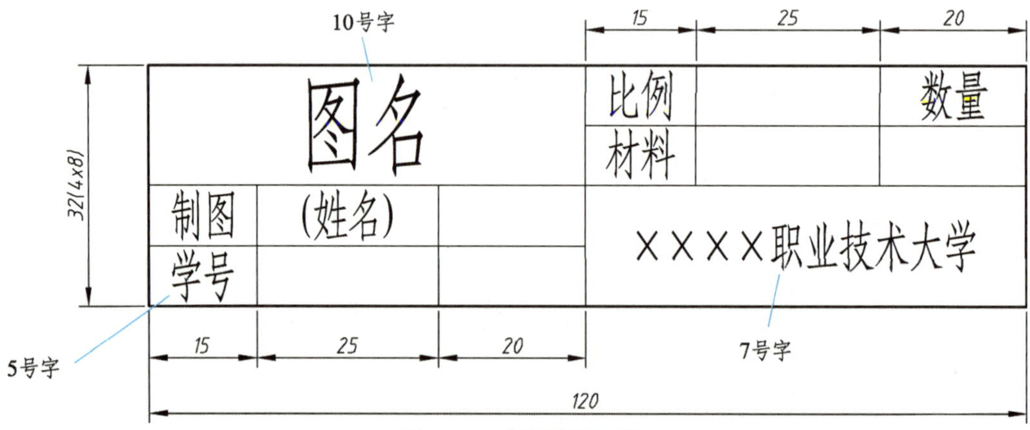

图 7-47　标题栏格式

具体操作过程如下：

第 1 步　打开空白文件，设置图层。单击“新建图层”按钮，创建新图层；单击“名称”，反键—重命名图层，或者输入快捷键 F2，修改图层名，图层“开关”“冻结”“锁定”保持高亮状态，依次修改图层颜色、线型、线宽，如图 7-48 所示。

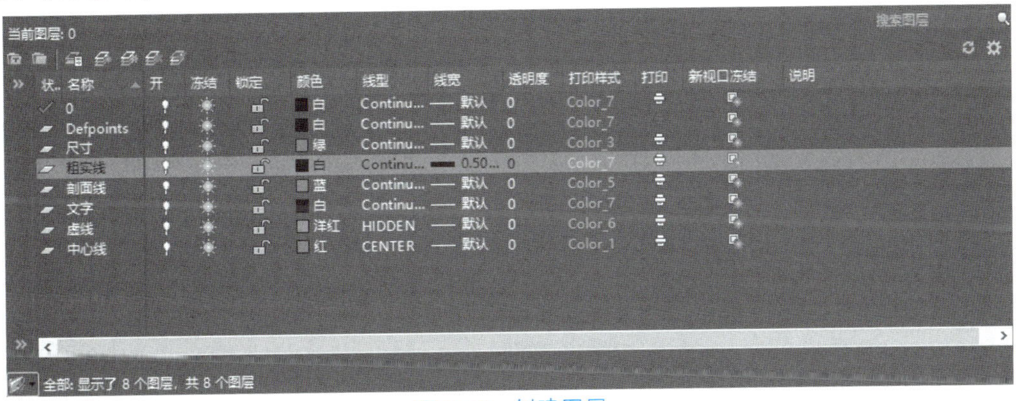

图 7-48　创建图层

第 2 步　设置文字样式和标注样式。

第 3 步　绘制图框。单击“矩形”按钮，或输入快捷键“REC-确认”，确定矩形起点（0，0），输入矩形尺寸（420 × 297）；继续绘制矩形，输入矩形起点（25，5），输入矩形尺寸（390 × 287）。

第 4 步　绘制标题栏。利用“直线”指令、“偏移”指令、“修剪”指令按尺寸绘制标题栏；并根据图线性质修改图层，其中图框线和标题栏外框线应为粗实线，其余图线为细实线。

第 5 步　填写标题栏。单击“多行文字”按钮（快捷键 T），在标题栏对应线框内书写文字，文本框尽量铺满整个线框，文字正中放置，如图 7-49 所示。

图 7-49　样板文件图框与标题栏

第 6 步　保存文件。单击“文件”—“另存为”，在“文件类型”栏选择“AutoCAD 图形样板（*.dwt）”，文件名命名“A3 样板文件.dwt”，如图 7-50 所示。

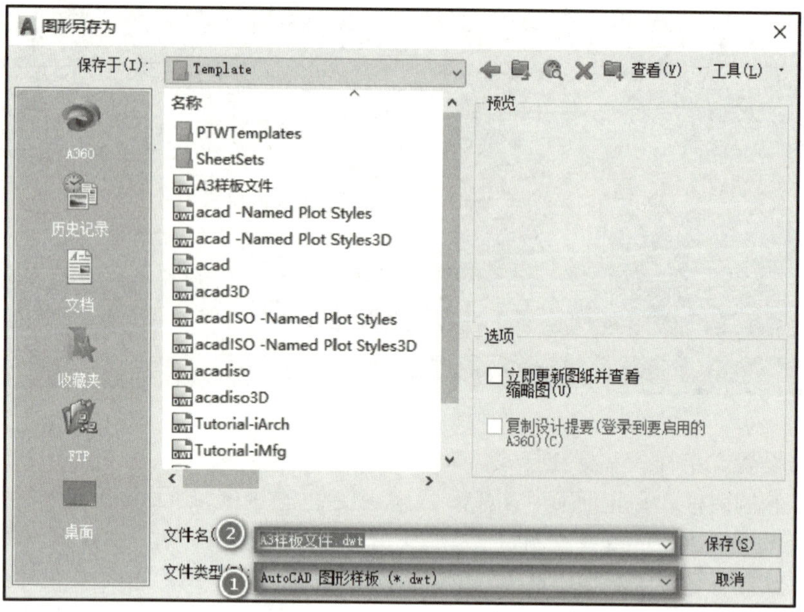

图 7-50　样板文件保存

知识点三、组合体三视图绘制

AutoCAD 绘制组合体三视图的步骤与手工作图基本相同，关键是作图时要保证尺寸准确、三视图之间的投影关系正确。绘制三视图的基本原则是“长对正、高平齐、宽相等”。用 AutoCAD 绘制组合体三视图时，其“长对正、高平齐”，其可通过“对象捕捉”“对象捕捉追踪”“极轴追踪”等状态设置来实现。“宽相等”可以通过使用 45°辅助线的方法、用偏移命令绘制平行线的方法、坐标输入法等方法结合“对象捕捉追踪”一起使用予以实现。

【例 7–7】按照 1∶1 的比例抄画如图 7-51 所示中的主视图和左视图，并补画俯视图，不标注尺寸。

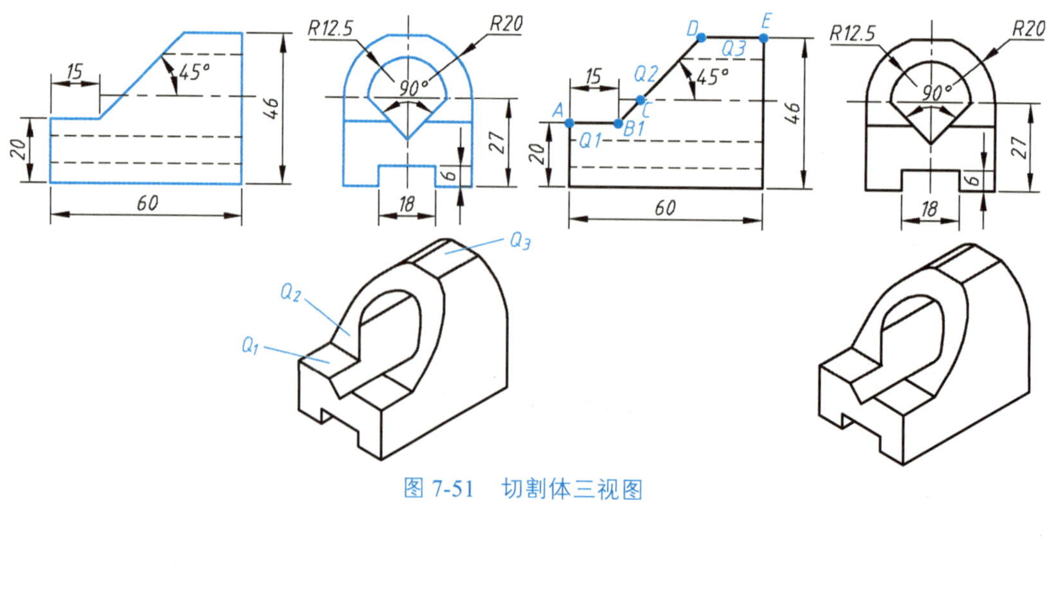

图 7-51　切割体三视图

1. 图形分析

图示该形体为典型切割体形体，马蹄形基本体底部开矩形槽，中间通异形孔，然后经两个水平面（Q_1 和 Q_3）和一个正垂面（Q_2）切割而成。在绘图过程中，先绘制基本体，再开孔挖槽，最后切割的顺序来绘图。绘图过程中切记要三个视图一起对应绘制，不可单个视图单独绘制。

2. 绘图步骤

第 1 步　新建图形文件，设置绘图环境；或者直接打开创建好的 A3.dwt 图形样板文件。

第 2 步　绘制尺寸基准线，确定图形位置。注意合理布图，尽量让图形位于图纸中间位置，如图 7-52（a）所示。

第 3 步　绘制基本体。利用“直线”指令，“极轴追踪”和“对象捕捉”等方式同时绘制基本体三视图，其中长度尺寸 60，高度尺寸 47，宽度尺寸 40。在左视图中绘制出基体的矩形槽和异形孔，矩形槽宽 18，高 6，对称部分可以用“镜像”指令；为了保证宽相等，通过设置极轴追踪角 45°，在左视图中和俯视图之间绘制一条 45°斜线，同时在主视图和俯视图中绘制出矩形槽轮廓，注意可见性判断，不可见轮廓线用虚线图层；同理，利用“圆”“直线”“剪切”等指令绘制出异形孔左视图、主视图和俯视图，如图 7-52（b）所示。

第 4 步　绘制切割部分。首先根据尺寸 20 和 15 在主视图中绘制出水平切割面 Q_1，高平齐绘制出切割面左视图投影，根据长对正和宽相等绘制出俯视图中 Q_1 的投影，在俯视图中为两个反映实形的矩形线框，如图 7-52（c）所示。再次根据角度尺寸 45°，在主视图中绘制出正垂面 Q_2 的积聚投影，其切割的截交线在左视图中积聚在外轮廓线上，在俯视图中，切得矩形体部分为直线，切得半圆柱体部分为 $R20$ 的半圆；根据点的投影规律，利用“捕捉交点”和“极轴追踪”的方式作出 B 点和 C 点在俯视图和左视图中的投影，CD 段在俯视图中投影为 $R20$ 和 $R12.5$ 的半圆，圆心在俯视图中心轴线上，利用“圆”和“修剪”指令绘制出 Q_2 切割面投影，如图 7-52（d）所示。最后根据高度尺寸 46 确定 Q_3 切割面所在位置，并根据三等规律绘制出投影视图，如图 7-52（e）所示。注意切割后不存在区域的图线要及时删除。

第 5 步　整理图线。经过切割后，异形孔轮廓线部分可见，部分不可见，因此需要通过“打断”按钮对轮廓线进行打断。单击“打断”按钮，选择打断对象，捕捉打断端点。最后调整图线图层，如图 7-52（f）所示。

（a）

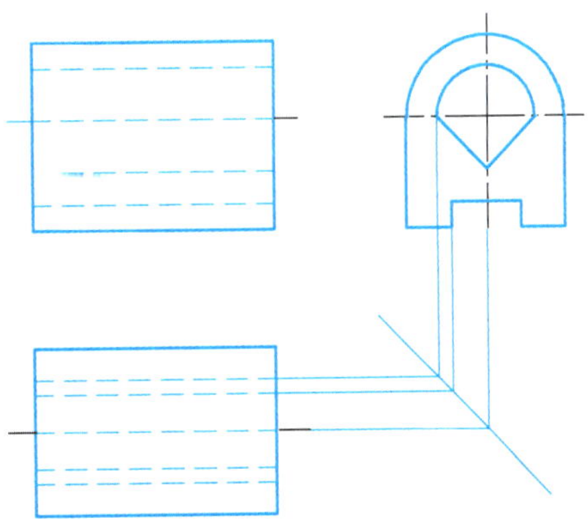

（b）

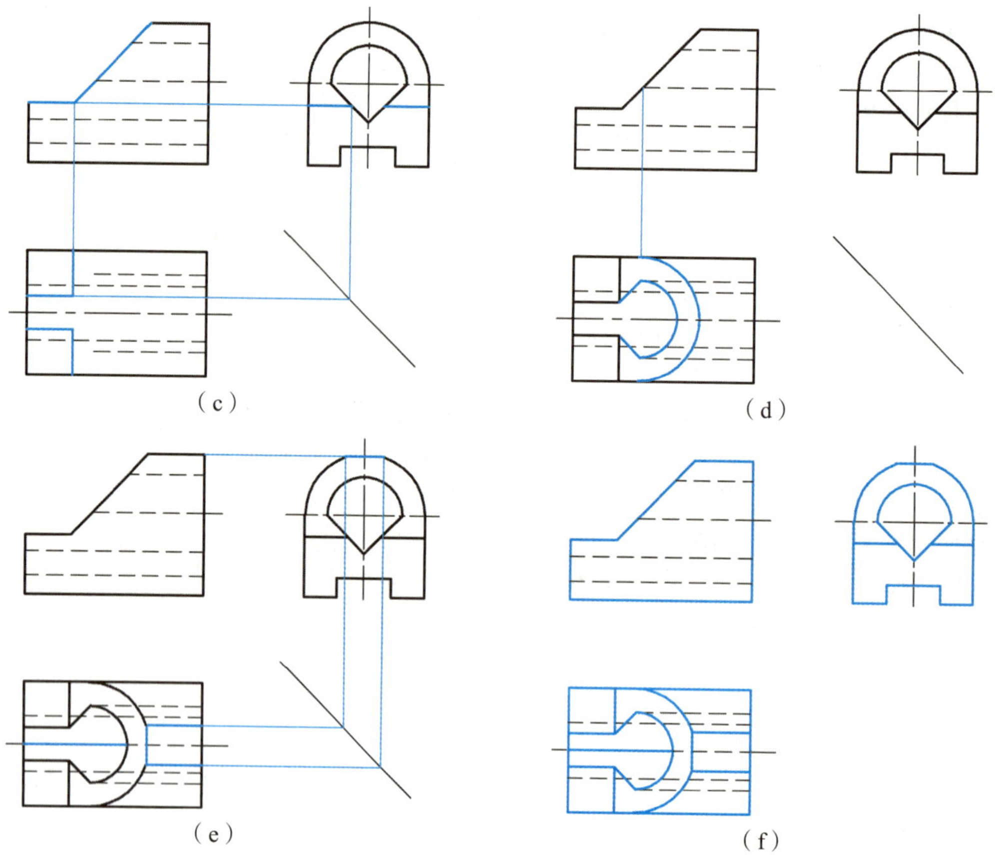

图 7-52　切割体三视图绘图步骤

3. 绘图技巧

在三视图绘制过程中往往会涉及对不同类型的点进行捕捉，一般运用较多的有端点、交点、圆心、延长线等，对于捕捉点的选择可以在捕捉设置里面进行选择，单击“对象捕捉”下拉按钮，选择捕捉对象，或者选择对象捕捉设置，弹出如图 7-53 所示对话框，根据需求勾选捕捉对象。

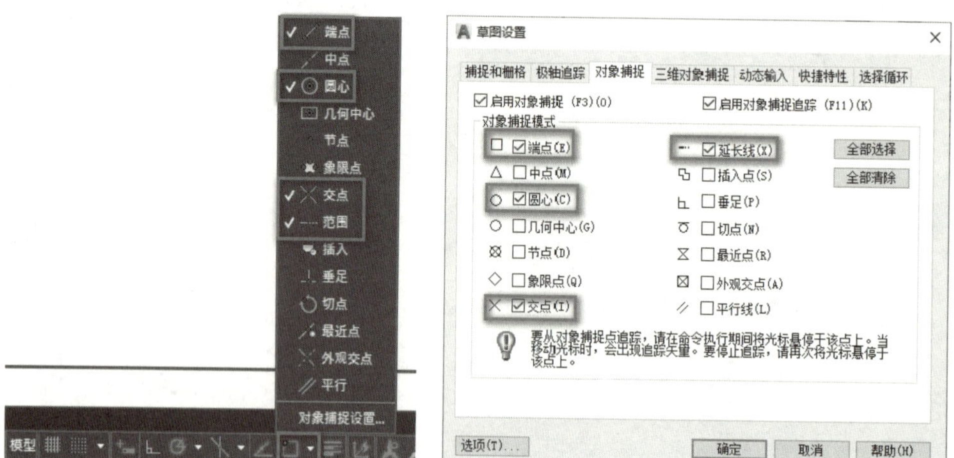

图 7-53　对象捕捉设置

【例 7-8】按照 1 : 1 的比例抄画如图 7-54 所示的主视图和俯视图，并补画左视图，标注尺寸。

1. 图形分析

该形体为一简单叠加类型组合体，其形体主要由底板、内置阶梯孔的铅垂圆柱套筒和正垂圆柱套筒所组成，其中正垂圆柱套筒和铅垂圆柱套筒正交，产生内外相贯线。

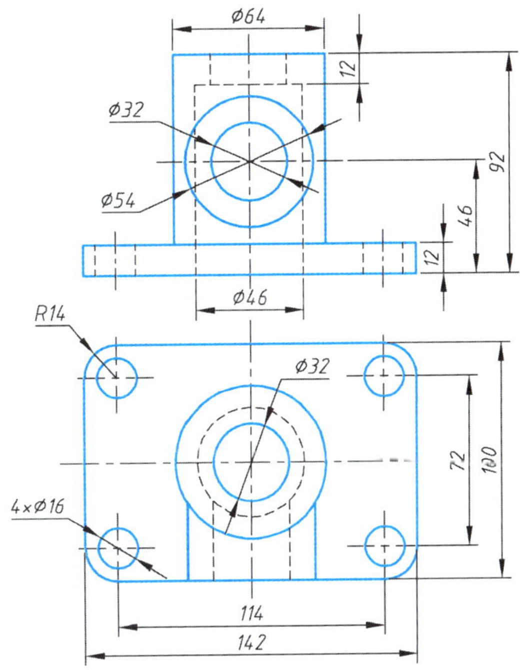

图 7-54 简单组合体三视图

2. 绘图步骤

第 1 步 新建图形文件，设置绘图环境；或者直接打开创建好的 A3.dwt 图形样板文件。

第 2 步 布置视图，绘制底板和中心线。根据该形体特征，长度基准和宽度基准均为底板中心线，因此，可以先绘制带圆角的底板，再捕捉中点绘制基准线。在“图层控制”下拉列表框中调出“粗实线”图层作为当前层，选择“矩形”按钮（快捷键 REC），在命令栏目输入 F（圆角），空格键确定，输入圆角半径 14，空格键确认，指定矩形起点，输入相对坐标值（@142，100），确认；利用端点捕捉和极轴追踪，分别绘制出主视图和左视图中的矩形轮廓。在“图层控制”下拉列表框中调出“中心线”图层作为当前层，选择“直线”命令，捕捉底板长度方向中点，绘制长度方向基准线，同理画出俯视图和左视图中的宽度基准线。利用“偏移”“圆”“直线”“镜像”等指令绘制底板安装孔，如图 7-55（a）所示。带圆角的矩形绘制过程如下：

```
#命令：REC                                                /单击矩形指令或输入 REC/
RECTANG
指定第 个角点或 [倒角（C）/标高（E）/圆角（F）/厚度（T）/宽度（W）]：F    /选择模式/
指定矩形的圆角半径 <14.0000>：14                           /输入圆角半径/
指定第一个角点或 [倒角（C）/标高（E）/圆角（F）/厚度（T）/宽度（W）]：/指定矩形角点/
指定另一个角点或 [面积（A）/尺寸（D）/旋转（R）]：@142，100       /指定矩形另一角点/
#
```

第 3 步 绘制铅垂圆柱筒。从“图层控制”下拉列表框中调出“粗实线”图层作为当前层。利用“圆”指令在俯视图中绘制 ϕ64、ϕ46、ϕ32 的圆；通过捕捉象限点和极轴追踪，绘制主视图铅垂圆柱轮廓线；其左视图轮廓与主视图一致，采用“复制”指令来完成，如图 7-55（b）所示。其复制过程具体操作如下：

```
#命令：CO                                  /单击复制按钮，或者输入快捷键 CO/
COPY
选择对象：指定对角点：找到 10 个              /选择复制对象/
选择对象：
当前设置：复制模式 = 多个
```

```
指定基点或 [位移（D）/模式（O）] <位移>:                    /指定复制基点/
指定第二个点或 [阵列（A）] <使用第一个点作为位移>:           /指定复制目标点/
#
```

第 4 步　绘制正垂圆柱筒。根据正垂圆柱定位尺寸，在主视图中绘制$\phi 54$ 和$\phi 32$ 的圆，通过捕捉象限点和极轴追踪，绘制俯视图和左视图正垂圆柱轮廓线，其中两圆柱正交，左视图相贯线为弧线，利用相贯线原理，捕捉相贯线特殊点投影，再利用“圆弧”指令绘制圆弧，如图 7-55（c）所示。其中，圆弧绘制过程如下：

```
#命令：A                                          /单击圆弧按钮，或者输入快捷键 A/
ARC
指定圆弧的起点或 [圆心（C）]:                       /捕捉圆弧起点/
指定圆弧的第二个点或 [圆心（C）/端点（E）]:          /捕捉圆弧中间点/
指定圆弧的端点:                                    /捕捉圆弧终点/
#
```

第 5 步　整理图线。如图 7-55（d）所示，绘制相贯线后，原有的轮廓线将会被相贯线代替，利用“修剪”指令，剪切多余线段；对于所有的不可见轮廓线均设置为“虚线”；调整中心线及整个图形的位置，使得图形分布合理。

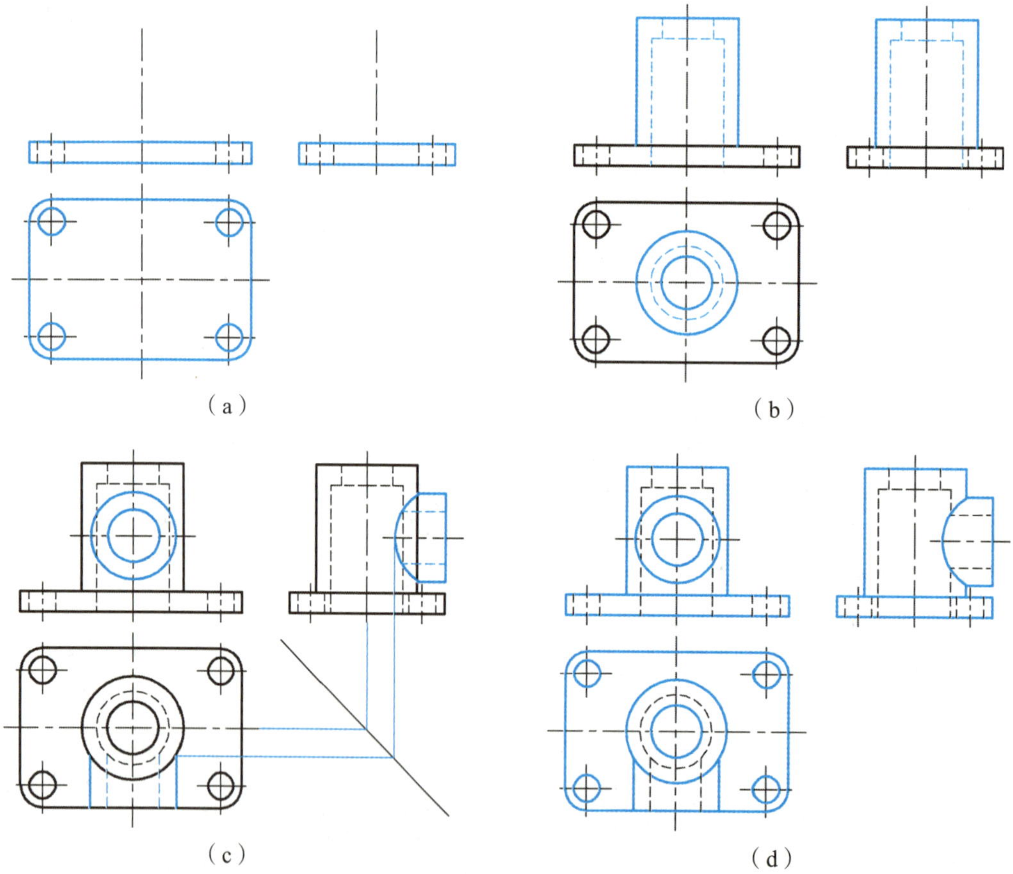

（a）　（b）　（c）　（d）

图 7-55　简单组合体三视图绘制

第 6 步　标注尺寸。该形体主要涉及线性尺寸、直径尺寸和圆柱尺寸三种类型尺寸形式，根据之前设置的标注样式可分别调用“线性尺寸”“圆柱尺寸”“直径尺寸”和“半径标注”样式来标注尺寸。具体操作过程为：从“图层控制”下拉列表框中调出“尺寸与文字”图层作为当前层，单击工具栏“注释”下拉按钮，点击“标注样式”下拉按钮，选择“线性尺寸”，单击“线性”标注按钮（快捷键 DDL），捕捉标注对象第一个端点，再捕捉标注对象第二个端点，将尺寸数字放置在尺寸线中间，依次标注所有的线性尺寸；同理，选择“圆柱尺寸”标注样式，通过“线性”标注，标注出圆柱尺寸；最后选择“直径”标注，标注出内孔圆形尺寸，“半径”标注，标注出圆角尺寸，如图 7-56 所示。

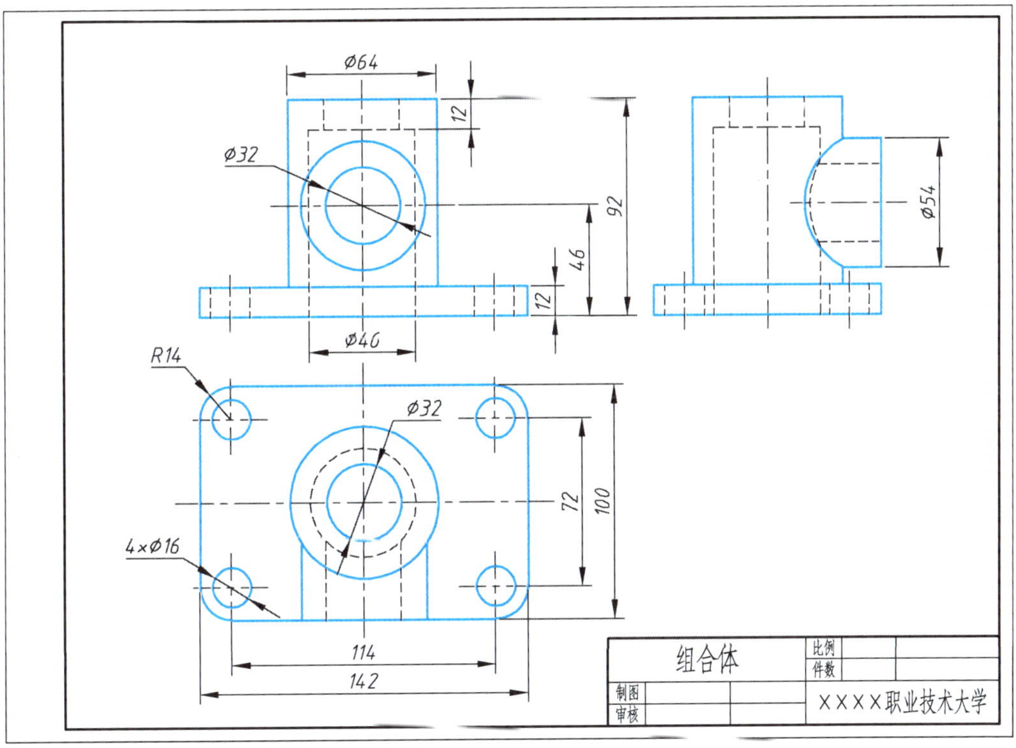

图 7-56　简单组合体三视图尺寸标注

3. 绘图技巧

（1）绘制相贯线时可以利用三点画圆弧的方式绘制，重点在于正确地分析相贯线特殊点的投影。

（2）所有具有对称特性的图线均可利用“镜像”指令来完成，要善于合理运用快捷方式。

（3）在尺寸标注过程中，为了避免错标、漏标，可以采用单个视图逐一标注的方式（形体结构简单时），也可以采用同一类型尺寸同一标注的方式（图形比较复杂时）。

知识点四、AutoCAD 绘制组合体的正等轴测图

AutoCAD 为绘制正等轴测图创建了一个特定的环境。正等轴测图是在二维工作空间下绘制的立体图形，与三维绘图不一样。要正确地绘制出正等轴测图，首先必须对绘图环境进行设置。

（一）绘图环境设置

（1）执行“工具”—“绘图设置”菜单命令，在弹出的“草图设置”对话框中单击“极轴追踪”选项，在“极轴追踪”选项卡中选中“启用极轴追踪”复选框，在“极轴角设置” 选项区中设置增量角为“30”。在“对象捕捉追踪设置”选项区中，选中“用所有极轴设置追踪”单选按钮，如图 7-57 所示。

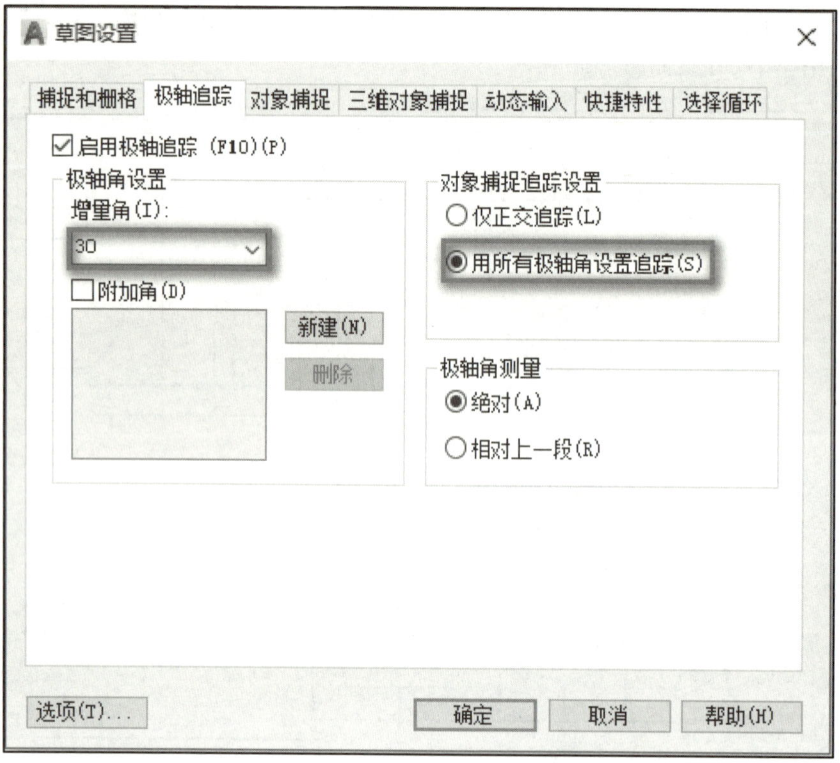

图 7-57　正等轴测图绘图环境设置

（2）在“草图设置”对话框中单击“捕捉和栅格”标签，然后在“捕捉类型”选项区中选中“等轴测捕捉”单选按钮，如图 7-58 所示。根据等轴测图的特点，在绘制正等轴测图的过程中，需要频繁转换鼠标指针的方向，使鼠标指针的两条线分别平行于对应轴测影面的轴测轴。指针模式可以通过使用快捷键【Ctrl + E】或状态栏中的“等轴测”按钮进行切换。例如，在绘制正等轴测图中椭圆时，使用的是“椭圆”命令，但只有在“等轴测捕捉”模式下，“椭圆”命令“轴，端点”模式下的命令行中才会增加“等轴测圆（I）”选项，选择此项后才能绘制出等轴测圆，如图 7-59 所示。而且在使用快捷键【Ctrl + E】或状态栏中的“等轴测”按钮切换平面时，三个不同方位表面上的椭圆就可以进行方位切换。在 AutoCAD 中组合体正等轴测图里的椭圆是通过给定等轴测圆里的圆心和半径直接绘制的。

上述设置也可以在状态栏“捕捉模式”按钮上单击鼠标右键，在弹出的快捷菜单中单击“捕捉设置”选项，在弹出的“草图设置”对话框的“极轴追踪”或“捕捉和栅格”选项卡中进行设置。

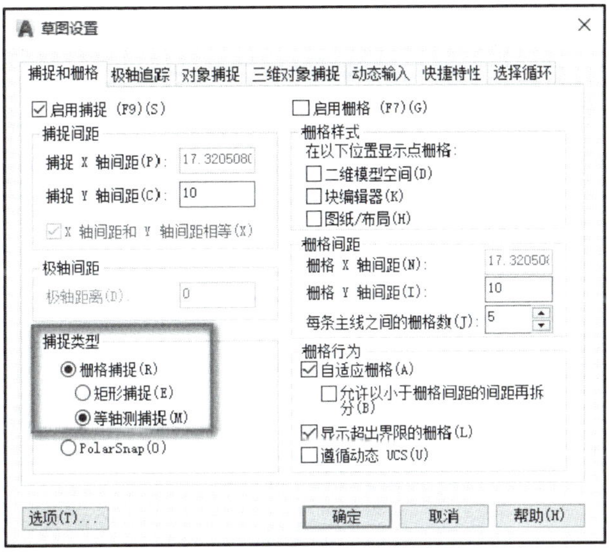

图 7-58　正等轴测图绘图环境设置

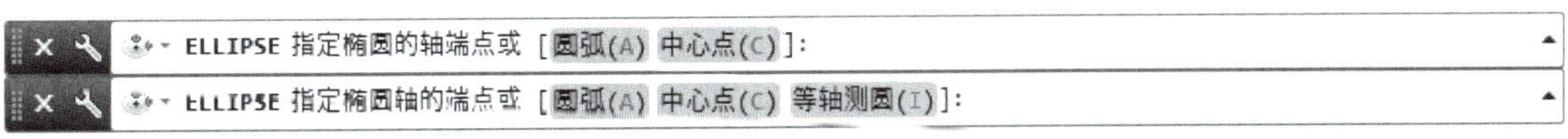

图 7-59　不同捕捉设置时椭圆命令行的不同提示

（二）正等轴测图基本绘制

正等轴测绘制长方体：当命令行显示“命令：<等轴测平面 左>”时，启动直线命令，在合适的位置绘制一个闭合的矩形，即为长方体的左轴测面；按【Ctrl + E】键，当命令行出现提示“命令：<等轴测平面 右>”时，启动直线命令，绘制长方体的右轴测面；按【Ctrl + E】键，当命令行出现提示“命令：<等轴测平面 上>”时，启动直线命令，绘制上轴测面的直线，完成长方体轴测图，具体如图 7-60 所示。

等轴测圆的画法：三个轴测面上圆的等轴测图是椭圆，如图 7-61 所示，可用椭圆命令中的选项“I”<等轴测圆>来绘制，绘制椭圆前应先确定椭圆中心和等轴测圆半径或直径，绘制不同方向轴测圆时，请选择不同的轴测平面来绘制。不同方向的轴测圆如图 7-61 所示。

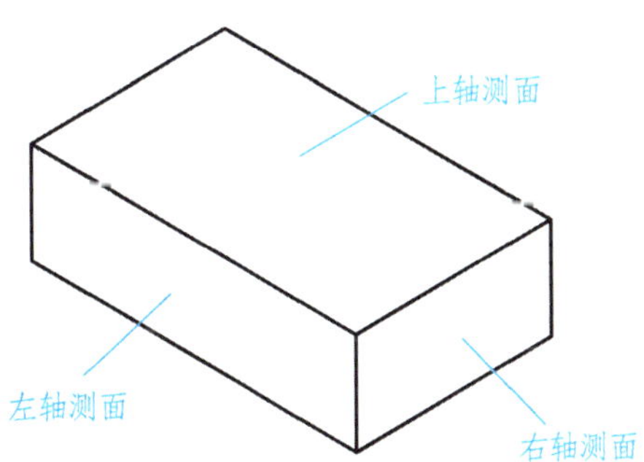

图 7-60　正等轴测绘制长方体

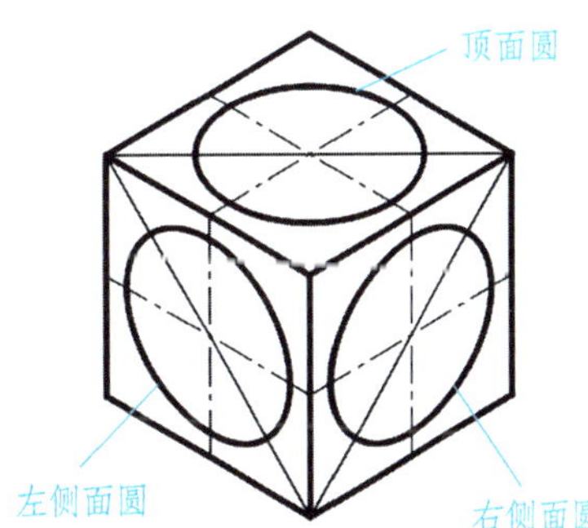

图 7-61　正等轴测绘制圆

【例 7–9】绘制如图 7-62 所示支架的正等轴测图。

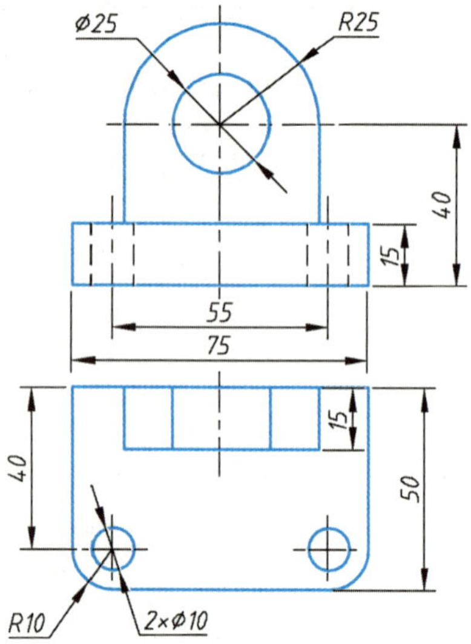

图 7-62　支架

图示支架的绘图步骤如下：

第 1 步　设置等轴测模式。

第 2 步　布置视图，绘制主要的定位中心线。

第 3 步　绘制底板的轴测图，鼠标指针转换为“顶部等轴测平面”模式，从“图层控制”下拉列表框中调出“粗实线”图层作为当前层。选择“直线”绘制底板长方体轮廓以及底板圆孔中心线；再调用“椭圆”命令，在系统提示：ELIPSE 指定椭圆轴的端点或[2 弧（A）中心点（C）等轴测圆（I）]时，选择“等轴测圆（I）”，以中心线的交点为圆心、5 为半径画出第一个椭圆，再重复“椭圆”命令，选择“等轴测圆（I）”，以中心线的交点为圆心、10 为半径画出第二个椭圆。然后选择“修剪”命令将多余的半个椭圆修剪掉，再用“直线”命令和“复制”命令完成底板的正等轴测图，如图 7-63（c）所示。

第 4 步　绘制立板的轴测图。首先根据尺寸确定立板圆孔中心位置，通过 F5 快捷键切换至“右等轴测平面”模式，调用“椭圆”命令中的“等轴测圆（I）”，以中心线的交点为圆心分别绘制 $R25$ 和 $\phi25$ 的右测面圆，并用“直线”命令完成如图 7-63（d）所示图形。利用“复制”指令，将立板轮廓线沿轴测轴平移 15，再利用“直线”和“修剪”指令绘制出如图 7-63（e）所示图形。

第 5 步　最后根据图层调整图线，整理后的图形如图 7-63（f）所示。

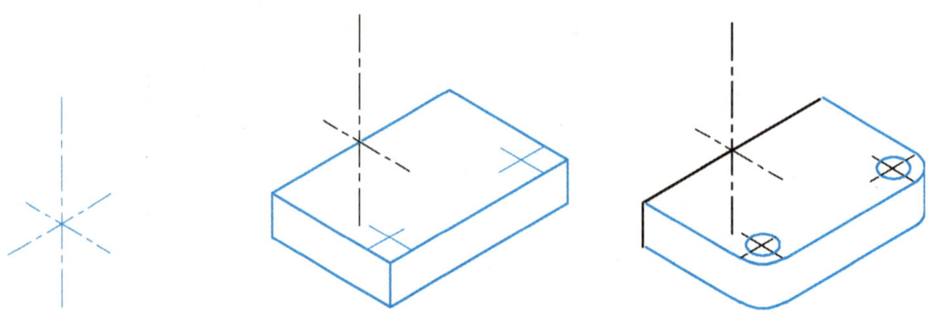
（a）　　（b）　　（c）

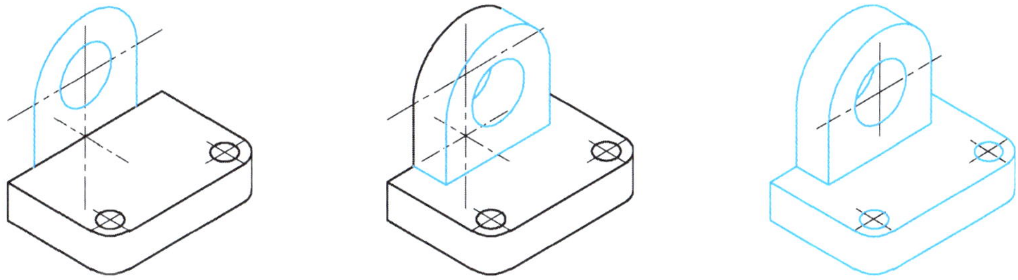

（d）　　（e）　　（f）

图 7-63　支架轴测图绘制过程

知识点五、机件剖视图绘制

（一）用 AutoCAD 绘制机件剖视图的一般过程

用 AutoCAD 绘制机件的剖视图时，先用绘制视图的方法绘制出除剖面线和剖切符号以外的其他图线，再绘制上剖面线和剖切符号。如果是局部剖视图还要绘上波浪线，波浪线可以用样条曲线（Spline）命令来绘制。剖切符号可以用多段线（Polyline）命令绘制。

（二）剖面线的画法

剖面线反映零件剖视物料材料，用 AutoCAD“图案填充”命令绘制，具体作图方法如下：单击“绘图”功能区中的“图案填充线”按钮，或单击工具栏上的按钮，或直接输入快捷键“H”命令，功能区出现新的“图案填充创建”选项卡，如图 7-64 所示。

图 7-64　“图案填充创建”选项卡

“图案填充创建”选项卡中各选项区含义如下：

（1）“边界”面板：设置填充拾取点和区域的边界。

（2）“图案”面板：指定图案填充的各种图案形状，对于金属材料选择剖面图案“ANSI31”。

（3）“特性”面板：指定图案填充的类型、背景色、透明度，选定图案填充的角度和比例。0°时表示原样式不旋转；90°时表示将原样式顺时针旋转 90°。可在“填充图案比例”中指定填充图案的比例系数，使图案稀疏或紧密。

（4）“原点”面板：控制填充图案生成的起始位置。有些图案填充（如砖块图案）需要与图案填充边界上的一点对齐。默认情况下，所有图案填充原点都对应于当前的 UCS 原点。

（5）“选项”面板：控制几个常见的图案填充和填充选项，并可以通过选择“特性匹配”选项使用选定图案填充对象的特性对指定的边界进行填充。

（6）“关闭”面板：单击此面板中的“关闭图案填充创建”按钮，将关闭图案填充创建。

（三）剖视图绘制实例

【例 7-10】按照 1∶1 的比例抄画如图 7-65 中所示的主视图和俯视图，补画全剖左视图。

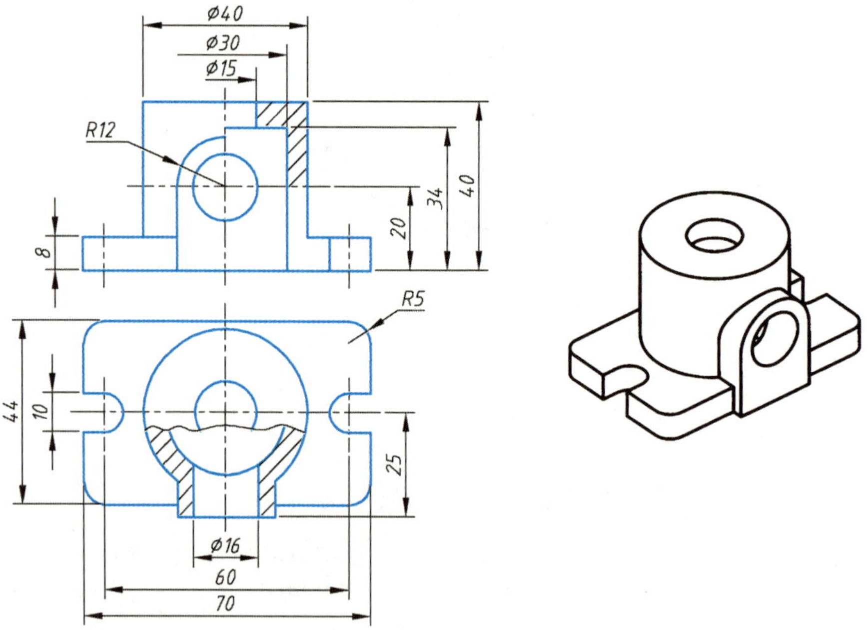

图 7-65　叠加组合体三视图

1. 图形分析

图示叠加该组合体有三个基本体组成：底板、阶梯圆柱筒、凸台，其中凸台与圆柱筒外相贯，凸台前孔与圆柱筒内相贯，后孔与圆柱筒内外相贯；要求主视图半剖、左视图全剖、俯视图局部剖，剖视图主要表达内部结构，所以剖切部分保留内部轮廓线，修剪多余的外部轮廓线；未剖切部分保留外部轮廓线，删除已经表达清楚了的内部轮廓线；半剖视图中剖切部分与未剖切部分以中心线为界，局部剖视图中剖切部分与未剖切部分以波浪线为界；波浪线可以通过“样条曲线”命令绘制。

2. 绘图过程

第 1 步　设置图层，新增剖面线图层，将剖面线绘制在单独的层上，便于编辑。

第 2 步　用组合体绘图方法绘制视图，依次按照底板、圆柱、凸台的顺序绘制三视图，绘制视图过程中三个视图一起绘制，切忌单个视图单独绘制，如图 7-66 所示。

第 3 步　根据剖视图特点，利用“修剪”命令将多余的线条和圆弧修剪掉，也可以在绘制三视图过程中，直接按剖视图要求绘制轮廓。

第 4 步　用“图深填充”命令，设置好制面线的图案和比例，以拾取点的方式点选图 7-66（e）中需要填充剖面线区域内的任意一点。按【Ener】键后再单击“确定”按钮，完成剖视图的绘制，如图 7-66（f）所示。

第 5 步　根据图线性质设置图层，其中剖面线位于剖面线图层，尺寸标注位于尺寸图层，标注尺寸，完成全图，如图 7-66（f）所示。

3. 绘图技巧

剖面线填充的关键是一定要保证填充的区域边界完全封闭。

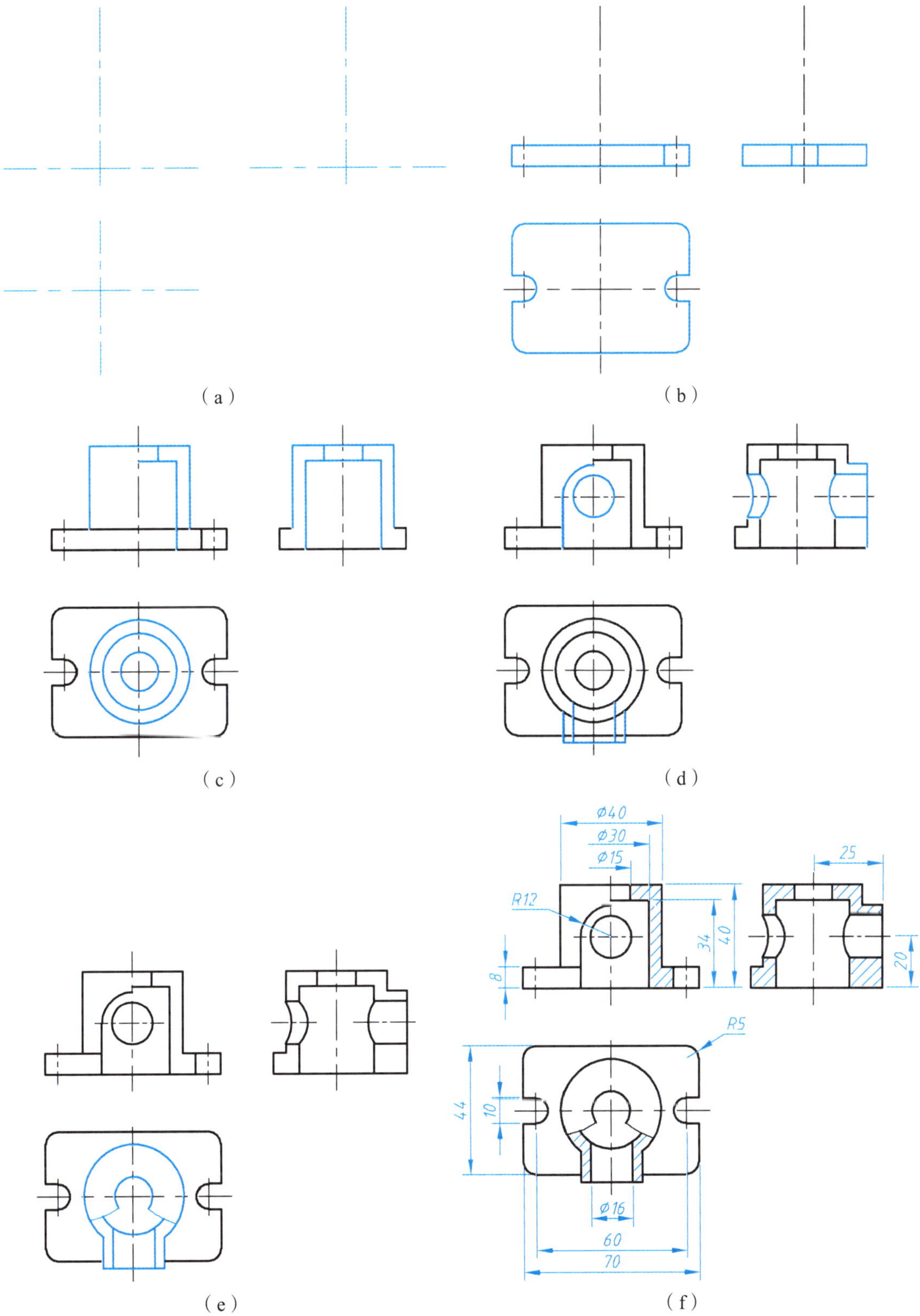

图 7-66　叠加组合体剖视图绘图过程

【巩固练习】

根据本任务所学知识，抄画练习 1 ~ 练习 4。

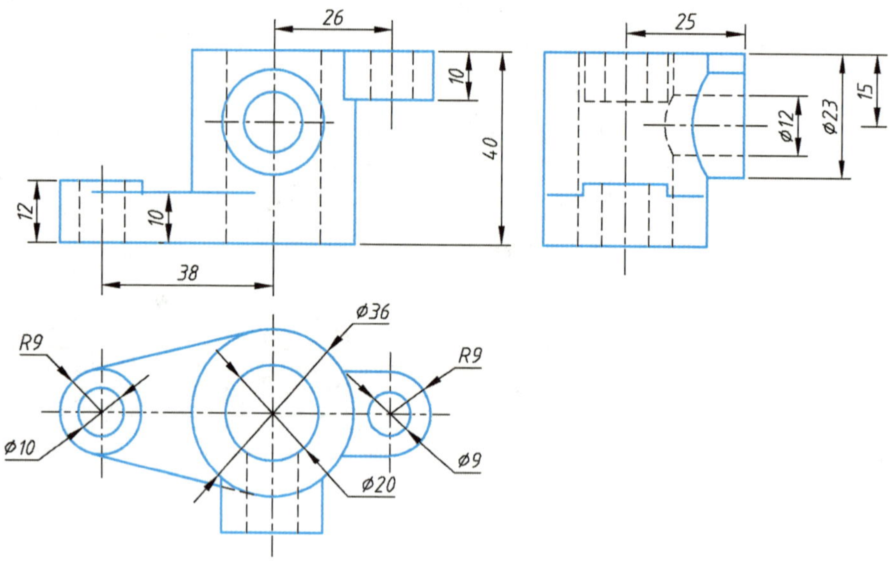

练习 1

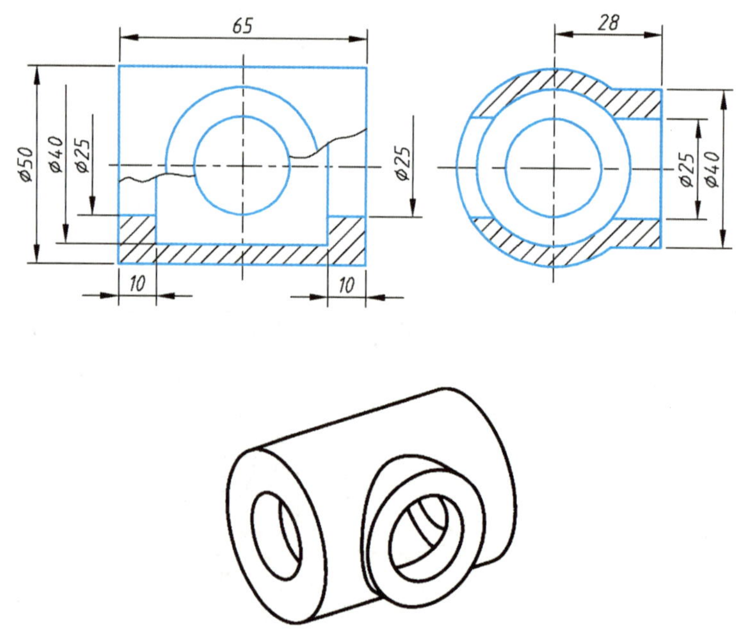

练习 2

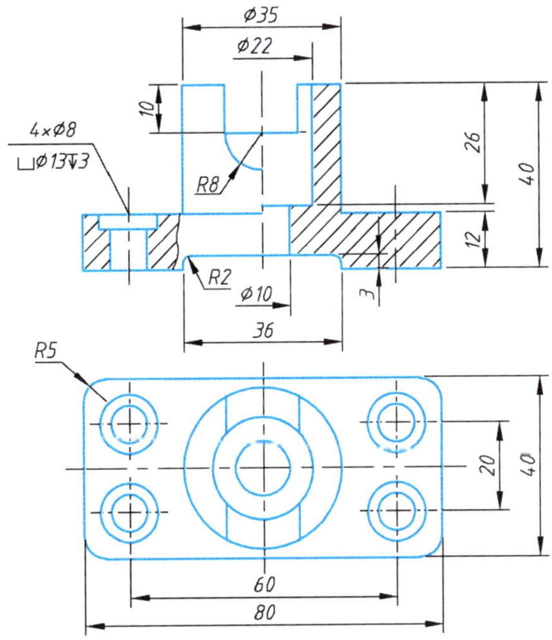
Ø35
Ø22
10
4×Ø8
⌴Ø13↧3
R8
26
40
12
R2
Ø10
3
36
R5
20
40
60
80

练习 3

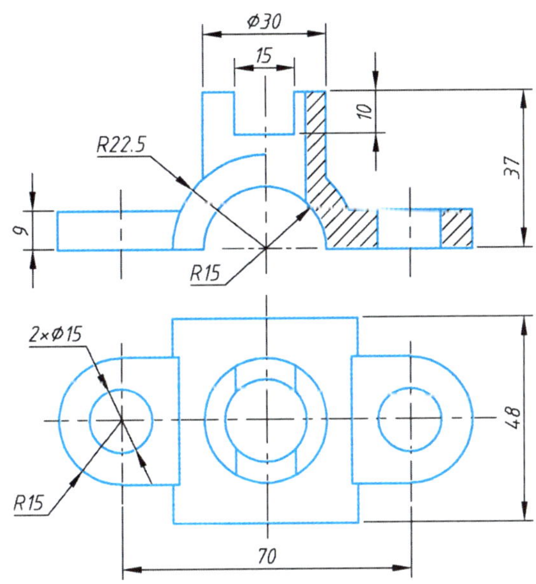
Ø30
15
10
R22.5
37
9
R15
2×Ø15
48
R15
70

练习 4

任务三 AutoCAD 绘制零件图

知识点一、图块与属性

在绘制零件图和装配图时，对于一些经常重复用到的对象：表面结构符号、几何公差的基准符号、螺纹紧固件等，可以使用“图块”来提高绘图速度。

（一）图块的概念

图块是将图形中的一个或几个对象组合成一个整体并保存命名，以后将其作为一个实体在图形中调用和编辑。用户可以根据需要按一定比例和角度将图块插入到指定位置，也可以将其作为普通实体对象进行编辑。

（二）图块的创建

图块可以根据使用的范围分为内部块和外部块两种。内部块只能在其所在的当前图形文件中使用，不能被其他图形文件引用。外部块可供其他图形文件插入和引用。下面以零件图中的表面粗糙度为例，介绍图块和属性的编辑。

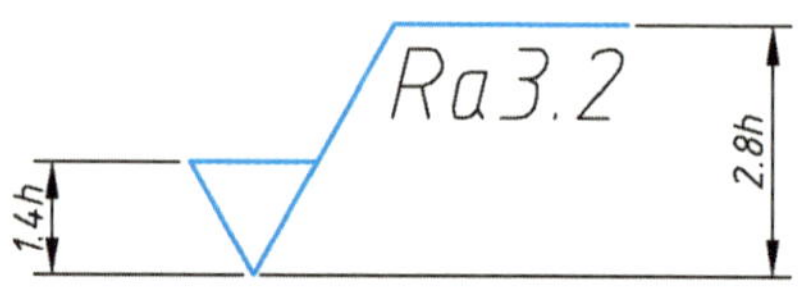

图 7-67 粗糙度符号

第 1 步 绘制要定义成块的图形。先在当前图形中绘制将要组成块的粗糙度符号图形，如图 7-67 所示。根据国家标准规定，表面粗糙度符号规格要求见表 7-5。

表 7-5 表面粗糙度规格要求 单位：mm

轮廓线的线宽 *b*	0.35	0.5	0.7	1	1.4	2	2.8
数字与大写字母（或/和小写字母）的高度 *h*	2.5	3.5	5	7	10	14	20
符号的线宽 *d'* 数字与字母的笔画宽度 *d*	0.25	0.35	0.5	0.7	1	1.4	2
高度 H_1	3.5	5	7	10	14	20	28
高度 H_2	8	11	15	21	30	42	60

第 2 步 单击“绘图”选项卡“块”面板中的“创建块”按钮，弹出“块定义”对话框，如图 7-68 所示。

第 3 步 在弹出的“块定义”对话框中的“名称”栏中输入块名（*Ra*）。

第 4 步 单击“选择对象”按钮 选择对象(T)，选择要包括在“块定义”中的对象（粗糙度符号图形），选择后按回车键。块定义对话框提示所选图形对象的数目（已选择 4 个对象）。如果需要选择当前图形中具有某种特征的所有图形对象。可单击快速选择按钮来创建一个选择集过滤器，通过它可快速选择所需的图形对象。

第 5 步 在“块定义”对话框中的“基点”选项区中，选择“拾取点” 拾取点(K)，使用定点设备指定一个点或输入该点的 *X*, *Y*, *Z* 坐标即可。插入图块时，插入基点与光标中心重合。

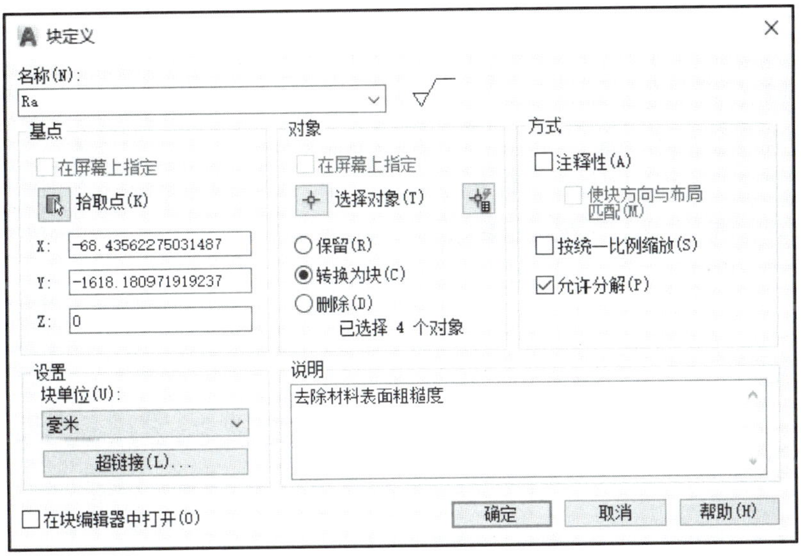

图 7-68 “块定义”对话框

第 6 步 在插入单位中选择毫米，在“说明”框中输入块定义的说明：去除材料表面粗糙度。有助于在包含许多块的复杂图形中迅速检索到该块。

第 7 步 单击“确定”按钮，完成该内部块的创建。

（三）图块的插入

创建了图块后，可以用图块插入命令将其插入到当前图形文件中，步骤如下：

第 1 步 单击“插入”选项卡中“块”按钮图 块(B)...，弹出“插入”对话框，如图 7-69 所示。

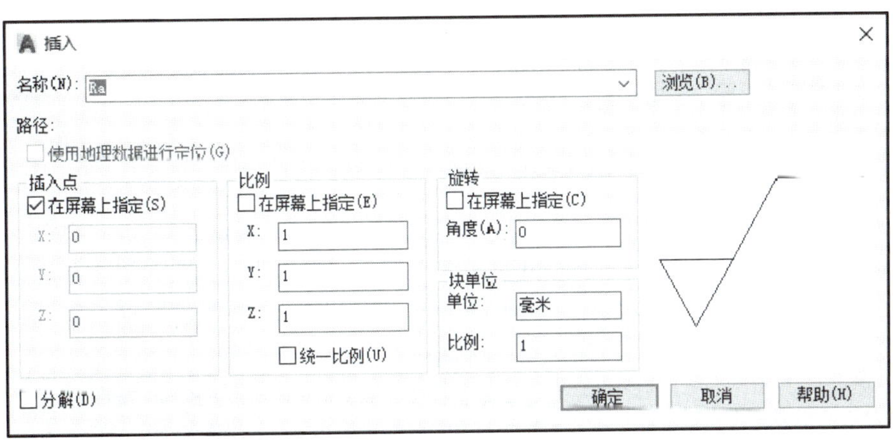

图 7-69 “插入”对话框

第 2 步 如果要插入的块在当前图形文件中，可以在“插入”对话框中的“名称”栏下的列表中选择块名。如果要插入不在当前文件中的块和图形文件，则可以单击“浏览”按钮。在弹出的“选择图形文件”对话框中选择要插入的块和图形文件。

第 3 步 在“插入点”“比例”和“旋转”框中分别输入数值。插入点选择“在屏幕上指定”，即可在屏幕上用鼠标捕捉块的插入点位置；通过“旋转”角度可以调整表面粗糙度方向。

第 4 步　单击“确定”按钮，完成该块的插入，如图 7-70 所示。

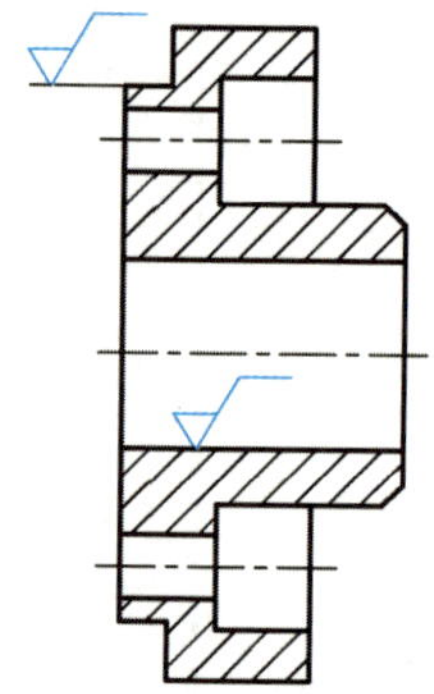

图 7-70　表面粗糙度标注

（四）块属性及属性定义

属性是从属于块的非图形信息，为图块提供说明性的文字和数据，是块的组成部分。例如表面粗糙度数值 *Ra*1.6。通过定义表面粗糙度块属性后，当插入块时，系统提示输入表面粗糙度数值，并将表面粗糙度符号和数据作为一个整体，插入到指定位置，为绘图提供了极大方便。

1. 属性定义

（1）单击“绘图”选项卡“块”面板中的“定义属性”按钮，弹出“属性定义”对话框，如图 7-71 所示。

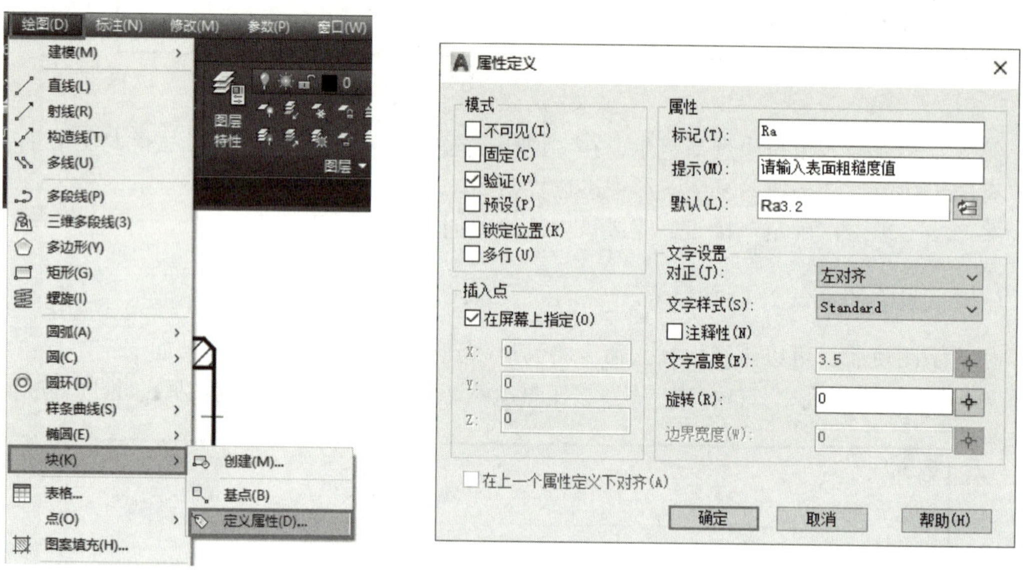

图 7-71　块的属性定义

（2）在“模式”栏中选择属性类型：“不可见”项，插入时属性不显示；“固定”项，属性为常量，即附着在块上的数据或文字不可变；“验证”项，属性为变量，即附着在块上的数据或文字是可变的，当插入块时 AutoCAD 提示输入所需的数据或文字；“预设”项，插入时 AutoCAD 将其属性自动恢复为默认值而不再提示输入属性值。

（3）“属性”区用来定义属性标志、提示及默认值。“标记”框内输入属性标志（如 *Ra*）；“提示”框内输入提示信息，插入块时命令行出现该信息以提示操作（如“请输入表面粗糙度值”）；“默认”框内输入属性文本的默认值（如 *Ra*3.2）。

（4）在“插入点”区中指定属性的位置，方法与前面创建块中的操作相同。

（5）在“文字设置”区中设置属性字符串的对齐方式、样式、高度和旋转角度。

（6）单击“确定”按钮，在指定位置上显示“标记（T）”框中所输入的文字，完成定义属性的操作，如图 7-72 所示。

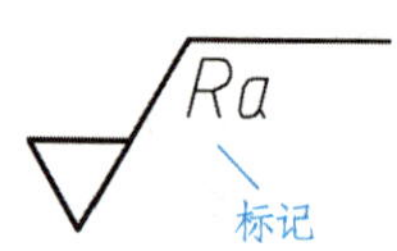

图 7-72　粗糙度标记

2. 创建包含属性的块

属性定义好后，必须将它与图块结合在一起才能调用。将已绘制的图块（如表面粗糙度符号）与属性结合，并调整好图块与属性的相对位置;创建包含属性在内的图块，方法与前面创建块的操作相同。

3. 插入包含属性的块

插入包含属性图块的方法与前面介绍的块插入方法相同，只是在完成块插入操作后，在命令行窗口里还需要根据提示，输入属性要表达的数据（如 *Ra*0.8 或 *Ra*1.6），使用含属性的块，插入结果如图 7-73 所示。

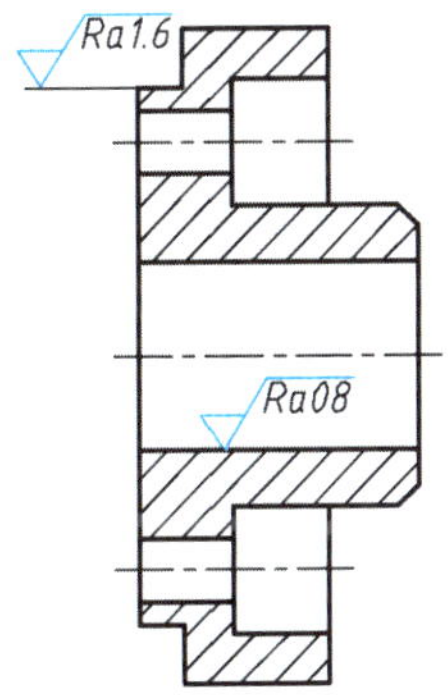

图 7-73　插入带属性的表面粗糙度标注

知识点二、形位公差（国家标准中为几何公差）标注

在 AutoCAD 启用形位公差标注可以在“注释”选项卡中，单击“标注”面板中的“公差”按钮  。或者选择“标注”→“公差”菜单命令。启用后弹出的“形位公差”对话框如图 7-74 所示。

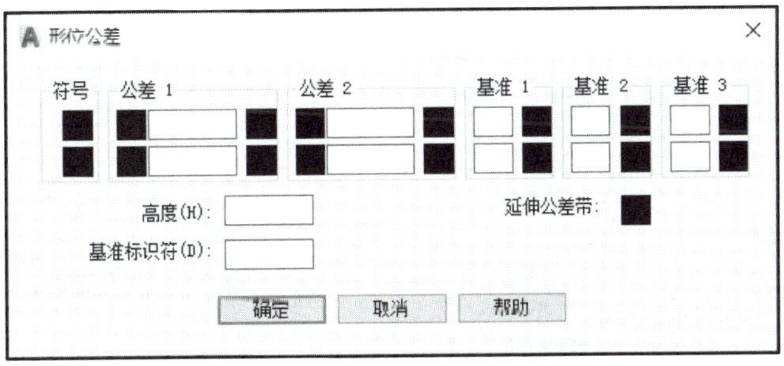

图 7-74　“形位公差”对话框

利用“形位公差”对话框创建形位公差的步骤如下：

第 1 步　单击“符号”选项组中的第一个矩形，弹出“特征符号”对话框，如图 7-75 所示。

第 2 步　单击“特征符号”对话框中的一个公差符号。

第 3 步　单击“公差 1”选项组中第一个黑框可以插入直径符号“ϕ”，再次单击就可以取消直径符号。

第 4 步　在“公差 1”选项组中的文字框内，输入第一个公差数值。

第 5 步　如果要加入公差包容条件，单击“公差 1”选项组中的第二个黑框，弹出“附加符号”话框，如图 7-76 所示，选择需要插入的符号。（其中，符号 M 代表材料的一般中等状况，L 代表料的最大状况，S 代表材料的最小状况。）

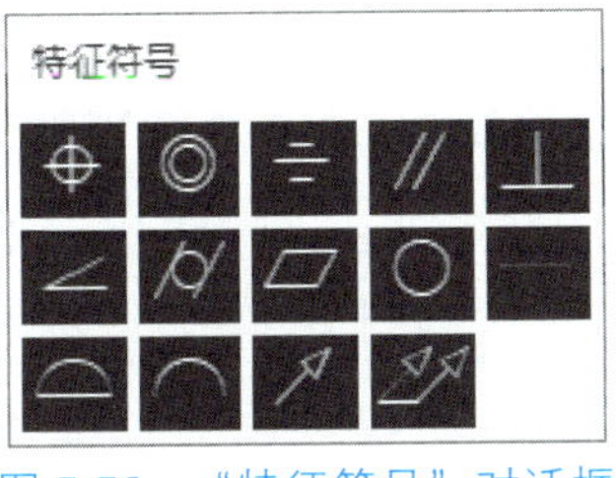

图 7-75　“特征符号”对话框

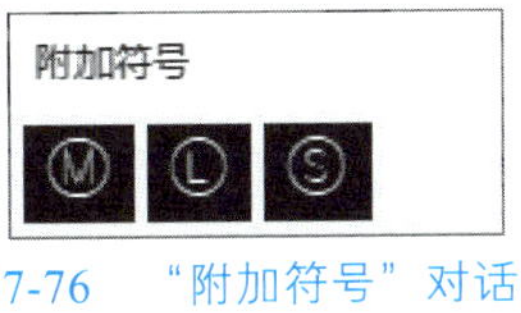

图 7-76　“附加符号”对话框

第 6 步　有基准要求的，可以在“基准 1”“基准 2”“基准 3”中输入基准字母，并且可以为每基准加入附加符号。单击基准选项右侧的黑框即可。

第 7 步　单击“确定”按钮，形位公差设置完成，鼠标指针处出现形位公差框格。

第 8 步　在绘图区域中拖动鼠标放置形位公差。

知识点三、AutoCAD 绘制零件图实例

用 AutoCAD 绘制典型的轴套类零件、盘盖类零件、叉架类零件和箱体类零件基本过程和绘制组合体的三视图类似。掌握了“图块”和“形位公差”等命令的使用方法后，可以在用“绘图”命令和“编辑”命令绘制了零件的基本视图后，对零件图进行尺寸标注，标注中除了使用各种类型的尺寸标注方法外，再用“图块”“形位公差”的命令对零件的表面结构、精度等级等要求进行标注。下面以 CAD 一级试题支架零件图为例，具体介绍 AutoCAD 绘制零件图基本过程。

【例 7-11】以 1：1 的比例抄画如图 7-77（a）所示的支架零件图，按照图 7-77（b）所示尺寸绘制 A3 图幅的图框和标题栏，不标注图框和标题栏尺寸。

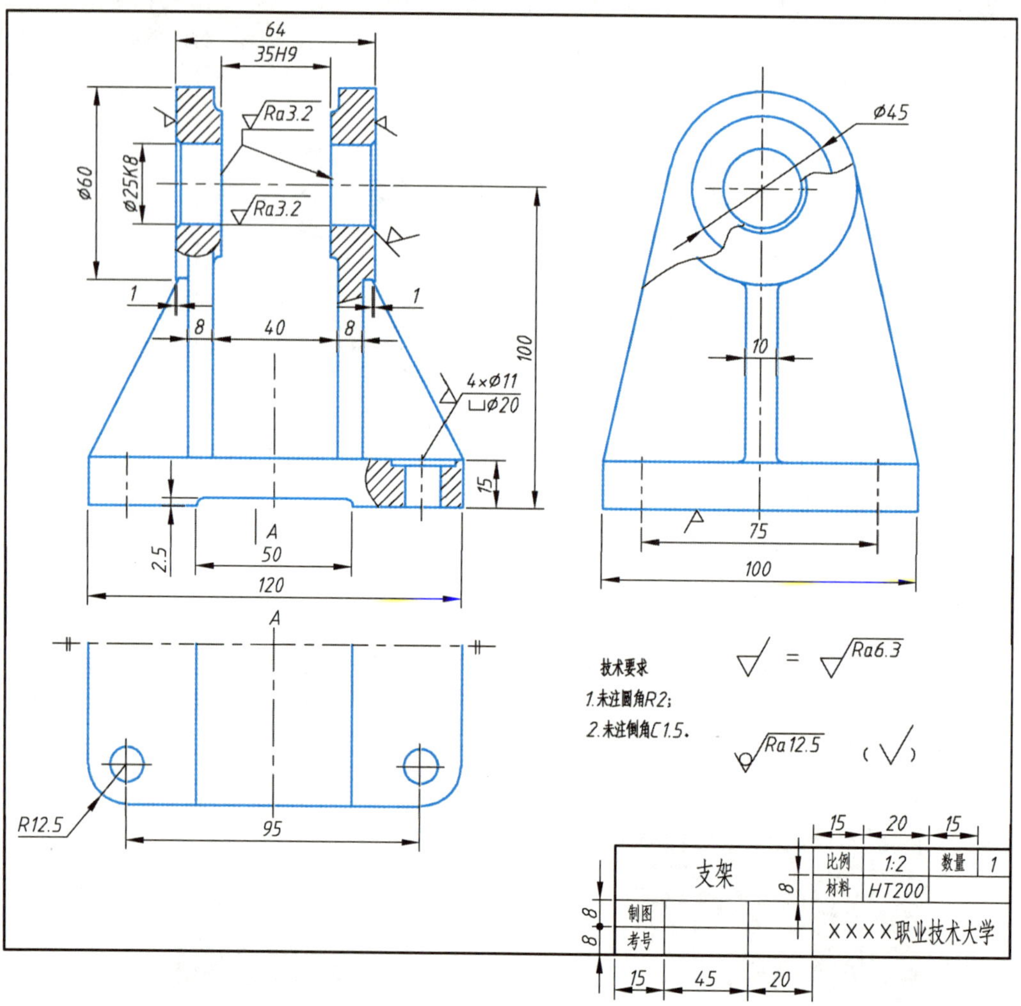

（a）

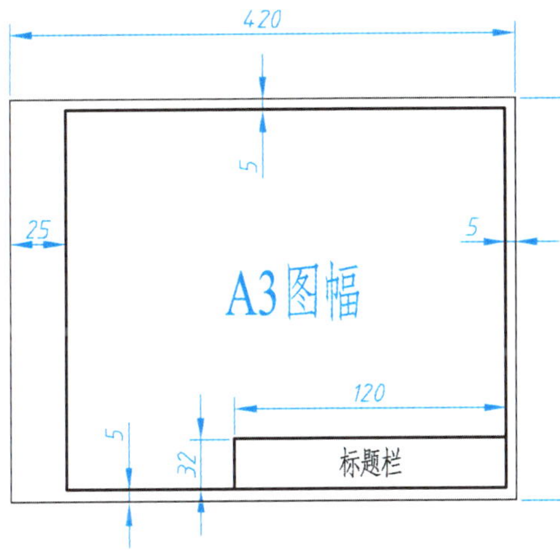

（b）

图 7-77　支架零件图

1. 图形分析

绘制零件图之前先对零件图进行分析，该支架主视图和左视图采用局部剖切的表达方式反映内部结构，*A* 向仰视图采用了对称画法，且视图具有高度对称特性，可以通过镜像命令来完成视图；共有 21 个尺寸和 7 个表面粗糙度标注，标注过程中注意避免漏标。

2. 绘图步骤

第 1 步　创建图层，设置文字样式、标注样式，按照尺寸要求绘制 A3 图纸，也可以调用之前创建的 A3.dwt 样板文件。

第 2 步　绘制中心线。选择中心线图层，利用“直线”命令在合适位置绘制主视图、左视图和 *A* 向仰视图的基准线，如图 7-78（a）所示。

第 3 步　绘制支架三视图。选择粗实线图层，通过“直线”“圆”“圆角”“倒角”等命令完成支架左视图、主视图和 *A* 向仰视图，如图 7-78（b）所示；其中对称部分通过“镜像”“修剪”命令来完成；通过“极轴追踪”“对象捕捉”等功能确保在三视图绘制过程的“长对正，高平齐，宽相等”；绘图过程按照先绘制整体，后处理细节的顺序，避免错漏，最终完成支架三视图如图 7-78（c）所示。

第 4 步　绘制表达方案。根据零件图分析，主视图和左视图采用局部剖的方式表达内部结构，利用“样条曲线”绘制出断裂边界线，通过“修剪”命令剪切多余的轮廓线和波浪线；利用“图案填充”命令填充剖面线，注意调整剖面线图层，如图 7-78（c）所示。

第 5 步　标注尺寸。该零件图中主要涉及线性尺寸、圆柱尺寸、直径尺寸、半径尺寸，根据之前介绍的尺寸样式设置方式完成设置；尺寸标注过程中按照形体来标注尺寸，避免漏标和错标；部分特殊尺寸如锪平孔尺寸，则可以通过编辑尺寸的方式来完成标注，单击“引线”按钮，或者通过“标注-多重引线”的方式，绘制出指引线，单击“多行文字”按钮 A （快捷键 T），在引线位置输入对应的尺寸即可；对于部分带有公差带的尺寸也可以通过编辑尺寸的方式来完成，输入命令“ed”，确认后单击需要编辑的尺寸即可。尺寸标注如图 7-78（d）所示。

第 6 步　标注表面粗糙度。利用前面所讲的图块与属性方法，创建包含属性的表面粗糙度图块，通过调用图块，进行表面粗糙度标注。

第 7 步　填写标题栏和技术要求。使用“多行文字”命令A，在 A3 图框内书写技术要求的文字及填写标题栏，最终完成全图的绘制任务，如图 7-78（e）所示。

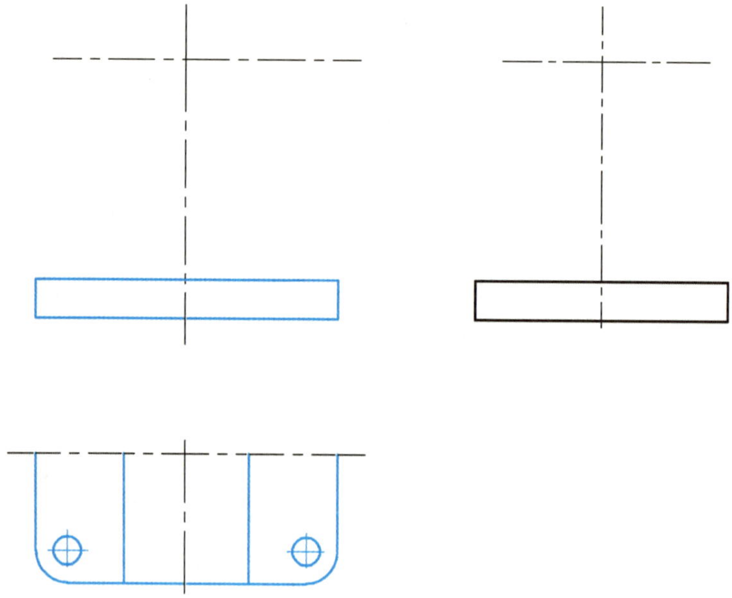

（a）

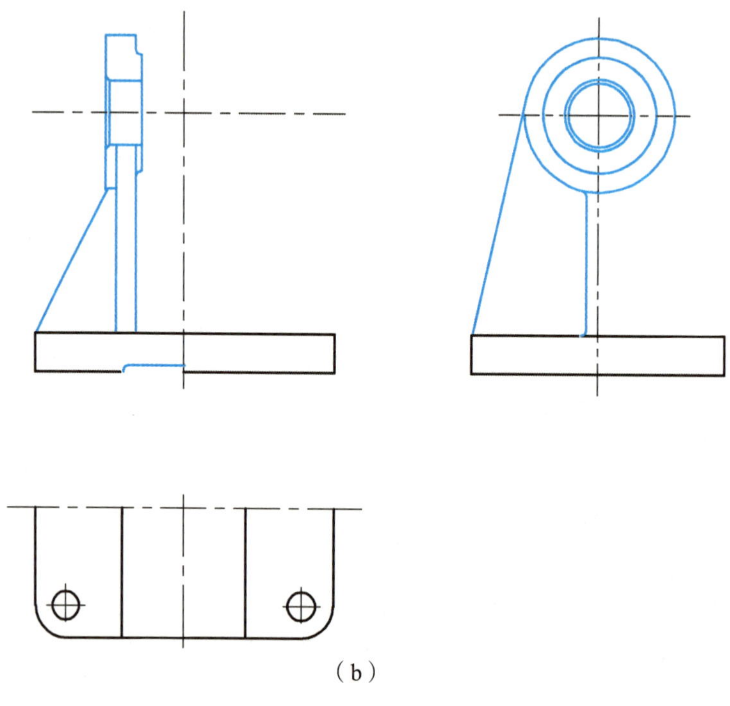

（b）

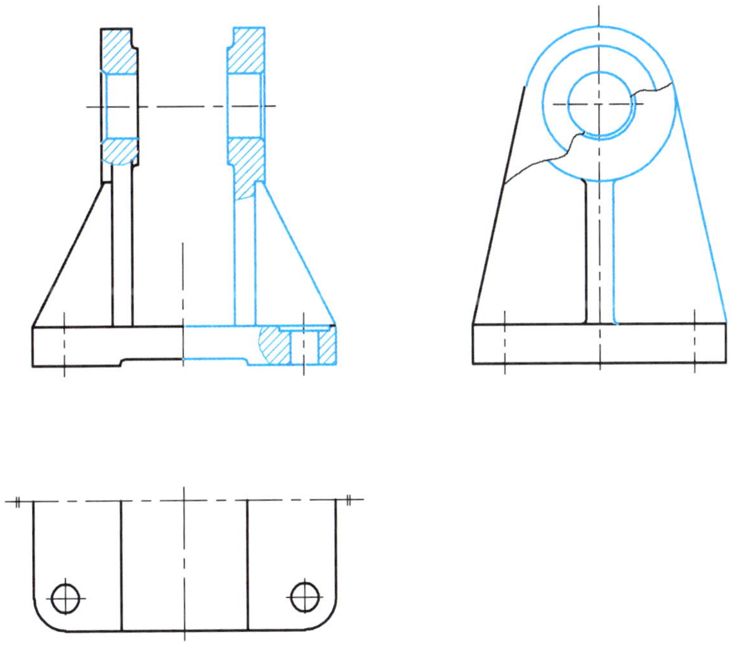

（c）

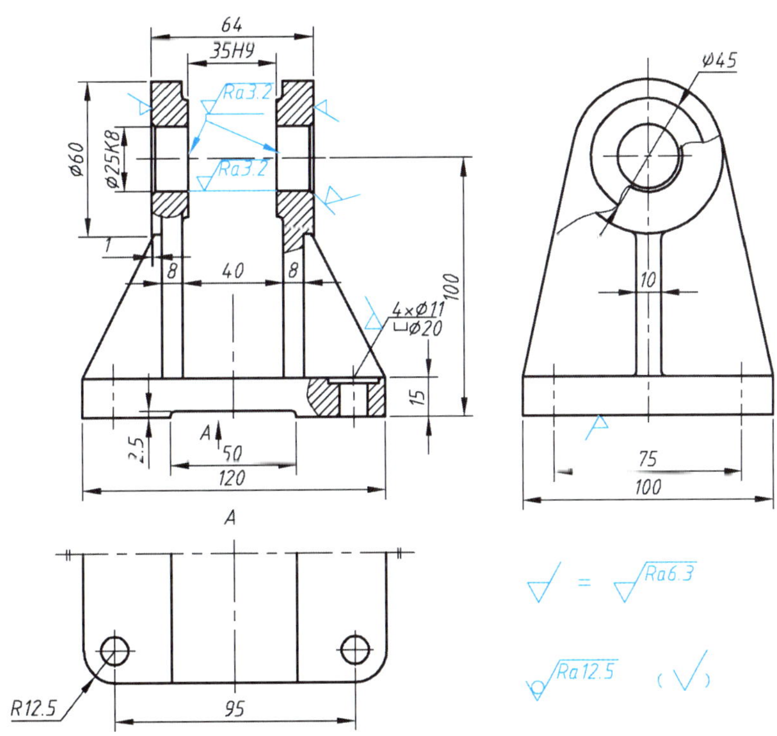
64
35H9
Ra3.2
Ra3.2
φ60
φ25K8
1
8
40
8
100
4×φ11
⌴φ20
15
2.5
A
50
120
A
R12.5
95
φ45
10
75
100
= Ra6.3
Ra12.5
（√）

（d）

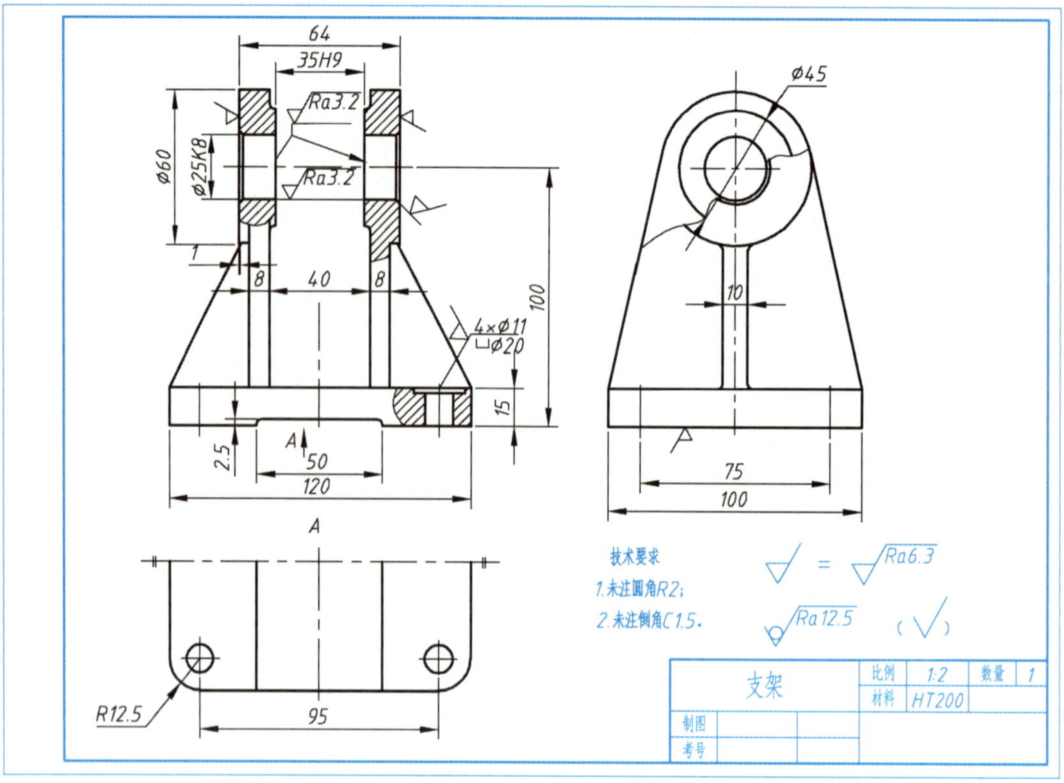

（e）

图 7-78　支架零件图绘制步骤

3. 绘图技巧

不同孔型符号可以通过修改字体的方式来输入，如图 7-79 所示，在文字输入状态下，将字体由“gbeitc”替换为“gdt”，然后输入 X，即可得到孔深符号；输入 V，即可得到沉孔符号；输入 W，即可得到锥孔符号。

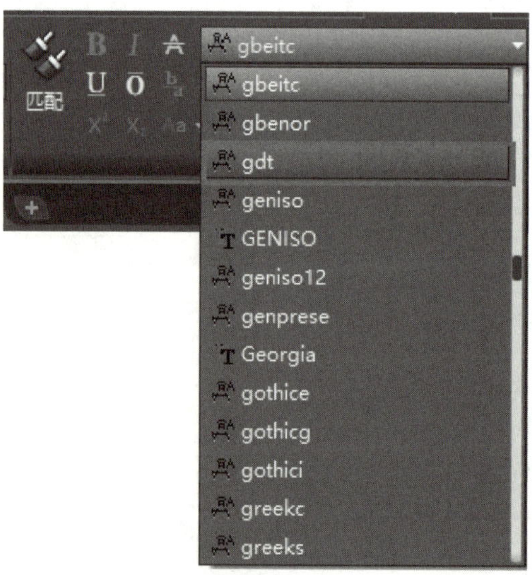

图 7-79　孔标注字体格式

【巩固练习】

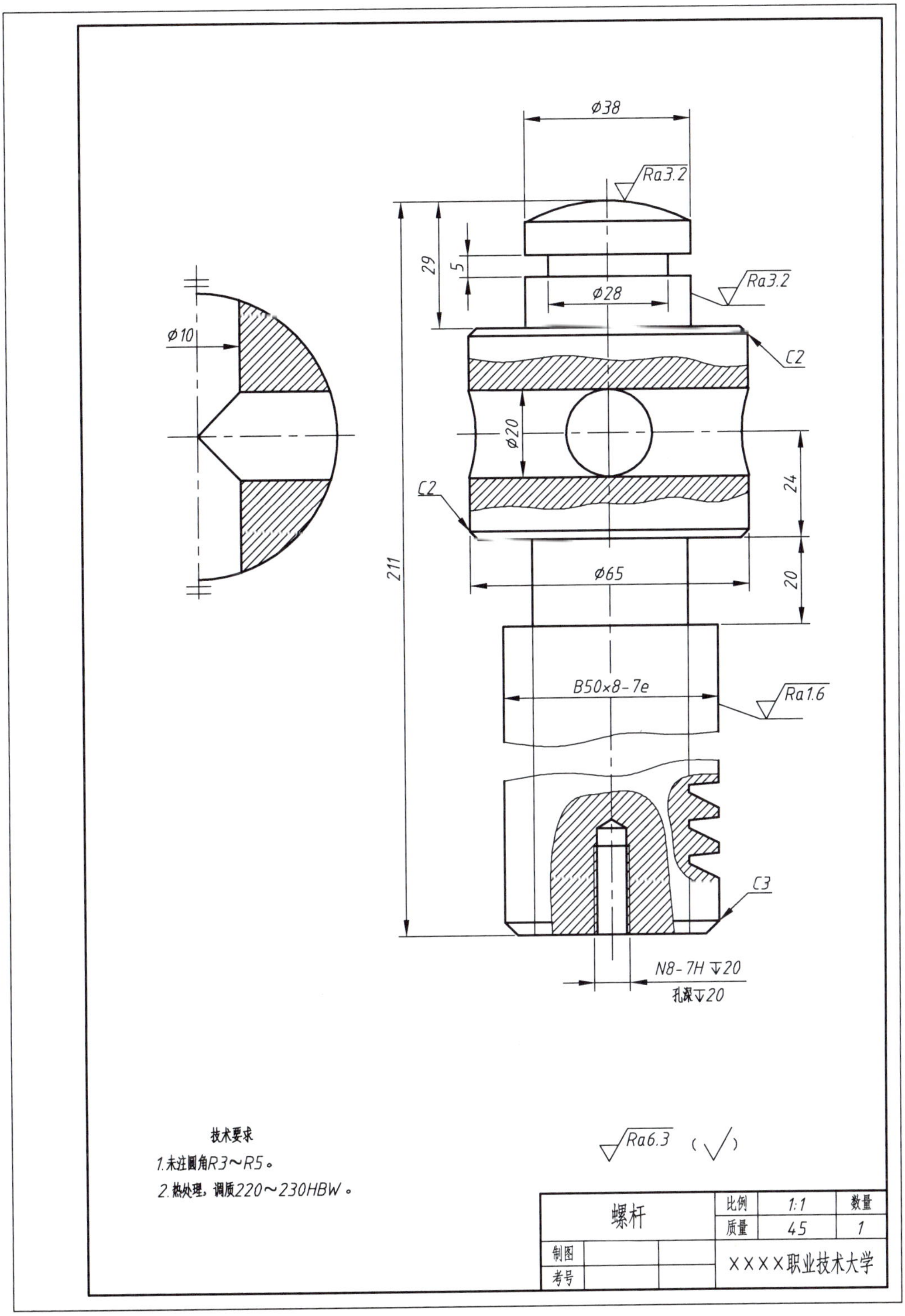
Φ38
Ra3.2
29
5
Φ28
Ra3.2
C2
Φ10
Φ20
24
C2
211
Φ65
20
B50×8-7e
Ra1.6
C3
N8-7H ↧20
孔深↧20
技术要求
1.未注圆角R3～R5。
2.热处理，调质220～230HBW。
Ra6.3 (√)
螺杆
比例
1:1
数量
质量
45
1
制图
考号
XXXX职业技术大学

练习图

任务四 AutoCAD 绘制装配图

【任务引入】

根据千斤顶的装配示意图和零件图，使用 AutoCAD 拼画装配图。通过完成本任务，希望学生能够掌握以下技能要领：

（1）能认知千斤顶，掌握千斤顶的工作原理；

（2）能识读千斤顶各零件图，弄清零件的结构形状、尺寸和技术要求；

（3）能明确各零件装配连接关系、零件与零件之间的相对位置、定位方式；

（4）能使用 AutoCAD 抄画千斤顶各零件图；

（5）能确定千斤顶装配图的表达方案；

（6）能使用 AutoCAD 拼画如图 7-80 所示的千斤顶装配图。

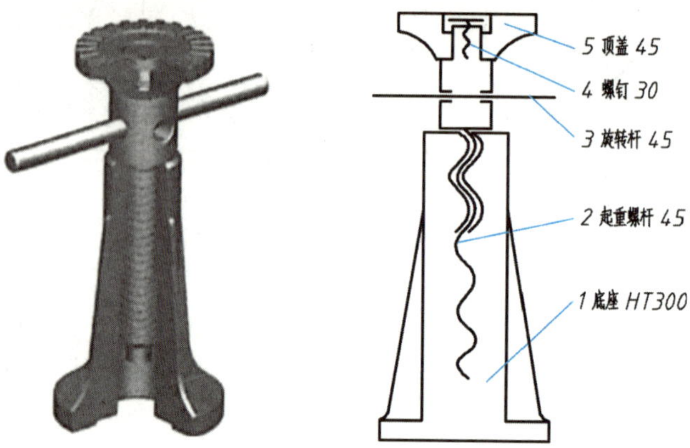

图 7-80 千斤顶

知识点一、直接绘制法

对于一些比较简单的装配图，可以直接利用 AutoCAD 的二维绘图工具、编辑工具，按照手工绘制装配图的绘图步骤将其绘制出来，这种方法与绘制零件图的顺序类似。在绘制过程中，要充分利用“对象捕捉”“正交”等绘图辅助工具来提高绘图的准确性，并通过对象追踪和构造线来保证视图间的投影关系。在绘图时还要注意，应当将不同的零件绘制在不同的图层上，以便关闭或冻结某些图层，简化图形。这样的绘图方法需要仔细观察和较强的工作空间思维能力。

知识点二、拼装绘图法

拼装绘图法可分为“复制-粘贴”和“插入块”两种常用的方法。

1. 用“复制-粘贴”方法绘制装配图

这种方法是先绘制出装配图中各个零件的零件图，再将所有零件图复制-粘贴进一个新的空白文件，按零件间的相对位置关系修改粘贴后的装配图，删掉多余的线段，补画漏掉的线段。

2. 用“插入块”的方法绘制装配图

这种方法是先绘制出装配图中各个零件的零件图，不标注尺寸，然后将零件图定义为图块文件或者附属图块，再用插入图块的方式按照零件间的相对位置将具体的零件图插入装配图中。图块插入后再将图块分解打散，按照装配关系修改装配图。

在绘制一张装配图时，拼装绘图法的这两种方法有时会同时被用到。拼装绘图法的关键是恰当、合理地选择插入图形的基点，修剪相互干涉和多余的线条。这种思路方法不易出错，更容易理解装配图的原理，是绘制装配图时优先采用的方法。

知识点三、识读千斤顶

千斤顶的工作原理：千斤顶是顶起重物的工具，使用时，只需逆时针方向转动旋转杆 3，起重螺杆 2 就向上移动，通过顶盖 5 将重物顶起，如图 7-80 所示。

（一）底　座

图 7-81 所示为底座零件图，从图中可知如下主要信息：

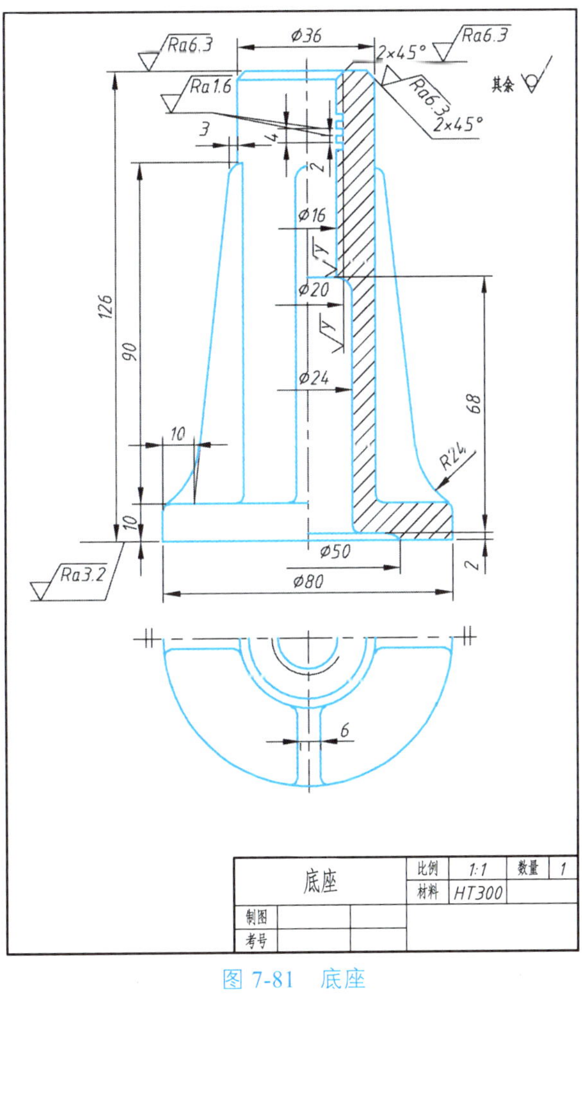

图 7-81　底座

（1）视图采用主视图和俯视图。主视图采用半剖视，表达底座的内外结构形状；俯视图采用对称机件简化画法，只画了一半，在对称中心线的两端画出了两条与其垂直的平行细实线。

（2）底座下部为圆环结构，上部为圆筒，圆筒外部有 4 条肋板以提高底座的刚度，内部为台阶孔结构，且内孔上部为螺纹孔结构，为非标准螺纹，螺纹大径为ϕ20 mm，小径为ϕ16 mm，螺距为 4 mm。

（3）底座螺纹结构表面粗糙度要求较高，大径、小径和牙型面上的表面粗糙度均为 *Ra*1.6，底面在使用过程中需与其他件接触，表面粗糙度要为 *Ra*3.2，顶部和顶部两倒角处表面粗糙度为 *Ra*6.3，其余表面为铸造毛坯面。

（二）起重螺杆、旋转杆、螺钉

起重螺杆、旋转杆、螺钉如图 7-82 所示。

1. 起重螺杆

（1）为轴类零件。

（2）视图为局部剖切的主视图，左端局部剖切主要表达螺纹孔结构和两相互垂直内孔结构，另一处局部剖切主要表达非标准螺纹的结构。

（3）起重螺杆为同轴台阶轴结构，左端加工有螺纹孔 M8-7H，钻孔深 5、螺纹深 12，紧接着的轴段上有两相互垂直内孔结构，5 × ϕ15 为螺纹退刀槽，右端为非标准螺纹结构，螺纹大径为ϕ20 mm，小径为ϕ16 mm，螺距为 4 mm。

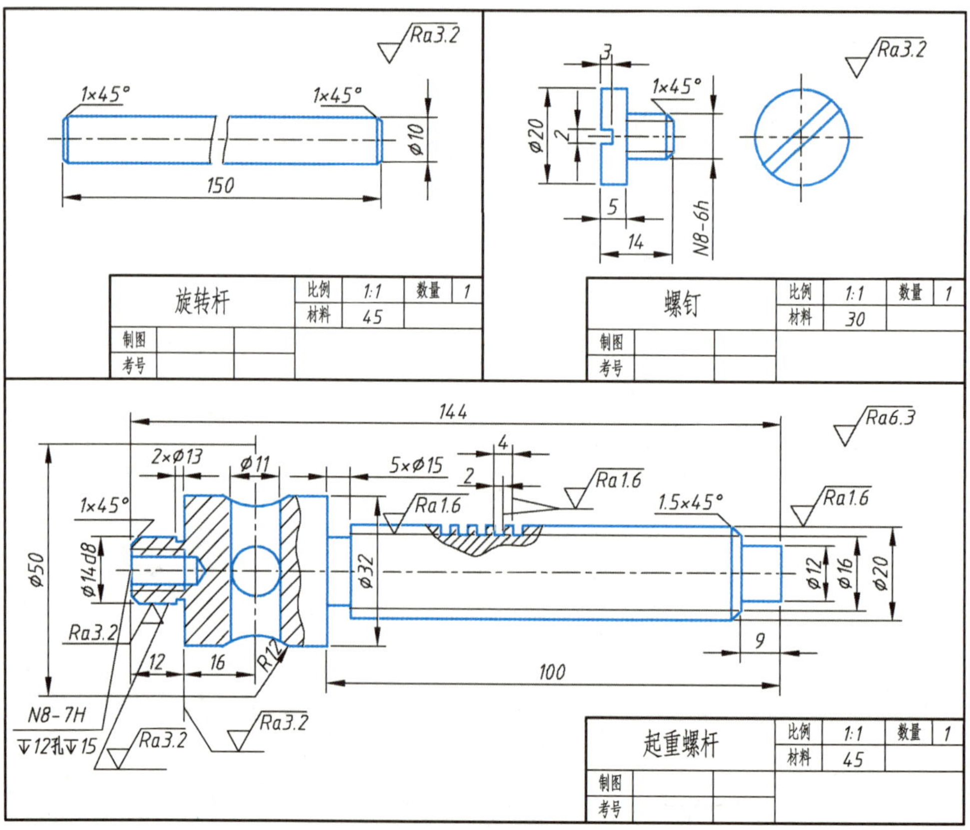

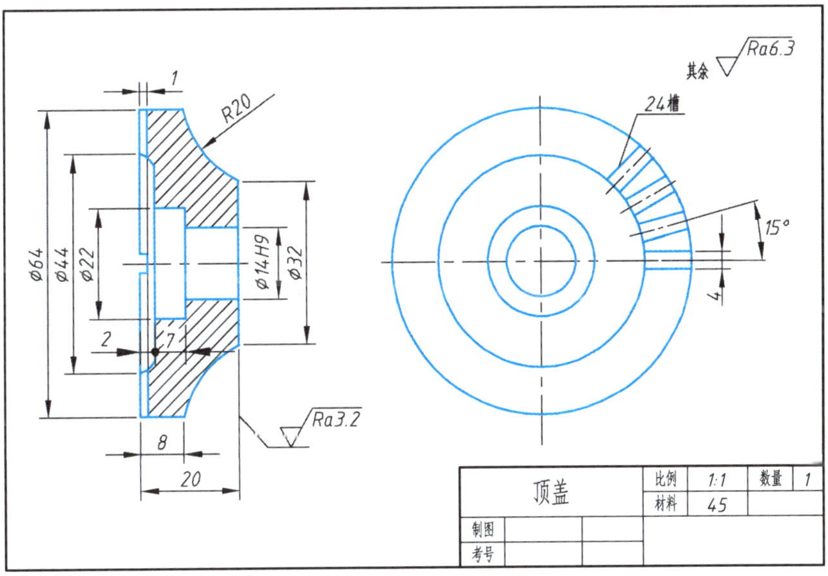

图 7-82　起重螺杆、旋转杆、螺钉、顶盖零件图

（4）左端ϕ14 处因需与顶盖ϕ14H9 孔配合，尺寸要求较高，其公差带代号为 d9。

（5）右端螺纹结构表面粗糙度要求较高，大径、小径和牙型面上的表面粗糙度均为 *Ra*1.6；起重螺杆ϕ14d9 与顶盖ϕ14H9 配合、ϕ32 左端面与顶盖右端面接触，因此表面粗糙度要求较高，表面粗糙度要求为 *Ra*3.2；其余表面为粗糙度为 *Ra*6.3。

2. 旋转杆

旋转杆为轴类零件，采用了断裂画法。

3. 螺　钉

（1）视图采用主视图和左视图。

（2）螺钉左端有一字槽结构，右端为螺纹 M8-6h。

（三）顶　盖

顶盖零件图如图 7-82 所示，从图中可知如下主要信息：

（1）视图采用主视图和左视图。主视图采用全剖视，表达顶盖的内外结构形状；左视图主要表达顶盖外部形状和 24 个槽的形状和分布。

（2）顶盖内部为台阶孔结构，其中ϕ14 处因需与起重螺杆ϕ14d9 配合，尺寸要求较高，其公差带代号为 H9。

（3）顶盖ϕ14H9 与起重螺杆ϕ14d9 配合、右端面与起重螺杆ϕ32 左端面接触，因此表面粗糙度要求较高，表面粗糙度要求均为 *Ra*3.2，其余表面为粗糙度为 *Ra*6.3。

知识点四、拼画千斤顶装配图

（一）千斤顶装配图拼画步骤

在 AutoCAD 中，根据千斤顶零件图拼画千斤顶装配图的步骤如下：

第 1 步　确定表达方法、比例和图幅。

绘制千斤顶的装配图，为了表达其工作原理、零件间的装配连接关系和主要零件的结构和形状，主视图采用经过轴线剖切的方法，为了既表达内部结构形状又表达外部结构形状，采用半剖切的表达方法，同时，为了表达起重螺杆、旋转杆、顶盖和螺钉间的装配连接关系，采用了局部剖切；除主视图外，还增加从上到下投影的 *A* 向局部视图，主要是表达顶盖的外形。

采用 1∶1 比例，A3 图纸，横装。

第 2 步　绘制相应图框。

第 3 步　设置作图环境。在状态行设置极轴角为 30°，依次单击激活状态行上【极轴】、【对象捕捉】及【对象追踪】。

第 4 步　绘制一组视图。

（1）依次打开相应的零件图，点击【图层特性管理器】，保留粗实线层、细点画线层和剖面线层，冻结其他层。

（2）选中零件图中所需图形，右击，在弹出的快捷菜单中选择【带基点复制】，捕捉图形上的某个点作为复制的基准点；

（3）打开装配图，在绘图区右击，选择【粘贴】，将剪贴板上的图形粘贴到装配图。

（4）按照装配关系，依次将各零件图形移动到图框内，位置不符合装配关系的图形先旋转再移动，删除和修剪被遮住的线条。

（5）使用“特性”选项修改剖面符号方向，使相邻零件的剖面符号方向相反。

第 5 步　保存绘制完成的图形文件，结果如图 7-83 所示。

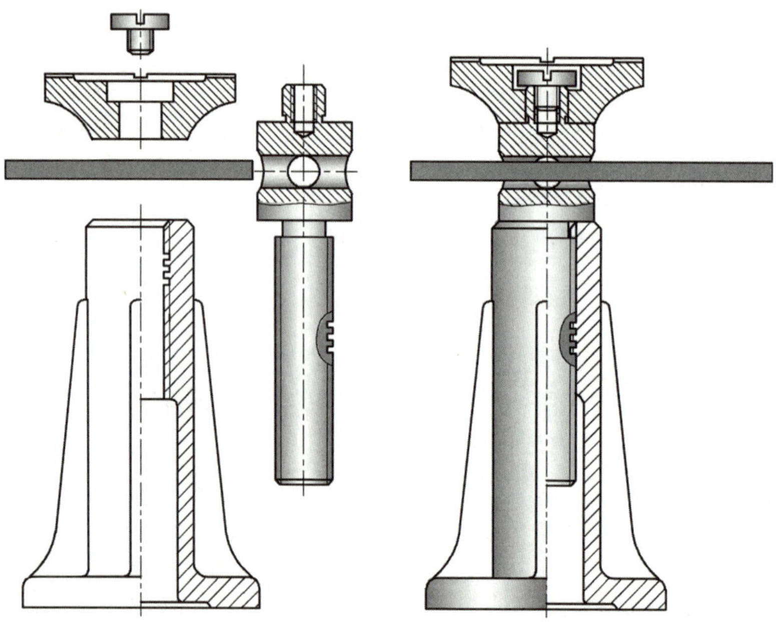

图 7-83　千斤顶装配图

（二）千斤顶装配图拼画方法

千斤顶装配图拼画还可采用直接绘制法。

（1）绘制底座（基础件）、螺杆底图，如图 7-84 所示。

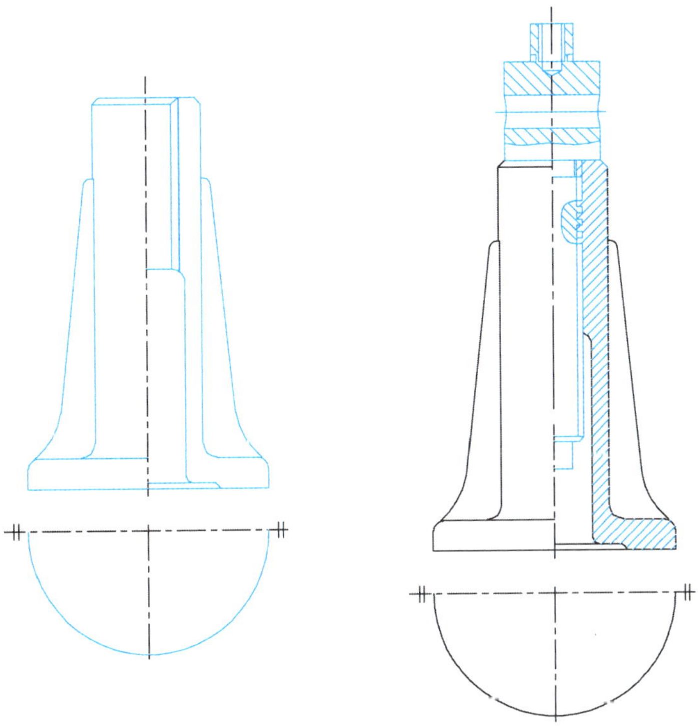

图 7-84　绘制底座与螺杆

（2）绘制顶盖、螺钉，如图 7-85 所示。

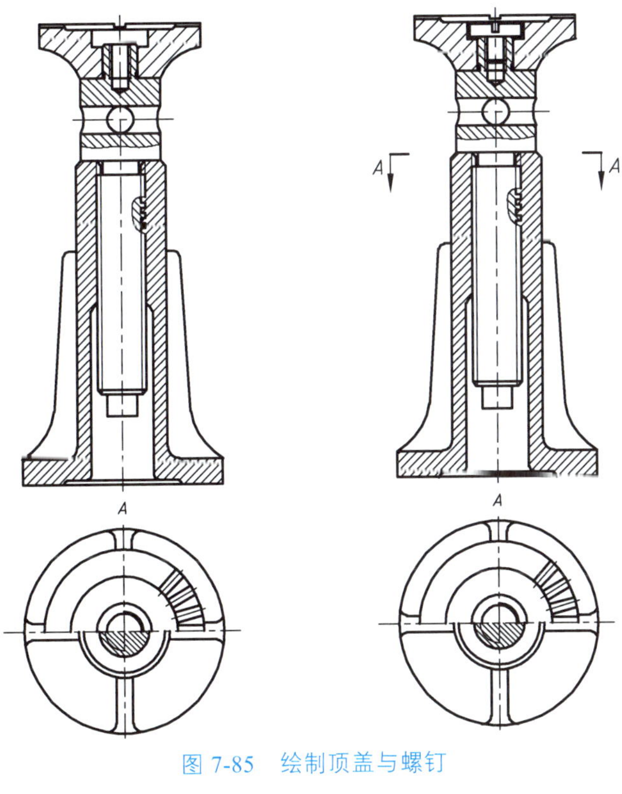

图 7-85　绘制顶盖与螺钉

（3）绘制螺旋杆，如图 7-86 所示。

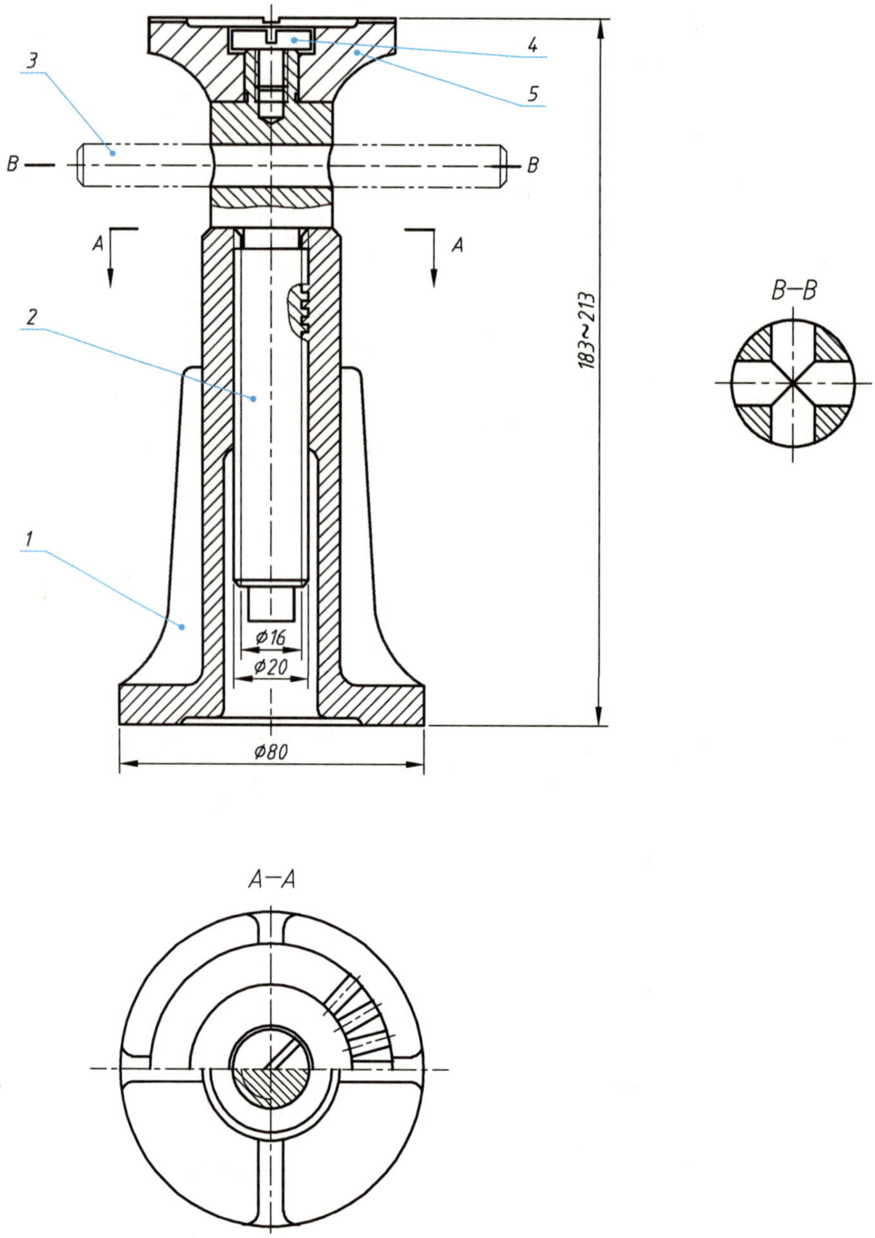

图 7-86　绘制螺旋杆

（4）检查描深，标注尺寸注写序号、填写标题栏和明细栏，如图 7-87 所示。装配过程中注意间隙部分画两条线，如图 7-88 所示。

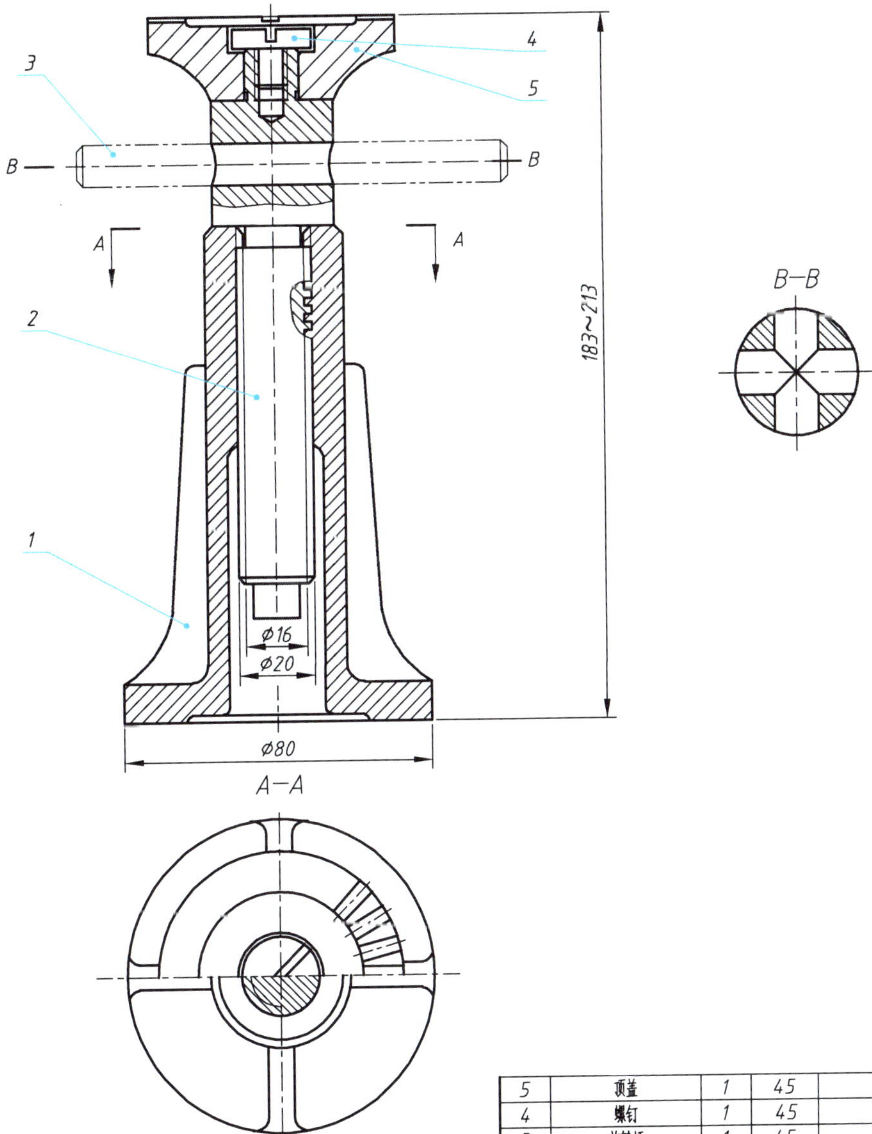

5	顶盖	1	45	
4	螺钉	1	45	
3	旋转杆	1	45	
2	起重螺杆	1	45	
1	底座	1	HT300	
序号	名 称	件数	材 料	

千斤顶	比例	1:1
	数量	
制图		××××职业技术大学
考号		

图 7-87 检查描深

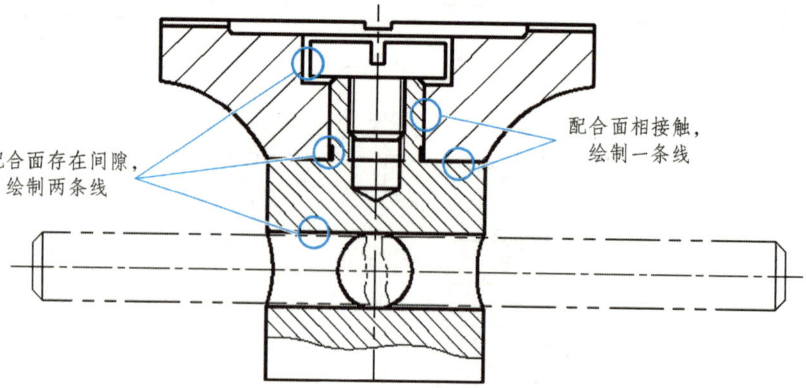

图 7-88　间隙部分

【巩固练习】

如图 7-89 和图 7-90 所示，根据定滑轮的零件图和装配示意图拼画其装配图。

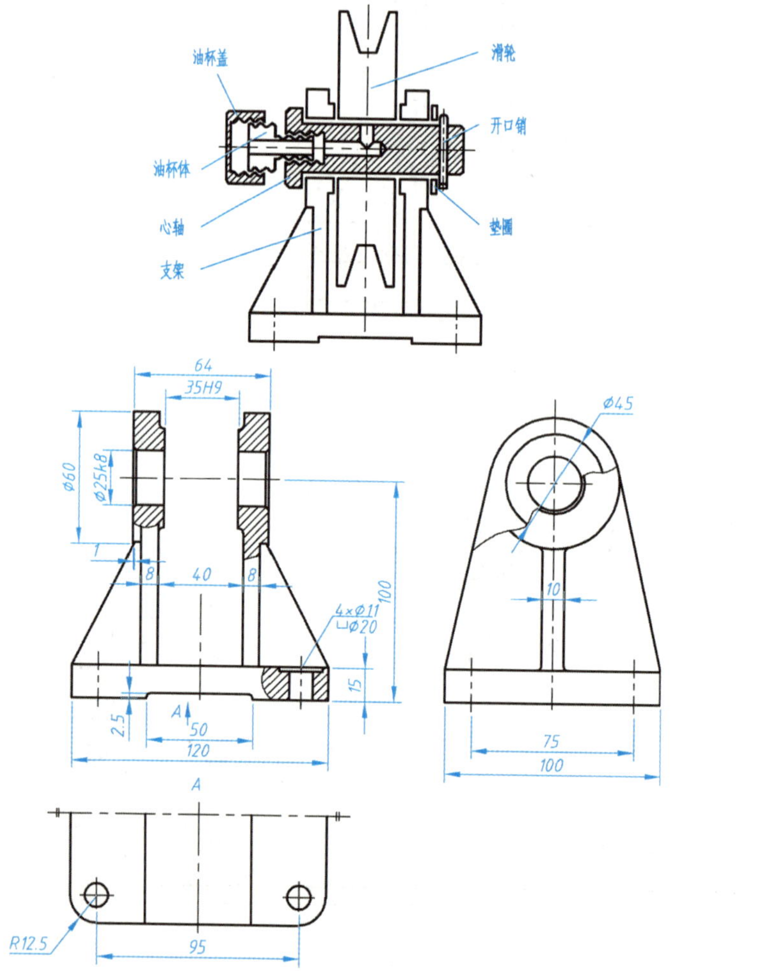

图 7-89　定滑轮装配示意图

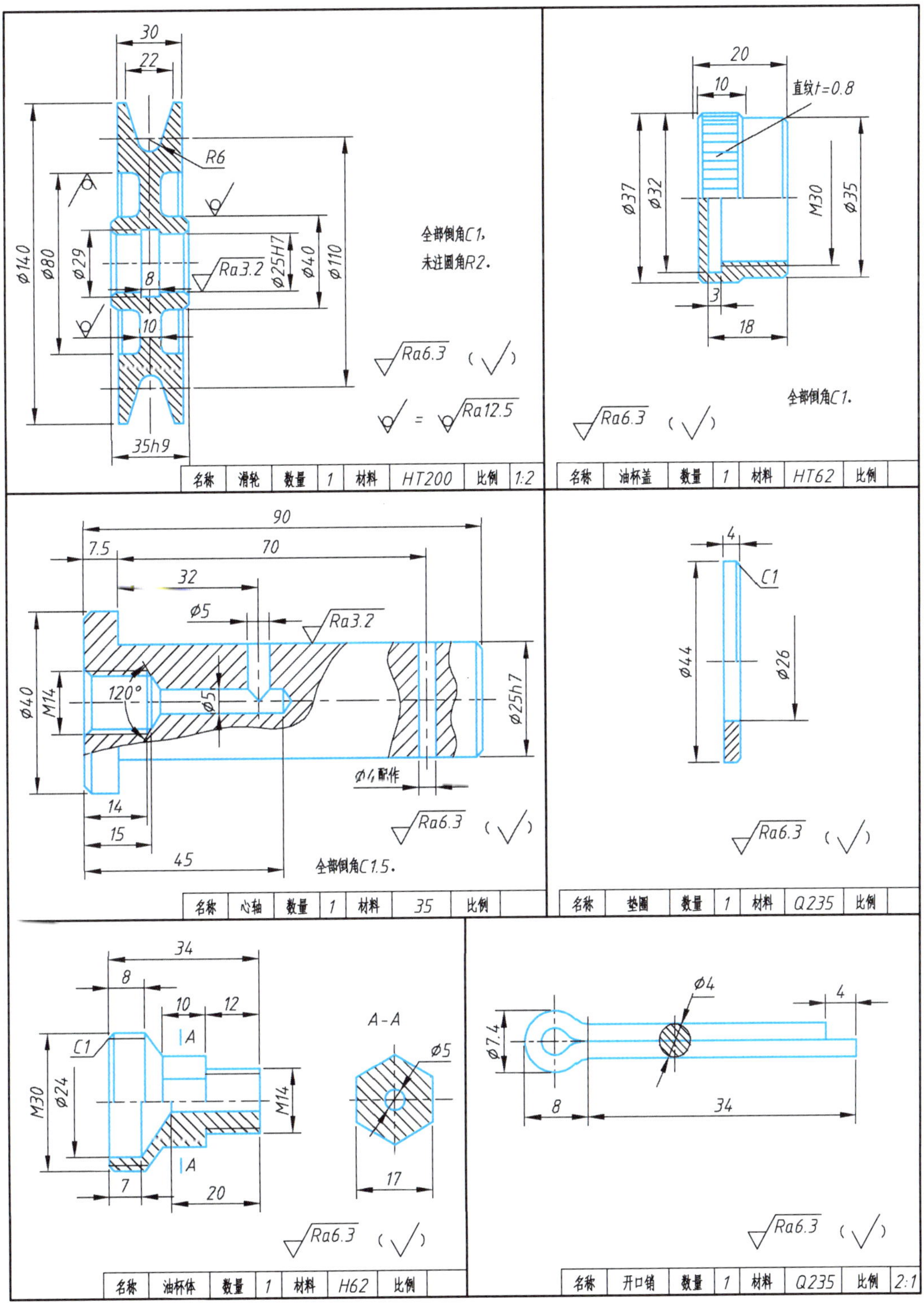
30
22
R6
Φ140
Φ80
Φ29
8
Ra3.2
Φ25H7
Φ40
Φ110
10
35h9
全部倒角C1，
未注圆角R2.
Ra6.3
Ra12.5
名称 滑轮 数量 1 材料 HT200 比例 1:2
20
10
直纹t=0.8
Φ37
Φ32
M30
Φ35
3
18
全部倒角C1.
Ra6.3
名称 油杯盖 数量 1 材料 HT62 比例
90
7.5
70
32
Φ5
Ra3.2
Φ40
M14
120°
Φ5
Φ25h7
Φ4配作
14
15
45
Ra6.3
全部倒角C1.5.
名称 心轴 数量 1 材料 35 比例
4
C1
Φ44
Φ26
Ra6.3
名称 垫圈 数量 1 材料 Q235 比例
34
8
10
12
C1
A
M30
Φ24
M14
A
7
20
A-A
Φ5
17
Ra6.3
名称 油杯体 数量 1 材料 H62 比例
Φ4
4
Φ7.4
8
34
Ra6.3
名称 开口销 数量 1 材料 Q235 比例 2:1
图 7-90 定滑轮零件图

1. 装配图分析

2. 装配图绘制过程

第 1 步　建立装配图的样板文件。与创建零件图的样板文件一样，新创建一个装配图的样板文件。设置好图幅、图层，画出图框和标题栏及明细栏等，并以该样板文件为图形样本新建一个图形文件，另存为“定滑轮”。

第 2 步　装入主要零件。打开已经画好的主要零件的图形文件，关闭尺寸和文字标注层，将此零件复制到装配图中的合适位置。

第 3 步　将其他零件建成图块。将已经画好的其他零件的图框、尺寸和文字标注等层均关闭，分别复制到装配图中，并按工作位置摆放好，建立各个零件的图块。在建块操作中，当定义图块的插入点时，一般选择零件间相互有定位和装配关系的特殊点。

第 4 步　插入零件并整理图形。依据先画主要零件，再画次要零件；先画大体轮廓，再画局部细节的原则，按照装配关系，沿着装配干线逐个“插入”零件图块。

注意：在拼画过程中，每装入一个零件后，随时检查是否有遮挡住的轮廓线，分解图块后，及时把不可见的图线删减掉，整理清晰图形。

第 5 步　标注完成装配图。拼装好的千斤顶装配图，需要调整好剖面线方向、编写零件序号并标注装配图尺寸、填写好标题栏、明细栏和技术要求，保存即可。

【任务实战】

班级：______ 姓名：______ 学号：______	
任务名称	绘制支架零件图
任务概述	一、目　的 1. 掌握零件图视图表达、尺寸标注及技术要求的正确绘制； 2. 能熟练应用 AutoCAD 绘制零件图。 二、内容与要求 根据所示零件图，按照 1∶1 比例抄画零件图。

视频：支架零件图绘制

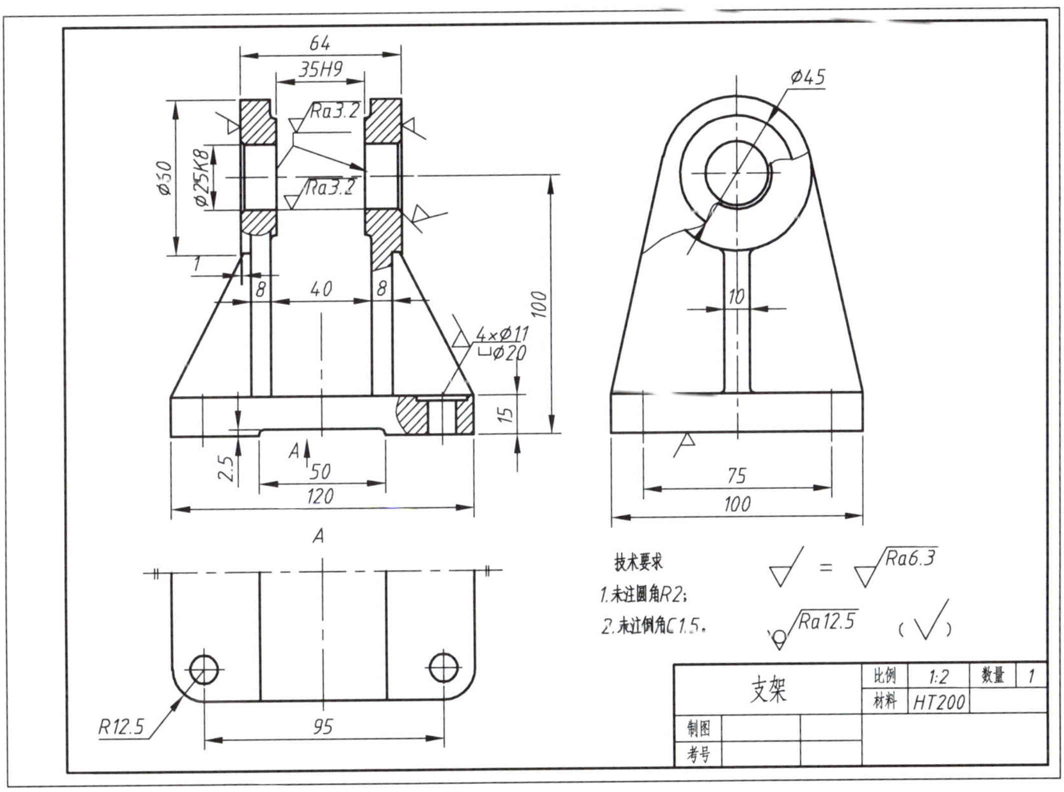

【学习评价】

<table>
<tr><th colspan="5">学习评价考核表</th></tr>
<tr><th colspan="2">评价项目</th><th>评价标准</th><th>自评</th><th>互评</th></tr>
<tr><td rowspan="4">专业能力</td><td>图形完整性（20 分）</td><td>1. 零件图图形结构完整，无遗漏；
2. 表达方法正确。</td><td></td><td></td></tr>
<tr><td>标准符合度（25 分）</td><td>1. 图形比例合适；
2. 尺寸标注正确、完整、合理；
3. 技术要求标注准确。</td><td></td><td></td></tr>
<tr><td>图层创建完整度（15 分）</td><td>1. 图层设置完整，图线设置规范；
2. 标题栏、字体符合国家标准。</td><td></td><td></td></tr>
<tr><td>图形分布合理（10 分）</td><td>图形连接无误，图形标准。</td><td></td><td></td></tr>
<tr><td rowspan="3">素质能力</td><td>遵守课堂纪律（10 分）</td><td>1. 上课不迟到早退；
2. 上课不玩手机、不睡觉。</td><td></td><td></td></tr>
<tr><td>课后自学能力（10 分）</td><td>1. 做好课前复习、课后巩固；
2. 及时完成课后作业。</td><td></td><td></td></tr>
<tr><td>互帮互助能力（10 分）</td><td>1. 乐于帮助同学，团结协作；
2. 勤于思考，勇于表达。</td><td></td><td></td></tr>
<tr><td colspan="5">教师综合评价</td></tr>
<tr><td colspan="2">专业能力评价</td><td>素质能力评价</td><td colspan="2">得分</td></tr>
<tr><td colspan="2"></td><td></td><td colspan="2"></td></tr>
<tr><td>综合评价</td><td colspan="4"></td></tr>
</table>

思政学堂　给地球做 CT 的“时代楷模”——黄大年

黄大年，1958 年出生在广西壮族自治区南宁市一个知识分子家庭。1977 年参加高考，考入长春地质学院应用地球物理系。1982 年，黄大年以优异的成绩毕业，并留校任教。

1992 年，黄大年赴英国利兹大学地球科学系攻读博士，1996 年博士毕业后返回母校从事科研工作。1997 年，经单位同意，他再赴国外继续深造。2009 年 12 月，黄大年回到祖国，与吉林大学签下全职教授合同，担任吉林大学地球探测科学与技术学院教授。

作为我国深部探测技术与实验研究专项第九分项“深部探测关键仪器装备研制与实验”的首席科学家，他以吉林大学为中心，组织全国优秀科研人员数百人，开启了深部探测关键装备攻关研究。黄大年致力攻关的“航空重力梯度仪”，就像一个“透视眼”，给地球做 CT，能洞穿地下每一个角落。这套系统十年磨一剑，在近年来探明的国外深海大型油田、盆地边缘大型油气田等成功实验中，发挥了至关重要的作用，成为“颠覆性”技术推动行业突破的典范。2016 年，由多位院士专家组成的验收会上，黄大年带领的研究团队取得的成果入选国家科技创新成就展。

黄大年说：“我是国家培养出来的，只要祖国需要，我必全力以赴。”

骄人成果的背后是艰辛的付出。回国 7 年，他像陀螺一样不知疲倦地旋转，常常忘了睡觉、忘了吃饭。2016 年 11 月 29 日凌晨，黄大年又晕倒在出差途中。回到长春，单位强制安排他做了身体检查，可还没出结果，他又跑去北京出差。

回到长春还没喘口气儿，黄大年就拿到了住院通知：胆管癌，住院治疗。2017 年 1 月 8 日，黄大年因病离世，年仅 58 岁。

师生们纷纷发悼文：为了实现伟大强国梦，这个海外赤子满怀激情回来，即使前路艰辛，他也从来没有放弃对国家的忠诚、对事业的追求……

黄大年先后荣获“全国优秀共产党员”“最美奋斗者”“时代楷模”“全国五一劳动奖章”“全国优秀教师”等称号。

2017 年 5 月，习近平总书记对黄大年同志先进事迹作出重要指示：黄大年同志秉持科技报国理想，把为祖国富强、民族振兴、人民幸福贡献力量作为毕生追求，为我国教育科研事业做出了突出贡献，他的先进事迹感人肺腑。要以黄大年同志为榜样，学习他心有大我、至诚报国的爱国情怀，学习他教书育人、敢为人先的敬业精神，学习他淡泊名利、甘于奉献的高尚情操，把爱国之情、报国之志融入祖国改革发展的伟大事业之中、融入人民创造历史的伟大奋斗之中，从自己做起，从本职岗位做起，为实现“两个一百年”奋斗目标、实现中华民族伟大复兴的中国梦贡献智慧和力量。

思政引导：阅读“时代楷模”黄大年的故事，谈一谈你的感想。

附 录

附录一 螺 纹

1. 普通螺纹（摘自 GB/T 193—2003，GB/T 196—2003）

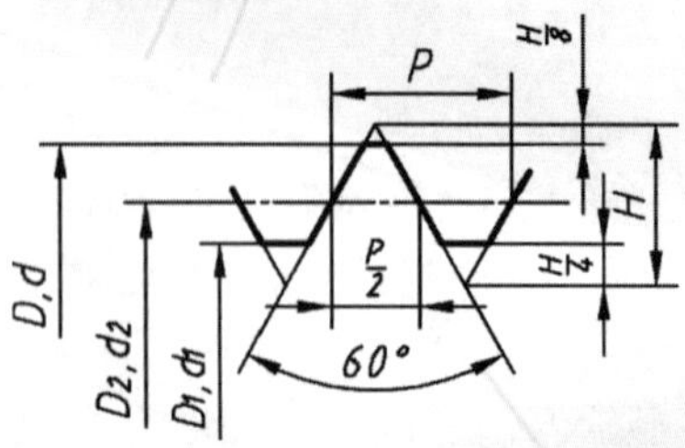

$H=\frac{\sqrt{3}}{2}P$　　$H=0.866\ 025\ 404\ P$

公称直径20，螺距为2.5，右旋普通粗牙螺纹的规定标记：M20

公称直径20，螺距为1.5，右旋普通细牙螺纹的规定标记：M20×1.5

附表 1　普通螺纹直径与螺距系列、基本尺寸　　单位：mm

公称直径 D，d		螺距 P		粗牙小径 D_1，d_1	公称直径 D，d		螺距 P		粗牙小径 D_1，d_1
第一系列	第二系列	粗牙	细牙		第一系列	第二系列	粗牙	细牙	
3		0.5	0.35	2.459		22	2.5	2，1.5，1	19.294
	3.5	0.6		2.850	24		3	2，1.5，1	20.752
4		0.7	0.5	3.242		27	3	2，1.5，1	23.752
	4.5	0.75		3.688					
5		0.8		4.134	30		3.5	（3），2，1.5，1	26.211
6		1	0.75	4.917		33	3.5	（3），2，1.5	29.211
8		1.25	1，0.75	6.647	36		4	3，2，1.5	31.670
10		1.5	1.25，1，0.75	8.376		39	4		34.670
12		1.75	1.5，1.25，1	10.106	42		4.5	4，3，2，1.5	37.129
	14	2	1.5，（1.25）*，1	11.835		45	4.5	4，3，2，1.5	40.129
16		2	1.5，1	13.835	48		5	4，3，2，1.5	42.587
	18	2.5	2，1.5，1	15.294		52	5		46.587
20		2.5		17.294	56		5.5	4，3，2，1.5	50.046

注：① 优先选择第一系列，其次选择第二系列，第三系列未列入，括号内尺寸尽可能不用。

② 公称直径 D、d 为 1～2.5 和 58～300 未列入，中径 D_2，d_2 未列入。

③ M14×1.25*仅用于发动机的火花塞。

2. 梯形螺纹（摘自 GB/T 5796.2—2005，GB/T 5796.3—2005）

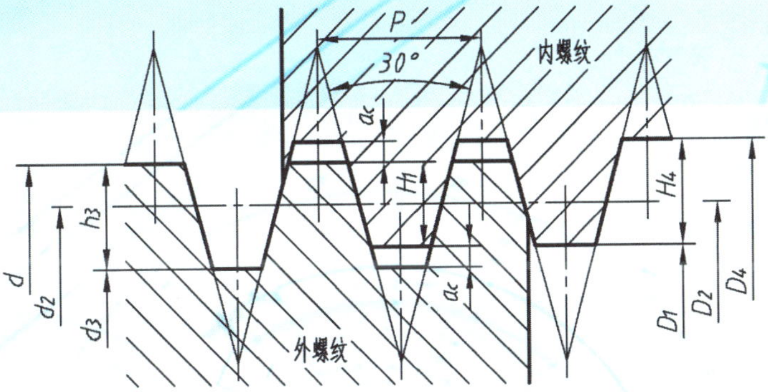

1. 公称直径为40mm、导程和螺距为7mm的右旋单线梯形螺纹标记：Tr40X7

2. 公称直径40mm、导程为14mm，螺距为7mm的左旋双线梯形螺纹标记：Tr40X14(P7)LH

附表 2　梯形螺纹直径与螺距系列、基本尺寸　　　　单位：mm

公称直径 d		螺距	中径	大径	小径	
第一系列	第二系列	P	$d_2=D_2$	D_4	d_3	D_1
8		1.5	7.25	8.30	6.20	6.50
	9	1.5	8.25	9.30	7.20	7.50
		2	8.00	9.50	6.50	7.00
10		1.5	9.25	10.30	8.20	8.50
		2	9.00	10.50	7.50	8.00
	11	2	10.00	11.50	8.50	9.00
		3	9.50	11.50	7.50	8.00
12		2	11.00	12.50	9.50	10.00
		3	10.50	12.50	8.50	9.00
	14	2	13.00	14.50	11.50	12.00
		3	12.50	14.50	10.50	11.00
16		2	15.00	16.50	13.50	14.00
		4	14.00	16.50	11.50	12.00
	18	2	17.00	18.50	15.50	16.00
		4	16.00	18.50	13.50	14.00
20		2	19.00	20.50	17.50	18.00
		4	18.00	20.50	15.50	16.00
	22	3	20.50	22.50	18.50	19.00
		5	19.50	22.50	16.50	17.00
		8	18.00	23.00	13.00	14.00
24		3	22.50	24.50	20.50	21.00
		5	21.50	24.50	18.50	19.00
		8	20.00	25.00	15.00	16.00

公称直径 d		螺距	中径	大径	小径	
第一系列	第二系列	P	$d_2=D_2$	D_4	d_3	D_1
	26	3	24.50	26.50	22.50	23.00
		5	23.50	26.50	20.50	21.00
		8	22.00	27.00	17.00	18.00
28		3	26.50	28.50	24.50	25.00
		5	25.50	28.50	22.50	23.00
		8	24.00	29.00	19.00	20.00
	30	3	28.50	30.50	26.50	29.00
		6	27.00	31.00	23.00	24.00
		10	25.00	31.00	19.00	20.00
32		3	30.50	32.50	28.50	29.00
		6	29.00	33.00	25.00	26.00
		10	27.00	33.00	21.00	22.00
	34	3	32.50	34.50	30.50	31.00
		6	31.00	35.00	27.00	28.00
		10	29.00	35.00	23.00	24.00
36		3	34.50	36.50	32.50	33.00
		6	33.00	37.00	29.00	30.00
		10	31.00	37.00	25.00	26.00
	38	3	36.50	38.50	34.50	35.00
		7	34.50	39.00	30.00	31.00
		10	33.00	39.00	27.00	28.00
40		3	38.50	40.50	36.50	37.00
		7	36.50	41.00	32.00	33.00
		10	35.00	41.00	29.00	30.00

3. 非螺纹密封的管螺纹（摘自 GB/T 7307—2001）

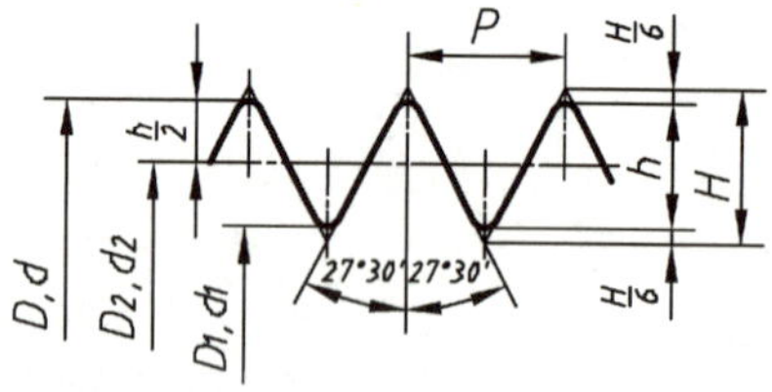

尺寸代号为2的右旋圆柱内螺纹的规定标记：G2

尺寸代号为3的A级左旋圆柱外螺纹的规定标记：G3A-LH

附表 3　管螺纹的尺寸代号与螺距、基本尺寸　　单位：mm

尺寸代号	每 25.4 mm 内的牙数 n	螺距 P	基本直径	
			大径 D，d	小径 D_1，d_1
1/8	28	0.907	9.728	8.566
1/4	19	1.337	13.157	11.445
3/8	19	1.337	16.662	14.950
1/2	14	1.814	20.955	18.631
5/8	14	1.814	22.911	20.587
3/4	14	1.814	26.441	24.117
7/8	14	1.814	30.201	27.877
1	11	2.309	33.249	30.291
$1\frac{1}{8}$	11	2.309	37.897	34.939
$1\frac{1}{4}$	11	2.309	41.910	38.952
$1\frac{1}{2}$	11	2.309	47.803	44.845
$1\frac{3}{4}$	11	2.309	53.746	50.788
2	11	2.309	59.614	56.656
$2\frac{1}{4}$	11	2.309	65.710	62.752
$2\frac{1}{2}$	11	2.309	75.184	72.226
$2\frac{3}{4}$	11	2.309	81.534	78.576
3	11	2.309	87.884	84.926
4	11	2.309	113.030	110.072
5	11	2.309	138.430	135.472
6	11	2.309	163.830	160.872

附录二 螺纹紧固件

1. 螺　栓

六角头螺栓—C 级(GB/T 5780—2016);六角头螺栓—A 级和 B 级(GB/T 5782—2016)。

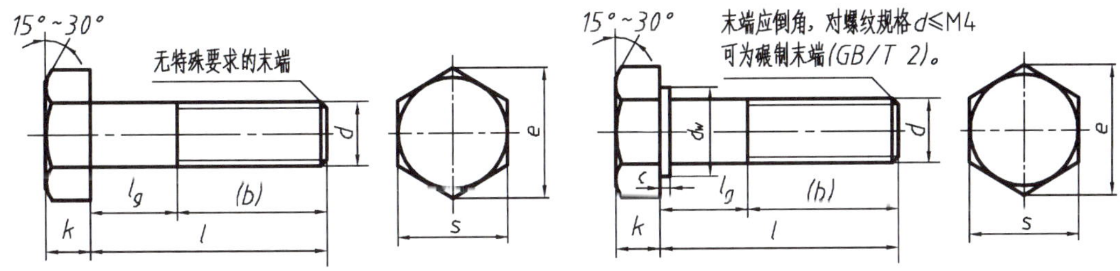

标记示例

螺纹规格d=M12、公称长度l=80mm、性能等级为4.8级、不经表面处理、产品等级为C级的六角头螺栓的标记：螺栓 GB/T 5780 M12X80

附表 4　六角头螺栓相关参数　　单位：mm

螺纹规格 d			M3	M4	M5	M6	M8	M10	M12	M16	M20	M24	M30	M36	M42
b 参考	L≤125		12	14	16	18	22	26	30	38	46	54	66	—	—
	125<l≤200		18	20	22	24	28	32	36	44	52	60	72	84	96
	l>200		31	33	35	37	41	45	49	57	65	73	85	97	109
c			0.4	0.4	0.5	0.5	0.6	0.6	0.6	0.8	0.8	0.8	0.8	0.8	1
d_w	产品等级	A	4.57	5.88	6.88	8.88	11.63	14.63	16.63	22.49	28.19	33.61	—	—	—
		B，C	4.45	5.74	6.74	8.74	11.47	14.47	16.47	22	27.7	33.25	42.75	51.11	59.95
e	产品等级	A	6.01	7.66	8.79	11.05	14.38	17.77	20.03	26.75	33.53	39.98	—	—	—
		B，C	5.88	7.50	8.633	10.89	14.20	17.59	19.85	26.17	32.95	39.55	50.85	60.79	72.02
k 公称			2	2.8	3.5	4	5.3	6.4	7.5	10	12.5	15	18.7	22.5	26
r			0.1	0.2	0.2	0.25	0.4	0.4	0.6	0.6	0.8	0.8	1	1	1.2
s 公称			5.5	7	8	10	13	16	18	24	30	36	46	55	65
l（商品规格范围）			20～30	25～40	25～50	30～60	40～80	45～100	50～120	65～160	80～200	90～240	110～300	140～360	160～440
l 系列			12，16，20，25，30，35，40，45，50，55，60，65，70，80，90，100，110，120，130，140，150，160，180，200，220，240，260，280，300，320，340，360，380，400，420，440，460，480，500												

注：① A 级用于 d≤24 和 l≤10 d 或≤150 的螺栓；
B 级用于 d>24 和 l>10 d 或>150 的螺栓。

② 螺纹规格 d 范围：GB/T 5780 为 M5～M64；GB/T 5782 为 M1.6～M64。

③ 公称长度范围：GB/T 5780 为 25～500；GB/T 5782 为 12～500。

2. 双头螺柱

双头螺柱—$b_m = d$（GB/T 897—1988）；双头螺柱—$b_m = 1.25d$（GB/T 898—1988）；双头螺柱—$b_m = 1.5d$（GB/T 899—1988）；双头螺柱—$b_m = 2d$（GB/T 900—1988）。

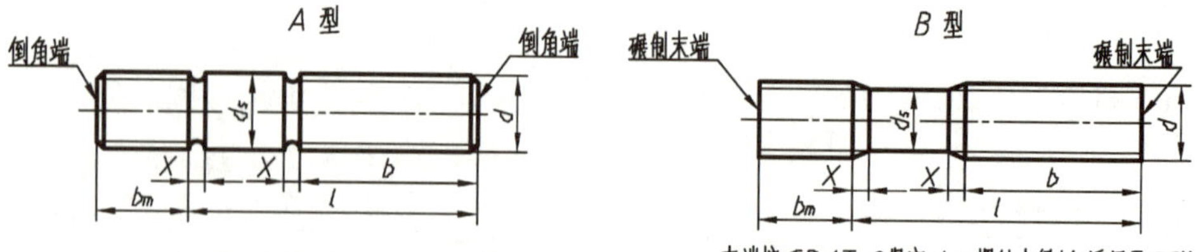

末端按GB/T 2规定 d_s≈螺纹中径(仅适用于B型)

标记示例

两端均为粗牙普通螺纹，d=10mm、l=50mm、性能等级为4.8级、不经表面处理、B型，b_m=1d 双头螺栓的标记：螺 柱 GB/T 897 M10X50

旋入机体一端为粗牙普通螺纹，旋螺母一端为螺距P=1mm细牙普通螺纹，d=10mm、l=50mm、性能等级为4.8级、不经表面处理、A型，b_m=2d 双头螺栓的标记：

螺柱 GB/T 900 AM10-M10×1X50

附表 5　双头螺柱及其参数　　单位：mm

螺纹规格		M5	M6	M8	M10	M12	M16	M20	M24	M30	M36	M42
b_m（公称）	GB/T 897	5	6	8	10	12	16	20	24	30	36	42
	GB/T 898	6	8	10	12	15	20	25	30	38	45	52
	GB/T 899	8	10	12	15	18	24	30	36	45	54	65
	GB/T 900	10	12	16	20	24	32	40	48	60	72	84
d_s（max）		5	6	8	10	12	16	20	24	30	36	42
x（max）		1.5P										
$\frac{l}{b}$		$\frac{16\sim22}{10}$	$\frac{20\sim22}{10}$	$\frac{20\sim22}{12}$	$\frac{25\sim28}{14}$	$\frac{25\sim30}{16}$	$\frac{30\sim38}{20}$	$\frac{35\sim40}{25}$	$\frac{45\sim50}{30}$	$\frac{60\sim65}{40}$	$\frac{65\sim75}{45}$	$\frac{65\sim80}{50}$
		$\frac{25\sim50}{16}$	$\frac{25\sim30}{14}$	$\frac{25\sim30}{16}$	$\frac{30\sim38}{16}$	$\frac{32\sim40}{20}$	$\frac{40\sim55}{30}$	$\frac{45\sim65}{35}$	$\frac{55\sim75}{45}$	$\frac{70\sim90}{50}$	$\frac{80\sim110}{60}$	$\frac{80\sim110}{70}$
			$\frac{32\sim75}{18}$	$\frac{32\sim90}{22}$	$\frac{40\sim120}{26}$	$\frac{45\sim120}{30}$	$\frac{60\sim120}{38}$	$\frac{70\sim120}{46}$	$\frac{80\sim120}{54}$	$\frac{95\sim120}{60}$	$\frac{120}{78}$	$\frac{120}{90}$
					$\frac{130}{32}$	$\frac{130\sim180}{36}$	$\frac{130\sim200}{44}$	$\frac{130\sim200}{52}$	$\frac{130\sim200}{60}$	$\frac{130\sim200}{72}$	$\frac{130\sim200}{84}$	$\frac{130\sim200}{96}$
										$\frac{210\sim250}{85}$	$\frac{210\sim300}{91}$	$\frac{210\sim300}{109}$
l 系列		16，（18），20，（22），25，（28），30，（32），35，（38），40，45，50，（55），60，（65），70，（75），80，（85），90，（95），100，110，120，130，140，150，160，170，180，200，210，220，230，240，250，260，280，300										

注：P 是粗牙螺纹的螺距。

3. 螺　钉

（1）开槽圆柱头螺钉（摘自 GB/T 65—2016）。

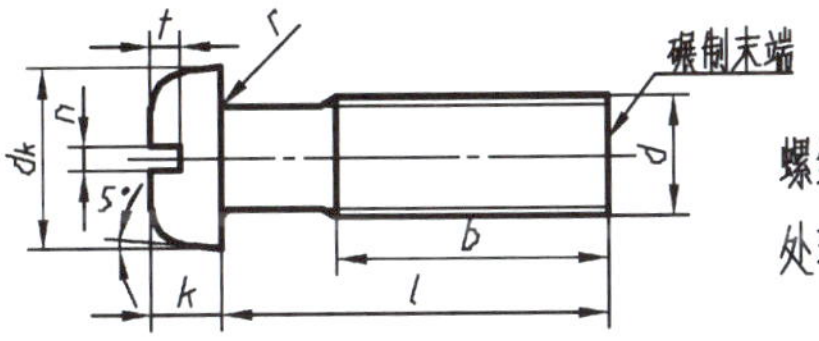

标记示例

螺纹规格 d=M5、公称长度 l=20mm、性能等级为 4.8级、不经表面处理的A级的开槽盘头螺钉的标记：螺钉 GB/T 67 M5X20

附表 6　开槽圆头螺钉及其参数　　　单位：mm

螺纹规格 d	M4	M5	M6	M8	M10
P（螺距）	0.7	0.8	1	1.25	1.5
b	38	38	38	38	38
d_k	7	8.5	10	13	16
k	2.6	3.3	3.9	5	6
n	1.2	1.2	1.6	2	2.5
r	0.2	0.2	0.25	0.4	0.4
t	1.1	1.3	1.6	2	2.4
公称长度 l	5～40	6～50	8～60	10～80	12～80
l 系列	5，6，8，10，12，（14），16，20，25，30，35，40，45，50，（55），60，（65），70，（75），80				

注：① 公称长度 $l \leq 40$ 的螺钉，制出全螺纹。

② 括号中的规格尽可能不采用。

③ 螺纹规格 d = M1.6～10；公称长度 l = 2～80。

（2）开槽沉头螺钉（摘自 GB/T 68—2016）。

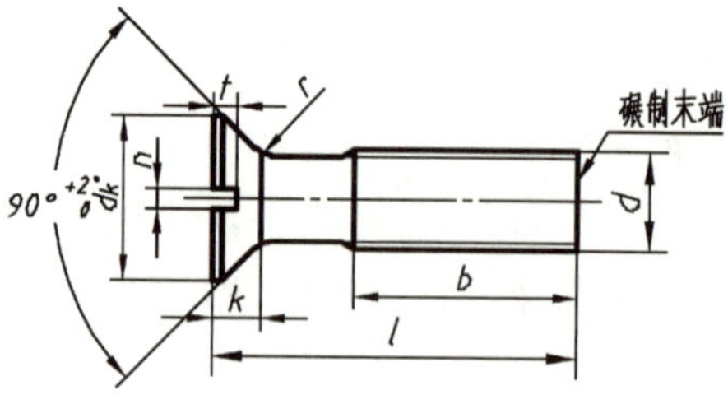

标记示例

螺纹规格 d=M5、公称长度 l=20mm、性能等级为4.8级、不经表面处理的A级的开槽沉头螺钉的标记：螺钉 GB/T 68 M5X20

附表 7　开槽沉头螺钉及其参数

单位：mm

螺纹规格 d	M1.6	M2	M2.5	M3	M4	M5	M6	M8	M10
P（螺距）	0.35	0.4	0.45	0.5	0.7	0.8	1	1.25	1.5
b	25	25	25	25	38	38	38	38	38
d_k	3.6	4.4	5.5	6.3	9.4	10.4	12.6	17.3	20
k	1	1.2	1.5	1.65	2.7	2.7	3.3	4.65	5
n	0.4	0.5	0.6	0.8	1.2	1.2	1.6	2	2.5
r	0.4	0.5	0.6	0.8	1	1.3	1.5	2	2.5
t	0.5	0.6	0.75	0.85	1.3	1.4	1.6	2.3	2.6
公称长度 l	2.5 ~ 16	3 ~ 20	4 ~ 25	5 ~ 30	6 ~ 40	8 ~ 50	8 ~ 60	10 ~ 80	12 ~ 80
l 系列	2，5，3，4，5，6，8，10，12，（14），16，20，25，30，35，40，45，50，（55），60，（65），70，（75），80								

注：① 括号内的规格尽可能不采用。

② M1.6 ~ M3 的螺钉，公称长度 l≤30 的，制出全螺纹；M4 ~ M10 的螺钉，公称长度 l≤45，制出全螺纹。

（3）紧定螺钉（摘自 GB/T 71—2018，GB/T 73—2017，GB/T 75—2018）。

开槽锥端紧定螺钉	开槽平端紧定螺钉	开槽长圆柱端紧定螺钉
GB/T 71—1985	GB/T 73—1985	GB/T 75—1985

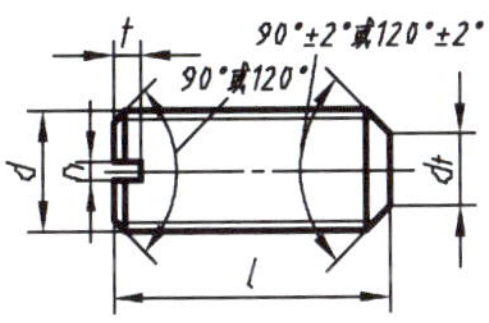

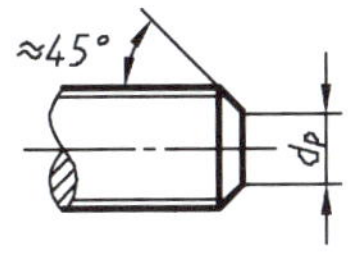

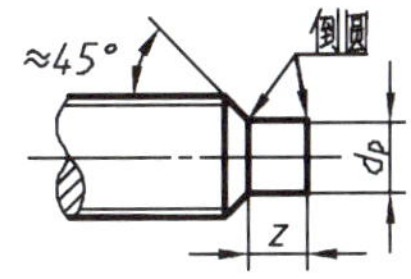

标记示例

螺纹规格 d=M5、公称长度 l=12mm、性能等级为 14H级、表面氧化的开槽锥端紧定螺钉的标记：螺钉 GB/T 71 M5X12

附表 8 紧定螺钉及其参数 单位：mm

螺纹规格 d		M1.6	M2	M2.5	M3	M4	M5	M6	M8	M10	M12
P（螺距）		0.35	0.4	0.45	0.5	0.7	0.8	1	1.25	1.5	1.75
n		0.25	0.25	0.4	0.4	0.6	0.8	1	1.2	1.6	2
t		0.74	0.84	0.95	1.05	1.42	1.63	2	2.5	3	3.6
d_k		0.16	0.2	0.25	0.3	0.4	0.5	1.5	2	2.5	3
d_p		0.8	1	1.5	2	2.5	3.5	4	5.5	7	8.5
z		1.05	1.25	1.5	1.75	2.25	2.75	3.25	4.3	5.3	6.3
l	GB/T 71—2018	2 ~ 8	3 ~ 10	3 ~ 12	4 ~ 16	6 ~ 20	8 ~ 25	8 ~ 30	10 ~ 40	12 ~ 50	14 ~ 60
	GB/T 73—2017	2 ~ 8	2 ~ 10	2.5 ~ 12	3 ~ 16	4 ~ 20	5 ~ 25	6 ~ 30	8 ~ 40	10 ~ 50	12 ~ 60
	GB/T 75—2018	2.5 ~ 8	3 ~ 10	4 ~ 12	5 ~ 16	6 ~ 20	8 ~ 25	10 ~ 30	10 ~ 40	12 ~ 50	14 ~ 60
l 系列		2，2.5，3，4，5，6，8，10，12，(14)，6，20，25，30，35，40，45，50，(55)，60									

注：① l 为公称长度。

② 括号内的规格尽可能不采用。

4. 螺　母

六角头螺母—C 级（摘自 GB/T 41—2016）；1 型六角头螺母—A 和 B 级（摘自 GB/T 6170—2015）；六角头薄螺母（摘自 GB/T 6172.1—2016）。

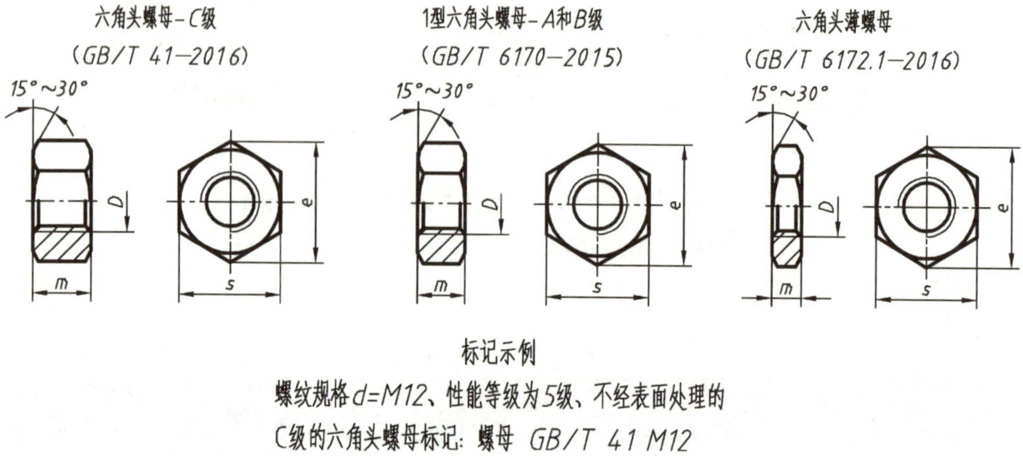

附表 9　螺母及其参数

单位：mm

螺纹规格 d		M3	M4	M5	M6	M8	M10	M12	M16	M20	M24	M30	M36	M42
e	GB/T 41			8.63	10.89	14.20	17.59	19.85	26.17	32.95	39.55	50.85	60.79	72.02
	GB/T 6170	6.01	7.66	8.79	11.05	14.38	17.77	20.03	26.75	32.95	39.55	50.85	60.79	72.02
	GB/T 6172.1	6.01	7.66	8.79	11.05	14.38	17.77	20.03	26.75	32.95	39.55	50.85	60.79	72.02
s	GB/T 41			8	10	13	16	18	24	30	36	46	55	65
	GB/T 6170	5.5	7	8	10	13	16	18	24	30	36	46	55	65
	GB/T 6172.1	5.5	7	8	10	13	16	18	24	30	36	46	55	65
m	GB/T 41			5.6	6.1	7.9	9.5	12.2	15.9	18.7	22.3	23.4	31.5	34.9
	GB/T 6170	2.4	3.2	4.7	5.2	6.8	8.4	10.8	14.8	18	21.5	25.6	31	34
	GB/T 6172.1	1.8	2.2	2.7	3.2	4	5	6	8	10	12	15	18	21

注：A 级用 $D \leqslant 16$；B 级用于 $D > 16$。

5. 垫　圈

（1）平垫圈。

小垫圈—A 级（摘自 GB/T 848—2002）；平垫圈—A 级（摘自 GB/T 97.1—2002）；平垫圈 倒角型—A 级（摘自 GB/T 97.2—2002）。

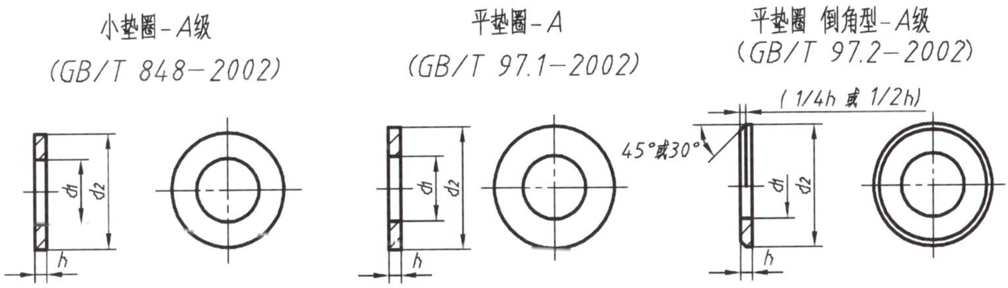

标记示例

标准系列、公称规格8mm、由钢制造的硬度等级为200HV级、不经表面处理、产品等级为A级的平垫圈的标记：垫 圈 GB/T 97.1 8

标准系列、公称规格8mm，由A2组不锈钢制造的硬度等级为200HV级、不经表面处理、产品等级为A级的平垫圈的标记：垫圈 GB/T 97.1 8 A2

附表 10　平垫圈及其参数　　单位：mm

公称尺寸 螺纹规格 d		1.6	2	2.5	3	4	5	6	8	10	12	14	16	20	24	30	36
d_1	GB/T 848	1.7	2.2	2.7	3.2	4.3	5.3	6.4	8.4	10.5	13	15	17	21	25	31	37
	GB/T 97.1	1.7	2.2	2.7	3.2	4.3	5.3	6.4	8.4	10.5	13	15	17	21	25	31	37
	GB/T 97.2	—	—	—	—	—	5.3	6.4	8.4	10.5	13	15	17	21	25	31	37
d_2	GB/T 848	3.5	4.5	5	6	8	9	11	15	18	20	24	28	34	39	50	60
	GB/T 97.1	4	5	6	7	9	10	12	16	20	24	28	30	37	44	56	66
	GB/T 97.2	—	—	—	—	—	10	12	16	20	24	28	30	37	44	56	66
h	GB/T 848	0.3	0.3	0.5	0.5	0.5	1	1.6	1.6	1.6	2	2.5	2.5	3	4	4	5
	GB/T 97.1	0.3	0.3	0.5	0.5	0.5	1	1.6	1.6	2	2.5	2.5	2.5	3	4	4	5
	GB/T 97.2	—	—	—	—	—	1	1.6	1.6	2	2.5	2.5	2.5	3	4	4	5

（2）弹簧垫圈。

标准型弹簧垫圈（摘自 GB/T 93—1987）；

轻型弹簧垫圈（摘自 GB/T 859—1987）。

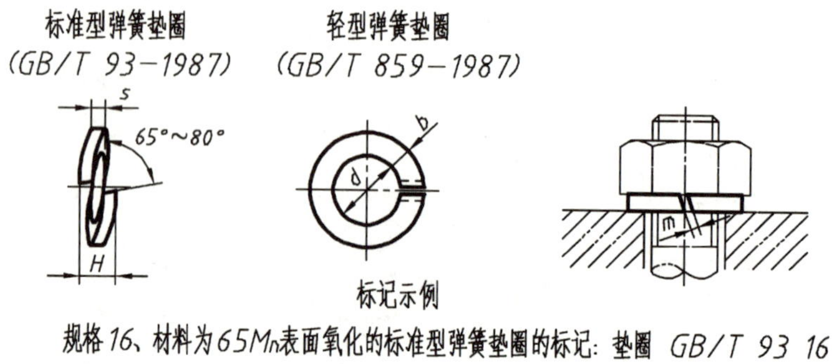

附表 11　弹簧垫圈及其参数

单位：mm

规格（螺纹大径）		3	4	5	6	8	10	12	(14)	16	(18)	20	(22)	24	(27)	30
d		3.1	4.1	5.1	6.1	8.1	10.1	12.2	14.2	16.2	18.2	20.2	22.5	24.5	27.5	30.5
H	GB/T 93	1.6	2.2	2.6	3.2	4.2	5.2	6.2	7.2	8.2	9	10	11	12	13.6	15
	GB/T 859	1.2	1.6	2.2	2.6	3.2	4	5	6.4	7.2	8	9	10	11	10	12
S（*b*）	GB/T 93	0.8	1.1	1.3	1.6	2.1	2.6	3.1	3.6	4.1	4.5	5	5.5	6	6.8	7.5
S	GB/T 859	0.6	0.8	1.1	1.3	1.6	2	2.5	3	3.2	3.6	4	4.5	5	5.5	6
m≤	GB/T 93	0.4	0.55	0.65	0.8	1.05	1.3	1.55	1.8	2.05	2.25	2.5	2.75	3	3.4	3.75
	GB/T 859	0.3	0.4	0.55	0.65	0.8	1	1.25	1.5	1.6	1.8	2	2.25	2.5	2.75	3
b	GB/T 859	1	1.2	1.2	2	2.5	3	3.5	4	4.5	5	5.5	6	7	8	9

注：① 括号内的规格尽可能不采用。

② *m* 应大于零。

附录三 键和销

1. 平键与键槽的剖面尺寸（摘自 GB/T 1095—2003）

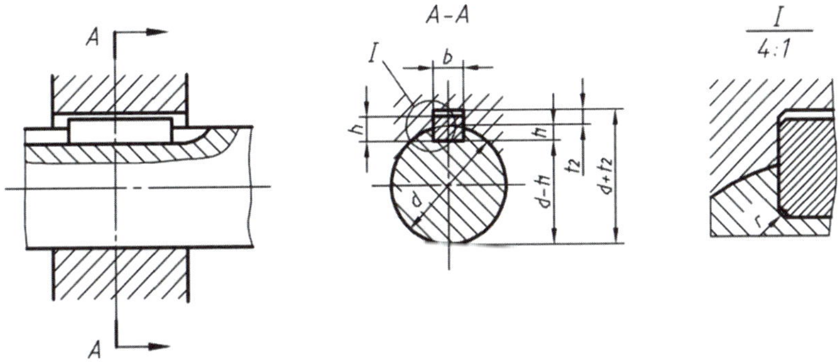

附表 12 平键与键槽的剖面尺寸　　单位：mm

轴公称直径 d	键尺寸 $b\times h$	键槽											
		宽度 b						深度				半径 r	
		公称尺寸	极限偏差					轴 t_1		毂 t_2			
			正常联结		紧密联结	松联结		基本尺寸	极限偏差	基本尺寸	极限偏差		
			轴 N9	毂 JS9	轴和毂 P9	轴 H9	毂 D10					min	max
6～8	2×2	2	−0.004 −0.029	±0.012	−0.006 −0.031	+0.025 0	+0.060 +0.020	1.2	+0.1 0	1.0	+0.1 0	0.08	0.16
8～10	3×3	3						1.8		1.4			
10～12	4×4	4	0 −0.030	±0.015	−0.012 −0.042	+0.030 0	+0.078 +0.030	2.5		1.8		0.16	0.25
12～17	5×5	5						3.0		2.3			
17～22	6×6	6						3.5		2.8			
22～30	8×7	8	0 −0.036	±0.018	0.015 −0.051	+0.036 0	+0.098 +0.040	4.0	+0.2 0	3.3	+0.2 0		
30～38	10×8	10						5.0		3.3		0.25	0.40
38～44	12×8	12	0 −0.043	±0.0215	−0.018 −0.061	+0.043 0	+0.120 +0.050	5.0		3.3			
44～50	14×9	14						5.5		3.8			
50～58	16×10	16						6.0		4.3			
58～65	18×11	18						7.0		4.4			
65～75	20×12	20	0 −0.052	±0.026	−0.022 −0.074	+0.052 0	+0.149 +0.065	7.5		4.9		0.40	0.60
75～85	22×14	22						9.0		5.4			
85～95	25×14	25						9.0		5.4			
95～110	28×16	28						10.0		6.4			
健的长度系列	6，8，10，12，14，16，18，20，22，25，28，32，26，40，45，50，56，63，70，80，90，100												

注：① 国标中没有公称直径列，但为了使用方便，此表加入了公称直径。

② 在零件图中，轴槽深一般用（$d-t_1$）标注，轮毂孔槽用（$d+t_2$）标注。

2. 销

（1）圆柱销（摘自 GB/T 119.1—2000）——不淬火钢和奥氏体不锈钢。

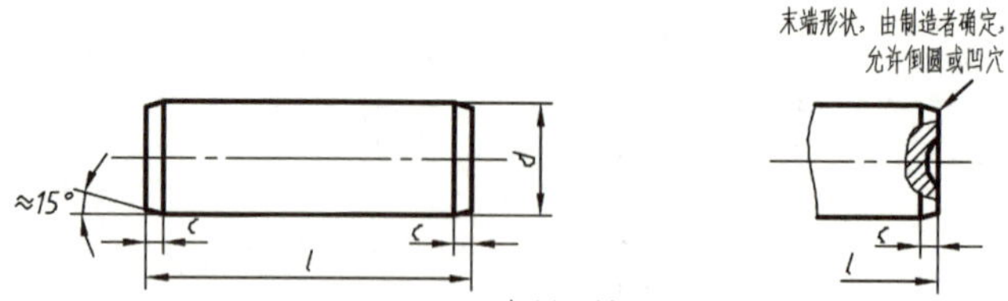

标记示例

公称直径$d=6$mm、公差为m6、公称长度$l=30$mm、材料为钢、不经淬火、不经表面处理的圆柱销的标记:

销 GB/T 119.1 6m6X30

公称直径$d=6$mm、公差为m6、公称长度$l=30$mm、材料为A1组奥氏体不锈钢、表面简单处理的圆柱销的标记:

销 GB/T119.1 6m6X30-A1

附表 13　圆柱销相关参数　　单位：mm

公称直径 d（m6/h8）	0.6	0.8	1	1.2	1.5	2	2.5	3	4	5
$a\approx$	0.12	0.16	0.20	0.25	0.30	0.35	0.40	0.50	0.63	0.80
l（商品规格范围公称长度）	2～6	2～8	4～10	4～12	4～16	6～20	6～24	8～30	8～40	10～50

公称直径 d（m6/h8）	6	8	10	12	16	20	25	30	40	50
$a\approx$	1.2	1.6	2.0	2.5	3.0	3.5	4.0	5.0	6.3	8.0
l（商品规格范围公称长度）	12～60	14～80	18～95	22～140	26～180	35～200	50～200	60～200	80～200	95～200
l系列	2，3，4，5，6，8，10，12，14，16，18，20，22，24，26，28，30，32，35，40，45，50，55，60，65，70，75，80，85，90，95，100，120，140，160，180，200									

（2）圆锥销（摘自 GB/T 117—2000）。

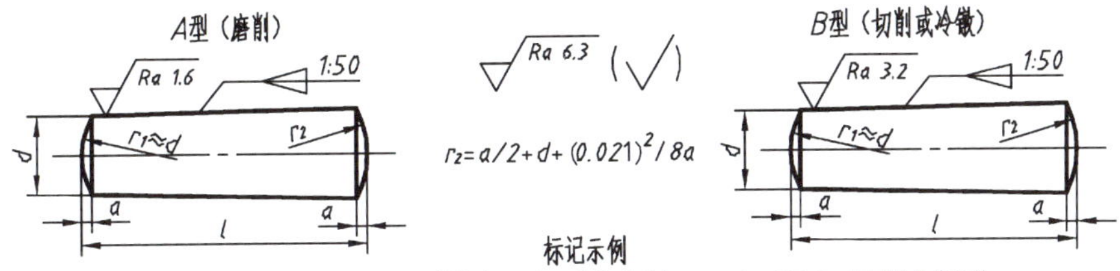

标记示例

公称直径$d=6$ mm、公称长度$l=30$ mm、材料为35钢、热处理硬度28~38HRC、表面氧化处理的A型圆锥销的标记：销 GB/T 117 6X30

附表 14　圆锥销相关参数　　　　单位：mm

d（公称直径）	0.6	0.8	1	1.2	1.5	2	2.5	3	4	5
a≈	0.08	0.1	0.12	0.16	0.2	0.25	0.3	0.4	0.5	0.63
l（商品规格范围公称长度）	4~8	5~12	6~16	6~20	8~24	10~35	10~35	12~45	14~55	18~60
d（公称直径）	6	8	10	12	16	20	25	30	40	50
a≈	0.8	1	1.2	1.6	2	2.5	3	4	5	6.3
l（商品规格范围公称长度）	22~90	22~120	26~160	32~180	40~200	45~200	50~200	55~200	60~200	65~200
l 系列	2，3，4，5，6，8，10，12，14，16，18，20，22，24，26，28，30，32，35，40，45，50，55，60，65，70，75，80，85，90，95，100，120，140，160，180，200									

（3）开口销（摘自 GB/T 91—2000）。

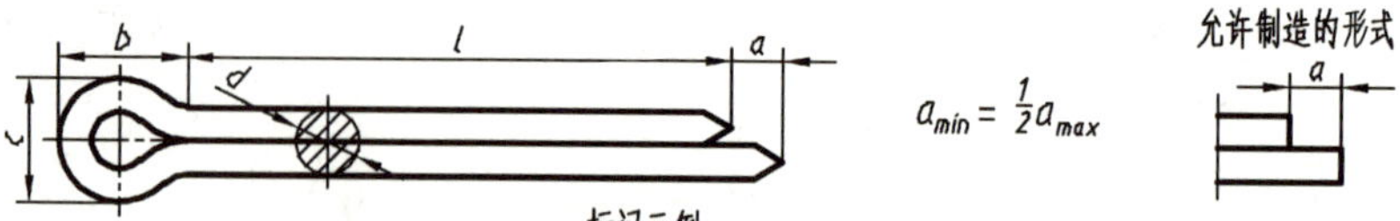

标记示例

公称规格为5 mm、公称长度l=50 mm、材料为Q215或Q235、不经表面处理的开口销的标记：　销 GB/T 91 5X50

附表 15　开口销相关参数　　　　单位：mm

公称规格		0.6	0.8	1	1.2	1.6	2	2.5	3.2	4	5	6.3	8	10	13
d	max	0.5	0.7	0.9	1.0	1.4	1.8	2.3	2.9	3.7	4.6	5.9	7.5	9.5	12.4
	min	0.4	0.6	0.8	0.9	1.3	1.7	2.1	2.7	3.5	4.4	5.7	7.3	9.3	12.1
c	max	1	1.4	1.8	2	2.8	3.6	4.6	5.8	7.4	9.2	11.8	15	19	24.8
	min	0.9	1.2	1.6	1.7	2.4	3.2	4	5.1	6.5	8	10.3	13.1	16.6	21.7
b≈		2	2.4	3	3	3.2	4	5	6.4	8	10	12.6	16	20	26
a_{max}		1.6	1.6	1.6	2.5	2.5	2.5	2.5	3.2	4	4	4	4	6.3	6.3
l（商品规格范围公称长度）		4～12	5～16	6～20	8～26	8～32	10～40	12～50	14～65	18～80	30～120	30～120	40～160	45～200	70～200
l 系列		4，5，6，8，10，12，14，16，18，20，22，24，26，28，30，32，36，40，45，50，55，60，65，70，75，80，85，90，95，100，120，140，160，180，200													

注：公称规格等于开口销孔直径推荐的公差为：

公称规格≤1.2：H13；

公称规格>1.2：H14。

附录四 轴 承

1. 深沟球轴承（摘自 GB/T 276—1994）—60000 型

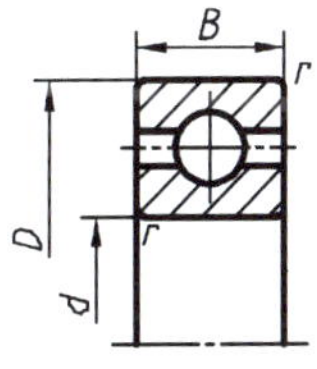

基本尺寸

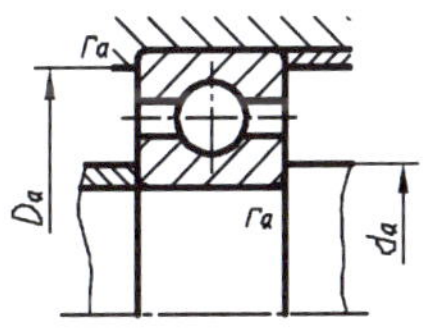

安装尺寸

标记示例

内径d=20的60000型深沟球轴承，尺寸系列为（0）2，组合代号为62的标记：

滚动轴承 6204 GB/T 276-2013

附表 16 深沟球轴承相关参数 单位：mm

轴承代号	基本尺寸				安装尺寸		
	d	D	B	r_x/min	d_s/min	D_s/max	r_{as}/max
（0）尺寸系列							
6000	10	26	8	0.3	12.4	33.6	0.3
6001	12	28	8	0.3	14.4	25.6	0.3
6002	15	32	9	0.3	17.4	29.6	0.3
6003	17	35	10	0.3	19.4	32.6	0.3
6004	20	42	12	0.6	25	37	0.6
6005	25	47	12	0.6	30	42	0.6
6006	30	55	13	1	36	49	1
6007	35	62	14	1	41	56	1
6008	40	68	15	1	46	62	1
6009	45	75	16	1	51	69	1
6010	50	80	16	1	56	74	1
6011	55	90	18	1.1	62	83	1
6012	60	95	18	1.1	67	88	1
6013	65	100	18	1.1	72	93	1
6014	70	110	20	1.1	77	103	1
6015	75	115	20	1.1	82	108	1
6016	80	125	22	1.1	87	118	1
6017	85	130	22	1.1	92	123	1
6018	90	140	24	1.5	99	131	1.5
6019	95	145	24	1.5	104	136	1.5
6020	100	150	24	1.5	109	141	1.6

续表

轴承代号	基本尺寸				安装尺寸		
	d	D	B	r_x/min	d_s/min	D_s/max	r_{as}/max
(0) 2 尺寸系列							
6200	10	30	9	0.6	15	25	0.6
6201	12	32	10	0.6	17	27	0.6
6202	15	35	11	0.6	20	30	0.6
6203	17	40	13	0.6	22	35	0.6
6204	20	47	14	1	26	41	1
6205	25	52	15	1	31	46	1
6206	30	62	16	1	36	56	1
6207	35	72	17	1.1	42	65	1
6208	40	80	18	1.1	47	73	1
6209	45	85	19	1.1	52	78	1
6210	50	90	20	1.1	57	83	1
6211	55	100	21	1.5	64	91	1.5
6212	60	110	22	1.5	69	101	1.5
6213	65	120	23	1.5	74	111	1.5
6214	70	125	24	1.5	79	116	1.5
6215	75	130	25	1.5	84	121	1.5
6216	80	140	26	2	90	130	2
6217	85	150	28	2	95	140	2
6218	90	160	30	2	100	150	2
6219	95	170	32	2.1	107	158	2.1
6220	100	180	34	2.1	112	168	2.1
(0) 3 尺寸系列							
6300	10	35	11	0.6	15	30	0.6
6301	12	37	12	1	18	31	1
6302	15	42	13	1	21	36	1
6303	17	47	14	1	23	41	1
6304	20	52	15	1.1	27	45	1
6305	25	62	17	1.1	32	55	1
6306	30	72	19	1.1	37	65	1
6307	35	80	21	1.5	44	71	1.5

续表

轴承代号	基本尺寸				安装尺寸		
	d	D	B	r_x/min	d_s/min	D_s/max	r_{as}/max
6308	40	90	23	1.5	49	81	1.5
6309	45	100	25	1.5	54	91	1.5
6310	50	110	27	2	60	100	2
6311	55	120	29	2	65	110	2
6312	60	130	31	2.1	72	118	2.1
6313	65	140	33	2.1	77	128	2.1
6314	70	150	35	2.1	82	138	2.1
6315	75	160	37	2.1	87	148	2.1
6316	80	170	39	2.1	92	158	2.1
6317	85	180	41	3	99	166	2.5
6318	90	190	43	3	104	176	2.5
6319	95	200	45	3	109	186	2.5
6320	100	215	47	3	114	201	2.5
（0）4 尺寸系列							
6403	17	62	17	1.1	24	55	1
6404	20	72	19	1.1	27	65	1
6405	25	80	21	1.5	34	71	1.5
6406	30	90	23	1.5	39	81	1.5
6407	35	100	25	1.5	44	91	1.5
6408	40	110	27	2	50	100	2
6409	45	120	29	2	55	110	2
6410	50	130	31	2.1	62	118	2.1
6411	55	140	33	2.1	67	128	2.1
6412	60	150	35	2.1	72	138	2.1
6413	65	160	37	2.1	77	148	2.1
6414	70	180	42	3	84	166	2.5
6415	75	190	45	3	89	176	2.5
6416	80	200	48	3	94	186	2.5
6417	85	210	52	4	103	192	3
6418	90	225	54	4	108	207	3
6420	100	250	58	4	118	232	3

注：r_{min} 为 r 的单向最小倒角尺寸；r_{max} 为 r_{as} 的单向最大倒角尺寸。

2. 圆锥滚子轴承（摘自 GB/T 297—1994）—30000 型

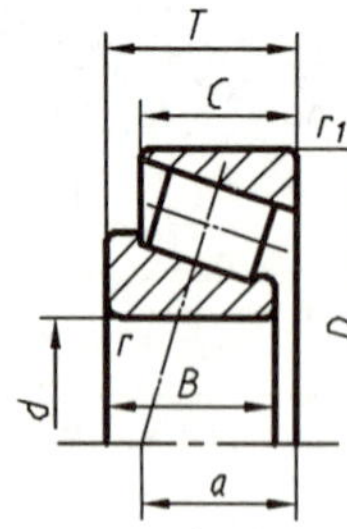

基本尺寸

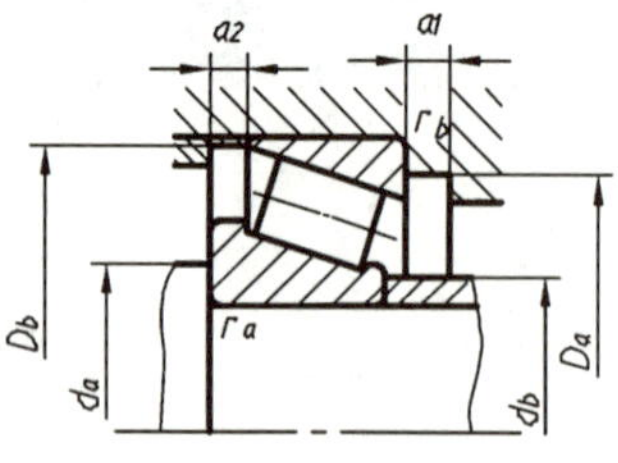

安装尺寸

标记示例

内径 $d=20$，尺寸系列为02的30000型圆锥滚子轴承的标记：

滚动轴承 30204 GB/T 297—2015

附表 17 圆锥滚子轴承　　单位：mm

轴承代号	基本尺寸								安装尺寸								
	d	D	T	B	C	r_s /min	r /min	a	d_s /min	d /max	D_x /min	D_s /max	D_b /min	a_1 /min	a_2 /min	r_{ab} /max	r_{bs} /max
02 尺寸系列																	
30203	17	40	3.25	12	11	1	1	9.9	23	23	34	34	37	2	2.5	1	1
30204	20	47	15.25	14	12	1	1	11.2	26	27	40	41	43	2	3.5	1	1
30205	25	52	16.25	15	13	1	1	12.5	31	31	44	46	48	2	3.5	1	1
30206	30	62	17.25	16	14	1	1	13.8	36	37	53	56	58	2	3.5	1	1
30207	35	72	18.25	17	15	1.5	1.5	15.3	42	44	62	65	67	3	3.5	1.5	1.5
30208	40	80	19.75	18	16	1.5	1.5	16.9	47	49	69	73	75	3	4	1.5	1.5
30209	45	85	20.75	19	16	1.5	1.5	18.6	52	53	74	78	80	3	5	1.5	1.5
30210	50	90	21.75	20	17	1.5	1.5	20	57	58	79	83	86	3	5	1.5	1.5
30211	55	100	22.75	21	18	2	1.5	21	64	64	88	91	95	4	5	2	1.5
30212	60	110	23.75	22	19	2	1.5	22.3	69	69	96	101	103	4	5	2	1.5
30213	65	120	24.75	23	20	2	1.5	23.8	74	77	106	111	114	4	5	2	1.5
30214	70	125	26.25	24	21	2	1.5	25.8	79	81	110	116	119	4	5.5	2	1.5
30215	75	130	27.25	25	22	2	1.5	27.4	84	85	115	121	125	4	5.5	2	1.5
30216	80	140	28.25	26	22	2.5	2	28.1	90	90	124	130	133	4	6	2.1	2
30217	85	150	30.5	28	24	2.5	2	30.3	95	96	132	140	142	5	6.5	2.1	2
30218	90	160	32.5	30	26	2.5	2	32.3	100	102	140	150	151	5	6.5	2.1	2
30219	95	170	34.5	32	27	3	2.5	34.2	107	108	149	158	160	5	7.5	2.5	2.1
30220	100	180	37	34	29	3	2.5	36.4	112	114	157	168	169	5	8	2.5	2.1
03 尺寸系列																	
30302	15	42	14.25	13	11	1	1	9.6	21	22	36	36	38	2	3.5	1	1
30303	17	47	15.25	14	12	1	1	10.4	23	25	40	41	43	3	3.5	1	1

续表

轴承代号	基本尺寸								安装尺寸								
	d	D	T	B	C	r_s /min	r /min	a	d_s /min	d /max	D_x /min	D_s /max	D_b /min	a_1 /min	a_2 /min	r_{ab} /max	r_{bs} /max
30304	20	52	16.25	15	13	1.5	1.5	11.1	27	28	44	45	48	3	3.5	1.5	1.5
30305	25	62	18.25	17	15	1.5	1.5	13	32	34	54	55	58	3	3.5	1.5	1.5
30306	30	72	20.75	19	16	1.5	1.5	15.3	37	40	62	65	66	3	5	1.5	1.5
30307	35	80	22.75	21	18	2	1.5	16.8	44	45	70	71	74	3	5	2	1.5
30308	40	90	25.25	23	20	2	1.5	19.5	49	52	77	81	84	3	5.5	2	1.5
30309	45	100	27.25	25	22	2	1.5	21.3	54	59	86	91	94	3	5.5	2	1.5
30310	50	110	29.25	27	23	2.5	2	23	60	65	95	100	103	4	6.5	2	2
30311	55	120	31.5	29	25	2.5	2	24.9	65	70	104	110	112	4	6.5	2.5	2
30312	60	130	33.5	31	26	3	2.5	26.6	72	76	112	118	121	5	7.5	2.5	2.1
30313	65	140	36	33	28	3	2.5	28.7	77	83	122	128	131	5	8	2.5	2.1
30314	70	150	38	35	30	3	2.5	30.7	82	89	130	38	141	5	8	2.5	2.1
30315	75	160	40	37	31	3	2.5	32	87	95	139	148	150	5	9	2.5	2.1
30316	80	170	42.5	39	33	3	2.5	34.4	92	102	148	158	160	5	9.5	2.5	2.1
30317	85	180	44.5	41	34	4	3	35.9	99	107	156	166	168	6	10.5	3	2.5
30318	90	190	46.5	43	36	4	3	37.5	104	113	165	176	178	6	10.5	3	2.5
30319	95	200	49.5	45	38	4	3	40.1	109	118	172	186	185	6	11.5	3	2.5
30320	100	215	51.5	47	39	4	3	42.2	114	127	184	201	199	6	12.5	3	2.5
22 尺寸系列																	
32206	30	62	21.25	20	17	1	1	15.6	36	36	52	56	58	3	4.5	1	1
32207	35	72	24.25	23	19	1.5	1.5	17.9	42	42	61	65	68	3	5.5	1.5	1.5
32208	40	80	24.75	23	19	1.5	1.5	18.9	47	48	68	73	75	3	6	1.5	1.5
32209	45	85	24.75	23	19	1.5	1.5	20.1	52	53	73	78	81	3	6	1.5	1.5
32210	50	90	24.75	23	19	1.5	1.5	21	57	57	78	83	86	3	6	1.5	1.5
32211	55	100	26.75	25	21	2	1.5	22.8	64	62	87	91	96	4	6	2	1.5
32212	60	110	29.75	28	24	2	1.5	25	69	68	95	101	105	4	6	2	1.5
32213	65	120	32.75	31	27	2	1.5	27.3	74	75	104	111	115	4	6	2	1.5

续表

轴承代号	基本尺寸								安装尺寸								
	d	D	T	B	C	r_s /min	r /min	a	d_s /min	d /max	D_x /min	D_s /max	D_b /min	a_1 /min	a_2 /min	r_{ab} /max	r_{bs} /max
32214	70	125	33.25	31	27	2	1.5	28.8	79	79	108	116	120	4	6.5	2	1.5
32215	75	130	33.25	31	27	2	1.5	30	84	84	115	121	126	4	6.5	2	1.5
32216	80	140	35.25	33	28	2.5	2	31.4	90	89	122	130	135	5	7.5	2.1	2
32217	85	150	38.5	36	30	2.5	2	33.9	95	95	130	140	143	5	8.5	2.1	2
32218	90	160	42.5	40	34	2.5	2	36.8	100	101	138	150	153	5	8.5	2.1	2
32219	95	170	45.5	43	37	3	2.5	39.2	107	106	145	158	163	5	8.5	2.5	2.1
32220	100	180	49	46	39	3	2.5	41.9	112	113	154	168	172	5	10	2.5	2.1
23 尺寸系列																	
32303	17	47	20.25	19	16	1	1	12.3	23	24	39	41	43	3	4.5	1	1
32304	20	52	22.25	21	18	1.5	1.5	13.6	27	26	43	45	48	3	4.5	1.5	1.5
32305	25	62	25.25	24	20	1.5	1.5	15.9	32	32	52	55	58	3	5.5	1.5	1.5
32306	30	72	28.75	27	23	1.5	1.5	18.9	37	38	59	65	66	4	6	1.5	1.5
32307	35	80	32.75	31	25	2	1.5	20.4	44	43	66	71	74	4	8.5	2	1.5
32308	40	90	35.25	33	27	2	1.5	23.3	49	49	73	81	83	4	8.5	2	1.5
32309	45	100	38.25	36	30	2	1.5	5.6	54	56	82	91	93	4	8.5	2	1.5
32310	50	110	42.25	40	33	2.5	2	28.2	60	61	90	100	102	5	9.5	2	2
32311	55	120	45.5	43	35	2.5	2	30.4	65	66	99	110	111	5	10	2.5	2
32312	60	310	48.5	46	37	3	2.5	32	72	72	107	118	122	6	11.5	2.5	2.1
32313	65	140	51	48	39	3	2.5	34.3	77	79	117	128	131	6	12	2.5	2.1
32314	70	150	54	51	42	3	2.5	36.5	82	84	125	138	141	6	12	2.5	2.1
32315	75	160	58	55	45	3	2.5	39.4	87	91	133	148	150	7	13	2.5	2.1
32316	80	170	61.5	58	48	3	2.5	42.1	92	97	142	158	160	7	13.5	2.5	2.1
32317	85	180	63.5	60	49	4	3	43.5	99	102	150	166	168	8	14.5	3	2.5
32318	90	190	67.5	64	53	4	3	46.2	104	107	157	176	178	8	14.5	3	2.5
32319	95	200	71.5	67	55	4	3	49	109	114	166	186	187	8	16.5	3	2.5
32320	100	215	77.5	73	60	4	3	52.9	114	122	177	201	201	8	17.5	3	2.5

注：r_{smin} 等含义同上表。

3. 推力球轴承（摘自 GB/T 276—1994）—51000 型

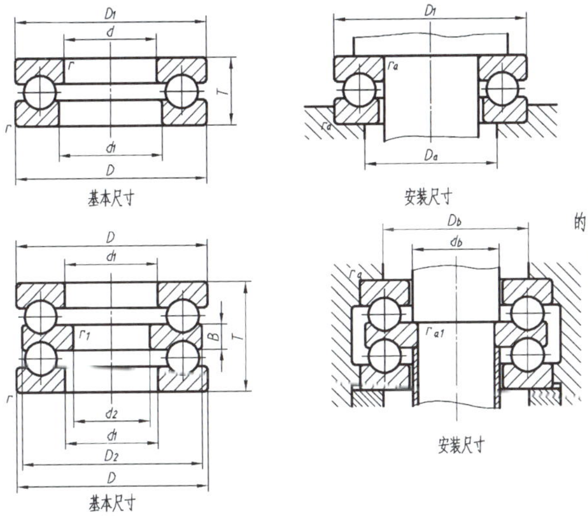

标记示例
内径 $d=20$，尺寸系列为 12 的 51000 型推力球轴承的标记：
滚动轴承 51204 GB/T 301—2015

附表 18　推力球轴承相关参数　　　　单位：mm

轴承代号		基本尺寸											安装尺寸					
		d	d_1	D	T	T_1	d_1 /min	D_1 /max	D_2 /max	B	r_1 /min	r_{1s} /min	d_s /min	D_s /max	D_b /min	d_s /max	r_s /max	r_s /max
12（51000 型），22（52000 型）尺寸系列																		
51200	—	10	—	26	11	—	12	26	—	—	0.6	—	20	16		—	0.6	—
51201	—	12	—	28	11	—	14	28	—	—	0.6	—	22	18		—	0.6	—
51202	52202	15	10	32	12	22	17	32	32	5	0.6	0.3	25	22		15	0.6	0.3
51203	—	17	—	35	12	—	19	35	—	—	0.6	—	28	24		—	0.6	—
51204	52204	20	15	40	14	26	22	40	40	6	0.6	0.3	32	28		20	0.6	0.3
51205	52205	25	20	47	15	28	27	47	47	7	0.6	0.3	38	34		25	0.6	0.3
51206	52206	30	25	52	16	29	32	52	52	7	0.6	0.3	43	39		30	0.6	0.3
51207	52207	35	30	62	18	34	37	62	62	8	1	0.3	51	46		35	1	0.3
51208	52208	40	30	68	19	36	42	68	68	9	1	0.6	57	51		40	1	0.6
51209	52209	45	35	73	20	37	47	73	73	9	1	0.6	62	56		45	1	0.6
51210	52210	50	40	78	22	39	52	78	78	9	1	0.6	67	61		50	1	0.6
51211	52211	55	45	90	25	45	57	90	90	10	1	0.6	76	69		55	1	0.6
51212	52212	60	50	95	26	46	62	95	95	10	1	0.6	81	74		60	1	0.6
51213	52213	65	55	100	27	47	67	100		10	1	0.6	86	79	79	65	1	0.6
51214	52214	70	55	105	27	47	72	105		10	1	1	91	84	84	70	1	1
51215	52215	75	60	110	27	47	77	110		10	1	1	96	89	89	75	1	1
51216	52216	80	65	115	28	48	82	115		10	1	1	101	94	94	80	1	1
51217	52217	85	70	125	31	55	88	125		12	1	1	109	101	109	85	1	1
51218	52218	90	75	135	35	62	93	135		14	1.1	1	117	108	108	90	1	1
51220	52220	100	85	150	38	67	103	150		15	1.1	1	130	120	120	100	1	1

续表

轴承代号		基本尺寸											安装尺寸					
		d	d_1	D	T	T_1	d_1 /min	D_1 /max	D_2 /max	B	r_1 /min	r_{1s} /min	d_s /min	D_s /max	D_b /min	d_s /max	r_s /max	r_s /max
13（51000 型），23（52000 型）尺寸系列																		
51304	—	20	—	47	18	—	22	47		—	1	—	36	31	—	—	1	—
51305	52305	25	20	52	18	34	27	52		8	1	0.3	41	36	36	25	1	0.3
51306	52306	30	25	60	21	38	32	60		9	1	0.3	48	42	42	30	1	0.3
51307	52307	35	30	68	24	44	37	68		10	1	0.3	55	48	48	35	1	0.3
51308	52308	40	30	78	26	49	42	78		12	1	0.6	63	55	55	40	1	0.6
51309	52309	45	35	85	28	52	47	85		12	1	0.6	69	61	61	45	1	0.6
51310	52310	50	40	95	31	58	52	95		14	1.1	0.6	77	68	68	50	1	0.6
51311	52311	55	45	105	35	64	57	105		15	1.1	0.6	85	75	75	55	1	0.6
51312	52312	60	50	110	35	64	62	110		15	1.1	0.6	90	80	80	60	1	0.6
51313	52313	65	55	115	36	65	67	115		15	1.1	0.6	95	85	85	65	1	0.6
51314	52314	70	55	125	40	72	72	125		16	1.1	1	103	92	92	70	1	1
51315	52315	75	60	135	44	79	77	135		18	1.5	1	111	99	99	75	1.5	1
51316	52316	80	65	140	44	79	82	140		18	1.5	1	116	104	104	80	1.5	1
51317	52317	85	70	150	49	87	88	150		19	1.5	1	124	111	114	85	1.5	1
51318	52318	90	75	155	50	88	93	155		19	1.5	1	129	116	116	90	1.5	1
51320	52320	100	85	170	55	97	103	170		21	1.5	1	142	128	128	100	1.5	1
14（51000 型），24（52000 型）尺寸系列																		
51405	52405	25	15	60	24	45	27	60		11	1	0.6	46	39		25	1	0.6
51406	52406	30	20	70	28	52	32	70		12	1	0.6	54	46		30	1	0.6
51407	52407	35	25	80	32	59	37	80		14	1.1	0.6	62	53		35	1	0.6
51408	52408	40	30	90	36	65	42	90		15	1.1	0.6	70	60		40	1	0.6
51409	52409	45	35	100	39	72	47	100		17	1.1	0.6	78	67		45	1	0.6
51410	52410	50	40	110	43	78	52	110		18	1.5	0.6	86	74		50	1.5	0.6
51411	52411	55	45	120	48	87	57	120		20	1.5	0.6	94	81		55	1.5	0.6
51412	52412	60	50	130	51	93	62	130		21	1.5	0.6	102	88		60	1.5	0.6
51413	52413	65	50	140	56	101	68	140		23	2	1	110	95		65	2.0	1
51414	52414	70	55	150	60	107	73	150		24	2	1	118	102		70	2.0	1
51415	52415	75	60	160	65	115	78	160	160	26	2	1	125	110		75	2.0	1
51416	—	80	—	170	68	—	83	170	—	—	2.1	—	133	117		—	2.1	—
51417	52417	85	65	180	72	128	88	177	179.5	29	2.1	1.1	141	124		85	2.1	1
51418	52418	90	70	190	77	135	93	187	189.5	30	2.1	1.1	149	131		90	2.1	1
51420	52420	100	80	210	85	150	103	205	209.5	33	3	1.1	165	145		100	2.5	1

注：r_{amin} 等含义同上表。

附录五 极限与配合

1. 轴优先选用及其次选用(常用)公差带极限偏差数值表(摘自 GB/T 1800.4—2009)

附表 19 常用及优先轴公差带极限偏差　　单位：μm

公称尺寸/mm		常用及优先公差带（带*者为优先公差带）												
		a	b		c			d				e		
大于	至	11	11	12	9	10	11*	8	9*	10	11	7	8	9
—	3	-270 -330	-140 -200	-140 -240	-60 -85	-60 -100	-60 -120	-20 -34	-20 -45	-20 -60	-20 -80	-14 -24	-14 -28	-14 -39
3	6	-270 -345	-140 -215	-140 -260	-70 -100	-70 -118	-70 -145	-30 -48	-30 -60	-30 -78	-30 -105	-20 -32	-20 -38	-20 -50
6	10	-280 -370	-150 -240	-150 -300	-80 -116	-80 -138	-80 -170	-40 -62	-40 -76	-40 -98	-40 -130	-25 -40	-25 -47	-25 -61
10	14	-290	-150	-150	-95	-95	-95	-50	-50	-50	-50	-32	-32	-32
14	18	-400	-260	-330	-138	-165	-205	-77	-93	-120	160	-50	-59	-75
18	24	-300	-160	-160	-110	-110	-110	-65	-65	-65	-65	-40	-40	-40
24	30	-430	-290	-370	-162	-194	-240	-98	-117	-149	-195	-61	-73	-92
30	40	-310 -470	-170 -330	-170 -420	-120 -182	-120 -220	-120 -280	-80 -119	-80 -142	-80 -180	-80 -240	-50 -75	-50 -89	-50 -112
40	50	-320 -480	-180 -340	-180 -430	-130 -192	-130 -230	-130 -290							
50	65	-340 -530	-190 -380	-190 -490	-140 -214	-140 -260	-140 -330	-100 -146	-100 -174	-100 -220	-100 -290	-60 -90	-60 -106	-60 -134
65	80	-360 -550	-200 -390	-200 -500	-150 -224	-150 -270	-150 -340							
80	100	-380 -600	-230 -448	-220 -570	-170 -257	-170 -310	-170 -390	-120 -174	-120 -207	-120 -260	-120 -340	-72 -107	-72 -126	-72 -159
100	120	-410 -630	-240 -460	-240 -580	180 -267	-180 -320	-180 -400							
120	140	-460 -710	-260 -510	-260 -660	-200 -300	-200 -360	-200 -450	-145 -208	-145 -245	-145 -305	-145 -395	-85 -125	-85 -148	-85 -185
140	160	-520 -770	-280 -530	-280 -680	-210 -310	-210 -370	-210 -460							
160	180	-580 -830	-310 -560	-310 -710	-230 -330	-230 -390	-230 -480							

公称尺寸/mm		常用及优先公差带（带*者为优先公差带）												
		a	b		c			d				e		
大于	至	11	11	12	9	10	11*	8	9*	10	11	7	8	9
180	200	−660 −950	−340 −630	−340 −800	−240 −355	−240 −425	−240 −530							
200	225	−740 −1 030	−380 −670	−380 −840	−260 −375	−260 −445	−260 −550	−170 −242	−170 −285	−170 −355	−170 −460	−100 −146	−100 −172	−100 −215
225	250	−820 −1 110	−420 −710	−420 −880	−280 −395	−280 −465	−280 −570							
250	280	−920 −1 240	−480 −800	−480 −1000	−300 −430	−300 −510	−300 −620	−190 −271	−190 −320	−190 −400	−190 −510	−110 −162	−110 −191	−110 −240
280	315	−1 050 −1 370	−540 −860	−540 −1060	−330 −460	−330 −540	−330 −650							
315	355	−1 200 −1 560	−600 −960	−600 −1170	−360 −500	−360 −590	−360 −720	−210 −299	−210 −350	−210 −440	−210 −570	−125 −182	−125 −214	−125 −265
355	400	−1 350 −1 710	−680 −1 040	−680 −1 250	−400 −540	−400 −630	−400 −760							
400	450	−1 500 −1 900	−760 −1 160	−760 −1 390	−440 −595	−440 −690	−440 −840	−230 −327	−230 −385	−230 −480	−230 −630	−135 −198	−135 −232	−135 −290
450	500	−1 650 −2 050	−840 −1240	−840 −1470	−480 −635	−480 −730	−480 −880							

公称尺寸/mm		常用及优先公差带（带*者为优先公差带）															
		f					g			h							
大于	至	5	6	7*	8	9	5	6*	7	5	6*	7*	8	9*	10	11*	12
—	3	−6 −10	−6 −12	−6 −16	−6 −20	−6 −31	−2 −6	−2 −8	−2 −12	0 −4	0 −6	0 −10	0 −14	0 −25	0 −40	0 −60	0 −100
3	6	−10 −15	−10 −18	−10 −22	−10 −28	−10 −40	−4 −9	−4 −12	−4 −16	0 −5	0 −8	0 −12	0 −18	0 −30	0 −48	0 −75	0 −120
6	10	−13 −19	−13 −22	−13 −28	−13 −35	−13 −49	−5 −11	−5 −14	−5 −20	0 −6	0 −9	0 −15	0 −22	0 −36	0 −58	0 −90	0 −150
10	14	−16 −24	−16 −27	−16 −34	−16 −43	−16 −59	−6 −14	−6 −17	−6 −24	0 −8	0 −11	0 −18	0 −27	0 −43	0 −70	0 −110	0 −180
14	18																
18	24	−20 −29	−20 −33	−20 −41	−20 −53	−20 −72	−7 −16	−7 −20	−7 −28	0 −9	0 −13	0 −24	0 −38	0 −52	0 −84	0 −130	0 −210
24	30																

续表

公称尺寸/mm		常用及优先公差带（带*者为优先公差带）															
		f					g			h							
大于	至	5	6	7*	8	9	5	6*	7	5	6*	7*	8	9*	10	11*	12
30 40	40 50	−25 −36	−25 −41	−25 −50	−25 −64	−25 −87	−9 −20	−9 −25	−9 −34	0 −11	0 −16	0 −25	0 −39	0 −62	0 −100	0 −160	0 −250
50 65	65 80	−30 −43	−30 −49	−30 −60	−30 −76	−30 −104	−10 −23	−10 −29	−10 −40	0 −13	0 −19	0 −30	0 −46	0 −74	0 −120	0 −190	0 −300
80 100	100 120	−36 −51	−36 −58	−36 −71	−36 −90	−36 −123	−12 −27	−12 −34	−12 −47	0 −15	0 22	0 −35	0 −54	0 −87	0 −140	0 −220	0 −350
120 140 160	140 160 180	−43 −61	−43 −68	−43 −83	−43 −106	−43 −143	−14 −32	−14 −39	−14 −54	0 −18	0 −25	0 −40	0 −63	0 −100	0 −160	0 −250	0 −400
180 200 225	200 225 250	−50 −70	50 −79	−50 −96	−50 −122	−50 −165	−15 −35	−15 −44	−15 −61	0 −20	0 −29	0 −46	0 72	0 −115	0 −185	0 −290	0 −460
250 280	280 315	−56 −79	−56 −88	−56 −108	−56 −137	−56 −186	−17 −40	−17 −49	−17 −69	0 −23	0 −32	0 −52	0 −81	0 −130	0 −210	0 −320	0 −520
315 355	355 400	−62 −87	−62 −98	−62 −119	62 −151	−62 −202	−18 −43	−18 −54	−18 −75	0 −25	0 −36	0 −57	0 −89	0 −140	0 230	0 −360	0 −570
400 450	450 500	−68 −95	−68 −108	−68 −131	−68 −165	−68 −223	−20 −47	−20 −60	−20 −83	0 −27	0 −40	0 −63	0 −97	0 −155	0 −250	0 −400	0 −630

公称尺寸/mm		常用及优先公差带（带*者为优先公差带）														
		js			k			m			n			p		
大于	至	5	6	7	5	6*	7	5	6	7	5	6*	7	5	6*	7
—	3	±2	±3	±5	+4 0	+6 0	+10 0	+6 +2	+8 +2	+12 +2	+8 +4	+10 +4	+14 +4	+10 +6	+12 +6	+16 +6
3	6	±2.5	±4	±6	+6 +1	+9 +1	+13 +1	+9 +4	+12 +4	+16 +4	+13 +8	+16 18	+20 +8	+17 +12	+20 +12	+24 +12
6	10	±3	±4.5	±7	+7 +1	+10 +1	+16 +1	+12 +6	+15 +6	+21 +6	+16 +10	+19 +10	+25 +10	+21 +15	+24 +15	+30 +15
10 14	14 18	±4	±5.5	±9	+9 +1	+12 +1	+19 +1	+15 +7	+18 +7	+25 +7	+20 +12	+23 +12	+30 +12	+26 +18	+29 +18	+36 +18
18 24	24 30	±4.5	±6.5	±10	+11 +2	+15 +2	+23 +2	+17 +8	+21 +8	+29 +8	+24 +15	+28 +15	+36 +15	+31 +22	+35 +22	+43 +22

续表

公称尺寸/mm		常用及优先公差带（带*者为优先公差带）														
		js			k			m			n			p		
大于	至	5	6	7	5	6*	7	5	6	7	5	6*	7	5	6*	7
30	40	±5.5	±8	±12	+13 +2	+18 +2	+27 +2	+20 +9	+25 +9	+34 +9	+28 +17	+33 +17	+42 +17	+37 +26	+42 +26	+51 +26
40	50															
50	65	±6.5	±9.5	±15	+15 +2	+21 +2	+32 +2	+24 +11	+30 +11	+41 +11	+33 +20	+39 +20	+50 +20	+45 +32	+51 +32	+62 +32
65	80															
80	100	±7.5	±11	±17	+18 +3	+25 +3	+38 +3	+28 +13	+35 +13	+48 +13	+38 +23	+45 +23	+58 +23	+52 +37	+59 +37	+72 +37
100	120															
120	140	±9	±12.5	±0	+21 +3	+28 +3	+43 +3	+33 +15	+40 +15	+55 +15	+45 +27	+52 +27	+67 +27	+61 +43	+68 +43	+83 +43
140	160															
160	180															
180	200	±10	±14.5	±23	+24 +4	+33 +4	+50 +4	+37 +17	+46 +17	+68 +17	+51 +31	+60 +31	+77 +31	+70 +50	+79 +50	+96 +50
200	225															
225	250															
250	280	+11.5	+16	±26	+27 +4	+36 +4	+56 +4	+43 +20	+52 +20	+72 +20	+57 +34	+66 +34	+86 +34	+79 +56	+88 +56	+108 +56
280	315															
315	355	±12.5	±18	±28	+29 +4	+40 +4	+61 +4	+46 +21	+57 +21	+78 +21	+62 +37	+73 +37	+94 +37	+87 +62	+98 +62	+119 +62
355	400															
400	450	±13.5	±20	±31	+32 +5	+45 +5	+68 +5	+50 +23	+63 +23	+86 +23	+67 +40	+80 +40	+103 +40	+95 +68	+108 +68	+131 +68
450	500															

公称尺寸/mm		常用及优先公差带（带*者为优先公差带）														
		r			s			t			u		v	x	y	z
大于	至	5	6	7	5	6*	7	5	6	7	6*	7	6	6	6	6
—	3	+14 +10	+16 +10	+20 +10	+18 +14	+20 +14	+24 +14	—	—	—	+24 +18	+28 +18	—	+26 +20	—	+32 +26
3	6	+20 +15	+23 +15	+27 +15	+24 +19	+27 +19	+31 +19	—	—	—	+31 +23	+35 +23	—	+36 +28	—	+43 +35
6	10	+25 +19	+28 +19	+34 +19	+29 +23	+32 +23	+38 +23	—	—	—	+37 +28	+43 +28	—	+43 +34	—	+51 +42
10	14	+31 +23	+34 +23	+41 +23	+36 +28	+39 +28	+46 +28	—	—	—	+44 +33	+51 +33	—	+51 +40	—	+61 +50
14	18							—	—	—			+50 +39	+56 +45	—	+71 +60
18	24	+37 +28	+41 +28	+49 +28	+44 +35	+48 +35	+56 +35	—	—	—	+54 +41	+62 +41	+60 +41	+67 +54	+76 +63	+86 +73
24	30							+50 +41	+54 +41	+62 +41	+61 +48	+69 +48	+68 +55	+77 +64	+88 +75	+101 +88
30	40	+45 +34	+50 +34	+59 +34	+54 +43	+59 +43	+68 +43	+59 +48	+64 +48	+73 +48	+76 +60	+85 +60	+84 +68	+96 +80	+110 +94	+128 +112

续表

公称尺寸/mm		常用及优先公差带（带*者为优先公差带）														
		r			s			t			u		v	x	y	z
大于	至	5	6	7	5	6*	7	5	6	7	6*	7	6	6	6	6
40	50							+65 +54	+70 +54	+79 +54	+86 +70	+95 +70	+97 +81	+113 +97	+130 +114	+152 +136
50	65	+54 +41	+60 +41	+71 +41	+66 +53	+72 +53	+83 +53	+79 +66	+85 +66	+96 +66	+106 +87	+117 +87	+121 +102	+141 +122	+163 +144	+191 +172
65	80	+56 +43	+62 +43	+73 +43	+72 +59	+78 +59	+89 +59	+88 +75	+94 +75	+105 +75	+121 +102	+132 +102	+139 +120	+165 +146	+193 +174	+229 +210
80	100	+66 +51	+73 +51	+86 +51	+86 +71	+93 +71	+106 +71	+106 +91	+113 +91	+126 +91	+146 +124	+159 +124	+168 +146	+200 +178	+236 +214	+280 +258
100	120	+69 +54	+76 +54	+89 +54	+94 +79	+101 +79	+114 +79	+119 +104	+126 +104	+139 +104	+166 +144	+179 +144	+194 +172	+232 +210	+276 +254	+332 +310
120	140	+81 +63	+88 +63	+103 +63	+110 +92	+117 +92	+132 +92	+140 +122	+147 +122	+162 +122	+195 +170	+210 +170	+227 +202	+273 +248	+325 + 300	+390 +365
140	160	+83 +65	+90 +65	+105 +65	+118 +100	+125 +100	+140 +100	+152 +134	+159 +134	+174 +134	+215 +190	+230 +190	+253 +228	+305 +280	+365 +340	+440 +415
160	180	+86 +68	+93 +68	+108 +68	+126 +108	+133 +108	+148 +108	+164 +146	+171 +146	+186 +146	+235 +210	+250 +210	+277 +252	+335 +310	+405 +380	+490 +465
180	200	+97 +77	+106 +77	+123 +77	+142 +122	+151 +122	+168 +122	+186 +166	+195 +166	+212 +166	+265 +236	+282 +236	+313 +284	+379 +350	+454 +425	+549 +520
200	225	+100 +80	+109 +80	+126 +80	+150 +130	+159 +130	+176 +130	+200 +180	+209 +180	+226 +180	+287 +258	+304 +258	+339 +310	+414 +385	+499 +470	+604 +575
225	250	+104 +84	+113 +84	+130 +84	+160 +140	+169 +140	+186 +140	+216 +196	+225 +196	+242 +196	+313 +284	+330 +284	+369 +340	+454 +425	+549 +520	+669 +640
250	280	+117 +94	+129 +94	+146 +94	+181 +158	+190 +158	+210 +158	+241 +218	+250 +218	+270 +218	+347 +315	+367 +315	+417 +385	+507 +475	+612 +580	+742 +710
280	315	+121 +98	+130 +98	+150 +98	+193 +170	+202 +170	+222 +170	+263 +240	+272 +240	+292 +240	+382 +350	+402 +350	+457 +425	+557 +525	+682 +650	+822 +790
315	355	+133 +108	+144 +108	+165 +108	+215 +190	+226 +190	+247 +190	+293 +268	+304 +268	+325 +268	+426 +390	+447 +390	+511 +475	+626 +590	+766 +730	+936 +906
355	400	+139 +114	+150 +114	+171 +114	+233 +208	+244 +208	+265 +208	+319 +294	+330 +294	+351 +294	+471 +435	+492 +435	+566 +530	+696 +660	+850 +820	+1 036 +1 000
400	450	+153 +126	+166 +126	+189 +126	+259 +232	+272 +232	+295 +232	+357 +330	+370 +330	+393 +330	+530 +490	+553 +490	+635 +595	+780 +740	+960 +920	+1 140 +1 100
450	500	+159 +132	+172 +132	+195 +132	+279 +252	+292 +252	+315 +252	+387 +360	+400 +360	+423 +360	+580 +540	+603 +540	+700 +660	+860 +820	+1 040 +1 000	+1 290 +1 250

注：基本尺寸小于 1 mm 时，各级的 a 和 b 均不采用。

2. 孔优先选用及其次选用（常用）公差带极限偏差数值表

附表 20　常用及优先孔公差带极限偏差　　单位：μm

公称尺寸/mm		常用及优先公差带（带*者为优先公差带）															
		A	B		C	D				E		F				G	
大于	至	11	11	12	11*	8	9*	10	11	8	9	6	7	8*	9	6	7*
—	3	+330	+200	+240	+120	+34	+45	+60	+80	+28	+39	+12	+16	+20	+31	+8	+12
		+270	+140	+140	+60	+20	+20	+20	+20	+14	+14	+6	+6	+6	+6	+2	+2
3	6	+345	+215	+260	+145	+48	+60	+78	+105	+38	+50	+18	+22	+28	+40	+12	+16
		+270	+140	+140	+70	+30	+30	+30	+30	+20	+20	+10	+10	+10	+10	+4	+4
6	10	+370	+240	+300	+170	+62	+76	+98	+130	+47	+61	+22	+28	+35	+49	+14	+20
		+280	+150	+150	+80	+40	+40	+40	+40	+25	+25	+13	+13	+13	+13	+5	+5
10	14	+400	+260	+320	+205	+77	+93	+120	+160	+59	+75	+27	+34	+43	+59	+17	+24
14	18	+290	+150	+150	+95	+50	+50	+50	+50	+32	+32	+16	+16	+16	+16	+6	+6
18	24	+430	+290	+370	+240	+98	+117	+149	+195	+73	+92	+33	+41	+53	+72	+20	+28
24	30	+300	+160	+160	+110	+65	+65	+65	+65	+40	+40	+20	+20	+20	+20	+7	+7
30	40	+470	+330	+420	+280												
		+310	+170	+170	+120	+119	+142	+180	+240	+89	+112	+41	+50	+64	+87	+25	+34
40	50	+480	+340	+480	+290	+80	+80	+80	+80	+50	+50	+25	+25	+25	+25	+9	+9
		+320	+180	+180	+130												
50	65	+530	+380	+490	+330												
		+340	+190	+190	+140	+146	+170	+220	+290	+106	+134	+49	+60	+76	+104	+29	+40
65	80	+550	+390	+500	+340	+100	+100	+100	+100	+60	+60	+30	+30	+30	+30	+10	+10
		+360	+200	+200	+150												
80	100	+600	+440	+570	+390												
		+380	+220	+220	+170	+174	+207	+260	+340	+126	+159	+58	+71	+90	+123	+34	+47
100	120	+630	+460	+590	+400	+120	+120	+120	+120	+72	+72	+36	+36	+36	+36	+12	+12
		+410	+240	+240	+180												
120	140	+710	+510	+660	+450												
		+460	+260	+260	+200												
140	160	+770	+530	+680	+460	+208	+245	+305	+395	+148	+185	+68	+83	+106	+143	+39	+54
		+520	+280	+280	+210	+145	+145	+145	+145	+85	+85	+43	+43	+43	+43	+14	+14
160	180	+830	+560	+710	+480												
		+580	+310	+310	+230												
180	200	+950	+630	+800	+530												
		+660	+340	+340	+240	+242	+285	+355	+460	+172	+215	+79	+96	+122	+165	+44	+61
200	225	+1030	+670	+840	+550	+170	+170	+170	+170	+100	+100	+50	+50	+50	+50	+15	+15
		+740	+330	+380	+260												

续表

公称尺寸/mm		常用及优先公差带（带*者为优先公差带）															
		A	B		C	D				E		F				G	
大于	至	11	11	12	11*	8	9*	10	11	8	9	6	7	8*	9	6	7*
225	250	+1 110 +820	+710 +420	+880 +420	+570 +380												
250	280	+1 240 +920	+800 +480	+1 000 +480	+620 +300	+271 +190	+320 +190	+400 +190	+510 +190	+191 +110	+240 +110	+88 +56	+108 +56	+137 +56	+186 +56	+49 +17	+69 +17
280	315	+1 370 +1 050	+860 +540	+1 060 +540	+650 +330												
315	355	+1 560 +1 200	+960 +600	+1 170 +600	+720 +360	+299 +210	+350 +210	+440 +210	+570 +210	+214 +125	+265 +125	+98 +62	+119 +62	+151 +62	+292 +62	+54 +18	+75 +18
355	400	+1 710 +1 350	+1 040 +680	+1 250 +630	+760 +400												
400	450	+1 900 +1 500	+1 160 +760	+1 390 +760	+840 +440	+327 +230	+385 +230	+480 +230	+630 +230	+232 +135	+290 +165	+108 +68	+131 +68	+165 +68	+223 +68	+60 +20	+83 +20
450	500	+2 050 +1 650	+1 240 +840	+1 470 +840	+880 +480												

公称尺寸/mm		常用及优先公差带（带*者为优先公差带）															
		H							Js			K			M		
大于	至	6	7*	8*	9*	10	11*	12	6	7	8	6	7*	8	6	7	8
—	3	+6 0	+10 0	+14 0	+25 0	+40 0	+60 0	+100 0	±3	±5	±7	0 −6	0 −10	0 −14	−2 −8	−2 −12	−2 −16
3	6	+8 0	+12 0	+18 0	+30 0	+48 0	+75 0	+120 0	±4	±6	+9	+2 −6	+3 −9	+5 −13	−1 −9	0 −12	+2 −16
6	10	+9 0	+15 0	+22 0	+36 0	+58 0	+90 0	+150 0	±4.5	±7	±11	+2 −7	+5 −10	+6 −16	−3 −12	0 −15	+1 −21
10	14	+11 0	+18 0	+27 0	+43 0	+70 0	+110 0	+180 0	±5.5	±9	±13	+2 −9	+6 −12	+8 −19	−4 −15	0 −18	+2 −25
14	18																
18	24	+13 0	+21 0	+33 0	+52 0	+84 0	+130 0	+210 0	±6.5	±10	±16	+2 −11	+6 −15	+10 −23	−4 −17	0 −21	+4 −29
24	30																
30	40	+16 0	+25 0	+39 0	+62 0	+100 0	+160 0	+250 0	±8	±12	±19	+3 −13	+7 −18	+12 −27	−4 −20	0 −25	+5 −34
40	50																
50	65	+19 0	+30 0	+46 0	+74 0	+120 0	+190 0	+300 0	±9.5	±15	±23	+4 −15	+9 −21	+14 −32	−5 −24	0 −30	+5 −41
65	80																
80	100	+22 0	+35 0	+54 0	+87 0	+140 0	+220 0	+350 0	±11	±17	±27	+4 −18	+10 −25	+16 −38	−6 −28	0 −35	+6 −48
100	120																

续表

公称尺寸/mm		常用及优先公差带（带*者为优先公差带）															
		H							Js			K			M		
大于	至	6	7*	8*	9*	10	11*	12	6	7	8	6	7*	8	6	7	8
120	140	+25 0	+40 0	+63 0	+100 0	+160 0	+250 0	+400 0	±12.5	±20	±31	+4 −21	+12 −28	+20 −43	−8 −33	0 −40	+8 −55
140	160																
160	180																
180	200	+29 0	+46 0	+72 0	+115 0	+185 0	+290 0	+460 0	±14.5	±23	±36	+5 −24	+13 −33	+22 −50	−8 −37	0 −46	+9 −63
200	225																
225	250																
250	280	+32 0	+52 0	+81 0	+130 0	+210 0	+320 0	+520 0	±16	±26	±40	+5 −27	+16 −36	+25 −56	−9 −41	0 −52	+9 −72
280	315																
315	355	+36 0	+57 0	+89 0	+140 0	+230 0	+360 0	+570 0	±18	±28	±44	+7 −29	+17 −40	+28 −61	−10 −46	0 −57	+11 −78
355	400																
400	450	+40 0	+63 0	+97 0	+155 0	+250 0	+400 0	+630 0	±20	±31	±48	+8 −32	+18 −45	+29 −68	−10 −50	0 −63	+11 −86
450	500																

公称尺寸/mm		常用及优先公差带（带*者为优先公差带）											
		N			P		R		S		T		U
大于	至	6	7*	8	6	7*	6	7	6	7*	6	7	7*
—	3	−4 −10	−4 −14	−4 −18	−6 −12	−6 −16	−10 −16	−10 −20	−14 −20	−14 −24	—	—	−18 −28
3	6	−5 −13	−4 −16	−2 −20	−9 −17	−8 −20	−12 −20	−11 −23	−16 −24	−15 −27	—	—	−19 −31
6	10	−7 −16	−4 −19	−3 −25	−12 −21	−9 −24	−16 −25	−13 −28	−20 −29	−17 −32	—	—	−22 −37
10	14	−9 −20	−5 −23	−3 −30	−15 −26	−11 −29	−20 −31	−16 −34	−25 −36	−21 −39	—	—	−26 −44
14	18												
18	24	−11 −24	−7 −28	−3 −36	−18 −31	−14 −35	−24 −37	−20 −41	−31 −44	−27 −48	—	—	−33 −54
24	30										−37 −50	−33 −54	−40 −61
30	40	−12 −28	−8 −32	−3 −42	−21 −37	−17 −42	−29 −45	−25 −50	−38 −54	−34 −59	−43 −59	−39 −64	−51 −76
40	50										−49 −65	−45 −70	−61 −86

公称尺寸/mm		常用及优先公差带（带*者为优先公差带）											
		N			P		R		S		T		U
大于	至	6	7*	8	6	7*	6	7	6	7*	6	7	7*
50	65	−14 −33	−9 −39	−4 −50	−26 −45	−21 −51	−35 −54	−30 −60	−47 −66	−42 −72	−60 −79	−55 −85	−76 −106
65	80						−37 −56	−32 −62	−53 −72	−48 −78	−69 −88	−64 −94	−91 −121
80	100	−16 −38	−10 −45	4 −58	−30 −52	−24 −59	−44 −66	−38 −73	−34 −86	−58 −93	−84 −106	−78 −113	−111 −146
100	120						−47 −69	−41 −76	−72 −94	−66 −101	97 −119	−91 −126	−131 −166
120	140	−20 −45	−12 −52	−4 67	−36 −61	−28 −68	−56 −81	−48 −88	−85 −110	−77 −117	−115 −140	−107 −147	−155 −195
140	160						−58 −83	−50 −90	−93 −118	−85 −125	−127 −152	−119 −159	−175 −215
160	180						−61 −86	−53 −93	−101 −126	−93 −133	−139 −164	−131 −171	−195 −235
180	200	−22 −51	−14 −60	−5 −77	−41 −70	−33 −79	−68 −97	−60 −106	−113 −142	−105 −151	−157 −186	−149 −195	−219 −265
200	225						−71 −100	−53 −109	−121 −150	−113 −159	−171 −200	−163 209	−241 −287
225	250						−75 −104	−67 −113	−131 −160	−123 −169	−187 −216	−179 −225	−267 −313
250	280	−25 −57	−14 −66	−5 −86	−47 −79	−36 −88	−85 117	−74 −126	−149 181	−138 −190	−209 −241	−198 −250	−295 −347
280	315						−89 −121	−78 −130	−161 −193	−150 −202	−231 −263	−220 −272	−330 −382
315	355	−26 −62	−16 −73	−5 94	−51 −87	−41 −98	−97 −133	−87 −144	−179 −215	−169 −226	−257 −293	−247 −304	−369 −426
355	400						−103 −139	−93 −150	−197 −233	−187 −244	−283 319	−273 −330	−414 −471
400	450	−27 −67	−17 −80	−6 −103	−55 −95	−45 −108	−113 −153	−103 −166	−219 −259	−209 −272	−347 −357	−307 −370	−467 −530
450	500						−119 −159	−109 −172	−239 −279	−229 −292	−347 −387	−337 −400	−517 −580

注：基本尺寸小于 1 mm 时，各级的 A 和 B 均不采用。

附录六 常用工程材料及热处理

附表 21　常用的热处理方法

热处理方法	解　释	应　用
退火	退火是将钢件（或钢坯）加热到适当温度，保温一段时间，然后再缓慢地冷却下来（一般是用炉冷）	用来消除铸锻件的内应力和组织不均匀及晶粒粗大等现象。消除冷轧坯件的冷硬现象和内应力，降低硬度以便切削
正火	正火是将坯件加热到相变点以上 30～50 °C，保温一段时间，然后用空气冷却，冷却速度比退火快	用来处理低碳和中碳结构钢件及渗碳机件，使其组织细化，增强强度和韧性，减少内应力，改善低碳钢的切削性能
淬火	淬火是将钢件加热到相变点以上某一温度，保温一段时间，然后在水、盐水或油中（个别材料在空气中）急冷下来，使其得到高硬度	用来提高钢的硬度和强度，但淬火时会引起内应力使钢变脆，故淬火后必须回火
表面淬火 高频表面淬火	表面淬火是使零件表面获得高硬度和耐磨性，而心部则保持塑性和韧性。 利用高频感应电流使钢件表面迅速加热，并立即喷水冷却，淬火表面具有高的机械性能，淬火时不易氧化及脱碳，变形小，淬火操作及淬火层易实现精确的电控制与自动化，生产效率高	对于各种在动负荷及摩擦条件下工作的齿轮、凸轮轴、曲轴及销子等，都要经过这种处理。 表面淬火必须采用含碳量大于 0.35%的钢，因为含碳量低，淬火后增加硬度不大，一般都是淬透性较低的碳钢及合金钢（如 45、40Cr、40Mn2、9CrSi 等）
回火	回火是将淬硬的钢件加热到相变点以下的某一温度后，保温一段时间，然后在空气中或油中冷却下来	用来消除淬火后的脆性和内应力，提高钢的冲击韧性
调质	淬火后高温回火，称为调质	用来使钢获得高的韧性和足够的强度，很多重要零件都要经过调质处理
渗碳	渗碳是向钢表面层渗碳，一般渗碳温度 900～930 °C，使低碳钢或低碳合金钢表面含碳量增高到 0.8%～1.2%，经过适当热处理，表面层得到高的硬度和耐磨性，提高疲劳强度	为了保证心部的高塑性和韧性，通常采用含碳量为 0.08%～0.25%的低碳钢和低碳合金钢，如齿轮、凸轮及活塞等
氮化	氮化是向钢的表面层渗氮，目前常用气体氮化法，即利用氨气加热时分解的活性氮原子渗入钢中	氮化后不再进行热处理，用于某种含铬、钼或铝的特种钢，以提高硬度和耐磨性，提高疲劳强度和抗腐蚀能力
氰化	氰化是同时向钢的表面渗碳和渗氮，常用液体碳化法处理，不仅比渗碳处理有较高的硬度和耐磨性，而且兼有一定的耐腐蚀和较高的抗疲劳能力。在工艺上比渗碳或渗氮时间短	增加表面硬度、耐磨性、疲劳强度和耐腐蚀性，用于要求硬度高、耐磨的中小型及薄片零件和刀具等
发黑发蓝	使钢的表面形成氧化膜的方法称为“发黑、发蓝”	钢铁的氧化处理（发黑、发蓝）可用来提高其表面抗腐蚀能力和使外表美观，但其抗腐蚀能力并不理想，一般只用于空气干燥及密闭的场所

附表 22　常用的黑色金属材料

国家标准	名　称	牌　号	牌号说明	材料性能及应用举例
GB/T 700—2006	普通碳素结构钢	Q215（A2，A2F）	Q 表示普通碳素钢；215、235 表示材料的抗拉强度，括号内为对应的旧牌号	金属结构件、拉杆、套圈、铆钉、螺栓、短轴、心轴、凸轮（载荷不大）、吊环、垫圈、渗碳零件及焊接件
		Q235（A3）		金属结构件，心部强度要求不高的渗碳或氰化零件，吊环、拉杆、套圈、车钩、气缸、齿轮、螺栓、螺母、连杆、连轴、楔、盖及焊接件
GB/T 699—2015	优质碳素结构钢	15	牌号的两位数字表示材料平均含碳量，如 45 号钢，即平均含碳量为 0.45%。含锰量较高的钢，需加注化学元素符号“Mn”。含碳量≤0.25%为低碳钢（渗碳钢），>0.6%为高碳钢，介于中间的是中碳钢（调质钢）	塑性、韧性、焊接性和冷冲性良好，但强度较低，用于制造受力不大但韧性要求较高的零件、紧固件、冲模锻件及不要热处理的低负荷零件，如螺栓、螺钉、拉条、法兰盘及化工储器、蒸汽锅炉等
		45		用于强度要求较高的零件，如汽轮机的叶轮、压缩机、泵的零件等
		65Mn		强度高，淬渗性较大，离碳倾向小，但有过热敏感性，易产生淬火裂纹，并有回火脆性，宜作大尺寸的各种扁、圆弹簧，如座板簧、弹簧发条等
GB/T 1591—2018	低合金高强度结构钢	16Mn	普通碳钢中加总量<3%的合金元素以提高其综合性能	桥梁、造船、厂房结构、储油罐、压力容器、机车车辆、起重设备、矿山机械及其他代替 A3 的焊接结构
GB/T 3077—2015	合金结构钢	15Cr	钢中加一定量合金元素以提高机械性能和耐磨性、淬透性等，保证金属在较大截面上获得较高的机械性能	船舶主机用螺栓、活塞销、凸轮、凸轮轴、汽轮机套环以及机车用小零件等，用于心部韧性较高的渗碳零件
		35SiMn		耐磨、耐疲劳性均佳，适用于做轴、齿轮及工作在 430 ℃以下的重要紧固件和减速机齿轮等，供渗碳处理

续表

国家标准	名　称	牌　号	牌号说明	材料性能及应用举例
GB/T 1221—2007	耐热钢	1Cr18Ni9Ti	耐酸，在 600 °C 以下耐热，在 1 000 °C 以下不起皮	用于化工设备的各种锻件、航空发动机排气系统的喷管及集合器等零件
GB/T 5675—1985	铸钢	ZG45	ZG 是铸钢代号,45 为其名义万分含碳量	各种形状的机件，如联轴器、轮、气缸、齿轮、齿轮圈及重负荷机器的机架
GB/T 9439—2010	灰铸铁	HT150	HT 是灰铸铁的代号，后面的数字代表抗拉强度。如 HT150 表示抗拉强度为 150 MPa 的灰铸铁	用于制造端盖、汽轮泵体、轴承座、阀壳、管子及管路附件、手轮、机器底座、床身、滑座、工作台等
		HT200		用于制造气缸、齿轮、底架、机体、飞轮、齿条、衬筒。一般机床铸有导轨的床身及中等压力的液压筒、液压泵和阀体等
GB/T 1348—2019	球墨铸铁	QT500-15 QT450-5 QT400-17	QT 是球墨铸铁的代号，后面的数字代表强度和延伸率的大小	具有较高的强度、耐磨性和韧性，广泛应用于机械制造业中受磨损和受冲击的零件中，如曲轴、齿轮、气缸套、活塞环、摩擦片、中低压阀门、千斤顶座、轴承座等
GB/T 9440—2010	可锻铸铁	KTH300-6	KTH，KTB，KTZ 分别是黑心、白心、珠光体可锻铸铁的代号，数字是抗拉强度和延伸率	用于受冲击、振动的零件，如汽车零件、农机零件、机床零件以及管道配件等
		KTB350-04 KTZ500-04		韧性较低，强度大，耐磨性好，加工性能良好，可用于要求较高强度和耐磨性的重要零件，如曲轴、连杆、齿轮、凸轮轴等

附表 23　常用的有色金属材料

国家标准	名　称	牌　号	牌号说明	材料性能及应用举例
GB/T 5232—2001	普通黄铜	H62	H 表示黄铜，数字表示含铜量为 62%左右	适用于各种拉伸和折弯制造的受力零件，如销钉、垫圈、螺帽、导管、弹簧、铆钉等
GB/T 1176—2013	黄铜	ZCuZn38	Z 表示铸铜	用于散热器、垫圈、弹簧、各种网、螺钉及其他零件
	锡青铜	ZCuSn3Zn8Pb6Ni1	含锡（2%～4%）、锌（6%～9%）、铅（4%～7%）、硅（0.5%～1%）等元素的铜	用于受中等冲击负荷和在液体或半液体润滑及耐腐蚀条件下工作的零件，如轴承、轴瓦、蜗轮、螺母，以及 1 MPa 以下的蒸气和水配件
	铝青铜	ZCuAl10Fe3	含有铝（8%～11%）、铁（2%～4%）等元素的铜	强度高、减磨性、耐蚀性、受压、铸造性能均良好，用于在蒸汽和海水条件下工作的零件及受磨损和腐蚀的零件，如蜗轮衬套等
GB/T 1173—2013	铸造铝合金	ZL102 ZL202	ZL 表示铸铝，数字代表含不同元素及含量	耐磨性中上等，用于制造负荷不大的薄壁零件
GB/T 3190—2020	硬铝	2A11，2A12 （LY11，LY12）	含铜、镁、锰的硬铝，括号内为旧牌号	适用于制造中等强度的零件，焊接性能好

附表 24　常用的非金属材料

摘自标准	名　称	牌　号	牌号说明	材料性能及应用举例
GB/T 5574—2008	普通橡胶板	1613		中等强度，较好的耐磨性和弹性，适用于制作具有耐磨、耐冲击及缓冲性能良好的垫圈、密封条、垫板等
	耐油橡胶板	3707 3807		较高硬度，较好的耐熔剂膨胀性，可在 −30～+100 ℃ 的机油、汽油等介质中工作，可制作垫圈用于密封
FZ/T 25001—2012	工业用毛毡	细、半细毛粗毡	厚度 1.5～2.5 mm	防漏油、防震、缓冲衬垫等
QB/T 3625—1999	聚四氟乙烯	SPT-1，SPT-2 SPT-3，SPT-4		稳定性好，高耐热耐寒性，自润滑好，用于耐腐、耐高温的密封件、填料、衬垫、轴承、导轨、密封圈等

参考文献

[1] 郑宗慧，刘雨婷．机械制图（含习题集）[M]．成都：西南交通大学出版社，2022.

[2] 黄洁．机械制图与 CAD[M]．3 版．北京：科学出版社，2023.

[3] 马希青．机械制图[M]．2 版．北京：机械工业出版社，2017.

[4] 范冬英，刘小年．机械制图[M]．3 版．北京：高等教育出版社，2017.

[5] 张平，秦然．工程制图[M]．北京：中国石化出版社，2021.

[6] 向承翔，郑宗慧．机械制图[M]．上海：同济大学出版社，2019.

[7] 黄其柏，阮春红，等．画法几何及机械制图[M]．7 版．武汉：华中科技大学出版社，2018.

[8] 陈锦昌，刘林．机械制图[M]．2 版．北京：高等教育出版社，2016.

[9] 刘永田，谢宗法．画法几何及机械制图[M]．5 版．北京：北京航空航天大学出版社，2022.

[10] 吴卓，王林军，秦小琼．画法几何及机械制图[M]．2 版．北京：北京理工大学出版社，2018.

[11] 杨裕根，诸世敏．现代工程图学[M]．5 版．北京：北京邮电大学出版社，2022.

[12] 兰自志，郭波，等．机械制图[M]．武汉：华中科技大学出版社，2020.

[13] 丁一，罗远新．机械制图[M]．3 版．重庆：重庆大学出版社，2023.

[14] 高玉芬，刘宏丽．机械制图[M]．6 版．大连：大连理工大学出版社，2022.

[15] 洪友伦，段利君．机械制图[M]．4 版．北京：清华大学出版社，2020.

[16] 冯淑珍，蒋伟．工程制图与 CAD[M]．北京：北京交通大学出版社，2023.

[17] 张东梅，王永华．工程制图与 CAD[M]．2 版．北京：科学出版社，2022.

校企合作双元开发新形态“互联网+”创新型教材
职业本科教育装备制造类高素质人才培养信息化教材

工程制图与CAD习题集

主　　编　郑宗慧　梅秋平
副 主 编　胡钰雯　刘雨婷　柳光利
　　　　　雷方芳　高素华　贾　浩
主　　审　黎孝龙

西南交通大学出版社
·成　都·

图书在版编目（CIP）数据

工程制图与 CAD：含习题集. 2，工程制图与 CAD 习题集 / 郑宗慧，梅秋平主编. -- 成都：西南交通大学出版社，2024. 10. --（校企合作双元开发新形态“互联网 +”创新型教材）（职业本科教育装备制造类高素质人才培养信息化教材）-- ISBN 978-7-5774-0048-8（2025.8 重印）

Ⅰ. TB237

中国国家版本馆 CIP 数据核字第 20248XB340 号

前 言

本习题集与《工程制图与CAD》配套使用，内容包括：制图基本知识与技能、投影基础、机件的表达方法、标准件与常用见、零件图、装配图和AutoCAD计算机绘图等七个单元。习题类型有填空题、作图题。各部分均有不同难度的题目，可供不同层次的学生练习。

参与本习题集编写的老师有：郑宗慧、梅秋平、胡钰雯、刘雨婷、柳光利、高素华、贾浩。全书由郑宗慧、梅秋平统稿，黎孝龙审核。

本习题集可作为机械制造类相关专业的制图教材配套练习使用，也可以供大学本科、专科及有关工程技术人员学习参考。

编 者

目 录

1.1 制图标准练习

1. 下列符号中表示强制国家标准的是（　）。

A. GB/T　B. GB/Z　C. GB

2. 制图国家标准规定，图纸幅面尺寸应优先选用（　）种基本幅面尺寸。

A. 3　B. 4　C. 5　D. 6

3. 1∶2是（　）比例。

A. 放大　B. 缩小　C. 优先选用　D. 尽量不用

4. 某产品用放大一倍的比例绘图，在标题栏的比例栏中应该填写（　）。

A. 放大一倍　B. 1×2　C. 2/1　D. 2∶1

5. 若采用1∶5的比例绘制一个直径为40的圆，则绘图直径为（　）。

A. $\phi 8$　B. $\phi 10$　C. $\phi 40$　D. $\phi 200$

6. 机械图样中常用的图线类型有粗实线、（　）、虚线、细点画线等。

A. 轮廓线　B. 基准线　C. 细实线　D. 中心线

7. 绘制机械图样时，粗实线的宽度应不小于（　）mm。

A. 0.5　B. 0.7　C. 1　D. 2

8. 在以下选项中，（　）是制图国家标准规定的字体高度。

A. 3 mm　B. 4 mm　C. 5 mm　D. 6 mm

9. 机械图样中的尺寸一般以（　）为单位时，不需要标注其计量单位符号。

A. km　B. dm　C. cm　D. mm

10. 机件的真实大小应以图样上（　）为依据。

A. 所注尺寸数值　　B. 所画图形大小

C. 所标绘图比例　　D. 所加文字说明

1.2 几何作图练习（一）

1. 在指定位置抄画或补全图线。

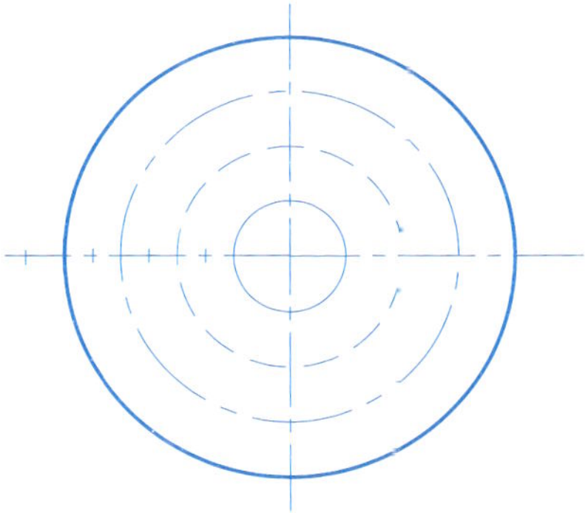

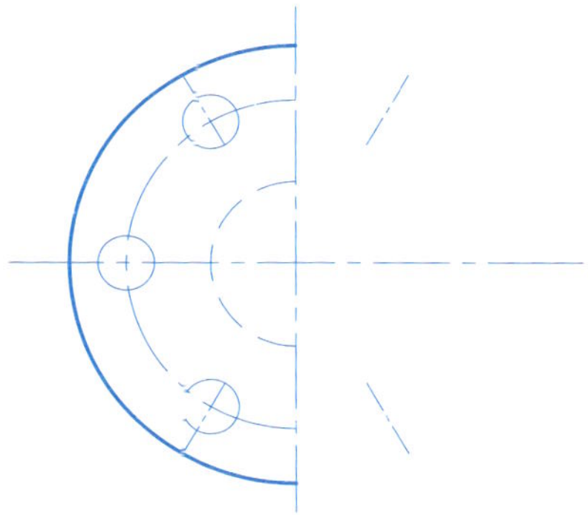

2. 按给定尺寸1∶1抄画图形。

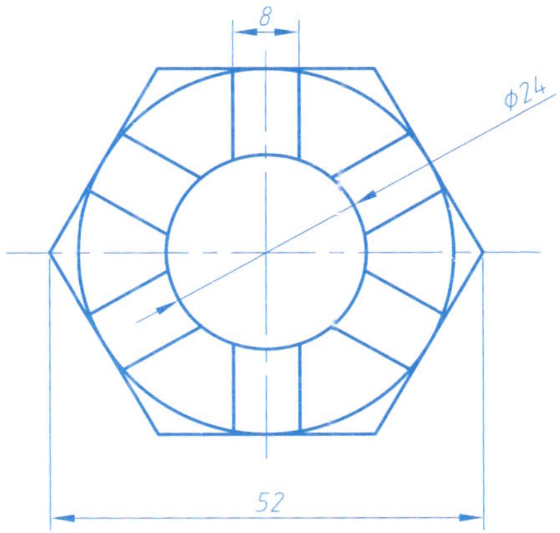

班级______ 姓名______ 学号______

3. 在指定位置补全连接圆弧。

（1）

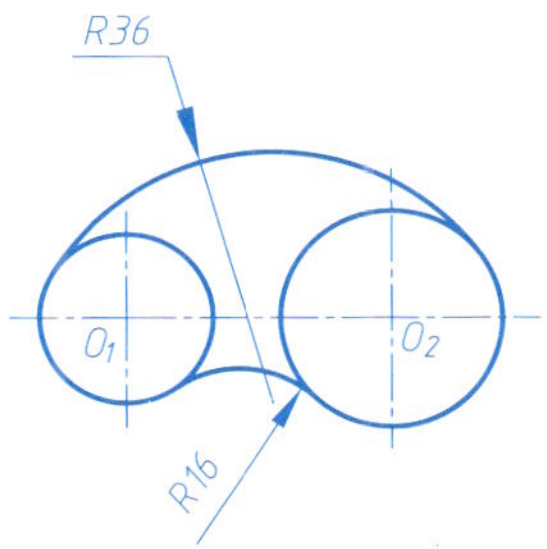

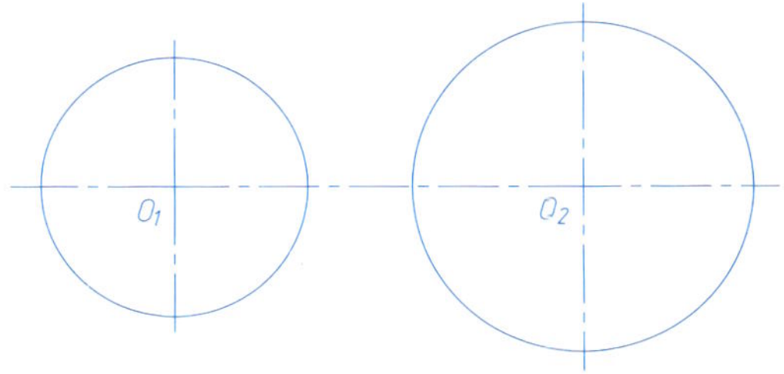

（2）

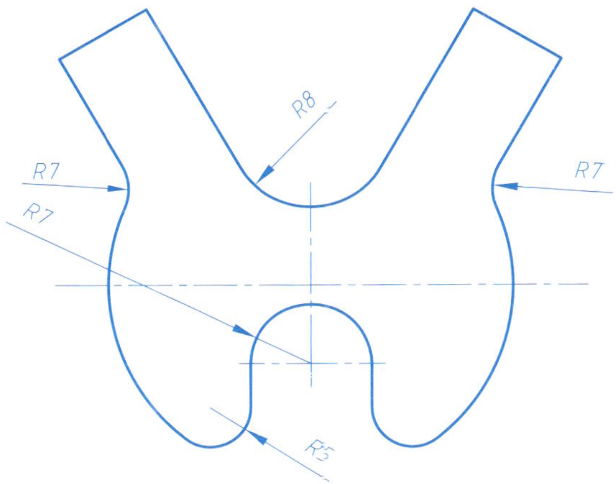

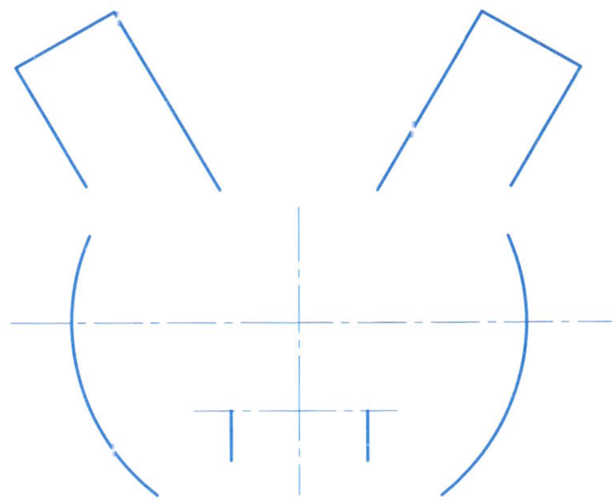

班级________ 姓名________ 学号________

4. 在指定位置补全斜度和锥度图形。

（1）

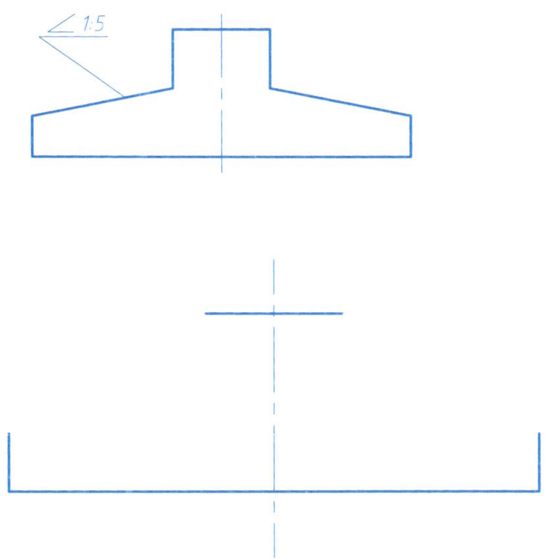

（2）

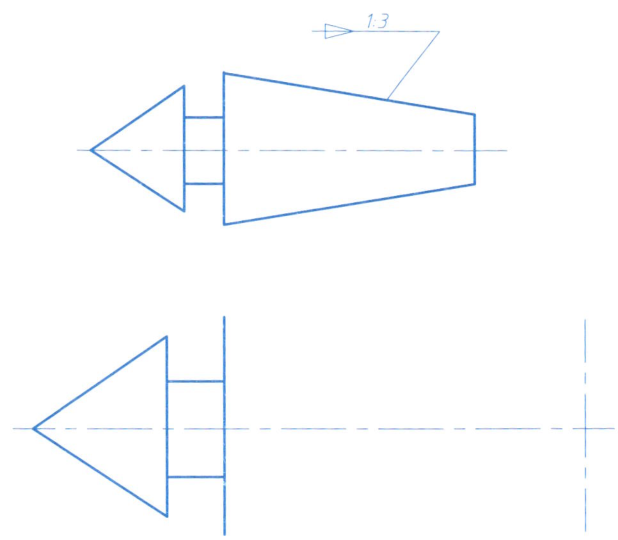

班级______ 姓名______ 学号______

1.3 尺寸标注练习（一）

1. 直接量取并标注圆和圆弧尺寸，注意箭头和数字(取整数)书写标准。

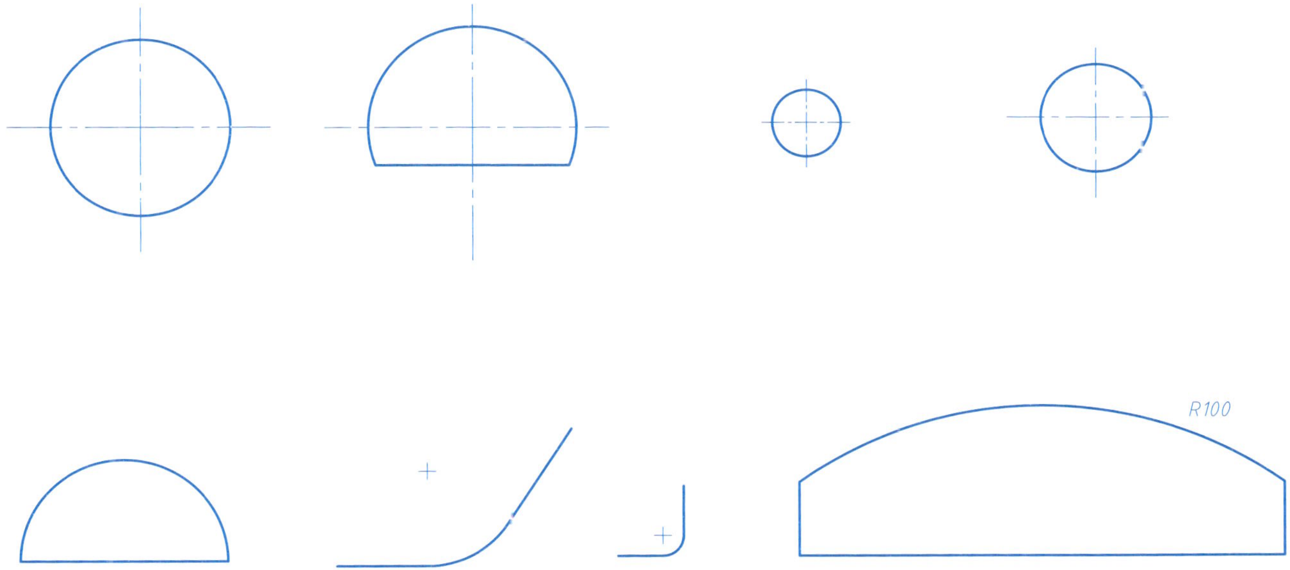

1.3 尺寸标注练习（二）

2.画箭头并填写线性与角度尺寸数字（取整数）。

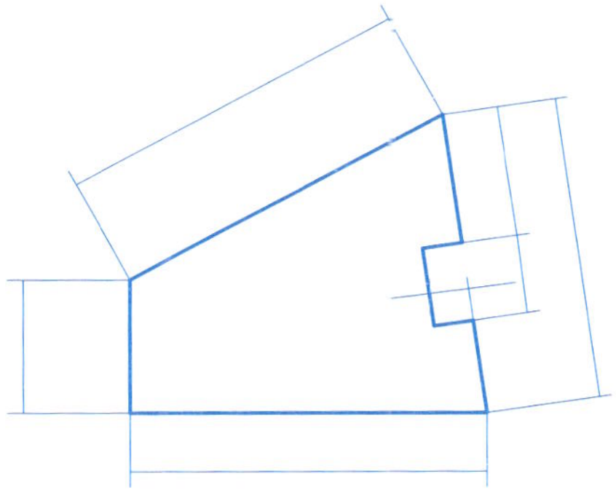

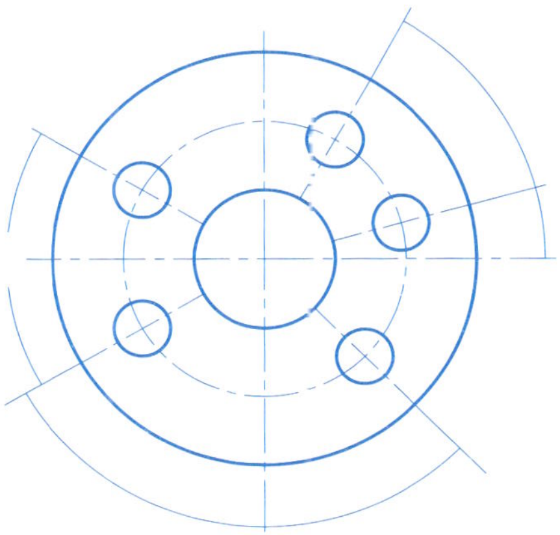

3.指出下列两个图形横竖两个方向的尺寸基准。图中哪些尺寸是定形尺寸？哪些尺寸是定位尺寸？

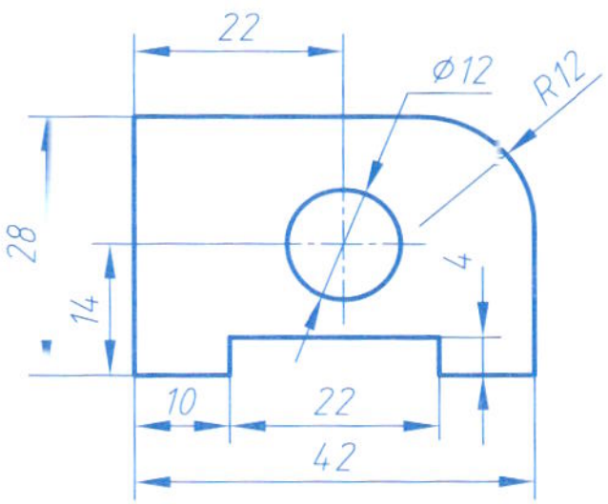

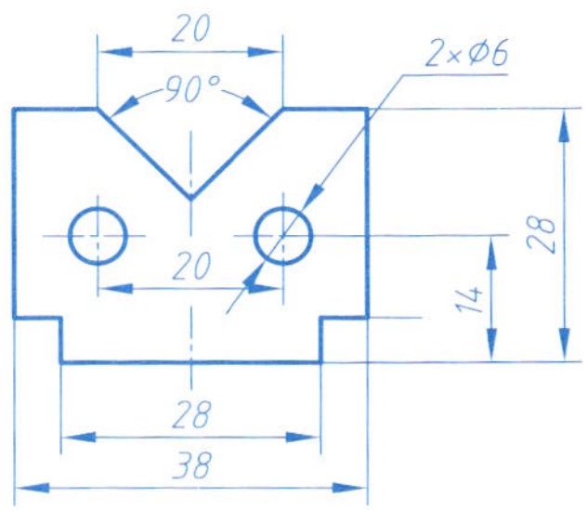

班级________ 姓名________ 学号________

指出图中的尺寸基准及定形、定位尺寸，确定线段性质，拟出作图顺序，并在空白处按图中注出的尺寸抄画图形。

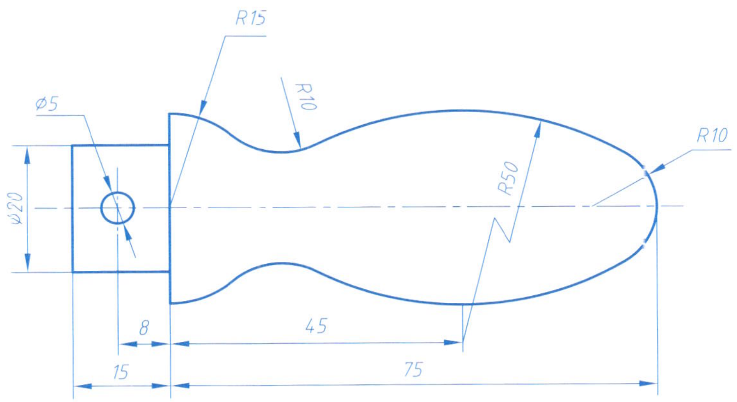

班级________ 姓名________ 学号________

2.1 投影基础练习（一）

1. 下列投影法中不属于平行投影法的是（　）。

A. 中心投影法　B. 正投影法　C. 斜投影法

2. 当一条直线平行于投影面时，在该投影面上反映（　）。

A. 实形性　B. 类似性　C. 积聚性

3. 当一条直线垂直于投影面时，在该投影面上反映（　）。

A. 实形性　B. 类似性　C. 积聚性

4. 在三视图中，主视图反映物体的（　）。

A. 长和宽　B. 长和高　C. 宽和高

5. 主视图与俯视图（　）。

A. 长对正　B. 高平齐　C. 宽相等

6. 主视图与左视图（　）。

A. 长对正　B. 高平齐　C. 宽相等

7. 为了将物体的外部形状表达清楚，一般采用（　）个视图来表达。

A. 三　B. 四　C. 五

8. 三视图是采用（　）得到的。

A. 中心投影法　B. 正投影法　C. 斜投影法

9. 当一个面平行于一个投影面时，必（　）于另外两个没影面。

A. 平行　B. 垂直　C. 倾斜

10. 当一条线垂直于一个投影面时．必（　）于另外两个投影面。

A. 平行　B. 垂直　C. 倾斜

班级________ 姓名________ 学号________

2.1 投影基础练习（二）

（1）

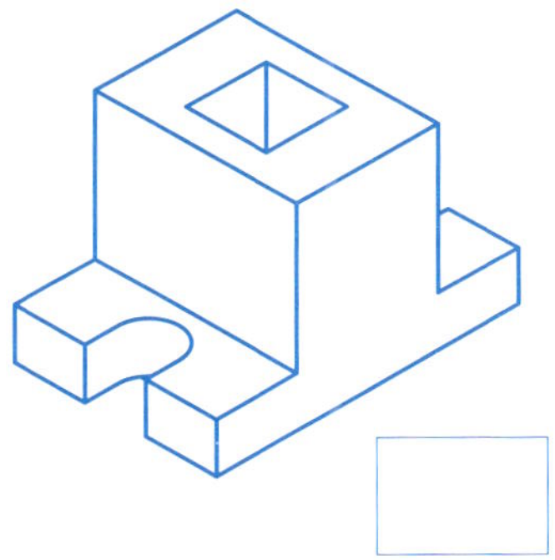

（2）

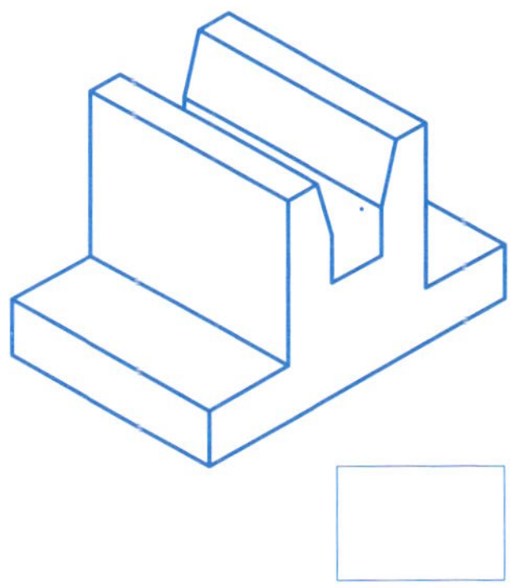

（3）

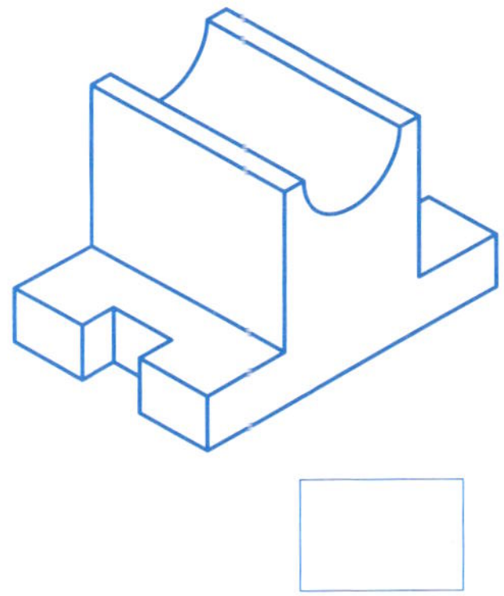

（4）

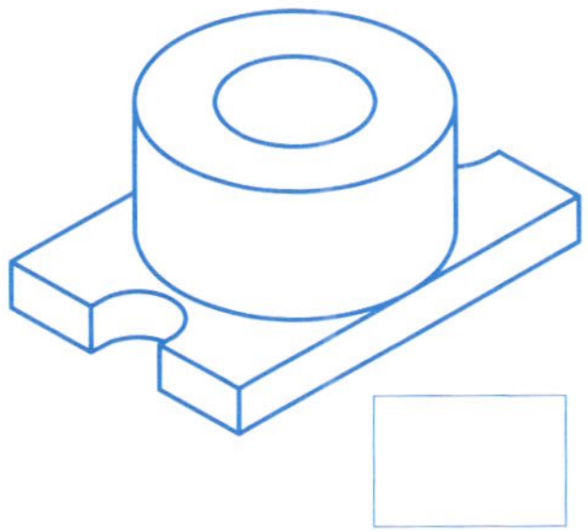

（5）

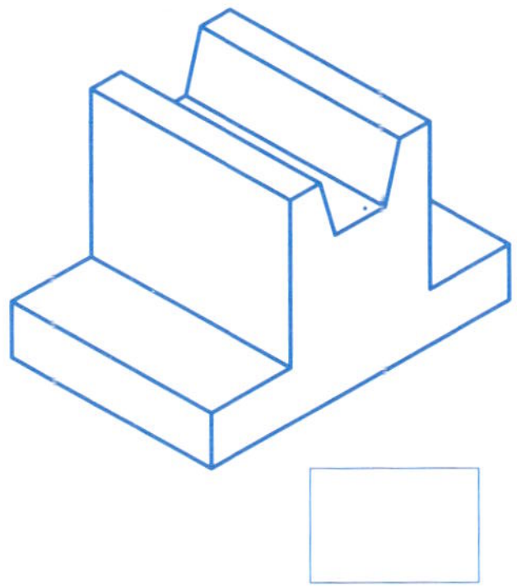

（6）

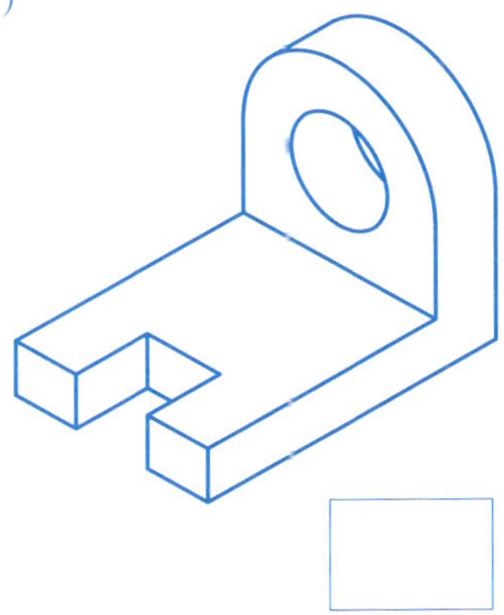

班级________ 姓名________ 学号________

2.1 投影基础练习（二）续

（7）

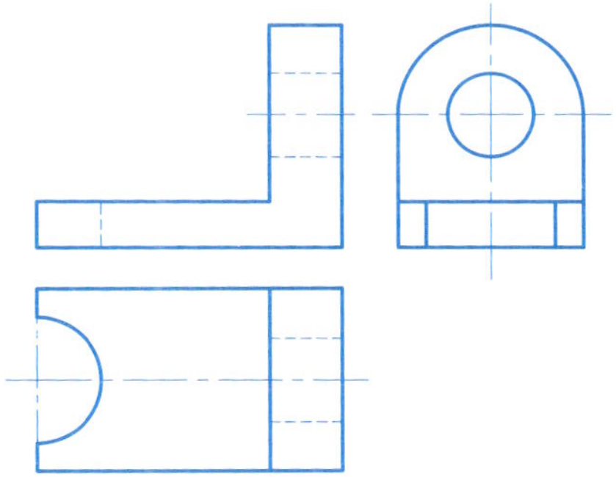

（8）

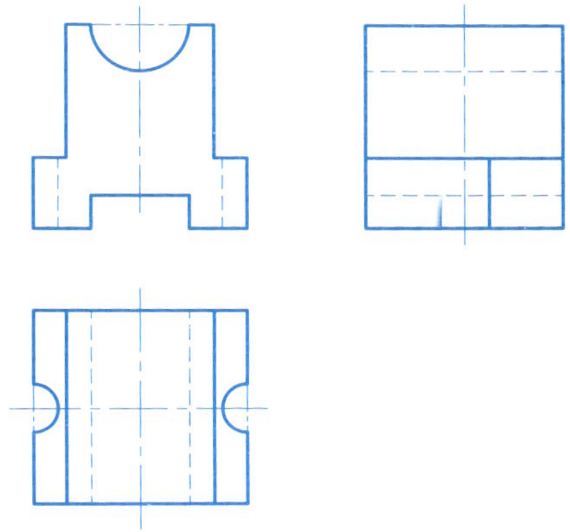

（9）

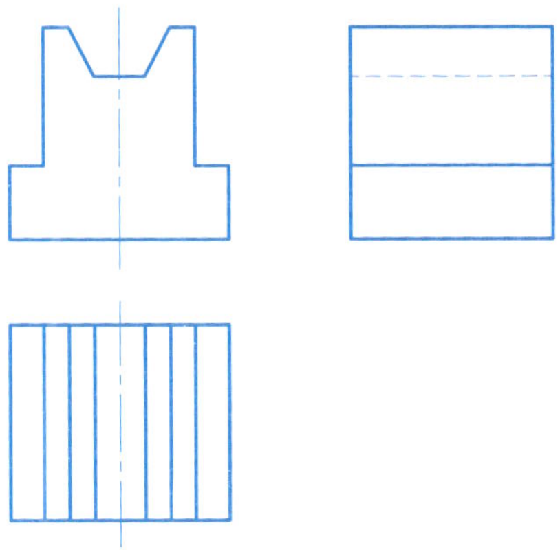

（10）

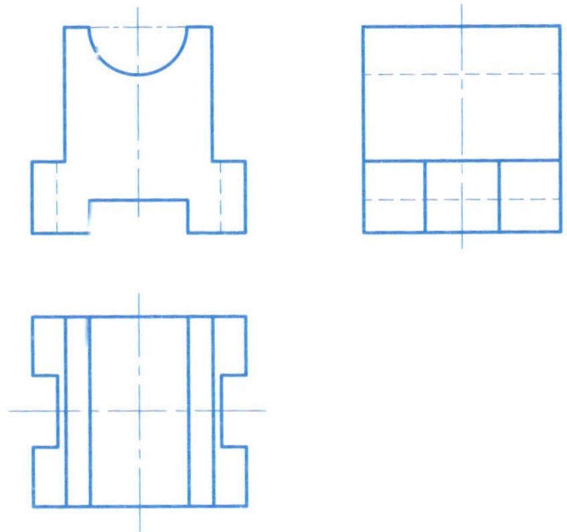

班级________ 姓名________ 学号________

（11）

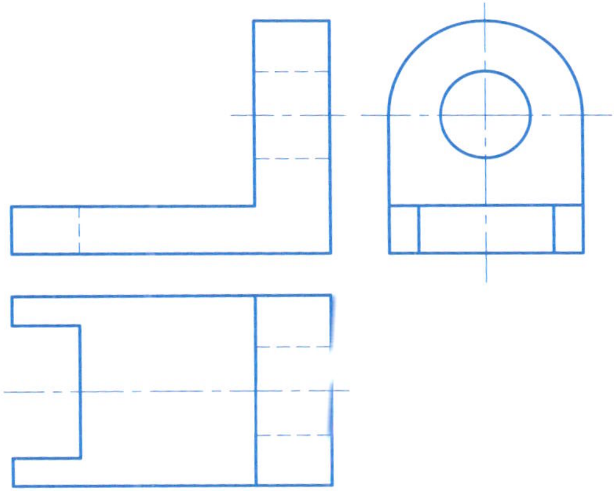

（12）

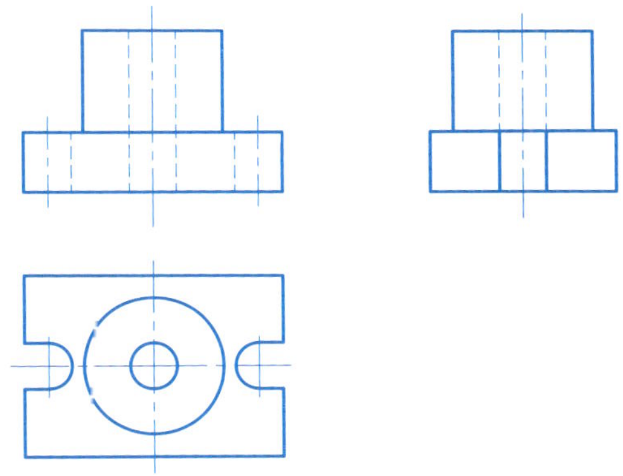

（13）

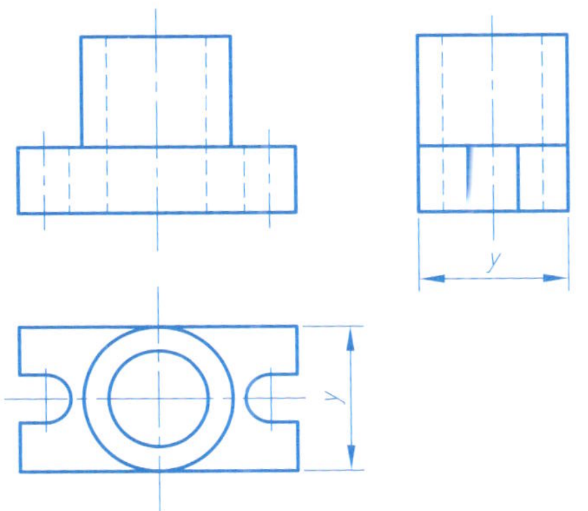

（14）

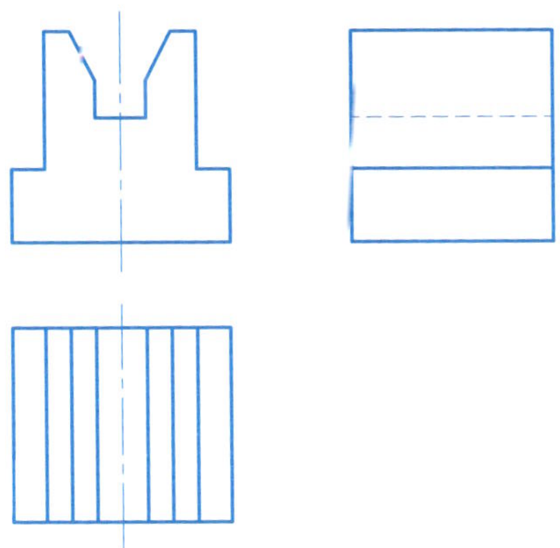

（15）

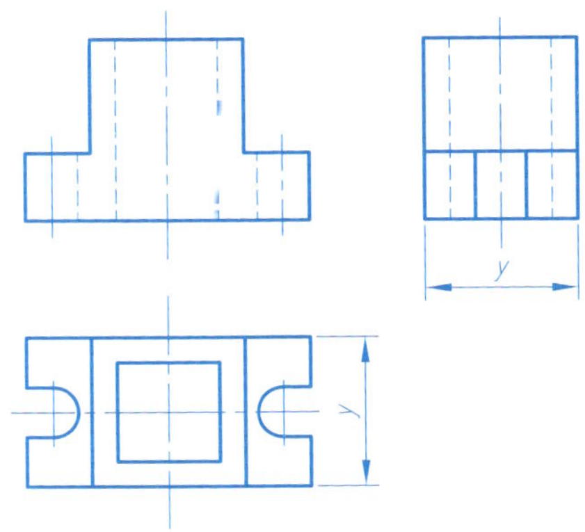

2.2 点、线、面投影练习（一）

1. 已知点的两面投影，求第三面投影。点E在W面上，点F在H面上。

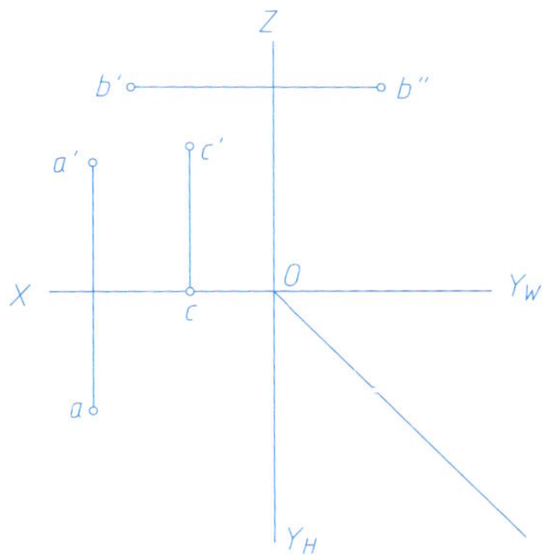

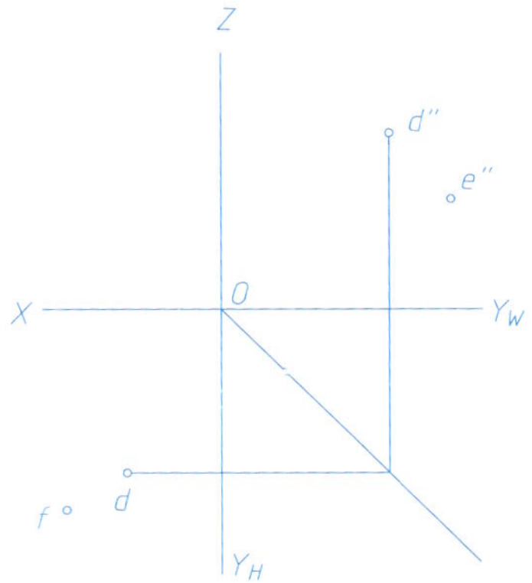

2. 已知点B距H面15 mm，距V面20 mm，距W面25 mm，试作出点B的三面投影。

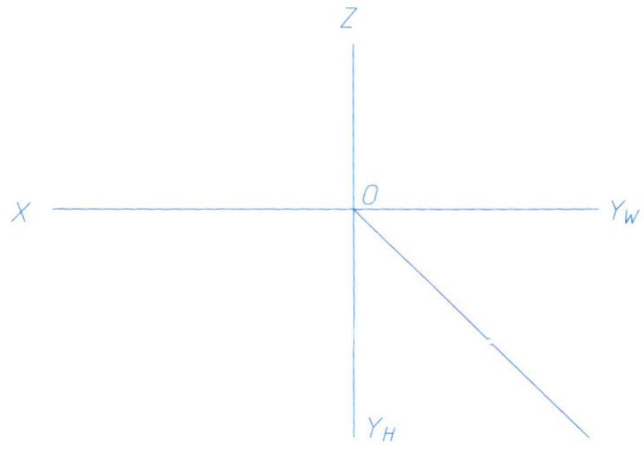

3. 已知点A在点B的左方15 mm、下方7 mm、前方10 mm，求A、B两点的三面没影。

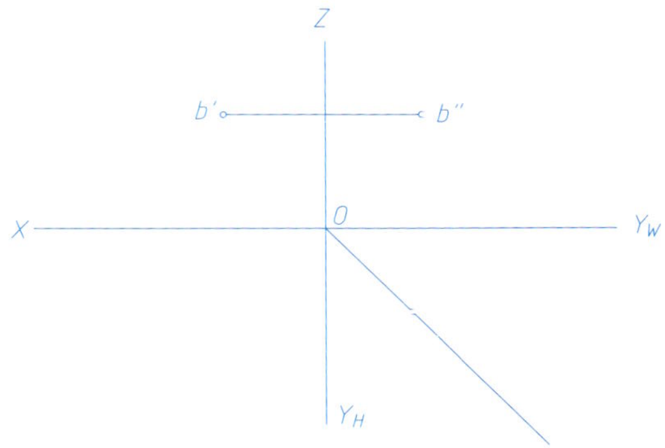

班级________ 姓名________ 学号________

4. 在正五棱台的主视图、左视图上标注出A、B两点的投影，并比较两点的位置。点B在点A的______、______、______。

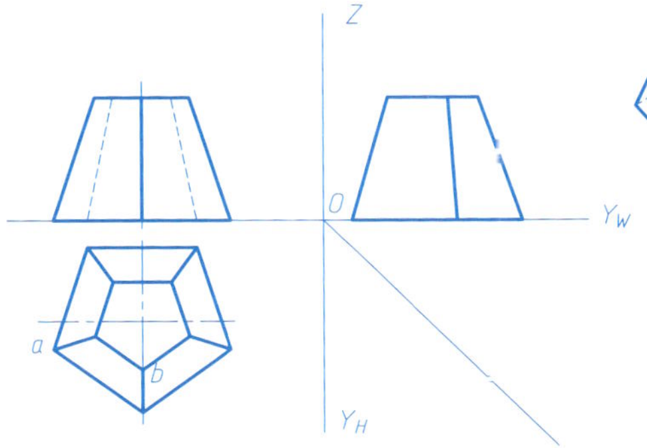

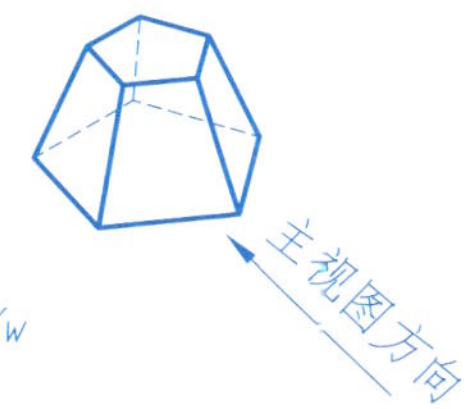

5. 根据轴测图填空，并在展开图中画出一条正平线的三面投影。

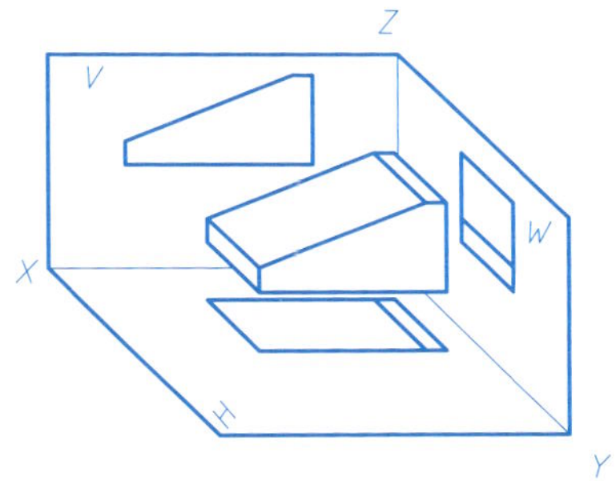

物体上共有：

______条正垂线；

______条正平线；

______条铅垂线；

______条侧垂线。

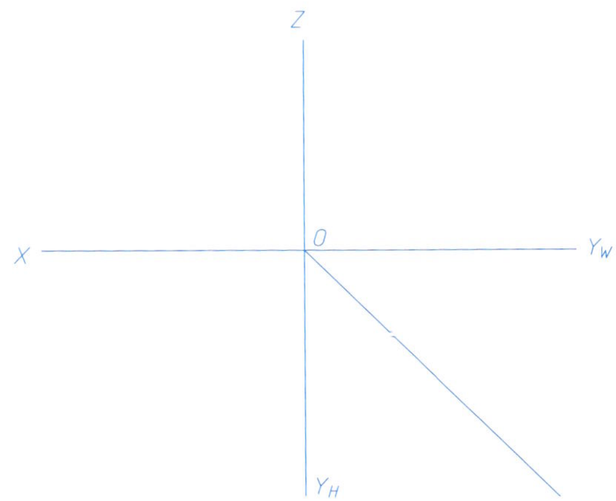

班级________ 姓名________ 学号________

6. 判断图示两直线AB与CD的位置关系并填空。

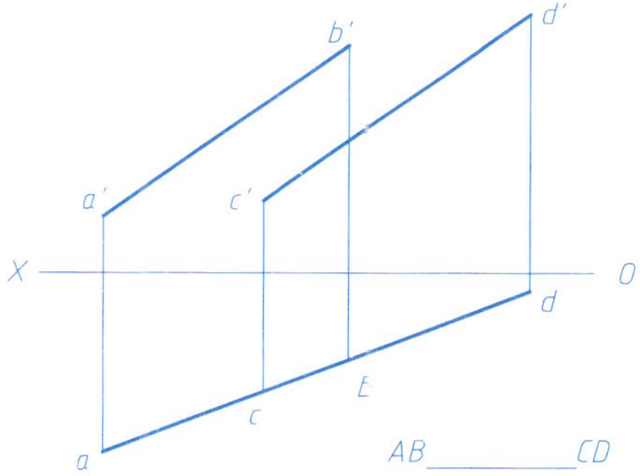

AB________CD

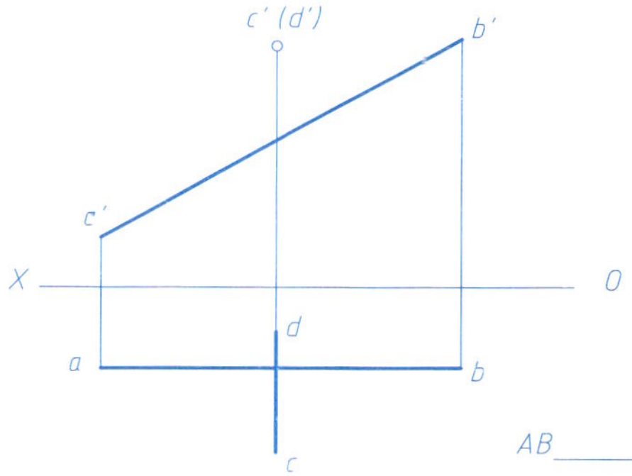

AB________CD

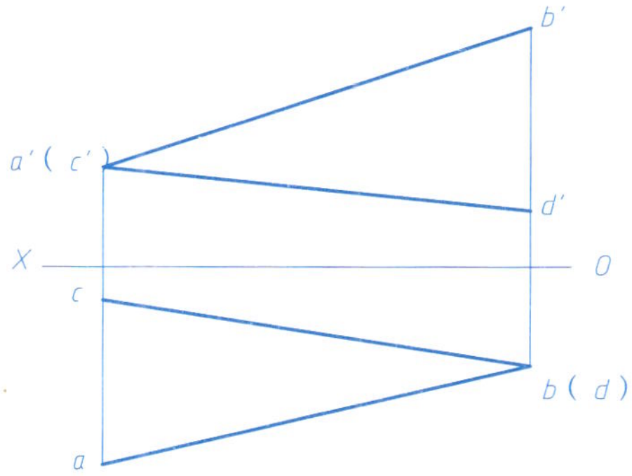

AB________CD

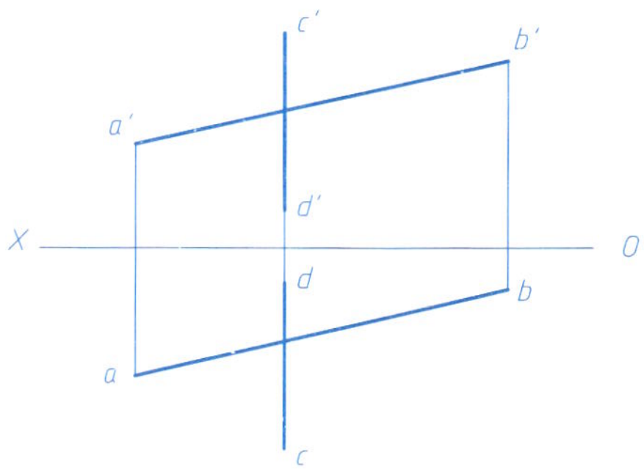

AB________CD

班级______ 姓名______ 学号______

2.2 点、线、面投影练习（四）

7. 已知点K在三角形ABC内，试补全三角形的正面投影。

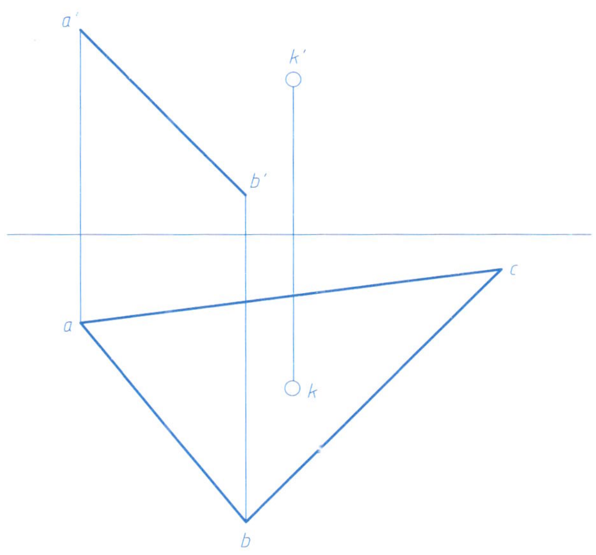

8. 已知直线EF在三角形ABC中，且EF到水平面的距离为20 mm，求作EF的两面投影。

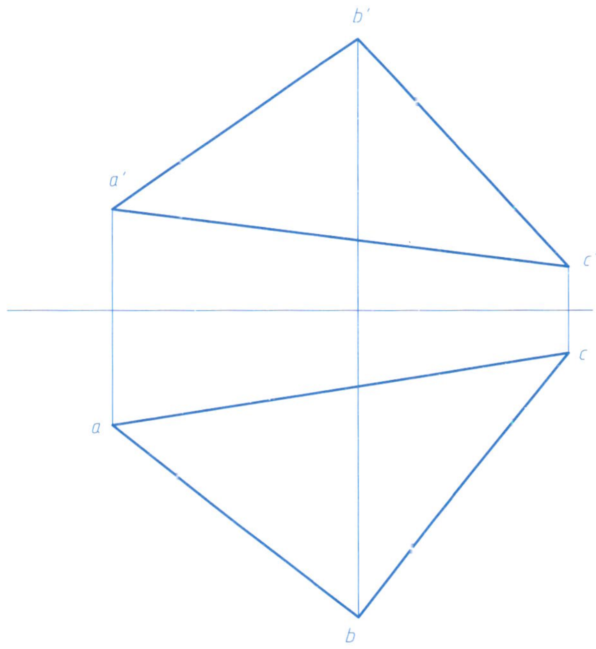

班级________ 姓名________ 学号________

2.3 基本体投影练习

补画立体第三视图,并完成立体的表面取点。

(1)

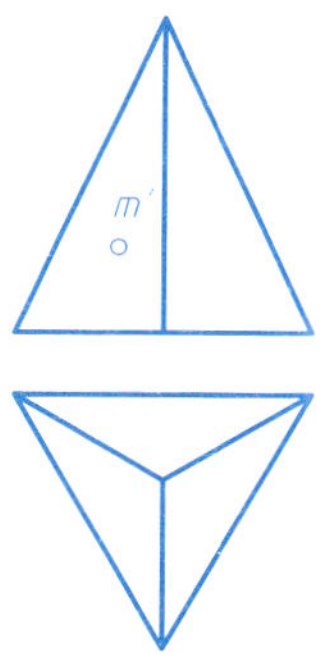

(2)

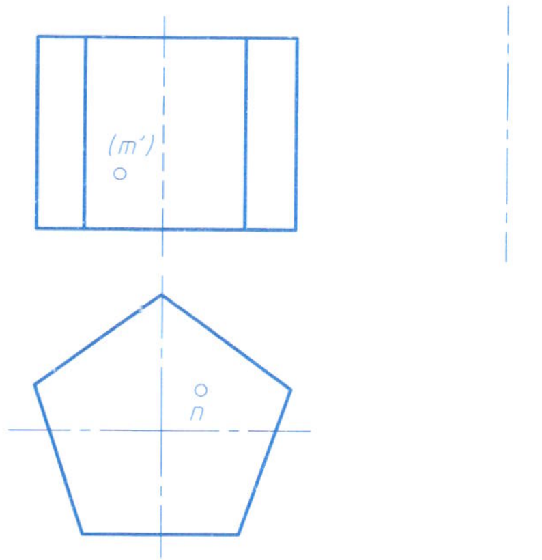

(3)

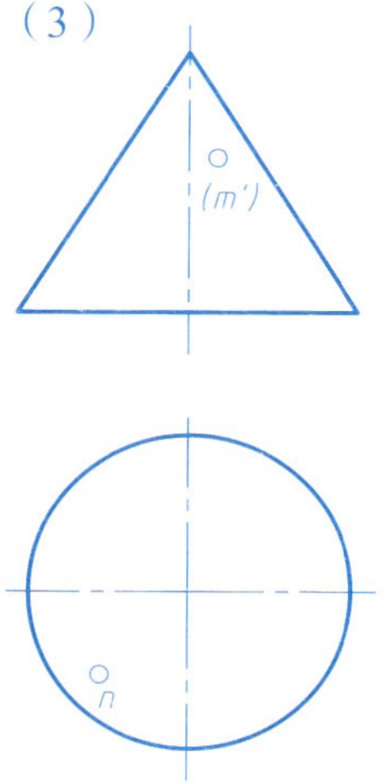

(4)

(5)

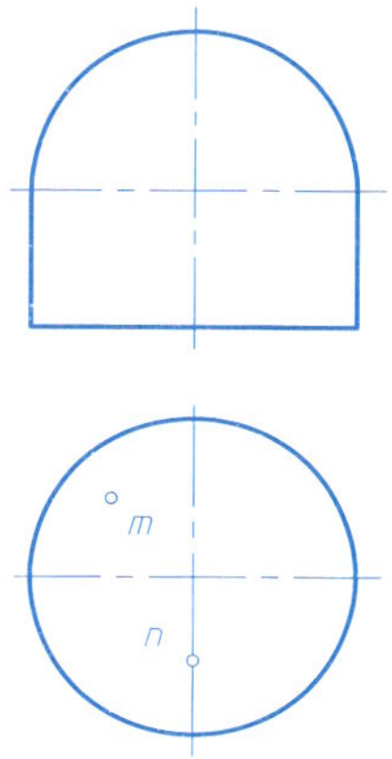

班级________ 姓名________ 学号________

2.4 立体表面截交线练习（一）

1. 完成五棱柱切割形体三面投影。

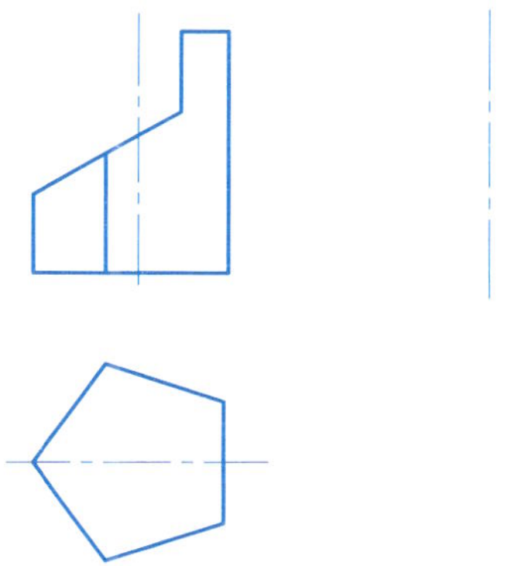

2. 完成四棱锥截切后的三面投影。

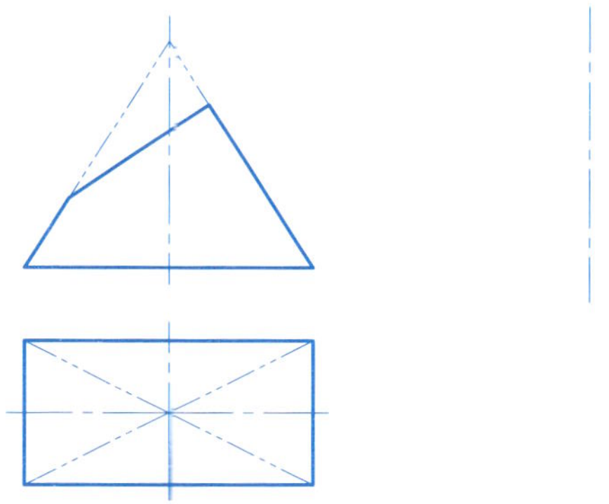

3. 完成圆柱体切割后的三面投影。

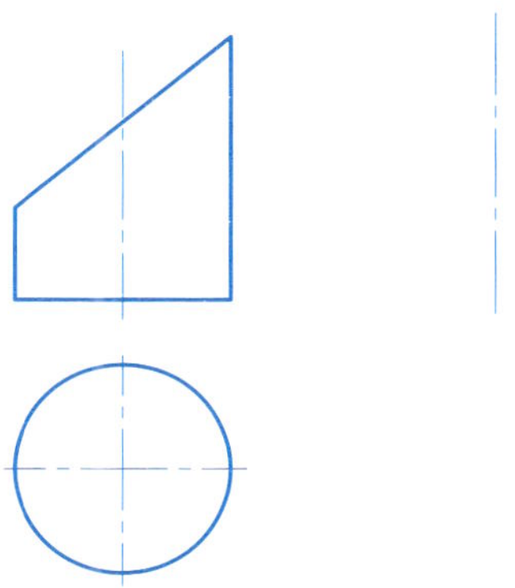

4. 完成圆锥切割后的三面投影。

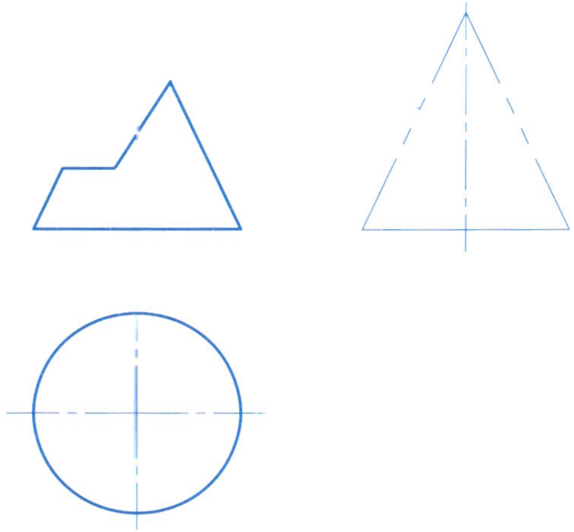

班级________ 姓名________ 学号________

2.4 立体表面截交线练习（二）

1. 完成三棱柱挖孔后的第三视图。

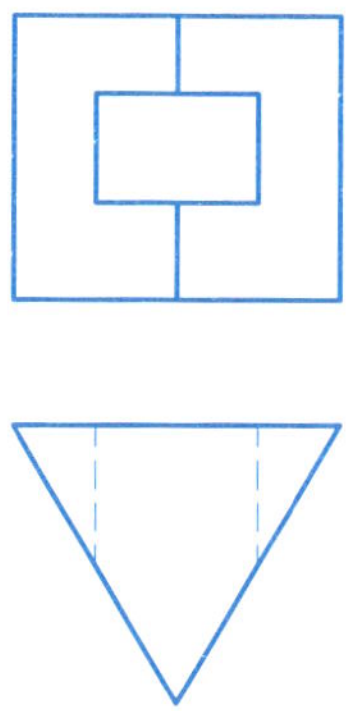

2. 完成圆柱截切后的第三视图。

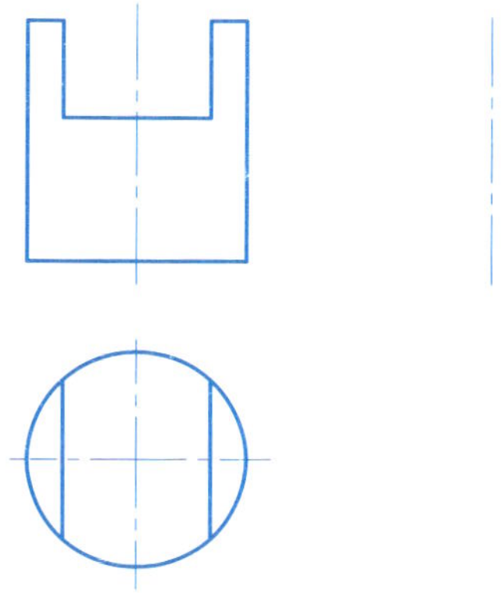

3. 补齐三视图中所缺线段。

（1）

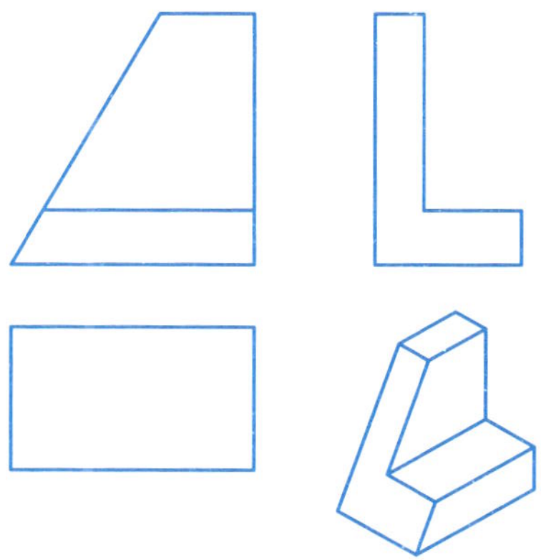

（2）

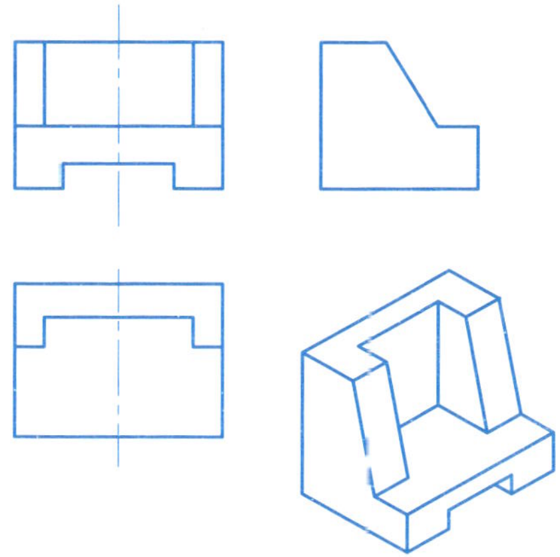

2.4 立体表面截交线练习（三）

补画三视图中的俯视图。

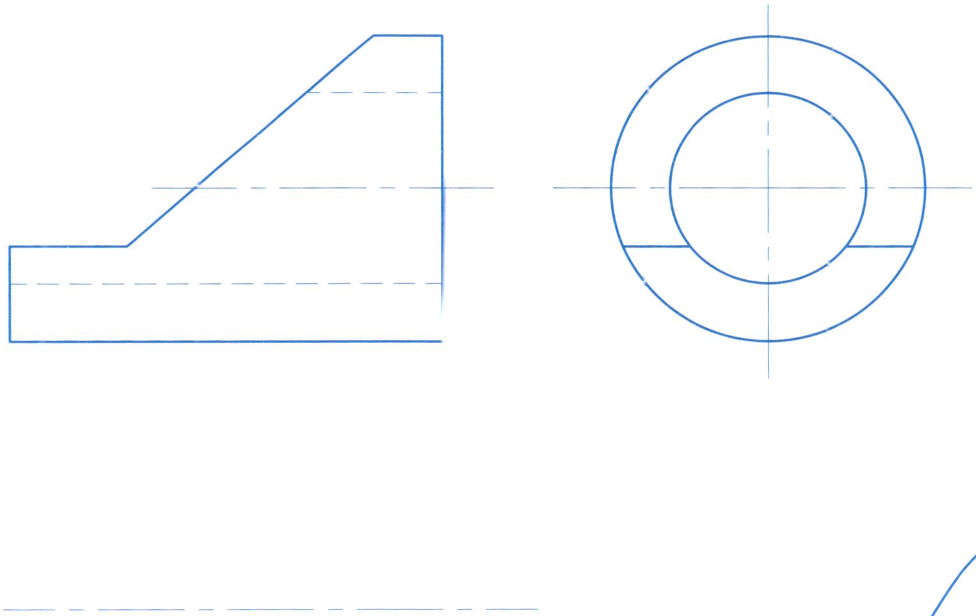

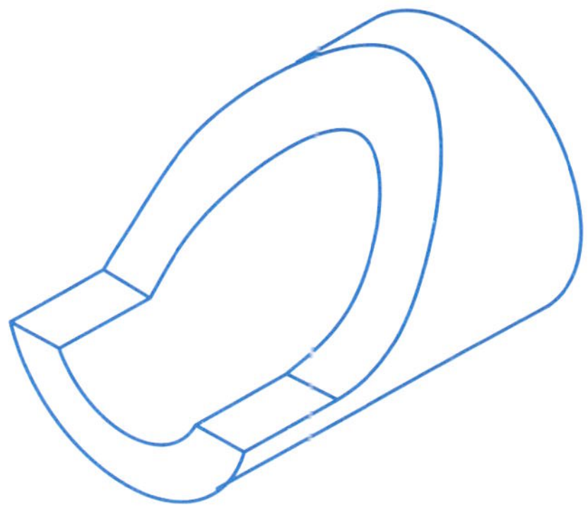

班级________ 姓名________ 学号________

2.5 相贯线练习（一）

1. 补画下列立体表面相贯线。

（1）

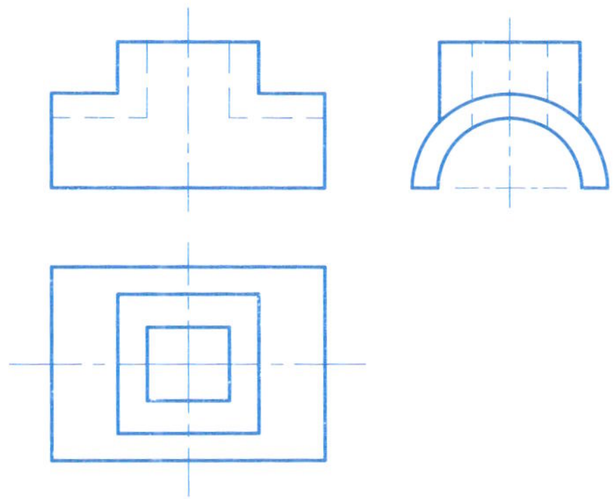

（2）

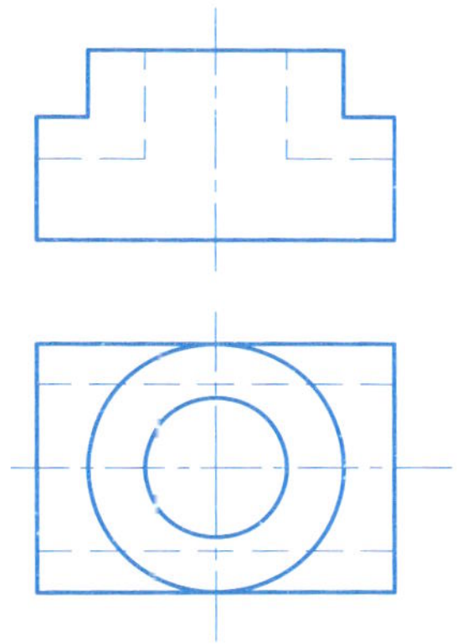

（3）

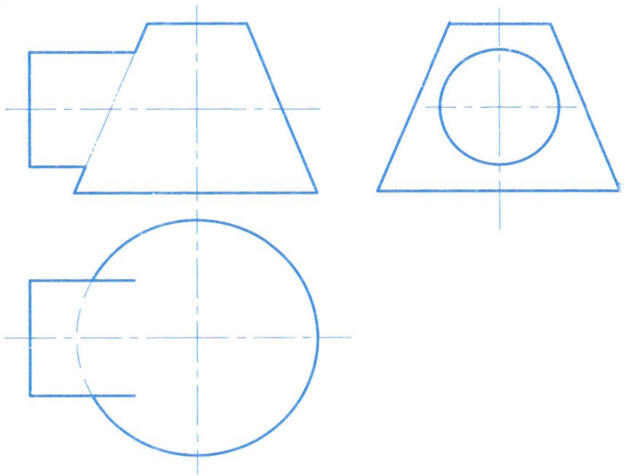

（4）

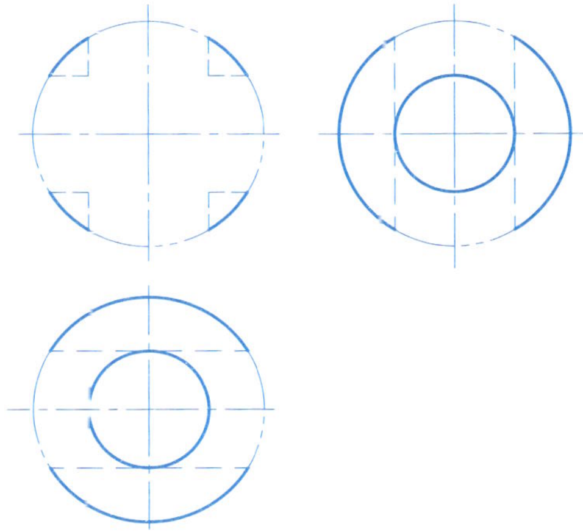

2.5 相贯线练习（二）

2. 补画下列立体三视图或表面交线。

（1）

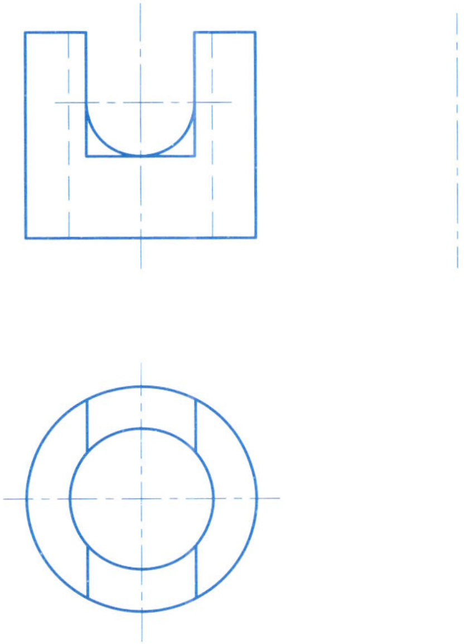

（2）

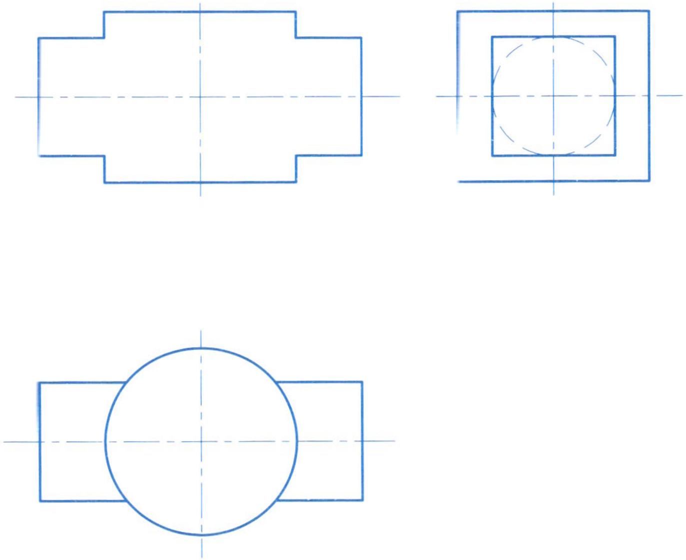

班级________ 姓名________ 学号________

2.6 简单体尺寸标注

1. 从图中以1：1量取标注尺寸，取整数。

（1）

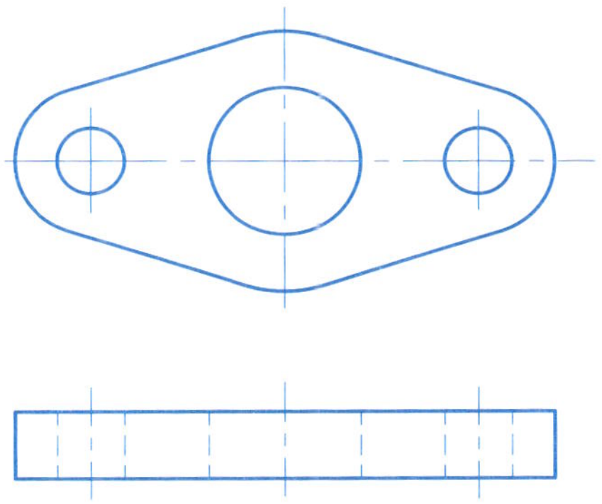

（2）

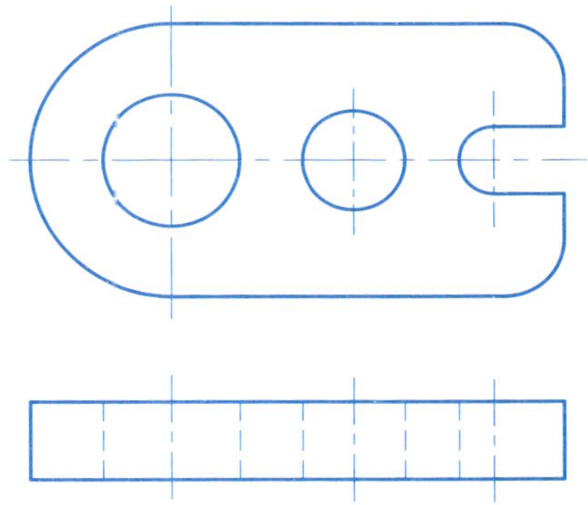

2. 正确标注下列基本体尺寸，尺寸数字直接量取整数。

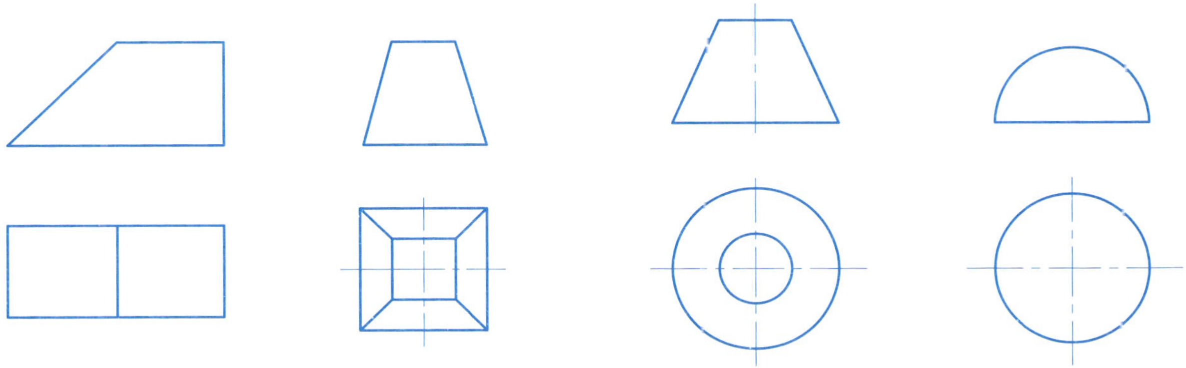

2.7 综合练习

1. 补画形体俯视图。

（1）

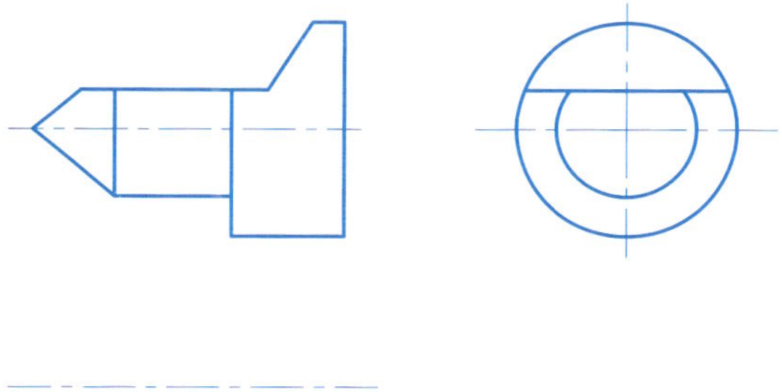

（2）

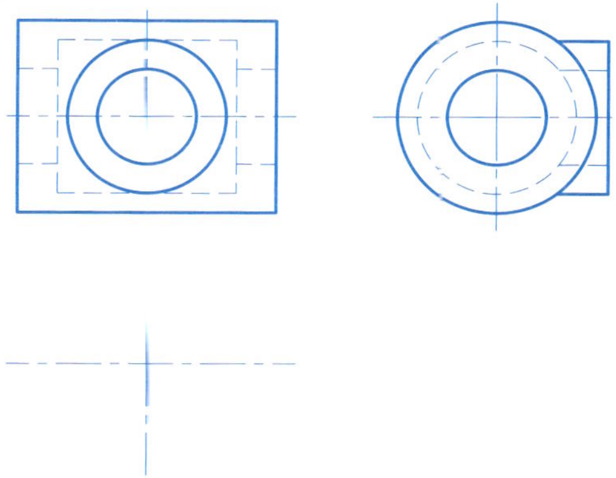

2. 根据已知视图，画出物体正等轴测图。

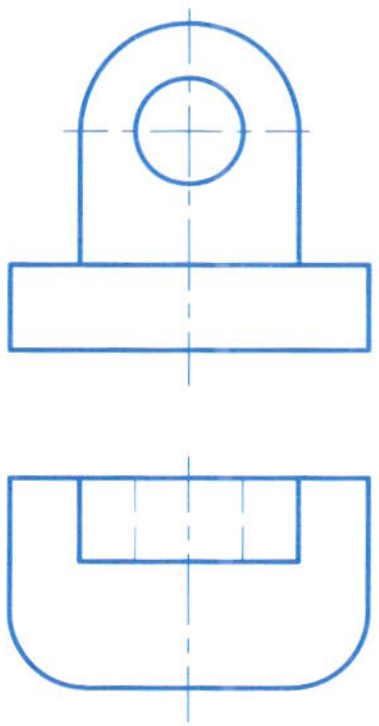

班级________ 姓名________ 学号________

3.1 组合体练习（一）

1. 根据组合体表面连接关系，补全主视图中所缺线段。

（1）

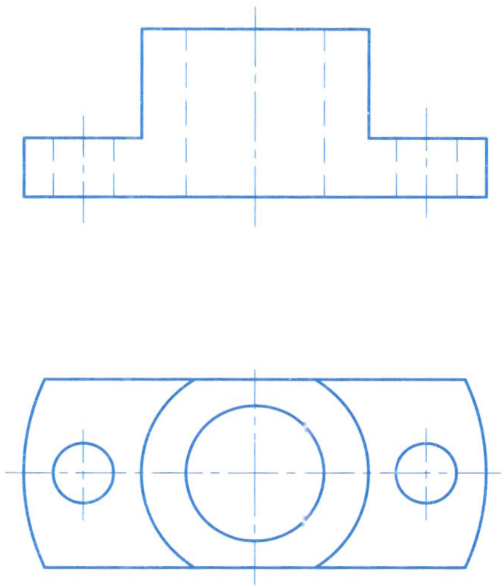

（2）

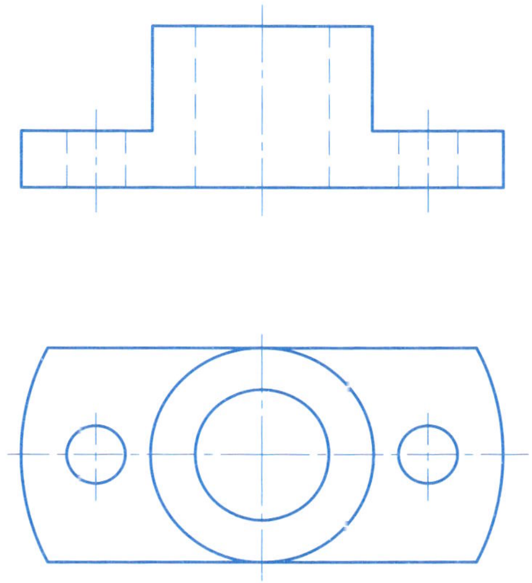

3.1 组合体练习（二）

1. 根据组合体表面连接关系，补全主视图中所缺线段。

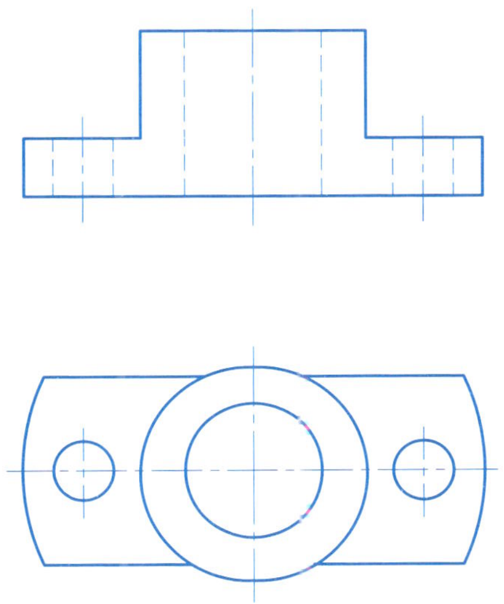

2. 分析组合体轴测图，补画俯视图。

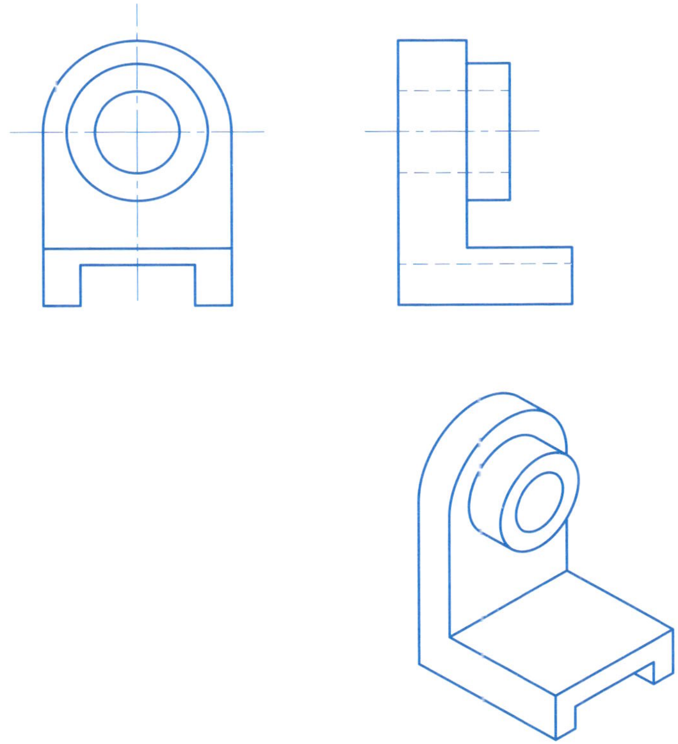

班级________ 姓名________ 学号________

3.2 绘制组合体三视图

1. 目的

进一步理解物与图之间的对应关系，掌握运用形体分析方法绘制组合体的三视图。

2. 作业要求

根据所示的轴测图画组合体的三视图，并标注尺寸，完整地表达组合体的内外形状。标注尺寸要齐全、清晰，并符合国家标准。图名组合体，图幅A4，比例自定。

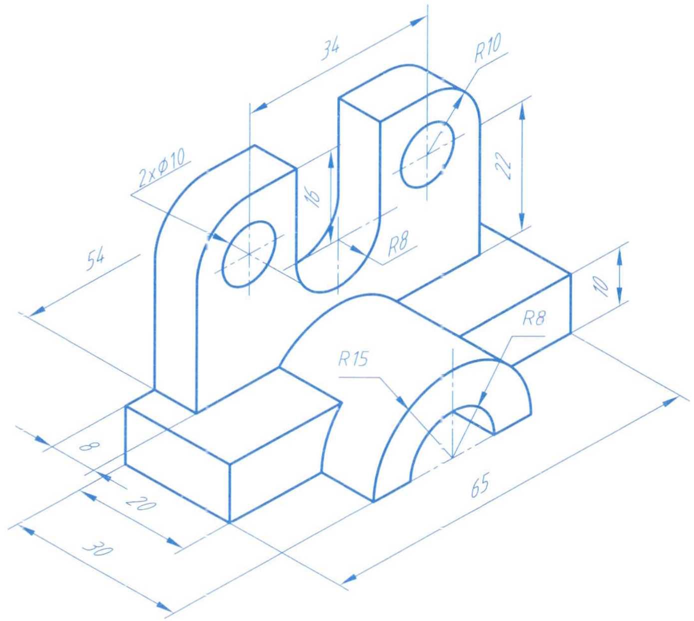

3.3 组合体练习补漏线

（1）

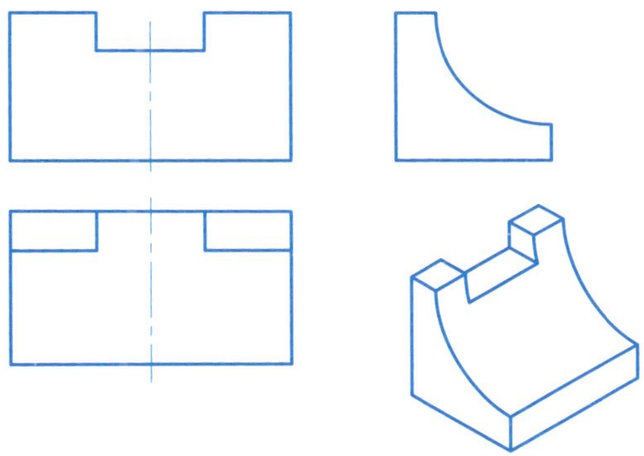

（2）

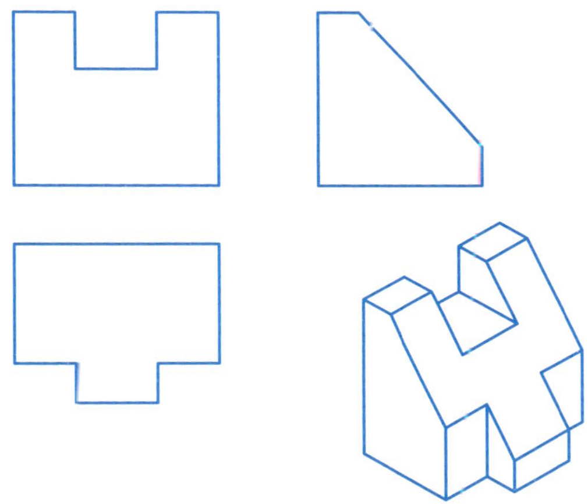

（3）

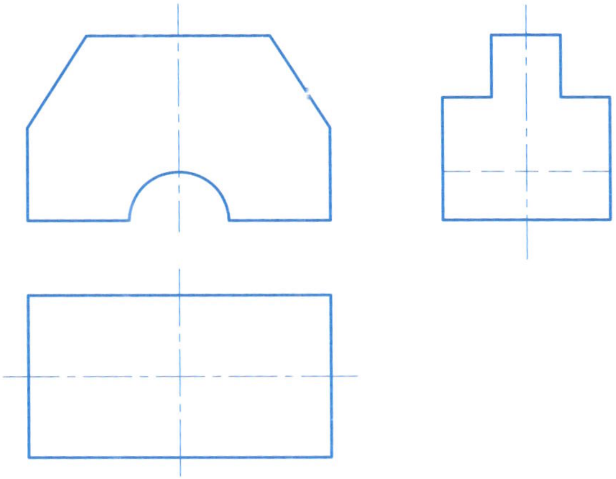

（4）

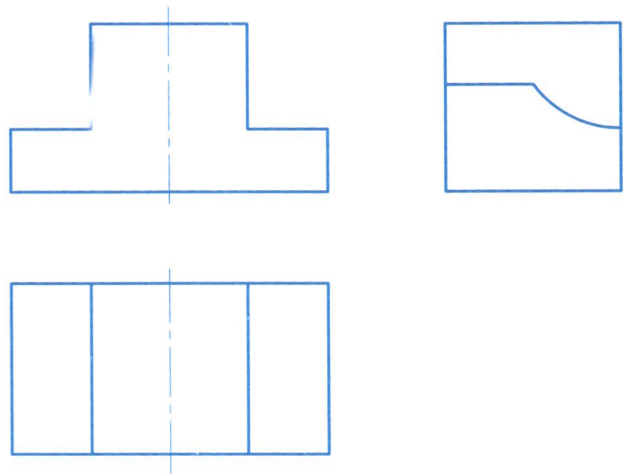

3.4 组合体尺寸标注

1. 指出视图中重复或多余的尺寸（打“×”），并标注遗漏的尺寸。

（1）

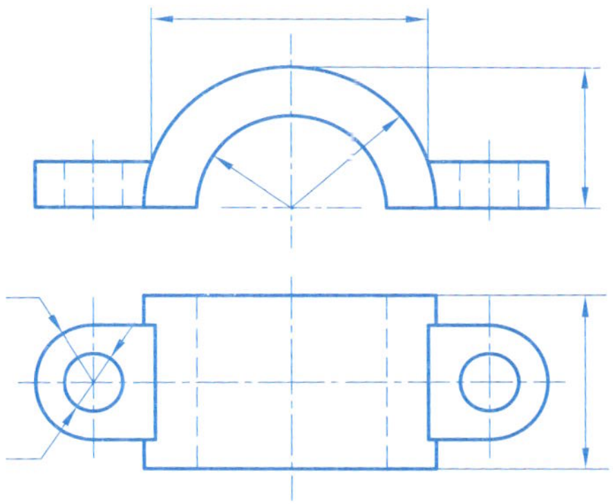

（2）

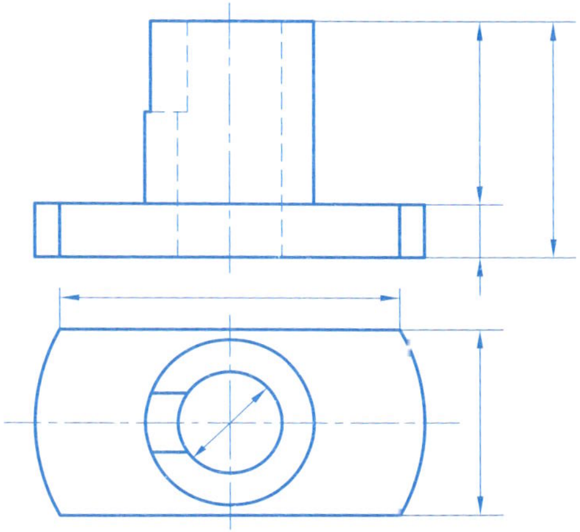

2. 标注尺寸（尺寸1 : 1从图中量取整数）。

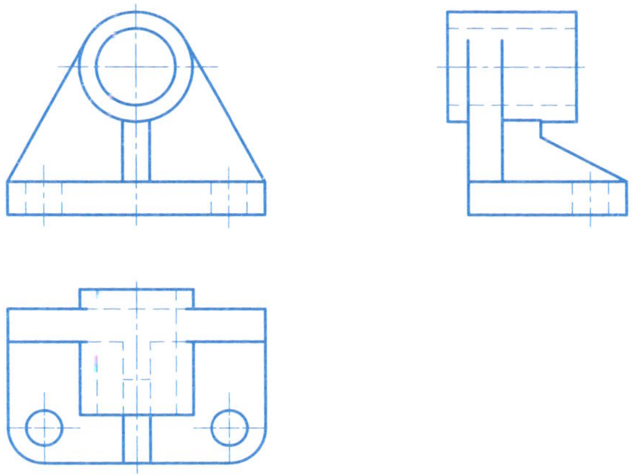

班级________ 姓名________ 学号________

3.5 组合体练习，补视图

(1)

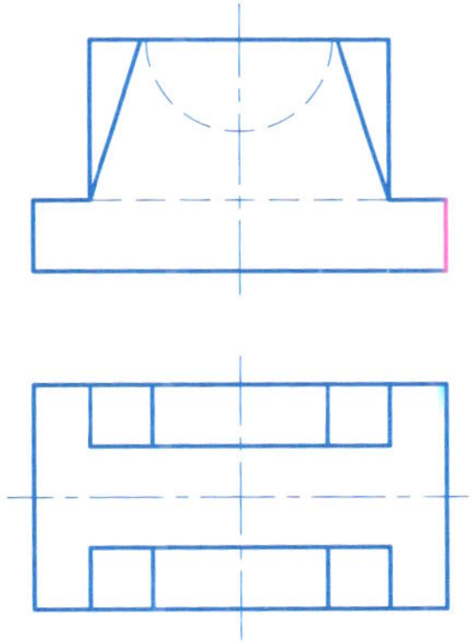

(2)

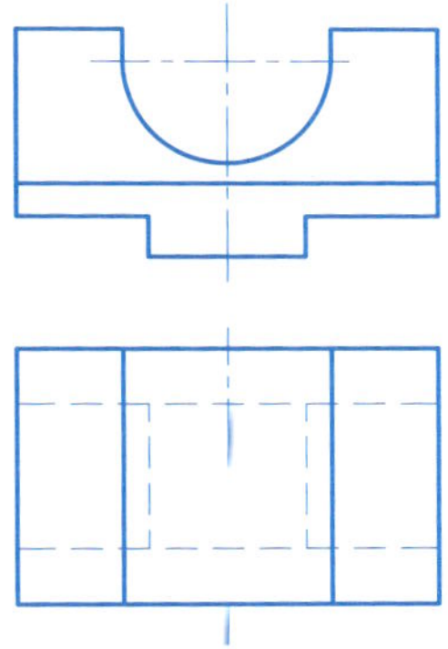

(3)

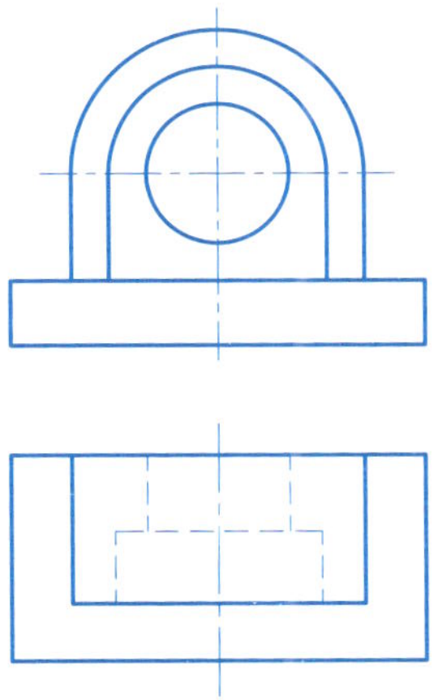

(4)

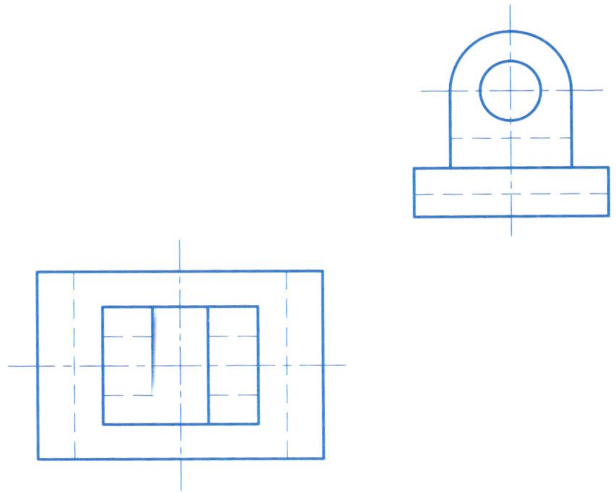

3.6 基本视图和向视图

根据已知视图，补画右视图和A向、B向视图。

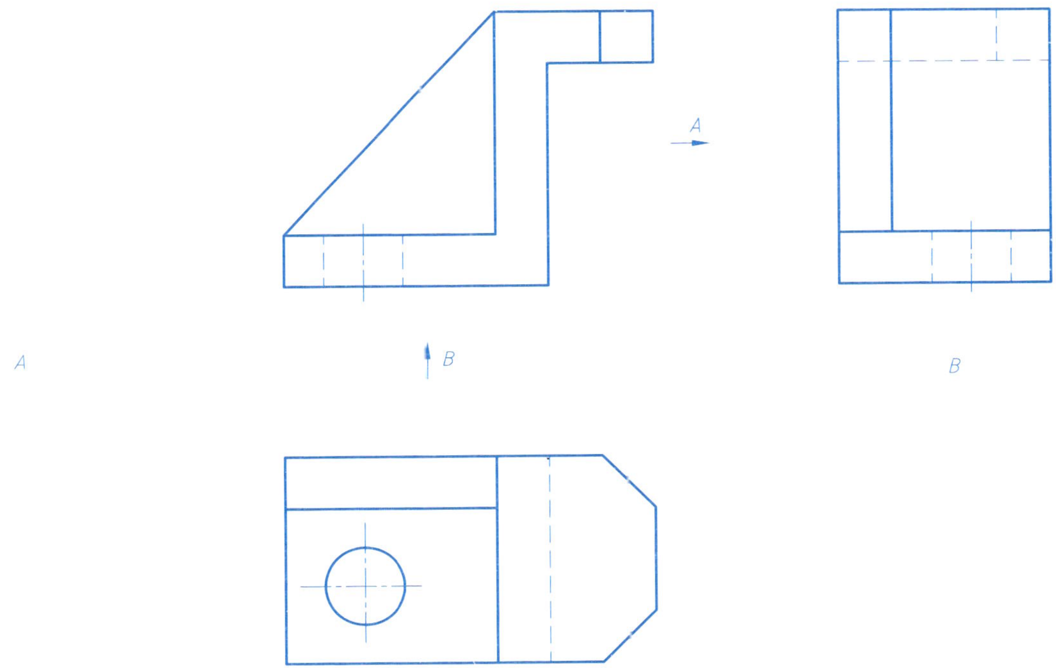

班级________ 姓名________ 学号________

3.7 局部视图和斜视图

参照轴测图，作局部视图和斜视图，并按规定标注。

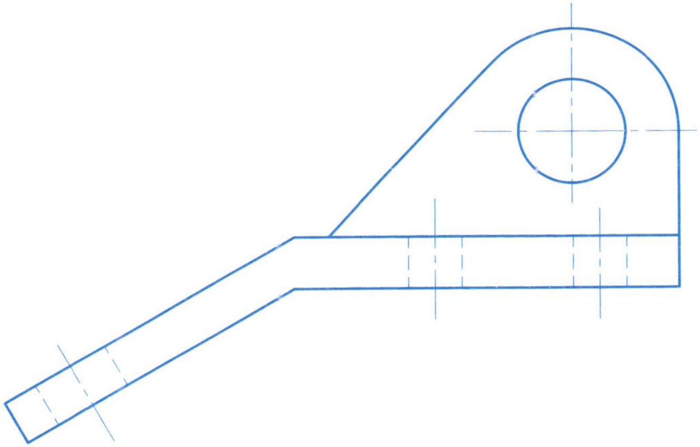

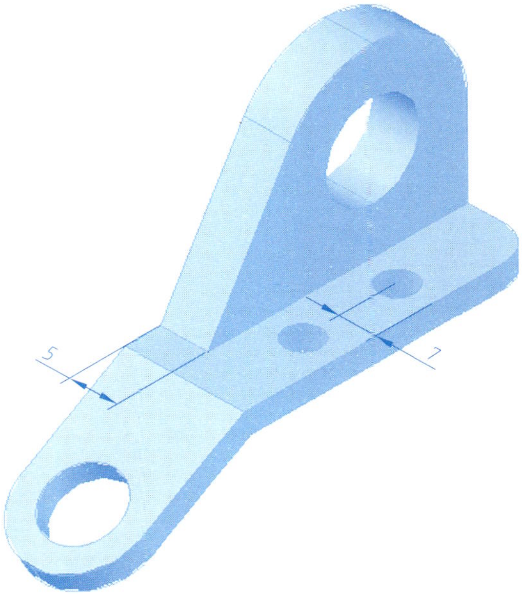

3.8 剖视图补漏线

根据已知视图，补画漏缺线。

（1）

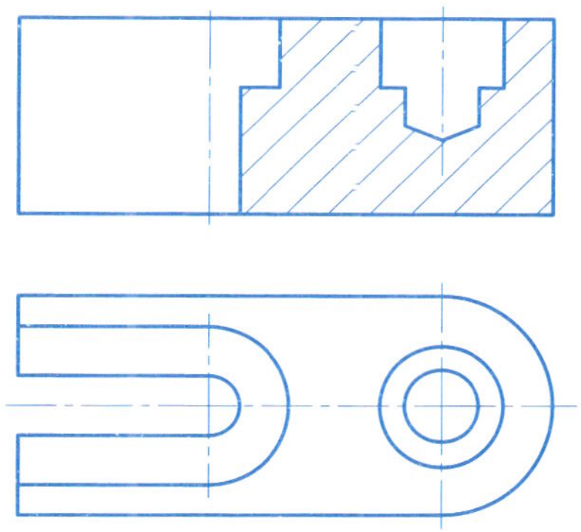

（2）

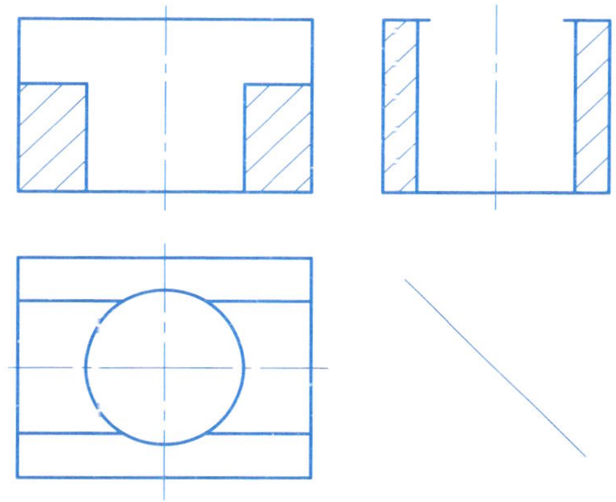

（3）

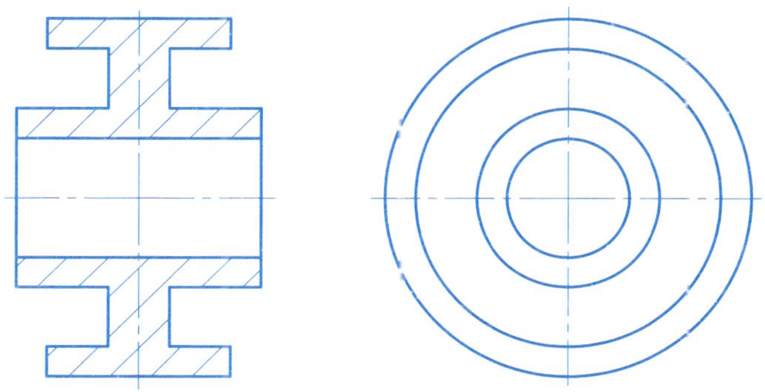

（4）

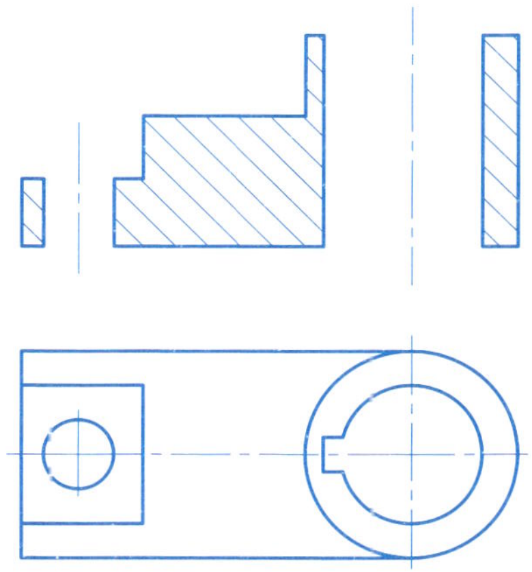

班级________ 姓名________ 学号________

3.9 全剖视图

在指定位置将主视图改画为全剖视图。

（1）

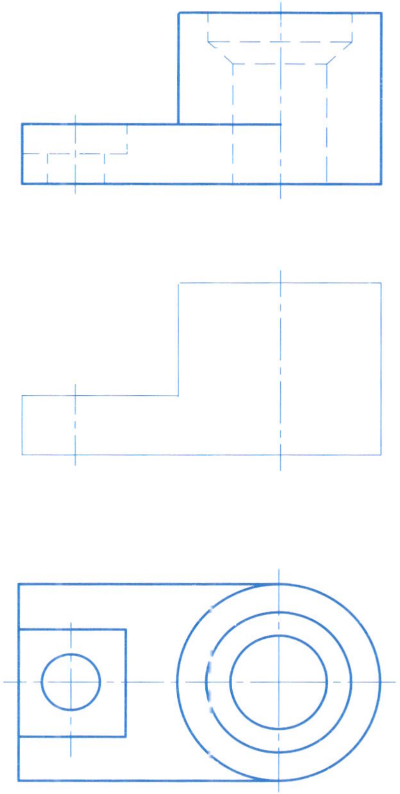

（2）

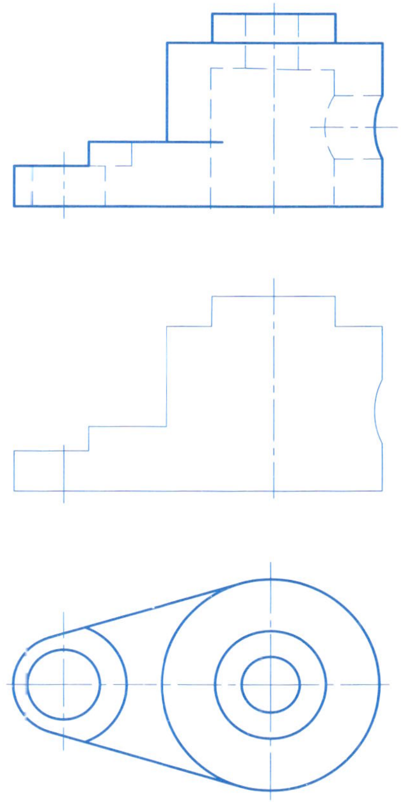

3.10 半剖视图

在指定位置完成半剖视图。

（1）

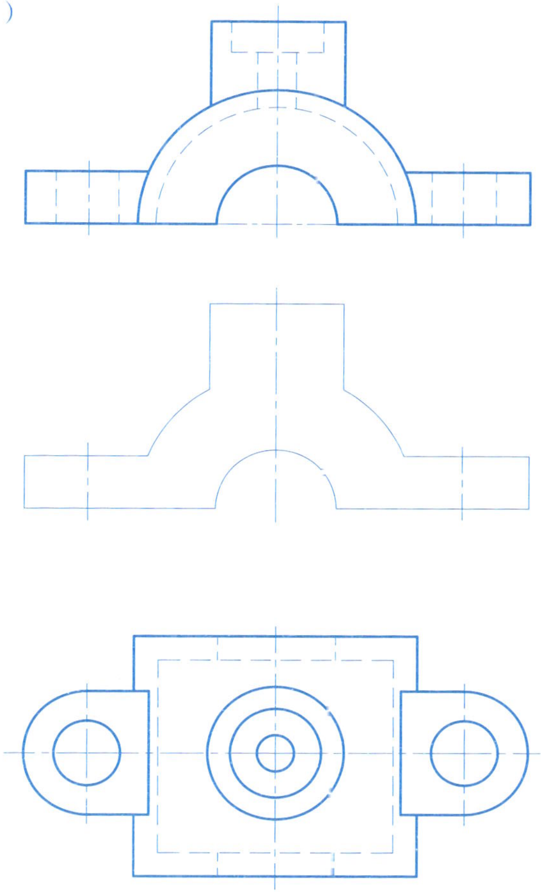

（2）

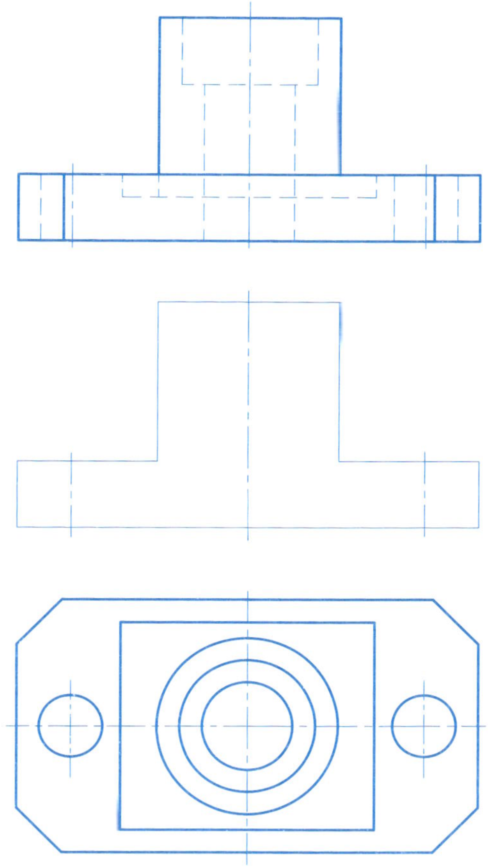

班级________ 姓名________ 学号________

3.11 平行剖和相交剖

(1)

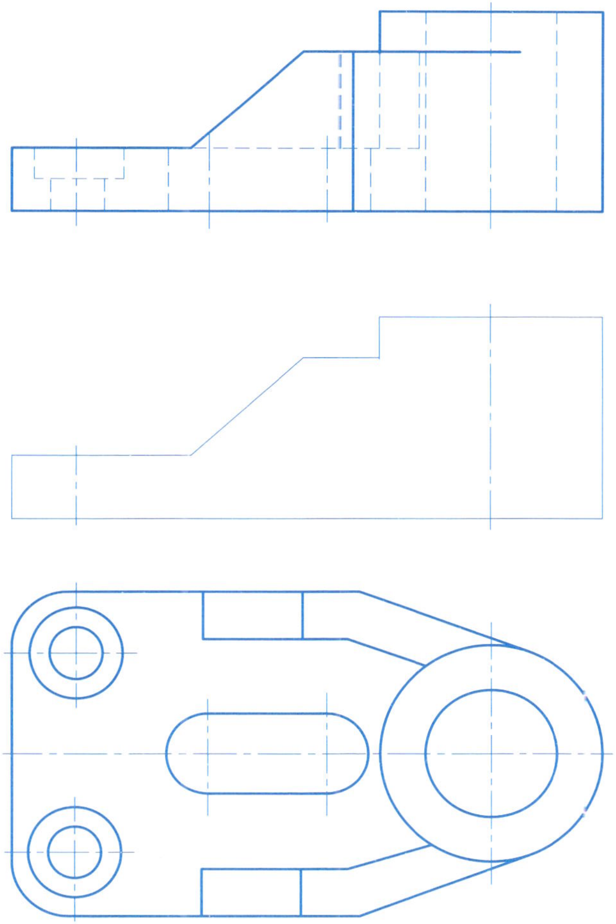

(2)

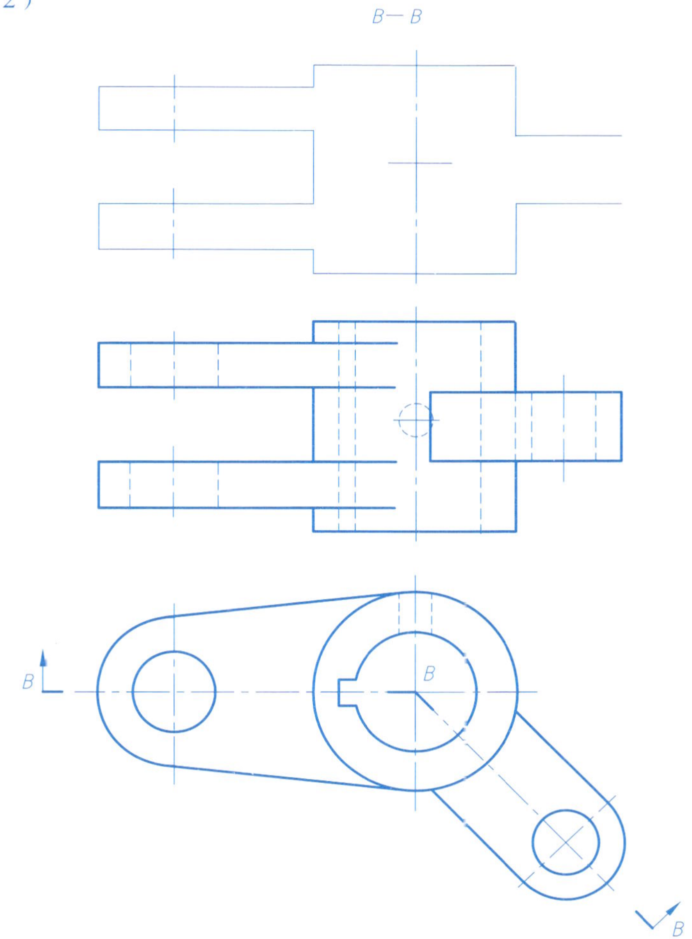

3.12 局部剖

1. 分析剖视图中的错误，在右边做出正确的剖视图。

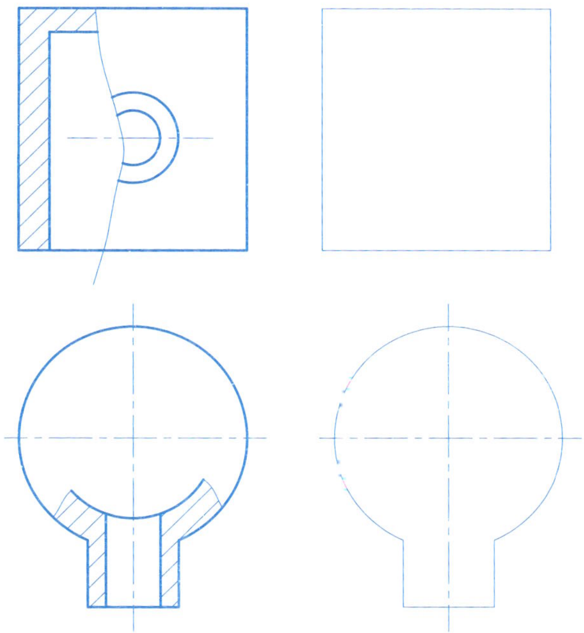

2. 在原图中改画局部剖视图。

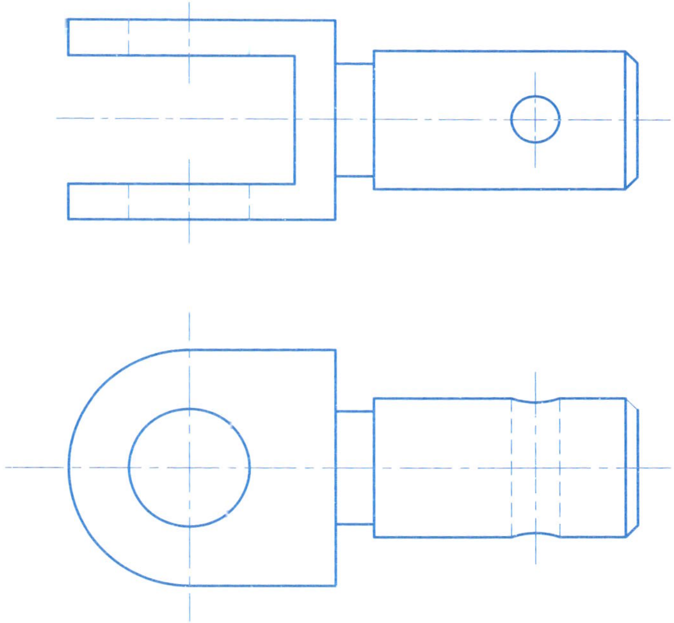

班级______ 姓名______ 学号______

3.13 断面图

按箭头所指位置画断面图，并进行标注（左键槽深4 mm，右键槽深3.5 mm，均不对称）。

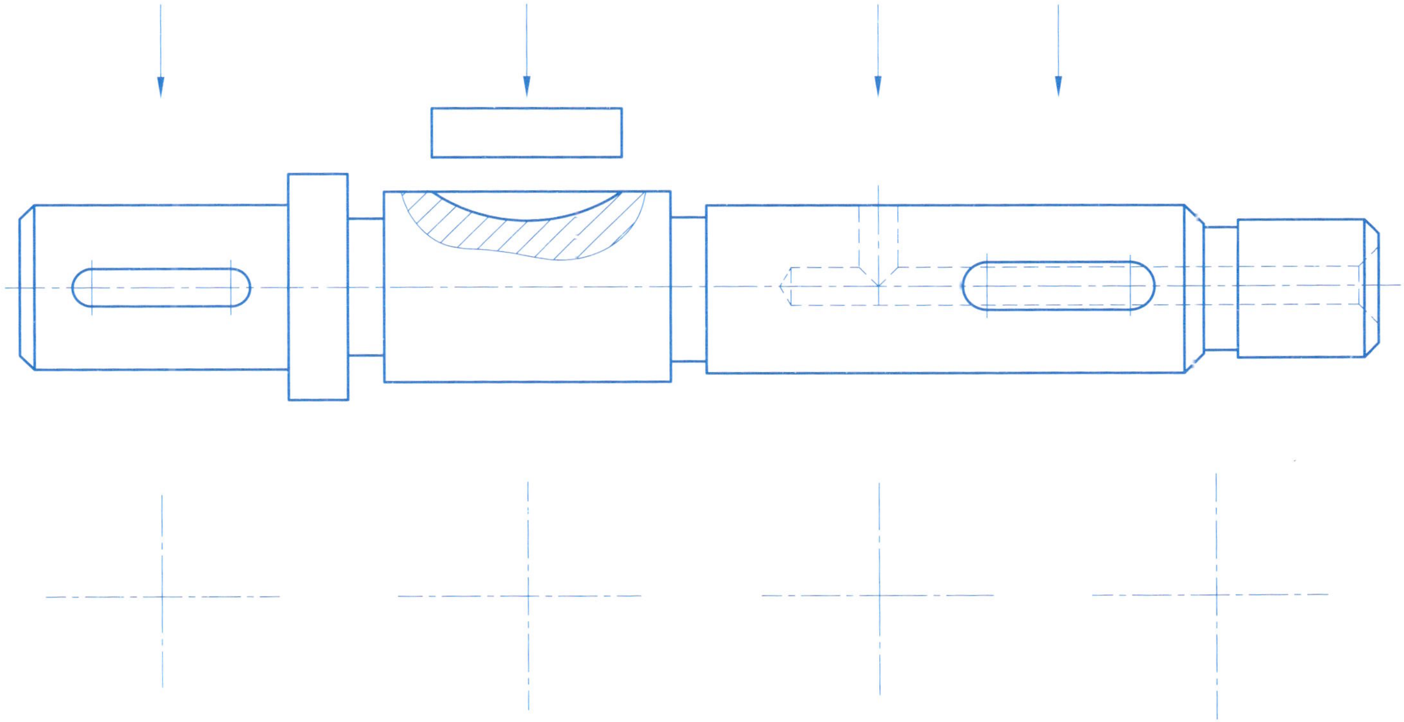

3.14 综合练习

1. 目的

（1）进一步理解剖视的概念，掌握剖视图的画法。

（2）训练选择物体表达方法的基本能力。

2. 作业要求

（1）根据视图题（1）、轴测图题（2），由教师指定其中一题，选择适当的表达方法，将机件的内外形状表达清楚，并标注尺寸。

（1）

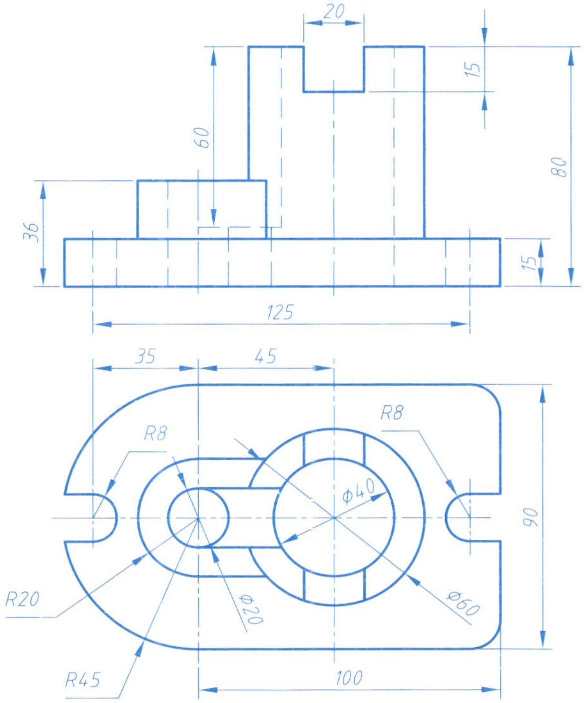

（2）

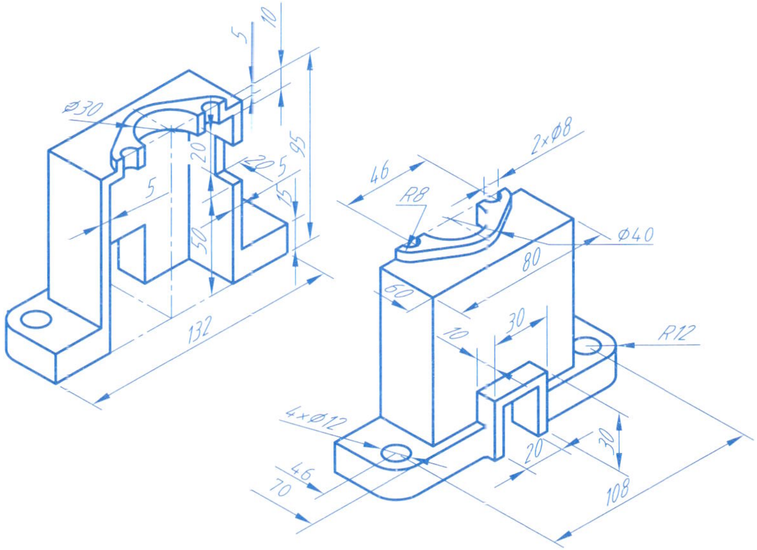

4.1 螺纹基础知识

1. 下图是圆柱外螺纹的四种左视图，你认为正确的打“√”。

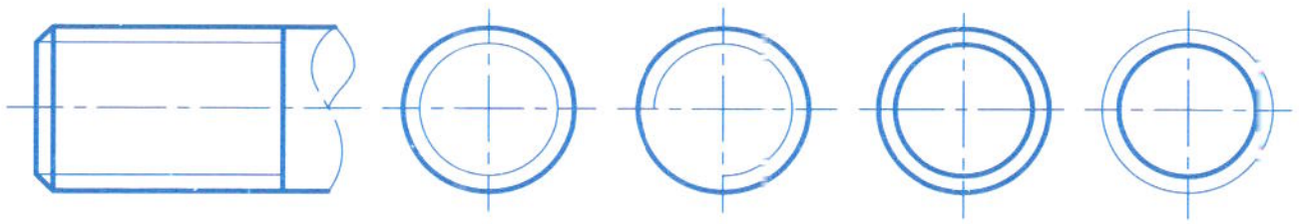

(　)　(　)　(　)　(　)

2. 普通螺纹的公称直径是指(　)。

A. 螺纹大径　　B. 螺纹小径
C. 螺纹中经　　D. 平均直径

3. 普通螺纹的螺纹尺寸应标注在(　)。

A. 大径上
B. 小径上
C. 中径上
D. 螺距上

4. 绘制外螺纹时，螺纹的小径用(　)绘制，螺纹的大径用(　)绘制。1.细实线 2.粗实线 3.细点划线。正确答案是(　)

A. 1　2
B. 2　3
C. 3　1
D. 3　2

5. 下图中尺寸A 的含义，你认为正确的打“√”。

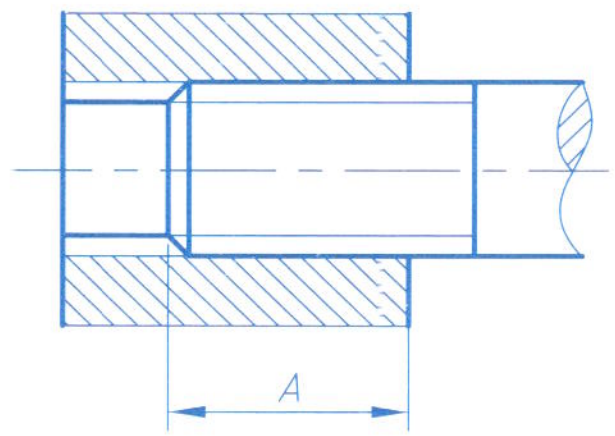

A. 旋入深度(　)
B. 螺孔深度(　)
C. 螺杆长度(　)

班级______ 姓名______ 学号______

4.2 螺纹画法改错

(1)

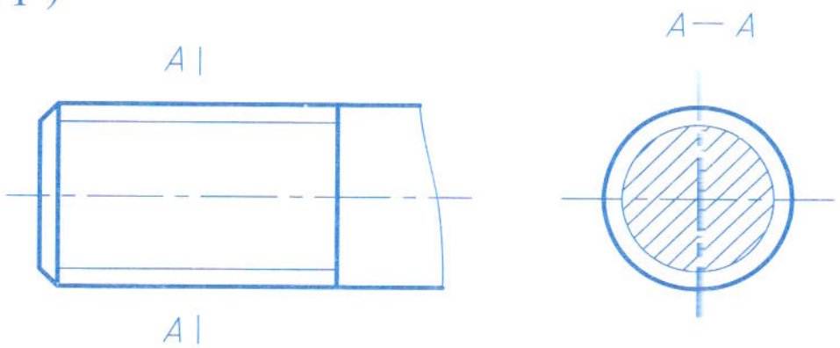

(2)

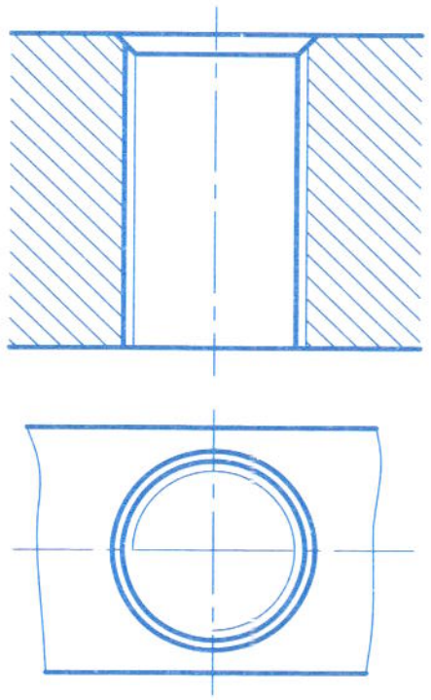

(3)

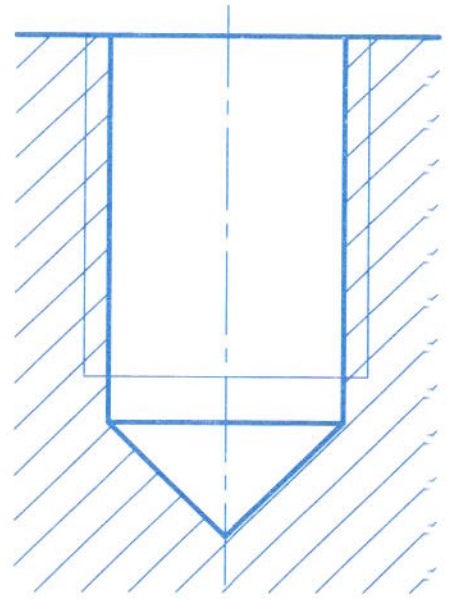

(4)

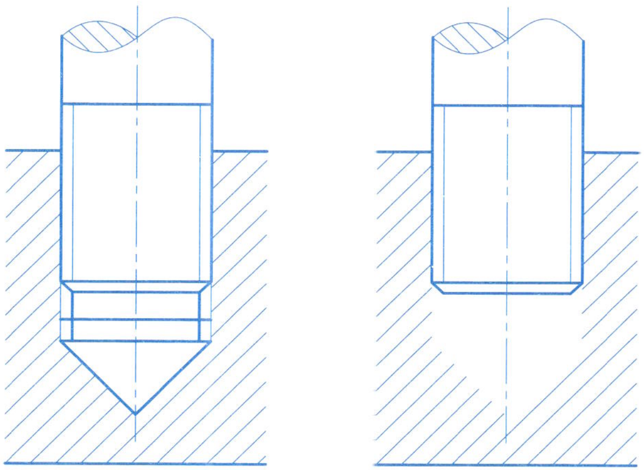

(5)

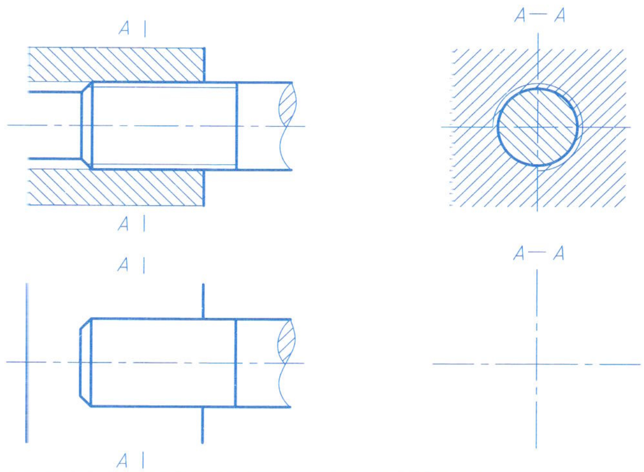

班级______ 姓名______ 学号______

4.3 螺纹的标注

1. 粗牙普通螺纹，大径16 mm，右旋，中径、顶径公差带代号为6 g，中等旋合长度。

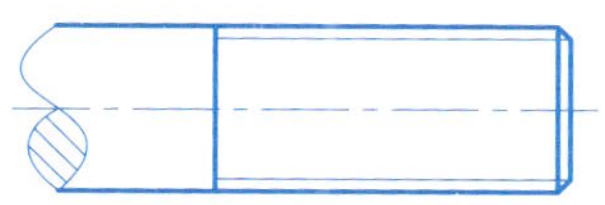

2. 细牙普通螺纹，大径18 mm，螺距1.5 mm，左旋，中径、顶径公差带代号为6 h，中等旋合长度。

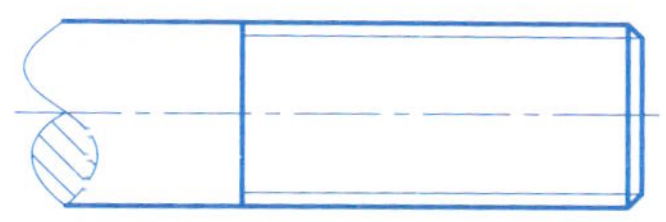

3. 粗牙普通螺纹，大径16 mm，右旋，中径、顶径公差带代号为6 h，中等旋合长度。

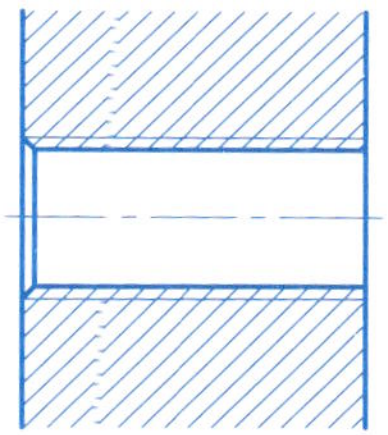

4. 六角头螺栓（C级）：M12，l=45 mm。

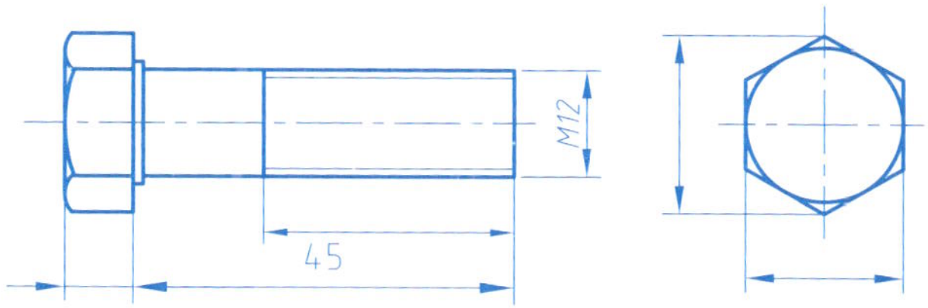

标记______

5. 螺柱（B型，b_m=1.25d）：M12，l=45 mm。

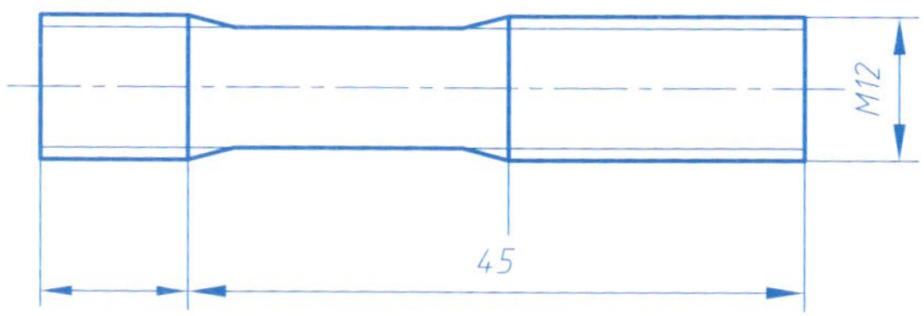

标记______

班级________ 姓名________ 学号________

4.4 螺栓连接及螺柱连接

1. 螺栓连接：螺栓GB/T 5782 M12×55。

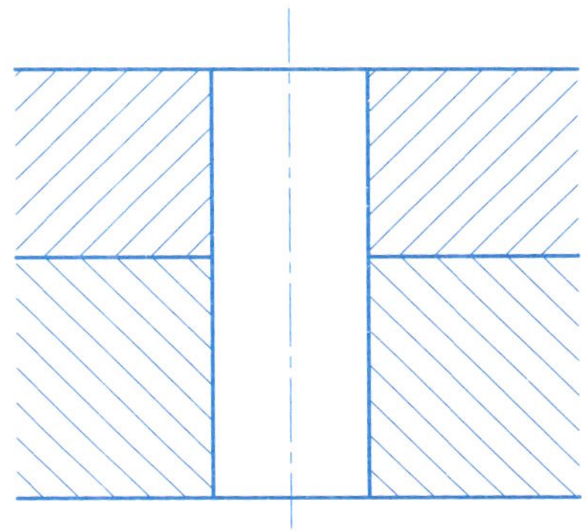

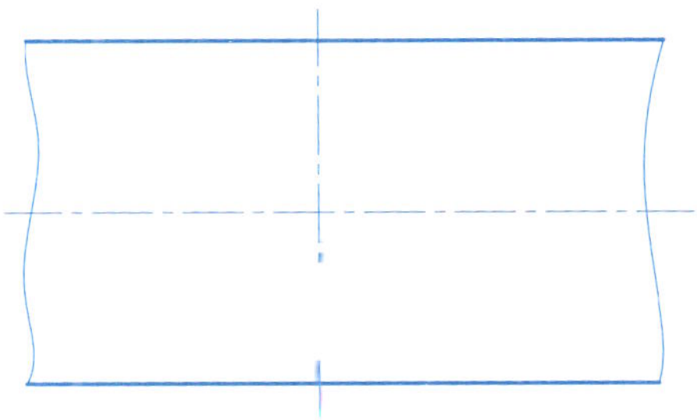

2. 螺柱连接：双头螺柱GB/T 898 M12×30。

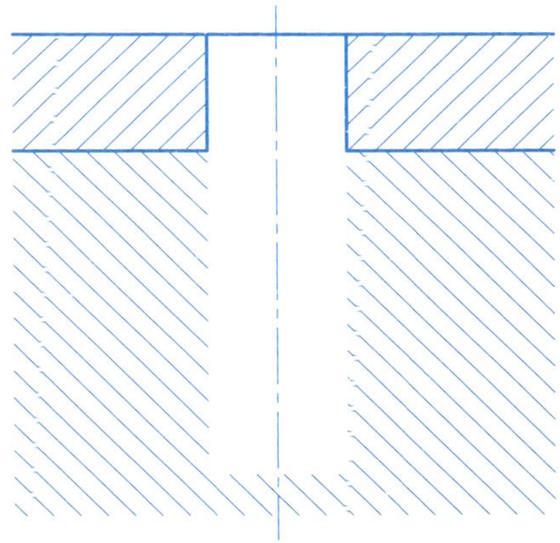

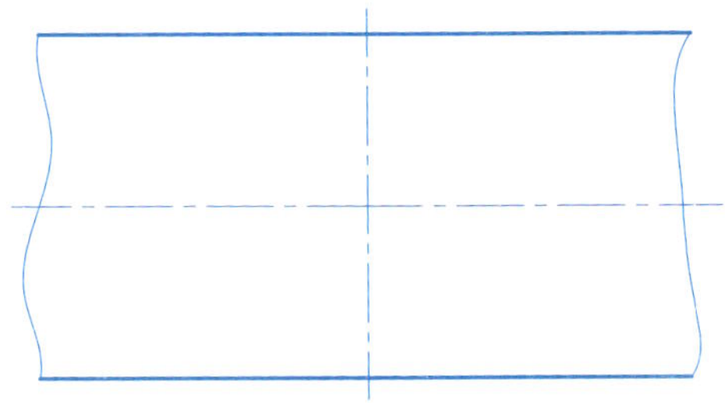

班级________ 姓名________ 学号________

4.5 直齿圆柱齿轮画法

已知直齿圆柱齿轮$m=5$、$z=40$，计算该齿轮的分度圆、齿顶圆和齿根圆的直径。用1∶2补全下列两视图。（齿顶圆倒角C2）。

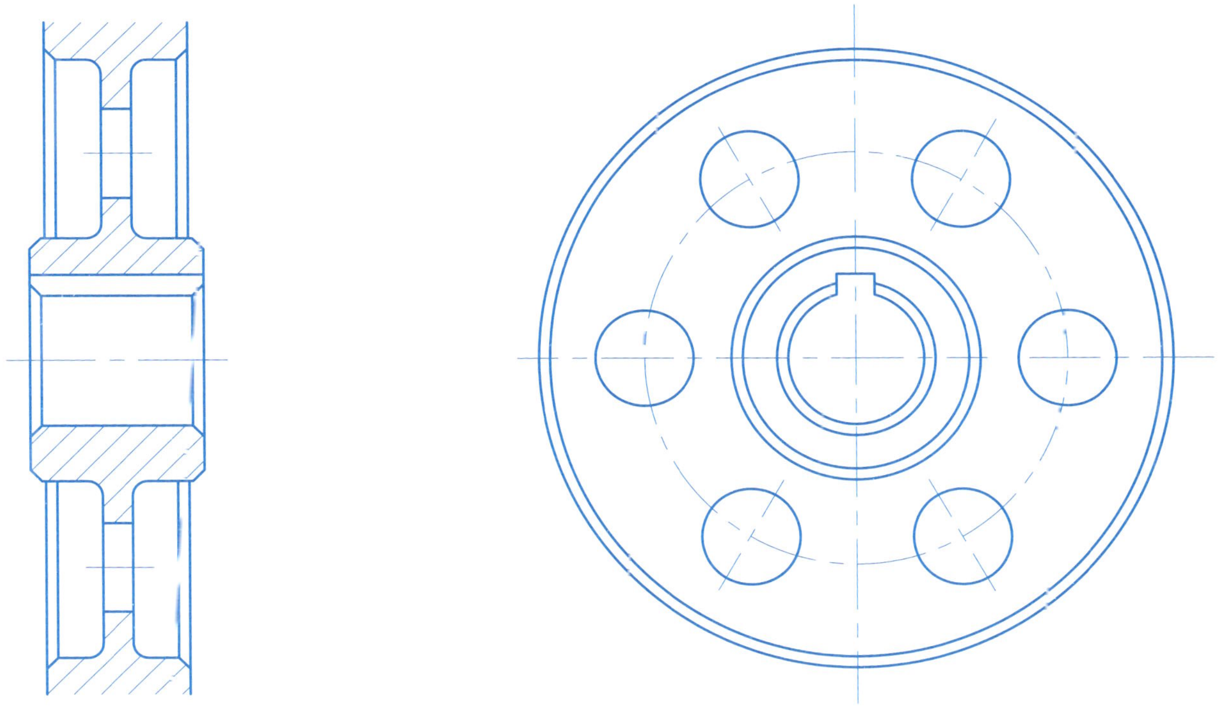

班级________ 姓名________ 学号________

4.6 直齿圆柱齿轮啮合画法

已知直齿圆柱大齿轮$z_1=30$，小齿轮$z_2=20$，$m=4$ mm，两齿轮中心距$a=100$ mm。试计算大、小齿轮的基本尺寸，并用1∶2的比例完成齿轮啮合图。

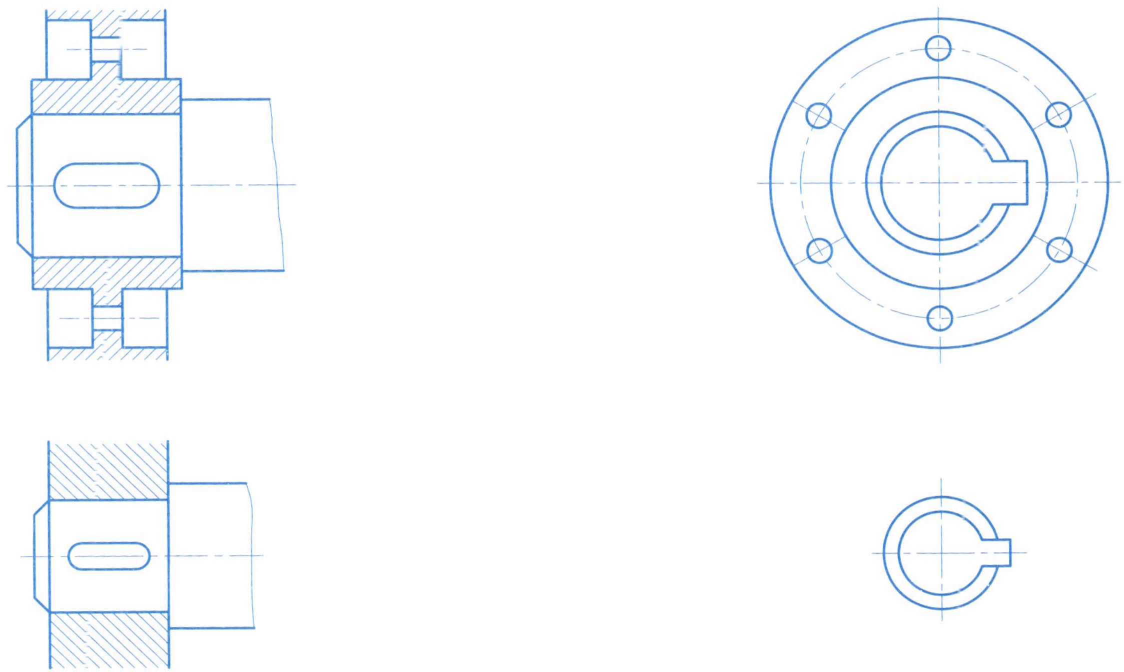

班级________ 姓名________ 学号________

4.7 键及键连接(轴、孔直径ϕ14 mm，用A型普通平键联接)。

1. 按1 : 1的比例完成轴和齿轮的图形，并标注轴和孔及键槽（查表）尺寸。

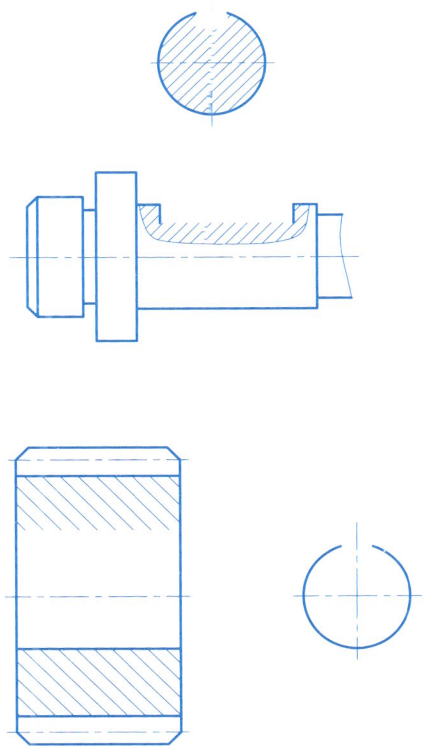

2. 完成轴和齿轮用键连接的图形。

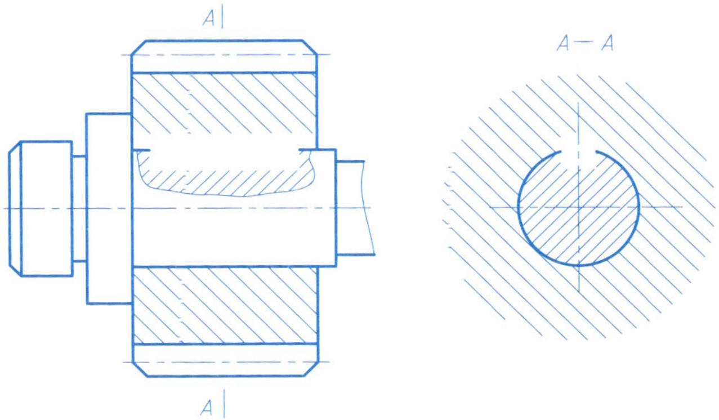

班级________ 姓名________ 学号________

4.8 联轴节装配图

1. 目的

熟悉并掌握各种标准件的有关知识及其连接画法。

2. 作业要求

在A3图纸上，用比例1：1画出联轴节装配图。

3. 注意事项

图中未注尺寸按比例1：1.5从图中量取（整数），装配图上不注尺寸，也不注零件序号。

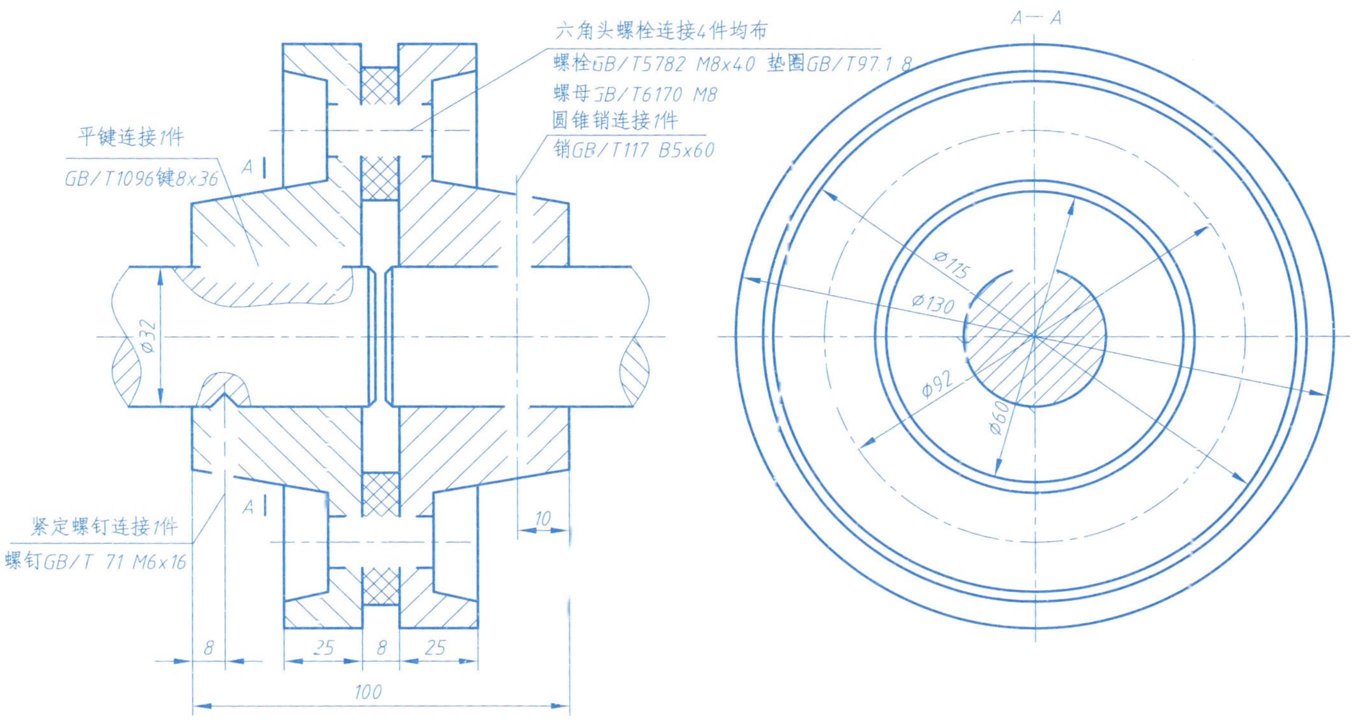

5.1 零件图基础知识

1. 表面粗糙度符号顶角为60°。（　　）

2.  符号表示该表面是用去除材料的方法获得的。（　　）

3. 在标注尺寸时尺寸数字一般注写在尺寸线的上方，也允许注写在尺寸线的中断处。（　　）

4. 零件图同一方向上尺寸标注不应封闭。（　　）

5. 表面粗糙度代号应标注在可见轮廓线、尺寸线、引出线或它们的延长线上。（　　）

6. 确定各部分形体形状及大小的尺寸称为总体尺寸。（　　）

7. 形位公差标注时，基准线与尺寸线对齐的要素是（　　）。

　A. 轮廓要素　B. 实际要素　C. 单一要素　D. 中心要素

8. 形位公差中没有基准要求的是（　　）。

　A. 形状公差　B. 位置公差　C. 方向公差　D. 跳动公差

9. 表面粗糙度符号在图样上标注叙述不正确的是（　　）。

　A. 可见轮廓线上　B. 尺寸界限上　C. 虚线上　D. 符号尖端从材料外指向被标注表面

10. 在工程图中，俯视图一般放在主视图的（　　）位置，左视图一般放在主视图的（　　）位置。

　A. 正左边　B. 正右边　C. 正上边　D. 正下边

11. 零件图中标注C2表示的涵义是：________________。

5.2 表面粗糙度、公差与配合的标注（一）

1. 标注出零件中螺纹（Ra为3.2 μm）、小孔（Ra为6.3 μm）、大孔圆（Ra12.5 μm）、两端面（Ra为6.3 μm）、其余（Ra为25 μm）的表面粗糙度。

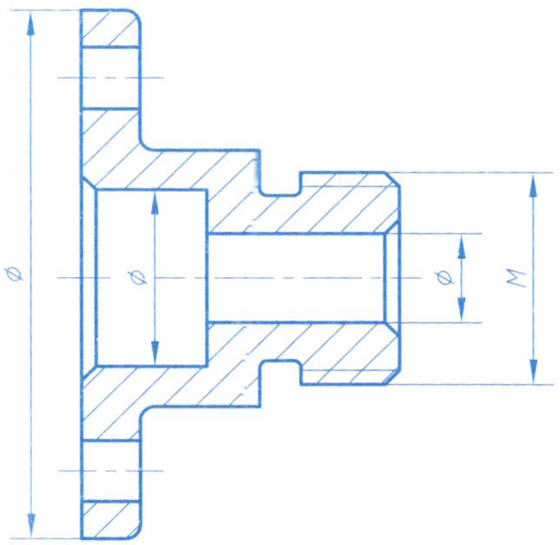

2. 标注轴和孔的公称尺寸及上下偏差值．并填空。

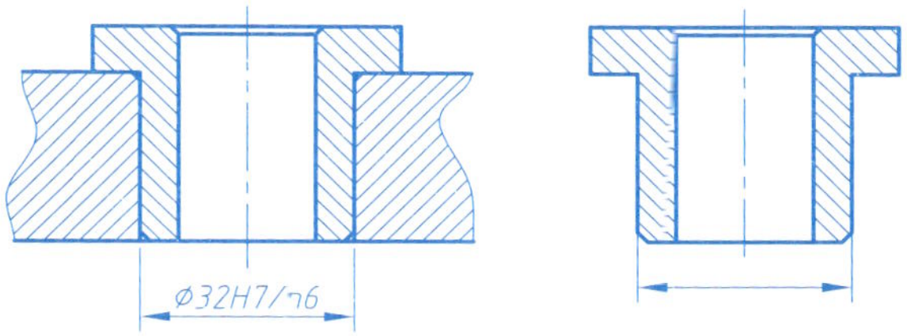

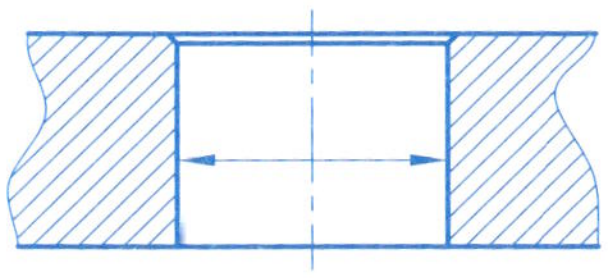

ϕ32表示____；H7表示____；n6表示____；
孔与轴的配合为____制的____配合。

班级______ 姓名______ 学号______

5.2 表面粗糙度、公差与配合的标注（二）

1. 根据零件图中标注的相应尺寸和公差带代号，在装配图中分别标注出配合代号。

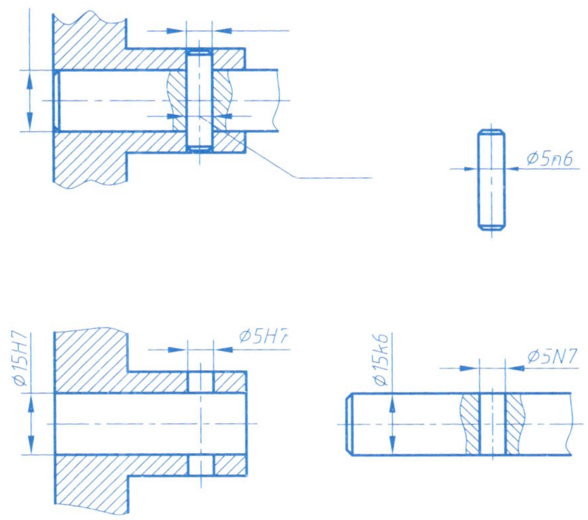

2. 标注轴的下列几何公差：①ϕ30h7的圆柱度公差为0.02；②ϕ30h7轴线对ϕ15H6轴线的同轴度公差为ϕ0.03；③ϕ40h7圆柱面对ϕ15H6与ϕ20f6的公共轴线的圆跳动公差为0.04。

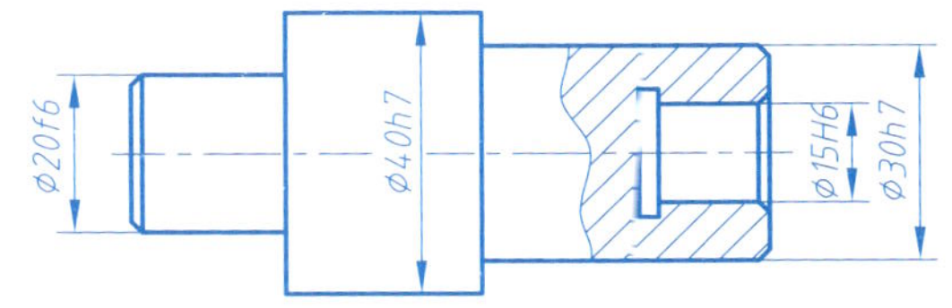

5.3 读零件图（一）

读零件图，并完成下列填空：

（1）该零件的名称是______，材料是______，采用的表达方法有：________________________________。

（2）分别用指引线和文字指出轴向和径向两个方向的主要尺寸基准。

（3）试解释 ◎ ⌀0.035 A 的含义：________________。

（4）$\phi95^{+0.025}_{+0.003}$ 公称尺寸是______，上极限尺寸是______，下极限尺寸是______，尺寸公差是______。

（5）表面质量要求最高的圆柱面是______圆柱面，其 *Ra* 值是______。

（6）在指定位置画出 *B*—*B* 移出断面图。

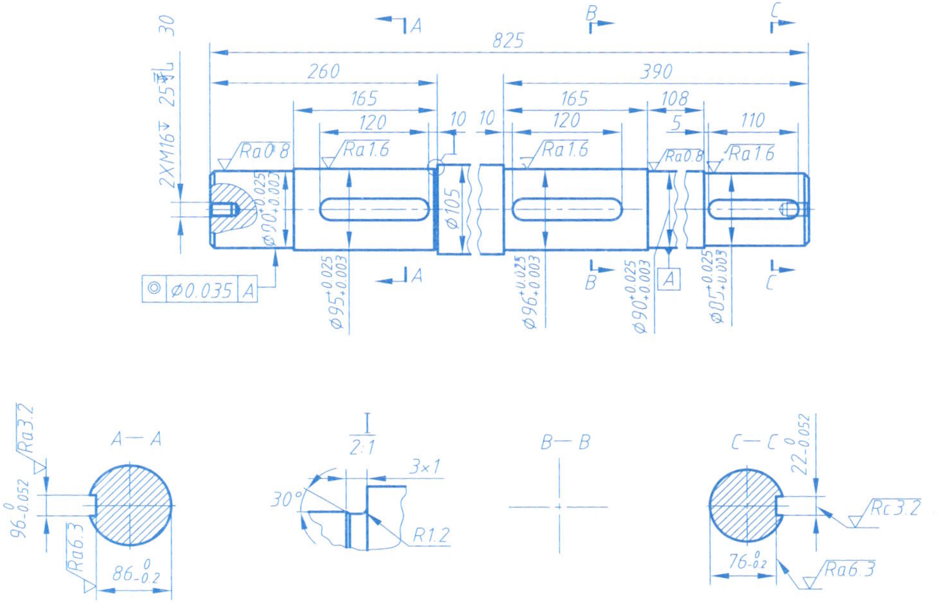

技术要求

1. 未注倒角为C2；
2. 调质处理220～250 HBS；
3. 发蓝。

√Ra6.3（√　　）

主动轴		比例	1∶5	数量
		材料	45	1
制图				
审核				

班级________ 姓名________ 学号________

5.3 读零件图（二）

读套筒零件图，并完成下列问题。

（1）图中标有①的部位，所指两条虚线间的距离为__________；图中标有②的部位，所指圆的直径是__________。

（2）图中标有③所指的线框，其定形尺寸为__________，定位尺寸为__________；图中标有④所指位置的表面粗糙度是__________。

（3）在图中用指引线和文字标出轴向和径向两个方向的主要尺寸基准。

（4）零件上16±0.1的这段长度，其上极限尺寸是__________，下极限尺寸是__________，其左端面的表面粗糙度*Ra*值为__________。

（5）试解释 ◎ ϕ0.04 C 的含义：______________________________。

（6）在指定位置画出*K*向局部视图。

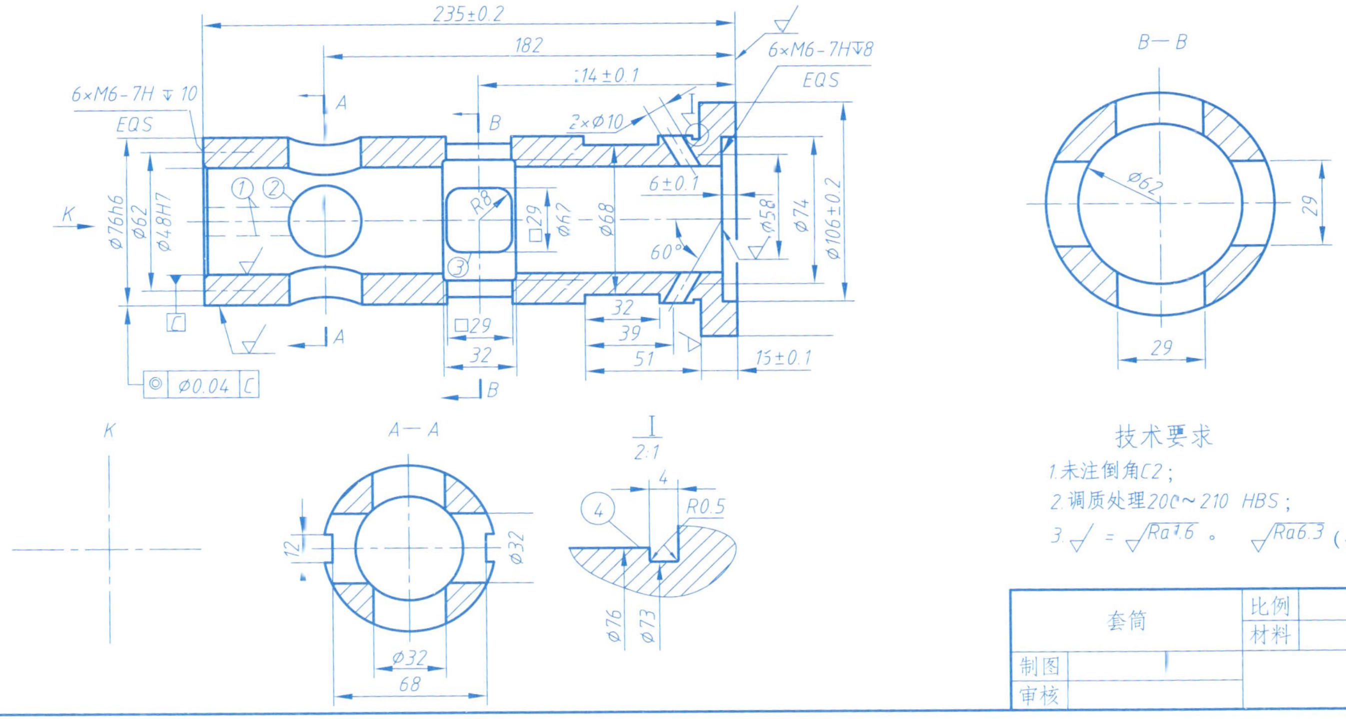

技术要求

1. 未注倒角C2；
2. 调质处理200~210 HBS；
3. √ = √Ra1.6 。 √Ra6.3 (√)

套筒	比例	1∶2	数量
	材料	45	1
制图			
审核			

5.3 读零件图（三）

读压盖零件图，并完成下列问题。

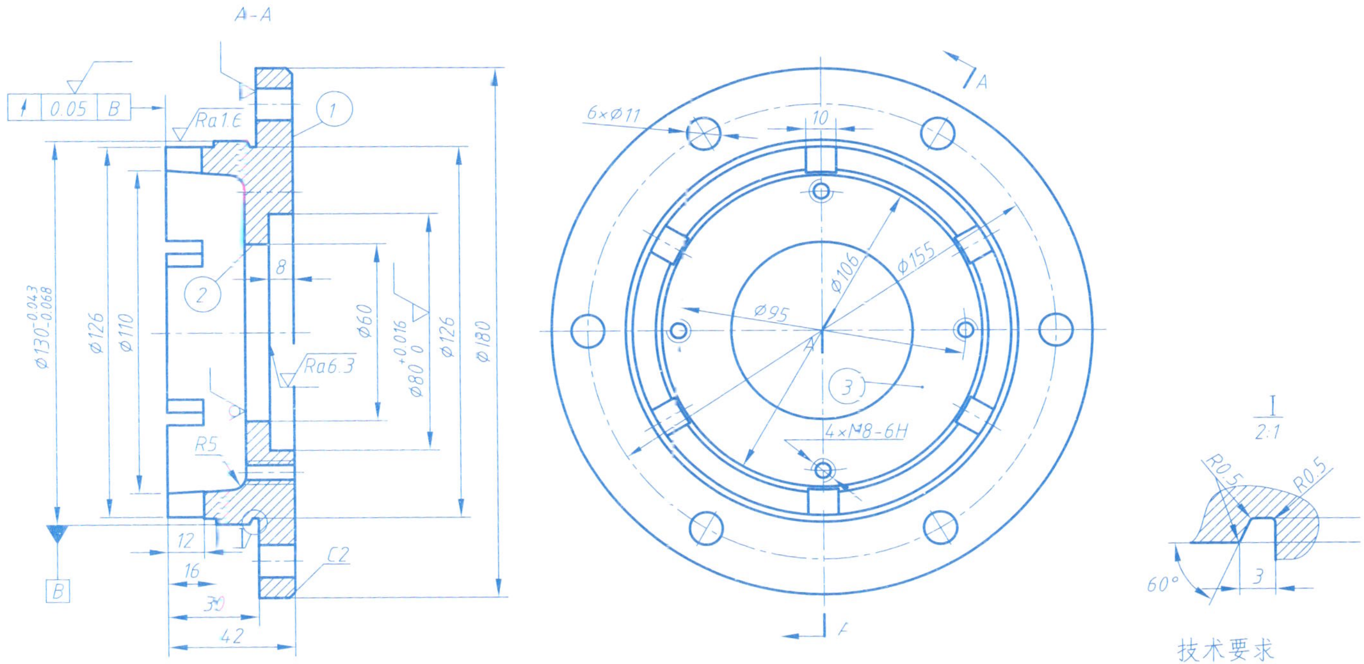

技术要求

1.未注倒角C1 。

2. $\sqrt{\ }$ = $\sqrt{Ra3.2}$ 。

$\sqrt{Ra12.5}$ (√)

（1）$\phi130^{-0.043}_{-0.068}$ 的公称尺寸为____，上极限尺寸为______，下极限尺寸为______，公差值为______。

（2）图中标有①、②表面的表面粗糙度 *Ra* 值分别为①___、②___。标有③表面的表面粗糙度符号为______。

（3）↗ 0.05 B 的含义是________________。

（4）在图中用引线指出长、宽、高三个方向的主要尺寸基准。

（5）图中标有6×ϕ11所指的孔的定形尺寸为_____，定位尺寸为_____。

压盖	比例	1 : 1.5	数量
	材料	HT200	1
制图			
审核			

班级______ 姓名______ 学号______

5.3 读零件图（四）

读托架零件图，并完成下列问题。

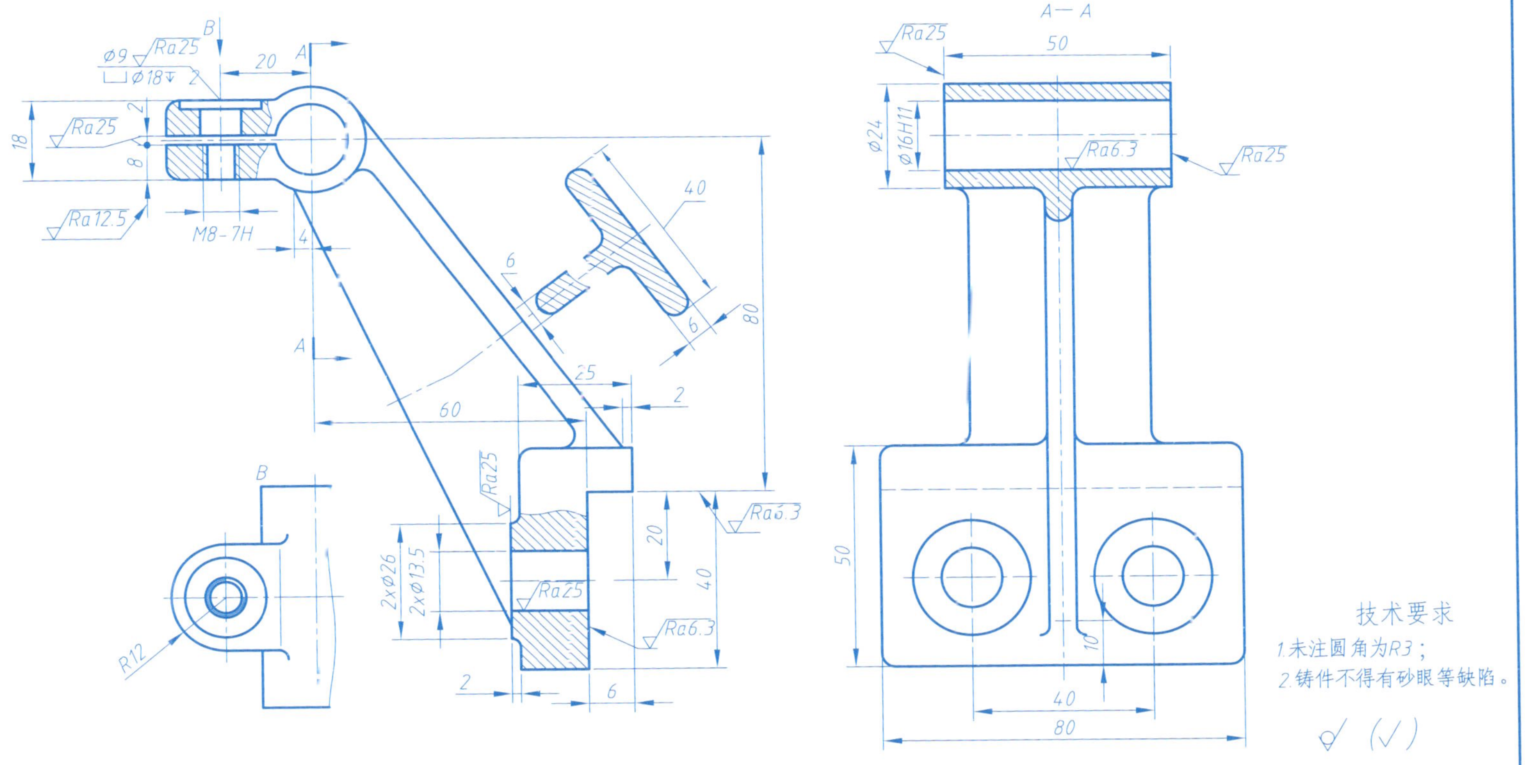

托架	比例	1 : 1	数量
	材料	HT150	1
制图			
审核			

（1）ϕ16H11的公称尺寸是____，公差带代号是____，公差等级是____。

（2）M8-7H的含义是________________________________。

（3）在图中用文字和引线指出长、宽、高三个方向的尺寸基准。

（4）试叙述托架零件图采用了哪些表达方法？

5.3 读零件图（五）

读座体零件图，并完成下列问题。

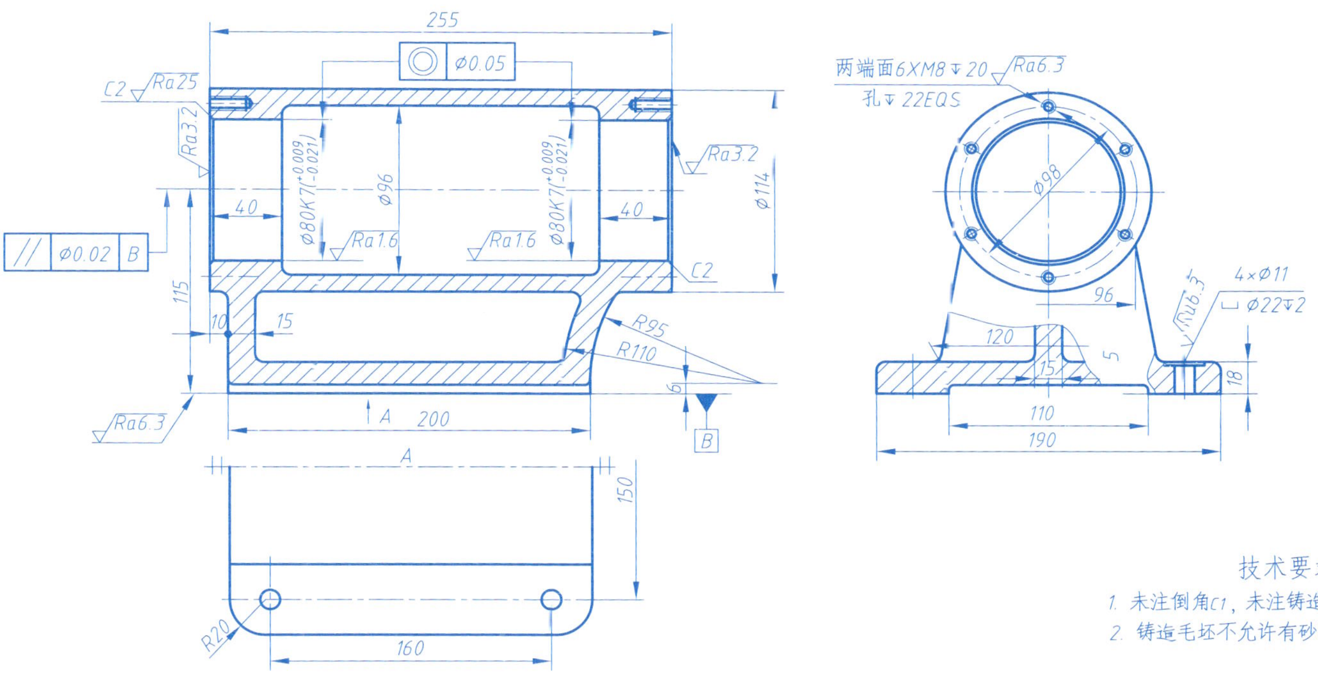

技术要求

1. 未注倒角C1，未注铸造圆角R3~R5；
2. 铸造毛坯不允许有砂眼、裂纹等缺陷。

Ra50 (√)

（1）图中标有尺寸公差要求的有____个，ϕ80K7的上极限尺寸为____，下极限尺寸为____，尺寸公差为____。

（2）$\frac{6\times M8 \text{↧} 20}{\text{孔↧}22EQS}$ 的含义是____。

（3）对于零件的加工表面，其最光滑表面的表面粗糙度*Ra*值为______，最粗糙表面的*Ra*值为______。

（4）在图中用引线指出长、宽、高三个方向的主要尺寸基准。

（5）图中内螺纹M8的定位尺寸为__________；4×ϕ11的定位尺寸为__________。

（6）座体的总长度为__________，总宽度为__________，总高度为__________。

座体		比例	1:2	数量
		材料	HT200	1
制图				
审核				

5.4 绘制零件图

1. 题目：根据零件轴测图，尺规绘制零件工作图。
2. 要求：
（1）图名：支架；比例：1∶1；A3；
（2）零件材料：HT200；
（3）综合要求：图面整洁，布局合理，文字工整，表达正确，尺寸标注齐全，标题栏填写内容完整。
3. 技术要求：
（1）铸件不得有裂纹，砂眼等缺陷；
（2）未注圆角为$R2$，倒角为$C1$；
（3）表面粗糙度：$\phi 32$圆柱两端面为$Ra12.5$；$\phi 17H8$孔为$Ra6.3$；A面、B面及螺栓孔为$Rc6.3$；$\phi 9$及沉孔$\phi 15$，左端凸台$Ra6.3$；其余是铸造表面，不作要求。

C向局部视图

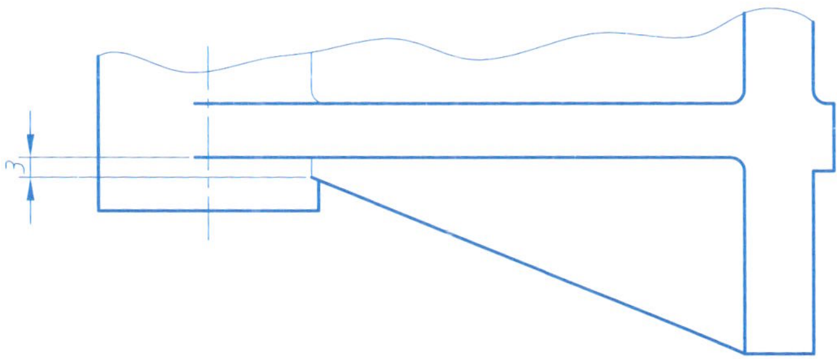

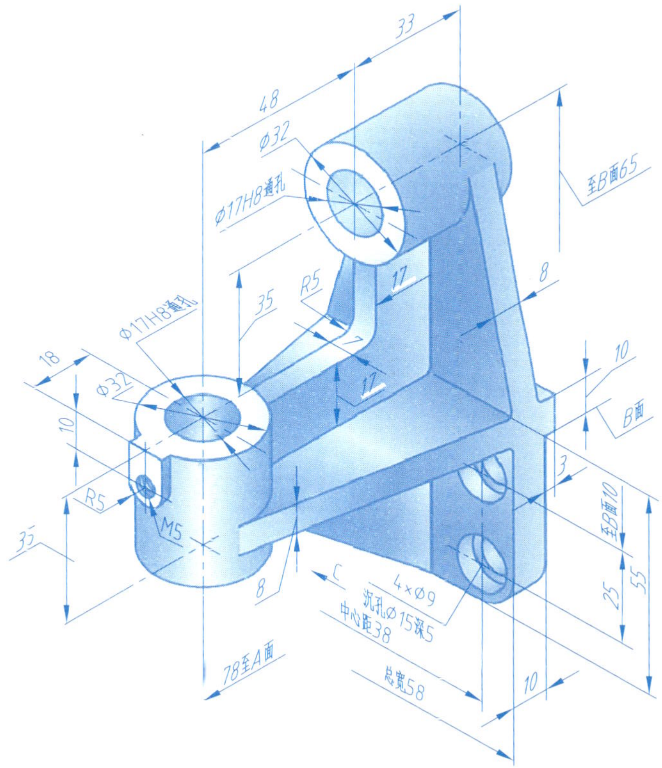

支架		比例	1∶2	数量
		材料	HT200	1
制图				
审核				

班级______ 姓名______ 学号______

6.1 读换向阀装配图

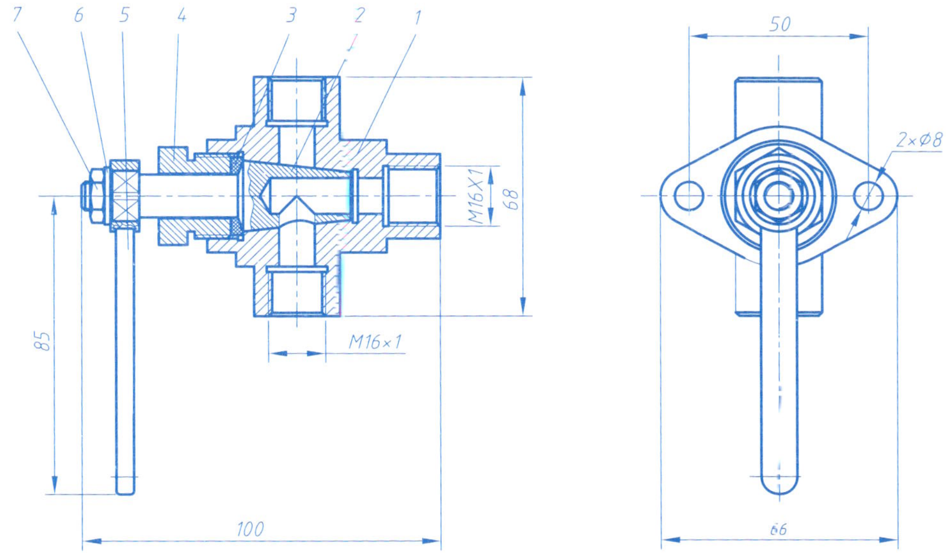

换向阀工作原理

换向阀是控制流体流向和流量大小的开关装置。右孔为流体的入口，图示为流体从下孔以最大的流量流出的状态。通过扳手带动阀杆旋转180°，流体就会从上孔以最大的流量流出。

序号	名称	数量	材料	备注
7	六角螺母	1	35	
6	垫圈	1	35	
5	扳手	1	HT200	
4	锁紧螺母	1	Q235	
3	填料	1	石棉	
2	阀杆	1	45	
1	阀体	1	HT200	

换向阀		比例	1 : 1
		件数	
制图			
审核			

读懂换向阀装配图并回答问题：

（1）该换向阀由______种、共______个零件组成。

（2）主视图采用了______剖和______剖。

（3）零件4的主要作用是______________。

（4）指出下列尺寸的类型：

M16×1：________；2×ϕ8：__________；

85：______；100：______；50：______。

（5）分析各零件的拆装顺序。

班级______ 姓名______ 学号______

6.2 读折角阀装配图

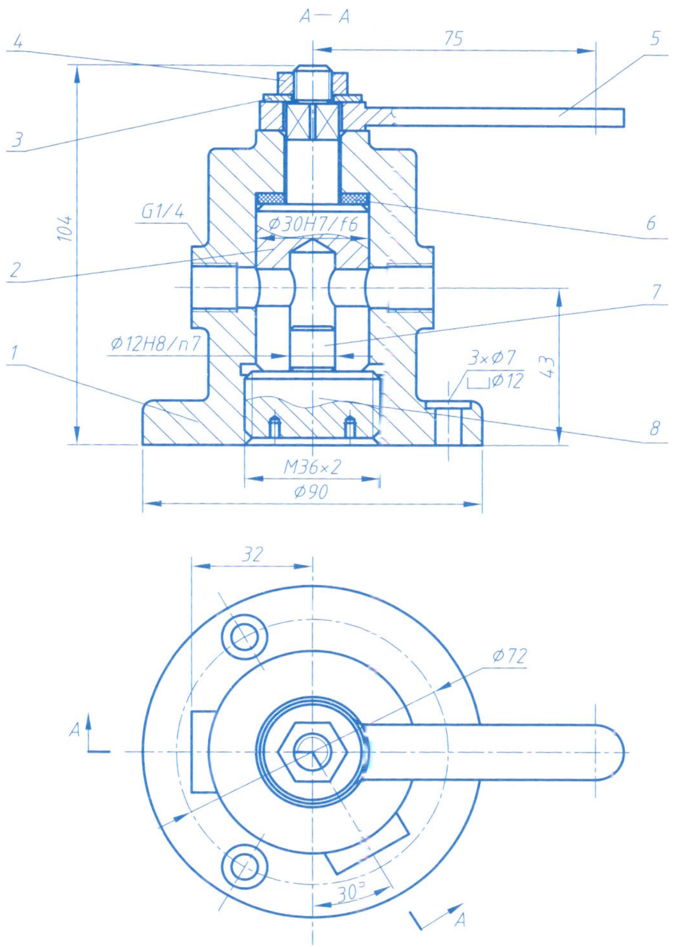

折角阀工作原理

折角阀是控制流体流量的装置。它的特点是进出管道为特定的角度（本例为120°）。通过扳手带动阀杆旋转，转至图示位置时流量最大，继续旋转时流量减少直至关闭管路。

序号	名称	数量	材料	备注
8	螺塞	1	Q235	
7	堵头	1	H62	
6	密封圈	1	橡胶	
5	扳手	1	HT200	
4	螺母	1	Q235	
3	垫圈	1	35	
2	阀杆	1	Q235	
1	阀体	1	HT200	

折角阀		比例	1 : 1	
		件数		
制图				
审核				

读懂折角阀装配图并回答问题：

（1）该折角阀由________种、共________个零件组成。

（2）主视图采用了________剖和________剖。

（3）$\frac{3\times\phi7}{\phi12}$表示什么含义________。

（4）⌀12H8/n7是零件号____和零件号____的配合尺寸，属于________配合制度，属于________配合，H8表示________的公差带代号，n表示________代号，8和7表示________。

（5）分析各零件的拆装顺序。

班级______ 姓名______ 学号______

6.3 读固定尾架装配图

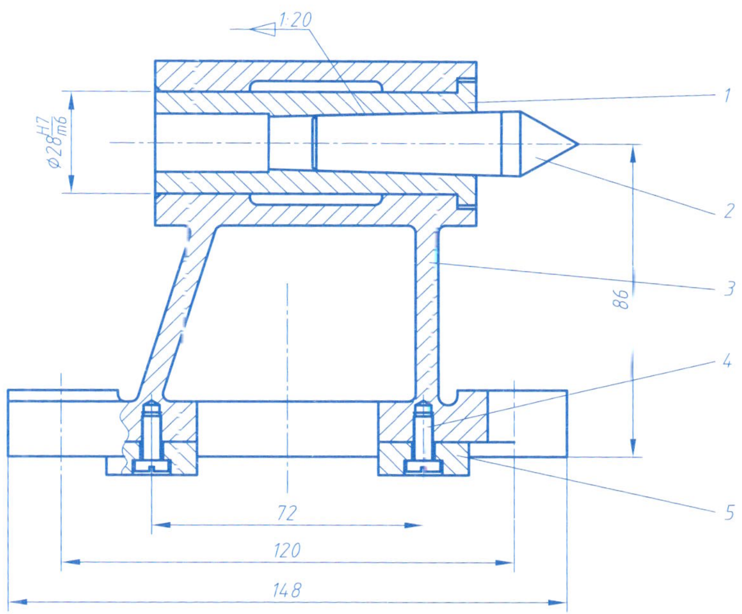

作业要求

（1）读懂"固定尾架"装配图。

（2）件1和件3中 $\phi 28\frac{H7}{m6}$ ______制______配合。

（3）此装配体有______个定位键。

（4）此图中定位尺寸有____个，分别是______。

（4）件2在件1中靠________定心。

固定尾架工作原理

固定尾架是检验零件的工具。他与活动尾架共同支承被检验的工件。该部件通过定位键定位在检验工作台上，通过螺钉和工作台的T形槽固定。用螺钉将定位键与尾架体固定。顶尖套以过渡配合的关系装入尾架体。顶尖与顶尖套的锥孔以1∶20的锥度形成自锁。用工具从顶尖套左端的通孔轻轻击打顶尖的左端面，即可将其拆卸。

序号	名称	数量	材料	备注
5	定位键	2	T10A	
4	螺钉	2	Q235A	
3	尾架体	1	T10A	
2	顶尖	1	T10A	
1	顶尖套	1	T10A	

固定尾架	比例	1∶1
	件数	
制图		
审核		

班级________ 姓名________ 学号________

6.4 读装配图

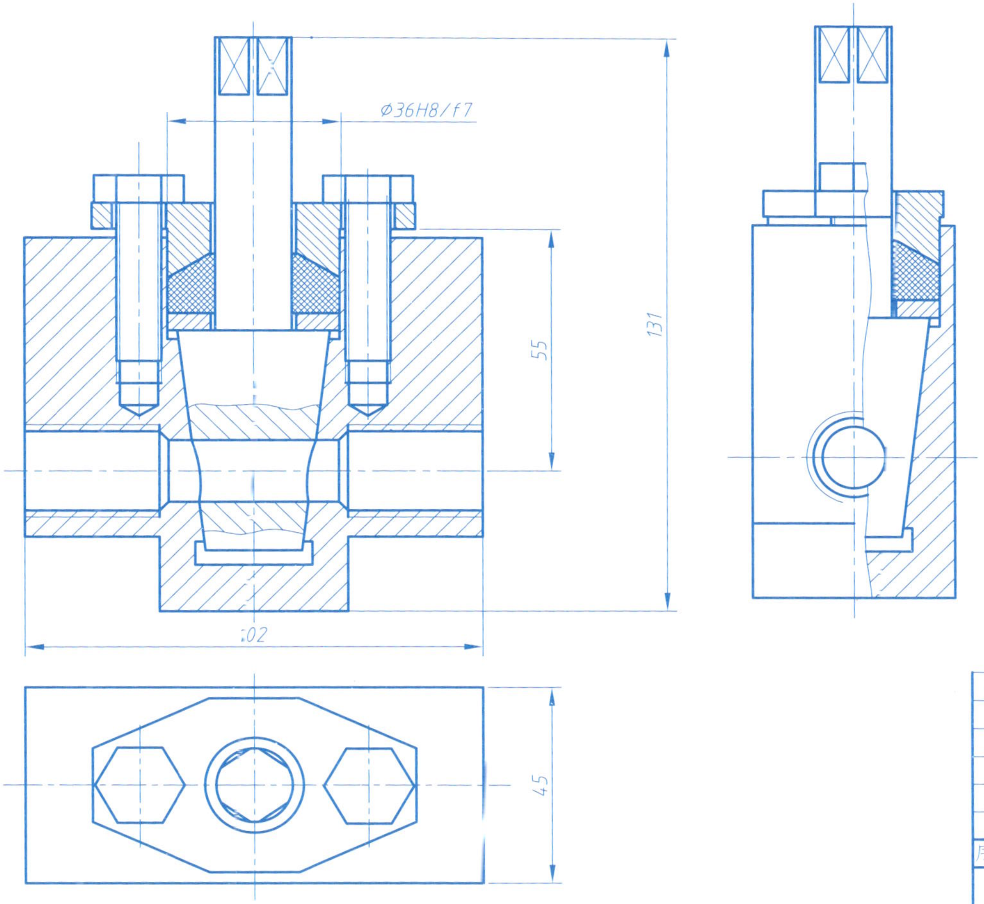

读旋阀装配图并回答问题。

（1）该装配体的名称、用途是什么？它共有几种零件组成？有几种标准件？

（2）说明旋阀的工作原理。

（3）件1和件4是什么配合？

（4）件3起什么作用？如何固定？

（5）解释G1/2″含义。

（6）根据明细栏中编号顺序在装配图中编写序号并画出引线。

序号	名称	件数	材料	备注
6	阀杆	1	45	
5	螺钉M10×40	2	35	GB/T 5783—2016
4	填料压盖	1	35	
3	填料	1	石棉绳	
2	垫圈	1	Q235	
1	阀体	1	35	

旋阀		比例	
		件数	
制图			
审核			

班级________ 姓名________ 学号________

6.5 画千斤顶装配图

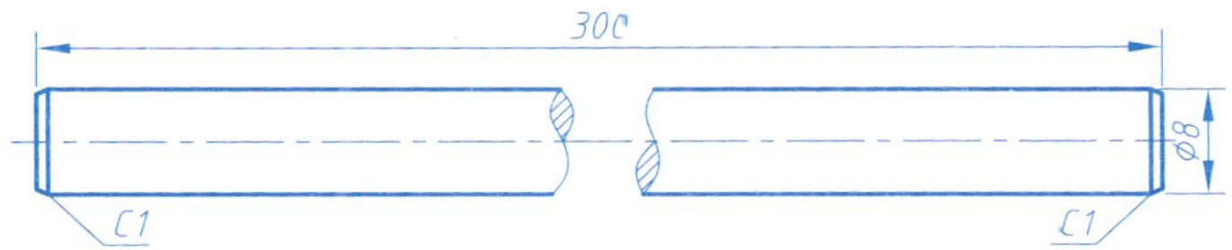

直杆	比例	1:1	5
	件数		
制图			
审核			

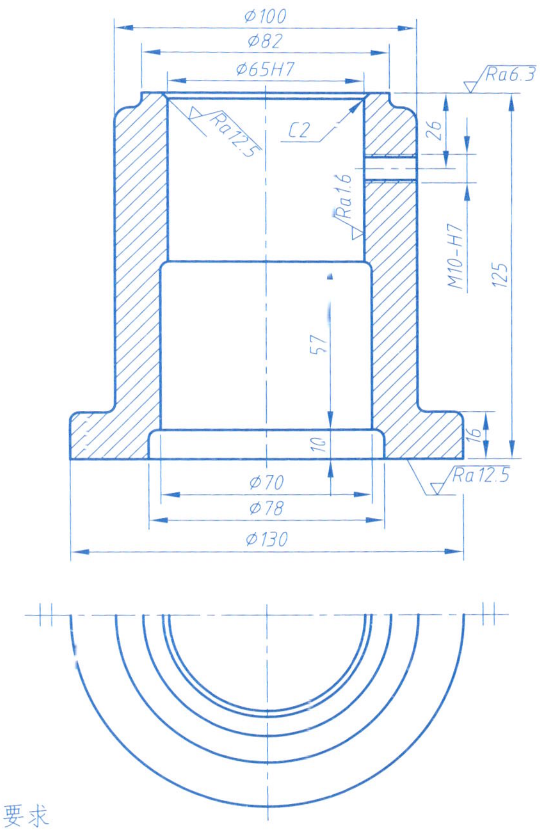

技术要求

1.未注圆角R3~R5；

2.人工时效处理。

$\sqrt{}$($\sqrt{}$)

底座	比例	1:1	1
	件数		
制图			
审核			

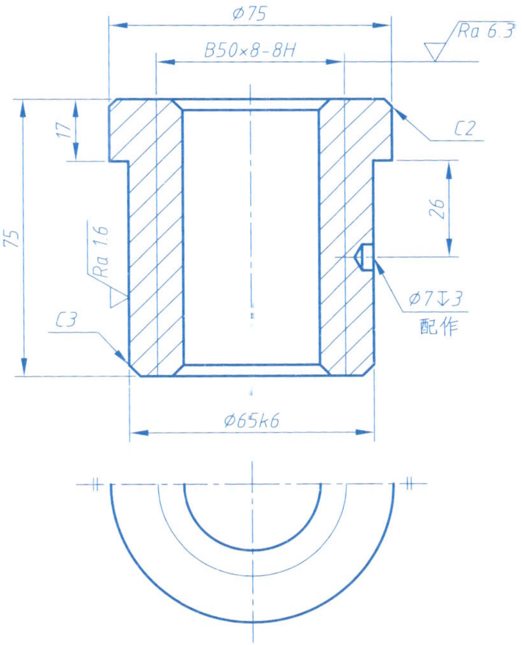

技术要求
人工时效处理。

$\sqrt{Ra6.3}$ (√)

螺母		比例	1:1	3
		件数		
制图				
审核				

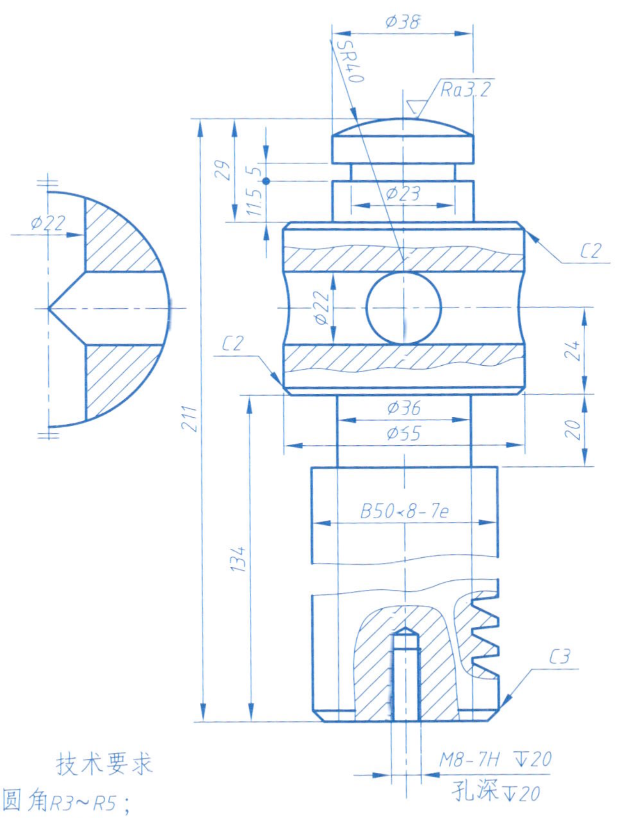

技术要求
1.未注圆角R3~R5；
2.热处理，调质220~230 HBW。

$\sqrt{Ra6.3}$ (√)

螺杆		比例	1:1	4
		件数		
制图				
审核				

班级________ 姓名________ 学号________

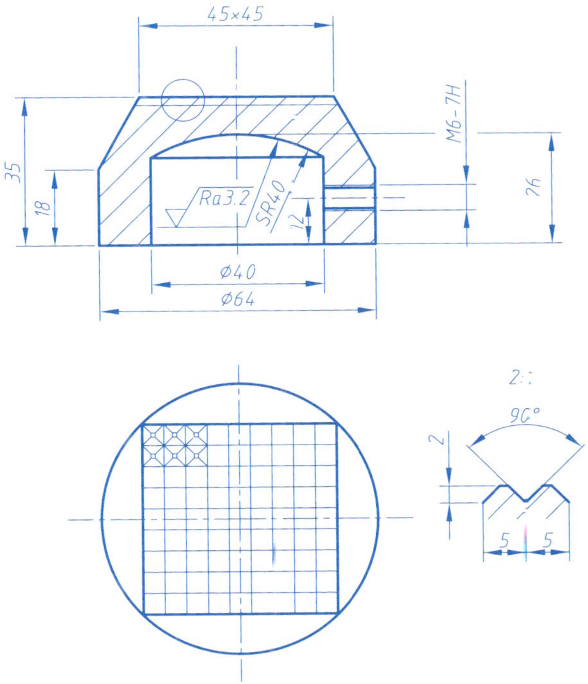

$\sqrt{Ra6.3}$ (√)

顶垫		比例	1:1	6
		件数		
制图				
审核				

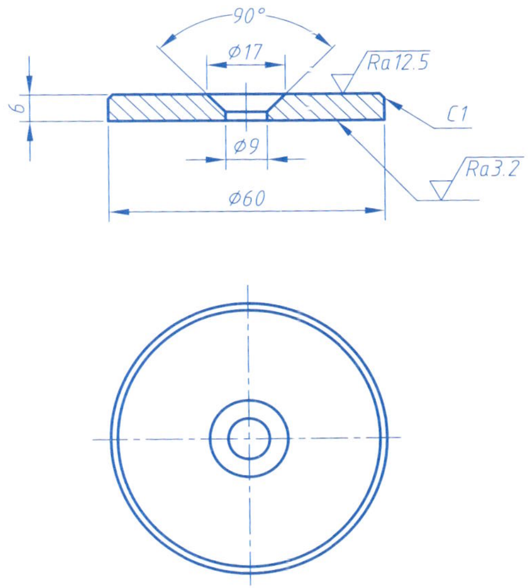

$\sqrt{Ra6.3}$ (√)

挡圈		比例	1:1	2
		件数		
制图				
审核				

千斤顶工作原理

千斤顶是一种小型起重工具。当转动直杆时，螺杆随之转动，由于螺纹作用，因螺母与底座通过螺钉连接在一起，故螺杆上下移动，通过顶垫将重物顶起或落下。螺钉将顶垫与螺杆连接在一起。

作业要求

根据千斤顶装各零件图，用1∶1的比例画出千斤顶装配图。要求读懂各组成零件的结构形状和它们之间的装配、连接关系。选择恰当的表达方案。

标准件

件号	名称	件数	标准
7	螺钉M6×14	1	GB/T 75—1985
8	螺钉M10×18	1	GB/T 75—1985
9	螺钉M8×16	1	GB/T 68—2000

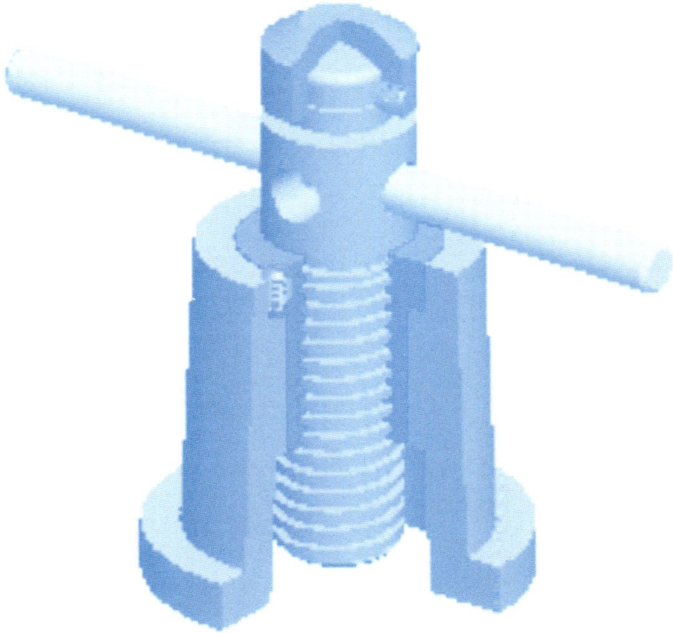

班级______ 姓名______ 学号______

7.1 抄画平面图形（一）

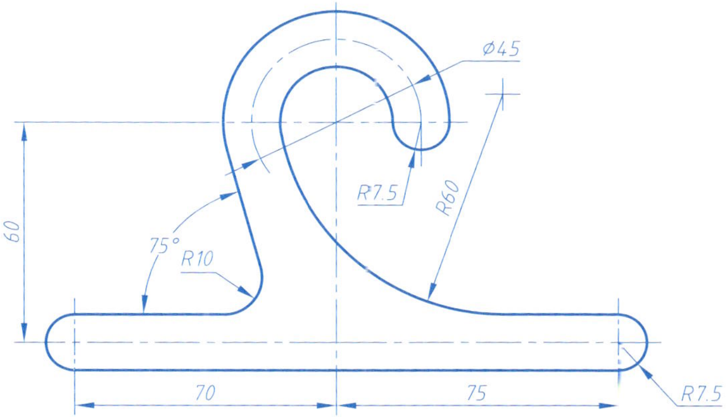

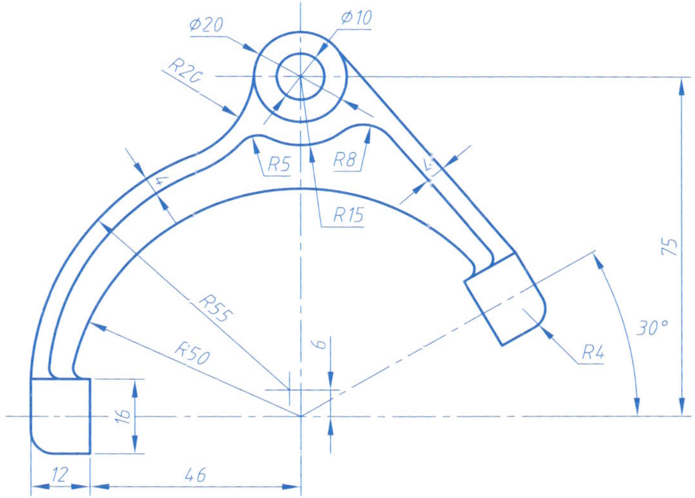

技术要求

未注小圆角均为R2。

7.1 抄画平面图形（二）

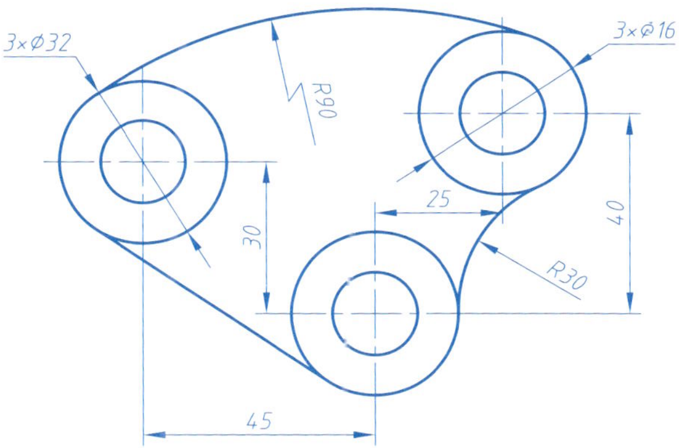
3×Ø32
R90
3×Ø16
25
30
40
R30
45

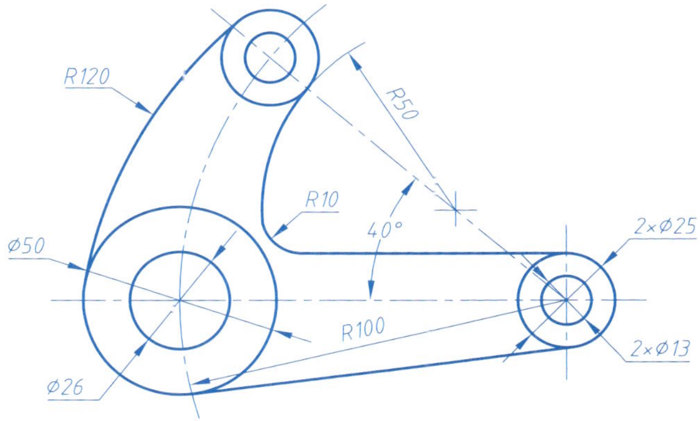
R120
R50
R10
40°
2×Ø25
Ø50
R100
2×Ø13
Ø26

班级________ 姓名________ 学号________

7.1 抄画平面图形（三）

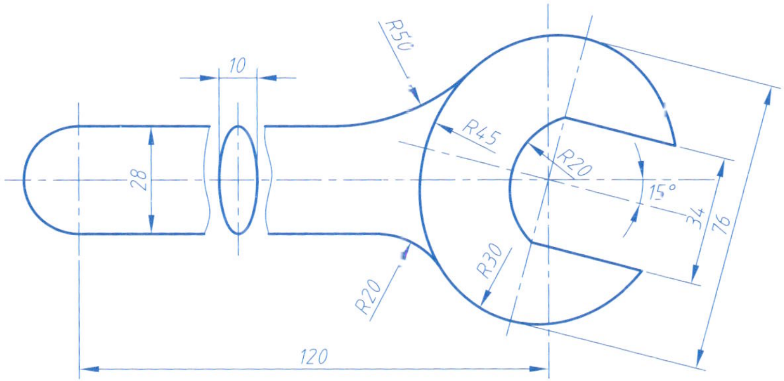

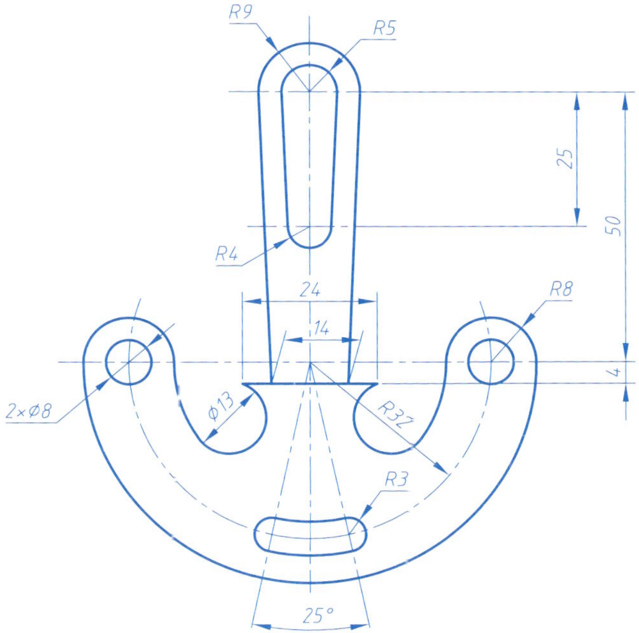

7.2 根据已知视图绘制三视图（一）

1. 根据已知立体的两个视图，按比例1∶1画出立体的三视图，在主左视图上选取适当剖视。

（1）

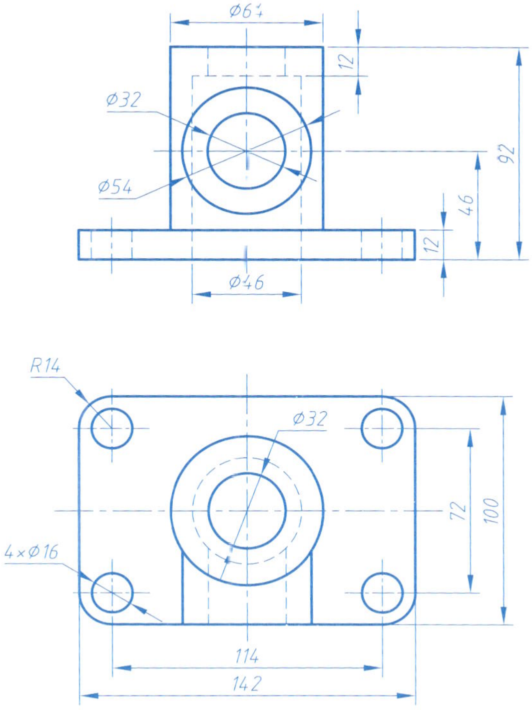

（2）

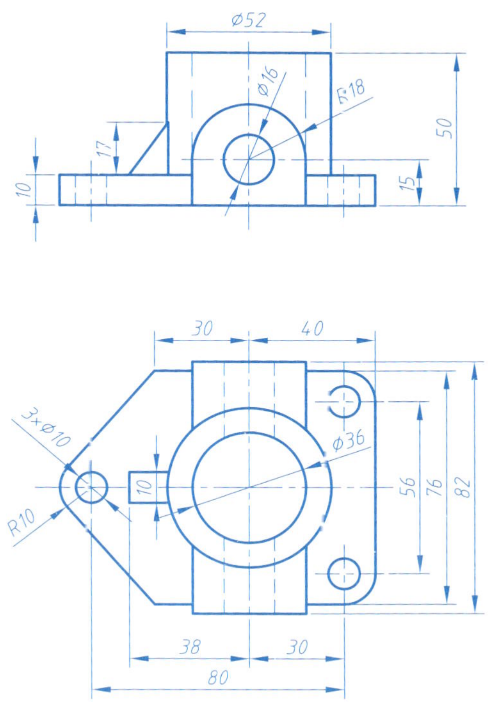

班级________ 姓名________ 学号________

2. 根据已知立体的两个视图，按比例1：1画出立体的三视图，在左视图上选取半剖视图

（1）

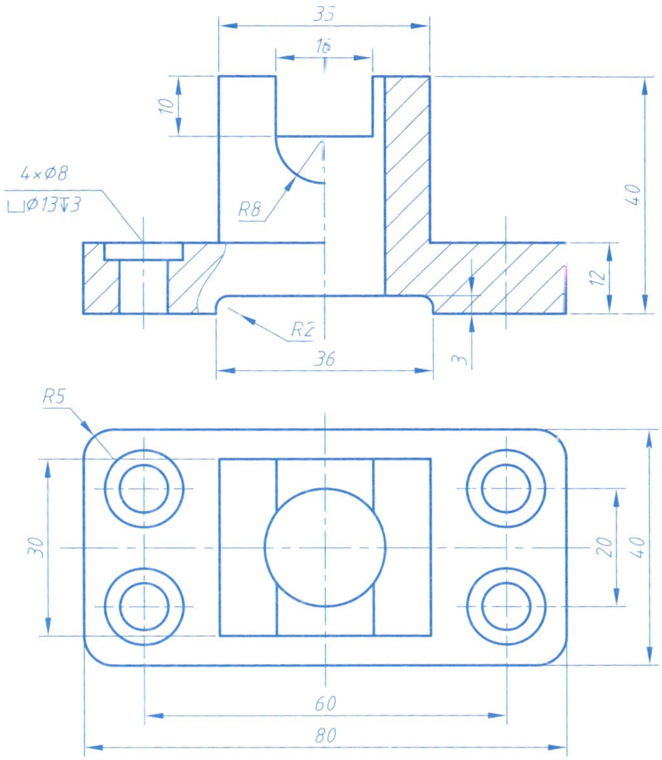

（2）

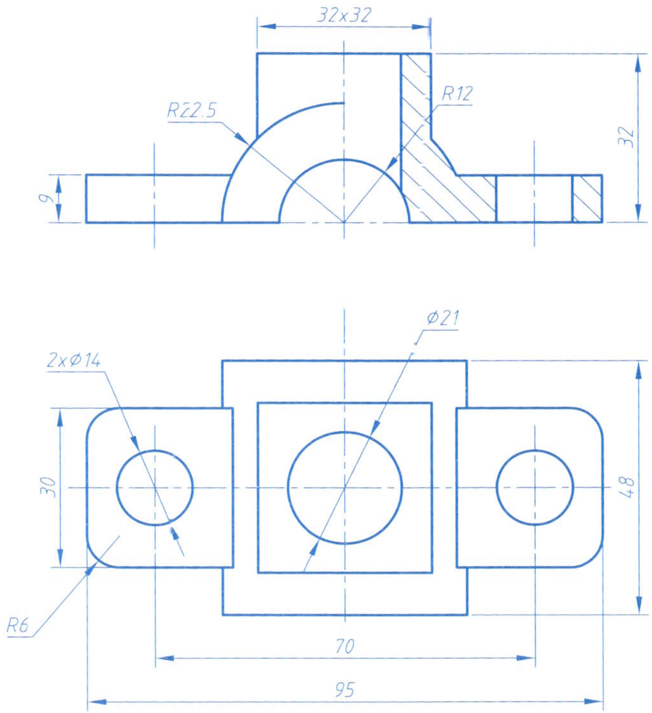

7.3 抄画零件图

要求：1. 按照样图1∶1抄画阀体零件图，标注尺寸和技术要求；
2. 图纸幅面为A3，图框和标题栏按书上第一单元中示例绘制；
3. 不同的图线放在不同的图层上，尺寸标注要放在单独的图层上。

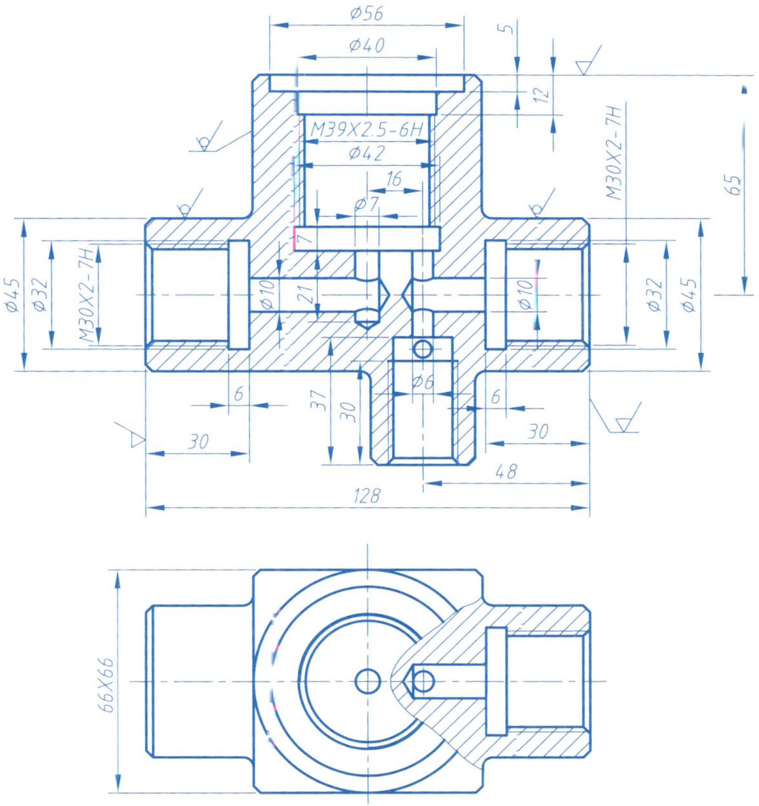

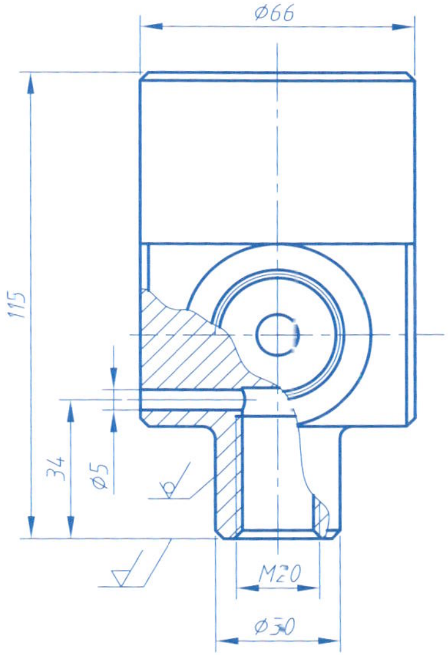

技术要求

1.未注圆角均为R3。

2.未注倒角均为2x45°。

$\surd = \sqrt{Ra6.3}$

$\sqrt{Ra12.5}$ ($\surd$)